Holz Handbuch

7., völlig überarbeitete Auflage

Von Ulf Lohmann

Mit Beiträgen von
Thomas Annies
und
Geerth-Adolph Peters

DRW-Verlag

Vorwort zur siebten Auflage

Fast 30 Jahre sind seit den grundlegenden Arbeiten zur ersten und der letzten Korrektur der vor Ihnen liegenden siebten Auflage des Holz-Handbuches vergangen. Über 35 000 verkaufte Exemplare aus sechs überarbeiteten oder aktualisierten Auflagen sowie aus einigen unveränderten Nachdrucken bestätigen nachdrücklich den Bedarf an einem holzwirtschaftlichen Fachbuch im Allgemeinen und das Konzept dieses Holz-Handbuches im Besonderen.

Autoren und Verlag blicken mit Stolz auf diesen Erfolg zurück und legen nun die siebte, wohl am grundlegendsten überarbeitete, geänderte und ergänzte Auflage vor. Ihre Aktualität wird deutlich durch die Aufnahme der EN 14 081 und des damit verbundenen CE-Zeichens für Bauschnittholz sowie durch den Abdruck des letzten Standes der Rahmenvereinbarung Rohholz (RVR). Diese wird, sofern sie denn in welcher Form auch immer in Kraft treten wird, die nicht mehr gültige gesetzliche Regelung der Vermessung und Sortierung von Rundholz (HKS) ablösen.

Auch viele erst in den 90er Jahren entstandenen Europäischen Normen (EN) wurden schon nach relativ kurzer Zeit geändert, so dass auch diese auf den neuesten Stand gebracht werden mussten. Herrn Prof. Dr. Geert-Adolph Peters bin ich für die Übernahme und Überarbeitung des Kapitels „Holzschutz" besonders dankbar, nachdem dessen bisheriger Verfasser, Dipl.-Ing. (FH) Dieter Ermschel, aus Altersgründen aus dem Holz-Handbuch-Team ausschied.

Dank auch meinem Freund und Kollegen Dipl.-Ing. (FH) Thomas Annies für die zuverlässige Überarbeitung seines Kapitels „Holztrocknung", das durch diesen Autor dem Holz-Handbuch einen besonderen Wert verleiht. Es ist mir auch ein besonderes Anliegen, für das langjährige Vertrauen meiner Leser und ihr anhaltendes Interesse am Holz-Handbuch an dieser Stelle herzlich zu danken!

Gemeinsam mit dem Verlag hat das Autoren-Team wieder ein hochaktuelles Holz-Handbuch geschaffen. Zusammen mit dem unter meiner Federführung entstandenen Holz-Lexikon stehen der deutschsprachigen Holzwirtschaft nun wieder zwei aktuelle Standardwerke zur Verfügung – mögen sie ihr von Nutzen sein!

Rohrdorf, im Winter 2010
Ulf Lohmann

Inhaltsverzeichnis

3 Sägetechnik

6 Schnittholz

1 Rohstoff Holz

Ulf Lohmann

1.1 Bedeutung der Forst- und Holzwirtschaft

1.1.1 Forstwirtschaft der Welt

Die Gesamtwaldfläche der Erde wird nach FAO[1] auf 3,8 Mrd. ha geschätzt, was einem Bewaldungsanteil von etwa 30 % entspricht. Plantagenwälder sind in dieser Zahl nicht enthalten. Sie beziffern sich auf (Stand Jahr 2000) eine Gesamtfläche von 186,7 Mio. ha, wovon sich 115,8 Mio. ha in Asien, 32,0 in Europa, 27,9 in Amerika, 8,0 in Afrika und 2,8 Mio. ha in Ozeanien befinden. Nach FAO ergaben sich im Jahr 2000 folgende Verteilungen auf die wichtigsten Regionen:

Tabelle 1: Waldflächen der Erde (nach FAO[1] 2005)

Region	Waldfläche			%-Anteil an der Welt-Waldfläche
	Mio. ha	% der Landfläche	ha/Einwohner	
Nord-/Mittelamerika	549	26	1,1	15,2
Kanada	*244*	*27*	*7,9*	*6,3*
Südamerika	886	51	2,6	22,9
Europa	1039	46	1,4	26,8
Finnland	*22*	*72*	*4,2*	*0,57*
Deutschland	*11*	*31*	*0,1*	*0,28*
Afrika	650	22	0,8	16,8
Zentralafr. Rep.	*23*	*37*	*6,5*	*0,59*
Asien	548	18	0,2	14,2
Indonesien	*105*	*58*	*0,5*	*2,7*
Kambodscha	*9*	*53*	*0,9*	*0,2*
Indien	*64*	*22*	*0,1*	*1,7*
Ozeanien	198	23	6,6	5,1
Australien	*154*	*20*	*8,3*	*4,0*
Papua-Neuguinea	*31*	*68*	*6,5*	*0,8*
Welt	3869	30	0,6	100,0

Einer forstwirtschaftlichen Nutzung unterliegen nur 45 %, einer geregelten nachhaltigen Nutzung lediglich 11 % der Gesamtwaldfläche der Erde; dagegen beträgt der Anteil der sogenannten unproduktiven Wälder 39 %. Dies sind Wälder, die wegen ihrer Lage und der damit verbundenen Bringungs- und Transportschwierigkeiten keine ökonomische Nutzung ermöglichen.

Das Verhältnis der Anteile von Nadelwäldern zu Laubwäldern unterscheidet sich erheblich, wenn man die Gesamtwaldfläche der Erde nach FAO[1] in Flächen der Industriestaaten und der Entwicklungsländer aufteilt: Liegt der Nadelholzanteil in den Industriestaaten (fast gleichzusetzen mit der nördlichen Hemisphäre) bei über ⅔, so beträgt er in den Entwicklungsländern weniger als 10 %.

1.1.2 Forst- und Holzwirtschaft in Deutschland

Die deutsche Forst- und Holzwirtschaft („Cluster Forst und Holz") trägt 3 % zum Brutto-Inlandsprodukt (BIP) Deutschlands bei. Mehr als 1 Mio. Beschäftigte erbringen mehr als 100 Mrd. € Umsatz.

1.1.2.1 Forstwirtschaft

Deutschland ist unter den Ländern der Europäischen Union eines der waldreichsten. Seine Gesamtwaldfläche betrug nach AID[2] im Jahr 2008 11,1 Mio. ha, was einer Bewaldung von 31 % entspricht. Regional schwankt der Bewaldungsanteil erheblich zwischen 3 % z.B. im Landkreis Dithmarschen (Schleswig-Holstein) und 61 % im bayerischen Landkreis Regen.

Vergleicht man den Waldanteil pro Kopf der (2008) 82,002 Mio. zählenden Bevölkerung mit dem anderer Länder, liegt Deutschland mit 0,135 ha/EW bzw. 7 Einwohner pro Hektar Wald am unteren Ende der Skala. Im Vergleich dazu haben die waldreichen Nachbarn Deutschlands wie die Schweiz 6, Österreich ca.

2, Frankreich ca. 4, Schweden 0,3 und Finnland 0,2 Einwohner pro Hektar Wald.

Das Land Bayern als räumlich größtes Bundesland besitzt auch absolut die größte Waldfläche aller Bundesländer. Die höchsten Bewaldungsprozente haben jedoch die Länder Rheinland-Pfalz (42,1 %), Hessen (41,7 %) und Saarland (38,3 %), wogegen die nördlichen Länder wie Schleswig-Holstein (10,3 %) deutlich geringere Anteile aufweisen.

Tabelle 2: Verteilung der Waldfläche auf die Bundesländer und deren Bewaldungsprozente 2006[59]

Land	Waldfläche 1000 ha	%	Bewaldungs-%
Bayern	2558	23,2	36,3
Baden-Württemberg	1362	12,3	38,1
Niedersachsen (mit HH, HB)	1163	10,5	23,8
Brandenburg und Berlin	1072	9,7	35,3
Nordrhein-Westfalen	887	8,0	26,0
Hessen	880	7,9	41,7
Rheinland-Pfalz	835	7,5	42,1
Mecklenburg-Vorpommern	534	4,8	23,1
Thüringen	518	4,7	32,0
Sachsen	511	4,6	27,8
Sachsen-Anhalt	492	4,4	24,1
Schleswig-Holstein	162	1,5	10,3
Saarland	98	0,9	38,3
Deutschland gesamt	11 072	100,0	31,0

Die gesamte Waldfläche Deutschlands stellt einen Holzvorrat von 3,4 Mrd. m³ dar. Der jährliche Zuwachs beträgt im Durchschnitt aller Holzarten nach Bundeswaldinventur 12,1 Vorratsfestmeter pro Hektar (VFm/ha), was für die alten Bundesländer einer Menge von 95 Mio. m³ Holz pro Jahr entspricht.

Den Besitz am Wald teilen sich private Personen und Personenvereinigungen (46 %), Körperschaften wie z. B. Kommunen (20 %) sowie der Staat. Dabei ist nicht die Bundesrepublik der größte Waldbesitzer, sondern die Summe der einzelnen Bundesländer (Staatswald, Landesforsten ...), was sich aus der historischen Entwicklung Deutschlands im Gegensatz beispielsweise zu Österreich ergab. Die Länder haben rund 34 % Anteil an den Waldflächen, der Waldanteil des Bundes beträgt derzeit nur 0,409 Mio. ha, entsprechend 4 %, wobei es sich überwiegend um Flächen mit militärischer Zweckbindung oder um Flächen entlang von Bundeswasserstraßen und Autobahnen handelt.

Tabelle 3: Besitzverhältnisse und Einschlagsmengen von Waldflächen (2008)

Besitzart	Waldflächen Mio ha.	%	Einschlagsmenge 1000 Fm	%
*Bundeswald**	*0,4*	*4*		
Landes-/ Staatswald	3,8	34	18 993	34,4
Körperschaftswald	2,2	20	12 871	23,2
Privatwald	5,1	46	23 503	42,4
Gesamt	11,1	100	55 367	100,0

* Zahlen des Bundeswaldes in denen des Landes-/Staatswaldes enthalten

Die Besitzverhältnisse in den einzelnen Bundesländern unterscheiden sich zu Teil erheblich. So befinden sich z. B. in Nordrhein-Westfalen über ⅔ des Waldes in privatem Besitz und auch in Brandenburg, Bayern und Schleswig-Holstein gehört der größte Teil des Waldes Privatleuten oder Gesellschaften. In den neuen Bundesländern wurden große Waldflächen nach den Bestimmungen des Einigungsvertrages von der Treuhandanstalt privatisiert. Während sich im Saarland knapp 50 % im Landesbesitz befinden, sind es in Nordrhein-Westfalen nur 14 %. Der Kommunalwaldanteil ist im Südwesten am höchsten und nimmt nach Nordosten hin deutlich ab.

Seit der ersten Bundeswaldinventur von 1987 hat die Waldfläche in den alten Bundesländern um 54 000 ha (0,7 %) zugenommen.

Dabei stieg der Anteil von Laubbäumen um 4,8 % , während der Anteil an Nadelbäumen um 4,8 % abgenommen hat. Die Gesamtwaldfläche von 11,1 Mio. ha ist – fast identisch mit den Werten der nördlichen Industriestaaten der Welt – zu etwa zwei Dritteln mit Nadelholz und zu einem Drittel mit Laubholz bestockt. Die am weitesten verbreiteten Baumarten der deutschen Wälder sind Fichte mit 28,2 % des Gesamtbestandes, Kiefer (23,3 %), Buche (14,8 %) und Eiche (9,6 %).

Tabelle 4: Baumartenverteilung und -nutzung in Deutschland

Baumart / Artengruppe	Anteil Waldboden 1000 ha	%	Holznutzung 1000 Efm/ Jahr	%
Eiche	1010	9,6	1972	3,97
Buche	1564	14,8	7483	15,07
andere LH*	621	5,9	891	1,79
andere LH**	1039	9,8	1192	2,40
Laubbäume	*4236*	*40,1*	*11 538*	*23,23*
Fichte	2978	28,2	29 061	58,51
Tanne	162	1,5	1442	2,90
Douglasie	179	1,7	660	1,33
Kiefer	2467	23,3	5719	11,51
Lärche	297	2,8	1253	2,52
Nadelbäume	*6084*	*57,5*	*38 135*	*76,77*
Lücke / Blöße		2,3		
Gesamt	10 320	100,0	49 673	100,0

* LH mit hoher Lebensdauer

** LH mit niedriger Lebensdauer

Bei einem jährlichen Zuwachs von rund 95 Mio. m^3 wurde der Einschlag im Forstwirtschaftsjahr 2008 mit rund 49 Mio. m^3 erfasst. Er liegt damit unter dem potentiellen Rohholzaufkommen, das von Englert/Polley/Sasse[6] für den Zeitraum von 1996 bis 2020 wie folgt geschätzt wurde:

Tabelle 5: Einschlag 2003 und potentielles Rohholzaufkommen bis 2020 nach Holzarten

Holzartengruppe	Einschlag 2003 in 1000 m^3	in %	Rohholzaufkommen in 1000 m^3 pro Jahr
Eiche, Roteiche	2068	4,0	3058
Buche u. a. Laubhölzer	8475	16,5	14 519
Laubhölzer	*10 543*	*20,6*	*17 577*
Kiefer, Lärche, Strobe	9771	19,1	11 662
Fichte, Tanne, Douglasie	30 557	59,7	28 116
Nadelhölzer	*40 328*	*78,8*	*39 778*
Gesamt	51 182	100,0	57 335

1.1.2.2 Holzwirtschaft

Die Stellung der deutschen Holzwirtschaft zu ihren „Konkurrenten“ in Europa und der übrigen Welt soll durch verschiedene Zahlenwerte in der nachfolgenden Tabelle 6 verdeutlicht werden.

Tabelle 6: Produktion, Handel und Verbrauch von Forstprodukten 2002 (nach FAO 2005) in 1000 m³

Land / Kontinent	Brennholz Verbrauch	**Industrielles Rundholz** Produktion	Import	Export	Verbrauch	**Schnittholz** Produktion	Import	Export	Verbrauch
Afrika	**545 915**	**66 785**	**361**	**5481**	**61 665**	**7761**	**4983**	**1920**	**9924**
Äthiopien	90 202	2458	0	0	2458	60	8	0	68
Süd-Afrika	12 000	18 616	1	386	18 231	1498	380	0	1878
Gabun	520	2584	0	2500	84	117	0	103	14
Asien	**782 395**	**222 563**	**51 346**	**8034**	**265 875**	**61 157**	**24 205**	**8136**	**77 226**
China	191 048	93 121	25 857	695	118 283	9431	6914	657	15 688
Indonesien	82 555	32 997	180	502	32 675	6500	144	2016	4628
Malaysia	3228	17 913	414	5176	13 151	4594	657	2550	2701
Japan	125	15 092	12 662	4	27 750	14 402	8584	22	22 964
Europa	**112 222**	**480 118**	**57 053**	**71 936**	**465 235**	**127 844**	**45 119**	**58 928**	**114 035**
Österreich	3170	11 809	7289	864	18 234	10 415	1351	6422	5344
Finnland	4580	48 529	12 586	404	60 711	13 390	257	8187	5460
Frankreich	2058	33 500	1934	3916	31 518	10 540	3287	1406	12 421
Deutschland	4681	37 755	2459	4427	35 787	16 879	4862	4439	17 302
Russ. Föderation	47 870	125 400	796	36 546	89 650	19 200	16	9020	10 196
Schweden	2416	61 600	9543	1747	69 396	16 560	439	11 476	5523
Großbritannien	124	7142	487	90	7539	2549	8263	294	10 518
Nord- und Mittelamerika	**159 041**	**615 136**	**14 180**	**15 956**	**613 360**	**152 281**	**41 369**	**42 242**	**151 408**
Kanada	2953	197 373	7458	4905	199 926	57 641	1488	37 357	21 772
USA	73 086	404 735	6618	11 001	400 352	89 151	37 416	4520	122 047
Ozeanien	**12 973**	**49 644**	**12**	**11 446**	**38 210**	**8 691**	**849**	**2114**	**7426**
Neuseeland	0	22 613	5	7859	14 759	4352	36	1834	2554
Südamerika	**189 679**	**153 469**	**43**	**2670**	**150 842**	**33 183**	**299**	**5142**	**28 340**
Brasilien	134 473	102 994	18	885	102 127	21 200	139	2009	19 330
Chile	12 326	25 491	0	512	24 979	6439	36	2311	4164
Welt gesamt	**1 795 496**	**1 587 715**	**122 996**	**115 523**	**1 595 188**	**390 918**	**115 924**	**118 481**	**388 361**

Die deutsche Holzwirtschaft erbrachte 2002 mit rund 600 000 Beschäftigten in mehr als 64 000 Unternehmen einen Umsatz von fast 80 Mrd. Euro. Im einzelnen waren daran beteiligt (Quelle: Holzabsatzfonds 2005)[3]:

Tabelle 7: Holzwirtschaft in Deutschland (2002)

Branche	Betriebe Anzahl	Beschäftigte Anzahl	Umsatz Mrd. €
Säge-/Holzwerkstoff-industrie	2220	43 350	8,0
Furnierwerke	10	1000	k. A.
Fenster-/Fassadenbau	5600	26 000	1,3
Möbelindustrie	1293	137 000	19,8
Zimmerei/Holzbau	9970	63 101	5,0
Fertigbau	116	14 234	2,1
Tischler/Schreiner	41 989	203 656	16,4
Holzhandel	2600	30 000	9,0
Zellstoff-/Papierindustrie	166	44 000	11,9
Imprägnierwerke	240	4100	0,4
Holzpackmittelindustrie	118	5100	0,7
Parkettindustrie	30	1600	0,3
Holzbearbeitungs-Maschinenindustrie	230	20 500	2,9
Gesamt	64 582	593 641	77,75

Der gesamte Jahreseinschlag von 38,2 Mio. m³ (Fm o. R.) im Jahr 1997 reichte bei weitem nicht aus, um den Holzbedarf der deutschen Holzwirtschaft zu decken. Deshalb wurden 83,9 Mio. Rohholzäquivalente (siehe Abschnitt 6.6.2) eingeführt, was bei Hinzurechnung eines Inlandsaufkommens von 32,7 Mio. Rohholzäquivalenten Altpapier und 2,5 Mio. m³(r) Altholz zur stofflichen Verwertung ein Gesamtaufkommen von 157,3 Mio. Rohholzäquivalenten bedeutet. Zieht man von dieser Zahl die Exportwerte mit 67,4 Mio. m³(r) ab und berücksichtigt die positive Bestandsänderung an Rohholz, Holzhalbwaren, Altpapier, Zellstoff und Papier mit 0,5 Mio. m³, so ergibt sich ein Inlandsverbrauch von 89,4 Mio. m³ Rohholzäquivalenten in Deutschland (siehe dazu Tabelle 8). Dies entsprach im Jahr 1997 bei einer Bevölkerungszahl von 80,6 Mio. Einwohnern einem Pro-Kopf-Verbrauch von 1,1 m³ Rohholzäquivalenten, der sich aus je 0,55 m³(r) Holz und Papier zusammensetzt.

Tabelle 8: Gesamtholzbilanz Deutschland 1997 in Mio. m³ (r) nach Huss (Holz-Lexikon)[7]

Aufkommen		Verbleib	
Einschlag	38,2	Lagerbestands-aufbau	0,5
Altpapier	32,7	Ausfuhr	67,4
Altholz zur stofflichen Verwertung	2,5	Rechnerischer Verbrauch	89,4
Gesamtaufkommen	157,3	Gesamtverbleib	157,3

2002 wurden rund 43 Mio. m³ heimisches Holz be- und verarbeitet. Die deutsche ***Sägeindustrie*** erzeugte 2003 rund 18,2 Mio. m³ Schnittholz (davon 17 Mio. m³ Nadelholz) und verarbeitete dazu 98 % heimisches Stammholz. Die Exportquote beträgt ca. 28 %, 2004 wuchsen die Exporte auf über 1 Mio. m³ Nadelschnittholz an. Für die Herstellung von ***Holzwerkstoffen*** werden etwa 20 Mio. m³ (r) Holz pro Jahr benötigt. Erzeugt wurden 2003 8,5 Mio. m³ Spanplatten, 3,4 Mio. m³ MDF-Platten und 0,8 Mio. m³ OSB-Platten. Unternehmen der ***Holzpackmittelindustrie*** erzeugten 2003 rund 55 Mio. Paletten und verarbeiteten 720 000 m³ Holz für Kisten und 50 000 m³ für Kabel- und Seiltrommeln. Über 7 Mio. m³ (r) Holz benötigte die ***Zellstoff- und Papierindustrie*** und stellte damit 1,34 Mio. t Holzstoff und 848 000 t Zellstoff für die Produktion von 19,3 Mio. t Papier, Pappe und Karton her. Der Bedarf der ***Furnierindustrie*** beträgt rund 380 000 m³ Holz. 2003 wurden 85 000 m³ Furniere erzeugt, wovon gut 25 % auf Buche, ca. 12 % auf Birke und 10 % auf Eiche entfallen. Hauptabnehmer ist die Möbel- und Türenindustrie. 240 ***Imprägnierbetriebe*** stellten rund 220 000 m³ Holzprodukte für den Garten-, Landschafts- und Spielplatzbau, für die Landwirtschaft sowie für Lärmschutzelemente her, in erster Linie aus heimischem Nadelholz. Im ***Fenster- und Fassadenbau*** wurden 27 % der insgesamt produzierten 13,1 Mio. Fenstereinheiten aus Holz hergestellt, wozu 51 000 m^3 Nadel- und 39 000 m^3 Laubholz benötigt wurde, davon 40 % Tropenhölzer.

1.2 Aufbau des Holzes

1.2.1 Biologie

Bäume entstehen teils ungeschlechtlich aus Stockausschlägen, Stecklingen oder Wurzelbrut, teils geschlechtlich aus Samen. Dabei ist es unerheblich, ob es sich um eine natürliche Vermehrung (sogenannte Naturverjüngung) durch Samenflug handelt, oder um eine vom Menschen vorgenommene Züchtung und Pflanzung. Der Samen beginnt zu keimen, sofern er die notwendige Wärme, Feuchtigkeit und später Nährstoffe vorfindet. Es bildet sich je ein erster Trieb nach oben und nach unten gerichtet (geotrop und heliotrop). Der geotrope Trieb bildet den Ansatz zur späteren Wurzel, der heliotrope wird zu Stamm und Krone.

Die Wurzeln dienen zur Festigung des Baumes im Erdreich, primär aber zur Wasser- und Nährstoffaufnahme. Anorganische Nährstoffe, die in feinstverteilter Menge im Wasser des Bodens gelöst sind, werden von einem weitverzweigten System von feinen und feinsten Wurzeln aufgesaugt und über den Stamm in die Krone des Baumes geleitet. Diese anorganischen Nährstoffe sind u. a. nichtmetallische Elemente wie Stickstoff, Phosphor und Schwefel, Leichtmetallsalze von Kalium, Natrium, Calzium usw. sowie eine Anzahl von Spurenelementen.

An der Unterseite der Blätter befinden sich kleine Spaltöffnungen, sogenannte Palisadenzellen, durch die der Baum das bei jedem Verbrennungsvorgang entstehende Kohlendioxid (CO_2) aufnimmt. Die anschließende Synthese des Kohlendioxids mit dem Wasser unter Mitwirkung des Blattgrüns (Chlorophyll) als Katalysator und der Sonnenenergie („Photo"-synthese: „Photo" griech.: Licht) erzeugt zunächst Traubenzucker $C_6H_{12}O_6$, wobei der freiwerdende Sauerstoff ausgeschieden wird (daher der Baum als „grüne Lunge der Stadt"). Anschließend erfolgt unter Abgabe eines Moleküls Wasser die Umwandlung des Traubenzuckers zu Stärke $C_6H_{10}O_5$, woraus durch Vervielfachung der eigentliche Baustoff des Holzes, die Zellulose $(C_6H_{10}O_5)_n$ entsteht (Assimilation).

$$6\,CO_2 + 6\,H_2O \xrightarrow[\text{2835 KJ}]{\text{Chlorophyll}} C_6H_{12}O_6 + 6\,O_2$$

Das Wachstum des Holzes geschieht ausschließlich im Kambium (Meristem), einer äußerst dünnen, sich im lebenden Zustand glitschig anfühlenden, den ganzen Baum umhüllenden Schicht zwischen Splint und Bast. Hormone (Auxine) steuern die Zellteilung, die sich nach Langendorf/Schuster/Wagenführ[9] schematisch darstellen lässt (s. Abb. 1). Rindenzellen (Phloem) werden nach außen, Holzzellen (Xylem) nach innen abgeschieden; ihr Mengenverhältnis beträgt etwa l zu 3 bis 10.

1.2.2 Mikroskopie des Holzes

Die Körper aller Lebewesen bestehen aus Zellen; die hier interessierenden pflanzlichen Zellen treten meist in kugeliger, würfelartiger, prismatischer, faser- und schlauchartiger Form auf. Ihre Durchmesser bewegen sich zwischen 25 und 100 μ.

Die Zelle besteht aus lebendem Zellplasma, Zellkern und Plastiden; außerdem sind Hohlräume (Vakuolen), leblose Einschlüsse, wie Fette, Harze usw. zu finden. Das Zellplasma setzt sich primär aus Eiweißen und fettähnlichen Stoffen sowie zu etwa 80 % Wasser zusammen (siehe auch Abschnitt 1.2.4 Chemische Zusammensetzung des Holzes).

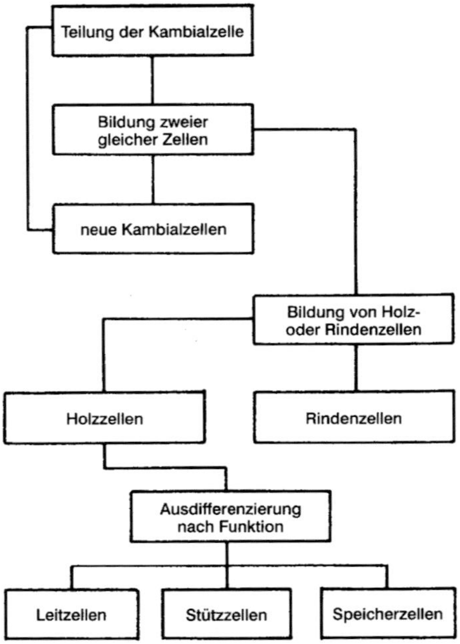

Abbildung 1: Schematische Darstellung der Zellteilung und der Ausdifferenzierung bis zur Endform (nach Langendorff / Schuster / Wagenführ[9]

Die Zelle wird – im Gegensatz zur tierischen Zelle – von einer festen Hülle, der Zellwand, umschlossen. Die Zellwand wird zunächst aus leicht quellbarem Pektin gebildet, einer Klebschicht, die bei der Zellteilung zwischen zwei Tochterzellen entsteht. An diese Mittellamelle lagern die angrenzenden Zellplasmen beidseitig die sogenannte Primärwand an, eine vorwiegend aus Zellulose bestehende Verdickungsschicht.

Beim anschließenden Wachstum der Zelle – vorwiegend in der Länge, aber auch in der Dicke und der Breite – vergrößert sich auch die Primärwand um ein Vielfaches, so lange, bis die Zelle die ihrer Funktion entsprechende Größe und Form erreicht hat.

Nach Erreichen der endgültigen Form (Ausdifferenzierung) setzt die Bildung der Sekundärwand ein, einer ziemlich dicken, vorwiegend aus Lignin und Hemizellulosen bestehenden Schicht. Dieses Dickenwachstum (auch Verholzung genannt) trägt wesentlich zur Festigung des Pflanzenkörpers bei und schließt das Wachstum ab. Die Form und die Größe der ausgewachsenen Zellen sind je nach der Zellfunktion sehr verschieden; zu den Hauptfunktionen zählen (siehe Abbildung 1) leiten – stützen – speichern. Galt das bisher gesagte für alle Holzarten, so muss ab jetzt zwischen Laub- und Nadelholz unterschieden werden:

Funktion	Laubholz	Nadelholz
leiten	Tracheen	Tracheiden (Frühholz)
stützen	Sclerenchym	Tracheiden (Spätholz)
speichern	Parenchym	Parenchym

Die *Parenchymzellen,* eine Zellart, die bei Laub- ***und*** Nadelhölzern vorhanden ist, sind achsial oder radial ausgerichtete, dünnwandige Zellen von fast prismatischer Form. Es sind Speicherzellen mit lebendem Plasmainhalt, in denen die Pflanze Reservestoffe für die Knospen- und Blütenbildung ablagert. Die achsialen Zellen bezeichnet man als Axial-, Längs- oder Strangparenchym, die radialen als Radial- oder Strahlenparenchym, das die Holzstrahlen (früher Markstrahlen) bildet. *Sclerenchymatische* Zellen (Holzfasern) sind langgestreckte, zugespitzte Zellen mit allseitig stark verdickten Zellwänden und erfüllen deshalb beim Laubholz die stützende Funktion, zählen demnach zum sogenannten Festigungsgewebe. Sie sterben, wie alle anderen außer den parenchymatischen Zellen, nach Abschluss des Dickenwachstums (Verholzung) ab.

Tracheen, im Hirnschnitt auch Poren genannt, sind röhrenförmige Gefäße des Laubholzes und dienen der Saftleitung. Diese Gefäße sind relativ lang und können, wenn die Querwände mehrerer hintereinanderliegender Zellen ganz oder teilweise aufgelöst sind, durchschnittlich 10 cm, aber auch bis zu 2 m lang werden. Auch ihr großer Durchmesser, bis 0,5 mm, deutet auf die leitende Funktion dieser Zellart hin.

Beim entwicklungsgeschichtlich älteren Nadelholz erfüllen die *Tracheiden* diese Aufgabe. Dabei handelt es sich um langgestreckte, achsial gerichtete, flammenförmige Zellen in gegenseitiger Verzahnung. Tracheiden mit großem Hohlraum und relativ dünner Zellwand, auch als Frühholztracheiden bezeichnet, dienen dem Wassertransport, solche mit stark verdickten Zellwänden und kleinerem Hohlraum erfüllen als Spätholztracheiden die stützende, festigende Funktion. Sind Tracheen und Frühholztracheiden aufgrund ihrer Form zur achsialen Leitung befähigt, so sorgen sogenannte *Tüpfel* für eine Querverbindung bzw. für den Stoffaustausch zwischen den Zellen. Dabei handelt es sich um bestimmte, eng begrenzte Bezirke der Mittellamelle, die während des Wachstums der Zelle keine Verdickung erfahren. Diese als *Einfachtüpfel* bezeichneten, runden oder ovalen Vertiefungen benachbarter Zellen treffen an der Mittellamelle aufeinander, die nun in der Funktion einer Schließhaut für den Stoffaustausch verhältnismäßig gut durchlässig ist. Neben den Einfachtüpfeln treten hauptsächlich bei Nadelhölzern, aber auch bei Laubhölzern, *Hoftüpfel* auf. Bei ihnen sind die Sekundärwände blasenartig über eine unverdickt gebliebene Stelle der Primärwand gewölbt und lassen in der Mitte nur eine kleine Öffnung, den sogenannten Porus, frei, durch die die Flüssigkeiten freien Durchgang haben. Im Querschnitt gesehen entstehen dadurch an beiden Seiten der Schließhaut Tüpfelhöfe. Bei Nadelhölzern hat die Schließhaut in der Mitte eine Verdickung, den sogenannten Torus, der, größer als die Öffnung, durch Anlegen an die Öffnung irreversibel wie eine Verschlussklappe wirken kann (Tüpfelverschluss, bei der Imprägnierung von Nadelhölzern problematisch).

Als *Gewebe* bezeichnet man Zellverbände gleicher Funktionen und gleichen Aufbaus. Die Zusammensetzung der Gewebearten richtet sich nicht nur nach der Holzart, den Stand-

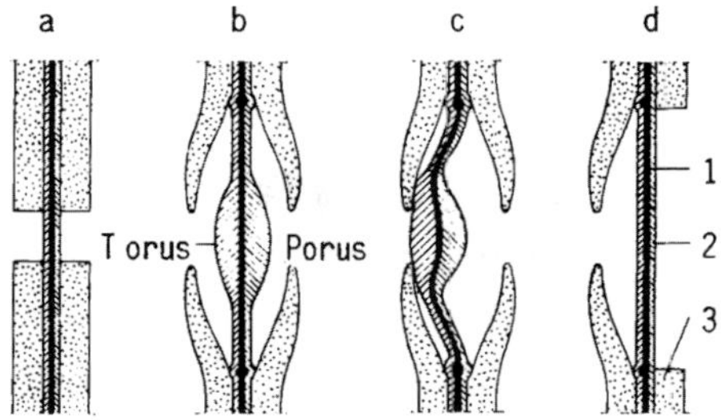

Abbildung 2: Tüpfel
a Einfachtüpfel
b Tüpfel beidseitig behöft, Torus in Mittelstellung
c Tüpfel beidseitig behöft, Torus angelegt
d Tüpfel einseitig behöft
1 Mittellamelle, 2 Primärwand, 3 Sekundärwand

ortbedingungen (Boden und Klima), sondern auch nach Umwelteinflüssen wie Winddruck, einseitige Sonnenbestrahlung usw. Beim Baum unterscheidet man folgende Gewebearten: Das *Bildungsgewebe* (Kambium) besteht vollkommen aus teilungsfähigen (embryonalen) Zellen; es befindet sich zwischen Splint und Bast (Innenrinde). Das *Grundgewebe* wird durch Parenchymzellen gebildet und füllt die Räume zwischen den Leit- und Stützzellen aus; es dient zur Stoffspeicherung. Das *Hautgewebe*, die Au-

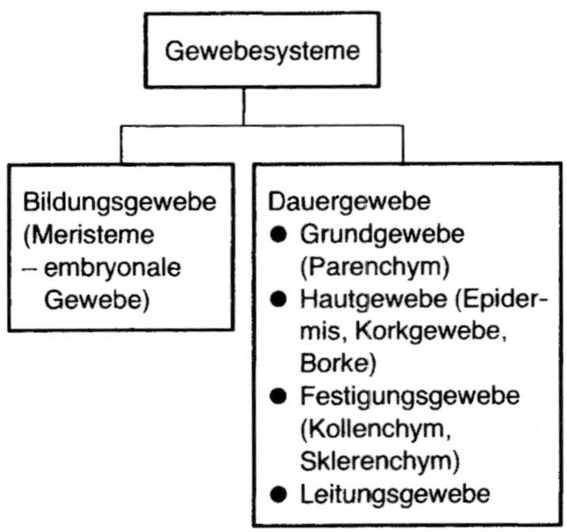

Abbildung 3: Gewebesysteme des Holzes

ßenrinde oder Borke, schützt als Oberfläche die inneren Gewebe vor äußeren Einflüssen wie Temperaturschwankungen, mechanischen Angriffen, Feuchtigkeitsverlust u. a. m.

Das *Festigungsgewebe* dient als Skelett der Festigung gegen Beanspruchungen wie Druck, Zug, Biegung usw. Es wird beim Laubholz vorwiegend aus Sclerenchym, beim Nadelholz aus Spätholztracheiden gebildet. Jedoch werden mit zunehmendem Alter des Baumes auch andere Gewebearten zu dieser Aufgabe benützt. Das *Leitgewebe* liegt direkt unter dem Hautgewebe. Es besteht aus Bast (außen) und Splint (innen). Im Bast werden die organischen Nährstoffe (Assimilate) aus der Krone nach unten geleitet, im Splint das Wasser mit gelösten anorganischen Stoffen aus dem Boden in die Krone. Beide Teile sind durch das Kambium (siehe oben) getrennt. Die Leitungsbahnen des Splints werden durch die Gefäße (Tracheen) der Laubhölzer bzw. Frühholztracheiden der Nadelhölzer gebildet. *Holzstrahlen* bestehen aus Parenchymbändern mit zahlreichen Tüpfeln. Sie verbinden die äußeren Teile des Baumes mit den inneren und dienen zur Nährstoffleitung und -speicherung quer zum Faserverlauf. Die primären Holzstrahlen reichen vom Bast zum Mark, die späteren reichen nur noch einen bestimmten Teil vom Bast in die weiter innen liegenden Zonen des Stammes hinein.

1.2.3 Makroskopie des Holzes

Die der Leitung, Speicherung und Festigung dienenden Gewebe des Holzes sind auf den drei Schnittrichtungen (Abbildungen 4 bis 6) zu erkennen.

Querschnitt. Auf dem Quer- oder Hirnschnitt eines Stammes können mit bloßem Auge oder mit einer Lupe erkannt werden: Borke, Bast, Splint, Kern, Jahresringe, Gefäße, Holzstrahlen, Längsparenchym, Harzkanäle und Markröhre.

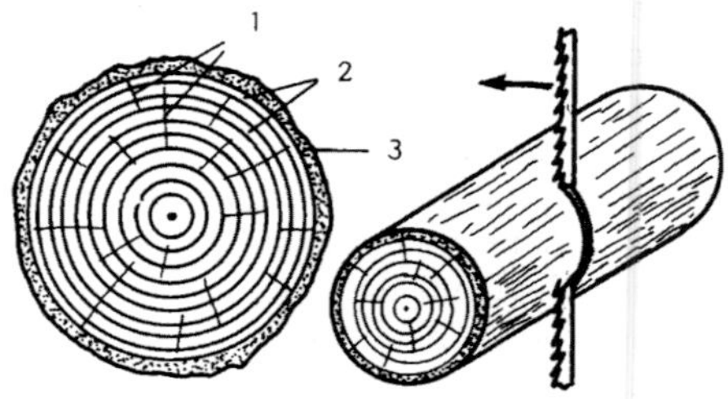

Abbildung 4: Querschnitt
1 Holzstrahlen, 2 Jahresringe, 3 Rinde

1. *Splintholz* ist die Zone zwischen Kern-/Reifholz und Bast oder es nimmt den ganzen Stammquerschnitt ein (Splintholzbäume), wobei dann weder Farb- noch Feuchtigkeitsunterschiede feststellbar sind. Splintholz dient am stehenden Stamm der Wasserleitung, bei Nadelhölzern gänzlich, bei Laubhölzern in den äußeren 3 … 20 Jahresringen. Zu Splintholzbäumen werden gerechnet: Birke, Erle, Weißbuche, Aspe, Bergahorn.

2. *Reifholz* ist auch unter der Bezeichnung Trockenkernholz oder helles Kernholz bekannt. Es unterscheidet sich vom hellen Splint nicht farblich, jedoch physiologisch und biochemisch; es sind ein deutlicher Feuchtigkeitsunterschied und das Fehlen von Stärke feststellbar. Reifholzbäume sind z. B.: Fichte, Tanne, Rotbuche, Linde, Birnbaum.

3. *Kernholz,* oft auffallend dunkel gefärbt, ist nicht mehr wasserführend und besteht nur aus abgestorbenen Zellen. Die Verkernung beginnt, wenn die Splintholzzone die zur Nährstoffversorgung des Baumes notwendige Breite erreicht hat; ihr Beginn ist abhängig von Klima und Standort, kann aber durchschnittlich mit 20 bis 40 Jahren angegeben werden. Bei der Verkernung schließen sich die Tüpfel der Nadelholztracheiden durch Anlegen des Torus (s. Abb. 2), Laubholzgefäße verthyllen. Thyllen sind blasenartige Auswüchse von Parenchymzellen durch Tüpfelhohlräume benachbarter

Gefäße. Durch die Verkernung wird dieser Zone des Holzes ihre Fähigkeit zum Wassertransport genommen. Gleichzeitig werden Kernstoffe eingelagert, insbesondere Harze, Fette, Farb- und Gerbstoffe, gelegentlich mineralische Stoffe. Dadurch wird das Kernholz im Vergleich zum Splintholz meist trockener, schwerer, härter und dauerhafter, oft spröder und schlechter zu imprägnieren, aber auch oft reizvoller in dekorativer Hinsicht. Zu den Kernholzbäumen zählen: Kiefer, Lärche, Douglasie, Eiche, Edelkastanie, Nussbaum, Robinie u. a. m. Die Einteilung der Hölzer nach Splint-, Reif- und Kernholzbäumen ist hilfreich bei der Holzartenbestimmung; ferner hängt der Fasersättigungsbereich einer Holzart unter anderem vom Grad der Verkernung ab (s. Abschnitt 4.1.3 Trocknung).

4. *Jahresringe* sind vom Kambium gebildete, ringförmige Zuwachsschichten als Folge des durch Ruhepausen unterbrochenen Wachstums; sie setzen sich aus Früh- und Spätholz zusammen, was besonders bei Bäumen der nördlichen Hemisphäre deutlich zu erkennen ist. In den Tropen und Subtropen werden manchmal Zuwachszonen gebildet, die weniger deutlich erkennbar sind. Frühholz wird zu Beginn der Vegetationsperiode gebildet, besteht aus dünnwandigen Zellen mit großen Hohlräumen und dient vorwiegend der Wasserleitung. Bei Nadelhölzern ist dieser Teil der Jahresringe als helle Schicht, bei Laubhölzern als Frühholzporen zu erkennen. Spätholz dagegen besteht aus dickwandigen, kleinlumigen Zellen, die vorwiegend der Festigung dienen. Da das bei Nadelhölzern dunklere Spätholz mehr reine Holzmasse enthält, ist es schwerer, fester und schwindet stärker.

5. *Längsparenchym,* auch als Strangparenchym bezeichnet, ist ein axial verlaufendes, nicht bei allen Holzarten vorkommendes bzw. sichtbares Element zur Speicherung von „Halbfabrikaten" und zur Stoffleitung. Seine Anordnung ist ein wichtiges Merkmal bei der Bestimmung von tropischen Hölzern, so z. B. das sogenannte Augenparenchym bei Doussie oder das ausgeprägt bandförmige Parenchym bei Wenge.

6. *Die Holzstrahlen* (Markstrahlen) als radial verlaufendes Speicher- und Stoffleitungsgewebe sind im Querschnitt als feine Linien oder Bänder zu erkennen. Makroskopisch sichtbar sind nur sogenannte mehrschichtige Holzstrahlen, wie man sie bei Eiche, Rotbuche, Ahorn, Platane usw. antrifft. Nicht zu verwechseln mit mehrschichtigen Holzstrahlen (früher Markstrahlenbündel genannt) sind sog. „Falsche Holzstrahlen" bei Weißbuche, Erle usw., die als Scheinholzstrahlen aus einer Vielzahl kleiner Strahlen bestehen und lediglich die Existenz größerer vortäuschen.

7. *Als Poren* erscheinen im Querschnitt die Tracheen des Laubholzes, die etwa ab einem Durchmesser von 150 µ mit dem bloßen Auge erkennbar sind und maximal 380 µ Durchmesser erreichen können. Nach ihrer Anordnung werden drei Gruppen gebildet.

Tabelle 10: Porenanordnung im Querschnitt

Anordnung	Frühholzbereich des Jahresringes	Spätholzbereich des Jahresringes
ringporig	große Frühholzgefäße zu einem oder mehreren Ringen angeordnet	kleine Spätholzgefäße zerstreut, diagonal, tangential oder radial angeordnet
halbringporig	fast gleich große Gefäße reichlich angeordnet	spärlich angeordnet
	Gefäßdurchmesser zum Spätholz hin abnehmend bei fast gleichmäßiger Verteilung	
zerstreutporig	fast gleich große Gefäße gleichmäßig verteilt	

8. *Harzkanäle* verlaufen parallel zur Stammachse und sind röhrenförmige, mit Harz angefüllte Gänge im Spätholz der meisten Nadelhölzer wie Kiefer, Lärche, Douglasie und Fichte, sind aber auch zum Teil bei Tropenhölzern wie Yang, Tola, Tchitola anzutreffen. Harz

befindet sich auch z. T. in den radial angeordneten Holzstrahlen einiger Nadelhölzer.

Tangentialschnitt. Im Tangential- oder Fladerschnitt erscheinen die kegelförmig angeordneten Zuwachszonen (Jahresringe) als für Holz typische Fladerung, die besonders dekorativ wirken kann.

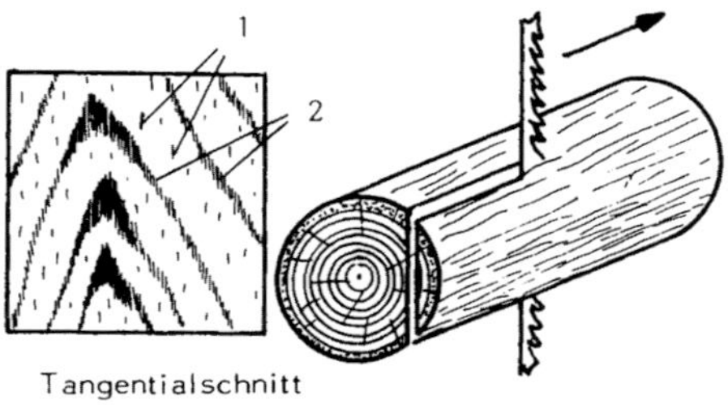

Abbildung 5: Tangentialschnitt
1 Holzstrahlen
2 Jahresringe

Holzstrahlen, vor allem mehrschichtige Holzstrahlen (siehe oben), sind als Linsen oder strich- bzw. spindelförmig zu erkennen, die größeren Gefäße (Tracheen) als Gefäßrillen (auch Nadelrisse oder Porenrillen genannt).

Radialschnitt. Besonders auffallend können beim Radial- oder Spiegelschnitt Holzstrahlen wirken. Sie sind oft als große, speckig glänzende Bänder zu erkennen, die durch ihre Bezeichnung „Spiegel" den Begriff des Spiegelschnitts prägten. Jahresringe erscheinen als Streifen und verleihen dem Holz eine sehr gleichmäßige, fast einförmige Textur.

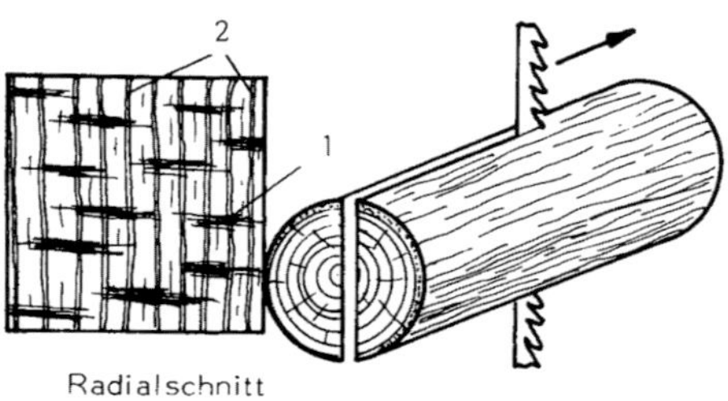

1.2.4 Begriffe zum anatomischen Aufbau des Holzes nach EN 844-7

Da in der vorliegenden Neuauflage des Holz-Handbuches auch die wichtigsten der bis Anfang des Jahres 2010 veröffentlichten EN-Normen für Rund- und Schnittholz enthalten sind, diese aber eine sowohl den Handelsbräuchen als auch den bisherigen nationalen Normen zum Teil abweichende Terminologie verwenden, erscheint es nützlich, diese Definitionen den jeweiligen Abschnitten vorzuschalten.

Eine europäische Norm, die für Rund- und Schnittholz gleichermaßen grundlegende Begriffe definiert, ist EN 844-7.

Bast ist die innere Schicht der ↗ Rinde nächst dem ↗ Kambium.

Buchs, auch *Druckholz* genannt, ist ↗ Reaktionsholz, das charakteristischerweise an der unteren Seite von Ästen und in schiefen oder krummen Nadelbäumen gebildet wird. Als *Falschkern* wird die innere Holzzone mit abweichender Farbe bei solchen Holzarten bezeichnet, die keinen deutlichen Farbunterschied zwischen ↗ Kern- und ↗ Splintholz aufweisen. Falschkern ist auf natürliche Ursachen wie Frost oder anormale Wuchsbedingungen zurückzuführen.

Eine *Faser* ist eine lange, schmale Zelle oder ein Zellbündel, woraus sich Holz überwiegend zusammensetzt.

Faserverlauf ist der allgemeine Verlauf oder die Anordnung der ↗ Fasern.

Unter *Frühholz* versteht man den Teil des ↗ Wachstumsrings, der während eines frühen Stadiums der Wachstumsperiode gebildet wurde; er ist meistens weniger dicht und heller als das ↗ Spätholz.

Holzstrahl (auch Markstrahl) ist die Bezeichnung für ein bandähnliches, radial zu den ↗ Wachstumsringen gerichtetes Zellgewebe. Ein

Abbildung 6: Radialschnitt
1 Holzstrahlen (Spiegel)
2 Jahresringe

Jahrring (Jahresring) ist der ↗ Wachstumsring, der einer Jahreswuchsperiode entspricht. Die *durchschnittliche Jahrringbreite* ist der Zuwachs, ausgedrückt als durchschnittliche Breite der Jahrringe.

Das *Kambium* ist die Zellteilungsschicht, die im lebenden Baum nach außen ↗ Bast- und nach innen Holzzellen bildet.

Kernholz ist die innere Zone des Holzes, die im stehenden Baum aufgehört hat, lebende Zellen zu enthalten oder Saft zu führen. Kernholz ist häufig dunkler, jedoch nicht immer deutlich vom ↗ Splintholz zu unterscheiden. Als *Markröhre* gilt ein Bereich innerhalb des ersten ↗ Wachstumsringes, der hauptsächlich aus weichem Zellgewebe besteht.

Markstrahl ↗ Holzstrahl.

Als *Pore* gilt eine Feuchtigkeit leitende Zelle, die an der Hirnfläche als Querschnitt sichtbar ist. *Reaktionsholz* ist Holz mit abweichendem anatomischem Charakter, das besonders in Teilen von schiefstehenden Stämmen und gebogenen Ästen gebildet wird, wobei es versucht, den in gestörter Lage befindlichen Baumteil möglichst wieder in seine Normallage zurückzuversetzen. Bei Laubholz wird Reaktionsholz ↗ Zugholz und bei Nadelholz Druckholz (↗ Buchs) genannt.

Die *Rinde* umfasst die äußere Schutzschicht des Stammes und der Äste eines Baumes.

Spätholz ist der Teil des ↗ Wachstumsringes, der während eines späteren Stadiums der Wachstumsperiode gebildet wird. Es ist meist dunkler und dichter als ↗ Frühholz. Unter *Splint* versteht man die äußere Zone des Holzes, die im stehenden Baum lebende Zellen enthält und Saft führt.

Textur ist das visuelle Erscheinungsbild des Holzes, das durch seine anatomische Struktur und die Breite und Regelmäßigkeit der ↗ Wachstumsringe bestimmt wird.

Ein *Wachstumsring* (Zuwachszone) umfasst die Holzschicht einer Wachstumsperiode.

Zugholz ist das ↗ Reaktionsholz, das charakteristischerweise an der oberen Seite von Ästen und in schiefen oder krummen Laubbäumen gebildet wird. *Zuwachszone* ↗ Wachstumsring.

1.2.5 Chemische Zusammensetzung des Holzes

Die chemische Zusammensetzung des Holzes muss unter zwei Gesichtspunkten gesehen werden: der Elementarzusammensetzung und der Zusammensetzung nach Bestandteilen des Holzes. Die Elementarzusammensetzung ist für verschiedene Holzarten und auch für verschiedene Baumteile (Wurzel, Stamm, Äste) auffallend gleichartig; mit geringer Streuung findet Augustin[10] folgende Werte:

Tabelle 11: Elementarzusammensetzung des Holzes

Elemente	Anteil
Kohlenstoff (C)	50 %
Sauerstoff (O)	44 %
Wasserstoff (H)	6 %
Stickstoff (N)	0,05–0,25 %

Für die einzelnen Holz-Komponenten gelten jedoch andere Werte: Lignin ist wesentlich kohlenstoffreicher (64 %), dafür sauerstoffärmer (30 %), während für Zellulose und Hemizellulosen das Gegenteil zutrifft (44 … 45 % und 48 … 49 % Sauerstoff).

Dagegen unterscheiden sich die chemischen Bestandteile des Holzes nach Holzart, Standort, Alter usw. erheblich. Abbildung 7 zeigt die Zuordnung der Bestandteile.

Die Holzarten der gemäßigten Zone enthalten als Hauptstoffgruppen: Zellulose 42… 51 %, Hemizellulosen 24 … 40 %, Lignin 18 … 30 %, Extraktstoffe 1 … 10 % und Asche 0,2 … 0,8 %, wobei sich die ersten drei Werte auf extraktfreies, die letzten beiden Werte auf das gesamte Holz beziehen, jeweils atro. Tropische Laubhölzer mit hoher Rohdichte weisen einen besonders hohen Ligningehalt auf.

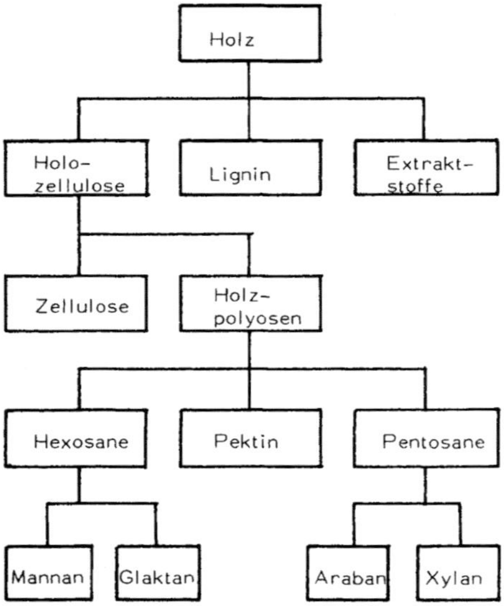

Abbildung 7: Chemische Bestandteile des Holzes (nach Langendorf / Schuster / Wagenführ[9])

Die Zellulose bildet mit einem geringen Teil der Holzpolyosen das Gerüst und das Lignin die Kittsubstanz des Holzgefüges. Die Zellulose ist in erster Linie für die Zugfestigkeit, das Lignin für die Druckfestigkeit maßgebend.

Tabelle 12: Zusammensetzung ausgewählter Hölzer aus den chemischen Hauptstoffgruppen in % der Massenanteile

Holzart	Zellulose	Holzpolyosen		Lignin	Harze, Fette	Asche
		Hexosane	Pentosane			
Tanne	42,3	13,3	9,2	28,6	2,3	1,2
Kiefer	41,9	12,8	8,7	29,5	3,2	1,3
Esche	40,2	5,7	19,3	26,0	2,2	1,3
Buche	45,4	4,4	17,8	22,7	0,7	1,6
Birke	40,9	4,8	22,3	27,3	2,2	1,8
Pappel	48,4	3,0	15,2	21,6	2,4	1,3
Weide	42,9	5,1	16,8	24,7	2,0	1,2

1.3 Eigenschaften des Holzes

Im folgenden Abschnitt werden die technologischen Eigenschaften des Holzes im Allgemeinen definiert sowie die wichtigsten Abhängigkeiten erläutert. Ebenso erfolgt jeweils ein Hinweis auf die Prüfung bzw. den Nachweis nach den einschlägigen DIN- oder EN-Normen. Die spezifischen Eigenschaften der jeweiligen Holzart finden sich im Abschnitt 1.4.3, wobei insbesondere die Tabelle 19 eine Übersicht über die wichtigsten technologischen Eigenschaften verschiedener Holzarten aufzeigt.

1.3.1 Die Dichte des Holzes

Holz ist im physikalischen Sinne nicht kompakt; es enthält Hohlräume (Zellen), ist also ein poröser Stoff. Das Verhältnis des Porenvolumens, also der Hohlräume, zur Masse der reinen Holzsubstanz ist von Holzart zu Holzart und von Baum zu Baum verschieden, selbst innerhalb eines Baumes ergeben sich z. T. erhebliche Schwankungen. Als *Rohdichte* ρ bezeichnet man den Quotienten aus der Masse und dem Volumen einschließlich aller Hohlräume:

$$\rho = \frac{m}{V} \qquad \frac{g}{cm^3}$$

Zur genauen Definition der Rohdichte bei den verschiedenen Feuchtigkeitszuständen benützt man Indices wie

- ρ_0 Rohdichte bei 0 % Feuchte (= Darrzustand)
- ρ_u Rohdichte bei u % Feuchte
- ρ_{12} Rohdichte bei Normalfeuchte nach DIN 52182 (12%)
- ρ_{FSB} Rohdichte im Zustand der Fasersättigung

Die Rohdichte für Holz liegt zwischen 0,1 und 1,3 g/cm³, wobei Balsa und Pockholz zu den Extremwerten zählen. Aber auch innerhalb einer Holzart ergeben sich Schwankungen um einen Mittelwert, wobei die Häufigkeiten der bei dieser Holzart vorkommenden Rohdichten etwa entsprechend einer Gauß'schen Glockenkurve verteilt sind, wie z. B. bei Fichte p_0 = 0,3 ... 0,43 ... 0,64 g/cm³.

Der Begriff der *Raumdichte* R ist bei uns weniger gebräuchlich. Er drückt das Verhältnis der Masse des darrtrockenen zum Volumen des vollständig gequollenen Holzes aus, also

$$R = \frac{m_0}{V_u \geq FSB}$$

Dagegen spielt die *Reindichte* vor allem für wissenschaftliche Arbeiten eine Rolle; sie gibt das Verhältnis der Masse des reinen Holzes, also ohne Hohlräume, zu dessen Volumen an. Der Mittelwert für alle Hölzer liegt bei 1,5 g/cm³ ± 0,05, wobei sehr geringfügige Schwankungen durch extreme Lignin- oder Harzeinlagerungen bedingt sein können.

Zurück zur Rohdichte: Sie wird unter anderem beeinflusst durch folgende Faktoren:

- Anteile von Früh- und Spätholz innerhalb eines Jahresringes; die Dichten von Früh- und Spätholzverhalten sich etwa wie 1:2,6; die Rohdichte steigt deshalb mit zunehmendem Spätholzanteil
- Jahrringbreite; allgemein gilt, dass bei Nadelholz mit größer werdender Jahrringbreite die Dichte sinkt, bei Laubholz steigt, vor allem bei Ringporern wie Eiche, Esche usw.
- Klima, Standort, Höhenlage; diese drei Faktoren wirken sich über die Jahrringbreite indirekt aus
- Lage im Querschnitt; auch hier spielt die Jahrringbreite die entscheidende Rolle. Im Allgemeinen liegen die breiten Jahrringe innen, die schmalen außen; deshalb steigt die Dichte bei Nadelhölzern im Regelfall von innen nach außen und sinkt bei ringporigen Laubhölzern.
- Lage im Schaft; hier kann man keine klare Regel aufstellen. Fichte, Tanne und Weymouthskiefer haben eine fast konstante Dichte über die ganze Höhe des Stammes, wogegen die Dichte bei Buche, Eiche und Lärche vom Stock nach oben zunächst ab- und nach einigen Metern wieder zunimmt.

Die Rohdichte ist das ausschlaggebende Merkmal für die meisten technologischen Eigenschaften des Holzes. So wird Holz mit steigender Rohdichte härter, fester, dauerhafter; Imprägnierbarkeit, Entflammbarkeit und Wärmedämmung nehmen ab, Dämpf- und Trockenzeit, Heizwert, Abnützung von Werkzeugen sowie Feuchteverformung (Schwund und Quellung) nehmen zu. Hinweis: DIN 52182 (1976) - Prüfung von Holz -Bestimmung der Rohdichte.

1.3.2 Die Härte des Holzes

Als Härte des Holzes ist der Widerstand zu sehen, den das Holz dem Eindringen fremder Körper in seine Oberfläche entgegensetzt. Es sind dynamische und statische Härteprüfungen möglich; die gebräuchlichsten sind statische Verfahren, wie z.B. nach Janka im englischsprachigen, Chalais-Meudon im französischsprachigen oder Brinell im deutschsprachigen Raum.

Die Brinellhärte H_B in N/mm² wird bei einer Holzfeuchte von 12 % gemessen. Dabei ist die Härte parallel zur Faser (Hirnhärte) etwa das 1,5-bis 2,5fache der Härte senkrecht zur Faser (Seitenhärte); sie ist auf der Tangentialfläche meist geringfügig höher als auf der Radialfläche.

Da Holz durch seinen Zellaufbau ein sehr ungleichmäßiges Gefüge hat, ist die Härtebestimmung schwierig; alle Härteangaben sind deswegen nur als Näherungswerte aufzufassen. Dagegen ist die starke Abhängigkeit der Härte von der Rohdichte (s. Tabelle 13) und der Holzfeuchte allen Hölzern gleich.

Einfluss der Feuchte auf die Brinellhärte

u in %	0	10	20	25	30	40	50
H_B in %	100	75	40	35	30	30	30

Im Allgemeinen unterscheidet man nur zwischen Hart- und Weichhölzern. Als weich gelten in Europa alle Nadelhölzer mit Ausnahme der Eibe, sowie einige Laubhölzer wie Erle, Linde, Pappel, Weide. Die übrigen zählen zu den Harthölzern. (Engl.: Hardwoods = *alle* Laubhölzer, Softwoods = *alle* Nadelhölzer.)

Tabelle 13: Mittelwerte der Brinellhärte einiger Holzarten (nach Schwab[11])

Holzart	Rohdichte bei u = 12 %	Brinellhärte in N/mm² Hirnfläche	Brinellhärte in N/mm² Seitenfläche
Balsa	0,16	4	1
Abachi	0,40	25	13
Fichte	0,47	32	12
Kiefer	0,52	40	14
Lenga	0,57	37	16
D. R. Meranti	0,71	48	25
Ovengkol	0,80	61	31
Balau	0,94	68	39
Azobé	1,08	84	56

1.3.3 Elastizität des Holzes

Die Dehnzahl α gibt das Verhältnis der Längenzunahme eines 1 m langen Stabes, bezogen auf eine Spannung von 1 kp/cm² (9,81 N/cm²) zur Ausgangslänge an. Der umgekehrte Wert der Dehnzahl ist der *Elastizitätsmodul.*

$$E = \frac{1}{\alpha} \quad \frac{N}{mm^2} \quad \frac{MN}{m^2} \quad MPa$$

Durch den E-Modul wird der Widerstand gegen elastische Verformung, also die Steifigkeit eines Werkstoffes, angegeben; je größer der E-Modul eines Holzes ist, desto steifer ist das Material bzw. desto weniger entsteht unter Belastung eine Verformung. Als beispielhafte Kennziffern seien folgende E-Moduln aufgeführt:

Tabelle 14: E-Moduln nach DIN 1052,1 (1984) für Holz im Bauwesen (nach Schwab[12])

Werkstoff	Elastizitätsmoduln in MN/m² parallel zur Faser	Elastizitätsmoduln in MN/m² rechtwinklig zur Faser
europ. Nadelhölzer und Douglasie, Southern Pine, Western Hemlock	10 000	300
Brettschichtholz aus o. a. Nadelhölzern	11 000	300
Eiche, Buche, Teak, Keruing	12 500	600
Afzelia, Merbau, Angelique	13 000	800
Azobe, Greenheart	17 000	1200

Elastizität ist die Eigenschaft fester Körper, beim Aufhören einer formverändernden Kraftwirkung wieder die alte Form zu erlangen. Gegensatz zur Elastizität ist die Plastizität, worunter man die Fähigkeit versteht, eine Verformung auch nach der Entlastung beizubehalten. Unter Elastizitätsgrenze versteht man die Grenze, bei der ein Stoff seine Elastizität verliert. Wird sie überschritten, so bleiben plastische Verformungen zurück oder der Körper bricht.

Beim anisotropen Holz ist für die Praxis in erster Linie die Elastizität in Richtung der Fasern von Bedeutung. Größere elastische Deformationen erschöpfen die Tragfähigkeit des Holzes schnell. Der E-Modul nimmt mit steigender Rohdichte, abnehmender Temperatur und abnehmender Holzfeuchte (im hygroskopischen Bereich) zu. Überschlägig kann von einer Verringerung des E-Moduls um 2 % je 1% Feuchteerhöhung ausgegangen werden. Äste und unregelmäßiger Faserverlauf vermindern den E-Modul erheblich. Die Einflüsse von

Feuchte, Temperatur und Faserwinkel sind der folgenden Übersicht zu entnehmen:

Tabelle 15: Einflussfaktoren auf den E-Modul

Faserwinkel		Holzfeuchte		Temperatur	
Faserwinkel	E-Modul	Feuchte	E-Modul	Temperatur	E-Modul
°	%	%	%	°C	%
0	100	0	100	10	90
2	97–98	5	95	20	100
6	85–90	10	85	50	85
10	60–85	20	75	100	60
		30	70		
		>30	konstant		

1.3.4 Festigkeit des Holzes

Festigkeit ist der Widerstand, den das Holz dem Zerreißen, Zerdrücken, Scheren und Drehen entgegensetzt. Sie wird in N/mm^2 (auch MN/m^2 oder MPa) ausgedrückt. Nach der Lastaufbringung werden unterschieden: statische Festigkeit aus langsam und stetig zunehmender oder lang anhaltend gleichmäßiger Belastung sowie dynamische Festigkeit aus schlagartiger oder wechselnder, langfristiger Belastung. Bei allen Festigkeitsbeanspruchungen üben das sehr unterschiedliche Gefüge des Holzes (Dichte), Äste, Risse, Faserrichtung und andere Holzfehler einen Einfluss auf den Verformungs- oder Bruchwiderstand aus. Außerdem wirkt der Feuchtegehalt des Holzes auf seine Festigkeitseigenschaften ein. Allgemein gilt, dass die Festigkeitswerte vom Darrzustand u_0 bis zu einem Feuchtegehalt von 8 … 12 % ansteigen und dann mit zunehmender Feuchte bis zur Fasersättigungsgrenze absinken. Mit steigender Rohdichte und abnehmender Temperatur werden die Festigkeitseigenschaften allgemein besser; der Einfluss der Temperatur auf die Festigkeitseigenschaften ist jedoch im Bereich von -30 °C bis +30 °C unwesentlich.

Allgemein bezeichnet man diejenige Grenzspannung, bei der ein Bruch eintritt, als Bruchspannung σ_B. Der für die Praxis bedeutsamere Wert ist die zulässige Spannung σ_{zul}, die nur einen Bruchteil der Bruchspannung beträgt, z. B.:

$$\sigma_{z\ zul} = \frac{1}{12} \cdots \frac{1}{7}\ \sigma_{zB}$$

1.3.4.1 Die Zugfestigkeit

Die Zugfestigkeit σ_z ist der Widerstand gegen eine Kraft F, die parallel oder senkrecht zur Holzfaser zieht.

Die Zugfestigkeit senkrecht zur Faser $\sigma_{z\perp}$ (Querzugfestigkeit) ist bedeutend geringer als die parallel zur Faser $\sigma_{z\parallel}$ (Längszugfestigkeit) und beträgt etwa 1/30 …1/25, mit Sicherheit nie mehr als 1/10 von dieser. Die Zugfestigkeit parallel zur Faser ist für Nadelholz etwa mit 77 … 160 N/mm^2 anzusetzen.

$$\sigma_{zB} = \frac{F_{max}}{A}\ \frac{N}{mm^2}$$

Die Zugfestigkeit steigt mit steigender Dichte. Im hygroskopischen Bereich sinkt sie um etwa 3 % je 1 % Feuchtezunahme, wobei ihr Höhepunkt etwa zwischen 8 und 12 % Holzfeuchte liegt. Oberhalb Fasersättigung bleibt die Zugfestigkeit bei zunehmender Feuchte konstant. Der Faserverlauf, ausgedrückt durch den Faserlastwinkel als dem Winkel zwischen Faserverlauf und Richtung der Zugkraft, hat einen bedeutenden Einfluss auf die Zugfestigkeit. So vermindert sich die Zugfestigkeit bereits bei einem Faserlastwinkel von 15° um mehr als 50 % und beträgt bei 45° nur noch etwa 1/10 des Höchstwertes. Die Astigkeit des Holzes vermindert trotz der durch Äste im Regelfall erhöhten Dichte die Festigkeit ebenfalls, wobei eine Abnahme der Zugfestigkeit von etwa 50 % bei astigem, von etwa 85 % bei stark astigem gegenüber astfreiem Holz angenommen werden kann.

Hinweis: DIN 52188 (1979)– Prüfung von Holz -Bestimmung der Zugfestigkeit parallel zur Faser.

1.3.4.2 Die Druckfestigkeit

Die Druckfestigkeit σ_d ist der Widerstand gegen eine Kraft F, die parallel oder senkrecht zur Holzfaser drückt. Die Druckbeanspruchung parallel zur Faserrichtung führt zur Zerstörung des Holzkörpers durch Ausknicken und durch das Ineinanderschieben der Fasern. Die Druckfestigkeit beträgt nur etwa 50% der Zugfestigkeit. Die Druckfestigkeit senkrecht zur Faser $\sigma_{d\perp}$ wird im Allgemeinen nicht als Festigkeit, sondern als Spannung bezeichnet, da es bei entsprechender Beanspruchung nicht zum Bruch kommt, sondern das Holz durch den erhöhten Druck immer mehr verdichtet wird. Maßgebend ist daher der Eintritt einer Formveränderung, die als Quetschgrenze bezeichnet wird. Der Ligningehalt erhöht die Druckfestigkeit, so dass zwischen Kern- und Splintholz größere Festigkeitsunterschiede bestehen.

$$\sigma_{dB} = \frac{F_{max}}{A} \quad \frac{N}{mm^2}$$

Die Druckfestigkeit steigt mit steigender Dichte, wobei nur bei $\sigma_{d\parallel}$ eine lineare Abhängigkeit vorhanden ist. Der Einfluss der Holzfeuchte im hygroskopischen Bereich ist ebenfalls für die Druckfestigkeiten parallel und senkrecht zur Faser unterschiedlich. So nimmt $\sigma_{d\parallel}$ im Bereich von 10 bis 20 % Holzfeuchte um etwa 5 … 6 % je 1 % Feuchteerhöhung ab, während die Festigkeitsminderung senkrecht zur Faser vom Darrzustand bis Fasersättigung für Nadelhölzer mit etwa 2 %, für Laubhölzer mit etwa 3 % je 1 % Feuchtezunahme gerechnet wird. Die Druckfestigkeit steigt auch, je mehr sich die Fa-

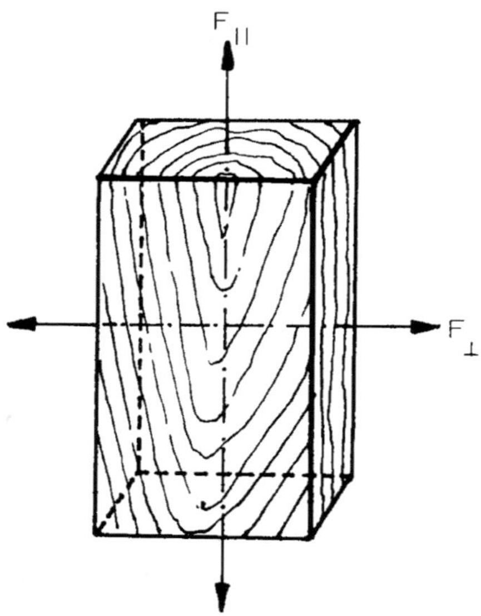

Abbildung 8: Darstellung der Zugfestigkeit parallel und senkrecht zum Faserverlauf (nach Schmidt[13])

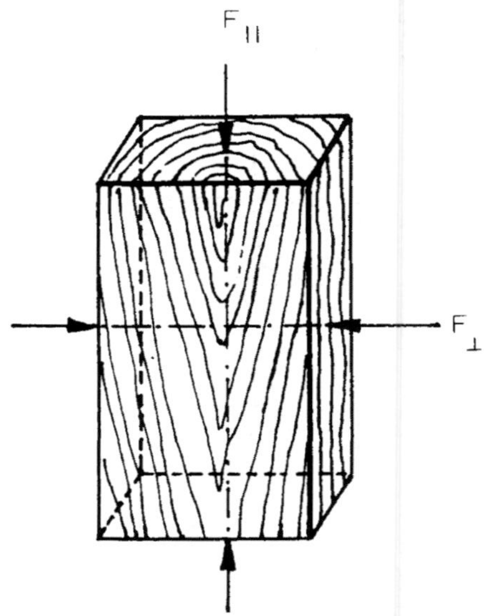

Abbildung 9: Darstellung der Druckfestigkeit parallel und senkrecht zum Faserverlauf (nach Schmidt[13])

serrichtung im Verhältnis zur Kraftrichtung 90° nähert. Den Einfluss der Holzfeuchte auf Zug- und Druckfestigkeit zeigt folgende Übersicht:

Einfluss der Feuchte auf Druck- und Zugfestigkeit

u in %	0	5	10	20	30	40	50
σ_z in %	90	100	95	90	75	70	70
σ_d in %	100	85	70	50	35	30	30

Hinweis: DIN 52 185 (1976) – Prüfung von Holz – Bestimmung der Druckfestigkeit parallel zur Faser; DIN 52 192 (1979) – Prüfung von Holz – Druckversuch quer zur Faserrichtung.

1.3.4.3 Die Biegefestigkeit

Die Biegefestigkeit σ_b ist der Widerstand, den das Holz einer einseitig senkrecht zur Faser wirkenden Kraft entgegensetzt. Die Biegekraft

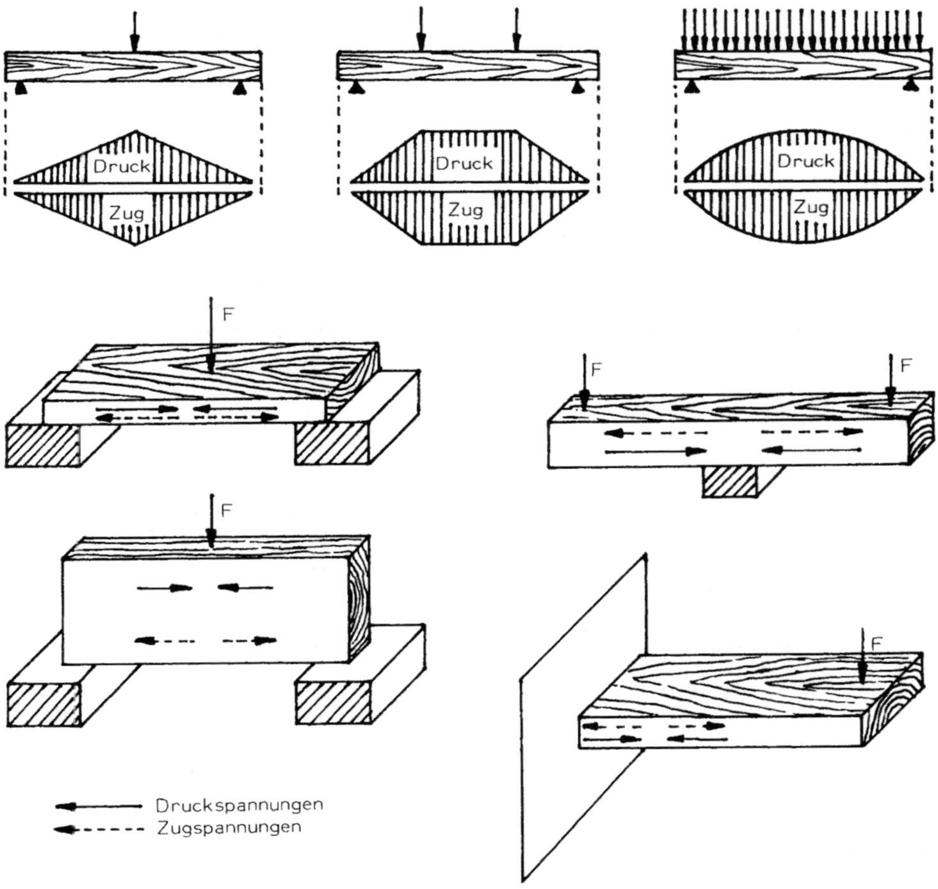

Abbildung 10: Darstellung von Druck- und Zugspannungen bei verschiedenen Belastungsfällen – Biegefestigkeit (nach Schmidt[13])

bewirkt auf der kraftangreifenden Seite Druckspannungen im Holz und auf der entgegengesetzten Seite Zugspannungen. Es ist:

$$\sigma_{bB} = \frac{F_{max}}{A} \quad \frac{N}{mm^2}$$

Die Biegefestigkeit steigt mit steigender Dichte. Im Bereich von 0 % bis Fasersättigung nimmt sie um etwa 4 % je 1 % Feuchtezunahme ab. Der Einfluss der Temperatur auf die Biegefestigkeit ist vor allem im Zusammenwirken mit Feuchte beträchtlich, was z. B. bei der Vorbehandlung von Biegehölzern durch Dämpfen ausgenutzt wird. Die Biegefestigkeit ist außerdem abhängig von der Struktur des Holzes, wie Jahrringverlauf, Astigkeit usw. Für die Berechnung der Biegefestigkeit sind die Querschnitte des Holzes sowie die Lage und der Abstand der Auflager von Bedeutung (siehe Abb. 10).

Als gut biegsame Hölzer gelten Rotbuche, Esche, Ahorn, Birke, Rüster, Kirschbaum und Weide; ihre Biegsamkeit wird durch Dämpfen bei 70 … 100 °C in der Regel noch erhöht (s. o.), wogegen sie nach dem Trocknen in der Biegevorrichtung die Form beibehalten.

Hinweis: DIN 52186 (1978) – Prüfung von Holz – Biegeversuch.

1.3.4.4 Die Knickfestigkeit

Die Knickfestigkeit ist ein Sonderfall der Druckfestigkeit. Sie hat besondere Bedeutung für Holzteile in Stabform. Hölzer, deren freie Länge im Vergleich zu ihrem Querschnitt zu groß ist, weichen dem in Richtung Faser wirkenden Druck nach der Seite der geringsten Widerstandskräfte aus, sie knicken. Für die Größe der Knickfestigkeit ist neben der Druckfestigkeit des Holzes und den Abmessungen des Werkstückes die Art der Befestigung bei der Knickung von Bedeutung. Bei der Konstruktion von Holzerzeugnissen unter Verwendung von Hölzern mit geringem Querschnitt (Ständer, Stützen, Stäbe, Leisten, Stuhlbeine usw.) muss die Knickfestigkeit berücksichtigt werden.

1.3.4.5 Die Scherfestigkeit

Die Scherfestigkeit (Abscherfestigkeit) $\tau\varsigma_B$ ist der Widerstand des Holzes gegen das Abschieben oder Abscheren von Holzschichten durch eine in der Ebene oder – seltener – quer zur Ebene der Holzschichten wirkende Kraft.

$$\tau\varsigma_B = \frac{F_{max}}{A} \quad \frac{N}{mm^2}$$

Die Scherfestigkeit steigt mit steigender Dichte und sinkender Feuchte; sie ist senkrecht zur Faser etwa 3 … 4mal so groß wie parallel zur Faser.

Hinweis: DIN 52187 (1979) – Prüfung von Holz – Bestimmung der Scherfestigkeit in Faserrichtung.

1.3.4.6 Torsionsspannung

Die bei Drehbeanspruchung auftretende Torsionsspannung wird mit τ_{tB} bezeichnet. Die Torsions- oder Verdrehfestigkeit des Holzes steigt mit zunehmendem Spätholzanteil, steigender Dichte und sinkender Feuchte.

1.3.5 Verhalten des Holzes gegenüber dem Schall

Die akustischen Eigenschaften des Holzes unterscheiden sich deutlich von denen anderer Werkstoffe; die Verwendung von Holz als Werkstoff für Musikinstrumente und zur Schalldämmung lässt dies erkennen.

Die *Schallgeschwindigkeit C* im Holz, also die Geschwindigkeit, mit der sich Schallwellen fortpflanzen, liegt parallel zur Faser zwischen 3500 und 6000 m/s und senkrecht zur Faser zwischen 1000 und 1500 m/s; als Vergleichswerte seien 340m/s für Luft, 1500m/s für Wasser und 5000 … 6000 m/s für Eisen und Glas genannt. Sie ist abhängig von der Holzart (Dichte und Elastizität), vom Holzgefüge, von Feuchte, Temperatur und Schallwellenfrequenz und wird ausgedrückt durch

$$c_{\parallel} = \sqrt{\frac{E}{\rho}}$$

E = Elastizitäsmodus
ρ = Rohdichte

Wegen der engen Korrelation zwischen Elastizität und Schallgeschwindigkeit kann man durch deren Messung auf elastische Eigenschaften des Holzes schließen (s. Abschnitt 6.5, Maschinelle Festigkeitssortierung).

Die *Schalldämmung* in Phon oder Dezibel ist die Wirkung eines Stoffes, die auf ihn treffende oder ihn durchdringende Schallenergie zu mindern. Die Schalldämmung des Holzes gegen die Übertragung von Luftschall ist aufgrund seines geringen Gewichtes und seiner Schwingfähigkeit verhältnismäßig gering.

Die *Schallabsorption* S ist das Verhältnis der von einem Körper geschluckten zu der an seiner der Schallquelle zugewandten Oberfläche angelangten Schallenergie.

1.3.6 Verhalten des Holzes gegenüber Temperatureinflüssen

Die Wärmedehnung des Holzes hat für die Praxis kaum eine Bedeutung, da sie durch gleichzeitige Trocknung und damit verbundene Schwindung aufgehoben wird. Daher ändern Holzträger und -stützen im Unterschied zu Metallen auch bei extremer Erwärmung, z. B. im Brandfall, ihre Längen kaum, was zum günstigen Brandverhalten ausreichend dimensionierter Holzbauteile beiträgt. Die *Wärmeausdehnungszahl* gibt die Längenänderung eines Körpers bei Erhöhung seiner Temperatur um 1 °C an und ist bei Holz abhängig von der Holzart, deren Dichte, Farbe, Feuchte sowie vom Temperaturbereich.

Die *Wärmeleitfähigkeit* (früher Wärmeleitzahl) von Vollholz ist gemessen an vergleichbar tragfähigen Werkstoffen niedrig. Innerhalb der Holzarten streut sie in Abhängigkeit der Dichte; schwerere Holzarten haben eine höhere Wärmeleitfähigkeit als leichtere.

Die Wärmeleitfähigkeit λ in W/mK ist eine Stoffkonstante. Sie gibt die Wärmemenge in J an, die pro Sekunde bei einer Temperaturdifferenz von 1 K auf einer Länge von 1 m durch einen Stoffquerschnitt von 1 m^2 transportiert wird. Der λ-Wert einer Holzart hängt von der Richtung, der Rohdichte und der Feuchte ab. Er ist in Faserrichtung etwa doppelt so groß wie quer dazu, steigt in beiden Richtungen mit der Rohdichte und nimmt mit steigender Feuchte zu. Vergleich zu anderen Werkstoffen: Fichte, Kiefer λ = 0,13 W/mK, Buche, Eiche λ = 0,15 W/mK, Beton λ = 2,0 W/mK, Glaswolle λ = 0,05 W/mK, Fensterglas λ = 3,0 W/mK. Der *Wärmedurchgangskoeffizient* k (früher Wärmedurchgangszahl), auch k-Wert genannt, ist diejenige Wärmemenge, die durch 1 m^2 eines Bauteiles von der Dicke s innerhalb einer Stunde bei einem Temperaturunterschied der angrenzenden Raum- und Außenluft von 1 K hindurchgeht; er wird in W/m^2K ausgedrückt.

Wird Holz einer mittleren Rohdichte Temperaturen über 100 °C ausgesetzt, beginnt seine thermische Zersetzung (Pyrolyse). Etwa ab 230 °C entflammt Holz (Flammpunkt), ab 260 °C brennt Holz auch ohne äußere Wärmequelle (Brennpunkt) und ab 400 °C entzünden sich die Holzgase selbst (Zündpunkt). Diese Temperaturwerte liegen beachtlich tiefer, sobald Holz längere Zeit Temperaturen über 100 °C ausgesetzt war oder sobald es in Form von Fasern, Staub oder Mehl vorliegt.

Der *Heizwert* des Holzes, also die bei der Verbrennung freiwerdende Wärmemenge, steigt mit dem Gehalt an Kohlenstoff, Wasserstoff, Lignin und brennbaren Inhaltsstoffen; er steigt mit der Dichte und sinkt mit zunehmender Feuchte. Der Heizwert des gesunden, völlig wasserfreien Holzes beträgt etwa 18900 kJ/kg, des lufttrockenen Holzes etwa 15100 kJ/kg. Aus der Abhängigkeit von der Rohdichte ist zu folgern, dass, wenn man die sonstigen Einflüsse außer Betracht lässt, gleiche Gewichtsmengen gleich trockenen Holzes der verschiedenen Holzarten gleiche Brennkraft haben. Tatsächlich variiert der Heizwert von Holzart zu Holzart nur wenig. Legt man allerdings anstatt des Gewichts gleiche Raummaße zugrunde (Ster), ergibt sich für lufttrockenes Stammholz folgende Reihenfolge im Heizwert: Weißbuche, Eiche, Rotbuche, Birke, Lärche, Kiefer, Fichte, Tanne.

Tabelle 16: Heizwert und Heizöläquivalente des Holzes (nach Denninger[14])

Holzart	Heizöläquivalent für		1000 kg Heizöl entsprechen	
	1 m³ Holz	1 Rm Holz	m³ Holz	Rm Holz
Eiche	231	162	4,4	6,3
Rotbuche	228	160	4,5	6,4
Kiefer	153	107	6,6	9,4
Fichte	143	100	7,0	10,0
Lärche	185	129	5,4	7,7
Tanne	149	104	7,3	9,7

1.4 Holzarten

1.4.1 Welches Holz für welchen Zweck?

In Tabelle 17 werden in erster Linie die Verwendungszweck-Gruppen „Konstruktionsholz“, „Schälholz“ und „Ausstattungsholz“ verwendet. Die Zuordnung der Hölzer erfolgt aufgrund einer zusammenfassenden Betrachtung u. a. der Komplexe: Witterungsfestigkeit, physikalische Eigenschaften, ästhetischer Wert und Preis. Gottwald[15] versteht die drei Hauptgruppen so:

- Konstruktionsholz (außen): alle witterungsfesten bis mäßig witterungsfesten Hölzer, soweit Abmessungen, Härte, Stehvermögen und Preis es zulassen
- Konstruktionsholz (innen): alle übrigen, soweit Härte und Stehvermögen genügen
- Schälholz: Hölzer, die aufgrund ihres geringen Gewichtes bzw. ihrer guten Schälbarkeit für die Sperrholzproduktion in Frage kommen (meist zerstreutporige Hölzer)
- Ausstattungsholz: Hölzer, die wegen ihres Oberflächenbildes als Deckfurnier bzw. als Massivholz für Möbel oder Vertäfelungen verwendbar sind.

Alle weiteren Verwendungsmöglichkeiten wie „Parkett“, „Schnitzholz“ usw. sind Beispiele, für die Hölzer im Rahmen der drei Hauptgruppen besonders geeignet erscheinen. Auf Ersatz- bzw. Austauschfähigkeit wird im Abschnitt 1.4.5 besonders eingegangen. In der folgenden Tabelle 17 sind die Hauptholzarten und ihre Verwendungszwecke angegeben.

Tabelle 17: Holzarten und Verwendungszwecke

Verwendungszweck	Handelsname	botanische Bezeichnung
Ausstattungsholz	Amarant	Peltogyne venosa
	Avodire	Turraeanthus africanus
	Bergahorn	Acer pseudoplatanus
	Birke	Betula alba
	Birnbaum	Pirus communis
	Bubinga	Guibourtia tessmannii
	Canarium	Canarium schweinfurthii
	Cedrela	Cedrela mexicana
	Dao	Dracontomelum dao
	Echt. Mahagoni	Swietenia macrophylla
	Edelkastanie	Castanea sativa
	Eiche	Quercus robur
	Esche	Fraxinus excelsior
	Feldulme	Ulmus carpinifolia
	Freijo	Cordia goeldiana
	Jacareuba	Calophyllum brasiliense
	Khaya	Khaya ivorensis
	Kirschbaum	Cerasus avium
	Kokrodua	Pericopsis elata
	Kotibe	Nesogordonia papaverifera
	Koto	Pterygota macrocarpa
	Lärche	Larix decidua
	Rotes Lauan	Shorea polysperma
	Weißes Lauan	Pentacme contorta
	Limba	Terminalia superba
	Makassar	Diospyros celebica
	Makore	Tieghemella heckelii
	Mansonia	Mansonia altissima
	Movingui	Distemonanthus benthamianus
	Mutenye	Guibourtia arnoldiana
	Ostind. Palisander	Dalbergia latifolia
	Rio Palisander	Dalbergia nigra
	Prima vera	Tabebuia donnellsmithii
	Ramin	Gonystylus bancanus
	Rosenholz	Dalbergia vanabilis
	Sapelli	Entandrophragma cylindricum

Verwendungszweck	Handelsname	botanische Bezeichnung
Ausstattungsholz	Sen	Acanthopanax ricinifolius
	Sipo	Entandrophragma utile
	Sucupira	Bowdichia nitida
	Teak	Tectona grandis
	Tiama	Entandrophragma angolense
	Walnuß	Juglans regia
	Wenge	Milettia laurentii
Bleistiftholz	Jelutong	Dyera costulata
	Erle	Alnus glutinosa
	Pappel	Populus spp.
	Alerce	Fitzroya cupressoides
	Wacholder	Juniperus virginiana
	Incense Cedar	Libocedrus decurrens
Blindholz	Onzabili	Antrocaryon klaineanum
	Jelutong	Dyera costulata
	Erle	Alnus glutinosa
	Ceiba	Ceiba pentandra
	Okoume	Aucoumea klaineana
	Assacu	Hura crepitans
	Ogea	Daniellia ogea
	Whitewood	Liriodendron tulipifera
	Antiaris	Antiaris africana
	Ilomba	Pycnanthus angolensis
	Abura	Hallea stipulosa
	Pappel	Populus spp.
	Strobe	Pinus strobus
Bootsbau	Freijo	Cordia goeldiana
	Okoume	Aucoumea klaineana
	Eiche	Quercus robur
	Doussie	Afzelia bipindensis
	Tchitola	Oxystigma oxyphyllum
	Kokrodua	Pericopsis elata
	Cedrela	Cedrela mexicana
	Sipo	Entandrophragma utile

Tabelle 17: Holzarten und Verwendungszwecke (Fortsetzung)

Verwendungszweck	Handelsname	botanische Bezeichnung
Bootsbau	Khaya	Khaya ivorensis
	Niove	Staudtia stipitata
	Teak	Tectona grandis
Drechslerholz	Bergahorn	Acer pseudoplatanus
	Peroba rosa	Aspidosperma polyneuron
	Erle	Alnus glutinosa
	Birke	Betula alba
	Hainbuche	Carpinus betulus
	Buchsbaum	Buxus sempervirens
	Muhuhu	Brachylaena hutchinsii
	Makassar	Diospyros celebica
	Ebenholz	Diospyros crassiflora
	Rotbuche	Fagus silvatica
	Ozouga	Saccoglottis gabonensis
	Curupay	Piptadenia rigida
	Pernambuc	Caesalpinia echinata
	Patridge	Caesalpinia granadillo
	Agba	Gossweilerodendron balsamiferum
	Bubinga	Guibourtia tessmannii
	Cocus	Brya ebenus
	Ostind. Palisander	Dalbergia latifolia
	Grenadill	Dalbergia melanoxylon
	Cocobolo	Dalbergia retusa
	Keledang	Artocarpus lanceifolius
	Kirschbaum	Cerasus avium
	Birnbaum	Pirus communis
	Sandelholz	Santalum album
Extrakthölzer	Quebracho	Schinopsis balansae
	Muhuhu	Brachylaena hutchinsii
	Edelkastanie	Castanea sativa
	Kampferholz	Cinnamomum camphora
	Pernambuc	Caesalpinia echinata
	Campeche	Haematoxylon campechianum

Verwendungszweck	Handelsname	botanische Bezeichnung
Extrakthölzer	Amyris	Amyris balsamifera
	Sandelholz	Santalum album
	Pockholz	Guaiacum officinale
Fässer	Peroba a campos	Paratecoma peroba
	Yang	Dipterocarpus alatus
	Rotbuche	Fagus silvatica
	Eiche	Quercus robur
	Angelique	Dicorynia guianensis
	Movingui	Distemonanthus enthamianus
	Doussie	Afzelia bipindensis
	Iroko	Chlorophora excelsa
	Azobe	Lophira alata
	Tanda	Rhizophora racemosa
	Lärche	Larix decidua
Fenster	Sipo	Entandrophragma utile
	Teak	Tectona grandis
	Dark Red Meranti	Shorea sp. pl.
	Fichte	Picea abies
	Kiefer	Pinus sylvestris
Gartenmöbel	Doussie	Afzelia bipindensis
	Iroko	Chlorophora excelsa
	Robinie	Robinia pseudoacacia
Gewehrschäfte	Walnuß	Juglans regia
	Wenge	Millettia laurentii
	Dibetou	Lovoa trichilioides
	Keledang	Artocarpus lanceifolius
Intarsien	Bergahorn	Acer pseudoplatanus
	Ebenholz	Diospyros crassiflora
	Palisander	Dalbergia latifolia
	Cocobolo	Dalbergia retusa
	Rosenholz	Dalbergia variabilis

Tabelle 17: Holzarten und Verwendungszwecke (Fortsetzung)

Verwendungszweck	Handelsname	botanische Bezeichnung
Intarsien	Birnbaum	Pirus communis
	Dao	Dracontomelum dao
Kisten	Onzabili	Antrocaryon klaineanum
	Jelutong	Dyera costulata
	Canarium	Canarium schweinfurthii
	Assacu	Hura crepitans
	Ogea	Daniellia ogea
	Antiaris	Antiaris africana
	Ilomba	Pycnanthus angolensis
	Pappel	Populus spp.
	Abachi	Triplochiton scleroxylon
	Strobe	Pinus strobus
Konstruktionsholz innen - geringe Beanspruchung	Assacu	Hura crepitans
	Ogea	Daniellia ogea
	Cedrela	Cedrela mexicana
	Antiaris	Antiaris africana
	Ilomba	Pycnanthus angolensis
	Marupa	Simarouba amara
	Abachi	Triplochiton scleroxylon
Konstruktionsholz innen - mäßige Beanspruchung	Onzabili	Antrocaryon klaineanum
	Primavera	Tabebuia donnellsmithii
	Dibetou	Lovoa trichilioides
	Avodire	Turraeanthus africanus
	Laurel	Laurelia aromatica
	Abura	Hallea stipulosa
	Light Red Meranti	Shorea sp. pl.
Konstruktionsholz innen - mittlere Beanspruchung	Peroba da campos	Paratecoma peroba
	Freijo	Cordia goeldiana
	Framire	Terminalia ivorensis
	Limba	Terminalia superba
	Mersawa	Anisoptera marginata
	Landa	Erythroxylum mannii
	Rotbuche	Fagus silvatica

Verwendungszweck	Handelsname	botanische Bezeichnung
Konstruktionsholz innen - mittlere Beanspruchung	Ramin	Gonystylus bancanus
	Jacareuba	Calophyllum brasiliense
	Kokrodua	Pericopsis elata
	Tiama	Entandrophragma angolense
	Sapelli	Entandrophragma cylindricum
	Bosse	Guarea cedrata
	Mahagoni	Swietenia macrophylla
	Mansonia	Mansonia altissima
	Dark Red Meranti	Shorea sp. pl.
Konstruktionsholz innen - stärkere Beanspruchung	Peroba rosa	Aspidosperma polyneuron
	Yang	Dipterocarpus alatus
	Roteiche	Quercus rubra
	Ozouga	Saccoglottis gabonensis
	Doussie	Afzelia bipindensis
	Angelique	Dicorynia guianensis
	Movingui	Distemonanthus benthamiamus
	Sucupira	Bowdichia nitida
	Sipo	Entandrophragma utile
	Iroko	Chlorophora excelsa
	Makore	Tieghemella heckelii
Konstruktionsholz innen - starke Beanspruchung	Eiche	Quercus robur
	Amarant	Peltogyne venosa
	Wenge	Millettia laurentii
	Teak	Tectona grandis
	Longleaf Pine	Pinus palustris
Konstruktionsholz außen - mäßige Beanspruchung	Primavera	Tabebuia donnellsmithii
	Dibetou	Lovoa trichilioides

Tabelle 17: Holzarten und Verwendungszwecke (Fortsetzung)

Verwendungszweck	Handelsname	botanische Bezeichnung
Konstruktionsholz außen - mittlere Beanspruchung	Freijo	Cordia goeldiana
	Framire	Terminalia ivorensis
	Landa	Erythroxylum mannii
	Jacareuba	Calophyllum brasiliense
	Kokrodua	Pericopsis elata
	Tiama	Entandrophragma angolense
	Sapelli	Entandrophragma cylindricum
	Kotibe	Nesogordonia papaverifera
	Bosse	Guarea cedrata
	Mansonia	Mansonia altissima
Konstruktionsholz außen - stärkere Beanspruchung	Peroba rosa	Aspidosperma polyneuron
	Yang	Dipterocarpus alatus
	Movingui	Distemonanthus benthamianus
	Sucupira	Bowdichia nitida
	Sipo	Entandrophragma utile
	Iroko	Chlorophora excelsa
	Makore	Tieghemella heckelii
	Dark Red Meranti	Shorea sp. pl.
Konstruktionsholz außen - starke Beanspruchung	Quebracho	Schinopsis balansae
	Eiche	Quercus robur
	Greenheart	Ocotea rodiei
	Amarant	Peltogyne venosa
	Wenge	Millettia laurentii
	Azobe	Lophira alata
	Teak	Tectona grandis
	Longleaf Pine	Pinus palustris
	Ozouga	Saccoglottis gabonensis
	Doussie	Afzelia bipindensis
	Angelique	Dicorynia guianensis

Verwendungszweck	Handelsname	botanische Bezeichnung
Küchengeräte	Bergahorn	Acer pseudoplatanus
	Rotbuche	Fagus silvatica
Labortische	Doussie	Afzelia bipindensis
	Iroko	Chlorophora excelsa
	Teak	Tectona grandis
	Thingan	Hopea odorata
	Movingui	Distemonanthus benthamianus
	Azobe	Lophira alata
Leisten	Ilomba	Pycnanthus angolensis
	Abura	Hallea stipulosa
	Jelutong	Dyera costulata
	Abachi	Triplochiton scleroxylon
	Ramin	Gonystylus bancanus
Modellholz	Erle	Alnus glutinosa
	Ceiba	Ceiba pentandra
	Whitewood	Liriodendron tulipifera
	Strobe	Pinus strobus
Musikinstrumente	Bergahorn	Acer pseudoplatanus
	Ebenholz	Diospyros crassiflora
	Cocus	Brya ebenus
	Grenadill	Dalbergia melanoxylon
	Cocobolo	Dalbergia retusa
	Birnbaum	Pirus communis
	Marupa	Simarouba amara
	Sequoie	Sequoia sempervirens
	Pernambuc	Caesalpinia echinata
Parkett	Peroba rosa	Aspidosperma polyneuron
	Muhuhu	Brachylaena hutchinsii
	Mersawa	Anisoptera marginata
	Landa	Erythroxylum mannii
	Rotbuche	Fagus silvatica
	Eiche	Quercus robur

Tabelle 17: Holzarten und Verwendungszwecke (Fortsetzung)

Verwendungszweck	Handelsname	botanische Bezeichnung
Parkett	Jacareuba	Calophyllum brasiliense
	Ozouga	Saccoglottis gabonensis
	Curupay	Piptadenia rigida
	Doussie	Afzelia bipindensis
	Missanda	Erythrophleum guinense
	Movingui	Distemonanthus benthamianus
	Kokrodua	Pericopsis elata
	Sucupira	Bowdichia nitida
	Wenge	Millettia laurentii
Prothesen	Balsa	Ochroma lagopus
	Pappel	Populus spp.
	Abachi	Triplochiton scleroxylon
Schälholz	Onzabili	Antrocaryon klaineanum
	Erle	Alnus glutinosa
	Birke	Betula alba
	Prima vera	Tabebuia donnellsmithii
	Ceiba	Ceiba pentandra
	Okoume	Aucoumea klaineana
	Framire	Terminalia ivorensis
	Limba	Terminalia superba
	Mersawa	Anisoptera marginata
	Assacu	Hura crepitans
	Lauan	Pentacme contorta
	Rotbuche	Fagus silvatica
	Ogea	Daniellia ogea
	Agba	Gossweilerodendron balsamiferum
	Tchitola	Oxystigma oxyphyllum
	Khaya	Khaya ivorensis
	Antiaris	Antiaris africana
	Ilomba	Pycnanthus angolensis
	Abura	Hallea stipulosa
	Pappel	Populus spp.
	Abachi	Triplochiton scleroxylon

Verwendungszweck	Handelsname	botanische Bezeichnung
Schnitzholz	Bergahorn	Acer pseudoplatanus
	Erle	Alnus glutinosa
	Zirbelkiefer	Pinus cembra
	Kampferholz	Cinnamomum camphora
	Birnbaum	Pirus communis
	Sandelholz	Santalum album
Schwellen	Quebracho	Schinopsis balansae
	Rotbuche	Fagus silvatica
	Eiche	Quercus robur
	Dabema	Piptadeniastrum fricanum
	Kempas	Koompassia malaccensis
	Sucupira	Bowdichia nitida
	Iroko	Chlorophora excelsa
	Azobe	Lophira alata
Sitzmöbel	Rotbuche	Fagus silvatica
	Roteiche	Quercus rubra
	Hickory	Carya tomentosa
	Niove	Staudtia stipitata
	Kirschbaum	Cerasus avium
	Ulme	Ulmus carpinifolia
	Teak	Tectona grandis
	Dibetou	Lovoa trichilioides
Sportgeräte	Hickory	Carya tomentosa
	Brigalow	Acacia harpophylla
	Amarant	Peltogyne venosa
	Esche	Fraxinus excelsior
	Movingui	Distemonanthus benthamianus
	Ulme	Ulmus carpinifolia
Tischplatten	Bergahorn	Acer pseudoplatanus
	Wenge	Millettia laurentii
	Eiche	Quercus robur

Tabelle 17: Holzarten und Verwendungszwecke (Fortsetzung)

Verwendungszweck	Handelsname	botanische Bezeichnung
Treppen	Peroba rosa	Aspidosperma polyneuron
	Mersawa	Anisoptera marginata
	Yang	Dipterocarpus alatus
	Jacareuba	Calophyllum brasiliense
	Ozouga	Saccoglottis gabonensis
	Curupay	Piptadenia rigida
	Iroko	Chlorophora excelsa
	Eiche	Quercus robur
	Mutenye	Guibourtia arnoldiana
	Tiama	Entandrophragma angolense
	Kosipo	Entandrophragma candollci
	Sapelli	Entandrophragma cylindricum
	Sipo	Entandrophragma utile
	Azobe	Lophira alata
	Makore	Tieghemella heckelii
	Niangon	Tarrietia utilis

Verwendungszweck	Handelsname	botanische Bezeichnung
Werkholz	Hainbuche	Carpinus betulus
	Rotbuche	Fagus silvatica
	Ozouga	Saccoglottis gabonensis
	Hickory	Carya tomentosa
	Esche	Fraxinus excelsior
	Pockholz	Guaiacum officinale
Zeichengeräte	Birnbaum	Pirus communis
	Linde	Tilia cordata
Zigarrenkisten	Okoume	Aucoumea klaineana
	Cedrela	Cedrela mexicana
	Bosse	Guarea cedrata
	Alerce	Fitzroya cupressoides
Zündhölzer	Pappel	Populus spp.
	Marupa	Simarouba amara
	Scheinzypresse	Chamaecyparis lawsoniana
	Linde	Tilia cordata
	Weide	Salix alba

1.4.2 Kurzzeichen und Namen wichtiger Handelshölzer nach DIN 4076, I (1985) und EN 13556 (2003)

Tabelle 18

DIN 4076	Handelsname	botanische Bezeichnung	EN 13556	Vorkommen
ABA	Abachi, Samba, Wawa	Triplochiton scleroxylon	TRSC	Westafrika
ABU	Abura, Bahia, Vuku	Hallea ciliata	HLCL	West- und Zentralafrika
ADI	Andiroba, Crabwood	Carapa guianensis	CRGN	trop. Amerika
AFR	Afrormosia, Kokrodua	Pericopsis elata	PKEL	Elfenbeinküste, Zaire
AFZ	Afzelia, Doussie, Lingue	Afzelia bipindensis u. a.	AFXX	trop. Afrika
AGB	Agba, Tola branca	Gossweilerodendron balsamiferum	GOXX	West- und Zentralafrika
AGQ	Angelique, Basralocus	Dicorynia guianensis	DIXX	Guayana, Brasilien
AGT	Agathis	Agathis alba	AGDM	Malaya, Insulinde
AH	Ahorn, Berg-, Sycamore	Acer pseudoplatanus	ACPS	Europa
AHZ	Ahorn, Zucker-	Acer saccharum	ACSC	östl. Nordamerika
AKO	Antiaris, Bonkonko, Ako	Antiaris africana	ATTX	trop. Afnka
ALR	Alerce	Fitzroya cupressoides	FICP	Chile, Argentinien
AMA	Amarant, Purpleheart	Peltogyne paniculata	PGXX	trop. Amerika
ANI	Aningre	Aningeria spp.	AQXX	trop. Afrika
AS	Aspe, Espe, Zitterpappel	Populus tremula	POTL	Europa, Nordasien
ASA	Assacu, Possentrie	Hura crepitans	----	trop. Amerika
AVO	Avodire, Lusamba	Turraeanthus africanus	TUAF	West-und Zentralafrika
AZO	Azobe, Bongossi, Ekki	Lophira alata	LOAL	Westafrika
BAL	Balsa	Ochroma lagopus	OHLG	trop. Amerika
BAU	Balau, Bangkirai	Shorea spp.	SHBL	Südostasien
BB	Birnbaum	Pirus communis	PYCM	Süd- und Mitteleuropa
BI	Birke	Betula verrucosa/pubescens	BTXX	Europa, Nordasien
BIL	Bilinga, Opepe	Nauclea diderrichii	NADD	West- und Zentralafrika
BIT	Bintangor, Callophyllum	Callophyllum retusum	CLXX	Südostasien
BKA	Incense cedar	Calocedrus decurrens	CCDC	südwestl. Nordamerika
BOR	Boire, Amouk	Detarium senegalense	----	Westafrika
BOS	Bosse, Guarea	Guarea cedrata	GRXX	West- und Zentralafrika
BRU	Bruyere	Erica arborea	----	Nordafrika, Südeuropa
BU	Buche, Rotbuche	Fagus silvatica	FASY	Europa
BUB	Bubinga, Kevazingo	Guibourtia demeusei	GUXX	West- und Zentralafrika
BUC	Buchsbaum	Buxus sempervirens	BXSM	Nordafrika, Südeuropa
BVI	Eastern red cedar	Juniperus virginiana	JUVR	südöstl. Nordamerika
CAF	Canarium, Aiele	Canarium schweinfurthii	CNSC	trop. Afrika
CAM	Campeche, Blauholz	Haematoxylon campechianum	----	Zentralamerika
CAS	Castanheiro, Para-Nuß	Bertholletia excelsa	----	nordl. Südamerika
CAT	Cativo	Prioria copaifera	----	trop. Amerika
CED	Cedro, Cedrela, Zeder	Cedrela fissilis	CEXX	trop. Amerika
CEI	Ceiba, Fromager, Fuma	Ceiba pentandra	CBPN	trop. Amerika und Afrika
COA	Cordia, Ebe, Omo	Cordia africana u.a.	COXB	Westafrika
COC	Cocobolo	Dalbergia retusa	DLRT	Zentralamerika
COI	Coigue, Feuerland-Kirsch	Nothofagus dombeyi	----	Chile

Tabelle 18 (Fortsetzung)

DIN 4076	Handelsname	botanische Bezeichnung	EN 13556	Vorkommen
CUB	Courbaril	Hymenaea courbaril	HYCB	trop. Amerika
CUS	Cocus	Brya buxifolia	----	Zentralamerika
DA	Dabema, Dahoma	Piptadeniastrum africanum	PIAF	West- und Zentralafrika
DAN	Daniellia, Faro, Ogea	Daniellia klainei	DNXX	West- und Zentralafrika
DG	Douglasie	Pseudotsuga menziesii	PSMN	Europa
DGA	Oregon pine, Douglas Fir	Pseudotsuga menziesii	PSMN	westl. Nordamerika
DIB	Dibetou, Bibolo	Lovoa trichilioides	LVTR	West- und Zentralafrika
DIM	Diambi, Guarea	Guarea thompsonii	GRTH	West- und Zentralafrika
DUK	Douka, Makore, Okola	Tieghemella africana	TGAF	Kamerun, Kongo
EBE	Ebenholz, afr., asiat.	Diospyros crassiflora u. a.	DSXX	trop. Afrika und Asien
EBM	Macassar-Ebenholz	Diospyros celebica	DSCL	Südostasien, Indonesien
EI	Eiche	Quercus robur/petraea	QCXE	Europa
EIB	Eibe, Yew	Taxus baccata	TXBC	Europa, Asien, Nordamerika
EU	Eiche, Japan., Onara	Quercus crispula	QCXJ	Japan
EIR	Roteiche	Quercus rubra	QCXR	östl. Nordamerika (Europa)
EIW	Weißeiche	Quercus alba	QCXA	östl. Nordamerika
EKA	Edelkastanie	Castanea sativa	CTST	Mittel- und Südeuropa
ER	Erle	Alnus glutinosa	ALGL	Europa
ES	Esche	Fraxinus excelsior	FXEX	Europa, Westasien
ESA	Esche, amerikanische	Fraxinus americana	FXXX	südöstl. Nordamerika
ESG	Essessang, Erimado	Ricinodendron heudelotii	RIXX	Westafrika
ESJ	Esche, Japan., Tamo	Fraxinus mandshurica	----	Ostasien
ETI	Etimoe, Entedua	Copaifera salikounda	CFSL	Westafrika
EYG	Eyong, yellow sterculia	Sterculia oblonga	----	Westafrika
FEI	Freijo, Laurel, Cordia	Cordia goeldiana	COGL	Brasilien
FI	Fichte, Weißholz	Picea abies	PCAB	Europa
FIS	Sitkafichte, S-spruce	Picea sitchensis	PCST	nordwestl. Nordamerika
FRA	Framire, Idigbo, Emen	Terminalia ivorensis	TMIV	Guinea bis Kamerun
GRA	Grenadill, afrikan.	Dalbergia melanoxylon	DLML	östl. Afrika
GRE	Greenheart	Ocotea rodiei	----	nördl. Südamerika
HB	Hainbuche, Weißbuche	Carpinus betulus	CPBT	Süd- und Mitteleuropa
HEM	Hemlock	Tsuga heterophylla	TSHT	nordwestl. Nordamerika
HIC	Hickory, True Hickory	Carya ovata/glabra	CAXX	östl. Nordamerika
ILO	Ilomba	Pycnanthus angolensis	PXAN	Westafrika
IMB	Imbuia	Phoebe porosa	OCPR	südl. Südamerika
IPE	Ipe, Lapacho	Tabebuia ipe u. a.	TBXX	Zentral- und Südamerika
IRO	Iroko, Kambala	Chlorophora excelsa	MIXX	trop. Afrika
JAR	Jarrah	Eucalyptus marginata	EUMR	Westaustralien
JEL	Jclutong	Dyera costulata	DYCS	Südostasien
KA	Roßkastanie	Aesculus hippocastanum	AEHP	Europa
KAR	Karri	Eucalyptus diversicolor	EUDV	Südwestaustralien
KB	Kirschbaum	Cerasus avium	PRAV	Europa

Tabelle 18 (Fortsetzung)

DIN 4076	Handelsname	botanische Bezeichnung	EN 13556	Vorkommen
KEL	Keledang, Terap	Artocarpus elasticus u. a.	----	Südostasien
KEM	Kempas, Impas	Koompassia malaccensis	KOML	Südostasien
KI	Kiefer, Rotholz	Pinus sylvestris	PNSY	Europa, Nordwestasien
KIA	Kirsch, amerik. Black Cherry	Prunus serotina	PRSR	Nord- u. Mittelamerika
KIS	(österr.)Schwarzkiefer	Pinus nigra	PNNN	Süd- und Mitteleuropa
KIW	Kiefer, Weymouth-, Strobe	Pinus strobus	PNST	östl. Nordamerika (Europa)
KIZ	Zirbelkiefer, Arve	Pinus cembra	PNCM	Europa
KOB	Kotibe, Danta	Nesogordonia papaverifera	NEPP	Westafrika
KON	Kondroti, Alone	Rhodognaphalon brevicuspe	RHBR	Westafrika
KOS	Kosipo, Omu	Entandrophragma candollei	ENCN	Westafrika
KPR	Kapur, Kampferholz	Dryobalanops lanceolata	DRXX	Südostasien
KTO	Koto, Pohouro	Pterygota macrocarpa u. a.	PQXX	Westafrika
LA	Lärche	Larix decidua	LADC	Mitteleuropa
LAI	Laurel, Indian	Terminalia alata	TMXX	Indien, Birma
LAJ	Lärche, japanische	Larix leptolepis	----	Japan,(Europa)
LAR	Lauan, Red	Shorea polysperma u. a.	----	Philippinen
LAS	Lärche, sibirische	Larix sibirica	LAGM	Nordasien, Nordosteuropa
LAT	Lati, Bokanga	Amphimas pterocarpoides	APPT	Westafrika
LAW	Lauan, White	Shorea almon u. a.	----	Philippinen
LEN	Lenga, Roble blanco	Nothofagus pumilio	NOPM	Chile
LI	Linde	Tilia cordata	TIXX	Europa
LMB	Limba, Afara, Frake	Terminalia superba	TMSP	Westafrika
LON	Longhi	Aningeria altissima u. a.	AQXX	Westafrika
LPR	Louro preto	Cordia glabrata	----	Bolivien, Brasilien
MAA	Mahagoni, Khaya-,	Khaya ivorensis	KHXX	Westafrika
MAC	Makore	Tieghemella heckelii	TGHC	Sierra Leone bis Ghana
MAE	Mahagoni, Echtes	Swietenia macrophylla	SWMC	Zentral- u. nördl. Südamerika
MAN	Mansonia, Bete	Mansonia altissima	MAAL	Westafrika
MAO	Manio	Podocarpus nubigens	----	Chile
MAS	Mahagoni, Sapelli-, Lifaki, Aboudikro	Entandrophragma cylindricum	ENCY	West- und Zentralafrika
MAU	Mahagoni, Sipo-, Utile	Entandrophragma utile	ENUT	Westafrika
MEB	Merbau, Ipil, Kwila	Intsia bijuga	INXX	Malayischer Archipel
MEG	Meranti, Gelbes -	Shorea faguetiana u. a.	----	Malaysia, Indonesien
MEN	Mengkulang, Palapi	Heritiera javanica u. a.	HEXM	Südostasien
MEP	Merpauh, Muom	Swintonia floribunda	----	Südostasien
MER	Meranti, Rotes - Red seraya	Shorea negrosensis - Shoera pauciflora	----	Südostasien
MES	Mersawa, Krabak	Anisoptera curtisii u. a.	ANXX	Südostasien
MEW	Meranti, Weißes-	Shorea assamica	----	Südostasien
MOA	Moabi	Baillonella toxisperma	BLTX	Kamerun, Gabun
MOV	Movingui	Distemonanthus benthamianus	DTBN	Westafrika
MRW	Merawan	Hopea mengarawan	HPXM	Südostasien
MUT	Mutenye	Guibourtia arnoldiana	GUAR	West- und Zentralafrika

Tabelle 18 (Fortsetzung)

DIN 4076	Handelsname	botanische Bezeichnung	EN 13556	Vorkommen
MUU	Muhuhu	Brachylaena hutchinsii	BYHT	Ostafrika
NB	Nußbaum, Walnußbaum	Juglans regia	JGRG	Südeuropa, Nordindien
NBA	Nußbaum amerik.	Juglans nigra	JGNG	östl. Nordamerika
NIA	Niangon	Tarrietia utilis	HEXN	Westafrika
NIO	Niove	Staudtia stipitata	SSST	West- und Zentralafrika
NYA	Nyatoh, Mayang	Palaquium hexandrum	PPXX	Südostasien
OKU	Okoume	Aucoumea klaineana	AUKL	Gabun, Kongo
OLI	Olive, Olivier	Olea europaea	OLER	Nordafrika, Südosteuropa
OLO	Olon, Bongo	Fagara heitzii	----	Westafrika
ONZ	Onzabili	Antrocaryon micraster	----	Westafrika
OVE	Ovenkol, Amazakoue	Guibourtia ehie	GUEH	Westafrika
OZI	Ozigo	Dacryodes buettneri	DABT	Westafrika
PA	Pappel	Populus canescens u. a.	POCN	Europa, Vorderasien
PAF	Padouk afr.	Pterocarpus soyauxii	PTXX	Westafrika
PAL	Dao, Paldao	Dracontomelum dao	DMDA	Malaysischer Archipel
PAM	Palisander, Amazonas -	Dalbergia spruceana	----	Brasilien
PAP	Parana „Pine" Brasil „Kiefer"	Araucaria angustifolia	ARAN	südl. Brasilien
PBA	Padouk, Burma-	Pterocapus marcrocarpus	----	Südostasien
PDG	Partridge	Caesalpinia granadillo	CSGR	trop. Südamerika
PER	Peroba rosa, Amarello	Aspidosperma peroba	ASXX	östl. Südamerika
PGP	Panga Panga	Millettia stuhlmannii	MTST	Ostafrika
PII	Radiata Pine	Pinus radiata	PNRD	Südamerika, -afrika, Australien
PIP	Pitch-Pine	Pinaceae	PNPL	Nordamerika
PIR	Red-Pine	Pinaceae	----	Nordamerika
PLT	Platane	Platanus acerifolia	----	Europa, Nordamerika
PML	Padouk, Amboina	Pterocarpus indicus	----	Malaysischer Archipel
PNB	Pernambuc	Caesalpinia echinata	CSEC	östl. Südamerika
POD	Podo, Yellow wood	Podocarpus gracilior	PDXX	Äthiopien, Rhodesien
POH	Pockholz, Gaiac	Guaiacum officinale	GCXX	Süd- und Mittelamerika
POS	Palisander, Ostindischer-	Dalbergia latifolia	DLLT	Vorderindien, Java
PRO	Palisander, Rio, Rio Jacaranda	Dalbergia nigra	DLNG	südöstl. Brasilien
PRS	Pau rosa, pau ferro	Swartzia fistuloides	SZXX	trop. Afrika
PSI	Persimmon	Diospyros virginiana	DSVG	südöstl. Nordamerika
QUA	Quaruba, Yemeri	Vochysia guianensis	VOXX	trop. Amerika
QEB	Quebracho blanco	Aspidosperma quebrachoblanco	ASXX	südöstl. Südamerika
QEC	Quebracho Colorado	Schinopsis balansae	----	Südamerika
RAM	Ramin, Melawis	Gonystylus bancanus	GYBN	Südostasien
RAU	Rauli	Nothofagus procera	NOPR	südwestl. Südamerika
RCW	Red cedar, Thuja	Thuja plicata	THPL	nordwestl. Nordamerika
RGS	Rengas, Son	Gluta rengas	----	Südostasien
ROB	Robinie, falsche Akazie	Robinia pseudoacacia	ROPS	östl. Nordamerika (Europa)
RSB	Rosenholz, Bahia	Dalbergia decipularis	DLXX	östl. Südamerika

Tabelle 18 (Fortsetzung)

DIN 4076	Handels-name	botanische Bezeichnung	EN 13556	Vorkommen
RU	Rüster, Ulme	Ulmus carpinifolia	----	Europa
RUA	Rüster, amerik., canad.	Ulmus americana	ULAM	Nordamerika
RWK	Redwood, Sequoia	Sequoia sempervirens	SESM	USA (Oregon, Kalifornien)
SAO	Satinholz, Ostindisches	Chloroxylon swietenia	----	Südwestasien
SAW	Satinholz, Westindisches	Zanthoxylum flavum	----	Zentralamerika
SEL	Sempilor, Melor	Dacrydium beccarii	----	Südostasien
SEN	Sen	Acanthopanax ricinifolius	----	Ostasien
SEW	Seraya, White	Parashorea spp.	PHWS	Malaysia
SUC	Sucupira	Bowdichia nitida	BOXX	nördl. Südamerika
SUG	Sugi	Cryptomeria japonica	CYJP	Japan, Formosa
SUR	Suren, Toon	Toona calantas u. a.	----	Südostasien
SWG	Sweetgum, „Satin-Nuß“	Liquidambar styraciflua	LQST	Mittelamerika
SWW	Spruce, Western, White	Picea glauca	PCGL	Westl. Kanada
TA	Tanne	Abies alba	ABAL	Süd- und Mitteleuropa
TAL	Tali, Missanda	Erythrophleum guinense	EYXX	trop. Afrika
TAO	Tasmanian „Oak“	Eucalyptus delegatensis u. a.	EUXX	Australien
TCH	Tchitola	Oxystigma oxyphyllum	OXOX	West- und Zentralafrika
TEK	Teak, Djati	Tectona grandis	TEGR	Südasien
TIA	Tiama	Entandrophragma angolense	ENAN	West- u. Zentralafrika
VIR	Virola, Baboen	Virola surinamensis	VIXX	trop. Amerika
WDE	Weide	Salix alba u. a.	SAXX	Europa
WEN	Wenge	Milletlia laurentii	MTLR	Kamerun bis Zaire
WIW	Whitewood, Tulpenbaum	Liriodendron tulipifera	LITL	südöstl. Nordamerika
YAN	Keruing, Yang, Dau, Eng	Dipterocarpus alatus	DPXX	trop. Asien
ZAP	Zapatero	Gossypiospermum praecox	----	Zentral- und nördl. Südamerika
ZED	Zeder, echte	Cedrus deodara	CDXX	Asien
ZIN	Zebrano, Zingana	Microberlina bisulcata	MBXX	Kamerun, Kongo
ZYP	Zypresse	Cupressus sempervirens	CUXX	Südeuropa, Vorderasien

1.4.3 Eigenschaften der wichtigsten Hölzer[16]

Tabelle 19

Handelsname	Rohdichte ρ_0 g/cm³	Rohdichte $\rho_{12...15}$ g/cm³	Radial-schwund β_r %	Tangential-schwund β_t %	Volumen-schwund q_v %
Abachi	0,25...0,35...0,52	0,33...0,40...0,55	2,2...3,2...4,2	4,6...5,6...6,7	0,19...0,32
Abura	0,43...0,53...0,60	0,45...0,56...0,64	3,8...4,2...4,9	7,8...8,3...9,5	0,39...0,45
Afrormosia (Kokrodua)	~0,65	0,70...0,86	3,0...3,5	6,0...7,0	0,41...0,43
Agathis (Kauri)	0,36...0,46...0,63	0,40...0,50...0,67	2,8...4,0...4,7	8,3...9,3...11,4	0,33...0,47
Ahorn, Berg-	0,48...0,59...0,75	0,53...0,63...0,79	~3,0	~8,0	~0,25
Ako	~0,43	0,37...0,46...0,58	3,0...3,7...4,4	5,3...6,5...7,8	0,25...0,37
Alerce	0,29...0,34...0,40	0,33...0,38...0,54	2,2...3,8	4,5...5,8	0,23...0,33
Amarant	0,76...0,80...0,89	0,80...0,83...0,95	3,2...5,0	6,1...7,5	0,40...0,58
Andiroba	0,52...0,58...0,68	0,57...0,62...0,70	3,1...4,9	7,6...8,0...9,3	0,35...0,51
Angélique	0,60...0,72	0,75...0,83...0,90	4,6...5,5	7,7...9,2	0,45...0,58
Aningré blanc	0,48...0,52...0,58	0,51...0,54...0,60	3,3...4,1...5,7	5,7...6,7...7,3	0,30...0,44
Assacú	0,34...0,38...0,45	0,36...0,42...0,52	2,7...3,5	4,5...6,5	0,25...0,35
Avodiré	~0,51	0,50...0,55...0,60	3,6...3,8...3,9	6,2...6,3...6,5	0,34...0,39
Azobe (Bongossi)	0,95...1,04...1,14	0,97...1,12...1,15	6,7...7,4...9,2	8,3...8,7...10,8	0,51...0,70
Baboen (Virola)	~0,41	0,42...0,45...0,55	3,6...4,6	8,8...9,0	~0,46
Balsa	0,05...0,13	0,07...0,26	1,8...3,0	3,5...5,3	0,16...0,28
Bété (Mansonia)	0,54...0,60...0,65	0,58...0,62...0,68	2,0...4,0...7,0	4,0...6,2...7,8	0,22...0,54
Birke	0,46...0,61...0,80	0,51...0,65...0,83	~5,3	~7,8	~0,23
Birnbaum	0,65...0,70...0,76	0,69...0,74...0,80	~4,6	~9,1	~0,48
Black Walnut (amerik. Nuß)	0,56...0,58	0,58...0,64...0,81	4,8...5,5	7,1...7,8	~0,40
Blue Gum (Eukalyptus)	0,66...0,79	0,72...0,77	~9,8	~20,6	~1,08
Bois de rose	~0,90	~0,94	~3,8	~8,1	~0,41
Bossé	0,52...0,55...0,595	0,55...0,58...0,65	3,0...3,6...4,2	4,5...5,3...5,8	0,28...0,38
Bubinga	~0,75	0,80...0,87...0,95	5,0...7,5	7,8...9,6	0,42...0,56
Buche, Rot-	0,49...0,68...0,88	0,54...0,72...0,91	~5,8	~11,8	0,46...0,60
Canarium (Aiélé)	0,33...0,45...0,53	0,35...0,49...0,56	3,9...4,4...5,0	5,5...7,1...8,3	0,32...0,46
Cedar, Inccnse	0,26...0,34	0,30...0,38	~3,3	~5,2	~0,29
Cedar, Western Red	~0,35	0,33...0,39...0,46	1,8...2,4	4,5...5,0	0,22...0,25
Cedro	0,43...0,46	0,42...0,51...0,68	2,3...4,1	4,9...6,3	0,25...0,33
Ceiba (Fromager)	0,16...0,26...0,40	0,25...0,33...0,45	2,5...3,5	4,1...7,5	0,30...0,40
Chickrassy	0,60...0,70...0,78	0,65...0,76...0,84	3,9...5,2	6,0...7,4	0,34...0,43
Cocobolo	~1,03	0,99...1,20	~2,7	~4,3	~0,24
Courbaril	0,71...0,90	0,80...0,95...1,02	3,2...4,5	7,6...8,6	0,50...0,61
Dabéma	~0,65	0,65...0,70...0,80	3,5...4,2...5,1	7,2...8,5...10,1	0,38...0,45
Dao	0,58...0,64...0,70	0,62...0,68...0,76	~4,0	~8,7	~0,43
Dibétou (Lovoa)	0,40...0,51...0,56	0,43...0,55...0,65	3,1...3,6...3,9	5,3...5,5...6,9	0,28...0,42
Douglasie	0,32...0,47...0,73	0,35...0,51...0,75	4,0...4,8	7,0...7,7	0,38...0,42
Douka	0,60...0,66...0,70	0,65...0,70...0,75	~6,0	~8,0	~0,50
Doussié (Afzelia)	~0,7	0,70...0,75...0,90	2,2...3,0	3,6...4,4	~0,23
Ebenholz, Makassar	0,90...1,03	1,10...1,20	~8,2	~12,8	0,47...0,93

Druckfestigkeit $<3_{dB}$ N/mm²	Zugfestigkeit $\sigma_{zB\|\|}$ N/mm²	Biegefestigkeit σ_{bB} N/mm²	Härte $H_{B\|\|}$ N/mm²	E-Modul $E_{b\|\|}$ N/mm²	Handelsname
24...40...50	11...49...79	30...73...110	~25	4900...6800...8700	Abachi
32...43...52		56...75...95	43...48...53	8800...9500...12600	Abura
66...70		120...150	~32	11300...13500	Afrormosia (Kokrodua)
34...51...66	85...135...197	60...101...125	29...38...57	7200...11900...15500	Agathis (Kauri)
29...49...72	82...114	50...95...140	53..62...70	6400...9400...15200	Ahorn, Berg-
32...42...50	19...42...81	40...59...76	30...36...45	5800...8400	Ako
36...40		60...88		5000...8200	Alerce
73...77...85		135...142...163	~91	167000...18000	Amarant
37...53...64	80...115...155	53...100...125	34...39...48	9000...12000...15000	Andiroba
60...70...78		120...144 (170)	~93	13600...16000	Angélique
51...58...68	34...72...109	57...95...119	55...59...67	10920...11900...13180	Aningré blanc
28...35...39	24...57...100	51...67...83	22...25...28	6100...7200...9700	Assacú
40...50...57	84...96...113	52...86...113	~35	7200...10300...12800	Avodiré
88...109...130	120...217	170...246...316	130...172	17000...24000...28500	Azobe (Bongossi)
32...36...41	56...88...105	47...60...68	20...23...29	7200...8200...9400	Baboen (Virola)
2,7...3,5...9,4	bis 7,5	1,9...3,9...5,3	3...7...12	1130...2600...6000	Balsa
48...66...67	52...119...173	62...131...187	~85	11900...13150...14800	Bété (Mansonia)
38...51...100	35...137...270	76...147...155	~59	14500...16500	Birke
41...54...60	~100	77...98...112	60...97	6000...8000...10000	Birnbaum
44...53		90...103	~50	11000...13500	Black Walnut (amerik. Nuß)
37...51	~90	75...104	65...70	10500...11980...13900	Blue Gum (Eukalyptus)
~78			~113		Bois de rose
45...50...61	42...80...99	74...94...110	49...58...66	9200...11800...14400	Bossé
65...70...76		125...140...160		12000...13000...17700	Bubinga
41...62...99	57...135...180	74...123...210	~72	10000...16000...18000	Buche, Rot-
33...42...49	21...48...72	27...59...84	24...37...45	~6500	Canarium (Aiélé)
37...39		~56		~7500	Cedar, Inccnse
29...35	~50	48...55	~25	7400...8300	Cedar, Western Red
31...35...40	31...58...89	36...70...76	24...34...42	2500...6200...8800	Cedro
17...22...25	~5	35...41...50	~18	3400...5700	Ceiba (Fromager)
47...65		84...108	57...88	10000...20000	Chickrassy
~71		~150	~98	~18000	Cocobolo
57...78...89	150...180	95...111...136		13560...15650...17880	Courbaril
47...58..75		75...110...125	59...68...78	11000...13000...15900	Dabéma
					Dao
33...41...47	15...65...99	56...69...89	30...43...53	10000...13000...15200	Dibétou (Lovoa)
43...68	~105	68...89	~50	11200...13500	Douglasie
57...67		3104...115...142		~9000	Douka
65...70..79		90...110...120	34...38	14500...17700	Doussié (Afzelia)
60...70		100...120	~136	~10100	Ebenholz, Makassar

Tabelle 19 (Fortsetzung)

Handelsname	Rohdichte ρ_0 g/cm³	Rohdichte $\rho_{12...15}$ g/cm³	Radial-schwund $ß_r$ %	Tangential-schwund $ß_t$ %	Volumen-schwund q_v %
Eberesche	0,66...0,73...0,78	0,69...0,75...0,81	5,1...6,4...8,4	9,1...11,2...13,6	0,48...0,76
Edelkastanie	0,53...0,59	0,59...0,62	3,4...4,3	6,4...6,7	~0,38
Eibe	0,61...0,64...0,74	0,64...0,67...0,81	~3,7	~5,3	~0,29
Eiche, Rot-	0,48...0,66...0,87	0,55...0,70...0,98	4,0...4,3	8,2...10,0	0,26...0,43
Eiche, Stiel- u. Trauben-	0,39...0,65...0,93	0,43...0,69...0,96	4,0...4,6	7,8...10,0	~0,45
Elsbeerbaum	0,63...0,71...0,87	0,67...0,75...0,90	5,7...7,6	9,2...11,6	~0,57
Emien	0,32...0,39	0,37...0,43...0,54	~3,8	5,1...5,5	0,32...0,40
Erle	0,45...051...0,60	0,49...0,55...0,64	4,4...4,8	7,7...9,3	0,15...0,30
Esche	0,41...0,65...0,82	0,45...0,69...0,86	4,6...5,0	8,0...8,4	0,43...0,45
Essesang	~0,25	0,25...0,35		~5,0	~0,32
Eyong	0,65...0,70	0,70...0,80		~12,0	~0,55
Faro	0,29...0,45	0,42...0,51...0,60	3,5...4,2	5,6...8,2	0,28...0,43
Fichte	0,30...0,43...0,64	0,33...0,47...0,68	3,5...3,7	7,8...8,0	0,39...0,40
Framiré	0,44...0,47...0,51	0,45...0,50...0,60	2,8...3,7...4,6	3,5...5,4...6,7	0,22...0,35
Greenheart	0,90...1,02...1,10	1,0...1,08...1,2	6,5...8,2	8,1...9,6	0,49...0,59
Hemlock, Western-	0,40...0,44...0,47	0,44...0,48...0,51	4,4...5,4	7,9...8,5	~0,41
Hickory	0,66...0,76...0,80	0,70...0,80...0,84	7,0...7,8	10,5...11,0	~0,66
Igaganga	0,54...0,59...0,61	0,58...0,61...0,65	4,1...4,9...5,9	5,8...7,2...8,0	~0,41
Ilomba	0,32...0,40...0,46	0,38...0,42...0,53	2,9...3,3...4,4	5,1...6,7...8,5	0,27...0,44
Imbuia	~0,65	0,62...0,70...0,76	~3,5	~9,0	~0,42
Iroko (Kambala)	0,48...0,63...0,67	0,55...0,69...0,85	2,5...3,8...5,6	4,5...5,5...9,8	0,24...0,52
Jequitiba	0,60...0,64	0,50...0,70	~3,0	~6,2	0,31...0,47
Khaya	0,42...0,47...0,57	0,45...0,51...0,62	2,4...3,2...4,1	5,1...5,7...6,2	0,22...0,35
Kiefer	0,30...0,49...0,86	0,33...0,51...0,89	3,3...4,5	7,5...8,7	0,37...0,47
Kirschbaum	0,49...0,55...0,67	0,60...0,63...0,69	3,5...5,0	6,5...8,7	~0,46
Kosipo	0,54...0,58...0,62	0,59...0,62...0,65	4,2...4,8...5,4	6,0...7,1...9,4	0,32...0,40
Kotibé	0,66...0,72...0,77	0,68...0,76...0,83	5,0...5,6...6,2	7,0...8,0...9,4	0,41...0,53
Koto	0,46...0,50...0,57	0,49...0,53...0,62	3,6...4,0...4,8	6,3...7,7...8,3	0,33...0,44
Lärche	0,40...0,55...0,82	0,44...0,59...0,85	3,3...4,3	7,8...10,4	0,38...0,50
Lauan, White		0,50...0,56...0,60	~3,6	3,5...6,1	
Laurel	0,45...0,48...0,50	0,51...0,58	~3,6	~10,9	~0,50
Limba	0,40...0,52...0,69	0,48...0,55...0,78	2,7...4,7...6,2	4,2...5,5...7,4	0,31...0,51
Linde	0,32...0,49...0,56	0,35...0,53...0,60	5,5...6,6	9,1...10,7	~0,49
Mahagoni, Echtes	0,41...0,55	0,44...0,60	3,0...3,7	4,2...5,1	0,36...0,42
Makoré	0,51...0,59...0,68	0,53...0,64...0,72	3,5...4,7...6,5	4,3...6,3...9,5	0,27...0,57
Manio	0,45...0,48...0,56	0,50...0,54...0,60	4,1...4,6	~8,1	~0,43
Meranti, Red	0,56...0,67...0,81	0,59...0,71...0,89	3,4...4,1...4,6	7,1...9,7...11,0	0,38...0,53
Merbau	~0,77	0,83...0,85	2,9...3,4	8,8...9,9	0,26...0,33
Moabi	0,70...0,78	0,73...0,83...0,90	5,3...6,0	6,9...8,5	0,63...0,73
Movingui	0,60...0,68...0,80	0,65...0,75...0,90	2,8...3,7...4,6	5,2...5,8...7,0	0,34...0,41
Mukulungu	0,76...0,94...1,03	0,78...0,96...1,04	3,9...4,9...6,9	4,1...5,5...7,6	0,22...0,40

Druckfestigkeit $<3_{dB}$ N/mm²	Zugfestigkeit σ_{zBII} N/mm²	Biegefestigkeit σ_{bB} N/mm²	Härte H_{BII} N/mm²	E-Modul E_{bII} N/mm²	Handelsname
55...61...68	81...105...120	86...108...126	55...61...69	6900...12400...20000	Eberesche
40...52...57	~135	64...77...91	27...38...47	6400...9000	Edelkastanie
~58			65...71		Eibe
39...61	~163	89...130	63...66	12000...13000	Eiche, Rot-
54...61...67	50...90...180	74...88...105	~66	10000...11700...13200	Eiche, Stiel- u. Trauben-
49...53...55		93...108...121	41...48...57	10000...11700...13400	Elsbeerbaum
24...30		48...60	~26	~7500	Emien
31...55...77	55...94...140	44...97...172	33...38	7700...11700	Erle
23...52...80	70...165...293	58...105...210	36...65...100	4400...13400...18100	Esche
~21		~44		~4800	Essesang
55...66		110...156		~13600	Eyong
35...47	~62	70...86		7500...9700	Faro
33...50...79	21...90...245	49...78...136	~32	7300...11000...21400	Fichte
35...45...53		37...84...115	32...38...42	8700...11300...12900	Framiré
90...109...132	212...269...308	179...219...275	72...74...76	20000...21800...27000	Greenheart
36...55	~69	63...83	30...38	8500...12300	Hemlock, Western-
52...63	~152	117...135	~78	14000...15600	Hickory
43...50...55	47...65...100	38...73...94	38...51...55	~11000	Igaganga
81...39...45	45...61...76	41...65...74	22...37...49	4000...12900	Ilomba
46...47		~85		~10000	Imbuia
52...69...81	55...79...140	70...110...158	53...60...65	9400...11400...13000	Iroko (Kambala)
42...65		71...79		7750...11000	Jequitiba
30...46...70	40...90...150	50...87...130	33...35	6400...10000...15000	Khaya
35...55...94	35...104...196	41...80...205	35...40...95	6900...12000...20100	Kiefer
45...54	~98	85...110	51...59	10000...11000	Kirschbaum
49...57...63	32...78...155	88...102...121	37...50...68	9800...11800...14200	Kosipo
63...73...80	65...140...172	116...145...177	55...73...92	8000...11000...13500	Kotibé
35...51...61	57...85...150	62...86...110	36...46...61	~9000	Koto
41...55...81	~107	64...95...132	~53	6300...13800...20000	Lärche
~30	52...56	83...96...107	24...35	6900...8800 (11700)	Lauan, White
40...46...53	46...74...127	69...86...102	35...42...47	8820...10000...10620	Laurel
35...48	26...105...165	58...94	~58	9900...12000	Limba
26...52...78	23...85...145	46...106...147	27...38...47	5800...7400...17200	Linde
29...50...73		65...85...130	~36	7500...10700	Mahagoni, Echtes
40...54...71	30...77...127	41...98...146	40...44...47	11000...12000	Makoré
42...47...57	57...80...116	87...105...117	43...52...58	9000...9900...10500	Manio
53...63...74	66...146...222	77...119...158	35...48...60	11700...14500...19400	Meranti, Red
60...73...85		116...120...155		13000...15400...16500	Merbau
57...69...86		130...150...180	~79	15000...15400	Moabi
54...62...71	27...70...96	66...115...155	43...54...68	9600...11300...14100	Movingui
73...89...107	100...134...166	100...150...178	65...79...108	9250...12500...14200	Mukulungu

Tabelle 19 (Fortsetzung)

Handelsname	Rohdichte ρ_0 g/cm³	Rohdichte $\rho_{12...15}$ g/cm³	Radial-schwund $ß_r$ %	Tangential-schwund $ß_t$ %	Volumen-schwund q_v %
Mutenye	~0,72	0,78...0,88...0,96	4,3...5,0	8,0...8,8	~0,44
Niangon	~0,60	0,58...0,63...0,72	2,9...3,7...4,5	7,6...8,5...9,2	0,33...0,47
Niové	0,70...0,85...0,90	0,80...0,90...1,0	5,2...6,0	6,3...7,1	~0,51
Okoumé	0,31...0,41...0,54	0,37...0,44...0,56	2,5...3,8...5,6	4,0...5,7...7,9	0,36...0,54
Olon	~0,48	0,45...0,52...0,65	3,7...4,0	5,7...6,1	0,34...0,42
Onzabili	0,44...0,48...0,52	0,50...0,65	4,8...5,4	7,4...7,9	0,43...0,47
Ovangkol	0,66...0,75...0,88	0,70...0,80...0,91	3,4...4,2...5,0	7,1...8,1...9,6	0,45...0,57
Ozigo	~0,55	0,50...0,60...0,75	5,1...5,6...7,4	6,1...8,0...9,8	0,32...0,47
Padouk, Afrikan.	~0,65	0,65...0,70...0,85	2,4..3,6	4,1...5,4	0,28...0,36
Palisander, Ostind.	0,65...0,80...0,90	0,70...0,87...0,95	2,1...2,9	5,1...6,4	0,25...0,32
Palisander, Rio-	~0,80	0,75...0,85...0,90	2,8...4,3	6,1...8,1	0,30...0,42
Pappel, Schwarz-	0,37...0,41...0,52	0,41...0,45...0,56	3,3...5,2	7,1...9,8	0,36...0,48
Pappel, Zitter-	0,36...0,45...0,56	0,40...0,49...0,60	~3,5	6,7...8,5	0,37...0,43
Parana Pine	0,35...0,50...0,70	0,40...0,54...0,75	2,7...3,9...5,2	4,7...6,4...8,3	0,25...0,45
Parasolier	0,15...0,19...0,32	0,16...0,21...0,37	~2,2	5,8...6,2	0,28...0,31
Pernambuc	0,75...0,82...1,0	0,80...0,86...1,05			
Peroba jaune	0,60...0,65...0,70	0,63...0,70...0,76	3,4...4,3	6,2...7,0	~0,37
Peroba rose	0,70...0,74	0,75...0,85	3,8...5,0	7,2...9,0	~0,42
Persimmon	~0,78	0,80...0,90	~7,5	~10,8	0,63...0,66
Pitch Pine	0,45...0,62...0,87	0,49...0,67...0,90	4,0...5,3	7,1...7,7	0,38...0,44
Platane	0,38...0,58...0,65	0,42...0,62...0,68	4,5...5,0	8,4...8,7	0,46...0,49
Pockholz	0,95...1,2...1,3	0,97...1,23...1,31	~5,6	~9,3	~0,50
Quaruba	0,37...0,48	0,40...0,57	3,8...4,8	8,2...10,8	0,39...0,49
Radiata Pine	0,36...0,43	0,45...0,58	1,9...2,7	3,5...5,5	0,19...0,28
Ramin	0,55...0,57	0,60...0,67	~4,0	~9,4	~0,47
Rauli	0,46...0,51...0,53	0,50...0,55...0,61	7,0...8,6	10,9...13,0	~0,43
Redwood (Sequoie)	0,35...0,39...0,42	0,40...0,45...0,50	1,9...3,2	4,0...5,2	0,21...0,29
Robinie	0,54...0,74...0,87	0,58...0,77...0,90	3,2...4,6	5,4...7,2	~0,40
Roßkastanie	0,46...0,51...0,55	0,50...0,55...0,59	~3,3	~6,8	0,18...0,37
Rubberwood (Hevea)		0,56...0,62...0,73	0,40...1,6...2,4	0,0...3,6...5,0	
Rüster	0,44...0,64...0,82	0,48...0,68...0,85	4,6...4,8	6,9...8,3	0,39...0,46
Sapelli	0,49...0,62...0,72	0,51...0,65...0,75	4,1...5,4...7,6	4,3...7,0...9,8	0,29...0,61
Sen	~0,49	0,50...0,60			
Sipo	0,45...0,59...0,70	0,55...0,65...0,75	4,0...5,0...6,4	5,9...7,9...8,8	0,33...0,49
Tali	0,82...0,94...1,04	0,85...0,97...1,07	3,9...5,7	6,3...10,2	~0,52
Tanne	0,32...0,41...0,71	0,35...0,45...0,75	2,9...3,8	7,2...7,6	0,34...0,38
Tchitola	0,55...0,60	0,59...0,64...0,70	3,3...4,0	6,0...8,0	0,26...0,34
Teak	0,44...0,63...0,72	0,52...0,66...0,70	2,1...3,0	4,2...5,8	0,24...0,32
Tiama	0,44...0,52	0,51...0,55...0,63	3,2...6,2	5,0...8,8	0,28...0,47
Tola (Agba)	~0,45	0,47...0,51...0,60	1,9...2,0...2,8	4,0...4,2...5,7	~0,25
Urunday	0,82...0,90...1,0	0,85...0,96	~3,2	~8,6	~0,40

Druckfestigkeit $<3_{dB}$ N/mm²	Zugfestigkeit $\sigma_{zB\parallel}$ N/mm²	Biegefestigkeit σ_{bB} N/mm²	Härte $H_{B\parallel}$ N/mm²	E-Modul $E_{b\parallel}$ N/mm²	Handelsname
74...76		~147	60...68...77	15400...18300	Mutenye
50...60...68		87...109...140		9600...11900...13200	Niangon
79...87...111		150...161...193		16200...18500	Niové
33...39...66	23...58...125	27...72...107	24...34	~3000	Okoumé
36...43...52		80...93...114		10000...10200	Olon
37...65	~63	75...140	~37	~11000	Onzabili
68...81...98	76...133...218	81...135...178	75...88...99	10100...16900...21900	Ovangkol
58...71		110...130		11800...13000	Ozigo
62...75...81		110...134...149	29...39...47	10000...16600	Padouk, Afrikan.
57...65		119...132	67...95	11000...14000	Palisander, Ostind.
65...69		130...138	~92	8800...12900	Palisander, Rio-
26...35...56	43...77...110	43...60...94	24...37	4000...8800...11700	Pappel, Schwarz-
25...40	~75	52...60	20...23	~7800	Pappel, Zitter-
42...56...74	87...136...185	80...132	33...37...45	11200...13200...16000	Parana Pine
8,4...16,2...28,5	~32,5	15,5...27,0...41,7	6...15...28	2900...4750	Parasolier
69...79		~119	~78	~10500	Pernambuc
54...63		106...116	65...99	12200...12500	Peroba jaune
~56		~86...100		~10300	Peroba rose
53...66		110...128	30...100	13000...14100	Persimmon
42...60		76...104		10000...13200...14000	Pitch Pine
38...46...53	~98	70...99...107	44...46..52	8600...10500...12700	Platane
90...126		120...144	~161	11060...12200...13530	Pockholz
40...48...70	50...66...97	61...80...113	~40	7400...11000...14000	Quaruba
36...65	72...86	60...91		8500...13600	Radiata Pine
61...71		110...130	~25	~15500	Ramin
37...40...47	73...111...131	79...87...95	34...41...52	10000...11900...12600	Rauli
27...43	~77	45...70		5500...9500	Redwood (Sequoie)
62...72...81	88...136...184	103...136...169	67...78...88	9000...11300...13600	Robinie
28...31...38	56...81...100	54...64...70	~33	4610...5360...6540	Roßkastanie
32...52	76...85...102	66...95...117		~9200	Rubberwood (Hevea)
33...46...56	65...80...210	65...72...111	~64	5900...11000...16000	Rüster
37...56...78	53...88...154	60...114...164	44...48	~10000	Sapelli
~37		~75	~35	~8500	Sen
43...58...73	57...110...164	47...99...155	37...46...57	~11500	Sipo
75...86		120...150	~85	13000...25000	Tali
31...47...59	48...84...120	47...73..118	18...30...57	6600...11000...17200	Tanne
49...60		92...115		8700...12400	Tchitola
42...59	95...120...155	58...109	63...71	9500...13200	Teak
38...48...59		61...78...92		8800...13300	Tiama
30...40...47	35...52...98	33...75...87	27...31...36	3200...6500...9800	Tola (Agba)
~92		~208		~23400	Urunday

1.4.4 Holzarten mit potentiell gesundheitsschädigenden Inhaltsstoffen

Bei der Verarbeitung exotischer, aber auch einiger einheimischer Hölzer können manchmal Krankheitserscheinungen oder auch nur Belästigungen wie Juckreiz o. ä. auftreten, denen zunächst keine besondere Beachtung geschenkt wird. Oft rätseln die Betroffenen Tage oder Wochen nach dem ersten Auftreten der Krankheit bzw. der Belästigung über deren Ursachen. Tabelle 20 soll helfen, mögliche Ursachen herauszufinden. Sie darf jedoch in keiner Weise einen Arzt ersetzen, der sofort nach dem ersten Auftreten ungewöhnlicher Symptome aufzusuchen ist. Die Tabelle gibt an, welche Krankheitsbilder entstehen *können;* selbstverständlich *müssen* sie nicht immer auftreten.

Als vorbeugende Schutzmaßnahmen gelten (nach Dr. Björn M. Hausen[17]):

1. Absaugeanlagen an Sägen, Fräsen, Hobel- und vor allem an Schleifmaschinen
2. Schutzkleidung, an Hals und Handgelenken dicht anliegend. Schweißabsorbierende Handschuhe und ggf. Schutzbrille und Staubmaske
3. Persönliche Sauberkeit, d. h. besonders gründliches Waschen von Händen, Unterarmen und Gesicht
4. Auftragen einer Schutzsalbe vor Arbeitsbeginn und eines Hautpflegemittels nach dem Waschen

Tabelle 20: Holzarten mit gesundheitsschädigenden Inhaltsstoffen (nach Hausen[17])

Handelsname	Art der Erkrankung	Inhaltsstoffe / Ursachen
Abachi	allergisches Bronchialasthma	Allergene
Abura	Brechreiz, Schleimhautentzündungen, Allgemeinstörungen	Alkaloide
Afrormosia (Kokrodua)	Lähmungserscheinungen, Magenkrämpfe, Hautreizungen	Alkaloid N-Methylcytisin
Agba	Hautreizungen	nicht bekannt
Ahorn	Dermatitis	Saponine
Angelique	Benommensein, Übelkeit, Erbrechen	Alkaloid Tryptamin
Antiaris	Vergiftungserscheinungen	Cardenolid-Glykoside
Assacu	Hautreizungen, Sehstörungen	Hurin
Avodire	Dermatitis, Nasenbluten	nicht bekannt
Birke	Dermatitis	nicht bekannt
Buchsbaum	Dermatitis, Bronchialasthma, Herzbeschwerden	Alkaloide (?), Buxin (?)
Cocobolo	Dermatitis, Ekzeme	Chinone
Cocus	Dermatitis, Allergie	nicht bekannt
Dabema	Schleimhautreizungen	nicht bekannt
Dibetou	Asthma, Hautreizungen	Alkaloide (?)
Douglasie	Entzündungen durch Splitter	Allergene im Harz
Doussie	asthmatische Beschwerden, Dermatitis	nicht bekannt
Ebenholz	Ekzeme, Dermatitis	Naphthochinone (?)
Echtes Mahagoni	Dermatitis	Meliacin
Edelkastanie	Dermatitis, Juckreiz	nicht bekannt

Handelsname	Art der Erkrankung	Inhaltsstoffe / Ursachen
Eibe	Kopfschmerz, Hautreizungen	Alkaloid Taxin
Eiche	Dermatitis, asthmatische Beschwerden	nicht bekannt
Erle	Dermatitis, starker Juckreiz	Gerbstoffe (?)
Feldulme	Ekzem	Allergen
Fichte	Bronchialasthma, Hautreizungen	Allergen, Terpene, Harze
Freijo	Dermatitis	Chinone (?)
Greenheart	schwere Störungen des Allgemeinempfindens	Alkaloide, z.B. Berberin
Grenadill	Dermatitis, Augenbindehautentzündung	nicht bekannt
Ilomba	Erbrechen, Übelkeit	nicht bekannt
Imbuia	Kontaktdermatitis, Schleimhautreizung, Erbrechen, Krämpfe, Darmreizung	Alkaloide
Iroko	Dermatitis, Anschwellen von Lidern und Genitalien, Bronchialasthma	Chlorophorin
Jacareuba	Juckreiz, Dermatitis, Störungen des Allgemeinbefindens, Schlaflosigkeit, Gewebedefekte	nicht bekannt
Khaya	Dermatitis, Asthma	Anthothecol (?), Cailcedrin (?)
Lärche	Dermatitis	Harzsäuren
Limba	Entzündungen durch Splitter, allergisches Asthma	nicht bekannt
Makassar	Augen- und Atmungsorganreizung	nicht bekannt
Makore	Reizung von Augen und Schleimhäuten, Dermatitis, Atemnot	nicht bekannt

Handelsname	Art der Erkrankung	Inhaltsstoffe / Ursachen
Mansonia	Brechreiz, Schwindel, Halsschmerzen, Nasenbluten, Husten, Augenreizung, Asthma, Herzbeschwerden	Glykoside, Chinone
Moabi	Allgemeine Störungen	nicht bekannt
Ostind. Palisander	Hautreizungen	Brasilin, Robinin
Pernambuc	Hautreizungen	nicht bekannt
Peroba rosa	Vergiftung: Brechreiz, Bewusstseinsstörung, Sinnestäuschungen, Krämpfe	Alkaloid Macoubein
Pockholz	Dermatitis	Alkaloide
Quebracho	Dermatitis, Juckreiz, Fieber	nicht bekannt
Ramin	Ausschläge, asthmatische Anfälle	nicht bekannt
Red Cedar	Asthma	Tropolone (?)
Rio-Palisander	Dermatitis, Ekzem, Tränenfluss	Dalbergione
Robinie	Ekzeme	Flavonoide
Rotbuche	Dermatitis, Ekzem an Gesicht, Händen und Genitalien, Bronchialasthma	nicht bekannt
Sapelli	Hautreizungen	nicht bekannt
Sandelholz	Dermatitis, Nierenschäden	nicht bekannt
Sequoie (Redwood)	Asthma, Nies- und Hustenreiz	nicht bekannt
Sucupira	Ekzeme an Fingern und Augen	nicht bekannt
Tchitola	Asthma, Fieber	nicht bekannt

Handelsname	Art der Erkrankung	Inhaltsstoffe / Ursachen
Teak	Dermatitis, Ekzem, Asthma	Desoxylapachol, Chinon
Walnuss	Bronchialasthma	Juglon (?)
Wenge	Splitter: Lähmungserscheinungen Staub: Magenkrämpfe	Chinone (?)
Yang	Schleimhautreizung, Dermatitis, Brechreiz, Splitterentzündung	Sesquiterpenlactone

1.4.5 Ersatzhölzer

Die Tabelle 21 zeigt die wichtigsten Nutzholzarten und deren Ersatzhölzer auf (Synonym: Austausch-, Zweit-, Sekundärhölzer, u. U. auch Promotionshölzer bzw. „Lesser Known Species"). Die Ersatzfähigkeit bzw. Austauschbarkeit kann sich auf Farbe und Textur oder auf technische Eigenschaften beziehen; nur in einigen wenigen Fällen tritt der Idealfall der gleichzeitigen dekorativen *und* technischen Ersatz- bzw. Austauschbarkeit ein. Die Tabelle wurde nach Wagenführ / Scheiber[20] erstellt; Eiche, Kirschbaum und Nussbaum werden im Anschluss an die Tabelle gesondert behandelt, wobei sich diese Darstellung auf Angaben im Informationsdienst Holz, Merkblattreihe Holzarten, Blätter 63 bis 65[18], stützt.

Tabelle 21: Austauschhölzer für verschiedene Holzarten

zu ersetzende Holzart	Ersatz- bzw. Austauschhölzer	
	Handelsname	botanische Bezeichnung
Abachi / Wawa	Assacu	Hura crepitans
	Antiaris	Antiaris africana
	Pappel	Polpulus spp.
	Omo	Cordia millenii
	Koto	Pterygota macrocarpa
Avodiré	Aningré	Aningeria robusta
Azobé / Bongossi	Tali	Erythrophleum ivorense
Balsa	Erimado	Ricinodendron heudelotii
Birke	Aningré	Aningeria robusta
	Avodiré	Turraeanthus africanus
	Olon	Fagara heitzii
Birnbaum	Buche gedämpft	Fagus silvatica
	Ulmo	Eucryphia cordifolia
	Makore	Tieghemella heckelii
	Elsbeere	Sorbus torminalis
Buche	Abura	Hallea stipulosa
Buchsbaum	Peroba rosa	Aspidosperma polyneuron
	Dogwood	Cornus florida
Doussie / Afzelia	Iroko / Kambala	Chlorophora excelsa
Ebenholz	Grenadill	Dalbergia melanoxylon
	Birnbaum	Pirus communis
Erle	Abura	Hallea stipulosa
	Laurel	Laurelia aromatica
Esche	Hickory	Carya tomentosa
	Eyong	Sterculia oblonga
	Kotibe	Nesogordonia papaverifera
	Sen	Acanthopanax ricinifolius
Iroko / Kambala	Dabema	Piptadeniastrum africanum
Kiefer	Manio	Podocarpus salignus
Limba	Saman	Samanea saman
	Olon	Fagara heitzii
	Eyong	Sterculia oblonga

zu ersetzende Holzart	Ersatz- bzw. Austauschhölzer Handelsname	botanische Bezeichnung
Limba	Koto	Pterygota macrocarpa
Linde	Laurel	Laurelia aromatica
Mahagoni	Bosse	Guarea cedrata
	Meranti	Shorea spp.
	Makoré	Tieghemella heckelii
Makoré	Okoumé	Aucoumea klaineana
	Moabi	Baillonella toxisperma
	Mukulungu	Autranella congolensis
	Douka	Tieghemella africana
Okoumé	Onzabili	Antrocaryon klaineanum
	Canarium	Canarium schweinfurthii
	Assacu	Hura crepitans
	Andiroba	Carapa guianensis
	Bosse	Guarea cedrata
	Ilomba	Pycnathus angolensis
	Omo	Cordia millenii
	Igaganga	Dacryoides igaganga
	Abachi	Triplochiton scleroxylon
Pappel	Laurel	Laurelia aromatica
	Olon	Fagara heitzii
	Abachi	Triplochiton scleroxylon
Sandelholz	Muhuhu	Brachylaena hutchinsii
Satinholz	Olon	Fagara heitzii
Teak	Freijo	Cordia goeldiana
	Merbau	Intsia bijuga
	Doussié	Afzelia bipindensis
	Angelique	Dicorynia guianensis

zu ersetzende Holzart	Ersatz- bzw. Austauschhölzer Handelsname	botanische Bezeichnung
Teak	Tali	Erythrophleum ivorense
	Kokrodua	Afrormosia elata
	Iroko / Kambala	Chlorophora excelsa
Zitronenholz	Movingui	Distemonanthus benthamianus
Eiche	Castanheiro	Bertholletia excelsa
	Celtis	Celtis adolfi-friderici
	Cerejeira	Amburana cearensis
	Dabema	Piptadeniastrum africanum
	Framiré / Emeri	Terminalia ivorensis
	Iroko / Kambala	Chlorophora excelsa
	Kastanie	Castanea sativa
	Koto / Antolia	Pterygota macrocarpa
	Limba	Terminalia superba
	Olon	Fagara macrophylla
	Silky „oak"	Cardwellia spp.
	Tasman „oak"	Eukalyptus spp.
	Tatajuba	Bagassa guianensis
Kirschbaum	Aningré / Longhi	Aningeria spp.
	Bossimé	Drypetes gossweileri
	Coigue	Nothofagus dombeyi
	Eberesche	Sorbus aucuparia
	Gelbbirke	Betula lutea
	Lenga	Nothofagus pumilio
	Olon	Fagara macrophylla
	Rauli	Nothofagus procera
	Roterle	Alnus rubra
Nussbaum	Boiré	Detarium senegalense
	Canalete	Cordia gerascanthus
	Dibetou	Lovoa trichilioides

zu ersetzende Holzart	Ersatz- bzw. Austauschhölzer	
	Handelsname	botanische Bezeichnung
Nussbaum	Imbuia	Ocotea porosa
	Indian Laurel	Terminalia tomentosa
	Limba „noir"	Terminalia superba
	Louro preto	Cordia glabrata
	Mansonia / Bété	Mansonia altissima
	Mutenye	Guibourtia arnoldiana
	Ovengkol	Guibourtia ehie
	Dao	Dracontomelum dao
	Peterby	Cordia trichotoma
	Queensland „Walnut"	Endiandra palmerstonii
	Red / Sweet Gum	Liquidambar styraciflua
	Salimuli	Cordia subcordata
	Tchitola	Pterygopodium oxyphyllum
	Aningré*	Aningeria spp.
	Evino*	Vitex pachyphylla
	Lenga*	Nothofagus pumilio

* Hellfarbige Austauschhölzer, die eine farbliche Behandlung erfordern.

1.4.6 Holzarten nach ausgewählten Eigenschaften geordnet (nach Gottwald[15])

1.4.6.1 Hölzer mit auffallender Färbung

Hölzer mit besonders kräftiger Kernfärbung (* unterschiedliche Ausprägung möglich)		
Alerce	Kokko	Rengas
Andiroba	Kosipo	Sapelli
Angelique	Kotibe	Schlangenholz
Amarant	Lauan, Rotes-*	Sequoie
Azobe	Makassar	Sipo
Brigalow	Mansonia	Sucupira
Bubinga	Massaranduba	Tanda
Campeche	Niangon	Teak*
Cocobolo	Niove*	Thuja
Concalo	Oboto	Tiama
Curupay	Ozouga	Urucurana
Ebenholz	Padauk, Burma-	Wacapou
Eibe	Palisander, Ostind.	Wacholder
Grenadill	Partridge	Walaba
Jacaranda, Rio-	Pernambuc	Walnuß*
Jacareuba	Pockholz	Wenge
Karri	Quebracho	Yinma
Khaya*	Rauli	

Hellfarbige Hölzer mit überwiegend weißer oder grauer Färbung (*Splintholz)		
Balsa	Guaimaro	Schirmbaum
Bergahorn	Hainbuche	Sen
Canarium	Hickory*	Tupelo
Ceiba	Lauan, Weißes-	Whitewood*
Copaia	Marupa	Hemlock
Esche*	Pappel	Tanne
Fichte	Ramin	

Laubhölzer mit Farbstreifung im Kernholz (* nicht regelmäßig vorhanden)		
Berlinia	Concalo	Palisander
Bubinga	Jacaranda	Rengas
Cocobolo	Kokko	Rosenholz, Bahia-
Cocus*	Makassar	Saman*
Dao*	Mutenye*	Teak*
Esche*	Olivenholz	Walnuß*

1.4.6.2 Hölzer mit außergewöhnlichem Gewicht

Hölzer mit einer Rohdichte von 0,4 und geringer		
Abachi	Ceiba	Sequoie
Alerce	Copaia	Strobe
Alstonia	Erimado	Sugi
Assacu	Jelutong	Thuja
Balsa	Marupa	Wacholder
Batai	San-mu	
Bombax	Schirmbaum	

Hölzer mit einer Rohdichte von 0,9 und schwerer		
Azobe	Greenheart	Pockholz
Belian	Grenadill	Quebracho
Brigalow	Ipe	Rosenholz, Bahia-
Buchsbaum	Makassar	Schlangenholz
Cocobolo	Manbarklak	Tanda
Cocus	Massaranduba	Vera
Curupay	Mora	
Ebenholz	Partridge	

1.4.6.3 Hölzer mit anderen besonderen Eigenschaften

Laubhölzer mit besonders dichter Oberfläche		
Amyris	Greenheart	Partridge
Baitoa	Grenadill	Pernambuc
Brigalow	Gum, Blue-	Pockholz
Buchsbaum	Hainbuche	Quebracho
Casuarina	Ipe	Rosenholz, Bahia-
Cocobolo	Jacaranda, Rio-	Sandelholz
Cocus	Makassar	Schlangenholz
Curupay	Manbarklak	Steineiche
Dogwood	Masseranduba	Tanda
Ebenholz	Muhuhu	Vera
Goncalo	Olivenholz	Zapatero

Hölzer mit verhältnismäßig geringer Schwindung		
Amyris	Greenheart	Partridge
Abachi	Jacaranda, Rio-	Schirmbaum
Alerce	Kokrodua	Sequoie
Andira	Mahagoni, Echt-	Strobe
Assuacu	Marupa	Sugi
Balsa	Muninga	Teak
Bosse	Olivenholz	Thuja
Cedrela	Palisander	Wacholder
Doussie	Rengas	Walaba
Eibe	Pernambuc	Wenge
Espavel	Rosenholz, Bahia	Zeder
Freijo	Saman	Zypresse
Grenadill	San-mu	

Witterungsfeste Hölzer mit hohem Gewicht (ρ_0>0,8)		
Amarant	Greenheart	Palisander, Ostind.
Amyris	Grenadill	Partridge
Azobe	Ipe	Pernambuc
Bangkirai	Jacaranda, Rio-	Pockholz
Belian	Makassar	Quebracho
Brigalow	Manbarklak	Rosenholz, Bahia-
Campeche	Masscranduba	Schlangenholz
Cocus	Muhuhu	Sucupira
Courbaril	Niove	Tali
Curupay	Okan	Tanda
Ebenholz	Oro	Vera
Goncalo	Ozouga	Wacapou
Grenadill	San-mu	

Witterungsfeste Hölzer mit niedrigem Gewicht (ρ_0<0,5)		
Agba	Mahagoni, Echtes	Thuja
Alerce	San-mu	Wacholder
Cedrela	Scheinzypresse	Zeder
Framire	Sequoie	Zypresse
Freijo	Sugi	

1.4.7 Irreführende Benennungen einiger Holzarten (nach Grosser[19] und Wagenführ[16])

Tabelle 22

Irreführende Bezeichnung	Leitname	Botanische Bezeichnung	Vorkommen
African Cedar	Bosse	Guarea cedrata Pellegr.	Westafrika
African Maple	Abachi	Triplochiton scleroxylon	Westafrika
African pearwood	Moabi	Baillonella toxisperma Pierre	Westafrika
African satinwood	Movingui	Distemonanthus benthamianus Bau.	Westafrika
African walnut	Dibetou	Lovoa trichilioides Harms	Westafrika
African whitewood	Abachi	Triplochiton scleroxylon	Westafrika
Afrikanische Eiche	Azobe, Bongossi	Lophira alata Banks ex Gaertn. f.	West- u. Mittelafrika
Afrikanische Eiche	Iroko, Kambala	Chlorophora excelsa Benin.& Hook	Afrika
Afrikanische Erle	Abura	Hallea ciliata Leroy	West- u. Ostafrika
Afrikanische Goldbirke	Avodire	Turraeanlhus africanus Pellegr.	Westafrika
Afrikanische Pappel	Abura	Hallea ciliata Leroy	West- u. Ostafrika
Afrikanischer Birnbaum	Makore	Tieghemella heckelii Pierre	Westafrika
Afrikanischer Nußbaum	Bete, Mansonia	Mansonia altissima A. Chev.	Westafrika
Afrikanisches Eisenholz	Azobe, Bongossi	Lophira alata Banks ex Gaertn. f.	West- u. Mittelafrika
Afrikanisches Rosenholz	Bubinga	Guibourtia tessmannii J. Leonard	Westafrika
Afrikanisches Zitronenholz	Movingui	Distemonanthus benthamianus Bau.	Weslafrika
Australisches Mahagoni	Jarrah	Eucalyptus marginata Sm.	Australien
Bataan mahogany	Rotes Lauan	Shorea polysperma Merr.	Philippinen
Bastard-Mahagoni	Andiroba	Carapa guianensis Aubl.	Mittel- u. Südamerika
Bastard-Teak	Padouk	Ptcrocarpus soyauxii Taub.	Westafrika
Birnbaum, afrikanischer	Makore	Tieghemella heckelii Pierre	Westafrika
Bischofsholz	Amarant	Peltogyne venosa Benth.	Südamerika
Borneo mahogany	Dark Red Seraya	Shorea spp. (v.a.pauciflora King)	Nord-Borneo
Bosse-Mahagoni	Bosse	Guarea cedrata Pellegr.	Westafrika
Brasilianischer Nußbaum	Urunday	Astronium fraxinifolium Schott.	Südamerika
Brazilian mahogany	Jequitiba	Cariniana legalis O.Ktze.	Südamerika
Brazilian tulipwood	Bois de rose	Dalbergia variabilis Vog.	Südamerika
British Guiana mahogany	Andiroba	Carapa guianensis Aubl.	Mittel- u. Südamerika
Brown mahogany	Niangon	Tarrietia utilis Sprague	Westafrika
Burma mahogany	Thitka	Pcutacme burmanica Kurz.	Burma
Cedar, African	Bosse	Guarea cedrata Pellegr.	Westafrika
Cedar mahogany	Bosse	Guarea cedrata Pellegr.	Westafrika
Cedar, Nigerian	Tola	Gossweilerodendron balsamilerum	Westafrika
Ceylon mahogany	Lunumidella	Melia composita Willd.	Ceylon (Sri Lanka)
Cherry mahogany	Makore	Tieghemella heckelii Pierre	Westafrika
Chilenisches Mahagoni	Rauli	Nothofagus procera Oerst.	Mittelchile
Chilenische Eibe	Alerce	Fitzroya cupressoides Johnst.	Südamerika
Chilenische Lärche	Alerce	Fitzroya cupressoides Johnst.	Südamerika

Tabelle 22 (Fortsetzung)

Irreführende Bezeichnung	Leitname	Botanische Bezeichnung	Vorkommen
Chilenischer Kirschbaum	Coigue, Rauli, Lenga	Nothofagus spp.	Chile
Chilenisches Redwood	Alerce	Fitzroya cupressoides Johnst.	Südamerika
Cola mahogany	Niangon	Tarrietia utilis Sprague	Westafrika
Columbia mahogany	Abarco	Cariniana pyriformis Miers	Südamerika
Demerara-Mahagoni	Andiroba	arapa guianensis Aubl.	Mittel- u. Südamerika
East Indian mahogany	Andaman Padouk	Pterocarpus dalbergioides Roxb.	Andamanen
Eiche, Afrikanische	Iroko, Kambala	Chlorophora excelsa Benth.& Hook	Afrika
Eisenholz, Afrikanisches	Azobe, Bongossi	Lophira alata Banks ex Gaertn. f.	West- u. Mittelafrika
Erle, Afrikanische	Abura	Hallea ciliata Leroy	West- u. Ostafrika
Feuerlandkirsch	Rauli, Lenga, Coigue	Nothofagus spp.	Chile
Gabun-Mahagoni	Oukume	Aucoumea kleineana Pierre	Westafrika Westafrika
Gold-Teak	Afrormosia, Kokrodua	Pericopsis elata van Meeuwen	Westafrika
Goldbirke, Afrikanische	Avodire	Turraeanthus africanus Pellegr.	Westafrika
Goldkiefer	Tola	Gossweilerodendron balsamiferum	Westafrika
Goldrüster, japanischer	Sen	Kalopanax pictus Nakai	Ostasien
Grünes Ebenholz	Greenheart	Ocotea rodiaei Mez.	Südamerika
Guyana-Teak	Angelique	Dicorynia guianensis Amsh.	Südamerika
Indische Eiche	Teak	Tectona grandis L.f.	Süd- u. Südostasien
Indian white mahogany	Indian canarium	Canaraium euphyllum Kurz	Andamanen
Indisches Mahagoni	Amboyna	Pterocarpus indicus Willd.	Indien
Jaspis Nußbaum	Mutenye	Guibourtia arnoldiana J. Leonard	Westafrika
Juana costa mahogany	Guanacaste	Enterolobium cyclocarpum Gris.	Mittel- u. Südamerika
Kambala-Teak	Iroko, Kambala	Chlorophora excelsa Benth.& Hook	Afrika
Kilimandjaro-Mahagoni	Msau	Lovoa swynnertonii Baker f.	Afrika
Kirschbaum, chilenischer	Coigue, Rauli, Lenga	Nothofagus spp.	Chile
Lärche, chilenische	Alerce	Fitzroya cupressoides Johnst.	Chile
Locust	Courbaril	Hymenaea courbaril L.	Mittel- u. Südamerika
Mahogany bean tree	Doussie, Afzelia	Afzelia bipindensis Harms	Westafrika
Mocambique-Ebenholz	Grenadill	Dalbergia melanoxylon Guill.et Perr.	Ostafrika
Nigeria-Nußbaum	Bete, Mansonia	Mansonia altissima A. Chev.	Westafrika
Mocambique-Ebenholz	Grenadill	Dalbergia melanoxylon Guill.et Perr.	Ostafrika
Nigeria-Nußbaum	Bete, Mansonia	Mansonia altissima A. Chev.	Westafrika
Nigerian Cedar	Tola	Gossweilerodendron balsamiferum	Westafrika
Noyer de Gabon	Onzabili	Antrocaryon klaineanum Pierre	Westafrika
Nußbaum, Afrikanischer	Bete, Mansonia	Mansonia altissima A. Chev.	Westafrika
Nußbaum, Brasilianischer	Urunday	Astronium fraxinifolium Schott.	Südamerika
Nußbaum, Jaspis-	Mutenye	Guibourtia arnoldiana J. Leonard	Westafrika
Nußbaum, Ozeanischer	Dao	Dracontomelum dao Merr.& Rolfe	Südostasien, Pazifik
Olive walnut	Mutenye	Guibourtia arnoldiana J. Leonard	Westafrika

Tabelle 22 (Fortsetzung)

Irreführende Bezeichnung	Leitname	Botanische Bezeichnung	Vorkommen
Pappel, Afrikanische	Abura	Hallea ciliata Leroy	West- u. Ostafrika
Paradies-Nußbaum	Mutenye	Guibourtia arnoldiana J. Leonard	Westafrika
Para mahogany	Andiroba	Carapa guianensis Aubl.	Mittel- u. Südamerika
Pferdefleischholz	Balata rouge	Manilkara bidenta A. Chev.	Mittel- u. Südamerika
Philippinisches Mahagoni	Rotes Lauan	Shorea polysperma Merr.	Philippinen
Philippine white mahogany	Weißes Lauan	Shorea almon Foxw.	Philippinen
Pink mahogany	Agba, Tola branca	Gossweilerodendron balsamiferum	Westafrika
Portugiesisches Mahagoni	Agba, Tola branca	Gossweilerodendron balsamiferum	Westafrika
Redwood, Chilenisches	Alerce	Fitzroya cupressoides Johnst.	Chile
Rhodesian mahogany	Rhodesian copalwood	Guibourtia coleosperma J.Leon.	Rhodesien
Rosenholz, Afrikanisches	Bubinga	Guibourtia tessmannii J. Leonard	Westafrika
Satin-Mahagoni	Avodire	Turraeanthus africanus Pellegr.	Afrika
Sen-Esche	Sen	Kalopanax pictus Nakai	Ostasien
Surinam Mahagoni	Andiroba	Carapa guianensis Aubl.	Mittel- u. Südamerika
Tangile mahogany	Rotes Lauan	Shorea polysperma Merr.	Philippinen
Teak, Gold-	Afrormosia, Kokrodua	Pericopsis elata van Meeuwen	Westafrika
Teak, Guyana-	Angelique	Dicorynia guianensis Amsh.	Südamerika
Teak, Kambala-	Iroko, Kambala	Chlorphora excelsa Benth. & Hook	Afrika
Teak, Yang-	Yang	Dipterocarpus alatus Roxb.	Süd- u. Südostasien
Tropical olivier	Mutenye	Guibourtia arnoldiana J. Leonard	Westafrika
Weißes Mahagoni	Aiele, Canarium	Canarium schweinfurtii Engl.	West-und Ostafrika
Westafrikanische Eiche	Azobe, Bongossi	Lophira alata Banks ex Gaertn.f.	West- u. Mittelafrika
White mahogany	Yellow stringybark	Eucalyptus acmenioides Schau	Australien
Yang-Teak	Yang	Dipterocarpus alatus Roxb.	Süd- u. Südostasien
Yellowwood	Bilinga	Nauclea diderichii Merill	West- u. Ostafrika
Zitronenholz, Afrikanisches	Movingui	Distemonanthus benthamianus Baill	Westafrika

1.4.8 Gefährdete Holzarten

EN 13556 (2003) nennt eine Reihe von Holzarten, die im Anhang I des Übereinkommens über den internationalen Handel mit gefährdeten Arten (CITES) enthalten sind. Dies entspricht der Gruppe I des Washingtoner Artenschutzabkommens bzw. der Gruppe A der VO(EG) 338/97 der Europäischen Union. Mit diesen Arten darf kein Handel betrieben werden, da es sich um „Geschützte Arten“ handelt – Stand Dezember 2009.

Botanische Bezeichnung	Handelsname	Herkunft
Abies guatemalensis	Guatemala Tanne	Guatemala
Araucaria araucana, A. imbricata A. chilensis, A. dombeyi	Anden-Tanne	Chile, Argentinien
Dalbergia nigra	Rio Palisander	Brasilien
Fitzroya cupressoides, F. patagonica	Alerce	Chile, Argentinien
Pilgerodenderon uviferum, Libocedrus tetragona, Thuja tetragona	Cedro, Libocedrus	Chile, Argentinien
Podocarpus parlatorei, P. angustifolia	Manio	Argentinien, Peru, Bolivien
Prunus africana, Syn. Pygeum africanum	Afrikan. Stinkholz	Westafrika
Pterocarpus santalinus	Rotes Sandelholz	Indien, Sri Lanka
Caesalpinia echinata	Pernambuc	Brasilien
Caryocar costaricense	Sawari	Costa Rica, Panama
Gonystylus spp.	Ramin	Indonesien, Malaysia
Guaiacum spp.	Pockholz	Karibik, Venezuela
Gyrinops spp.	Adlerholz	Sri Lanka, Neuguinea
Pericopsis elata, Syn. Afrormosia elata	Afrormosia	West- und Zentralafrika
Platymiscium pleiostachyum	Granadillo	Mittelamerika
Swietenia humilis, S. bijuga	Venadillo, Zopilote	Mittelamerika
Swietenia macrophylla	Echtes Mahagoni	Mittel- und Südamerika
Taxus chinensis, T. cuspidata, T. fuana, T. sumatrana, T. wallichiana	Chinesische / Japanische Eibe	Nord-West-Afrika, Asien, Europa
Tetracentron sinense	Scheinjudasbaum	China, Indien, Myanmar

Darüber hinaus gehörten zum oben genannten Zeitpunkt einige Holzarten der EG-Schutzgruppe B an, deren Einfuhr bzw. Handel nur mit speziellen Beschränkungen möglich ist. Näheres und aktuelle Verbote bzw. Beschränkungen sind im Internet unter folgender Adresse abzurufen: **http://www.bfn.de/0305_holz.html**

1.5 Abweichungen von der Normalform des Holzes

(Siehe dazu auch die Abschnitte 6.3.2 Gütemerkmale für Schnittholz und 2.3.2. Gütesortierung nach europäischen Normen)

Holzfehler sind nach Wagenführ/Scheiber[20] „in der Regel gebrauchswertmindernde Abweichungen von der idealen Stammform, der normalen Struktur und der holzarteigenen Farbe sowie Holzkörper- und Rindenschäden“. Grundsätzlich sollte der Begriff „Fehler“ so selten wie möglich verwendet werden, da er dem Image des Holzes äußerst abträglich ist. Keine andere Branche macht so viel Aufhebens um sogenannte Fehler wie die Holzwirtschaft. Man sollte eher, in Übereinstimmung mit Wagenführ/Scheiber, von Eigenschaften oder Merkmalen sprechen, die die Verwendungsfähigkeit des Holzes beeinflussen.

Auch EN 844-11 definiert den Begriff „Merkmal“ als physikalische, morphologische oder Wachstumsbesonderheiten von Holz, die seine Verwendung beeinflussen könnten.

Einen Überblick über Abweichungen von der Normalform des Holzes geben die Abschnitte 1.5.1 bis 1.5.5. Dabei blieben Schädigungen durch Schmarotzer (Mistel), durch Säugetiere (Wildverbiss) und durch den Menschen (Nägel, Beschuss und ähnliches) unberücksichtigt.

In den folgenden Abschnitten werden Wuchsabweichungen nach den Gesichtspunkten Fehlerbild (Erscheinungsform bzw. Definition), Ursachen, Folgen und Bewertung behandelt. Aus dem Bereich der Schädigungen durch Organismen wurden im Kapitel 1.6. für Pilze und Insekten Tabellen entwickelt, die Hinweise auf die Erkennung und Bekämpfung geben können.

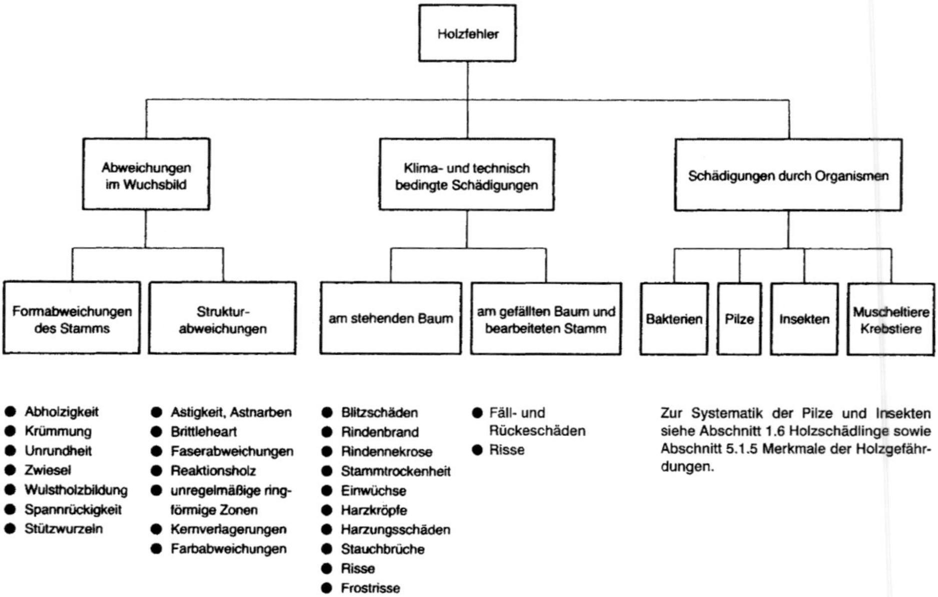

Abbildung 11 Schematische Darstellung der Abweichungen des Holzes von der Normalform (nach Wagenführ/Scheiber[20])

1.5.1 Abweichungen in der Stammform

Art der Abweichung	Erscheinungsbild	typische Holzarten (DIN-Abk.)	Ursachen	Folgen der Abweichung t = technisch, w = wirtschaftlich	Bewertung
Abholzigkeit	starke Abnahme des Stammdurchmessers vom Stammfuß zur Krone; Differenz zweier Durchmesser > l cm/m, bei Umfangsmessung Abweichung >3 cm/m; oft in Verbindung mit Grobastigkeit	Lichtholzarten	arteigene Veranlagung, abhängig von Alter, Krone, Freistand, Bodenbeschaffenheit u. a.	t: geringe Festigkeiten (bes. Gl,B). Fasern werden häufig durchtrennt. Unfallgefahr, Schwartenschlag w: geringe Ausbeute, hoher Arbeitsaufwand	gering < l cm/m mäßig l ...2 cm/m stark >2 cm/m Mastenholz 0,5... 0,9 cm/m
Krummschaftigkeit	bogenförmige Abweichung der Stammform von der Geraden Sonderform: Säbel-, Bajonett-, Posthornwuchs)	alle, besonders KI, LA	arteigene Veranlagung, Hanglage, Winddruck, Wildverbiß	t: oft mit Exzentrität und Reaktionsholz verbunden, kurze Längen, Faserverlauf nicht parallel w: geringe Ausbeute, hoher Arbeitsaufwand	Messung in cm Pfeilhöhe pro Laufmeter; Art der Krümmung. Einschnürig: Krümmung in einer Ebene Unschnürig: Krümmung in zwei Ebenen
Zwiesel	Zweiteilung des Stammes. Echte Zwiesel: Verwachsungszwiesel; falsche Zwiesel: Gabelungszwiesel (in Hoch- und Tiefzwiesel unterteilbar), mit U- oder V-förmiger Gabelung, oft verbunden mit Wassertöpfen, Fäulnis, Reaktionsholz, Krebs	BU, KI, EI, ES, AH	arteigene Veranlagung, Verlust des Wipfeltriebes durch Wildverbiß, Frost, Insektenbefall. Zusammenwachsen mehrerer Keime	t: Unfallgefahr bei Fällung, große Rißgefahr am Zwieselansatz, Entwertung durch Fäule, Faserabweichung und Reaktionsholz w: geringe Ausbeute, verminderte Qualität des Endproduktes, hoher Arbeitsaufwand	grober Fehler, am Zwieselansatz muß weit zurückgeschnitten werden, in seltenen Äusnahmefällen als Furnier verwendbar (Pyramiden...)
Unrundheit	Abweichungen von der runden Stammform, meist oval, oft mit Reaktionsholz verbunden	alle	rassebedingte Veranlagung, abhängig von Bodenbeschaffenheit, Licht- und Windeinflüssen	t: unterschiedliche Jahrringbreite, dadurch Dichteunterschiede, Spannungen, Verwerfen durch Reaktionsholz w: geringe Ausbeute, meist nicht schälbar, Faserabweichungen im Endprodukt	
Hohlkehle	Rinnenförmige Einbuchtungen meist unterhalb dicker Äste in Stammrichtung, bei BU auch bei Drehwuchs	HB, BU, ABA	stark ausgebildete Äste nehmen zuviel des aus der Krone kommenden Saftes auf, deshalb „hungert" das Kambium = vermindertes Dickenwachstum	t: Rohdichteschwankungen, Faserabweichungen. Rißbildungen w: geringe Ausbeute wegen fehlender Holzmasse	Messung an der tiefsten Stelle; Hohlkehlen >5 cm sind nicht mehr schälbar; Maßvergütungen
Spannrückigkeit	Vertiefungen und wulstige Erhöhungen am Stamm, verbunden mit welligem Jahrringverlauf	HB, HIC, Eibe	arteigene Veranlagung, Standort, ungenügende Versorgung des Kambiums	t: Rohdichteschwankungen, Faserabweichungen, unterschiedlicher Schwund, Reißen und Werfen w: geringe Ausbeute, schlechte Qualität des Endprodukts Maßvergütungen für Rindeneinwuchs	Maßvergütung; unterschiedliche Bewertung nach Ausdehnung der Spannrückigkeit; meist als Furnierholz ausgeschlossen
Stützwurzeln	Abweichungen der Stammform im Bereich der Basis, häufig bei Flachwurzeln, LH in Luv, NH in Lee	TA, FI, PA, NB trop. Laubhölzer	mechanische Reizwirkung, in der Regel durch Windeinfluß	t: schwierige Fällung, starke Faserabweichungen, starke Festigkeits- und Schwundunterschiede, häufig Reaktionsholz w: nicht mehr nutzholztauglich	nicht mehr nutzholztauglich

1.5.2 Abweichungen in der Struktur

Art der Abweichung	Erscheinungsbild	typische Holzarten (DIN-Abk.)	Ursachen	Folgen der Abweichung t = technisch, w = wirtschaftlich	Bewertung
Reaktionsholz	Sondergewebe, das nach mechanischen oder ernährungsphysiologischen Einwirkungen als aktives, dynamisches Element an einer Seite des Stammes oder Astes gebildet wird			Ausbildung von Druckholz bei Nadelhölzern und Zugholz bei Laubhölzern; Lage bei NH auf der z. B. dem Wind abgewandten, bei LH dem Wind zugewandten Seite des Baumes	
Buchs	(auch Druckholz, rothart, nagelhart) dunkle, rotbraune Holzzonen, Früh- und Spätholz häufig nicht unterscheidbar, oft mit Kernverlagerungen verbunden	FI, TA. KI,LA, DG	Reaktion auf ständigen einseitigen Wind,Schneedruck, Hanglage, ungleichmäßige Krone	t: große Rohdichte, sehr hart und spröde, großer Längsschwund, Verwerfen, „windschief" w: Rißbildungen, Verminderung der SH-Qualität, nicht furniertauglich	nicht mehr Rundholzgüteklasse A, bei SH nach TG: bei Blockware und Klassen 0 und I ausgeschlossen
Zugholz	(auch Weißholz) sichelförmige, glänzende, helle Zonen; mit bloßem Auge schwer erkennbar	BU, KA. PA	wie oben, jedoch auf der der Belastung zugekehrten Seite	t: Zugspannungen und Verformung, Schwund axial bis zu 20 x größer als normal. Oberfläche rauh und faserig, Verklebung schwierig, Bearbeitung erschwert w: Verminderung der SH- und Furnierqualität	geringes Zugholz im allgemeinen zugelassen
exzentrischer Kern	Verlagerung des Kerns außerhalb der Stamm-Mitte, meist in unteren und mittleren Stammteilen; Stammquerschnitt meist ellipsenförmig, oft mit Reaktionsholz verbunden	LA, EI, RU, ABA, OKU	einseitiger Druck durch Wind, ungleichmäßige Kronenaus-bildung, Lichteinfluß u. a.	t: große Schwankungen der Rohdichte; unregelmäßiger Schwund, unregelmäßige Festigkeitseigenschaften, Reißen und Verwerfen w: verminderte Ausbeute, verminderte Furnier- und SH-Qualität	nach Art und Größe der Abweichung
Drehwuchs	schraubenförmiger Verlauf der Fasern um die Stammachse. Unterscheidung zwischen Rechts- und Linksdrehwuchs, auch Wechsel der Richtung möglich (= Widerspänigkeit)	KA, BU, Obstbäume, FI, TA, EI	arteigene Veranlagung, Einflüsse wie Wind und Klima sind noch nicht geklärt	t: verzieht sich beim Trocknen, windschief, stark verringerte Festigkeit, Faserausrisse, angeschnittene Fasern w: geringe Ausbeute, Minderung der Qualität wegen Rissen und Texturstörungen	Messung in cm pro Laufmeter der Abweichung von der Geraden. Besonders für Bauholz schwerwiegend, Wechseldrehwuchs bei trop. Hölzern u. U. Verbesserung des Stehvermögens
Brittleheart	„spröder Kern", unregelmäßige Zonen im Querschnitt; sprödfaserige Holzteile, Neigung zu Querbrüchigkeit	subtrop. u. trop. LH	hohe Wachstumsgeschwindigkeit und breite Zuwachszonen	t: geringe Rohdichte, verminderte Festigkeit, rauhe Oberfläche, oft keine Bearbeitung mehr möglich. w: verminderte Ausbeute	beim Anschneiden im Querschnitt bröckelt das Holz ab. Bewertung je nach Ausdehnung und Lage
Harzgallen	im Querschnitt tangentiale Spalten, mit Harz, Latex oder Öl gefüllt, vorwiegend im Splint	FI, LA, KI, MER, Yang	Tangentialrißbildung im Kambium durch Sturmeinwirkung	t: Festigkeitsminderung, Erschwerung der Oberflächenbehandlung durch Harzaustritt w: Verminderung der Qualität, hoher Arbeitsaufwand durch Ausbrennen u. a.	am Rundholz nicht üblich, am Schnittholz siehe TG
unregelmäßiger Jahrringbau	Unterschiede in der Jahrringbreite, oft verbunden mit Kernverlagerungen, Ringschälen und Reaktionsholz	FI, KI, EI, ABA,, OKU	erhöhter oder verminderter Lichteinfall nach Freistellung oder Bestandesschluss, Veränderung der Niederschlagsmenge oder der Kronengröße u.a.	t: NH - weniger Spätholz, Dichte, Festigkeit LH - umgekehrt plötzliche Änderung-en der Jahrringbreiten führen zu Spannungen, Rissen und Ringschälen w: verminderte Ausbeute und Qualität	Ringschäle = grober Fehler; besonders bei Leimbauhölzern ist unregelmäßiger Jahrringbau ausgeschlossen

1.5.3 Farbabweichungen

Art der Abweichung	Erscheinungsbild	typische Holzarten (DIN-Abk.)	Ursachen	Folgen der Abweichung t = technisch, w – wirtschaftlich	Bewertung
dunkler Kern	Abweichung der inneren Zonen eines Stammes von der normalen Farbe: rund, aber auch unregelmäßig und zackig; nicht identisch mit Jahrringgrenzen	LMB, AH, BI, ES, BB	physiologischer Alters-Vorgang, Oxydation von Zellinhaltsstoffen, Verthyllung, Kernstoffeinlagerungen	t: oft Veränderung der Rohdichte w: Farbfehler, Ausnahme Olivesche, Limba noir u. w.	nach Größe und Ursache, bei Ahorn und Birke schwerwiegender Fehler; bei Esche zur Skiherstellung ausgeschlossen; auch Werterhöhung bei dekorativer Verwendung, z. B. Olivesche, Limba noir u. a.
Rotkern	häufig wolkig abgestufte, gelegentlich dunkellinige Abgrenzung des Reifholzes, auch sternförmig (Spritzkern)	BU	physiologischer Altersvorgang, Oxidation, Verthyllung, Wassermangel; Verkernung beginnt ab etwa 80 Jahren	t: Imprägnierung erheblich erschwert, hohe Rohdichte, hohe Festigkeit, geringer Schwund w: Qualitätsminderung als Farbfehler	Rotkern ist kein Pilzbefall; bei Schwellen nur bedingt zugelassen, Beurteilung nach Form und Ausdehnung; bei zusätzl. Pilzbefall: Graukern (Faulkern)
Markflecken	im Querschnitt nur wenige mm breite, radial verlaufende hell-dunkelbraune Wundgewebe. Im Längsschnitt axial geschlängelt verlaufende, bis zu mehreren m lange Bänder	AH, ER. BI, WDE, PA	Wundholzbildung in verlassenen Fraßgängen der Kambium-Minierfliegen	Qualitätsminderung wegen Texturstörungen im Furnier, kein Schaden bei Schnittholz	nach Lage und Häufigkeit, insbesonders Markfleckenkonzentrationen
Blaufärbung (nicht Bläue)	blau-schwarze Verfärbungen in Flecken- oder Streifenform	gerbstofffreiche Arten, bes EI, EKA, KA, AFR	Oxidation, Eisen-Gerb Stoffreaktion, auch schon durch eisenhaltiges Wasser mit pH-Wert etwa 4	erheblicher Schönheitsfehler, kein technologischer Fehler, verminderte Furnierausbeute, erhöhte Arbeitszeit	kleine Schäden können mit Oxalsäure entfernt werden. Bewertungskriterium ist die Tiefe der Verfärbung
Einlauf (auch Ersticken)	nach der Fällung entstandene braungraue bis braunrote Farbabweichungen von den Schn-ittstellen ins Stamminnere	AH, ER, BI, BU, EI, LMB	oxidative Verfärbung durch Austrocknung; Thyllenbildung, Umwandlung von Zellinhaltsstoffen	kein technologischer Fehler, lediglich schlechter imprägnierbar, jedoch Schönheitsfehler	Einlauf ist kein Pilzbefall, Festigkeit ist nicht gemindert; oft begleitet von Fäulen, abhängig von der Lagerzeit
Mondringe	ringförmige, splintholzähnliche, gelegentlich unregelmäßige, unverkernte Holzzonen, oft mehrere Jahrringe breit	EI, ROB, RU, MAC	Veranlagung, extreme Temperaturschwankungen (Frost), auch Bakterien	t: geringere Dichte, geringere Dauerhaftigkeit, häufig Rißbildung, Qualitätsminderung wegen Störung des Gesamtbildes,Kernstoffe fehlen	bei Furnierhölzern erheblicher Fehler
Bläue, Verblauung	blaue, blaugrüne, blaugraue, gelegentlich auch andersfarbige pilzliche Verfärbungen des Splint- oder Reifholzes. Im Querschnitt radiale Streifen oder Zonen, auf Längsschnitten flecken- bis streifenförmig, auch das gesamte Splintholz verfärbend	KI, LA, ABA, LMB, OKU	Bläuepilze verschiedener Gattungen bei hoher Holzfeuchte; oft durch Insekten übertragen	t: kein technologischer Fehler, keine Beeinträchtigung der Festigkeit. Kann erhebliche Wertminderung als „Schönheitsfehler" verursachen. Zerstörung von Anstrichen möglich	nach TG: Ausdehnung der Bläue im Verhältnis zur Brettfläche. - In DIN 4074 zugelassen. Unterscheidung nach Stammbläue, Schnittholzbläue (Oberflächenbläue) und Anstrichbläue

1.5.4 Sonstige Abweichungen

Art der Ab-weichung	Erscheinungsbild	typische Holzarten DIN-Abk.)	Ursachen	Folgen der Abweichung t = technisch, w = wirtschaftlich	Bewertung t
Rinden-brand, Sonnenbrand	rötliche Verfärbung der Rinde; anschließendes Absterben und Abfallen der Rinde und Freilegung des Holzes	glatt- und dünnrindige Holzarten wie BU, FI,AH	Uberhitzung infolge übermäßiger Sonneneinstrahlung an spontan freigestellten Bestandsrändern	Folgeschäden sind Verfärbungen, Fäulen, Trockenrisse, Fraßgänge; Holz dann stark entwertet	
Stauch-brüche	quer zur Stammachse verlaufende Stauchlinien; zunächst als Faserknickung, beim Zurückfedern des Baumes oft als Faserbruch auftretend; im Tangentialschnitt zackige, im Radialschnitt gerade verlaufende Linien	KI, FI, LMB, MAU, OKU	äußere Einflüsse, Beanspruchung, die die Druckspannung der Fasern überschreitet (Winddruck)	Minderung der Festigkeitseigenschaften im Stauchbereich, Wulstholzbeulen, Faserabweichungen Minderung der Holzausnutzung durch Maßvergütungen; Gefahr des Insekten- und Pilzbefalls	Windwurf, Bruchholz muß als solches gekennzeichnet werden möglich
Fäll- und Rückeschaden	beim Fällen und Rücken des Baumstammes entstandene Risse, Brüche, Faserbündelausrisse, Rinden- und Holzverletzungen	alle Hölzer	innere Spannungen im Holzgefüge sowie unsachgemäße Fälltechnik	Begleitfehler: Fäulen, Fraßgänge, Risse und Brüche schreiben Bearbeitungsmethode, Ebenen und Länge vor; verminderte Festigkeitseigenschaften; Minderung der Holzausnutzung durch hohen Verschnitt	
Frostrisse, Frostleisten	in den äußeren Holzzonen enttehende und bis ins Kernholz, mitunter bis zur Markröhre reichende Radialrisse, dem Faserverlauf folgend. Durch Überwallungsversuche des lebenden Baumes entstehen Längsverdickungen: Frostleisten	alle Hölzer	extreme Temperaturschwankung-en am stehenden Baum, besonders an Hölzern mit unregelmäßigem Jahrringbau	wie bei allen Rissen hoher Verschnitt, Festigkeit gemindert, Folgefehler (Oxidation, auch Pilz-und Insektenbefall) möglich	Frostrisse an Laubhölzern führen oft zur völligen Entwertung der Blöcke; bei Nadelholz nach DIN 4074 unzulässig

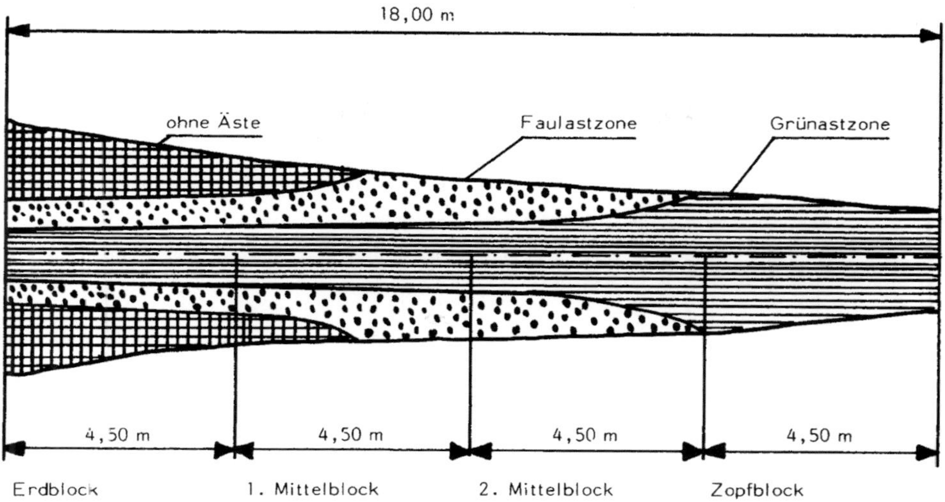

Abbildung 12 Astzonen im Stamm (nach Fronius[21])

1.5.5 Astigkeit

Äste nehmen eine Sonderstellung unter den „Fehlern" des Holzes ein. Äste sind Seitensprossen des Baumes und insofern lebensnotwendige Bestandteile des Individuums, die wohl kaum als Fehler angesprochen werden können; so gesehen sind sie Merkmale, die die Verwendungsfähigkeit in meist negativer Art beeinflussen.

Die Astbildung ist abhängig von Erbanlagen, Standort, Bestandesbegründung und Bestandespflege. Die zunächst grünen Äste sterben ab, wenn sie nicht mehr ausreichend mit Nährstoffen (Assimilaten) versorgt werden. Abgestorbene Äste vermorschen und brechen ab (natürliche Astreinigung) oder werden in gut geführten Beständen abgeschnitten (Aufastung). In einigen Ländern wird bei verschiedenen schnellwachsenden Kiefernarten (Pinus radiata, P. taeda, P. eliotti u. a.) sogar sogenannte Grünastung betrieben, um einen möglichst großen Anteil astreinen Holzes zu erzeugen. Die Astabbruchstellen überwallen, es bilden sich die Beulen, Astnarben, Chinesenbärte, Rosen, Siegel. Oft dringen Fäulnispilze oder Bakterien über die Abbruchstelle in den Stamm ein und zersetzen sowohl den Aststummel als auch das umgebende Holz.

Die Astigkeit wird bestimmt durch die Größe, Lage, Häufigkeit und Beschaffenheit der Äste. Aus Abbildung 12 sind die Astzonen zu entnehmen. Die Bewertung der Astigkeit beim Schnittholz richtet sich in den verschiedenen Sortierregeln und -vorschriften primär danach, ob es sich um eine allgemeine, mehr auf dekorative Verwendung zielende oder um eine reine Festigkeitssortierung handelt. So bewerten z. B. die Tegernseer Gebräuche Äste in erster Linie nach der Beschaffenheit (Durchfalläste beim Sortiment Rohhobler ausgeschlossen), ferner nach der Größe ohne Bezug zur Schnittholzdimension, nach der Anzahl pro Längeneinheit u. a. m. Dagegen findet bei der Festigkeitssortierung nach DIN 4074 (2008) die Astbeschaffenheit keine Berücksichtigung (sogar Astlöcher werden gesunden Ästen gleichgesetzt), aber der Astdurchmesser wird zur Schnittholzdimension in Bezug gesetzt und kann allein klassenbildend oder -ausschließend wirken.

Astholz ist dunkler, dichter, härter, spröder, ligninreicher als Stammholz und schwindet stärker. Die Bearbeitung ist deshalb erschwert, Äste markieren sich unter Furnier und Anstrich und fallen unter Umständen aus. Sie stören den Faserverlauf erheblich und mindern damit alle Festigkeitseigenschaften; besonders die Zugfestigkeit sinkt stark. Äste schreiben Bearbeitungslängen und -ebenen vor.

Außer diesen technischen sind auch ästhetische Auswirkungen zu beachten. Zwar unterliegen die Anforderungen an die äußerliche Beschaffenheit eines Holzes (Profilbretter, furnierte Paneele usw.) starken Modeschwankungen, doch ist grundsätzlich ein Trend zur astreinen Ware vorhanden. Einige Hölzer wie Zirbelkiefer, teilweise auch Lärche und nordische Fichte, erfreuen sich einer gleichbleibenden Beliebtheit gerade wegen ihrer Astigkeit.

- *Wasserreiser* sind, durch Austreiben „schlafender Knospen" entstandene feine Äste, überwiegend an unteren und mittleren Stammteilen. Sie treten häufig nach erhöhtem Lichtgenuss des Baumes nach plötzlicher Freistellung auf. Dicke Wasserreiser heißen Klebäste. Trockene Wasserreiser, Nageläste genannt, sind häufig tief eingewachsen. Sie treten im Radialschnitt als Streifen, im Tangentialschnitt als Punktäste auf. Minderung der Furnierqualität durch Texturstörungen.
- *Rindenbänder* sind gerade, quer zur Stamm- oder Blockachse verlaufende, dunklere und oft an einer Stammseite konzentrierte bandförmige Rindennarben. Typisch für Esche. Überwallung abgestorbener Wasserreiser an unteren und mittleren Stammteilen.
- *Chinesenbärte* sind auf der Rinde sichtbar bleibende Astüberwallungsstellen, aus deren Form man die Überwallungstiefe der Aststümpfe beurteilen kann. Chinesenbärte treten dann auf, wenn Äste steile oder spitzwinkelige Abgangswinkel haben. Eine größere Anzahl von Chinesenbärten am Stamm gilt als Fehler, der die Rundholzgüteklasse A ausschließt. Am häufigsten treten Chinesenbärte bei der Rotbuche auf, aber auch bei anderen glattrindigen Holzarten wie Birke, Linde, Weißbuche usw.
- *Rosen* sind rundliche bis ovale Rindennarben überwachsener Äste mit fast waagrechtem Astaustritt aus der Mantelfläche, vorwiegend am unteren Stammteil grobborkiger Holzarten (z. B. Erle, Esche, Eiche, Rüster, Lärche). Die Astdurchmesser entsprechen etwa halber Rosenhöhe. Eingefallene Rosen lassen auf Faulastigkeit schließen.
- *Beulen* sind rundliche bis ellipsenförmige Erhebungen des Stammantels meist über einem überwallten Ast, überwiegend an mittleren Stammteilen. Die Beule kann aber auch durch Faserstauchungen, Harzerguss, Knospensucht oder Pilzbefall (Krebsbeulen) verursacht sein.

1.6 Holzschädlinge

Im Bereich der Pathologie des Holzes nehmen die Holzschädlinge einen sehr bedeutsamen Platz ein. Rechnet man negativen Beeinflussungen des Holzes alle mechanischen, physikalischen und chemischen Einwirkungen zu und erweitert diesen Bereich auch noch um die Unregelmäßigkeiten im Wuchs, so bilden die Holzschädlinge einen zwar kleinen, aber doch sehr beachtenswerten Anteil.

Im Kapitel „Holzschädlinge" werden tierische und pflanzliche Schädlinge behandelt. Dabei wurde bewusst auf Meerwasserschädlinge wie z. B. die Bohrmuschel aus dem tierischen Bereich und auf grüne Schädlinge, wie die Mistel, aus dem pflanzlichen Bereich verzichtet. Die verbleibenden Insekten und Pilze sind in tabellarischer Form erfasst, wobei eine zahlenmäßige Beschränkung auf die wichtigsten Schädlinge notwendig war. Auf das ausführliche und mit vielen farbigen Abbildungen versehene Werk von Dr. Dietger Grosser

„Pflanzliche und Tierische Bau- und Werkholzschädlinge“[22], das auch zur Erstellung der Tabellen 23 und 24 herangezogen wurde, wird ausdrücklich verwiesen. Die Tabellen sollen nicht den Sachverständigen ersetzen; vielmehr soll es dem Benutzer dieses Buches ermöglicht werden, einerseits die relevanten Kriterien zur Bestimmung eines Holzschädlings zu erkennen und andererseits über eine Sammlung eben dieser Daten einen Hinweis – nicht mehr – auf die mögliche Art des Schädlings zu erhalten. Dabei ist zu beachten, dass ein Kriterium allein, wie z. B. die Größe des Flugloches, noch nicht aussagekräftig ist. Erst eine Addition aller feststellbaren Merkmale kann gegebenenfalls zu einer Identifikation des Schädlings und damit zu Überlegungen hinsichtlich der Bewertung und – soweit möglich – der Bekämpfungsmaßnahmen führen.

In Klammer stehende Werte gelten für gelegentlich vorkommenden Befall. Beispiel: Befall FI (KI) bedeutet, dass Fichte zu den bevorzugt befallenen Hölzern zählt, dass aber auch bei Kiefer bereits Befall festgestellt wurde.

Siehe 1.6.1 (Tabelle 23) und 1.6.2 (Tabelle 24) auf den nächsten Seiten

1.6.1 Die wichtigsten holzzerstörenden Pilze

Tabelle 23

Name	bot. Bezeichnung	Art			Befall							
					Holzart	Zustand				Holzteil		
		Braunfäule	Weißfäule	Weißlochfäule	NH = Nadelholz LH = Laubholz Abkürzungen nach DIN 4076	stehendes Holz	krankes Holz	verbautes Holz	lagerndes Holz	Kambium	Splint	Kern
Hallimasch (Honigpilz)	Armillaria mellea		X		KI, (NH)	X	X		X	X	(X)	
Schuppiger Sägeblättling	Lentinus lepideus	X			LA, KI (NH)			X	X			X
Muschel krempling	Paxillus panuoides	X			NH			X	X			
Tannenblättling	Gleophyllum abietinum	X			TA, FI (NH)			X	X			X
Kiefernporling	Phaeolus schweinitzii	X			TA, FI, KI, (NH)	X					(X)	X
Weißer Porenschwamm (Porenhaus-schwamm)	Poria vaillanttii	X			(LH), NH			X	X		X	X
Kieferbaum-schwamm	Phellinus pini			X	KI, (FI)	X			(X)		(X)	X
Riesentintenpilz	Peniophora gigantea			X	KI,(NH)			(X)	X		X	
Austernsaitling	Pleurotus ostreatus		X		BI, BU, PA, WDE,LH				X		X	
Echter Zunder-schwamm	Fomes fomentarius		X		BU, BI, RU	X					X	
Schwefelporling	Laetiporus sulphureus	X			ER, NB, PA, (NH+LH)	X						X
Schmetterlingsporling	Coriolus versicolor		X		BU, (LH)		X		X			
Wurzelschwamm	Heterobasidion annosum			X	FI, LA, KI, (NH)	X		X	X			
Echer Hausschwamm („Mauerschwamm")	Serpula lacrimans	X			NH, (LH)			X	(X)		X	X

Fruchtkörper	optimale Lebensbedingungen		Bemerkungen
	Temp. °C	Feuchte %	
Hut 5 ... 10 cm ∅, honiggelb, mittig dunkelbraun beschuppt, Lamellen weißlich; Stiel 5 ... 12 cm, bräunlich, Basis verdickt, braun im Dunkeln leuchtend	≈ 25	hoch	abplatzende Rinde als Erkennungszeichen
Hut 5 bis 15 cm ∅, weißlichgelb mit dunklen Schuppen, fleischig, Lamellen weißlich; Stiel 3... 10 cm, hoher Lichtbedarf	27...31	30...40	stirbt nach längerer Austrocknung ab, kein Oberflächenmycel, Masten- und Schwellenschädling
hutförmig, ohne Stiel, Hut glocken- oder muschelförmig, dünn, 8 cm ∅, Rand eingerollt, weißlich bis hellbraun, Lamellen dünn, gelblich, Bildung auch bei Lichtmangel	23...26	50...70	Oberflächenmycel, strangförmig, ockerfarben, stirbt bei Austrocknung ab, typischer Bergwerksschädling
leistenförmig, auch muschelförmig, bis 3 cm breit, 1 m lang, graubraun, oben weißer Rand, unten unregelmäßige Lamellen, ledcrartig, häufig dachziegelartig angeordnet	26...29	50...60	oft mit Ringschäle verbunden, Trockenstarre, süßer Geruch, Befall im Freien verbauten Holzes
trichterförmig mit Hut und dickem Stiel, Hut 10... 20 cm ∅, höckrige gelbliche bis rotbraune Oberseite, Röhren	24		terpentinartiger Geruch
konsolenförmig, weißlich-gelblich-glänzend, 10 mm dick, Röhren	27...28	40	lange Trockenstarre und Überwachsen v. Mauerwerk möglich, kein Befall von trockenem Holz
konsolenförmig, 6... 10 cm ∅, Oberseite rissig, gelb-rotbraun, Unterseite porig, olivbraun	20...25		bei FI Infektion durch Wunden
dünne, wachsartige Überzüge bildend, weiß, später gelb-bräunlich	28...30	hoch	tränken sehr erschwert
Hut 5 ... 15 cm ∅, dickfleischig, glatt, grau: Stiel 2 ... 4 cm, Lamellen weiß; oft dachziegelartig übereinander wachsend	27...30		
10... 40 cm breit, bis 16 cm dick, konsolenförmig, graubraun, Unterseite rostgelb, Röhren	30		stirbt duch Austrocknung ab, Infektion durch Wundslelle
knollig, z. T. dachziegelartig übereinander, 30 cm breit, 8 cm dick, gelblich-orange-gelb, Unterseite Röhren, schwefelgelb			Infektion durch abgestorbene Äste und Wunden
konsolenförmig, dachziegelförmig übereinander, 10 cm lang, 7 cm breit, glänzend, konzentrisch von gelb bis schwarz gezont, Röhren weißlich-gelblich	26		stirbt bei Austrocknung ab, schwarze Grenzlinien (=„Marmorfäule")
Form sehr unterschiedlich, oben braun runzelig, unten Röhren gelbbraun	23	hoch	Infektion von Baum zu Baum durch Wurzeln, Stämme an der Basis oft flaschenförmig
flach, rotbraun mit weißem Rand, kreisförmig, fleischig, weich, zäh, auch polsterförmig, gelegentlich konsolenförmig	18...22	30...40	meldepflichtig, schafft sich benötigte Feuchtigkeit durch Atmung, Überwachsen anorgan. Materials möglich

1.6.2 Die wichtigsten holzzerstörenden Insekten

Tabelle 24

Name	lat. Bezeichnung	Befall									Fluglöcher					
		Holzart				Zeitpunkt					Form				Größe mm	Beschaffenheit
		NH = Nadelholz LH = Laubholz Abkürzungen nach DIN 4076	Kernholz	Splintholz	Bast/Rinde	stehend	frisch gefällt	krank	im Freien verbaut	trocken	rund	oval	ausgefranst	Glatte Ränder		Bohrmehl außen
A. Käfer *Bockkäfer* Blauer Scheibenbock	**Coleoptera** *Cerambycidae* Callidium violaceum	NH (LH)		X	X		X	X		X		X		X	4...6	
Düsterbock	Asemum slrialum	KI (NH)		X	X	X	X	X			(X)	X		X	3...6	
Eichenwidder-bock	Plagionotus arcuatus	EI (HB, BU)	(X)	X	X	X	X	X				X		X	5	
Fichtenbock	Tetropium castaneum. seltener t. fuscum	FI (KI), (LA)		X	X	X	X	X				X			5...6	
Großer Eichenbock (Heldbock)	Cerambyx cerdo	EI, (BI, ES, HB, PA, LI, RU)	X	X	X	X		X								
Großer Pappelbock	Saperda carcharias	PA (WDE)	(X)	X	X	X					X				<12	X
Grubenhalsbock (Halsgrubenbock)	Crioccphalus rusticus	KI, (NH)	X	X	X		X		(X)			X		X	8...14	
Hausbock („Großer Holzwurm“)	Hylotrupes bajulus	nur NH		X					X	X		X	X	X	5...10	
Kleiner Wespenbock	Caenoptera minor	NH, bes. FI		(X)	X	X	X	X	X		X				3	
Mulmbock	Ergates faber	KI (NH)		X				X	X			X	X		20...30	
Rothalsbock	Leptura rubra	NH, bes. FI, KI		X			X	X	(X)		X				4...7	
Schusterbock	Monochamus sutor	NH, bes. FI, auch KI	(X)	X	X		X	X			X					
Trop. Bockkäfer	Cerambycidae	MAC, MAA, MAN, ABA	(X)	X			X	X			X	X	(X)			
Zimmermanns-bock	Acanthocynus	KI, (FI, TA, LA)		(X)	X		X	X				X		X		

Fraßgänge												Flugzeit Monat	Generationsdauer Jahre	Bekämpfung	Bemerkungen
Form								Größe mm	Beschaffenheit						
spiralig + zickzack	unregelmäßig	Hakengänge	parallel Jahresr.	parallel Holzstr.	Sonderform	rund	oval		offen	verstopft	verfärbt				
	X	X					X			X		5...7	frisches Holz 1. trockenes Holz 2. ..3	rechtzeitig und sorgfältig entrinden, Rinde verbrennen, dämpfen, Insektizidbehandlung	Polyphag; Befall nur mit Rinde; auch länger lagerndes Rundholz mit ausreichender Feuchtigkeit wird befallen
	X						X			X		5...7	1...3	frühzeitig entrinden, Rinde verbrennen, SH techn. trocknen	trockenes, entrindetes Holz wird nicht befallen; ähnlich Grubenhalsbock
		X		X			X			X		5...6	1	frühzeitig entrinden, schnell aufarbeiten, SH trocknen	bis zu 2 m lange Gänge unter der Rinde, keine Weiterentwicklung im trockenen Holz
	X	X		X			X			X		6...8	1	luftig stapeln oder technisch trocknen	Befall hauptsächlich am brüchigen Holz, kein Befall an trockenem Holz, ähnlich T. grabrieli und T. meridum
		X		X			X	25...40		X	(X)	6...7	3...4	SH technisch trocknen	häufig Wiederbefall, Befall bevorzugt alte, besonnte Bäume, „großer schwarzer Wurm"
		X					X	<20		X	X	7...8	2...3	schnell aufarbeiten, dämpfen, trocknen	kein Befall an trockenem Holz, nicht verwechseln mit Cossus cossus
							X			X		7...8	2...3	frühzeitig entrinden, Befall abbeilen	trockenes Holz wird nicht befallen, Entwicklung kann sich aber dort fortsetzen
	X						X	3...10	(X)	(X)		6...8	3...10	abbeilen, Befall verbrennen, Insektizide anwenden, Heißluft, Begasung	gefährlichster Holzschädling, Befall meldepflichtig. Spätholz bleibt erhalten, Platzfraß; Befall nicht sehr alten Holzes
	X	(X)					X	<1		X		5...6	2...3	frühzeitig entrinden, Befall abbeilen	Fraßgang ähnlich wie Prachtkäfer; Befall in Schwachholz
						X		25		X		7...8	3...6		hoher Feuchtigkeitsbedarf (ca. 60 %), bei FI wird auch Kernholz befallen
	X						X			X		7...8	2...3	entrinden, abbeilen, befallenes Holz verbrennen, imprägnieren	häufig auf Sägewerkslagerplätzen, Holzfeuchte über FSB, mit Pilzbefall verbunden
	X						X			X		6...8	1...2	entrinden, mit Insektiziden behandeln	Befall häufig nach Kalamitäten, Flugloch kann mit Sirex verwechselt werden
	X	(X)					X	15...30		X	(X)		1...2 (3...4)	sofort verarbeiten, dämpfen, entsplinten	bei Bete auch Kernholz, Weiterentwicklung auch in trockenem Holz
							X			X		3+	1	frühzeitig entrinden, Rinde verbrennen, abbeilen	befällt nur berindetes Holz mit hohem Feuchtigskeitsgrad

Tabelle 24 (Fortsetzung)

Name	lat. Bezeichnung	Befall									Fluglöcher					
		Holzart				Zeitpunkt					Form				Größe mm	Beschaff heit
		NH = Nadelholz LH = Laubholz Abkürzungen nach DIN 4076	Kernholz	Splintholz	Bast/Rinde	stehend	frisch gefällt	krank	im Freien verbaut	trocken	rund	oval	ausgefranst	Glatte Ränder		Bohrmehl außen
Nagekäfer Gewöhnlicher (Gemeiner) Nagekäfer „Kleiner Holzwurm"	*Anobiidae* Anobium punctatum	LH und NH, weiche bevorzugt, Kernholzarten nur Splint		X						X	X				1...2	(X)
Holzbohrkäfer Kapuzinerkäfer	*Bostrychidae* Bostrychus capucinus	LH, bevorzugt EKA, PA, ROB, EI, NB		X		(X)	(X)			X	X				2...12	(X)
Splintholzkäfer Brauner Splintholzkäfer, („powder post beetles")	*Lyctldae* Lyctus brunneus und andere	RU, EKA, EI„ (ES, NB),trop. Hölzer, LH, auch Bambus		X					X	X	(X)	X			0,8...2	X
Borkenkäfer Laubnutzholzborken-käfer	*Ipidae* Xyloterus domeslicus	BU.AH, ER, BI,HB, EI	(X)	X	X	(X)	X	X								X
Gestr. Nadelnutzholz-borkenkäfer („pinhole borer")	Xyloterus lineatus	NH, bes. FI		X	X	(X)	X	X								X
Kernholzkäfer Eichenkernkäfer	*Platypodidae* Platypus cylindrus	EI (BU, HB. ES, LI)	X	X	X	X	X	X			X				1...2	X
Werftkäfer Gewöhnlicher Werftkäfer	*Lymexylonidae* Hylecoctus dermestoidcs	BU, ELFI, TA	X	X		X	X	X			X				3...4	X
Schiffswerftkäfer „Haarwurm"	Lymexylon navale	EI	X	X		X	X	X	X						1,5...2,5	
Prachtkäfer Buchenprachtkäfer	*Buprestidae* Agrilus viridis	AH, ER, BI. BU, PA, LI, WDE		X	X		X	X				X		X		
B. Hautflügler *Holzwespen* Gemeine Holzwespe	**Hymenoptera** *Siricidae* Paururus juvencus	FI.TA, KI	X	X	X		X	X			X			X	4...10	
Riesenholzwespe	Sirex gigas	FI,TA, KI, LA (ES, PA)	X	X			X	X			X			X	4...10	
C. Schmetterlinge Weidenbohrer	**Lepiduptera** Cossus cossus	WDE, PA, (LH)		X	X	X		X								X

Anmerkung: (1) = Gabelgänge, (2) = Leitergänge

Fraßgänge												Flugzeit Monat	Generations-dauer Jahre	Bekämpfung	Bemerkungen
Form								Größe mm	Beschaffenheit						
spiralig + zickzack	unregelmäßig	Hakengänge	parallel Jahresr.	parallel Holzstr.	Sonderform	rund	oval		offen	verstopft	verfärbt				
	X							1...2 (0,5...4)		x		5...7 (4...8)	2...8	Möbel u. ä.: Injektion von Insektiziden, Bauholz u. ä.: Heißluft, > 55 °C, Durchgasen, chem. Holzschutz	Eiablage bevorzugt im befallenen Holz. Temperatur optimal 22 °C, Oberfläche wird wenig angegriffen, neben Hausbock gefährlichster Schädling verarbeiteten Holzes
			X			X		2...12	(X)	X	X	5...6	1	siehe Splintholzkäfer	kein Befall von Nadelholz
	X							2		X		5...6	0,5...1,5	Erhitzen, Begasen, Dämpfen, Abfälle verbrennen, Injektion von Insektiziden	Befall auch in Sperrholz u. ä., Befall nicht bei Buche und NH, geringer Feuchtebedarf (7 %); wiederholter Befall
			X	X	(2) (1)	X		2	X		X	3...6	1	sofort verarbeiten, dämpfen, technisch trocknen, Insektizide nicht notwendig	Eiche nur Splint
			X	X	(2)				X		X	3...7	1	sofort aufarbeiten, technisch trocknen, Insektizide nicht notwendig	neigt zur Massenvermehrung; kein Befall trockenen Holzes
			X	(1)					X		X	6...7	1	dämpfen, trocknen, kein Befall an trockenem Holz	Fraßgänge ähnlich wie Xyloterus domesticus, starker Bohrmehlauswurf
	X			X		X		2	X		X	4...6	2 (1...3)	schnell abfahren und aufarbeiten, dämpfen, luftig lagern	Schaden vor allem auf Holzlagerplätzen, Entrindung schützt nicht
				X				1,5...2,5		X		5...7	1...2	schnell aufarbeiten, luftig stapeln, trocknen, dämpfen	siehe Gewöhnlicher Werftkäfer; in trockenem Holz keine Vermehrung
X	X									X		6...7	2	entrinden, rasch aufarbeiten, dämpfen, technisch trocknen	ähnlich Agrilus biguthatus
		X	X			X		4...7		X		6...8	3...4 (2...6)	SH dämpfen, mit hoher Temperatur trocknen	kein Befall von trockenem Holz, jedoch wegen langer Generationsdauer Ausschlüpfen auch aus verbautem Holz möglich
		X	X			X		4...7		X		6...8	3...4 (2...6)	SH dämpfen, mit hoher Temperatur trocknen	siehe Gemeine Holzwespe
	X						X	10...20			X	6...8	2		Eiablage an der Wurzel, Fraßgänge bis zu Handtellergröße

2 Rundholz

Ulf Lohmann

Für die Vermessung sowie für die Einteilung in Stärke- und Güteklassen von Rohholz galt Jahrzehnte lang die so genannte HOMA (Holz-Mess-Anweisung), die nach der Richtlinie 68/69 EWG des Rates der Europäischen Gemeinschaften vom 23.1.1968 in Deutschland in das Gesetz über gesetzliche Handelsklassen für Rohholz vom 25.1.1969 einging. Dieses Gesetz wurde ergänzt durch eine Verordnung über gesetzliche Handelsklassen für Rohholz vom 31.7.1969, deren Anlage zu § 1 die eigentlichen Sortierungs- und Vermessungsregeln enthält und unter dem Kürzel HKS allgemein bekannt ist.

Darüber hinaus gibt es eine ganze Reihe von z.T. ergänzenden, z.T. abweichenden Bestimmungen der einzelnen Bundesländer sowie verschiedene europäische Normen EN, die jedoch bisher – weil nicht „harmonisiert" – keine zwingenden Regeln darstellen.

Konsequenterweise wurde nach der Abschaffung der EWG-Richtlinie 68/69 auch zum Jahresende 2008 das Gesetz über gesetzliche Handelsklassen und seine ergänzenden Verordnungen zurückgezogen. Damit lebt der deutsche Rohholzhandel derzeit (Mitte 2010) in einem „rechtlosen" Zustand, sofern nicht Konsens besteht, dass die bisherigen Regeln mangels anderer so lange weiter benutzt werden, bis eine neue Vorschrift in Kraft treten wird.

Schon im Januar 2008 begannen die Arbeiten an einer RVR genannten Rahmenvereinbarung für den Rohholzhandel in Deutschland. Unter breiter Beteiligung der Forstseite einerseits und der Säge- und Holzwerkstoffindustrie sowie des Rohholzhandels andererseits entstand ein Regelwerk, das bezüglich der Vermessung weitgehend den bisherigen Status berücksichtigt, sich bezüglich der Gütesortierung jedoch stark an die vorhandenen EN anlehnt. Da im Sommer 2010 ein endgültiger, von allen betroffenen Wirtschaftszweigen getragener Konsens zeitlich nicht absehbar ist, sollen im Holz-Handbuch beide Regeln abgedruckt werden: die bisherigen der HKS nur noch auszugsweise unter Weglassung des eindeutig nicht mehr praktizierten Messzahlwesens sowie die neuen Regeln der RVR in ihrem Stand vom Dezember 2008, die, um ihren noch nicht endgültigen Status zu kennzeichnen, alle in *kursiver Schrift* dargestellt sind.

2.1 Vermessung von Rundholz

2.1.1 Vermessung nach § 4 HKIV

1. Beim Messen des Durchmessers und der Berechnung des Mittels wird nach unten auf ganze Zentimeter abgerundet
2. Der Mittendurchmesser wird in der Stammmitte (halbe Stammlänge) bis zu 19cm Durchmesser ohne Rinde durch einmaliges waagerechtes Kluppen, wie der Stamm im Walde liegt, ermittelt, ab 20 cm Durchmesser ohne Rinde durch zwei zueinander senkrecht stehende Messungen (möglichst des kleinsten und des größten Durchmessers). Fällt die Messstelle auf einen Astquirl oder auf einen sonst unregelmäßigen Stammteil, so wird der Durchmesser aus dem Mittel der Messungen gleichweit oberhalb und unterhalb der Messstelle ermittelt. Wird der Durchmesser in Rinde gemessen, so ist ein der durchschnittlichen Rindenstärke entsprechender Abzug zu machen und der Abzug zu erwähnen
3. Der Zopfdurchmesser wird durch einmaliges waagerechtes Kluppen, wie der Stamm im Walde liegt, ermittelt. Wird der Durchmesser in Rinde gemessen, so gilt Absatz 2 Satz 3 entsprechend
4. Bei der Längenmessung ist ein Übermaß von 1 vom Hundert zu geben; das Längenübermaß bleibt jedoch bei der Feststellung der Stammmitte außer Betracht. Die Längenmessung beginnt bei Stämmen mit Fallkerb in der Mitte des Fallkerbes
5. Der Festgehalt wird aus Länge und Mittendurchmesser ohne Rinde nach Festmeter berechnet. Der Festgehalt unregelmäßig geform-

ter oder in der Güte sehr unterschiedlicher Stämme ist abschnittsweise zu ermitteln
6. Wird Schichtholz in Raummeter mit oder ohne Rinde (gereppelt, geschält, geloht oder weißgeschnitzt) aufgesetzt, so erhalten die Holzstöße oder -bündel beim Aufsetzen ein Übermaß von 4 vom Hundert
7. Das Gewicht des Rohholzes kann entweder lufttrocken (lutro) oder absolut trocken (atro) ermittelt werden. Die Art der Trockenheit ist anzugeben

2.1.2 Vermessung von Rundholz nach Europäischen Normen

Die EN 1309-2 (2006) „Verfahren zur Messung der Maße – Rundholz – Anforderungen an die Messung und Regeln zur Volumenberechnung" lässt im Prinzip für jedes Mitgliedsland seine eigenen Regeln zu und beschränkt sich weitgehend auf Grundregeln, die bei der Festlegung von Verfahren zur Vermessung und Volumenberechnung von Rundholz zu berücksichtigen sind. Im Anhang A der Norm sind nationale Regeln abgedruckt. Anhang B gilt dann, wenn keine nationalen, regionalen oder örtlichen Regelungen vorhanden sind. Die EN 1309-2 gilt nicht für Tropenholz. Da die Terminologie der ENn zu Rundholz und dessen Maßen häufig von den allgemeinen, nach HKlV gebräuchlichen Begriffen abweicht, ist es notwendig, diese zunächst aufzuzeigen.

2.1.2.1 Begriffsdefinitionen nach EN 844-2 und EN 844-5

Abschnitt ↗ Block
Ein *Astquirl* ist der Bereich des ↗ Stammes, in dem sich mehrere Äste auf ungefähr gleicher Höhe befinden.

Unter *aufgeastetem Holz* versteht man stehendes Holz, dessen untere Äste beim jungen Baum künstlich entfernt wurden.

Block oder Stammabschnitt ist die Bezeichnung für ein ↗ Rundholz, das abgelängt wurde.

Der *Durchmesser* ist der Abstand zwischen zwei parallelen Tangenten eines ↗ Rundholzes oder ↗ Stammes.

Einschnürung ist die starke Verringerung des ↗ *Durchmessers* des ↗ Stammes, z. B. bei einem dicken Ast.

Der *Erdstamm* ist ein ↗ Block, der vom stärkeren Ende eines ↗ Langholzes abgeschnitten wurde.

Festgehaltsvolumen ist das Mengenmaß von ↗ Rundholz auf Basis seiner Abmessungen und wird üblicherweise in Kubikmeter ausgedrückt. Die deutsche Benennung Festmeter (fm) wird nicht empfohlen.

Ein *Furnierblock* ist ein ↗ Stammabschnitt, der zur Erzeugung von Furnieren bestimmt ist.

Das *Gewichtsmaß* ist ein Mengenmaß von ↗ Rundholz auf Basis seiner Masse und wird üblichweise in Tonnen ausgedrückt.

Industrieholz ist ↗ Rundholz, das für die Erzeugung von Zellstoff oder Holzwerkstoffen mechanisch zerkleinert und eventuell auch chemisch aufgeschlossen werden soll.

Die *Krone* ist der obere Bereich eines Baumes mit Ästen und Zweigen sowie eventuell eines Teiles des ↗ Stammes.

Unter *Kronenansatz* versteht man einen Bereich des ↗ Stammes, in dem die untersten Äste der ↗ Krone abzweigen.

Längenübermaß wird die Längenzugabe zur ↗ Nennlänge genannt, um den Schnittverlust beim Ablängen zu berücksichtigen.

Langholz ist ↗ Rundholz, das nicht weiter abgelängt wurde.

Eine *Maßangabe* wird ganzzahlig genannt, wenn die Bruchteile der Maßeinheit unbeachtet bleiben.

Ein *Mittelstück* ist ein ↗ Stammabschnitt aus einem ↗ Langholz zwischen ↗ Erdstamm und ↗ Zopfstück.

Der *Mittendurchmesser* ist der ↗ Durchmesser in der Längenmitte.

Nennlänge nennt man die Längenangabe bei ↗ Rundholz ohne Berücksichtigung eines ↗ Längenübermaßes.

Rinde: „Mit Rinde“ wird in Verbindung mit einem Maßbegriff verwendet und gibt ein Maß an, das die Rindendicke beinhaltet. „Ohne Rinde“ beinhaltet keine Rindendicke.

Unter *Rundholz* versteht man einen gefällten, entasteten und entwipfelten Baum, der auch in kurze Abschnitte ausgeformt sein kann, im Allgemeinen unter Ausschluss von Brennholz.

Sägeblock: ↗ Stammabschnitt, der zur Erzeugung von Schnittholz bestimmt ist.

Der Schaft ist der für die Bewertung eines stehenden Baumes herangezogener Teil des ↗ Stammes. Er wird gewöhnlich mit Mindest-Zopfdurchmesser angegeben.

Das *Schichtholzvolumen* gibt das Volumen eines Schichtholzstoßes an, das durch seine Außenabmessungen inklusive der Luftzwischenräume bestimmt ist. Die deutsche Benennung „Raummeter“ (rm) wird nicht empfohlen.

Die *Schnittstelle* ist die Stelle eines ↗ Langholzes oder ↗ Blockes, an der abgelängt wird.

Der *Stamm* ist ein Teil eines Baumes oberhalb des Bodens mit Ausnahme der Äste.

Stammabschnitt ↗ Block

Eine *Stange* ist ein langes ↗ Rundholz für eine freistehende Verwendung.

Die *Stützwurzel* ist eine vorstehende Rippe am unteren Teil des ↗Stammes.

Unter *Wurzelanlauf* versteht man den verdickten unteren Teil des ↗ Stammes.

Der *Zopfdurchmesser* ergibt sich als Durchmesser am dünneren Ende.

Das *Zopfstück* ist der ↗ Block, der vom schwächeren Ende eines ↗ Langholzes abgeschnitten wurde.

2.1.2.2 Grundsätzliches

- Länge: Es ist ein manuelles oder automatisches Messgerät mit Angabe der Anforderungen an die Kalibrierung und Messgenauigkeit festzulegen. Ferner ist festzulegen, wie die Länge von geradem Rundholz, Rundholz mit einfacher und mehrfacher Krümmung sowie Rundholz mit Fallkerb oder Spranz zu vermessen ist. Vor der Angabe der Ergebnisse in metrischer Messung sind Rundungsverfahren festzulegen.
- Durchmesser: Es ist ein manuelles oder automatisches Messgerät mit Angabe der Anforderungen an die Kalibrierung und Messgenauigkeit festzulegen. Ferner ist festzulegen: Wo der Durchmesser zu messen ist, wie zu verfahren ist, wenn eine Messung an der vorgesehenen Stelle nicht möglich ist, wie viele Messungen durchzuführen sind und ob die Messung mit oder ohne Rinde vorzunehmen ist und wie die Umrechnung erfolgt. Wenn zwei oder mehr Messungen vorgenommen werden, ist das Verfahren zur Berechnung des Mittelwertes anzugeben. Vor der Angabe der Ergebnisse in metrischer Messung sind Rundungsverfahren festzulegen.
- Volumenberechnung: Die Einheit der metrischen Messung, die Gleichung zur Berechnung des Volumens und das Rundungsverfahren ist anzugeben.

2.1.2.3 Anhang A

Im (informativen) Anhang A der EN 1309-2 werden nationale Beispiele von Verfahren zur Vermessung und Volumenberechnung von Rundholz genannt, die die Anforderungen der Norm erfüllen. Aufgeführt sind Vorschriften aus Österreich, der Tschechischen Republik, Finnland, Frankreich, Deutschland, Irland, Italien, Lettland, Litauen, den Niederlanden, Norwegen, Schweden, der Schweiz und aus dem Vereinigten Königreich.

Für Deutschland werden zitiert: Gesetz über gesetzliche Handelsklassen für Rohholz, Verordnung über gesetzliche Handelsklassen für Rohholz, Anlage zu § 1 der Verordnung über gesetzliche Handelsklassen für Rohholz, Vereinbarung über Werkeingangsvermessung des DHWR/VDS und des DFWR 1994/2000.

2.1.2.4 Anhang B

Im (normativen) Anhang B der EN 1309-2 werden Verfahren zur Vermessung und Volumenberechnung von Rundholz genannt für den Fall, dass keine nationalen, regionalen oder örtlichen Regeln existieren.

- Länge: Es ist ein kalibriertes Messgerät zu verwenden, das eine Messung auf mindestens 1 cm genau ermöglicht. Bei geradem Rundholz und Rundholz mit einfacher Krümmung ist die Länge als der kürzeste Abstand zwischen zwei parallelen Ebenen an den Enden des Rundholzes zu messen, die den vollen Querschnitt umfassen und sich im rechten Winkel zur Längsachse befinden. Rundholz mit mehrfacher Krümmung ist in theoretische gerade oder einfach gekrümmte Abschnitte einzuteilen, wobei die Länge jedes Abschnitts getrennt zu messen ist. Bei Spranz oder Fallkerb wird von deren Mitte aus gemessen. Das Ergebnis der Messung ist in m mit einer (abgerundeten) Dezimalstelle anzugeben.
- Durchmesser: Zur Ermittlung des Durchmessers sind Kluppe, Maßband, Stamm-Messlineal oder ein automatisches System zugelassen, sofern die eine Genauigkeit von 1 cm ermöglichen. Der Durchmesser ist in der Längenmitte zu messen. Fällt die Messstelle auf eine offensichtliche Fehlstelle, ist an zwei Stellen im gleichen Abstand von der Längenmitte zu messen und das arithmetische Mittel anzugeben. Unter Umständen ist es auch möglich, alternativ den Zopfdurchmesser zu bestimmen. Dabei ist die Abholzigkeit zu bestimmen, aufzuzeichnen und daraus der Mittendurchmesser zu errechnen. Beim Kluppen genügt bis 19 cm Durchmesser eine einmalige Messung; bei ovalem Durchmesser kann zweimal, im rechten Winkel zueinander, gemessen werden. Bei Durchmessern von 20 cm aufwärts wird im Regelfall zweimal gekluppt, bei kreisförmigem Durchmesser wie auch bei Messung mit dem Maßband kann auch nur einmal gemessen werden

  Der Durchmesser ist ohne Rinde zu messen. Sofern eine Messung in Rinde erfolgt, ist auf den Durchmesser ohne Rinde umzurechnen.
  - Das Messergebnis ist um das Zweifache der an der Messstelle geschätzten Rindendicke zu reduzieren.
  - Verwendung eines Rindenabschlags, der schriftlich zu vereinbaren ist.
  - Sofern keine Vereinbarung getroffen wurde, ist der Rindenabschlag zu verwenden, der in entsprechenden Tabellen des Lieferlandes veröffentlich wurde.

  Alternativ ist eine Messung in Rinde zulässig. Der Durchmesser wird auf volle cm abgerundet angegeben.
- Volumen: Bei der Volumenberechnung ist nach folgender Gleichung vorzugehen: $V = \pi/4 \times d^2 \times l \times 10^{-4}$, wobei π auf vier Stellen (3,1416) gerundet wird. Wenn Rundholz Teile unterschiedlicher Qualität enthält, ist es in die erforderliche Anzahl theoretischer Abschnitte zu teilen, die getrennt zu messen und deren Volumina zu addieren sind. Das Volumen kann auch mit Volumentabellen bestimmt werden, deren Aufbau genau erklärt ist.

2.1.3 Vermessung nach RVR

2.1.3.1 Grundsätzliches

Hinweis: Die hier abgedruckten Regeln nach RVR stellen das Entwurfsstadium 12/2008 dar und sind nicht verbindlich.

Zur Ermittlung der abrechnungsrelevanten Volumen- und Gewichtsmaße nach RVR sind ausschließlich nachfolgende Vermessungsverfahren zulässig. Die genaueste und effizienteste Vermessung ist grundsätzlich im Rahmen der Werksvermessung möglich.

- *Alle zur forstlichen Rohholzvermessung eingesetzten Geräte zur Bestimmung der Länge, des Volumens oder der Masse müssen zum*

Zeitpunkt der Messung den Erfordernissen des Eichgesetzes und der Eichordnung entsprechen. Forstübliche Messgeräte müssen dabei mindestens über eine Skaleneinteilung mit einem Zentimeter (1 cm) Genauigkeit verfügen.

- *Generell beziehen sich die Messergebnisse auf den Zeitpunkt der Messung. Bei der Rohholzvermessung werden Übermaßregelungen angewendet, um die Schwindung des Holzes auszugleichen und das Maß auch im trockenen Zustand einzuhalten. Bei der Volumenermittlung nach RVR bleibt das Übermaß jedoch in allen Fällen unberücksichtigt.*
- *Betroffene Waldbesitzer, Forstbetriebe und Holzkäufer sowie deren Beauftragte sind zur Überprüfung der ordnungsgemäßen Anwendung und Dokumentation der Rohholzvermessung berechtigt. Hierbei ist sicherzustellen, dass alle kaufvertraglich relevanten Messparameter sowie die Berechnungen nachvollziehbar und entsprechend der jeweiligen Messverfahrensanforderungen dokumentiert werden.*

Folgende Vermessungsarten sind vorgesehen

- *Werksvermessung von Stammholz*
- *Manuelle Vermessung von Rundholz*
- *atro-Gewichtsvermessung von Industrie- und Energieholz*
- *Sektionsraummaß für Industrie- und Energieholz*
- *Konventionelles Schichtraummaß*
- *Transportbehälterfüllung (Waldhackschnitzel)*
- *Vermessung von Sondersortimenten*

Da vorliegendes Buch in erster Linie den Bereichen Rund- und Schnittholz gewidmet ist, wird auf die Darstellung der Vermessung von Industrie- und Energieholz verzichtet und nur die von Rundholz näher dargestellt.

2.1.3.2 Werksvermessung von Stammholz.

Die einzelstammweise Vermessung mit elektronischen Rundholzvermessungsanlagen im Werk ist durch die „Rahmenvereinbarung für die Werksvermessung von Stammholz des Deutschen Forstwirtschaftsrates e.V. und des Verbandes der Deutschen Säge- und Holzindustrie e.V." abschließend inhaltlich geregelt. Die RVR übernimmt diese Regelungen unmittelbar mit dem jeweils aktuellen Stand (abrufbar unter www.werksvermessung.org)

2.1.3.3 Manuelle Vermessung von Rundholz

Zielgröße ist das Festgehaltsvolumen in Festmeter ohne Rinde. Es wird aus der einzelstammweise ermittelten Länge in Metern, ohne Übermaß, und dem Mittendurchmesser ohne Rinde in Zentimetern als Festmeter ohne Rinde berechnet. Die Berechnung des Festgehaltsvolumens erfolgt dabei mit der Mittenflächenformel (Hubersche Formel) nach: $V = (\pi/4) \times d^2 \times L \times 10^{-4}$. Das Ergebnis ist auf zwei Dezimalstellen zu runden.

- *Länge: Bei der Längenermittlung von Stammholz ist ein Längenübermaß von 1 % zu geben. Dieses ist auf ganze Zentimeter aufzurunden und bleibt bei der Berechnung des Volumens unberücksichtigt. Die Längenmessung beginnt bei Stämmen mit Fallkerb in der Mitte des Fallkerbs.*
- *Durchmesser: Der Mittendurchmesser ist in der Stammmitte zu messen. Die Stammmitte wird ohne Berücksichtigung des Längenübermaßes hergeleitet. Die Messung des Mittendurchmessers ist differenziert nach der Mittenstärke vorzunehmen: Bis 19 cm Mittendurchmesser ohne Rinde durch einmaliges waagerechtes Kluppen, entsprechend der Lage des Stammes im Wald, ab 20 cm Mittendurchmesser ohne Rinde durch zwei zueinander senkrecht stehende Messungen, möglichst des kleinsten und des größten Durchmessers. Fällt die Messstelle auf einen Astquirl oder ein sonst unregelmäßiges Stammteil, so wird der Durchmesser aus dem arithmetischen Mittel der Messungen, in jeweils gleicher Entfernung oberhalb und unterhalb der Messstelle, ermittelt.*

Beim Messen des Durchmessers und bei der Berechnung des Mittels wird nach unten auf ganze Zentimeter abgerundet. Bei der Ermittlung des Durchmessers von unentrindeten Stämmen sind folgende Rindenabzüge vorzunehmen:

Holzart	Mittendurchmesser m.R. (cm)	Rindenabzug (cm)
Fichte	≤ 26 27 – 50 ≥ 51	1 2 3
Tanne	≤ 22 23 - 38 39 - 55 ≥ 56	1 2 3 4
Douglasie	≤ 20 21 – 37 38 – 53 54 – 70 ≥ 71	1 2 3 4 5
Buche	≤ 41 ≥ 42	1 2
Esche	≤ 18 19 - 29 30 - 44 ≥ 45	1 2 3 4

Bei allen anderen wirtschaftlich relevanten Holzarten schwanken die ermittelten Rindenstärken erheblich. In diesen Fällen empfiehlt es sich, soweit keine Messung an der entrindeten Messstelle erfolgt, regionale oder hiebsbezogene Rindenabzugswerte zu vereinbaren.

2.2 Dimensionssortierung von Rundholz

2.2.1 Dimensionssortierung nach HKS

Das Stammholz (Stämme und Stammteile) wird auf ganze Meter, halbe Meter oder ganze Zehntelmeter abgelängt und nach dem Mittendurchmesser ohne Rinde in Stärkeklassen eingeteilt (siehe Tabelle).

Klasse	Mittendurchmesser ohne Rinde
L 0	unter 10 cm
L 1a	10 bis 14 cm
L 1b	15 bis 19 cm
L 2a	20 bis 24 cm
L 2b	25 bis 29 cm
L 3a	30 bis 34 cm
L 3b	35 bis 39 cm
L 4	40 bis 49 cm
L 5	50 bis 59 cm
L 6	60 cm und mehr

Über die Klasse L 6 hinaus können unter Fortsetzung derselben Staffelung weitere Klassen gebildet werden. Die Unterteilung in Unterklassen a und b kann entfallen oder auf alle Klassen erweitert werden.

2.2.2 Dimensionssortierung nach EN 1315

Die Europäischen Normen EN 1315-1 für Nadelholz und EN 1315-2 für Laubholz aus dem Jahr 1997 wurden 2008 zusammengefasst und liegen nun als Entwurf unter der Bezeichnung prEN 1315 (2008) vor. Diese hat, sofern keine Einsprüche (bis Juni 2008) entgegenstehen, den Status einer Deutschen Norm und lautet: Dimensionssortierung von Rundholz. Sie legt die allgemeine Sortierung nach Maßen von Rundholz (Laub- und Nadelholz) fest, bei dem die beabsichtigte Verwendung nicht bekannt ist. Für die Anwendung der Norm sind zu beachten: EN 844-1, EN 844-2, EN 844-5 sowie EN 1309-2.

Die Dimensionssortierung muss unabhängig von der Stammlänge in Klassen nach dem Mittendurchmesser mit oder ohne Rinde vorgenommen werden. Wird ohne Rinde gemessen, wird der Klassenzahl ein D vorangestellt, bei Messungen in Rinde der Buchstabe R. Bei der Sortierung nach dem Mittendurchmesser mit Rinde muss der Verkäufer den Rindenabzugskoeffizienten angeben, der sich wie folgt ausdrückt:

$$\text{Rindenabzugskoeffizient} = \frac{D^2 - d^2}{D^2} \times 100$$

wobei:
D Durchmesser mit Rinde (m. R.) in cm
d Durchmesser ohne Rinde (o. R.) in cm

Dimensionsklassen nach dem Mittendurchmesser

Klasse ohne Rinde	Klasse mit Rinde	Mittendurchmesser (cm)
D 0	R 0	< 10
D 1 a	R 1 a	10 – 14
D 1 b	R 1 b	15 – 19
D 2 a	R 2 a	20 – 24
D 2 b	R 2 b	25 – 29
D 3 a	R 3 a	30 – 34
D 3 b	R 3 b	35 – 39
D 4	R 4	40 – 49
D 5	R 5	50 – 59
D 6	R 6	60 - 69
D 7	R 7	70 - 79
D 8	R 8	≥ 80

Die Unterteilung der Klassen in a und b darf sowohl völlig unterbleiben als auch auf alle Klassen erweitert werden. Der Durchmesser muss in einem nach EN 1309-2 festgelegten Messverfahren ermittelt werden (s. Abschnitt 2.1.2).

2.2.3 Dimensionssortierung nach RVR

Hinweis: Die hier abgedruckten Regeln nach RVR stellen das Entwurfsstadium 12/2008 dar und sind nicht verbindlich.

Unter Stammholz versteht die RVR Rundholz, das im Regelfall der stofflichen Nutzung in der Säge- oder Furnierindustrie zugeführt wird. Es wird unterteilt in Stammholz - lang (über 6 Meter Länge) und Stammholz - kurz (bis zu 6 Meter Länge).

Stammholz ist nach dem Mittendurchmesser ohne Rinde in folgende Stärkeklassen einzuteilen:

Mittendurchmesser in cm	Stärkeklassen ohne Rinde
< 10	D 0
10 – 14	D 1 a
15 – 19	D 1 b
20 – 24	D 2 a
25 – 29	D 2 b
30 – 34	D 3 a
35 – 39	D 3 b
40 – 49	D 4
50 – 59	D 5
60 - 69	D 6
70 - 79	D 7
≥ 80	D 8

Die Unterteilung in Unterklassen a und b kann entfallen oder auch auf alle Klassen erweitert werden. Der Mittendurchmesser muss nach den Regeln zur manuellen Vermessung von Stammholz (siehe 2.1.3.3) ermittelt werden. Bei der Messung mit Rinde sind Rindenabzüge zu berücksichtigen. Bei Rundholzstämmen mit verschiedenen Qualitätsklassenabschnitten ist der Mittendurchmesser jeweils gesondert zu ermitteln.

2.3 Gütesortierung von Rundholz

2.3.1 Gütesortierung nach Abs. 2 der HKS

Für Rohholz wurden folgende Güteklassen gebildet:

(Die Güteklassen A, B und C können ohne den Zusatz „EWG" bezeichnet werden. Bei der Verwendung dieser Bezeichnungen handelt es sich stets um A/EWG, B/EWG und C/EWG.)

Baden-Württemberg
Die Güteklassen A, B, C und D gelten nur für Stammholz.

Bayern
Zusammenfassungen von Stärke- und Güteklassen sind möglich. Bei Rohholzverkäufen im grenzüberschreitenden Verkehr dürfen sie nur gemacht werden, wenn entsprechende Vereinbarung mit dem Käufer getroffen wurde.

A/EWG: Gesundes Holz mit ausgezeichneten Arteigenschaften, fehlerfrei oder nur mit unbedeutenden Fehlern, die seine Verwendung nicht beeinträchtigen.

Niedersachsen
A-Holz wird nicht unter Stärkeklasse L2b ausgehalten.

Alle Bundesländer
Folgende, statistisch der Güteklasse A zuzurechnende, die Eignung charakterisierende Bezeichnungen können verwendet werden:

- Furnierholz F: Furnierholz ist gesundes, geradschaftiges, vollholziges, astreines oder fast astreines sowie beulen- und rosenfreies oder fast rosenfreies Holz. Jahrringbau und Farbe sollen den bei den einzelnen Holzarten zu stellenden Anforderungen entsprechen. Geringe Fehler im Stammzentrum sind zulässig. Bei den einzelnen Holzarten sind folgende Abmessungen und zusätzliche Gütemerkmale üblich:
  Eiche: Mindestmittendurchmesser i. A. 35 cm o. R., Mindestlänge i. A. 2,00 m; mildes Holz, gleichmäßiger, nicht grobringiger Jahrringbau.
  Buntlaubholz: Mindestmittendurchmesser i. A. 30 cm o. R., Mindestlänge i. A. 2,00 m.
  Nadelholz: Mindestmittendurchmesser i. A. 30 cm o. R., Mindestlänge i. a. 2,00 m, harzarm; bei Kiefer im Stammzentrum nicht grobringiger Jahrringbau, außer bei nachweisbar rechtzeitiger Ästung.
- Teilfurnierholz TF: Teilfurnierholz TF ist-Holz, das mindestens zu einem Drittel seines Volumens für Furnierzwecke geeignete Teilstücke enthält. Diese müssen mindestens 1,60 m lang sein.

Bayern

- Schneide- und Schälholz SS: Schneide- und Schälholz muss, von geringen Fehlern im Stammzentrum abgesehen, gesund, ast- und beulenfrei oder fast ast- und beulenfrei sowie i. d. R. geradschaftig sein. Es darf nur gering drehwüchsig sein. Bei den einzelnen Holzarten sind folgende Abmessungen und zusätzliche Gütemerkmale üblich:
  Fichte, Tanne: Mindestmittendurchmesser 35 cm o. R., Mindestlänge 2,40 m; frei von Druckholz und ausgedehnten Kernrissen.
  Kiefer: Mindestmittendurchmesser 25 cm o. R., Mindestlänge 2,40 m; gleichmäßiger, im Stammzentrum nicht grobringiger Jahrringbau außer bei nachweisbar rechtzeitiger Ästung, einschnürige Krümmung bis 2 cm/m ist zulässig.
  Lärche, Douglasie: Mindestmittendurchmesser 25 cm o. R., Mindestlänge 2,40 m; grobringiger und ungleichmäßiger Jahrringbau sowie einschnürige Krümmung bis zu 3 cm/m – bei Lärche auch exzentrischer Kern – sind zulässig.
  Strobe: Mindestmittendurchmesser 25 cm o. R., Mindestlänge 2,40 m; gleichmäßiger Jahrringbau, gesunde Äste sind zulässig.
  Eiche, Buche: Mindestmittendurchmesser 30 cm 0. R., Mindestlänge 2,40 m; bei Buchenschälholz ist ein gesunder, zentraler Kern (Rotkern, nicht Spritz- oder Graukern) bis 12 cm Durchmesser zulässig.
  Sonstiges Laubholz: Mindestmittendurchmesser i. A. 25 cm o. R., Mindestlänge 2,40 m.

- Teilschneide- und Teilschälholz TS: Teilschneide- und Teilschälholz ist Holz, das mindestens zu einem Drittel seiner Länge Teilstücke von Schneide- und Schälholz enthält, die bei Laubholz mindestens 1,60 m, bei Nadelholz mindestens 2,40 m lang sein müssen.
  Bei Kiefer, Lärche und Douglasie sind auch Mittendurchmesser ab 15 cm o. R. zulässig. Bei Buche ist ein über 12 cm starker gesunder Kern zulässig, soweit die Verwendung als Schälholz nicht beeinträchtigt wird.
  Der nicht wertholzhaltige Teil darf Holz der Güteklasse C oder D nicht enthalten.
- Stammwerkholz W: Stammwerkholz ist Fichten- und Tannenstammholz mit einem Mindestmittendurchmesser von 35 cm o. R., das zum Musikinstrumentenbau (Tonholz) und für die Herstellung von Holzwaren (z. B. Holzdraht) geeignet ist.
  Stammwerkholz ist geradschaftig, ohne Druckholz, ohne Wurzelanlauf, äußerlich astrein oder fast astrein sowie beulenfrei oder fast beulenfrei, gut spaltbar. Es hat gleichmäßigen, nicht grobringigen Jahrringbau. Geringer bis mäßiger Drehwuchs ist zulässig, außer bei Tonholz. Kernfäule sowie Kernrisse oder Ringschäligkeit im Innern der unteren Stammabschnittfläche schließen bei sonstiger Eignung die Stammwerkholztauglichkeit nicht aus:
  Klasse l: 75 bis 100 % der Masse stammwerkholztauglich
  Klasse 2: 50 bis 75 % der Masse stammwerkholztauglich
  Klasse 3: bis zur Hälfte der Masse stammwerkholztauglich

Hessen

- Schneide- und Schälholz SS: Schneide- und Schälholz muss, von geringen Fehlern im Stammzentrum abgesehen, gesund, ast- und beulenfrei oder fast ast- und beulenfrei sowie i. d. R. geradschaftig sein. Es darf nur gering drehwüchsig sein. Bei den einzelnen Holzarten sind folgende Abmessungen und zusätzliche Gütemerkmale üblich:
  Fichte, Tanne: Mindestmittendurchmesser 35 cm o. R., Mindestlänge 2,40 m; frei von Druckholz und ausgedehnten Kernrissen.
  Kiefer: Mindestmittendurchmesser 25 cm o. R., Mindestlänge 2,40 m; gleichmäßiger, im Stammzentrum nicht grobringiger Jahrringbau außer bei nachweisbar rechtzeitiger Ästung, einschnürige Krümmung bis 2 cm/m ist zulässig.
  Lärche, Douglasie: Mindestmittendurchmesser 25 cm o. R., Mindestlänge 2,40 m; grobringiger und ungleichmäßiger Jahrringbau sowie einschnürige Krümmung bis zu 3 cm/m – bei Lärche auch exzentrischer Kern – sind zulässig.
  Strobe: Mindestmittendurchmesser 25cm o.R., Mindestlänge 2,40 m; gleichmäßiger Jahrringbau, gesunde Äste sind zulässig.
  Eiche, Buche: Mindestmittendurchmesser 30 cm o. R., Mindestlänge 2,40 m; bei Buchenschälholz ist ein gesunder, zentraler Kern (Rotkern, nicht Spritz- oder Graukern) bis 12 cm Durchmesser zulässig.
  Sonstiges Laubholz: Mindestmittendurchmesser i.A. 25 cm o. R., Mindestlänge 2,40 m.
- Teilschneide- und Teilschälholz TS: Teilschneide- und Teilschälholz ist Holz, das mindestens zu einem Drittel seiner Länge Teilstücke von Schneide- und Schälholz enthält, die bei Laubholz mindestens 1,60 m, bei Nadelholz mindestens 2,40 m lang sein müssen.
  Bei Kiefer, Lärche und Douglasie sind auch Mittendurchmesser ab 15 cm o. R. zulässig. Bei Buche ist ein über 12 cm starker gesunder Kern zulässig, soweit die Verwendung als Schälholz nicht beeinträchtigt wird.

Nordrhein-Westfalen

Die Bezeichnungen F, TF, werden für sich allein verwendet. Voranstellen des Buchstabens „A“ als Hinweis ihrer statistischen Zugehörigkeit zur Güteklasse A ist nicht erforderlich.

Rheinland-Pfalz,

- Schneide- und Schälholz SS: Schneide- und Schälholz muss, von geringen Fehlern im Stammzentrum abgesehen, gesund, ast- und beulenfrei oder fast ast- und beulenfrei sowie in der Regel geradschaftig sein. Es darf nur gering drehwüchsig sein. In die Güteklasse SS fallen nur reine A-Stücke.

  Bei den einzelnen Holzarten sind folgende Abmessungen und zusätzliche Gütemerkmale üblich:

  Fichte, Tanne: Mindestmittendurchmesser 35 cm o.R., Mindestlänge 2,40 m; frei von Druckholz und ausgedehnten Kernrissen.

  Kiefer: Mindestmittendurchmesser 25cm o.R., Mindestlänge 2,40 m; gleichmäßiger, im Stammzentrum nicht grober Jahrringbau außer bei nachweisbar rechtzeitiger Ästung, einschnürige Krümmung bis 2 cm/m zulässig. In schwächeren Schlägen mit Schwerpunkt in den Klassen 2b/3a soll die spezielle Aushaltung von A-Holz mit Abtrennung des A-Holzes nur dann erfolgen, wenn es sich um Reinbestände handelt, die sich durch besondere Astreinheit und feinringiges, gut verkerntes Holz auszeichnen. Bei schwächeren Beständen und bei geringwertigem Starkholz wird normalerweise das auszuhaltende A-Holz nur getrennt vermessen, aber nicht vom B-Holz abgetrennt.

  Lärche, Douglasie: Mindestmittendurchmesser 25 cm o. R., Mindestlänge 2,40 m; grober und un-gleichmäßiger Jahrringbau sowie einschnürige Krümmung bis zu 3 cm/m – bei Lärche auch exzentrischer Kern – sind zulässig.

  Lärche: Bei schwächeren Beständen und geringwertigem Starkholz wird normalerweise das auszuhaltende A-Holz nur getrennt vermessen, aber nicht vom B-Holz abgetrennt.

  Strobe: Mindestmittendurchmesser 25 cm o. R., Mindestlänge 2,40 m; gleichmäßiger Jahrringbau, gesunde Äste sind zulässig. Bei schwächeren Beständen und bei geringwertigem Starkholz wird normalerweise das auszuhaltende A-Holz nur getrennt vermessen, aber nicht vom B-Holz abgetrennt.

  Eiche, Buche: Mindestmittendurchmesser 30 cm o. R., Mindestlänge 2,40 m; bei Buchen-Schäholz ist ein gesunder, zentraler Kern (Rotkern, nicht Spritz- oder Graukern!) bis 12 cm zulässig. Eiche: Größere Anfälle (etwa ab 10 Fm) von Schneideware können von den B-Stücken abgetrennt werden. Bei Kleinanfällen bleiben A- und B-Stücke zusammen, sie werden getrennt vermessen.

  Buche: Im Allgemeinen ist A-Holz nicht von den B-Stämmen abzutrennen, stets jedoch getrennt zu vermessen.

  Sonstiges Laubholz: Mindestmittendurchmesser i. A. 25 cm o. R., Mindestlänge 2,40 m. Größere

  Anfälle von A-Stücken können von den B-Stämmen abgetrennt werden. Bei Kleinanfällen bleiben A- und B-Stücke zusammen, sie werden getrennt vermessen. Die Vereinigung von SS- und B-Stücken zu einer Güteklasse TS (Teilschneide-, Teilschälholz) ist nicht zulässig.

Schleswig- Holstein

- Schneide- und Schälholz SS: SS-Holz ist gesundes, in der Regel geradschaftiges, ast- und beulenfreies oder fast ast- und beulenfreies Holz. Geringe Fehler im Stammzentrum und geringer Drehwuchs sind zulässig. Folgende Abmessungen und Merkmale:

  Eiche und Buche: Mindestmittendurchmesser 30 cm o. R.

  Sonstiges Laubholz: Mindestmittendurchmesser 25 cm o. R.
- Teilschneide- und Teilschälholz TS: TS-Holz enthält mindestens zu einem Drittel seiner Länge Teilstücke von Schneide- und Schälholz, die bei Laubholz mindestens 1,6 m und bei Nadelholz mindestens 2,4 m lang sind.

B/EWG: Holz von normaler Qualität einschließlich stammtrockenem Holz mit einem oder mehreren der folgenden Fehler: schwache Krümmung und schwacher Drehwuchs, geringe Abholzigkeit, einige gesunde Äste von kleinem oder mittlerem Durchmesser -jedoch nicht grobastig -, eine geringe Anzahl kranker Äste von geringem Durchmesser, leicht exzentrischer Kern, einige Unregelmäßigkeiten des Umrisses oder einige andere vereinzelte, durch eine gute allgemeine Qualität ausgeglichene Fehler.

Alle Bundesländer
Folgende statistisch der Güteklasse B zuzurechnende, die Eignung charakterisierende Bezeichnungen können verwendet werden:

- Masten M: Masten sind Nadelstammholz (außer Strobe) der Stärkeklassen L 1 a bis einschließlich L 3 a. Sie müssen gesund sein, leichte einschnürige Krümmung und geringer Drehwuchs sowie gesunde Äste und Beulen sind zulässig. Die Abmessungen richten sich nach den Ansprüchen des Marktes.
- Rammpfähle R: Rammpfähle sind Kiefern-, Fichten-, Tannen-, Lärchen-, Douglasien- und Eichenstammholz. Sie sollen gerade und frei von schädlichem Drehwuchs sein und bei nicht zu starker Abholzigkeit eine möglichst gleichmäßige Verjüngung vom Stamm- zum Zopfende aufweisen. Zulässig sind Bläue und nagelfeste braune und rote Streifen bis zu einem Viertel des Durchmessers. Blitzrisse, Frostrisse, Insektenfraß (Bohrlöcher), Mistelbefall, Ringschäle, Rotfäule und Weißfäule schließen die Eignung als Rammpfahl aus.
  Die Abmessungen richten sich nach den Anforderungen des Marktes.

Baden- Württemberg
Masten und Rammpfähle werden nach Mittenstärkensortierung L (Kie und Lä) sortiert.

Die Bezeichnungen M und R werden für sich allein verwendet. Voranstellen des Buchstabens „B" als Hinweis ihrer statistischen Zugehörigkeit zur Güteklasse B ist nicht erforderlich.

- Grubenholz: Neben den aufgeführten bundeseinheitlichen verwaltungsinternen Sortierungsbestimmungen wird in Baden-Württemberg auch Langholz (Fi/Ta, Kie/Lä und Laubholz) der Klassen L 0, L 1 a und L 1 b als Grubenholz bezeichnet und ausgehalten. Bei der Aufbereitung wird dieses Holz bis zu 4 cm Zopf ausgehalten. Außerdem kann Grubenholz als Schichtholz der entsprechenden Stärkeklassen (S 2 oder S 3) aufbereitet werden. Grubenholz wird nicht nach Güteklassen sortiert. Die nach der Verordnung notwendige Charakterisierung ist durch die Holzartengruppe (z. B. Fi/Ta) und die Stärkeklasse (z. B. L 1b) gegeben. Der Begriff „Grubenholz" bezeichnet lediglich die nähere Eignung zu einer bestimmten Verwendung.

Hessen
Im B mäßig Beuligkeit, kleine Faulflecken und leichte Rotstreifigkeit zulässig (vgl. hierzu C-Definition). Bei Kiefer und Strobe schließt leichte Bläue die Sortierung nach Güteklasse B nicht aus.

Buche: Im Buchenstammholz B ist Rotkern bis zu zwei Drittel des Durchmessers zulässig. Im Buchenstammholz B ist ein Rotkern bis zu einem Halben des Durchmessers (ein- oder beidseitig) ohne Preisabschlag zulässig. Für Buchenstammholz B mit einem Rotkern von einem Halben bis zwei Drittel des Durchmessers (ein- oder beidseitig) wird ein Preisnachlass gewährt. Mit den Ausschussmitgliedern wurde kein landeseinheitlicher Preisabschlag vereinbart. Dieser soll schlagweise zwischen Käufer und Forstamt ausgehandelt werden. Ein Abzug von 10-20 MZ-Punkten wird für angemessen erachtet.

Buchenstammholz, das sonst der B- oder besserer Qualität entspricht, jedoch einen Rotkern von mehr als zwei Drittel des Durchmessers aufweist (ein- oder beidseitig), wird in die Güteklasse C sortiert. Sofern dabei eine der beiden Schnittflächen jedoch rotkernfrei ist, wird der Stamm entsprechend der erfahrungsgemäßen Längsausdehnung des Rotkerns möglichst ohne Trennschnitt in zwei Teilstücke mit unterschiedlicher Güteklasse sortiert z. B. B und C oder TS und C).

Niedersachsen

Präzisierung der Güteklasse B bei Buche: Als unerhebliche Fehler für „normale Qualität" gelten u. a.:

Drehwuchs, soweit die Drehung auf 6 m Länge nicht stärker ist als ein Viertel des Stammumfanges.

Äste und Astnarben, soweit der Verwendungszweck nicht wesentlich beeinträchtigt wird. Bei einer Häufung von Beulen und spitzwinkligen Chinesenbärten ist in der Regel eine Beeinträchtigung gegeben.

Stammkrümmungen und Hohlkehlen (Längsrillen), die den Verwendungszweck nicht erheblich einschränken. Eine Einschränkung wird nur bei extremer Ausbildung gegeben sein. Rotkern (außer Spritzkern) bis zu dem durch die BK-Definition der Forst-HKS umrissenen Ausmaß.

Spritzkern geringeren Ausmaßes, soweit der Verwendungszweck nicht wesentlich beeinträchtigt wird.

Besondere Holzqualitäten innerhalb der Güteklasse B können durch folgende Zusätze gekennzeichnet werden:

- Höherwertiges B-Holz (BHW): als „höherwertig" kann das Holz der Güteklasse B ganzer Verkaufslose - also keine Aushaltung am einzelnen Stamm – bezeichnet werden, wenn aufgrund der guten Holzqualität besondere Verwendungsmöglichkeiten eine solche Höherbewertungrechtfertigen (Beispiel: schneideholzhaltiges Kiefernstammholz).
- Rotkerniges Buchenholz (BK): Buchenholz, das eine Kernbildung von mehr als der Hälfte des Stammdurchmessers am stärkeren oder schwächeren Ende aufweist, kann innerhalb der Güteklasse B und ab Stärkeklasse L 2 a zusätzlich mit BK bezeichnet werden. Unter BK-Holz können auch Stücke mit mittleren Schleimflussschäden aufgeführt werden. Ferner können folgende, statistisch der Güteklasse B zuzurechnende Bezeichnungen verwendet werden:
- Schwachholz lang: Schwachholz lang (entspricht dem Grubenholz nach HOMA 1963) ist gesundes, auch stammtrockenes, nicht starkästiges Holz der Stärkeklasse L 0, L 1 a, L 1 b und vereinzelt L 2 a mitgehend von 4 m Mindestlänge, das nach Beschaffenheit und Holzart (Nadelholz außer Strobe; Laubholz: Eiche sowie Esche, Hainbuche, Robinie, Edelkastanie) zur Verwendung im Bergbau geeignet ist. Es muss sauber entästet und am stärkeren Stammende rechtwinklig abgeschnitten sein (Nadelholz in der Regel entrindet, Laubholz in Rinde). Bei Nadelholz ist Bläue zulässig. Unzulässige Fehler sind starker Drehwuchs, starke Abholzigkeit, starke Krümmungen, starker Schälschaden. Die Zopfstärke richtet sich nach den Anforderungen des Marktes. Die Massenberechnung erfolgt nach Fm.
  Rammpfähle sind Kiefern-, Fichten-, Tannen-, Lärchen-, Douglasien- und Eichenstammholz ab Stärkeklasse L2b.

Nordrhein-Westfalen

Die Bezeichnungen M und R werden für sich allein verwendet. Voranstellen des Buchstabens „B" als Hinweis ihrer Zugehörigkeit zur Güteklasse B ist nicht erforderlich.

- Grubenholz G: Die Bezeichnung G wird für sich allein verwendet. Voranstellen des Buchstabens „B" als Hinweis ihrer Zugehörigkeit zur Güteklasse B ist nicht erforderlich. Grubenholz ist gesundes, auch stammtrockenes oder angeblautes, aber noch trag-, beil- und nagelfestes, nicht starkastiges Holz, das als Langholz der Stärkeklassen L 0, L 1a, L 1b ausgehalten wird. Zur Unterscheidung von normalem Stammholz wird der Handelsklassenbezeichnung als zusätzliche Bezeichnung der Buchstabe G hinzugefügt. Die Zusammenfassung der Klasse L 0 G bis

L 1b G zur Klasse 0/1 b G ist zulässig. Starker Drehwuchs, starke Abholzigkeit, starke Krümmung und starker Schälschaden sind unzulässig. Der Mittendurchmesser von 20 cm darf nicht über- und die Mindestlänge von 4 m nicht unterschritten werden. Die Zopfstärke richtet sich nach den Anforderungen des Marktes.

Rheinland-Pfalz

Als Holz normaler Qualität gilt auch Rotbuchenstammholz mit einseitigem sowie durchgehendem Rotkern, der an beiden Stammenden nichtmehr als ein Drittel des jeweiligen Durchmessers beträgt.

- Rotbuchenstammholz BR: Rotbuchenstammholz BR ist Stammholz mit den Eigenschaften der Güteklassen A und B und einem durch das ganze Stammstück gehenden Rot- bzw. Spritzkern, der an beiden Stammenden über ein Drittel des jeweiligen Durchmessers beträgt, beim Spritzkern aber nicht mehr als die Hälfte des jeweiligen Durchmessers ausmacht.
- Grubenholz: Entsprechend der Erläuterung zu § 3 HKlV wird auch die zusätzliche Verwendungsbezeichnung „Grubenholz" angewandt. Grubenholz wird ausgehalten als Grubenlangholz (Stammholz), Einzelheiten beim Zusatz zur „Stärkesortierung" und als Grubenschichtholz und Grubenstempelholz. Vgl. den Zusatz beim Schichtholz.

Saarland

- Rotbuchenstammholz BS: Rotbuchenstammholz BS ist Stammholz mit den Eigenschaften der Güteklasse B, die ein Schälen des Holzes üblicherweise zulassen.

  Die Aushaltung des Stammholzes der Güteklasse BS ist nur dann zwingend vorgeschrieben, wenn das so bezeichnete Holz an ein Schälwerk verkauft wird. Mit dieser Regelung ist nunmehr gewährleistet, dass nicht schälfähiges B-Holz aus einem zum Verkauf an ein Schälwerk vorgesehenen Schlag ohne Schwierigkeiten an ein Sägewerk veräußert werden kann.
- Rotbuchenstammholz BK: Rotbuchenstammholz BK ist Stammholz mit den Eigenschaften der Güteklassen A und B, das jedoch einen zu starken Kern aufweist, aber zum Schälen geeignet ist. (Rotbuchenstammholz BK ist nur auf Wunsch des Käufers auszuhalten!) Anmerkung: „Grubenlangholz" vgl. Zusatz Saarland zu 3.2, „Industrieholz".

C/EWG: Holz, das wegen seiner Fehler nicht in die Güteklassen A/EWG oder B/EWG aufgenommen werden kann, jedoch gewerblich verwendbar ist.

Hierunter fallen z. B. stark astige, stark abholzige oder stark drehwüchsige Stücke sowie abholzige oder astige Zopfstücke und kranke Stücke mit tiefgehenden faulen Ästen, Rot- und Weißfäule (jedoch nicht kleinen Faulflecken) oder sonstigen wesentlichen Pilz- oder Insektenzerstörungen sowie Stücke mit weitgehender Ringschäle.

Hessen

Zu C rechnen auch stark beulige Stücke. Kleine Faulflecken im B zulässig. Leicht bis mäßig anbrüchiges, d. h. bis etwa 10% seines Volumens durch Weißfäule, Rotfäule oder Insektenschäden entwertetes Holz sowie stark rotstreifiges Holz ist in Güteklasse C zu sortieren. (Leicht rotstreifig = B.) Rotkern bei Buche von mehr als zwei Drittel des Durchmessers = C.

Niedersachsen

Präzisierung der Güteklasse C bei Fichte: Fichtenstammholz von mehr als 10 m Länge ist „stark abholzig" (Güteklasse C), wenn der Durchmesser um 1,3 cm je lfd. m oder mehr abnimmt. Sofern die obere Messstelle auf einen besonders abholzigen Zopf fällt, der jedoch aufgrund eines relativ geringen Massenanteils für den Wert des Stammes von untergeordneter Bedeutung ist, und sofern gleichzeitig der übrige Stammteil eine befriedigende vollholzige Schaftform besitzt, ist der Stamm nicht allein wegen des Abholzigkeitswertes der Güteklasse C zuzuordnen.

Die Durchmesserabnahme wird auf der halben Länge des Stammstückes gemessen, und zwar durch Abzug von je einem Viertel der Gesamtlänge vom Stammfuß und vom Zopf her. Innerhalb der Güteklasse C kann folgende Zusatzbezeichnung verwendet werden:

- Geringerwertiges C-Holz CGW: Als „geringwertig" kann Holz der Güteklasse C – Aushaltung am einzelnen Stamm – bezeichnet werden, wenn aufgrund der schlechten C-Qualität besonders geringe Verwendungsmöglichkeiten eine solche Abwertung rechtfertigen (Beispiel: Fichten-Abschnitt C+ nach bisheriger Aushaltung, Buchen-Stauholz).
- Zusatzbezeichnung CGW bei Fichte: Von holzbrütenden Insekten befallenes Holz ist CGW. (Der Preis hierfür richtet sich nach der Stärke des Befalls und sollte in der Regel etwa 70% vom B-Preis betragen, er ist nicht mit dem Preis für CGW-Stammteile [früher: C+] gleichzusetzen.)
- Zusatzbezeichnung CGW bei Buche: Hierunter fallen auch: Spritzkern stärkeren Ausmaßes, Schleimflussschäden stärkeren Ausmaßes, insbesondere mit Käferbefall.

Nordrhein-Westfalen
Innerhalb der Güteklasse C/EWG sind gesunde und kranke Stücke zu trennen. Hierzu sind mit der Zusatzbezeichnung CC zu kennzeichnen und zu bezeichnen: kranke Stücke mit tiefgehenden faulen Ästen, Rot- und Weißfäule (jedoch nicht kleinen Faulflecken) oder sonstigen wesentlichen Pilz- oder Insektenzerstörungen sowie Stücke mit weitgehender Ringschäle. Kleine Faulflecken sind nicht Fehler im Sinne der Definition der Gütemerkmale der Güteklasse C/EWG.

Rheinland-Pfalz
Folgende, statistisch der Güteklasse C zuzurechnende, die Eignung charakterisierende Bezeichnungen können verwendet werden:

- Rotbuchenstammholz CR: Rotbuchenstammholz CR ist Stammholz mit den Eigenschaften der Güteklasse A, B und C und einem durch das ganze Stammstück gehenden Spritzkern, der an beiden Stammenden mehr als die Hälfte des jeweiligen Durchmessers beträgt.

Saarland
Folgende, statistisch der Güteklasse C zuzurechnende, die Eignung charakterisierende Bezeichnung kann verwendet werden:

- Rotbuchenstammholz CS: Rotbuchenstammholz CS ist Stammholz der Güteklasse C, das aber noch schälfähig ist. (Rotbuchenstammholz CS ist nur auf besonderen Wunsch des Käufers auszuhalten!)

D: Holz, das wegen seiner Fehler nicht in die Güteklassen A/EWG, B/EWG und C/EWG aufgenommen werden kann, jedoch mindestens noch zu 40 vom Hundert gewerblich verwendbar ist.

Baden-Württemberg
Die Güteklasse D wird anstelle der bisherigen Güteklasse C+ verwendet.

Hessen
D-Holz ist stark anbrüchiges, d. h. zu etwa 10 bis 60 % seines Volumens durch Weißfäule, Rotfäule oder Insektenschäden entwertetes Holz.

2.3.2 Gütesortierung nach Europäischen Normen

Die Europäischen Normen zur Qualitätssortierung von Rundholz EN 1316-1 (Eiche und Buche), EN 1316-2 (Pappeln) und EN 1316-3 (Esche und Ahorn) wurden im Juni bzw. Dezember 1997 in Kraft gesetzt; sie ersetzen alle entsprechenden bisher vorhandenen nationalen Normen, die zurückgezogen werden müssen. Folgende Normen sind als erläuternde Hilfsnormen zu beachten: EN 844-1, 844-2, 844-5, 844-7, 844-8, 1309, 1310 und 1311. Die in den Sortierungsnormen EN 1316-1, EN 1316-2 und EN 1316-3 verwendeten Merkmale („Fehler des Rundholzes“) werden nach EN 844-8 (1997) wie folgt definiert:

2.3.2.1 Begriffe zu Merkmalen von Rundholz nach EN 844-8

Unter *Abholzigkeit* versteht man die Abnahme des Durchmessers mit der Höhe des Stammes oder der Länge des Rundholzes.

Angekohltes Holz ist Holz, das durch Blitzschlag oder Feuer teilweise angebrannt ist.

Ast: im Holz eingeschlossener Teil eines Zweiges.

Als *sichtbarer Ast* wird er bezeichnet, wenn er an der Mantelfläche des Rundholzes sichtbar ist.

Als *überwachsener Ast* gilt er, wenn er an der Mantelfläche des Rundholzes nicht sichtbar ist.

Gesund ist ein Ast ohne Anzeichen von Fäulnis, wogegen ein Ast mit Fäulnisbefall als Faulast bezeichnet wird.

Ausgerissenes Loch: Loch an der Stirnholzfläche von Rundholz, das bei der Fällung des Baumes oder beim Ablängen entstanden ist.

Auswuchs ist eine beulenförmige Aufwölbung um eine Gruppe von ↗ Wasserreisern, schlafenden Knospen und eventuell Zweigen.

Eine *Beule* ist eine lokale Anschwellung der Mantelfläche des Rundholzes; sie kann einen überwallten ↗ Ast oder Fremdkörper anzeigen, usw.

Der *Chinesenbart* ist ein Merkmal ovaler Form an der Mantelfläche des Rundholzes von dünnrindigen Laubhölzern, das ein inneres Merkmal, meist einen ↗ Ast, anzeigt.

Der *Drehwuchs* ist ein spiraliger Verlauf der Fasern um die Markröhre.

Exzentrische Markröhre: Markröhre, die in ihrer Lage deutlich vom geometrischen Mittelpunkt der Querschnittfläche des Rundholzes abweicht.

Der *Fällkerb* ist ein am dickeren Ende eines Erdstammes sichtbarer, keilförmiger Schnitt, der bei der Fällung des Baumes die Fällrichtung vorgab.

Die *Harzgalle* ist ein linsenförmiger Hohlraum im Holz, der Harz enthält oder enthalten hat.

Harzlachten sind Rindenschnitte am stehenden Baum zur Gewinnung von Harz.

Krümmung: Abweichung der Längsachse des Rundholzes von der Geraden.

Einfach ist eine Krümmung, die nur durch eine Biegung gekennzeichnet ist.

Mehrfach wird eine Krümmung bezeichnet, die durch zwei oder mehr Biegungen in einer oder mehreren Ebenen gekennzeichnet ist.

Markröhre, exzentrische ↗ exzentrische Markröhre.

Als *Maserknolle* wird ein großer, verholzter, beulenförmiger ↗ Auswuchs mit ↗ Wirbelwuchs bezeichnet, der eine charakteristische Zeichnung ergibt.

Ein *Mondring* ist ein dem Splintholz in Farbe und Eigenschaften ähnlicher, vollständiger oder unvollständiger Ring im Kernholz.

Von *Ovalität* spricht man, wenn am Querschnitt von Rundholz ein deutlicher Unterschied zwischen dem kleineren und dem größeren Durchmesser besteht.

Rindeneinwuchs ist im Holz vollständig oder teilweise eingeschlossene Rinde. Als *Rindenschaden* gilt eine oberflächliche Wunde, die ganz oder teilweise überwachsen ist.

Ringschäle ↗ Riss (Ringriss).

Riss: Trennung längs der Faser. Man unterscheidet:

Endriss als Riss, der an der Stirnholzfläche auftritt und sich als ↗ Seitenriss fortsetzen kann. *Kernrisse* sind von der Markröhre ausgehende radiale ↗ Endrisse.

Ein *Sternriss* stellt zwei oder mehrere ↗ Kernrisse dar; die Bezeichnung *Kreuzriss* wird verwendet, wenn nur zwei Kernrisse vorhanden sind.

Ringriss oder *Ringschäle* ist ein ↗ Riss, der dem Verlauf eines Wachstumsringes folgt.

Seitenriss bezeichnet man einen ↗ Riss, der an der Mantelfläche auftritt und sich als ↗ Endriss fortsetzen kann.

Durchgehend ist ein Riss, der an der Stirnholzfläche und zweimal an der Mantelfläche auftritt.

Der *Frostriss* verläuft radial vom Splint zur Markröhre, ist von größerer Länge und ist durch Frosteinwirkung am stehenden Baum entstanden.

Blitzriss nennt man einen ↗ Seitenriss, der durch Blitzschlag verursacht wurde.

Seicht ist ein kurzer, schmaler und wenig tiefer Riss, der durch Trocknung hervorgerufen wurde.

Ein *Fällriss* entsteht bei der Fällung eines Baumes am Fällschnittende und verläuft von dort in Längsrichtung.

Rosen sind konzentrische Rindennarben, die ein inneres Merkmal, häufig einen ↗ Ast, anzeigen. *Spannrückigkeit* sind Vertiefungen und/oder Wülste in Längsrichtung an der Mantelfläche von Rundholz.

Spechtloch: Loch oder Beschädigung des Stammes, die von Vögeln verursacht wurde und manchmal mit Verfärbung verbunden ist.

Der *Spranz* ist die an den Stammenden vorgenommene Abschrägung, um die Rückung zu erleichtern.

Die *Textur* gilt als *grob*, wenn sie relativ große Zellen und breite oder unregelmäßige Wachstumsringe hat, als *mittelfein* mit mittelgroßen Zellen und/oder mittelbreiten, regelmäßigen Wachstumsringen und als *fein* mit relativ kleinen Zellen und/oder mit relativ schmalen, regelmäßigen Wachstumsringen.

Als *Wasserreis* gilt ein Zweig oder Zweigteil, der an der Mantelfläche des Stammes sichtbar ist.

Wildschaden ist eine Beschädigung des Stammes durch Säugetiere.

Unter *Wirbelwuchs* versteht man engen, unregelmäßigen Faserverlauf.

2.3.2.2 Messung der Merkmale an Rundholz nach EN 1310

1. Äste

Nahe der Mantelfläche ist der kleinste Durchmesser des sichtbaren Astes zu messen und in mm anzugeben, wobei der umgebende Kallus nicht mitgemessen wird.

Überwachsene Äste werden nicht gemessen, sondern ihr Vorkommen angegeben. Rosen werden je nach Sortierregel mit dem kleinsten Durchmesser des äußersten vollständigen konzentrischen Ringes (mm) gemessen oder nur als vorkommend notiert. Chinesenbart wird durch die Bogenhöhe auf der Mantelfläche in mm ausgedrückt oder – je nach Sortierregel – wie Wasserreiser und Auswuchs nur mit dem Vorkommen notiert.

2. Risse

Bei Kernrissen wird die sichtbare Risslänge, bei Sternrissen der längste sichtbare Riss, jeweils an der Stirnfläche, an der Markröhre beginnend, in mm gemessen. Bei Ringschäle wird der Durchmesser jenes Kreises gemessen, in dem der Ringriss als Bogen auftritt und in mm oder als Prozentsatz des Rundholzdurchmessers angegeben. Bei Fällrissen wird die Länge in cm oder als Prozentsatz der Rundholzlänge angegeben, ebenso bei Frost- und Blitzrissen, bei denen die Längen mehrerer Risse zu addieren sind. Für alle Risse gilt: je nach Sortierregel kann auch keine Messung vorgenommen, sondern nur das Vorkommen vermerkt werden.

3. Krümmung

Bei einfacher Krümmung ist der maximale Abstand zwischen der angenommenen konkaven Mittellinie des Stammstückes und einer die Mittelpunkte der Stirnflächen verbindenden Geraden in cm/m Stammstücklänge zu messen. Ist dies nicht möglich, so ist der maximale Abstand zwischen der konkaven Mantelfläche und einer die innersten Punkte der Stirnenden verbindenden Geraden zu messen.

Bei mehrfacher Krümmung ist das Stammstück mit theoretischen Schnittstellen in gerade oder einfach gekrümmte Abschnitte zu unterteilen, die nach den Regeln für einfache Krümmung zu messen sind. Die Krümmungswerte der einzelnen Abschnitte sind getrennt in cm/m Abschnittslänge anzugeben.

4. Ovalität
An einem mindestens 1 m vom stärkeren Stammende entfernten Querschnitt sind die größten und kleinsten Durchmesser zu messen, deren Differenz in cm oder als Prozentsatz des größten Durchmessers angegeben werden.

5. Abholzigkeit
Jeweils mindestens 5 cm von den Stammenden entfernt (bei einem Erdstamm mindestens 1 m vom Stockende) sind die Durchmesser zu ermitteln, deren Differenz (cm) geteilt durch den Abstand der Messpunkte (m) angegeben wird. Liegt an den vorgesehenen Messpunkten eine offensichtliche Abweichung vom normalen Stammdurchmesser vor, so ist 5 cm davon entfernt am regelmäßigen Teil des Rundholzes zu messen.

6. Drehwuchs
Die Messung erfolgt an einem 1 m langen Abschnitt an der Stelle der stärksten Faserneigung auf der Mantelfläche, wobei bei einem Erdstamm der erste Meter vom stärkeren Ende her unberücksichtigt bleibt. Gemessen wird die Abweichung der Faser von einer Parallele zur Stammachse über eine Strecke von 1 m und in cm/m oder in % angegeben.

7. Mittlere Jahrringbreite
Auf einer Länge der äußeren 75 % eines repräsentativen Hirnschnittradius sind die Jahresringe zu zählen. Diese Länge wird durch die Anzahl der Jahresringe geteilt und in mm angegeben.

8. Splint
An einer Hirnfläche ist die Splintbreite in radialer Richtung an der breitesten Stelle zu messen und in mm oder als Prozentsatz des Durchmessers der Hirnfläche anzugeben. Bei einem Erdstamm ist am schwächeren Ende zu messen.

9. Exzentrische Markröhre
Der Abstand der Markröhre vom geometrischen Mittelpunkt der Hirnfläche wird in cm oder als Prozentsatz des Durchmessers dieser Fläche angegeben.

10. Falschkern
An der Hirnfläche ist der Durchmesser eines den Falschkern umschließenden Kreises zu messen und als Prozentsatz des Durchmessers dieser Fläche anzugeben.

11. Rindenbrand, Mistelbefall, angekohltes Holz, Krebs, Harzlachte, andere Beschädigungen
Je nach verwendeter Sortierregel erfolgt die Messung der Schadstellenlänge in Meter auf zwei Dezimalstellen genau oder als Prozentsatz der Rundholzlänge bzw. der geschätzten Baumhöhe, oder es erfolgt keine Messung und nur das Vorkommen wird angegeben. Bei Rundholz empfiehlt sich die Feststellung des Abstandes zwischen Schadstelle und stärkerem Ende, bei Bäumen die visuelle Schätzung der Höhe über dem Boden.

12. Mondring, Doppelkern, Druckholz, Spechtloch, Fremdkörper
Es erfolgt keine Messung, nur das Vorkommen wird vermerkt.

2.3.2.3 Messung von Schädlingsbefall an Rundholz nach EN 1311

Am Rundholz vorkommender Schädlingsbefall wird gemäß EN 1311 (1997) wie folgt gemessen:

1. Insektenbefall
Je nach verwendeter Sortierregel wird entweder das

- Vorkommen von Insektenlöchern vermerkt, wobei auch der Bohrlochdurchmesser in mm sowie die verursachende Insektenart angegeben werden können oder
- der Befallgrad festgestellt. Bei lokalem Auftreten wird dieser anhand der Länge der befallenen Zone in cm oder m oder als Prozentsatz der Rundholzlänge, bei verstreutem Auftreten anhand der Bohrlochanzahl je m Rundholzlänge ausgedrückt

2. Verfärbung durch Pilzbefall und Splintholzfäule
Keine Messung, Vorkommen vermerken.

3. Kernholzfäule, Hohlkern
Je nach Sortierregel Vorkommen vermerken oder Messung durch Ermitteln des Durchmessers eines die Befallzone umschließenden Kreises entweder in cm oder als Prozentsatz des Rundholzdurchmessers.

4. Anderer Befall
Je nach Befallsart ist das geeignetere der oben beschriebenen Verfahren anzuwenden, das in den Sortierregeln beschrieben werden muss.

2.3.2.4 Qualitätssortierung für Laub-Rundholz nach EN 1316

EN 1316 legt die Qualitätssortierung und Klassenbezeichnung fest für gefälltes Rundholz der Holzarten Eiche (Quercus sessiliflora, Syn: Q. petraea und Q. robur Syn: Q. pedunculata), Buche (Fagus sylvatica), Esche (Fraxinus excelsior), Ahorn (Acer pseudoplatanus und A. platanoides und A. campestris) sowie für alle handelsüblichen Pappelarten (Populus spp.). Sie bezieht sich auf Rundhölzer in Form von Langholz oder Abschnitten, deren zukünftige Verwendung nicht bekannt ist.

Sortierungsgrundsätze
Für alle in den drei Teilen der EN 1316 genannten Holzarten gilt, dass jeder Stamm oder Stammabschnitt, durch einen theoretischen Schnitt vereinzelt, nach seinen Maßen und nach dem Vorkommen, der Größe und der Verteilung seiner Merkmale („Fehler“) sortiert wird. Dabei ist zu beachten, dass der Stamm oder Stammabschnitt in die nächsttiefere Güteklasse abgestuft werden muss, wenn bereits ein einziges seiner Merkmale nicht der vorgesehenen Klasse entspricht. Die Güteklassen werden durch Buchstabenkombinationen ausgedrückt. Dabei gibt der erste (oder die ersten beiden) Buchstabe die Holzart an, wobei diese dem Anfang des lateinischen Gattungsnamens entsprechen; der durch einen Bindestrich verbundene dritte Buchstabe nennt eine der vier (bei Pappel nur drei) Güteklassen. Demnach werden folgende Klassen unterschieden:

Güte	Esche	Ahorn	Buche	Eiche	Pappel
außergewöhnlich gute Qualität	Fr-A	Ac-A	F-A	Q-A	Po-A
normale Qualität	Fr-B	Ac-B	F-B	Q-B	Po-B
mäßige Qualität	Fr-C	Ac-C	F-C	Q-C	*
nicht A, B, C, aber zu > 40% verwendbar	Fr-D	Ac-D	F-D	Q-D	*

* Bei Pappel entfällt die Güteklasse D; die Güteklasse Po-C entspricht den Anforderungen der Klasse D der anderen Holzarten, nämlich: Qualität von Stämmen oder Stammteilen, die den Klassen A bis C nicht zugeordnet werden können, die jedoch zu mehr als 40% des Holzvolumens verwendbar sind.

Zu den nachfolgenden Sortierungsregeln gilt: Die Klasse A einer Holzart enthält im Regelfall sämtliche Merkmale (Kriterien) der entsprechenden EN. Alle Merkmale, die in den folgenden Klassen B bis D derselben Holzart nicht mehr erwähnt sind, sind in der EN ausdrücklich als zulässig bezeichnet.

2.3.2.4.1 Sortierung von Eiche

Klasse Q-A

Sofern nichts anderes vereinbart: Mindestlänge 2,5 m, Mindest-Mittendurchmesser o. R. 40 cm, homogene Farbe.

Splint ≤ 3 cm, Jahrringbreite ≤ 4 mm. Sofern kein anderes abstufendes Merkmal vorhanden ist, darf ein gesunder, nicht überwallter Ast ≤ 15 mm sowie 1 Rindenmerkmal (Wasserreiser, überwallte Äste, Rosen) auf je 2,5 m Länge vorhanden sein. Drehwuchs ≤ 5 cm/m, Exzentrität < 10%, einfache Krümmung < 2cm/m, Ovalität < 10%, einfacher Kernriss im inneren Drittel des Durchmessers.

Unzulässig sind Fauläste, Mondring, Stern-, Schwind- und Frostrisse, Ringschäle, Insektenfraßgänge, Weichfäule, Faulflecken und Braunkern.

Klasse Q-B

Sofern nichts anderes vereinbart: Mindestlänge 3 m, Mindest-Mittendurchmesser o. R. 35 cm.

Splint ≤ 4 cm; Äste mit einer Höchstsumme von 100 mm/3 m (andere Merkmale eingeschlossen). Ein gesunder unüberwallter Ast darf nicht > 60mm Durchmesser und die Summe der verfaulten Äste muss ≤ 20 mm Durchmesser sein. Ein Wasserreiser wird als Ast von 5 mm Durchmesser angesehen. Drehwuchs ≤ 9 cm/m, Exzentrität < 20%, einfache Krümmung ≤ 4 cm/m. Kernrisse dürfen nicht durchgehen, Sternrisse sind im inneren 1/5 des Durchmessers zulässig, Ringschäle im inneren 1/5 des Durchmessers am dicken Ende (Stockende); Faulflecken sind im Kern auf 15 % des Durchmessers zulässig.

Unzulässig sind: Mondring, Frostrisse, Insektenfraßgänge, Weichfäule und Braunkern.

Klasse Q-C

Sofern nichts anderes vereinbart, ist eine Mindestlänge von 2 m und ein Mindest-Mittendurchmesser o. R. von 30 cm erforderlich.

Unüberwallter Faulast ≤ 50 mm/2 m, einfache Krümmung ≤ 10 cm/m; Sternriss in den inneren 2/3 des Durchmessers und Ringschäle am dicken Ende zulässig; Insektenfraßgänge im Splint und Braunkern im inneren Drittel des Durchmessers zulässig.

Unzulässig sind: Mondring, Frostriss und Weichfäule.

Klasse Q-D

An Mindestlänge und -durchmesser werden keine Anforderungen gestellt, sofern nichts anderes vereinbart ist. Alle bisher genannten Merkmale sind zulässig, sofern >40 % der Holzmenge brauchbar sind.

2.3.2.4.2 Sortierung von Buche

Klasse F-A

Sofern nichts anderes vereinbart ist, müssen eine Mindestlänge von 3 m, ein Mindest-Mittendurchmesser o. R. von 35 cm und eine Jahrringbreite von ≤ 4 mm vorhanden sein.

Zulässig ist Drehwuchs ≤ 5 cm/m, Exzentrität (Kern) ≤ 10%, Krümmung ≤ 2 cm/m, Ovalität ≤ 15%, Weißfäule ≤ 10% des Durchmessers im Kern, Rotkern* ≤ 20% des Durchmessers. Unzulässig sind: Äste, Spannrückigkeit, einfacher Kernriss, Sternriss, Insektenfraßgänge, Spritzkern, Verfärbung und T-Flecken.

* Eine Unterklasse „A Rot" erlaubt 100 % des gesunden und homogenen Rotkerns

Klasse F-B

Sofern nichts anderes vereinbart ist, müssen eine Mindestlänge von 3 m und ein Mindest-Mittendurchmesser von 30 cm o. R. vorhanden sein.

3 Äste pro 3 m sind zulässig, wobei die Summe der Durchmesser unüberwallter Äste ≤ 200 mm/3 m nicht übersteigen darf (davon max. 40 mm kranker Ast auf 3 m). Drehwuchs ≤ 9 cm/m, Exzentrität ≤ 20 %, Krümmung ≤ 4 cm/m. Weißfäule im Kern ≤ 15 % des Durch-

messers, Rotkern* ≤ 30% und Spritzkern ≤ 10% des Durchmessers.

Unzulässig sind Spannrückigkeit (sofern nichts anderes vereinbart), Sternriss, Insektenfraßgänge, Verfärbung und T-Flecken.

* Eine Unterklasse „B Rot" erlaubt 100% des gesunden und homogenen Rotkerns.

Klasse F-C
Sofern nichts anderes vereinbart: Mindestlänge 2 m, Mindest-Mittendurchmesser o. R. 25 cm.

Gesunde, überwallte oder nicht überwallte Äste sind zulässig, die Summe der Durchmesser fauler und kranker Äste muss ≤ 120 mm/3 m sein.

Krümmung < 8 cm/m, Weißfäule ≤ 25 % des Durchmessers im Kern, Spritzkern ≤ 40% des Durchmessers.

Unzulässig sind Insektenfraßgänge.

Klasse F-D
Hier gilt dieselbe Regel wie bei Eiche Klasse Q-D.

2.3.2.4.3 Sortierung von Esche
Für alle Klassen gilt: Die Grenzen der Merkmale Ovalität, Drehwuchs, Rosen, Wasserreiser und Seitenrisse müssen vertraglich geregelt werden.

Klasse Fr-A
Sofern nichts anderes vereinbart ist, gilt eine Mindestlänge von 3 m und ein Mindest-Mittendurchmesser o. R. von 40 cm.

Exzentrität der Markröhre <10%, Krümmung <3 cm/m, einfacher Kernriss im inneren Drittel des Durchmessers zulässig; Braunkern* ≤ 20% des Durchmessers.

Unzulässig sind: Äste aller Art und Beschaffenheit (auch Beulen), Stern- und Schwindrisse, Insektenfraßgänge, Fäule, Baumkrebs.

* Bei Unterklasse „Fr-A Braunkern" ist 100% Braunkern zulässig.

Klasse Fr-B
Sofern nichts anderes vereinbart: Mindestlänge 3 m und Mindest-Mittendurchmesser o. R. 35 cm.

Baumkrebs ist vertraglich zu vereinbaren.

Summe der Durchmesser gesunder, unüberwallter Äste ≤ 150 mm/3 m und Einzeldurchmesser ≤ 60 mm. Exzentrität der Markröhre ≤ 20 %, Krümmung ≤ 4 cm/m, einfacher Kernriss in der inneren Hälfte und Sternriss im inneren 1/5 des Durchmessers zulässig, Braunkern* ≤ 30% des Durchmessers.

Unzulässig sind Fauläste (unüberwallt), überwallte Äste (Beulen), Schwindrisse, Insektenfraßgänge, Fäule; Baumkrebs (sofern nichts anderes vereinbart).

* Bei der Unterklasse „Fr-B Braunkern" ist 100 % Braunkern zulässig.

Klasse Fr-C
Mindestlänge 2 m und Mindest-Mittendurchmesser o. R. 20 cm, sofern nichts anderes vereinbart ist.

Summe der Durchmesser gesunder, nicht überwallter Äste ≤ 150 mm/2 m, Summe der Durchmesser von Faulästen ≤ 80 mm/2 m, max. 1 Beule/2 m. Sternriss im inneren Drittel des Durchmessers zulässig.

Unzulässig: Insektenfraßgänge und Fäule.

Klasse Fr-D
Hier gilt dieselbe Regel wie bei Eiche Q-D und Buche F-D.

2.3.2.4.4 Sortierung von Ahorn

Klasse Ac-A
Sofern nichts anderes vereinbart: Mindestlänge 3m, Mindest-Mittendurchmesser o. R. 35 cm.

Summe der Durchmesser gesunder, nicht überwallter Äste ≤ 150 mm/3 m; Exzentrität der Markröhre ≤ 10%, Krümmung ≤ 3 cm/m; einfacher Kernriss in 1/3 des Durchmessers zulässig.

Unzulässig: Fauläste, überwallte Äste (Beulen), Sternrisse, Fäule und Braunkern.

Klasse Ac-B
Sofern nichts anderes vereinbart: Mindestlänge 3 m, Mindest-Mittendurchmesser 30 cm.

Summe der Durchmesser gesunder, nicht überwallter Äste ≤ 150 mm/3 m und Einzeldurchmesser ≤ 60 mm; Exzentrität der Markröhre ≤ 20%, Krümmung ≤ 4 cm/m, einfacher Kernriss in der inneren Hälfte und Sternriss im inneren 1/5 des Durchmessers zulässig.

Unzulässig: Fauläste, überwallte Äste (Beulen), Fäule, Braunkern.

Klasse Ac-C
Sofern nichts anderes vereinbart: Mindestlänge 2 m, Mindest-Mittendurchmesser o. R. 20cm.

Summe der Durchmesser gesunder, nicht überwallter Äste ≤ 150 mm/2 m, Summe der Durch-messer unüberwallter Fauläste ≤ 80 mm/2 m und max. 1 Beule/2 m; Sternriss und Braunkern im inneren 1/3 des Durchmessers zulässig.

Unzulässig: Fäule.

Klasse Ac-D
Hier gilt dieselbe Regel wie bei Eiche Q-D, Buche F-D, Esche Fr-D.

2.3.2.4.5 Sortierung von Pappel

Für alle Klassen gilt: Ein Aussortieren bei folgenden Merkmalen ist vertraglich zu regeln: Rindeneinwuchs, Auswuchs, Beule, Fällriss, ausgerissenes Loch, Anfäule, Fäule, Krebs, angekohltes Holz, Rindenschaden, Fremdkörper, Mistelbefall, Spechtloch, Rindenbrand.

Klasse Po-A
Mindestlänge 3 m, Mindest-Zopfdurchmesser o. R. 30cm.

Entweder ein gesunder, unüberwallter Ast mit < 20 mm Durchmesser oder ein überwallter Ast mit < 60 mm, jeweils auf der Mindestlänge des Abschnitts; Krümmung < 2 cm/m, Ovalität < 10%, Kernriss im inneren ¼ des Durchmessers zulässig.

Unzulässig: Toter Ast, Faulast, überwallter Ast > 60 mm, Exzentrität > 10 %, Ringschäle, Frost-, Blitz- und Schwindrisse, Braunstreif, Insektenfraßgänge.

Klasse Po-B
Mindestlänge 2 m, Mindest-Zopfdurchmesser o. R. 25 cm.

Entweder zwei gesunde, nicht überwallte Äste mit < 40 mm Durchmesser oder zwei tote Äste (nicht überwallt) mit < 20 mm Durchmesser oder ein gesunder, nicht überwallter Ast mit < 40 mm und ein toter Ast mit < 20 mm Durchmesser, jeweils auf die Mindestlänge des Abschnitts. Krümmung < 5 cm/m.

Unzulässig sind: Fauläste, überwallte Äste ≥ 60 mm, durchgehende Kernrisse, Ringschäle, Frost und Blitzrisse, Braunstreif und Insektenfraßgänge.

Klasse Po-C
Mindestlänge 2 m, Mindest-Zopfdurchmesser 20cm.

Hier gilt dieselbe Regel wie bei Eiche Q-D, Buche F-D, Esche Fr-D und Ahorn Ac-D.

2.3.2.5 Qualitätssortierung für Nadel-Rundholz nach EN 1927

Die Normenreihe EN 1927 „Qualitätssortierung von Nadelrundholz“ mit ihren Teilen 1 bis 3 für Fichte und Tannen, Kiefern, Lärchen und Douglasien aus den Jahren 1998 und 1999 wurde 2008 neu gefasst. Sie beschreiben die verwendungsneutrale Qualitätssortierung und geben in einem Anhang eine Liste von Merkmalen für die Qualitätssortierung von Holz, dessen Verwendung bekannt ist, als Leitfaden für zu erstellende Verträge.

Alle Teile der EN 1927 nennen folgende Güte- bzw. Qualitätsklassen:

- **A:** Rundholz von überdurchschnittlicher/ausgezeichneter Qualität. Es handelt sich in der Regel um astfreie Erdstammstücke. Sie sind fehlerfrei oder weisen nur unbedeutende Fehler auf, die ihre Verwendung kaum beeinträchtigen.

- **B:** Rundholz von mittlerer bis überdurchschnittlicher Qualität, ohne Ansprüche auf fehlerfreies Holz. Äste sind soweit zulässig, wie sie für die jeweilige Holzart als durchschnittlich gelten.
- **C:** Rundholz von mittlerer bis unterdurchschnittlicher Qualität. Gütemerkmale, welche die natürlichen Eigenschaften des Holzes nicht beeinträchtigen, sind zulässig.
- **D:** Rundholz, das wegen seiner Merkmale nicht den Klassen A, B oder C angehört, aber als Sägeholz nutzbar ist.

Die Sortierung muss mit dem lateinischen Namen der betreffenden Holzart ergänzt werden. Die Abkürzung des botanischen Namens kann ebenfalls verwendet werden.

2.3.2.5.1 Sortierung von Fichte und Tanne nach EN 1927-1 (2008)

Klasse A:
Äste, Harzgallen, Reaktionsholz, Insektenbefall, Fäule, Verfärbung und Ringschäle sind unzulässig. Die durchschnittliche Jahrringbreite soll ≤ 4 mm betragen, Drehwuchs ≤ 3 cm/m und die Exzentrizität der Markröhre ≤ 10 % sein. Krümmung bei Ø < 20 cm ist nicht, bei Ø ≥ 20 cm ≤ 1 cm/m zulässig. Kernrisse sind nur bei Ø ≥ 35 cm zu ¼ Ø zulässig.

Klasse B:
Faule Äste, Insektenbefall, Fäule und Verfärbung sind unzulässig. Gesunde Äste ≤ 4 cm und nicht verwachsene ≤ 3 cm sind zulässig, ebenso 1 Harzgalle je Querschnitt. Die Jahrringbreite soll ≤ 7 mm, Drehwuchs ≤ 7 cm/m, Exzentrizität der Markröhre ≤ 15 % und Reaktionsholz ≤ 10 % nicht übersteigen. Eine Krümmung bei Ø < 35 cm mit ≤ 1 cm/m, ≥ 35 cm mit ≤ 1,5 cm ist zulässig ebenso wie Abholzigkeit bei Ø < 35 cm zu ≤ 1,5 cm/m und ≥ 35 cm zu ≤ 2 cm/m. Kernrisse siehe Klasse A, Ringschäle ist bei Ø < 35 cm nicht, bei ≥ 35 cm zu ¼ Ø zulässig.

Klasse C:
Unzulässig sind Insektenbefall und Fäule, lediglich beginnender Befall durch *Trypodendron lineatum* ist zulässig. Zulässig sind Harzgallen sowie Verfärbungen im Splintholz; an die Jahrringbreite und an die Zentrizität werden keine Forderungen gestellt. Maximale Astgrößen: Gesunde, verwachsene ≤ 8 cm, nichtverwachsene ≤ 6 cm, faule ≤ 3 cm. Drehwuchs ist ≤ 10 cm/m, Reaktionsholz ≤ 33 % und Krümmung bei Ø < 35 cm zu 1,5 cm/m zulässig; bei Ø ≥ 35 cm sind 2cm/m zulässig. Abholzigkeit darf bei Stämmen Ø < 20 cm ≤ 2 cm/m, ≤ 20 < 35 cm 2,5 cm/m und ≥ 35 cm 4 cm/m betragen. Zulässige Kernrisse werden mit ½ Ø, ebenso Ringschäle bei Stämmen ≥ 35 cm, bei kleineren Ø ist Ringschäle nicht erlaubt. Leichte Fäule ist für Stämme < 35 cm zulässig im Bereich der Oberfläche bis zu 10 % des Ø, für ≥ 35 cm bis zu 20 %.

Klasse D:
Zulässig sind Äste jeder Art, Harzgallen, Drehwuchs, Abholzigkeit, Exzentrizität der Markröhre, Reaktionsholz, Kernrisse, Insektenbefall < 2 mm (≥ 2 mm in geringem Umfang) und Fäule, vorausgesetzt, mindestens 80 % des Querschnitts sind über die ganze Länge verwendbar. Eine Krümmung darf bei Stämmen Ø < 20 cm ≤ 3 cm/m, Ø ≥ 20 < 35 cm 3,5 cm/m und Ø ≥ 35 cm 4,5 cm/m betragen. Ringschäle ist zu ≤ ½ Ø zulässig.

Für alle Klassen gilt: Äußerlich erkennbare oder zu vermutende verdeckte Mängel (z.B. Äste unter Beulen, überwallte Risse, Schälschäden) sind im Zweifelsfalle freizulegen. Bei Holz der Klassen A und B können vereinzelt auftretende Fehler, die die Klassenanforderungen nicht erfüllen, einvernehmlich durch die sonstige gute Qualität ausgeglichen werden. Grundsätzlich nicht ausgleichbar sind jedoch Insektenbefall, Fäule und Verfärbung. Jeder Stamm kann in eine Klasse oder durch theoretische Schnitte in mehrere Klassen eingeteilt werden, wobei die Mindestlänge dafür 3 m beträgt.

2.3.2.5.2 Sortierung von Kiefern nach EN 1927-2 (2008)

Diese Norm gilt für folgende Kiefern: Gemeine Kiefer (Pinus sylvestris), Schwarzkiefer (P. nigra), Seekiefer (P. pinaster) und Radiata Pine (P. radiata). Fäule ist grundsätzlich nicht zulässig.

Klasse A:
Unzulässig sind Äste, Beulen, Harzgallen, Reaktionsholz, Ringschäle, Insektenbefall, Fäule und Verfärbung. Die durchschnittliche Jahrringbreite für Pinus radiata und P. pinaster soll ≤ 6 mm, bei P. sylvestris und P. nigra ≤ 4 mm sein. Drehwuchs muss ≤ 3 cm/m und Exzentrizität ≤ 10 % sein. Krümmung ist für P. radiata und P. pinaster mit ≤ 2 cm/m, für P. sylvestris und P. nigra mit ≤ 1 cm angegeben. Kernrisse bei Stämmen < 35 cm Ø sind nicht, bei Stämmen ≥ 35 cm zu ¼ Ø zulässig.

Klasse B:
Faule Äste, Insektenbefall, Fäule und Verfärbungen sind unzulässig. Zulässige Äste: gesunde, verwachsene ≤ 5 cm, nicht verwachsene ≤ 4 cm. Beulen sind zulässig sowie 1 Harzgalle je Querschnitt. Die zulässige Jahrringbreite beträgt für P. radiata und P. pinaster ≤ 8 mm, für P. sylvestris und P. nigra ≤ 7 mm. Drehwuchs muss ≤ 7 cm/m und Exzentrizität ≤ 20 % sein. Reaktionsholz ist zu ≤ 10 % zulässig. Krümmung ist für P. radiata und P. pinaster mit ≤ 2 cm/m, für P. sylvestris und P. nigra mit ≤ 1,5 cm angegeben, Abholzigkeit für Ø < 35 cm 1,5 cm/m und für Ø ≥ 35 cm mit 2 cm/m. Kernrisse bei Stämmen < 35 cm Ø sind nicht, bei Stämmen ≥ 35 cm zu 1/3 Ø zulässig. Ringschäle ist bei Stämmen < 35 cm Ø nicht, bei Ø < 35 cm zu ¼ Ø zulässig.

Klasse C:
Unzulässig sind Insektenbefall und Fäule sowie Verfärbung im Kern. Zulässige Äste: Gesunde, verwachsene ≤ 8 cm, nichtverwachsene ≤ 7 cm, faule ≤ 4 cm. Beulen und Harzgallen sind zulässig, an die Jahrringbreite werden keine Anforderungen gestellt. Drehwuchs muss ≤ 10 cm/m sein, an Exzentrizität werden keine Anforderungen gestellt. Reaktionsholz ist zu ≤ 33 % zulässig. Krümmung ist für P. radiata und P. pinaster mit ≤ 4 cm/m, für P. sylvestris und P. nigra mit ≤ 3 cm angegeben, Abholzigkeit für Ø < 35 cm 2,5 cm/m und für Ø ≥ 35 cm mit 4 cm/m. Kernrisse sind zu ½ Ø zulässig. Ringschäle ist bei Stämmen < 35 cm Ø nicht, bei Ø < 35 cm zu 1/3 Ø zulässig.

Klasse D:
Fäule ist unzulässig. Zulässig sind Äste, Beulen, Harzgallen, Drehwuchs, Exzentrizität der Markröhre, Abholzigkeit, Kernrisse, Insektenbefall < 2mm, Verfärbung und Reaktionsholz. An die Jahrringbreite werden keine Anforderungen gestellt. Krümmung ist für P. radiata und P. pinaster mit ≤ 6 cm/m, für P. sylvestris und P. nigra mit ≤ 4,5 cm angegeben, Ringschäle ist zu ½ Ø zulässig. Ein geringer Insektenbefall ≥ 2 mm ist zulässig.

Für alle Klassen gilt: Äußerlich erkennbare oder zu vermutende verdeckte Mängel (z.B. Äste unter Beulen, überwallte Risse, Schälschäden) sind im Zweifelsfalle freizulegen. Bei Holz der Klassen A und B können vereinzelt auftretende Fehler, die die Klassenanforderungen nicht erfüllen, einvernehmlich durch die sonstige gute Qualität ausgeglichen werden. Grundsätzlich nicht ausgleichbar sind jedoch Insektenbefall, Fäule und Verfärbung. Jeder Stamm kann in eine Klasse oder durch theoretische Schnitte in mehrere Klassen eingeteilt werden, wobei die Mindestlänge dafür bei Pinus sylvestris, P. nigra und P. radiata 3 m, bei P. pinaster 2 m beträgt.

2.3.2.5.3 Sortierung von Lärchen und Douglasie nach EN 1927-3 (2008)

Klasse A:
Unzulässig sind Äste, Harzgallen, Ringschäle, Insektenbefall, Fäule und Verfärbung. Die durchschnittliche Jahrringbreite soll bei Lärche ≤ 4 mm, bei Douglasie ≤ 8 mm betragen. Drehwuchs ist mit ≤ 3 cm/m, Exzentrizität der Markröhre mit ≤ 10 % angegeben. Eine Krümmung bei Ø < 35 cm mit ≤ 1 cm/m, ≥ 35 cm mit ≤ 1,5 cm ist zulässig, Abholzigkeit unbegrenzt. Kernrisse bei Stämmen < 35 cm Ø sind nicht, bei Stämmen ≥ 35 cm zu ¼ Ø zulässig.

Klasse B:
Unzulässig sind faule Äste, Insektenbefall, Fäule und Verfärbung. Gesunde, festverwachsene Äste sind mit ≤ 5 cm, nicht verwachsene mit ≤ 3 cm (Lärche) und ≤ 4 (Douglasie) zulässig sowie 1 Harzgalle pro Querschnitt. Die durchschnittliche Jahrringbreite ist bei Lärche auf ≤ 7 mm, bei Douglasie auf ≤ 8 mm begrenzt. Drehwuchs ist mit ≤ 7 cm/m, Exzentrizität der Markröhre mit ≤ 20 % angegeben. Eine Krümmung bei Ø < 35 cm mit ≤ 1,5 cm/m, ≥ 35 cm mit ≤ 2 cm ist zulässig, für Abholzigkeit gelten dieselben Werte. Kernrisse bei Stämmen < 35 cm Ø sind nicht, bei Stämmen ≥ 35 cm zu 1/3 Ø zulässig. Ringschäle bei Stämmen < 35 cm Ø ist nicht, bei Stämmen ≥ 35 cm zu ¼ Ø zulässig.

Klasse C:
Unzulässig sind Insektenbefall, Fäule und Verfärbung im Kernholz. Zulässig bzw. unbegrenzt sind Harzgallen, Jahrringbreite, Exzentrizität der Markröhre und Verfärbung im Splintholz. Gesunde, festverwachsene Äste sind mit ≤ 8 cm, nicht verwachsene mit ≤ 7 cm, faule mit ≤ 3 cm (Lärche) bzw. Ø 4 cm (Douglasie) zulässig. Drehwuchs ist mit ≤ 10 cm/m angegeben. Eine Krümmung bei Ø < 35 cm mit ≤ 2,5 cm/m, ≥ 35 cm mit ≤ 3 cm ist zulässig, für Abholzigkeit gelten bei Ø < 35 cm mit ≤ 2,5 cm/m, ≥ 35 cm mit ≤ 4 cm. Kernrisse sind zu ½ Ø zulässig. Ringschäle bei Stämmen < 35 cm Ø ist nicht, bei Stämmen ≥ 35 cm zu 1/3 Ø zulässig.

Klasse D:
Zulässig bzw. unbegrenzt sind: Äste, Harzgallen, Jahrringbreite, Drehwuchs, Exzentrizität der Markröhre, Abholzigkeit, Kernrisse, Fäule, Verfärbung sowie Insektenbefall < 2 mm und geringer Insektenbefall ≥ 2 mm. Eine Krümmung mit ≤ 4,5 cm/m ist zulässig sowie Ringschäle zu ≤ ½ Ø.

Für alle Klassen gilt: Äußerlich erkennbar oder zu vermutende verdeckte Mängel (z.B. Äste unter Beulen, überwallte Risse, Schälschäden) sind im Zweifelsfalle freizulegen. Bei Holz der Klassen A und B können vereinzelt auftretende Fehler, die die Klassenanforderungen nicht erfüllen, einvernehmlich durch die sonstige gute Qualität ausgeglichen werden. Grundsätzlich nicht ausgleichbar sind jedoch Insektenbefall, Fäule und Verfärbung. Jeder Stamm kann in eine Klasse oder durch theoretische Schnitte in mehrere Klassen eingeteilt werden, wobei die Mindestlänge dafür 3 m beträgt.

2.3.3 Gütesortierung nach RVR

Hinweis: Die hier abgedruckten Regeln nach RVR stellen das Entwurfsstadium 12/2008 dar und sind nicht verbindlich.

Stammholz ist entsprechend seiner Holzmerkmale nach Qualitätsklassen zu sortieren. Die Qualitätssortierung nach RVR ist verwendungsneutral. Stammholz wird in vier Klassen eingeteilt. Das Wertesystem wird in der nachfolgenden Beschreibung der Qualitätsklassen allgemein abgebildet.

- ***A:** Rundholz von überdurchschnittlicher / ausgezeichneter Qualität. Es handelt sich in der Regel um astfreie Erdstammstücke. Sie sind fehlerfrei oder weisen nur unbedeutende Fehler, die ihre Verwendung kaum beeinträchtigen, auf.*

- ***B:*** *Rundholz von mittlerer bis überdurchschnittlicher Qualität, ohne Ansprüche an fehlerfreies Holz. Äste sind soweit zulässig, wie sie für die jeweilige Holzart als durchschnittlich gelten.*
- ***C:*** *Rundholz von mittlerer bis unterdurchschnittlicher Qualität. Qualitätsmerkmale, welche die natürlichen Eigenschaften des Holzes nicht beeinträchtigen, sind zulässig.*
- ***D:*** *Rundholz , das wegen seiner Merkmale nicht den Klassen A, B, C angehört, aber als Stammholz nutzbar ist.*

Generelle Regeln zur Qualitätssortierung von Stammholz:

- *Bei Holz der Qualitätsklasse A, B und C können vereinzelt auftretende Fehler, die die entsprechende Qualitätsklasse nicht erfüllen, einvernehmlich durch die sonstige gute Qualität der betreffenden Klasse ausgeglichen werden.*
- *Jeder Stamm kann in eine Qualitätsklasse oder durch theoretische Schnitte in mehrere Klassen eingeteilt werden. Dabei werden 3 m als Mindestlänge pro Qualitätsklasse angenommen, sofern keine anderslautenden Regelungen in den nachfolgenden Sortiertabellen enthalten sind.*
- *Bei der Zuordnung zu einer Qualitätsklasse müssen grundsätzlich alle in den Sortiertabellen aufgeführten Qualitätsmerkmale berücksichtigt werden. Die Messungen richten sich nach den merkmalsspezifischen Messanweisungen, die in der Anlage zur RVR aufgeführt sind.*
- *Äußerlich erkennbare oder zu vermutende Mängel (z. B. Äste unter Beulen, überwallte Risse, Schälschäden) sind im Zweifelsfall freizulegen und zu beurteilen.*

2.3.3.1 Gütesortierung von Nadelholz

Nachfolgende Sortiertabellen beziehen sich auf die Hauptholzarten. Eine analoge Anwendung für sonstige Nadelholzarten wird empfohlen. Die Merkmale Krümmung und Abholzigkeit sind bei waldseitiger Sortierung nur unzureichend zu bestimmen. Die Grenzwerte in der Tabelle sind lediglich als Richtwerte zu verstehen und können einzelvertraglich anders geregelt werden.

2.3.3.1.1 Sortierung von Fichte / Tanne

Klasse A:
Äste, Reaktionsholz, Insektenbefall, Fäule, Verfärbung und Ringschäle sind unzulässig. Die Exzentrizität der Markröhre soll ≤ 10 % sein. Krümmung ist mit ≤ 1 cm/m zulässig, Kernrisse sind nur zu ≤ ¼ Ø zulässig.

Klasse B:
Faule Äste, Insektenbefall, Weichfäule und Verfärbung sind unzulässig. Gesunde, verwachsene Äste ≤ 4 cm und nicht verwachsene ≤ 3 cm sind zulässig. Eine Exzentrizität der Markröhre darf ≤ 15 % und Reaktionsholz ≤ 15 % nicht übersteigen. Eine Krümmung bei Ø < 35 cm mit ≤ 1 cm/m, ≥ 35 cm mit ≤ 1,5 cm ist zulässig ebenso wie Abholzigkeit bei Ø < 20 cm zu ≤ 1,25 cm/m, ≥ 20 < 35 cm 1,5 cm/m und ≥ 35 cm zu ≤ 2 cm/m. Kernrisse sind nur zu ≤ 1/3 Ø zulässig, Ringschäle zu ¼ Ø zulässig. Hartfäule im äußeren Holzmantel des Wurzelanlaufs ist bis 15 % des Ø zulässig.

Klasse C:
Maximale Astgrößen: Gesunde, verwachsene ≤ 8 cm, nichtverwachsene ≤ 6 cm, faule ≤ 3 cm. Exzentrizität unbegrenzt, Reaktionsholz ≤ 25 % und Krümmung bei Ø < 35 cm zu 1,5 cm/m zulässig; bei Ø ≥ 35 cm sind 2cm/m zulässig. Abholzigkeit darf bei Stämmen Ø < 20 cm ≤ 2 cm/m, ≤ 20 < 35 cm 2,5 cm/m und ≥ 35 cm 4 cm/m betragen. Zulässige Kernrisse sind mit ½ Ø, Ringschäle mit 1/3 Ø festgelegt. Beginnender Befall durch Insekten mit Fraßgängen < 2 mm ist zulässig, größere Fraßgänge sind unzulässig. Hartfäule im äußeren Holzmantel des Wurzelanlaufs ist bis 15 % des Ø zulässig, Weichfäule ist unzulässig. Verfärbungen sind nur im Splintholz zugelassen.

Klasse D:
Zulässig sind Äste jeder Art, Abholzigkeit, Exzentrizität der Markröhre, Reaktionsholz, Kernrisse, Verfärbung, Insektenbefall < 2 mm (≥ 2 mm in geringem Umfang) und Fäule, vorausgesetzt, mindestens 60 % des Querschnitts sind über die ganze Länge verwendbar. Eine Krümmung darf bei Stämmen < 20 cm Ø ≤ 3 cm/m, ≥ 20 < 35 cm Ø 3,5 cm/m und ≥ 35 cm Ø 4,5 cm/m betragen. Ringschäle ist zu ≤ ½ Ø zulässig.

2.3.3.1.2 Sortierung von Kiefer

Klasse A:
Unzulässig sind Äste, Beulen, Harzgallen, Reaktionsholz, Ringschäle, Insektenbefall, Fäule und Verfärbung. Eine kleine zentrische Weichfäule ist zulässig. Drehwuchs muss ≤ 3 cm/m und Exzentrizität ≤ 10 % sein. Krümmung ist mit ≤ 1 cm angegeben. Kernrisse sind zu ¼ Ø zulässig.

Klasse B:
Faule Äste, Insektenbefall, Fäule und Verfärbungen sind unzulässig. Zulässige Äste: gesunde, verwachsene ≤ 5 cm, nicht verwachsene ≤ 4 cm. Leichte Beulen sind zulässig sowie 1 Harzgalle je Querschnitt. Drehwuchs muss ≤ 7 cm/m und Exzentrizität ≤ 20 % sein. Reaktionsholz ist zu ≤ 15 % zulässig sowie eine einfache Krümmung mit ≤ 1,5 cm/m. Abholzigkeit für Ø < 35 cm 1,5 cm/m und für Ø ≥ 35 cm mit 2 cm/m. Kernrisse sind ≤ 1/3 Ø zulässig sowie Ringschäle zu ¼ Ø.

Klasse C:
Unzulässig sind Insektenbefall ≥ 2 mm und Weichfäule sowie Verfärbung im Kern. Zulässige Äste: Gesunde, verwachsene ≤ 8 cm, nichtverwachsene ≤ 7 cm, faule ≤ 4 cm. Beulen und Harzgallen sind zulässig. Drehwuchs muss ≤ 10 cm/m sein, an Exzentrizität werden keine Anforderungen gestellt. Reaktionsholz ist zu ≤ 25 % zulässig. Einfache Krümmung mit ≤ 3 cm angegeben, Abholzigkeit für Ø < 35 cm 2,5 cm/m und für Ø ≥ 35 cm mit 4 cm/m. Kernrisse sind zu ½ Ø zulässig, Ringschäle zu 1/3 Ø. Beginnender Befall durch Insekten mit Fraßgängen < 2mm ist ebenso zulässig wie eine Verfärbung im Splintholz.

Klasse D:
Zulässig sind Äste, Beulen, Harzgallen, Drehwuchs, Exzentrizität der Markröhre, Abholzigkeit, Kernrisse, Insektenbefall < 2mm, Verfärbung und Reaktionsholz. Krümmung ist mit ≤ 4,5 cm/m angegeben, Ringschäle ist zu ½ Ø zulässig. Ein geringer Insektenbefall ≥ 2 mm ist zulässig. Weichfäule ist zulässig, vorausgesetzt, mindestens 60 % des Querschnitts sind über die ganze Länge verwendbar.

2.3.3.1.3 Sortierung von Lärche und Douglasie

Klasse A:
Unzulässig sind Äste, Harzgallen, Ringschäle, Insektenbefall und Verfärbung. Eine kleine zentrische Fäule ist zulässig. Drehwuchs ist mit ≤ 3 cm/m, Exzentrizität der Markröhre mit ≤ 10 % angegeben. Eine Krümmung bei Ø < 35 cm mit ≤ 1 cm/m, ≥ 35 cm mit ≤ 1,5 cm ist zulässig, Abholzigkeit unbegrenzt. Kernrisse sind zu ¼ Ø zulässig.

Klasse B:
Unzulässig sind faule Äste, Insektenbefall, Fäule und Verfärbung. Gesunde, festverwachsene Äste sind mit ≤ 5 cm, nicht verwachsene mit ≤ 3 cm (Lärche) bzw.4 cm (Douglasie) zulässig sowie 1 Harzgalle pro Querschnitt. Die durchschnittliche Jahrringbreite ist auf ≤ 7 (Lärche) bzw. 8 mm (Douglasie) begrenzt. Drehwuchs ist mit ≤ 7 cm/m, Exzentrizität der Markröhre mit ≤ 20 % angegeben. Eine Krümmung bei Ø < 35 cm mit ≤ 1,5 cm/m, ≥ 35 cm mit ≤ 2 cm ist zulässig, für Abholzigkeit gelten dieselben Werte. Kernrisse sind zu 1/3 Ø zulässig, Ringschäle zu ¼ Ø.

Klasse C:
Unzulässig sind Insektenbefall ≥ 2 mm, Fäule und Verfärbung im Kernholz. Zulässig bzw. unbegrenzt sind Harzgallen, Jahrringbreite, Exzentrizität der Markröhre und Verfärbung im Splintholz. Gesunde, festverwachsene Äste sind mit ≤ 8 cm, nicht verwachsene mit ≤ 7 cm, faule mit ≤ 3 cm (Lärche) bzw. ≤ 4 cm (Douglasie) zulässig. Drehwuchs ist mit ≤ 10 cm/m angegeben. Eine Krümmung bei Ø < 35 cm mit ≤ 2,5 cm/m, ≥ 35 cm mit ≤ 3 cm ist zulässig, für Abholzigkeit gelten bei Ø < 35 cm mit ≤ 2,5 cm/m, ≥ 35 cm mit ≤ 4 cm. Kernrisse sind zu ½ Ø zulässig, Ringschäle zu 1/3 Ø. Beginnender Insektenbefall mit Fraßgängen < 2 mm ist zulässig.

Klasse D:
Zulässig bzw. unbegrenzt sind: Äste, Harzgallen, Jahrringbreite, Drehwuchs, Exzentrizität der Markröhre, Abholzigkeit, Kernrisse, Verfärbung sowie Insektenbefall < 2 mm und geringer Insektenbefall ≥ 2 mm. Eine Krümmung mit ≤ 4,5 cm/m ist zulässig sowie Ringschäle zu ≤ ½ Ø. Weichfäule ist zulässig, vorausgesetzt, mindestens 60 % des Querschnitts sind über die ganze Länge verwendbar.

2.3.3.2 Gütesortierung von Laubholz

Nachfolgende Sortiertabellen beziehen sich auf die Hauptholzarten. Eine analoge Anwendung für sonstige Laubholzarten wird empfohlen.

2.3.3.2.1 Sortierung von Eiche

Klasse A:
Mindestlänge 3 m, kleinster Mittendurchmesser o.R. 40 cm. Unzulässig sind Äste mit Ausnahme 1 Rose pro m mit ≤ 3 cm Astsiegelhöhe, ferner Auswüchse (Wasserreiserköpfe), Mondring, Frostriss, Insektenfraßgänge, Fäule und Braunkern. Zulässig sind 1 Wasserreis je 2 m, Drehwuchs ≤ 5 cm/m, Exzentrizität der Markröhre ≤ 10 %, einfache Krümmung ≤ 2 cm/m sowie ein einfacher Kernriss, sofern nicht durchgehend und in einer Ebene (ansonsten sind durchgehende Risse über Maßvergütung ausgleichbar). Ein Sternriss ist im inneren ¼ des Durchmessers zulässig, eine Ringschäle im inneren 1/3 am stärkeren Ende.

Klasse B:
Mindestlänge 3 m, kleinster Mittendurchmesser o.R. 30 cm. Unzulässig sind faule Äste > 4 cm, Mondring, Frostriss und Braunkern. Zulässig sind Nägel in unbegrenztem Umfang, 1 Rose pro m mit ≤ 5 cm Astsiegelhöhe sowie folgende gesunde Äste: ≤ 4 cm 1 Ast pro 2 m, ≤ 6 cm 1 Ast pro 3 m, > 6 cm 1 Ast pro Länge dieser Güteklasse. Ferner ist ein fauler Ast pro 2 m zulässig in der Größe ≤ 4 cm. Zulässig sind Wasserreiser, 1 Auswuchs pro 2 m, ein einfacher Kernriss, sofern nicht durchgehend und in einer Ebene (ansonsten sind durchgehende Risse über Maßvergütung ausgleichbar), Drehwuchs ≤ 9 cm/m, Exzentrizität der Markröhre ≤ 20 %, einfache Krümmung ≤ 4 cm/m. Ein Sternriss ist im inneren 1/3 des Durchmessers zulässig, Ringschäle im inneren 1/3 am stärkeren Ende, Insektenfraß im Splint sowie Fäule im inneren 1/5 des Durchmessers.

Klasse C:
Mindestlänge 2 m, kleinster Mittendurchmesser o.R. 20 cm. Zulässig sind überwallte Äste (Rosen, Nägel), gesunde Äste sowie 1 fauler Ast pro Meter, ferner Wasserreiser, Auswüchse, Drehwuchs, Exzentrizität der Markröhre, einfacher Kernriss, Sternriss und ein gerader Frostriss. Mondring ist unzulässig, einfache Krümmung auf ≤ 10 cm/m begrenzt. Ringschäle ist zulässig im inneren 2/3 des Durchmessers am stärkeren Ende, Insektenfraß im Splint sowie Fäule und Braunkern jeweils im inneren 1/3 des Durchmessers.

Klasse D:
Mindestlänge 2 m, kein Mindestdurchmesser. Alle in den Klassen A bis C beschriebenen Merk-

male sind zulässig oder unbegrenzt, sofern > 40 % des Holzvolumens verwendbar ist.

2.3.3.2.2 Sortierung von Buche

Klasse A:

Mindestlänge 3 m, kleinster Mittendurch*messer o.R. 35 cm. Unzulässig sind Äste (mit Ausnahme überwallter Äste, wenn Rundnarbe ≤ 1:4), Kern- und Sternrisse, Insektenfraßgänge, Spritzkern, T-Flecken und Rindenschäden. Zulässig sind Drehwuchs ≤ 5 cm/m, Exzentrizität der Markröhre ≤ 10 %, einfache Krümmung ≤ 2 cm/m, sowie Weißfäule im Kern ≤ 10 % und Rotkern ≤ 15 % des Durchmessers. Ein Sternriss ist im inneren ¼ des Durchmessers zulässig, eine Ringschäle im inneren 1/3 am stärkeren Ende.*

Klasse B:

Mindestlänge 3 m, kleinster Mittendurchmesser o.R. 25 cm. Unzulässig sind Sternrisse und Insektenfraßgänge. Zulässig sind überwallte Äste, wenn Rundnarbe ≤ 1:2 und Rundnarbenhöhe ≤ 10 cm, ferner je 1 gesunder und fauler Ast pro Qualitätslänge. Zulässig außerdem sind Drehwuchs ≤ 9 cm/m, Exzentrizität der Markröhre ≤ 20 %, einfache Krümmung ≤ 5 cm/m sowie ein einfacher Kernriss. Weißfäule im Kern ≤ 15 % und Rotkern ≤ 33 % des Durchmessers sind ebenso zulässig wie ein Spritzkern ≤ 15 % und ein T-Flecken pro m. Rindenschäden sind in erheblichem Umfang unzulässig.

Klasse C:

Mindestlänge 2 m, kleinster Mittendurchmesser o.R. 20 cm. Unzulässig sind lediglich Insektenfraßgänge. Zulässig sind überwallte und gesunde Äste sowie 1 fauler Ast pro Meter. Zulässig außerdem sind Drehwuchs, Exzentrizität der Markröhre, einfache Krümmung ≤ 10 cm/m sowie einfacher Kernriss und Sternriss. Weißfäule im Kern ≤ 25 % des Durchmessers, Rotkern, T-Flecken und Rindenschäden sind ebenso zulässig wie ein Spritzkern ≤ 40 %.

Klasse D:

Mindestlänge 2 m, kein Mindestdurchmesser. Alle in den Klassen A bis C beschriebenen Merkmale sind zulässig oder unbegrenzt, sofern > 40 % des Holzvolumens verwendbar ist.

Anmerkung:

Qualitätsklasse „A Rot": Rotkern > 15% des Durchmessers

Qualitätsklasse „B Rot": Rotkern > 33% des Durchmessers bzw. Spritzkern ≤ 40 % des Durchmessers.

2.4 Gewichts- und Verladetabelle europäischer Holzarten

Tabelle 26

	1 m³ Rundholz wiegt ungefähr (kg) Für Schnittholz sind etwa 10 % Zuschlag zu rechnen				Auf 10t gehen etwa ... m³ Rundholz		
Zustand	ganz frisch	wald-trocken	luft-trocken	Darr-gewicht	ganz frisch	wald-trocken	luft-trocken
Holzfeuchtigkeit in % bezogen auf Darrgewicht	>30	25-30	15	0	>30	25-30	15
Akazie	950	800	750	700	10,5	12,5	13,3
Apfelbaum	980	830	750	700	10,2	12,2	13,3
Aspe (Zitterpappel)	800	650	500	400	12,5	15,4	20,0
Bergahorn	950	800	660	600	10,5	12,5	15,2
Birke	900	800	650	575	11,1	12,5	15,4
Birnbaum	950	820	750	700	10,5	12,2	13,3
Edelkastanie	850	700	625	575	11,8	14,3	16,0
Eibe	1000	850	750	650	10,0	11,8	13,3
Eiche	1150	1000	800	680	8,7	10,0	12,5
Esche	900	800	725	650	11,1	12,5	13,8
Feldahorn	1000	850	725	650	10,0	11,8	13,8
Fichte	800	675	500	420	12,5	14,8	20,0
Gemeine Kiefer	800	680	575	500	12,5	14,8	17,4
Kirsche	800	675	600	560	12,5	14,8	16,7
Lärche	875	750	600	560	11,4	13,3	16,7
Linde	750	600	450	400	13,3	16,7	22,2
Nußbaum	850	700	675	625	11,8	14,3	14,8
Pappel	750	600	475	400	13,3	16,7	21,1
Platane	850	680	625	550	11,8	14,7	16,0
Roßkastanie	750	600	550	500	13,3	16,7	18,2
Rotbuche	1100	900	750	700	9,1	11,1	13,3
Roterle	850	700	550	475	11,8	14,3	18,2
Schwarzkiefer	1000	750	650	600	10,0	13,2	15,4
Spitzahorn	950	820	670	625	10,5	12,2	14,8
Tanne	900	700	490	410	11,1	14,3	20,4
Ulme (Rüster)	900	750	675	600	12,5	15,4	21,1
Weide	800	650	475	400	11,1	13,3	14,8
Weym. -Kiefer (Strobe)	720	475	400	375	13,8	21,1	25,0
Weißbuche	1000	850	820	750	10,0	11,8	12,2
Weißerle	900	700	550	500	11,1	14,3	18,2

2.5 Umrechnungszahlen

(Anhang zur Anlage zu § 1 HKIV)
Seit dem 1.1. 1978 ist nach dem Gesetz zur Vereinheitlichung der Einheiten im Messwesen im kaufmännischen Verkehr nur noch die Einheit „m³" zulässig; das gilt nicht für den internen Gebrauch der Einheiten Rm und Fm.

2.5.1 Rm-Fm

Baden-Württemberg, Bayern, Hessen, Nordrhein-Westfalen, Saarland, Schleswig-Holstein
1 Raummeter m. R. = 0,7 Festmeter o. R.
1 Raummeter o. R. = 0,8 Festmeter o. R.

Niedersachsen
1 Rm m.R. = 0,7 EFm o.R.
1 Rm o.R. = 0,8 EFm o.R.

Baden- Württemberg
Laub- und Nadel-Nutz- und Brennreis
100 Prügelwellen = 4 Festmeter mit Rinde
100 Normalwellen = 3 Festmeter mit Rinde
100 Reiswellen = 2 Festmeter mit Rinde
Reisprügel 1 Raummeter = 0,5 Fm mit Rinde (Brenn- und Nutzprügel)
Faschinen 100 Wellen = 5,0 Fm mit Rinde
Stockholz 1 Raummeter = 0,5 Fm mit Rinde
Rinde 1 Raummeter = 0,3 Fm = 2 dz

Niedersachsen
Bei gemischter Aufarbeitung wird der Anteil der Klasse S 1 nicht herausgerechnet.

Nordrhein-Westfalen
Die Umrechnungszahlen des Anhangs zur Anlage zu § 1 HKIV sind nur für statistische Zwecke, jedoch nicht zur Herleitung des Verkaufspreises geeignet.

Rheinland-Pfalz
Für die Umrechnung des Raummaßes werden bei Schichtholz für alle Holzarten und Sorten folgende Umrechnungsfaktoren verwendet:

Rm o.R.	= Rm m.R.	= Fm o.R.	= Fm m.R.
0,88	= 1,00	= 0,70	= 0,77 (vereinfacht 0,8)
1,00	= 1,14	= 0,80	= 0,88 (vereinfacht 0,9)
1,25	= 1,43	= 1,00	–
1,14	= 1,30	–	= 1,00

Für die Umrechnung von Festmetern ohne Rinde in Festmeter mit Rinde werden folgende Faktoren verwendet:
1 Fm o. R. Eichen-L, P, SW, IL, IS, S = 1,15 Fm m. R.
1 Fm o. R. übrige Holzarten Stammholz L, H, P, SW, IL,IS, S = 1,10 Fm m.R.

2.5.2 Stück – Fm o. R.

Alle Bundesländer
Stangen

Klasse	100 Stangen Nadelholz (Fm o.R.)	100 Stangen Laubholz (Fm o.R.)
P 1	1,0	0,5
P 2	6,0	3,0
P 2.1	2,0	–
P 2.11	2,0	–
P 2.12	3,0	–
P 2.2	5,0	–
P 2.3	8,0	–
P 2.31	7,0	–
P 2.32	9,0	–
P 2.33	11,0	–
P 3	16,0	7,0

Baden-Württemberg
Zier- und Christbäume: 100 Stück = 1,0 Fm mit Rinde.

Rheinland-Pfalz
P 1: Nadel = 1,10 Fm m. R., Laub (auch Eiche) = 0,6 Fm m.R.

2.5.3 Gewicht-Fest-/Raummaß

Baden-Württemberg, Bayern, Hessen, Nordrhein-Westfalen, Saarland, Schleswig-Holstein
Vorläufig nur für statistische Umrechnung; nicht zur Preisbildung verwendbar, da im Einzelfall größere Abweichungen möglich sind.

- Nadelholz
  1 Tonne atro mit Rinde = 2,5 Festmeter ohne Rinde
  1 Tonne lutro mit Rinde = 1,6 Festmeter ohne Rinde
- Laubholz
  1 Tonne atro mit Rinde = 1,7 Festmeter ohne Rinde
  1 Tonne lutro mit Rinde = 1,2 Festmeter ohne Rinde

Niedersachsen
Vorläufig 1,1 t m. R. lutro = 1 Fm o. R. für Bu IN-IF nach Gewicht.

Rheinland-Pfalz
Die folgenden Faktoren gelten vorläufig; sie sind nur für Umrechnungen zu statistischen Zwecken (nicht zur Preisbildung!) verwendbar. Im Einzelfall sind größere Abweichungen möglich.

- Nadelholz
  1t atro m. R. = 2,5 Fm o. R., 400 kg atro m. R. = 1.0 Fm o.R.
  1t lutro m. R. = 1,6 Fm o. R., waldfrisch = 1,3 Fm o. R.
  625 kg lutro m. R. = 1,0 Fm o. R.
  769 kg lutro m. R., waldfrisch = 1,0 Fm o. R.
- Laubholz
  1t atro m. R. = 1,7 Fm o. R., 588 kg atro m. R. = 1,0 Fm o.R.
  1t lutro m. R. = 1,2 Fm o. R., waldfrisch = 1,0 Fm o.R.
  833 kg lutro m. R. = 1,0 Fm o. R.
  1000 kg lutro m. R., waldfrisch = 1,0 Fm o. R.

Die Buchungseinheit für gewichtsvermessenes Holz richtet sich nach der Form des Holzes (kurz = Rm, lang = Fm), die es zum Zeitpunkt der Lieferung hat. Danach ist beispielsweise das gewichtsvermessene, 2 m lange, unentrindete Fichten-Industriekurzholz für die Feldmühle von Gewicht in Raummeter mit Rinde und das gewichtsvermessene Buchen-Industrielangholz (Kranlängen und fallende Längen) von Gewicht in Festmeter ohne Rinde umzurechnen und zu buchen.

In Rheinland-Pfalz sind gem. Erlass vom 19. April 1972 – 37300 für die Errechnung der in Festmeter ohne Rinde oder in Raummeter mit/ohne Rinde zu buchenden Mengen aus den Verkäufen gewichtsvermessenen Holzes (nach t/kg) nachstehende Umrechnungsfaktoren zu verwenden.

Nach Eingang der vom Empfänger der Lieferung ausgestellten Wiegepapiere am Forstamt ist die zu buchende Holzmenge durch Division des auf dem Wiegeschein ausgewiesenen Gewichts (kg) durch das oben angegebene „Gewicht je 1 Buchungseinheit“ zu ermitteln. Das Resultat der Division ist auf ganze Fm bzw. Rm gemeinüblich abzurunden.

Holzart	Sortiment
Laubholz	Industrielangholz, unentrindet, IL Trockengrad atro, Buchungseinheit Fm o. R. Gewicht je 1 Buchungseinheit 670 kg
Laubholz	Industriekurzholz, unentrindet, IS Trockengrad atro, Buchungseinheit Rm m.R. Gewicht je 1 Buchungseinheit 470 kg
Nadelholz	Industrielangholz, unentrindet, IL Trockengrad atro, Buchungseinheit Fm o. R. Gewicht je 1 Buchungseinheit 430 kg
Nadelholz	Industrieholz, unentrindet, IS Trockengrad atro, Buchungseinheit Rm m.R. Gewicht je 1 Buchungseinheit 300 kg
Nadelholz	Industriekurzholz, entrindet, IS Trockengrad atro, Buchungseinheit Rm m. R. Gewicht je 1 Buchungseinheit 340 kg
Nadelholz	Industriekurzholz, unentrindet, IS Trockengrad lutro, Buchungseinheit Rm m. R. Gewicht je 1 Buchungscinheit 640 kg

2.6 Sortierung von Exoten-Rundholz

Für die Sortierung von Exoten-Rundholz stehen hauptsächlich die Klassifizierungs-Empfehlungen der Association Technique Internationale des Bois Tropicaux – kurz ATIBT genannt – zur Verfügung. Die ATIBT ist eine internationale Vereinigung von Holzerzeugern, Importeuren und Holzverarbeitern, die ihren Sitz in Nogent-sur-Marne bei Paris hat. Diese Gesellschaft hat ein Sortierungssystem erarbeitet, das auf einem Strafpunkte-System für einzelne Fehler des Holzes basiert. Dieses Strafpunkte-System hat zu keiner Zeit eine allgemeine praktische Bedeutung erlangt, da es zu kompliziert ist. Trotzdem finden die ATIBT-Regeln mangels anderer Vorschriften als Hilfsmittel zur Klassifizierung weitgehend Beachtung.

Die Gütebestimmung bezieht sich dabei nur auf die Art und Gewichtung von Form- und Strukturfehlern der Bäume, nicht jedoch auf die Beurteilung physischer, chemischer oder mechanischer Art wie Dichte, Festigkeit usw. Außerdem werden Fehler, die sich durch unsachgemäße Behandlung des Holzes nach dem Einschlag ergeben, nicht in die Beurteilung einbezogen. Die ATIBT-Tabelle gibt für die einzelnen Güteklassen folgende Höchstzahl an Strafpunkten an:

Tabelle 27: Strafpunkte nachATIBT-Tabelle (aufgeteilt in Klassen)

	Kl. 1	Kl. 1/2	Kl. 2	Kl. 2/3	Kl. 3
	Strafpunkte pro Fehler				
Ausformung					
• Krumm-schäftigkeit	1	1	2	2	4
• nicht zylindrisch	0	1	1	2	2
• Wurzelanlauf	1	2	3	4	6
• Ablängen der Enden	1	1	1	1	1
Fehler					
• Äste, Protuberanzen	2	4	6	6	6
• eingewachsene Rinde, Gallen, „Schweinsaugen"	0	2	4	6	8
• Wurmstichigkeit	1	2	4	6	10
• Bohrwurm-löcher – große Wurmlöcher	0	0	2	3	4
• Risse, Windbruch	2	4	4	6	8
• Ringschäle	0	2	3	4	5
• anormaler Kern	0	1	2	3	3
• Drehwuchs	0	1	2	4	6
Schäden					
• im Kern	0	0	1	2	4
• außerhalb des Kernes	0	1	2	4	6
Maximum der zulässigen Strafpunkte					
• für Stämme von einer Länge von 6 m oder weniger	4	6	8	11	15
• für Stämme über 6 m, Punkte für je zusätzliche 3 m	2	2	2	2	2

Wesentlich gebräuchlicher ist das Beurteilungssystem nach prozentualer Nutzholzausbeute, das allerdings sowohl große Erfahrung als auch ein erhebliches Einfühlungsvermögen in den späteren Verwendungszweck voraussetzt. Danach unterscheidet man den französischen Qualitätsbegriff „Loyale et Marchande" (Gute Kaufmannsware, abgekürzt L&M) und den englischen „Fair Average Quality" (abgekürzt FAQ).

L&M hat folgende Klassenwerte und Zwischenstufen:

Klasse	Nutzholz %
1	100
1-2	87,5
2	75
2-3	62,5
3	50

Der englische Qualitätsbegriff „Fair Average Quality" hat folgende Klassenwerte und Zwischenstufen:

Klasse	Nutzholz %
1	100
1-2	90
2	80
2-3	70
3	60

Der französische Qualitätsbegriff L&M verlangt pro Partie

50% Blöcke der Klasse 1 (100%)	50,00 Punkte
35 % Blöcke der Klasse 2 (75 %)	26,25 Punkte
15 % Blöcke der Klasse 3 (50%)	7,50 Punkte
	83,75 Punkte

Bei dieser französischen Qualtität erwartet also der Käufer 83,75 Punkte bzw. dass seine Partie 83,75 % Nutzholz – praktisch ohne Fehler – enthält. Analog kann man den englischen Qualitätsbegriff FAQ interpretieren:

40% der Klasse 1 (100%)	40 Punkte
40 % der Klasse 2 (80 %)	32 Punkte
20 % der Klasse 3 (60%)	12 Punkte
	84 Punkte

Der Käufer einer Partie nach der englischen Sortierung FAQ darf also 84 Punkte bzw. 84 % an fehlerfreiem Nutzholz erwarten. Theoretisch wäre folglich der Käufer einer FAQ-Qualität besser bedient. In der Praxis sieht es aber so aus, dass die L&M-Partien besser ausfallen als die FAQ-Partien, da beim Klassifizieren z. B. eines Blockes der 2. Klasse kein Unterschied gemacht wird zwischen dem französischen Wert von 75 Punkten und dem englischen Wert von 80 Punkten.

Außer diesen Standard-Qualitäten kann aber auch jede beliebige andere Punktezahl beim Kauf vereinbart werden. Dazu ein Beispiel: Kauft ein Importeur eine 80-Punkte-Partie auf L&M-Basis, so erhält er im Durchschnitt eine Ware, die 5 Punkte über der 2. Klasse mit 75 Punkten liegt. Kauft der Importeur aber eine 80-Punkte-Partie auf FAQ-Basis, dann erhält er, da ja die englischen Klassenwerte angewendet werden, im Durchschnitt eine reine 2. Klasse-Qualität, da die 2. Klasse mit 80 Punkten bewertet wird.

Wie gelangt man nun zu der Festlegung der prozentualen Nutzholzausbeute? Dazu einige Bewertungsbeispiele:

Ein Ast von 10 cm Durchmesser kann – am Ende des Stammes liegend – nur eine geringe Wertminderung bedeuten. Liegt er mitten in einer Messerlänge, stört er schon mehr. Wird er an einem Block mit geringem Durchmesser festgestellt, kann er schwerer wiegen als an einem Block mit starkem Durchmesser.

Hat ein Block zwei solche Äste, so kommt als weiteres Kriterium noch die Lage der Äste zueinander in Betracht. Liegen sie z. B. in einer Messer- oder Schnittebene, möglicherweise innerhalb einer Messerlänge, so erfährt dieser Block eine wesentlich geringere Wertminderung, als wenn diese Äste in verschiedenen Ebenen und noch dazu in verschiedenen Messerlängen liegen würden.

Als weiterer Gesichtspunkt neben der Lage des Fehlers und der Stärke des Blockes spielt die Länge des Blockes eine wichtige Rolle.

Gleiche Fehler bei einem kurzen oder langen Block haben eine verschiedene Wertigkeit. Es kann sogar vorkommen, dass gleiche Fehler bei gleich dimensionierten Blöcken und der gleichen Holzart eine verschiedene Wertigkeit haben können, wenn es sich um verschiedene Provenienzen handelt, wie beispielsweise Aboudikro von der Elfenbeinküste und Sapelli vom Nordkongo. Narben bzw. sogenannte Schweinsaugen sind beim Aboudikro schwere Fehler, beim Sapelli aus dem Nordkongo wirken sie sich nicht so wertmindernd aus, da sie meist flacher liegen.

Ein weiteres Beispiel: Ein sonst fehlerfreier Block zeigt an einem Stammende eine Abspalte, die sich über ein Viertel des Querschnitts erstreckt. Ist der Block etwa 6 m lang, so würde diese Abspalte bei einer Messerlänge von etwa 3 m ein Viertel des halben Blockes oder ein Achtel des ganzen Blockes in seinem Wert beeinträchtigen. Das bedeutet 12,5 % Wertminderung, also müsste dieser Block in die Klasse 1–2 eingestuft werden. Hat ein solcher Block 2 Abspalten an verschiedenen Enden und in verschiedenen Ebenen, so kann er bereits in die 2. Klasse eingestuft werden.

Bei Sapelli kommen häufig Ringrissbildungen an den Stammenden vor. Ein Ringriss, vor allem eine Ringschäle, kann einen bedeutenden quantitativen Verlust bedeuten. Ein Block mit einem geschlossenen Ring an einem Stammende wird, wenn der Ring ungünstig liegt, in die Klasse 3 eingestuft. Zeigt sich dieser Ring auch am anderen Stammende, so sinkt der Wert des Blockes unter die Klasse 3, d. h. er wird mit „déclassé“ bezeichnet (Wert rund 30 bis 40 % der Klasse 1).

3 Säge-technik

Ulf Lohmann

Die deutsche Sägeindustrie bearbeitete nach VDS[60] im Jahr 2008 mit ca. 37,7 Mio. Fm deutlich mehr als die Hälfte (68 %) des jährlichen Rohholzaufkommens in Deutschland (55,4 Mio. Fm), auch nach Abzug der Stammholzexporte und des Verbrauchs der Furnier- und Sperrholzindustrie. Sie stützt sich dabei, von annähernd 3,3 Mio. Fm Rundholz-Importen (einschließlich Furnierholz) abgesehen, nahezu ausschließlich (93%) auf inländisches Rundholz. Im Kalenderjahr 2008 erzeugten die deutschen Sägewerke (Betriebe über 5.000 Fm Rundholzeinschnitt) 22,0 Mio. m³ Nadel- und 1,1 Mio. m³ Laubschnittholz. Somit beträgt die durchschnittliche Einschnittmenge bei 2.450 Sägewerken rund 9.400 Fm/Jahr.

Die 23.000 Beschäftigten der Branche erzielen einen Umsatz von 3,5 Mrd. Euro. Nicht eingerechnet ist die volkswirtschaftliche Wertschöpfung im gesamten Cluster Forst und Holz, in dem die Sägeindustrie ein wichtiges Glied darstellt. Im Cluster Forst und Holz werden in Deutschland ca. 200.000 Personen beschäftigt mit einem Gesamtumsatz von 100 Mrd. Euro. Die Sägeindustrie Deutschlands konnte in den letzten Jahren den Export nach Europa und die USA sowie Fernost deutlich ausweiten, die Exportquote liegt derzeit (2009) bei ca.35%. Unter Berücksichtigung der Importe in Höhe von rund 3,7 Mio. m³ Nadel- und 0,5 Mio. m³ Laubschnittholz sowie der Exporte von 8,7 Mio. m³ Nadel- und 0,7 Mio. m³ Laubschnittholz ergibt sich ein rechnerischer Inlandsverbrauch von fast 20 Mio. m³ Schnittholz in Deutschland.

Der Anteil der bei der Schnittholzproduktion anfallenden Sägenebenprodukte liegt je nach Einschnitttechnik und Holzart zwischen knapp 30 - 40 %. Zu den Sägenebenprodukten zählen Holzhackschnitzel, Säge- und Hobelspäne sowie Kappreste und Schwarten/Spreißel. Der größte Anteil davon wird traditionell zur stofflichen Verwertung als Rohstoff an die Papier- und Zellstoffindustrie sowie an die Holzwerkstoff-/Plattenindustrie abgegeben. Ein zunehmender Anteil der Sägenebenprodukte von derzeit ca. 10 % wird direkt oder indirekt zur Energie- und Wärmegewinnung genutzt.

In der Sägeindustrie besteht traditionell eine breite, sehr differenzierte Struktur der Betriebe, die den Markt flächendeckend befriedigt. Nur eine rechnerische Größe kann deshalb die durchschnittliche Leistung der 2.450 Betriebe von 9.400 Fm Rundholzeinschnitt darstellen.

Tabelle 28: Die Struktur der Sägeindustrie Deutschlands (2007)

Gesamteinschnitt in fm	Betriebe			Einschnitt		
	Anzahl	%	kum. %	fm	%	kum. %
ab 500.000	11	0,5	0,5	16.375.000	37,4	37,4
100.000 – 499.999	63	2,6	3,1	15.116.000	34,5	71,9
50.000 – 99.999	27	1,1	4,2	2.396.000	5,5	77,4
20.000 – 49.999	95	3,9	8,1	3.408.000	7,8	85,2
10.000 – 19.999	164	6,8	14,9	2.675.000	6,1	91,3
5.000 – 9.999	298	12,3	27,2	1.469.000	3,4	94,7
2.500 – 4.999	309	12,8	40,0	1.148.000	2,6	97,3
1.000 – 2.499	457	18,9	58,9	815.000	1,9	99,2
500 – 1.000	351	14,5	73,4	249.000	0,6	99,8
unter 500	676	28,0	100,0	147.000	0,3	100,0
Summen	2.451	100,0		43.798.000	100,0	

Quelle: Mantau[61]

Die Einschnitt- bzw. Produktionsleistung eines Sägewerkes ist das wichtigste, wenn auch nicht alleinige Kriterium zur Beurteilung seiner Größe; wenn auch die früher geprägten Begriffe des „Handelssägewerkes“ und des „Listenholzsägewerkes“ fast nicht mehr in reiner Form vorzufinden sind, so gibt diese Einteilung doch einen Hinweis zur Interpretation der Leistung, ebenso wie die Unterscheidung nach Nadel-, Laub- und Exotenholzsägewerken u.a.m.

In diesem Kapitel wird bewusst auf die gesamte Technik des Sägewerkes verzichtet; auf das Standardwerk von Karl Fronius[25] „Arbeiten und Anlagen im Sägewerk“ in 3 Bänden wird verwiesen. Der Inhalt dieses Abschnitts beschränkt sich auf Fragen der Rundholzeinteilung, der Kalkulation und der Ausbeute, wobei primär die entsprechenden Fragen aus der Nadelholz verarbeitenden Industrie bearbeitet werden.

3.1 Rundholzeinteilung

Die Tätigkeit des Rundholzeinteilens ist wohl die verantwortungsvollste Arbeit im Sägewerk überhaupt. Von der Qualität des Rundholzeinteilers hängt in großem Maße die Ausbeute und damit direkt der Ertrag des Sägewerkes ab. Die Ausbeute kann durch sorgfältige Rundholzeinteilung erhöht werden (nach Maisenbacher)[26] durch

1. Wahl des richtigen Zopfdurchmessers. Bei gleicher Schnittfugenzahl ist es entscheidend, ob mehr oder weniger Haupterzeugnis anfällt. Bei der Wahl des Zopfdurchmessers ist wegen der besseren Ausnützung möglichst ein quadratischer Querschnitt des Haupterzeugnisses anzustreben; mit größer werdender Abweichung vom quadratischen Querschnitt ergibt sich eine schlechtere Ausnutzung des Blockes

2. Berücksichtigung der Qualität und Wuchseigentümlichkeiten des Rundholzes. Bei gekrümmten Stämmen ist bei Nadelholz die Aushaltung von kürzeren Abschnitten notwendig. Krümmungen sind durch Maßzugaben beim Zopfdurchmesser zu berücksichtigen. Stark abholzige Stämme müssen zu kürzeren Abschnitten ausgehalten werden, sonst entsteht zu viel kurze Seitenware. Gute Rundholzqualitäten sind zu hochwertigen Schnittholzsorten einzuteilen.

3. Nicht mehr Maßzugabe als für das Ablängen erforderlich ist.

4. Strenge Blocksortierung. Sie führt in allen Fällen zu einer Steigerung des Anfalls an Hauptprodukt, darauf kommt es in erster Linie an, weil es den höheren Erlös bringt. Je geringer die Toleranz im Zopfdurchmesser bei der Sortierung gewählt wird, desto besser wird das Ergebnis. Bis zu 25 cm Zopfdurchmesser können 2 cm Toleranz gewählt werden, von 25 bis 40 cm 3 cm und über 40 cm Zopfdurchmesser 4 cm.

3.1.1 Grundsätze der Stammeinteilung

Die Einteilung ist so vorzunehmen, dass der gesamte Stamm bestmöglich verwertet wird. Grundsätzlich beginnt die Einteilung des Stammes an seinem starken Ende, damit, wenn ein Reststück übrigbleibt, dies am schwachen Stammende abfällt, wo der Volumenverlust am geringsten ist. Andererseits soll auch nicht der für die Ausbeute des Haupterzeugnisses wichtige Zopfdurchmesser vernachlässigt werden. Vom Gesamtbild des Stammes und den vorliegenden Aufträgen ausgehend muss es dem erfahrenen Rundholzeinteiler überlassen werden, von welchem Stammende her er die Einteilung beginnt. Hat er eine Reihe von Aufträgen vorliegen, so wird er primär das Sortiment mit der größten Erlösaussicht einteilen, diesem folgt das Sortiment mit der größten Schnittholzausbeute (oft identisch mit ersterem). Erst nach diesen sind die oft so dringenden Terminaufträge einzuteilen, denen Dimensionsware und schließlich Handelsware folgen.

An folgenden Fixpunkten sind Nadelholzstämme grundsätzlich abzulängen:

- Krümmungen, auch Zwiesel- und Bajonettwuchs
- starke Verjüngungen (plötzliche Abholzigkeit) mit verbundener Grobastigkeit
- Faul- und Bruchstellen
- eingewachsene Teile (Splitter, Nägel usw.).

Für Laubholz gelten bezüglich der Krümmungen andere Regeln, da Laubschnittholz in Deutschland meist unbesäumt erzeugt wird. Krümmungen, die schnitt- und arbeitstechnisch nicht genutzt werden können, müssen durch Ablängschnitte nutzbar gemacht werden. Kleine Krümmungen bleiben unberücksichtigt. Splitter und ähnliche Metallteile, in modernen Betrieben durch Metalldetektoren entdeckt, sollten in der Schnittware grundsätzlich nicht enthalten sein; je nach Tiefe und Lage werden sie herausgehackt oder die entsprechende Stelle herausgekappt.

Außerdem müssen Drehwuchs, Buchsigkeit und Lagerfehler beim Einteilen besonders berücksichtigt werden. So wird ein Block mit fehlerhafter Randzone in der Regel nicht zu Blockware eingeschnitten.

Jeder Stamm hat, wie die Abbildung 12 im Abschnitt 1.5.5 zeigt, drei Astzonen: astreine Zone, Faulast-Zone, Grünast-Zone.

Diese Zonen sind bei der Einteilung besonders zu berücksichtigen; so wird man regelmäßig in der astreinen Zone Blockware oder sonstige wertvolle Sortimente vorsehen, in der Grünastzone, wo mit gesunden, festverwachsenen Ästen zu rechnen ist, werden Kantholz und andere Sortimente für den Bau liegen usw.

Neben diesen Fehlern und Fixpunkten ist beim Rundholzeinteilen ein gewisses Übermaß in der Länge zu berücksichtigen, man rechnet mit ca. 10 mm Übermaß für die Schnittfuge der Ablängsäge, mit weiteren 10% vom Ablängdurchmesser, wenn der Stamm freihändig abgeschnitten wird, und mit weiteren 20 mm, wenn die Schnittware justiert werden soll.

Zur Verbesserung der Marktfähigkeit von Seitenware sollen Längen von Dimensionsware an handelsübliche Standardlängen angelehnt werden, sofern die bestehende Maßdifferenz nicht etwa 15 cm überschreitet. Ein Listenmaß von 4,92 m wird somit als 5,00 m abgelängt.

3.1.2 Zopfdurchmesser-Bestimmung

Die eigentliche Tätigkeit des Rundholzeinteilers beginnt mit der Ermittlung des notwendigen Zopfdurchmessers, um eine maximale Schnittholzausbeute zu erzielen. Dazu stehen folgende Hilfsmittel zur Verfügung:

- Faustregeln
- Tabellen
- Rechentafeln
- Kluppen mit Zentimeterskala
- Schnittzeichnung
- Computerprogramme

Alle rechnerisch ermittelten Zopfdurchmesser beziehen sich immer auf gerade, kreisrunde Stämme. Abweichungen hiervon sind zu korrigieren, indem man das Mittel aus dem größten und kleinsten Durchmesser eines ovalen Stammes wertet bzw. bei krummen Stämmen die Pfeilhöhe vom Zopfdurchmesser abzieht.

Die gesamte Rundholzeinteilung baut sich auf dem Lehrsatz des Pythagoras auf: „Das Quadrat über der Hypothenuse (= Zopfdurchmesser) ist gleich der Summe der beiden Kathetenquadrate“ (= Breite und Höhe)

$$D^2 = b^2 + h^2$$

Daraus ergibt sich der Zopfdurchmesser zu

$$D = \sqrt{b^2 + h^2}$$

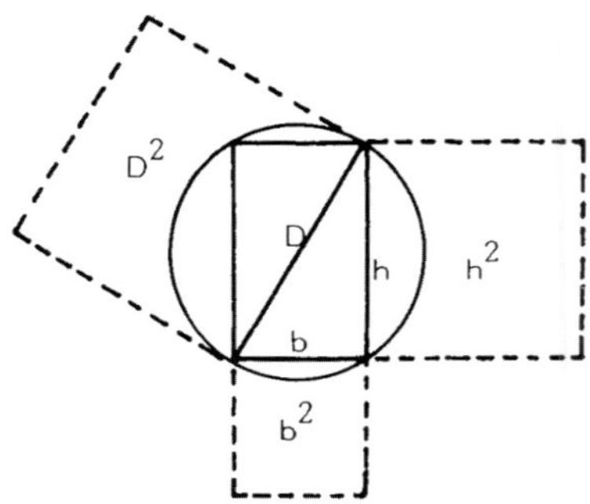

Abbildung 13: Lehrsatz Pyhtagoras

3.1.2.1 Kantholz-Einteilung

Auf die oben genannte Weise erhält man absolut scharfkantiges Kantholz. Dies ist in der Regel nicht immer erforderlich, da die verschiedenen Schnittklassen eine mehr oder weniger große Baumkante zulassen. Siehe dazu die Regeln der Tegernseer Gebräuche im Abschnitt 6.3.1 sowie die der DIN 4074 im Abschnitt 6.3.4.

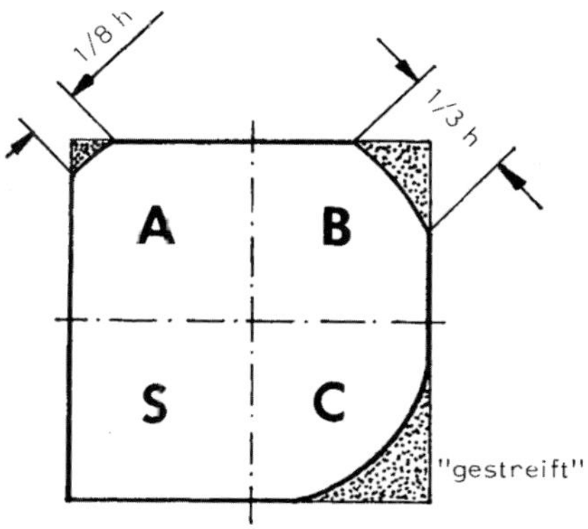

Abbildung 14: Baumkantenkeil bei den vier Schnittklassen

Unter Berücksichtigung der zugelassenen Baumkante nach Tegernseer Gebräuchen entstehen für die Einteilung von Kantholz nach Liste folgende Faustregeln zur Errechnung des Zopfdurchmessers:

Schnittklasse	Zopfdurchmesser
S	$(h+b) \cdot 0{,}7 + \frac{h-b}{10}$
A	$(h+b) \cdot 0{,}7$
B	$(h+b) \cdot 0{,}6$
C	$h + 0{,}3$ bis $1{,}0$ cm

Diese Regeln sind nur bei quadratischen oder annähernd quadratischen Querschnitten genau. Deshalb ist bei der Einteilung von Halb- und Kreuzhölzern besonders auf einen quadratischen Querschnitt zu achten. Ist dies nicht oder nur unter unwirtschaftlichen Umständen möglich, so können folgende Zuschlagsregeln angewendet werden:

	Klasse A	Klasse B
bis 2 cm Seitendifferenz	$Z\varnothing = h + 0{,}4 \cdot b$	$Z\varnothing = h + 0{,}15 \cdot b$
über 2 cm Seitendifferenz	$Z\varnothing = h + 0{,}3 \cdot b$	$Z\varnothing = h + 0{,}1 \cdot b$

Beim Einteilen von Vorratskantholz ist der Zopfdurchmesser gegeben und die möglichen Abmessungen der Kanthölzer sind gesucht. Durch Umformung obiger Regeln entsteht:

Schnittklasse A	$b + h = \frac{Z\varnothing}{0{,}7}$
Schnittklasse B	$b + h = \frac{Z\varnothing}{0{,}6}$
Schnittklasse C	$h = Z\varnothing - 0{,}5$ cm

Außerdem sei auf die Tabellen 30-33 im Abschnitt 3.1.3 verwiesen, aus denen diese Werte abgelesen werden können. Dieser Mindestzopfdurchmesser-Tabellen, vor allem aber entsprechender Computerprogramme bedient man sich heute mehr als den o. a. Faustregeln („Siebener-Regel"), da sowohl Tabellen als auch Computer wesentlich genauere Ergebnisse bringen als es eben eine „Faust"-Regel kann.

3.1.2.2 Einteilung für Einfachschnitt

Für den Einschnitt von unbesäumtem Nadelholz (Einfach-, Scharf- oder Rundschnitt) sind nach den Tegernseer Gebräuchen[27] folgende Mindestdeckbreiten (MDB) vorgeschrieben:

	Schnittholzdicke mm	Mindestdeckbreite cm
Bretter	bis 19	8
	20-30	10
	31-40	12
Bohlen	41 aufwärts	14

Unter Berücksichtigung der Mindestdeckbreite MDB und der Einhangbreite b lässt sich der erforderliche Zopfdurchmesser bestimmen:

$$Z\varnothing = (b + MDB) \times 0{,}7 + \frac{\text{Seitendifferenz}}{10}$$

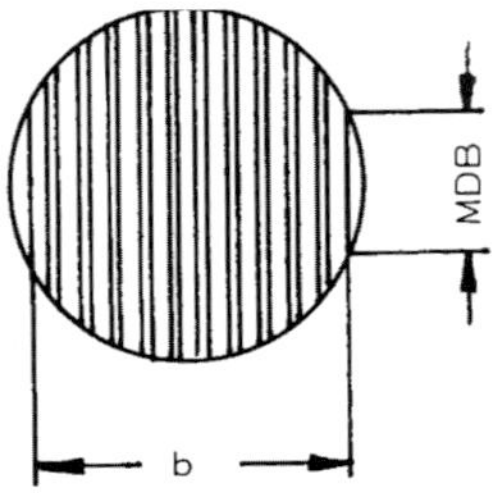

Abbildung 15: Einfachschnitt

Die Einhangbreite b ergibt sich aus der Stückzahl z, der Bohlen- oder Brettdicke s und der Anzahl der Schnittfugen f, die innerhalb der Einhangbreite liegen. Demnach ist

$$b = z \cdot (s + f) - f$$

Nach Fronius[21] errechnet sich die Einhangbreite b aus

$$b = \sqrt{Z\varnothing^2 - MDB^2}$$

und die Anzahl der Haupterzeugnis-Bretter oder -Bohlen aus

$$z = \frac{b}{s + f}$$

3.1.2.3 Einteilung für Doppelschnitt

Für den Doppel- (Model-, Prismen-) Schnitt gelten ähnliche Regeln wie für Kantholz, ebenfalls basierend auf dem Pythagoräischen Lehrsatz. Deshalb ist auch hier ein möglichst quadratischer Querschnitt anzustreben.

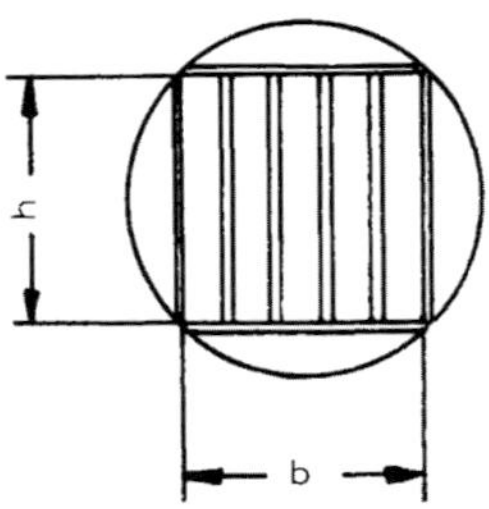

Abbildung 16: Modelschnitt

Wird nur eine bestimmte Brettbreite verlangt, ohne eine bestimmte Stückzahl zu fordern, so gilt:

$$Z\varnothing = h \cdot 1{,}4$$

Wird neben der Brett- oder Bohlenbreite auch eine bestimmte Stückzahl pro Block verlangt, so gilt für den Einschnitt nach Liste:

$$Z\varnothing = (b + h) \cdot 0{,}7 + \frac{\text{Seitendifferenz}}{10}$$

Für den Einschnitt auf Vorrat gilt:

$$(b + h) = \frac{Z\varnothing}{0{,}7}$$

Die notwendige Auflagenbreite b ergibt sich aus der Stückzahl z, der Schnittdicke s und der Anzahl der Schnittfugen f. Daraus ergibt sich:

$$b = z \cdot (s + f) - f$$

Sucht man die notwendige Stückzahl, so gilt in Umformung dessen

$$z = \frac{b + f}{s + f}$$

3.1.3 Mindest-Zopfdurchmesser für den Einschnitt von Kantholz und Balken

Hinweise für den Gebrauch der Tabelle für den Einschnitt von Kantholz und Balken nach DIN 4070 von Kurt Paulus, überarbeitet von Karl Fronius[28]

1. Alle Zopfstärken sind in Zentimeter angegeben
2. Die Zopfdurchmesserwerte gelten für gerade Blöcke ohne Rinde bei einigermaßen rundem Stammquerschnitt. Bei krummen

Blöcken muss der Zopfdurchmesser entsprechend stärker gewählt werden, ebenso bei stark ovalem Querschnitt

3. Die in der Tabelle angegebenen Maße sind Einschnittmaße für den trockenen Zustand des Bauholzes. Übermaße sind bei Bedarf in Form von Zuschlägen zu berücksichtigen
4. Die Zopfdurchmesser sind jeweils für den Einschnitt von 1 bis 6 Kanthölzern aus einem Block angegeben. Die Schnittfugen sind mit je 3 mm berücksichtigt
5. Bei Einschnittarten, die die höchsten Kantholzausbeuten ergeben, sind die Zopfdurchmesser fettgedruckt. Es ist jedoch zu beachten, dass beim Einschnitt von mehreren Kanthölzern aus einem Block die Kanthölzer nicht an allen Kanten die zulässige Baumkante bekommen, was auf Kosten der Gesamtausbeute geht. Außerdem ist der höhere Preis des stärkeren Rundholzes dabei zu berücksichtigen.

Tabelle 30

Schnittklasse S (absolut scharfkantig)						
Querschnitt						
6/6	8,5	13,7	19,5	16,0	**17,4**	22,3
8	10,0	14,7	20,3	17,9	20,4	**24,8**
10	11,7	15,8	21,1	**19,8**	23,7	**27,5**
12	13,4	**17,2**	22,1	22,0	27,2	**30,6**
8/8	11,3	18,2	25,9	21,1	**23,1**	**29,5**
10	12,8	19,1	26,6	23,0	**26,0**	**31,9**
12	14,4	20,2	27,4	25,0	**29,3**	**34,5**
14	16,1	**21,5**	28,3	27,1	32,7	**37,5**
16	17,9	**22,8**	29,3	29,2	36,2	**40,6**
18	19,7	**24,3**	30,5	31,4	39,8	**43,9**
10/10	14,1	22,6	32,2	26,2	**28,7**	**36,7**
12	15,6	23,6	32,9	28,0	**31,6**	**39,1**
14	17,2	24,7	33,7	30,0	**34,8**	**41,7**
16	18,9	25,8	34,5	**32,1**	38,1	44,5
18	20,6	27,1	35,5	34,2	41,6	**47,4**
22	24,2	29,9	37,7	38,6	48,7	**53,8**

Schnittklasse S (absolut scharfkantig)						
Querschnitt						
12/12	17,0	27,1	38,5	31,3	**34,4**	**43,9**
14	18,4	28,0	39,2	33,2	**37,3**	**46,3**
16	20,0	29,1	40,0	35,1	**40,4**	**48,8**
20	23,3	31,5	41,7	**39,2**	47,0	**54,4**
24	26,8	**34,1**	43,8	43,6	54,1	**60,6**
14/14	19,8	31,6	44,8	36,4	**40,0**	**51,2**
16	21,3	32,5	45,5	38,2	**42,9**	**53,5**
18	22,8	33,5	46,2	40,2	**46,0**	**56,0**
20	24,4	34,7	47,1	42,3	**49,2**	**58,6**
16/16	22,6	36,0	51,2	41,7	**45,7**	**58,4**
18	24,0	37,0	51,8	44,0	**48,6**	62,0
20	25,6	38,0	52,6	45,4	**51,6**	**63,1**
22	27,2	39,1	53,3	47,4	**54,8**	**65,6**
24	28,8	40,2	54,2	**49,5**	58,1	**68,5**
18/18	25,5	40,5	57,5	46,8	**51,3**	**65,6**
22	28,4	42,5	58,9	50,4	**57,3**	**70,3**
24	30,0	43,5	59,6	52,4	**60,4**	**72,9**
20/20	28,3	45,0	63,8	52,0	**57,0**	**72,8**
24	31,2	46,9	65,1	55,6	**63,0**	**77,5**
26	32,8	48,0	65,9	57,6	**66,0**	**80,0**

3.1.4 Berücksichtigung des Schwundes

Holz ist ein hygroskopischer (Wasserdampf anziehender) Stoff und paßt seine Feuchtigkeit somit der umgebenden Luftfeuchtigkeit an; je nachdem, ob es dabei Feuchtigkeit aufnimmt oder abgibt, quillt oder schwindet es (näheres dazu im Abschnitt 4.1.6).

Tabelle 31

Schnittklasse A (vollkantig)						
Quer-schnitt						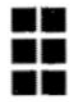
6/6	7,8	13,3	19,2	15,2	**16,8**	21,7
8	9,2	13,8	19,4	16,9	19,4	**23,7**
10	11,2	14,7	20,1	**18,8**	22,7	**26,3**
12	12,9	**15,8**	20,9	20,8	26,1	**29,0**
8/8	10,9	17,5	25,4	20,3	**22,1**	**28,7**
10	12,4	18,2	25,9	22,0	**25,0**	**30,8**
12	13,9	19,0	26,4	23,7	**28,0**	**33,2**
14	15,5	**20,0**	27,0	25,5	31,3	**35,8**
16	17,2	**21,0**	27,7	27,4	34,7	**38,8**
18	19,0	**22,2**	28,5	29,5	38,2	**41,8**
10/10	13,6	21,8	31,6	25,2	**27,4**	**35,6**
12	15,0	22,4	32,0	26,8	**30,2**	**37,7**
14	16,5	23,1	32,6	28,5	**33,1**	**40,0**
16	18,1	23,9	33,2	**30,3**	36,3	42,5
18	19,8	24,9	33,8	32,2	39,7	**45,2**
20	21,5	26,1	34,4	34,3	43,2	**48,2**
22	23,4	27,4	35,4	36,3	**46,8**	**51,3**
12/12	16,3	26,0	37,6	30,0	**32,8**	**42,4**
14	17,7	26,7	38,1	31,7	**35,6**	**44,6**
16	19,2	27,5	38,7	**33,4**	38,5	**46,9**
20	22,4	**29,2**	39,8	37,0	44,9	**52,0**
24	25,9	31,4	41,2	41,0	**51,8**	**57,8**
14/14	19,0	30,3	43,8	34,9	**38,2**	**49,6**
16	20,4	30,9	44,2	36,5	**40,8**	**51,6**
18	21,8	31,7	44,7	38,2	**43,8**	**53,8**
20	23,4	32,5	45,2	40,0	**47,0**	**56,1**
16/16	21,8	34,6	50,2	40,0	**43,6**	56,5
18	22,2	35,3	50,3	41,6	**46,2**	**59,8**
20	24,6	36,0	51,0	43,2	**49,2**	**60,6**
22	26,2	36,7	51,5	**44,8**	52,3	**63,0**
24	27,8	37,6	52,1	46,9	**55,4**	**65,6**
18/18	24,4	39,0	56,3	44,9	**49,0**	**63,5**
22	27,2	40,2	57,0	48,1	**54,6**	**67,6**
24	28,8	41,0	57,5	49,8	**57,8**	**70,0**
20/20	27,1	43,1	62,5	49,8	**54,5**	**70,4**
24	30,0	44,5	63,4	53,1	**60,0**	**74,8**
26	31,4	45,2	64,0	55,0	**62,8**	**77,0**

Tabelle 32

Schnittklasse B (baumkantig)						
Quer-schnitt						
6/6	6,8	12,6	18,9	14,5	**15,9**	20,5
8	8,3	12,8	18,9	15,7	18,0	**22,3**
10	10,3	13,2	19,0	**17,3**	21,3	**24,4**
12	12,3	**13,8**	19,2	19,1	24,9	**27,2**
8/8	9,0	16,7	24,9	19,1	**20,7**	**27,3**
10	10,4	17,0	25,0	20,3	**23,1**	**28,9**
12	12,3	17,3	25,2	21,9	**26,1**	**30,9**
14	14,3	**17,7**	25,4	23,5	29,5	**33,3**
16	16,3	**18,4**	25,6	25,2	33,0	**36,1**
18	18,3	**19,4**	25,9	27,0	36,8	**39,2**
10/10	11,3	20,7	30,9	23,7	**25,6**	**33,9**
12	12,5	20,9	31,0	25,0	**28,1**	**35,4**
14	14,3	21,2	31,1	26,4	**30,8**	**37,4**
16	16,3	21,5	31,2	**27,9**	34,0	39,5
18	18,3	22,0	31,5	29,6	37,4	**42,0**
20	20,3	22,8	31,8	31,4	41,0	**44,8**
22	22,3	23,9	32,2	33,4	**44,8**	**47,8**
12/12	13,6	24,8	36,9	28,3	**31,1**	**40,5**
14	14,8	25,0	37,0	29,5	**33,1**	**42,1**
16	16,3	25,2	37,1	**30,9**	35,7	**43,8**
20	20,3	**26,0**	37,4	34,0	42,1	**48,2**
24	24,3	27,4	37,9	37,6	**49,2**	**53,8**
14/14	15,8	28,8	42,9	33,0	**35,6**	**47,0**
16	17,0	29,0	43,0	34,1	**37,9**	**48,6**
18	18,4	29,2	43,1	35,5	**40,6**	**50,4**
20	20,3	29,6	43,3	37,0	**43,6**	**52,4**
16/16	18,1	32,8	49,0	37,6	**40,6**	54,0
18	19,2	33,0	48,9	40,4	**43,4**	**57,4**
20	20,6	33,3	49,2	40,2	**45,6**	**57,0**
22	22,3	33,6	49,3	**41,6**	48,6	**59,0**
24	24,3	34,0	49,5	43,2	**51,8**	**61,0**
18/18	20,4	37,0	55,0	42,1	**45,6**	**60,2**
22	22,8	37,3	55,1	44,9	**50,6**	**63,5**
24	24,5	37,6	55,2	46,3	**53,4**	**65,5**
20/20	22,6	41,0	60,9	46,9	**50,8**	**67,0**
24	25,0	41,3	61,2	49,5	**55,8**	**70,0**
26	26,6	41,6	61,4	51,0	**58,4**	**72,0**

Daher schreiben die Sortierungsbestimmungen der Tegernseer Gebräuche und die entsprechenden DIN-Normen für die einzelnen Schnittsortimente bestimmte Feuchtigkeitszustände vor, in denen Bretter, Bohlen und Kanthölzer maßhaltig sein müssen. Darüber hinaus kann jeder Schnittholzauftrag davon abweichende Vorschriften bezüglich der Maßhaltigkeit enthalten. Folgende Regeln sind zu beachten:

Nach den Tegernseer Gebräuchen müssen

- Blockware, Stammware, astreine Seiten, Modellware, besäumte Tischlerqualität und Rohhobler im trockenen Zustand, d. h. bei maximal 20 % Holzfeuchte,
- Dimensions- und Listenware und alle übrigen handelsüblichen Sortimente bei einer Messbezugsfeuchte von 30% maßhaltig sein.

Nach DIN 4074 (2008) hat Bauschnittholz bei einer Messbezugsfeuchte von maximal 20% maßhaltig zu sein, wobei nur sehr geringe Toleranzen nach EN 336 (2003) zulässig sind. Demnach unterscheidet man folgende Maße bei der Schnittholzerzeugung:

- Bestellmaß = Maß, das der Kunde bestellt
- Einschnittmaß = Maß, mit dem die Schnittware die Einschnittmaschine verlassen soll
- Schwundübermaß = prozentualer Zuschlag zum Bestellmaß, um die Maßhaltigkeit zu gewährleisten

Soll beispielsweise aus frischem Holz Blockware erzeugt werden, so muss das volle Schwundübermaß berücksichtigt werden. Der Schwundprozentsatz wird auf den Nasszustand bezogen; daher erfolgt die Ermittlung des Nassmaßes aus dem erforderlichen Trockenmaß durch die Rechnung im Hundert. Dabei wird das Trockenmaß einer Prozentzahl gleichgesetzt, die sich aus 100 minus Schwundprozentsatz ergibt. Somit ist

$$\text{Einschnittmaß } S_N = \frac{S \cdot 100}{100 - \beta}$$

Die Schwundwerte β sind dem Abschnitt 4.1.6 im Kapitel Holztrocknung bzw. der Tabelle 19 im Abschnitt 1.4.3 (Eigenschaften der wichtigsten Hölzer) zu entnehmen. Dabei ist zu beachten, dass sich die Werte auf die gesamte Feuchtedifferenz von > FSB bis 0 % beziehen; die für die Praxis verwendbaren Werte liegen also stets weit darunter, da im Allgemeinen von >FSB bis nur etwa 12 ... 18%, nach den Vorschriften der TG nur bis maximal 20% Holzfeuchte getrocknet wird. Soll die Ware technisch auf eine niedrigere Holzfeuchte getrocknet werden, so sind entsprechend der Feuchtedifferenz von >FSB bis zur Endfeuchte genaue Schwund- bzw. Zuschlagswerte zu ermitteln.

Fronius[25] stellt den Zusammenhang zwischen bestelltem Trockenheitsgrad und erforderlicher Schwundzugabe in Abbildung 17 dar, wobei der verwendete Begriff „verladetrocken" mit 20% Holzfeuchte dem neuen Begriff „trocken" nach Tegernseer Gebräuchen und auch nach den einschlägigen DIN-Normen entspricht.

Daraus ist ersichtlich, dass der ganze β-Wert nur für den Schwund frischen Holzes bis zur in der Praxis nicht vorkommenden Darrtrockenheit anzusetzen ist. Für lufttrockene Ware genügt demnach der Einsatz des halben ß-Wertes bei der Berechnung des Schwundübermaßes. Soll die Ware nur auf 20 % Feuchte („trocken" nach TG und DIN) getrocknet werden, so genügt der Ansatz von 1/3 β.

Da für die Brett- oder Bohlendicke sowohl radialer als auch tangentialer Schwund in Frage kommt, empfiehlt Maisenbacher[26] der größeren Sicherheit wegen mit dem tangentialen Schwund zu rechnen. Verschiedene DIN-Normen, wie z. B. DIN 4074 und DIN 14519 verwenden einen Mittelwert aus radialem und tangentialem Schwundwert, der für die Praxis ausreichend genau sei.

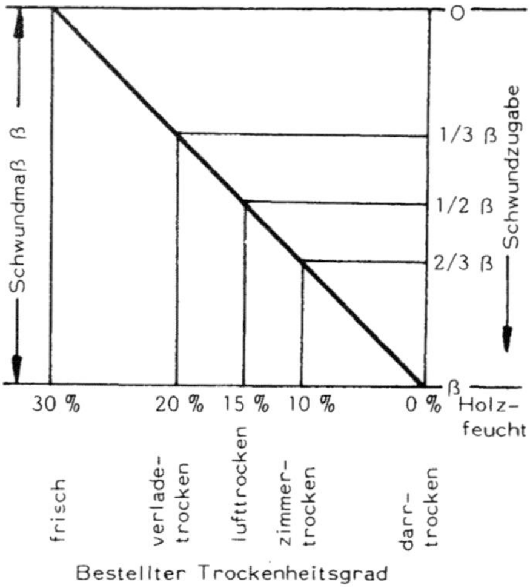

Abbildung 17: Tafel zur Ermittlung der Schwundzugabe (nach Fronius[25])

Wie stark ein Schwundübermaß und natürlich auch ein eventuelles Untermaß den Verkaufspreis beeinflusst, zeigt sich an folgendem Beispiel:

Fi/Ta-Dielen, 60 mm × 240 mm,
Verkaufspreis 180,00 €/m³

1. Einschnittmaß = Bestellmaß
60 mm × 240 mm = 14 400 mm²
Querschnittfläche = 100 %
Erlös für 100 % Schnittholz 180,00 €/m³

2. Einschnittmaß = Bestellmaß
+3 % Schwundübermaß

$$\frac{60 \cdot 100}{100-3} = 61{,}8 \text{ mm} \qquad \frac{240 \cdot 100}{100-3} = 247{,}4 \text{ mm}$$

61,8 · 27,4 = 15 289,3 mm² Querschnittsfläche = 106,18 %

Erlös für 106,18 % 180,00 €/m³
Erlös für 100,00 % 169,52 €/m³
Verlust 10,48 €/m³

Tabelle 32

Schnittklasse C (gestreift)						
Querschnitt	■	■■	■■■	■■■ (versetzt)	■■ ■■	■■ ■■ ■■
6/6	6,3	12,6	18,9	12,6	**12,6**	18,9
8	8,3	12,6	18,9	14,6	16,6	**18,9**
10	10,3	12,6	18,9	**16,6**	20,6	**21,6**
12	12,3	**12,6**	18,9	18,6	24,6	**25,6**
8/8	8,3	16,6	24,9	16,6	**16,6**	**24,9**
10	10,3	16,6	24,9	18,6	**20,6**	**24,9**
12	12,3	16,6	24,9	20,6	**24,6**	**26,0**
14	14,3	**16,6**	24,9	22,6	28,6	**30,0**
16	16,3	**16,6**	24,9	24,6	32,6	**34,0**
18	18,3	**18,3**	24,9	26,6	36,6	**37,9**
10/10	10,3	20,6	30,9	20,6	**20,6**	**30,9**
12	12,3	20,6	30,9	22,6	**24,6**	**30,9**
14	14,3	20,6	30,9	24,6	**28,6**	**30,9**
16	16,3	20,6	30,9	**26,6**	32,6	34,3
18	18,3	20,6	30,9	28,6	36,6	**38,0**
20	20,3	20,6	30,9	30,6	40,6	**42,0**
22	22,3	22,3	30,9	32,6	**44,6**	**45,8**
12/12	12,3	24,6	36,9	24,6	**24,6**	**36,9**
14	14,3	24,6	36,9	26,6	**28,6**	**36,9**
16	16,3	24,6	36,9	**28,6**	32,6	**36,9**
20	20,3	**24,6**	36,9	32,6	40,6	**42,6**
24	24,3	24,6	36,9	34,6	**48,6**	**50,2**
14/14	14,3	28,6	42,9	28,6	**28,6**	**42,9**
16	16,3	28,6	42,9	30,6	**32,6**	**42,9**
18	18,3	28,6	42,9	32,6	**36,6**	**42,9**
20	20,3	28,6	42,9	34,6	**40,6**	**43,2**
16/16	16,3	32,6	48,9	32,6	**32,6**	48,9
18	18,3	32,6	48,9	40,4	**36,6**	**48,9**
20	20,3	32,6	48,9	36,6	**40,6**	**48,9**
22	22,3	32,6	48,9	**38,6**	44,6	**54,9**
24	24,3	32,6	48,9	40,6	**48,6**	**51,5**
18/18	18,3	36,6	54,9	36,6	**36,6**	**54,9**
22	22,3	36,6	54,9	40,6	**44,6**	**54,9**
24	24,3	36,6	54,9	42,6	**48,6**	**54,9**
20/20	20,3	40,6	60,9	40,6	**40,6**	**60,9**
24	24,3	40,6	60,9	44,6	**48,6**	**60,9**
26	26,3	40,6	60,9	46,6	**52,6**	**60,9**

3.2 Rundholz-Einschnittarten

3.2.1 Kantholzschnitte

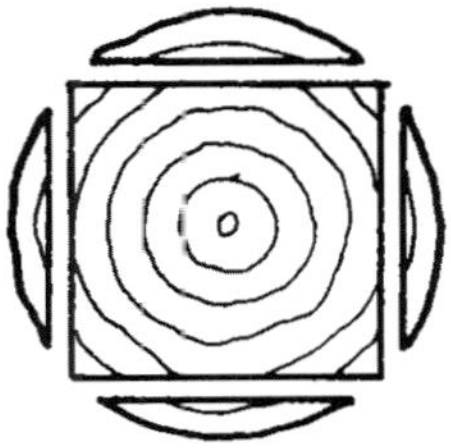

Abbildung 18: einstielig

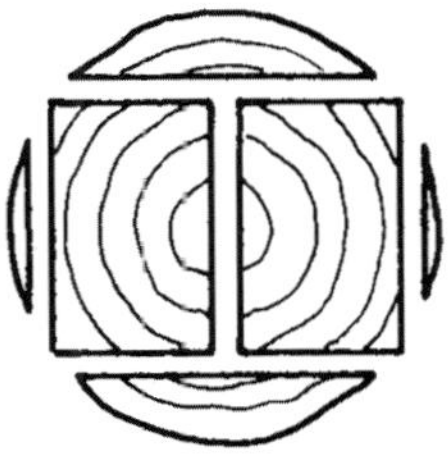

Abbildung 19: zweistielig (Halbholz)

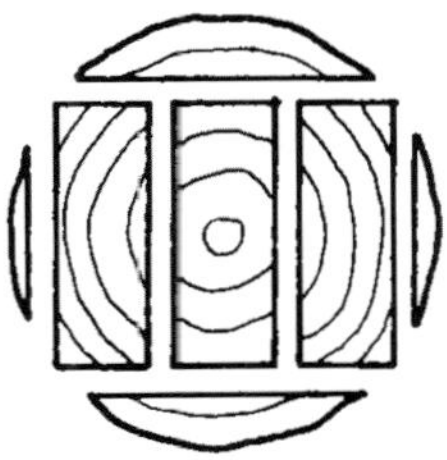

Abbildung 20: dreistielig

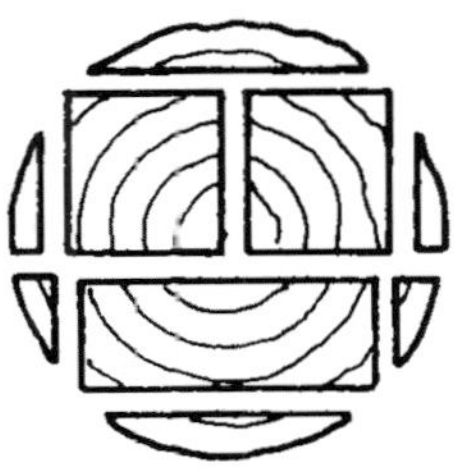

Abbildung 21: dreistielig

Abbildung 22: vierstielig (Kreuzholz)

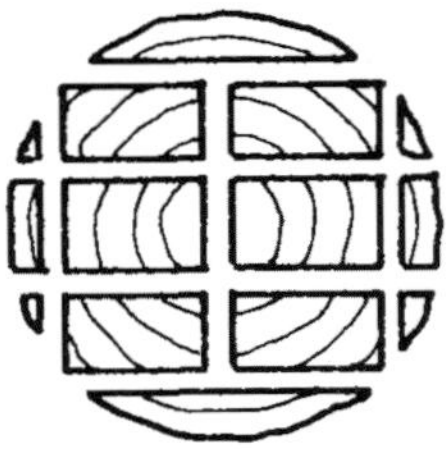

Abbildung 23: sechsstielig (Rahmen)

3.2.2 Brett- und Dielenschnitte

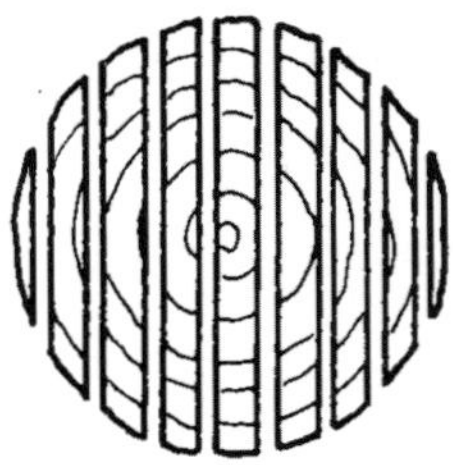

Abbildung 24: Einfachschnitt

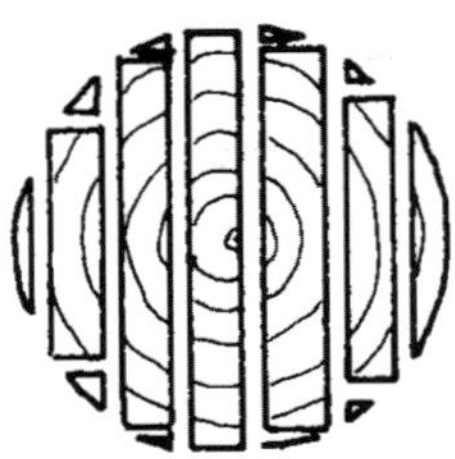

Abbildung 25: Einfachschnitt besäumt

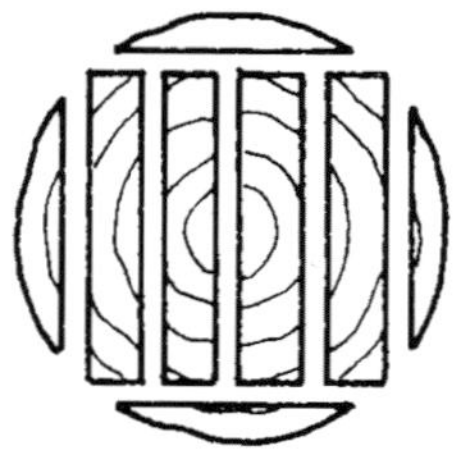

Abbildung 26: Doppelschnitt

3.2.3 Rift- und Spiegelschnitte

Abbildung 27: Halbrift

Abbildung 28: Edelrift

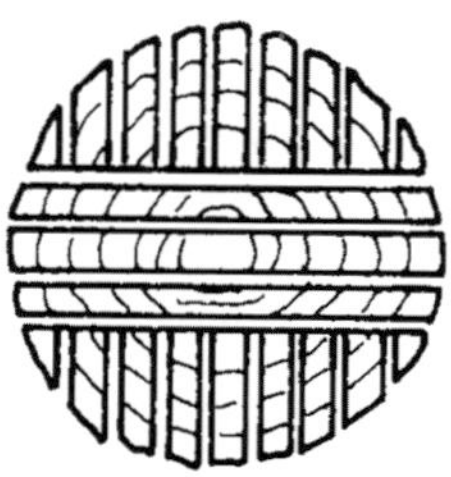

Abbildung 29: Spiegelschnitt unbesäumt

3.2.4 Schwellenschnitte

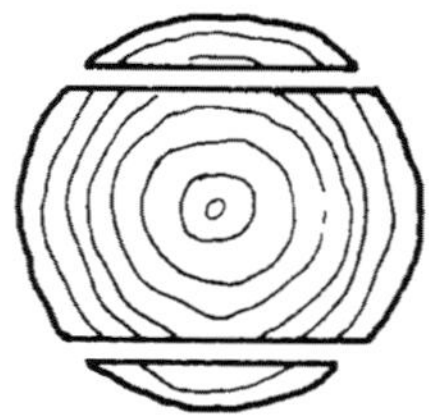

Abbildung 30: Baggerschwelle

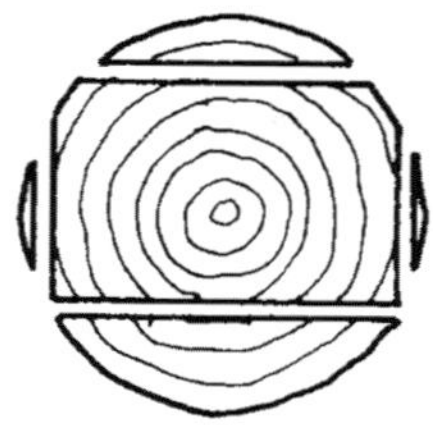

Abbildung 31: Schwelle einstielig

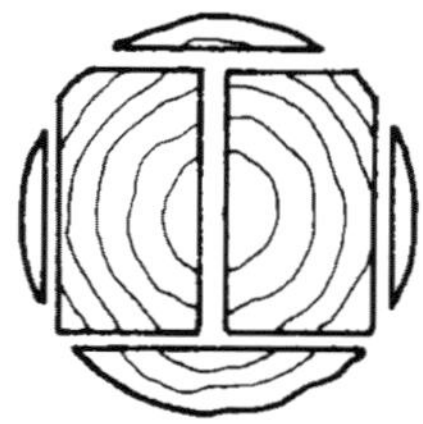

Abbildung 32: Schwelle zweilstielig

Abbildung 33: Schwelle dreistielig

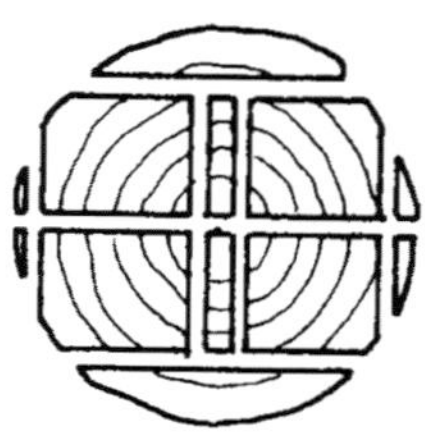

Abbildung 34: Schwelle vierstielig

3.3 Berücksichtigung der Rundholzfehler und Wuchsformen beim Einschnitt von Nadelholz am Gatter (nach Fronius)[25]

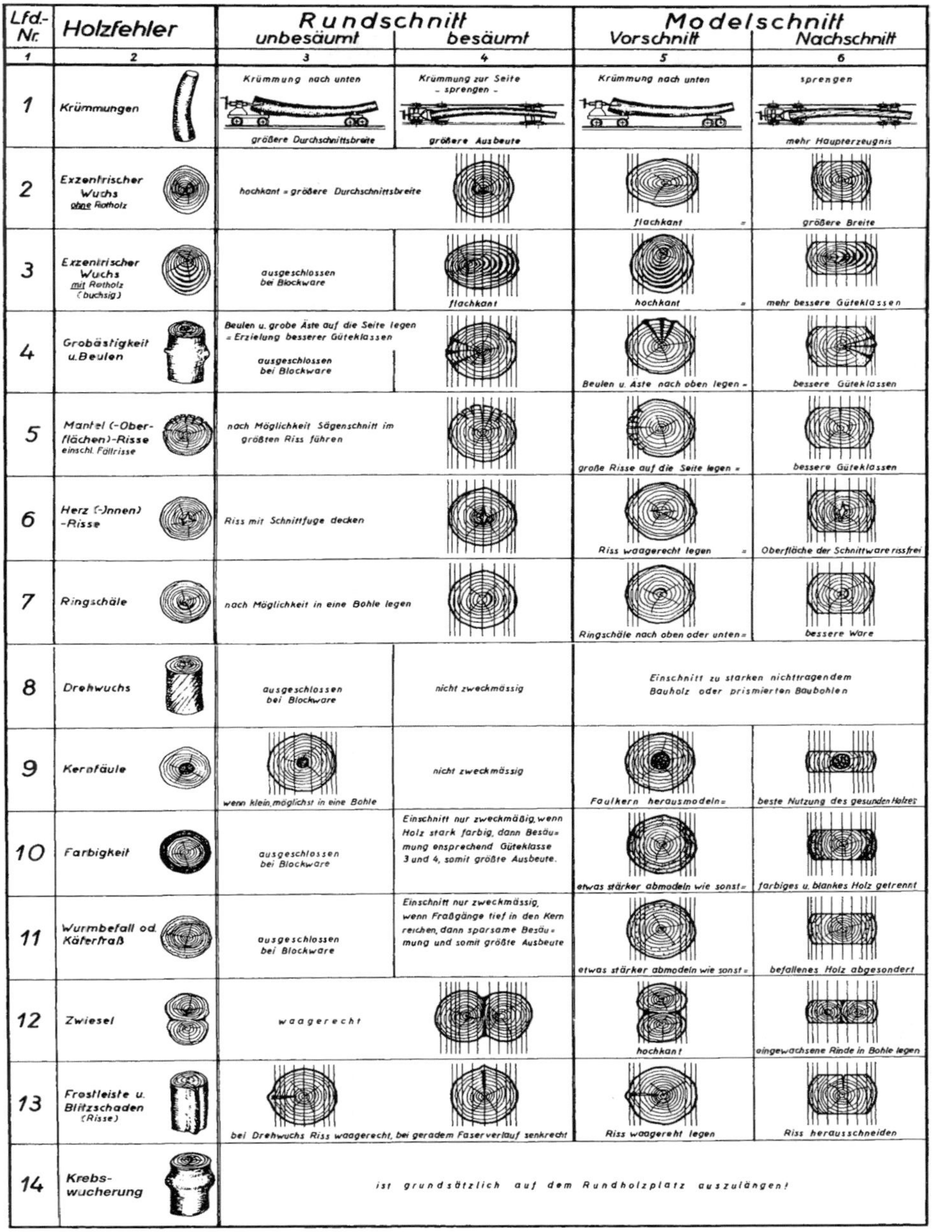

Lfd.-Nr.	Holzfehler	Rundschnitt unbesäumt	Rundschnitt besäumt	Modelschnitt Vorschnitt	Modelschnitt Nachschnitt
1	2	3	4	5	6
1	Krümmungen	Krümmung nach unten – größere Durchschnittsbreite	Krümmung zur Seite – sprengen – größere Ausbeute	Krümmung nach unten	sprengen – mehr Haupterzeugnis
2	Exzentrischer Wuchs ohne Rotholz	hochkant = größere Durchschnittsbreite		flachkant =	größere Breite
3	Exzentrischer Wuchs mit Rotholz (buchsig)	ausgeschlossen bei Blockware	flachkant	hochkant =	mehr bessere Güteklassen
4	Grobästigkeit u. Beulen	Beulen u. grobe Äste auf die Seite legen = Erzielung besserer Güteklassen; ausgeschlossen bei Blockware		Beulen u. Äste nach oben legen =	bessere Güteklassen
5	Mantel (-Oberflächen)-Risse einschl. Fällrisse	nach Möglichkeit Sägenschnitt im größten Riss führen		große Risse auf die Seite legen =	bessere Güteklassen
6	Herz (-Innen) -Risse	Riss mit Schnittfuge decken		Riss waagerecht legen =	Oberfläche der Schnittware rissfrei
7	Ringschäle	nach Möglichkeit in eine Bohle legen		Ringschäle nach oben oder unten =	bessere Ware
8	Drehwuchs	ausgeschlossen bei Blockware	nicht zweckmässig	Einschnitt zu starken nichttragendem Bauholz oder prismierten Baubohlen	
9	Kernfäule	wenn klein, möglichst in eine Bohle	nicht zweckmässig	Faulkern herausmodeln =	beste Nutzung des gesunden Holzes
10	Farbigkeit	ausgeschlossen bei Blockware	Einschnitt nur zweckmäßig, wenn Holz stark farbig, dann Besäumung ensprechend Güteklasse 3 und 4, somit größte Ausbeute.	etwas stärker abmodeln wie sonst =	farbiges u. blankes Holz getrennt
11	Wurmbefall od. Käferfraß	ausgeschlossen bei Blockware	Einschnitt nur zweckmässig, wenn Fraßgänge tief in den Kern reichen, dann sparsame Besäumung und somit größte Ausbeute	etwas stärker abmodeln wie sonst =	befallenes Holz abgesondert
12	Zwiesel	waagerecht		hochkant	eingewachsene Rinde in Bohle legen
13	Frostleiste u. Blitzschaden (Risse)	bei Drehwuchs Riss waagerecht, bei geradem Faserverlauf senkrecht		Riss waagereht legen	Riss herausschneiden
14	Krebswucherung	ist grundsätzlich auf dem Rundholzplatz auszulängen!			

3.4 Fehler beim Einschnitt am Gatter

Bei der Erzeugung von Schnittholz können verschiedene Schnittfehler entstehen, die das Aussehen der Ware und vor allem die weitere Verarbeitung beeinträchtigen und somit den Wert des Schnittholzes mindern. Die folgende Übersicht stellt die häufigsten Schnittfehler und ihre möglichen Ursachen dar und nennt einige Möglichkeiten zu deren Beseitigung oder zumindest Verminderung. Grundlage dieser Übersicht sind die Untersuchungen von K. Fronius „Schnittfehler bei Rohware am Vollgatter"[29].

Fehlerart	Ursachen	Beseitigung
Waschbrettschnitt	Maschine und Sägen vibrieren	Drehzahl des Gatters verändern; Räumer (ungeschränkte Zähne) in die Sägen einfügen
	Gatterrahmen hat Spiel in den Führungen	Führungen nachstellen
	Sägenschrank zu groß	Sägenschrank verkleinern
	Druckwalzen liegen nicht auf, der Block wird während des Schneidens hinauf- und heruntergerissen	Walzen herunterlassen und unter Umständen Druck zusätzlich durch Hydraulik erhöhen
	Sägeblock hat ungenügende Auflage durch spannrückigen Wurzelhals bei Erdblöcken	Blockauflage am Wurzelhals mit Kettensäge ebenschneiden
	Mangelhaft geputzte Blöcke mit Aststümpfen und Beulen verursachen unruhige Auflage, wodurch zeitweilig der Walzendruck gesteigert oder aufgehoben wird	Blockauflageflächen mit Axt ebenputzen
S-Schnitt	Zahnspitzen sind einseitig länger	Sägeblatt muß beim Schärfen genau unter Achsenmitte der Schärfscheibe eingespannt werden
	Sägenschrank ist einseitig größer	Auf genaue Schranksymmetrie achten
	Sägeneinhang ist nicht parallel zur Schnittbahn ausgerichtet	Sägeneinhang nach Fertigstellung auf parallele Lage zur Schnittbahn überprüfen
	großer Schleifgrat an Sägeblättern	Schleifgrat vor dem Schränken mit einem Schaber entfernen
	Gatterbahn verläuft nicht geradlinig	Gatterbahn überprüfen und unter Umständen neu ausrichten
	Seitenverstellung der Spannklauen am Empfangswagen auf der Gatterausschnittseite ist vor der Blockeinspannung arretiert, möglicherweise sogar an falscher Stelle	Block auf der Gatterausschnittseite mit den Spannklauen grundsätzlich bei geöffneter Seitenverstellung festspannen und erst dann die Seitenerstellung arretieren
	Block wird erst dann seitlich ausgerichtet, wenn er schon zum Teil eingeschnitten ist	Block immer vor dem Eingriff der Sägen in Schnittrichtung ausrichten
	Walzenzug wirkt nicht in der Richtung der Schnittbahn. Die Walzenachsen liegen dann entweder nicht parallel zueinander oder nicht im rechten Winkel zur Schnittbahn oder sie sind in der Mitte zu stark abgenutzt	Walzenanlage und Zugrichtung sind zu überprüfen, unter Umständen zu erneuern oder stark abgenutzte Walzen in der Mitte aufzuschweißen.

Fehlerart	Ursachen	Beseitigung
Krummschnitt	Gatterbahn ist nicht gerade; der Block wird so geführt, als ob er gesprengt würde	Gatterbahn überprüfen und neu ausrichten
	Achsen der Spannwagen haben seitlich Spiel. Gatterbahnspur hat zuviel Spiel. Beide Fehler gehen in der Regel noch mit Schleif- und Schränkfehlern wie beim S-Schnitt einher	Achsen- und Spurspiel beseitigen, Schleif- und Schränkfehler beheben
	Es wurde vergessen, die Arretierung am Empfangswagen nach dem Einspannen des Blocks festzuziehen. Dies führt vor allem zusammen mit Schleif- und Schränkfehlern zu S-Schnitt oder Krummschnitt	Arretierung der Seitenverstellung am Empfangswagen sofort nach dem Festspannen des Blocks anziehen
Propellerschnitt	Sägeblockquerschnitt ist oval oder der Block drewüchsig. Die Angriffspunkte der Walzenpaare liegen nicht senkrecht übereinander, der Block wird während des Durchgangs durch den Walzendruck gedreht.	Behauen der Auflagefläche (nur begrenzt möglich); beim Einschnitt Schwarten- oder Lattenstücke auflegen, damit die Druckpunkte der Walzen senkrecht übereinanderliegen. Walzendruck soweit wie möglich reduzieren.
	Auflagefläche bei großen Blockdurchmessern ist windschief zugehauen	Blockauflage genau plan zuhauen
Dickenverschnitt	Sägeblätter haben keine oder keine ausreichende Eigenspannung	Sägeblätter walzen oder strecken
	Sägeblätter haben keine genügende Betriebsspannung	Keile, Exzenter, Schrauben oder Hydraulik besser spannen
	Fremdkörper im Holz	Sägeblöcke vor dem Einschnitt auf Fremdkörper untersuchen
	Sägen sind stumpf	Sägeblätter öfter wechseln
	Sägeblätter haben zu wenig Schrank	Schrankweite der Sägeblätter vergrößern
	Sägeblätter sind zu dünn und der Vorschub ist zu groß	Sägeblattdicke der freien Sägenlänge anpassen. Vorschubgeschwindigkeit an die Widerstandsfähigkeit der Sägen anpassen
Fransenschnitt	Zu großer Sägenüberhang; unter Umständen zu große Voreilung (nur bei ruckweisem Vorschub)	Überhang, Voreilung und Vorschubgeschwindigkeit sind aufeinander abzustimmen und auf richtigen Wirkungsgrad einzustellen
	Sägeblätter sind stumpf; die Holzfasern werden aus den unteren Schnittkanten herausgebrochen	Sägen in kürzeren Zeitabständen schärfen
	zu großer Vorschub, die unteren Holzfasern werden nicht mehr durchschnitten, sondern herausgebrochen	Beim Nachschnitt mehrere Model übereinanderlegen, dann können sich nur noch am unteren Model Fransen bilden
Rauhschnitt	sehr großer Vorschub	Verkleinerung des Vorschubs; bei Nachschnitt Übereinanderlegen mehrerer Model, somit Halbierung des Vorschubs bei gleichbleibender Mengenleistung
	unregelmäßiger Sägenschrank, besonders bei einzelnen, zu weit geschränkten Zähnen	Einhalten einer Schranktoleranz von 1/10 mm, gegebenenfalls Egalisieren des Schranks
	sehr große Zahnteilung (Spanabnahme des einzelnen Zahnes ist zu groß)	Übergang auf eine kleinere Zahnteilung

3.5 Ausbeute

Gewinn oder Verlust im Sägewerk sind sehr wesentlich von der Ausnützung des Rundholzes, d. h. von der Ausbeute abhängig. Jedoch dürfen beim Streben nach einer Ausbeuteerhöhung die oft damit verbundenen Steigerungen der Arbeitszeit und andere Gesichtspunkte nicht außer acht gelassen werden. Rechtzeitige Bringung, Vermeidung von Lagerschäden, differenzierte Rundholz-Einteilung, richtiger Gattereinhang und Wahl der Schnittart sowie weitgehende Verringerung der Restholzmengen sind einige Mittel zur Erhöhung der Rundholzausbeute. Wie wichtig der Ansatz korrekter Ausbeutewerte in der Kalkulation ist, zeigen die unter 3.6 folgenden Abschnitte. Die Ausbeute kann auf verschiedene Weise ermittelt werden:

- Berechnung
- Inventuraufnahme
- Probeschnitt
- Schnittfigur
- Ausnützungs-Diagramme

3.5.1 Berechnung der Ausbeute

Die theoretische Berechnung der Ausbeute basiert auf den Volumina des eingesetzten Rundholzes V_{RH} und des erzeugten Schnittholzes V_{SH}:

$$A = \frac{V_{SH}}{V_{RH}} \cdot 100 \; [\%]$$

Dabei kann nur das Volumen des Haupterzeugnisses genau erfasst und berechnet werden; die Menge des Nebenerzeugnisses muss geschätzt werden. Zur Berechnung des Rundholzvolumens bedient man sich der im Abschnitt 3.1.2 gezeigten Zopfdurchmesser-Rechnungen, wobei meist mehrere ZØ-Werte verwendet werden müssen. Beispiel:

Zu erzeugen ist Kantholz 10 cm x 10 cm, 4,00 m lang, Schnittklasse B.

ZØ = (10 + 10) • 0,6 = 12 cm

Gewählt werden die ZØ von 11 bis 13 cm. Demnach ergibt sich bei normaler Abholzigkeit von l cm/m ein mittlerer Mittendurchmesser von 14cm.

$$V_{RH} = r^2 \cdot \pi \cdot L = 0{,}07^2 \cdot 3{,}14 \cdot 4 = 0{,}0615 \text{ Fm}$$

oder

$$V_{RH} = d^2 \cdot \frac{\pi}{4} \cdot L = 0{,}14^2 \cdot 0{,}785 \cdot 4 = 0{,}0615 \text{ Fm}$$

$$V_{SH} = h \cdot b \cdot L = 0{,}10 \cdot 0{,}10 \cdot 4 = 0{,}040 \text{ m}^3$$

$$A = \frac{V_{SH}}{V_{RH}} \cdot 100 = \frac{0{,}040}{0{,}062} \cdot 100 = 64{,}52\,\%$$

Diese Ausbeute bezieht sich, wie bereits erwähnt, nur auf das Haupterzeugnis und geht von den Idealfällen eines quadratischen Schnittholz-Querschnitts, normaler Abholzigkeit, eines kreisrunden Stammdurchmessers und einer relativ kleinen Zopfdurchmesser-Spanne aus. In der Praxis wird man erhebliche Ungenauigkeiten in Kauf nehmen müssen.

3.5.2 Inventuraufnahme und Ausbeuteermittlung

Nachdem die Ausbeuteermittlung immer auf die jeweilige Schnittsorte bezogen sein soll, kann eine Ausbeuteberechnung mit Hilfe der Inventur nur für die Gesamtkalkulation, ggf. auch für statistische Zwecke verwendet werden. Sie erbringt lediglich Pauschalwerte, die nicht für die Kalkulation einzelner Sortimente herangezogen werden können.

Zur Berechnung der Ausbeute stellt man wiederum die Volumina von Schnittholz und Rundholz gegenüber. Diese ermittelt man wie folgt:

- Rundholzeinschnitt V_{RH} = RH-Jahresanfangsbestand + RH-Einkäufe - RH-Jahresendbestand
- Schnittholzproduktion V_{SH} = SH-Jahresendbestand + SH-Verkäufe - SH-Jahresanfangsbestand

$$\text{Durchschnittsausbeute} = \frac{V_{SH}}{V_{RH}} \cdot 100 \; [\%]$$

3.5.3 Probeschnitt zur Ausbeuteermittlung

Probeschnitte stellen die genaueste Art der Ausbeuteermittlung dar; allerdings muss ein relativ hoher Zeit- und Arbeitsaufwand in Kauf genommen werden, so dass sie wohl in der Praxis wegen der hohen Kosten bestenfalls als Probe vor Großaufträgen durchgeführt werden. Bei der Durchführung von Probeschnitten ist darauf zu achten, dass nicht zu wenig Rundholz eingeschnitten wird, mindestens 10 bis 15 Blöcke pro Sortiment. Auch soll bezüglich der Abholzigkeit, der Qualität und des Zopfdurchmessers ein repräsentatives Mittel verwendet werden. Stellt man nicht nur Globalsätze fest, sondern differenziert nach Schnittsorte, Schnittholzabmessungen und Schwach- oder Starkholz als Rohmaterial, so können für die Praxis brauchbare Werte errechnet werden. Heute bedient man sich vielfach der Elektronik und setzt Computerprogramme ein, wie z. B. das „Rosenheimer Programm".

3.5.4 Schnittfigur

Die Schnittfigur als zeichnerische Darstellung des Einschnittes bezeichnet Maisenbacher[26] als „stilisierten Probeschnitt"; die Ergebnisse der Schnittfigur können ähnlich denen des Probeschnittes verwendet werden, da sie sich bis auf ±2% nähern.

Man unterscheidet Querschnittfiguren und Längsschnittfiguren. Während die Querschnittfigur vor allem für die Ermittlung der Ausbeute an Haupterzeugnis verwendet wird, sind aus der Längsschnittfigur auch Art und Anteile von Nebenerzeugnissen zu entnehmen. Für die Praxis genügt im Allgemeinen eine Querschnittfigur, die meist im Maßstab 1:1 als Viertel des Stammdurchmessers aufgezeichnet wird. Dabei trägt man zunächst die Mittelachsen des Blockes auf; anschließend werden die Stock-, Mitten- und Zopfdurchmesser als Viertelkreise eingezeichnet. Dann kann der Einfachschnitt oder der Doppelschnitt eingetragen werden, wobei die Lage der Schnittfugen besonders zu beachten ist. Die Schnittfigur in Abbildung 35 für Einfachschnitt, aus 24 cm Mittendurchmesser und 4,00 m Länge gelte als Beispiel.

3.5.5 Ausbeute-Diagramme

Ausbeute- oder Ausnützungsdiagramme werden aus Probeschnitten oder Schnittfiguren zusammengestellt. In ihnen wird die Abhängigkeit von differenzierten oder auch kumulierten Ausbeuten an Haupterzeugnis und Nebenerzeugnis, wie Seitenware, Schwarten und Spreißel, von den verwendeten Zopfdurchmessern dargestellt. Maisenbacher30 leistete hierzu wertvolle Beiträge. Den folgenden Beispielen für verschiedene Schnittarten liegen zugrunde:

- Längen zwischen 4,00 und 5,00 m
- normale Abholzigkeit
- bei Block- und Modelware ist ein Volumenschwund von 6 % berücksichtigt
- Nebenerzeugnisse werden nur von 2,00 m aufwärts berücksichtigt.

Abbildung 35: Schnittfigur zur Ausbeuteermittlung

Sortiment:	
mittl. Rundholzabmessungen	
Abholzigkeit	%
Länge	mm
Stock-Ø	mm
Mitten-Ø	mm
Zopf-Ø	mm
Blockinhalt	fm

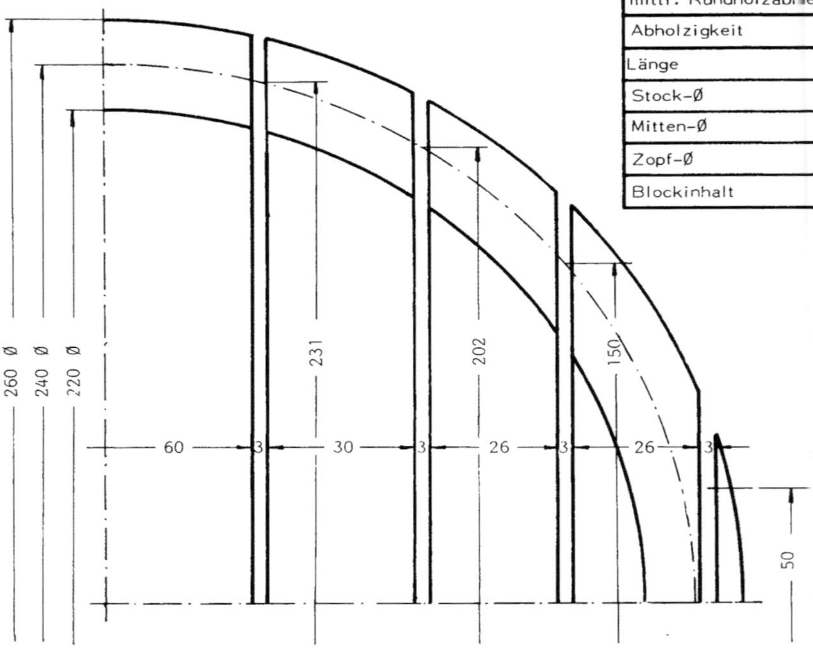

Schnittfugenbreite	Gatter mm	Kreissäge mm	Bandsäge mm	Besäumsäge mm
Schwundübermaß	Breite %		Dicke %	

Ausbeute								
Nr.	Sortiment mit Bearbeitungsart	Abmessungen Länge	Breite	Dicke	Stück	Menge	Anteil	Bemerkung
Zahl	Bezeichnung	mm	mm	mm	Zahl	m^3	%	Bezeichnung
1	2	3	4	5	6	7	8	9
					Summe		100,0	

3.5.5.1 Ausbeutediagramme für den Einschnitt von Blockware (Abb. 36-39)

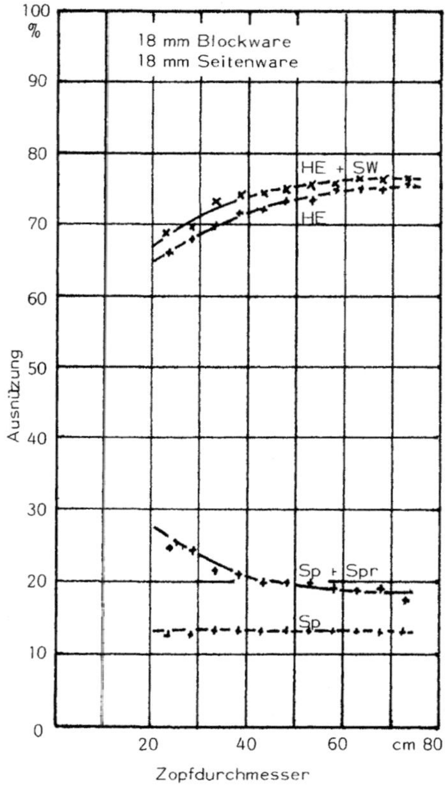

Abbildung 36: Ausbeutediagramm für den Einschnitt von Blockware

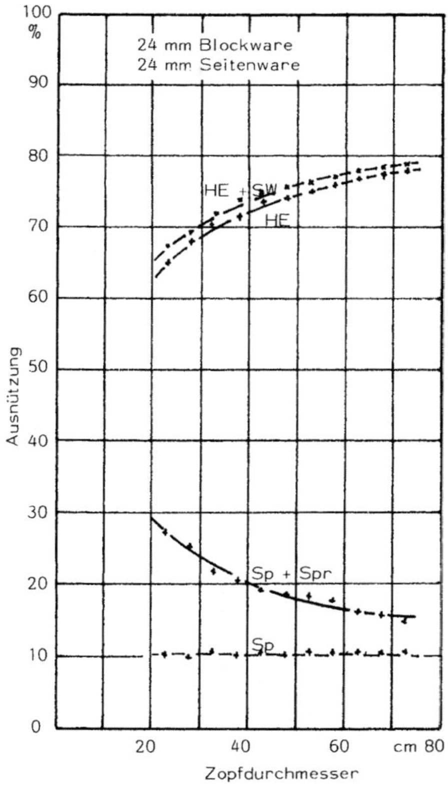

Abbildung 37: Ausbeutediagramm für den Einschnitt von Blockware

Es bedeuten:
HE – Haupterzeugnis
SW – Seitenware, SW_{18} 18 mm dick, SW_{24} 24 mm dick
Sp – Sägespäne
Spr – Spreißel

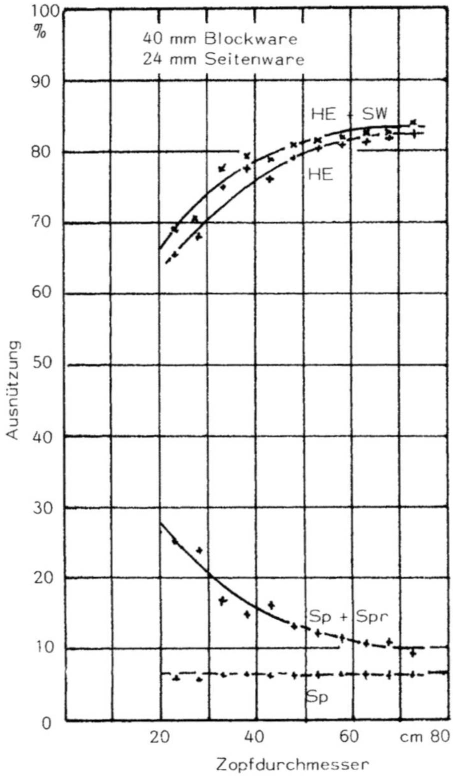

Abbildung 38: Ausbeutediagramm für den Einschnitt von Blockware

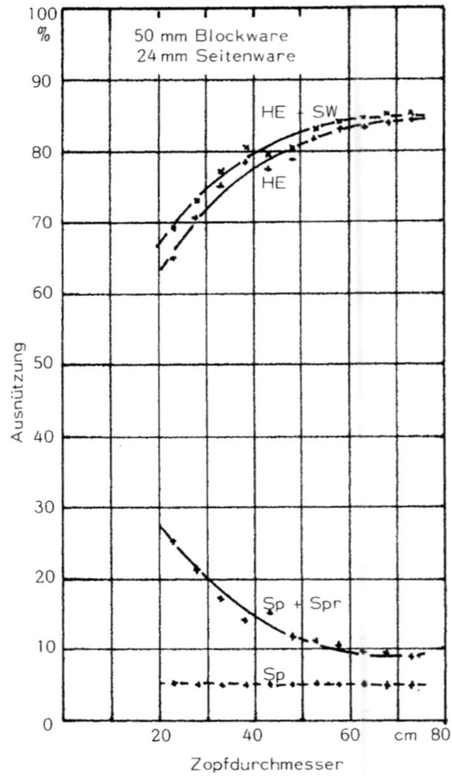

Abbildung 39: Ausbeutediagramm für den Einschnitt von Blockware

3.5.5.2 Ausbeutediagramme für Bauholzeinschnitt (Abb. 40 + 41)

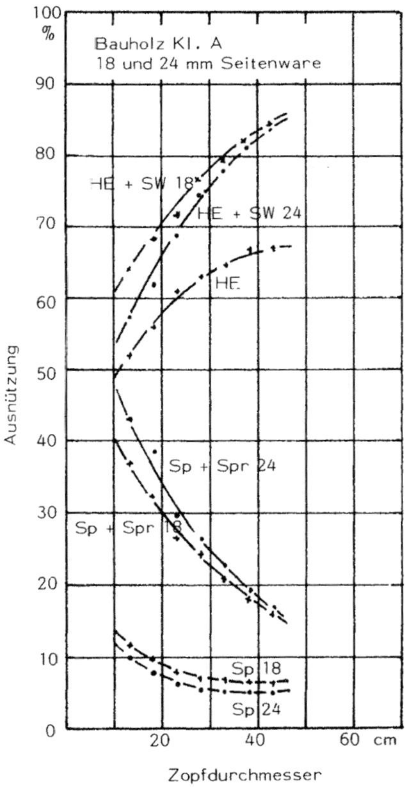

Abbildung 40: Ausbeutediagramm für Bauholzeinschnitt

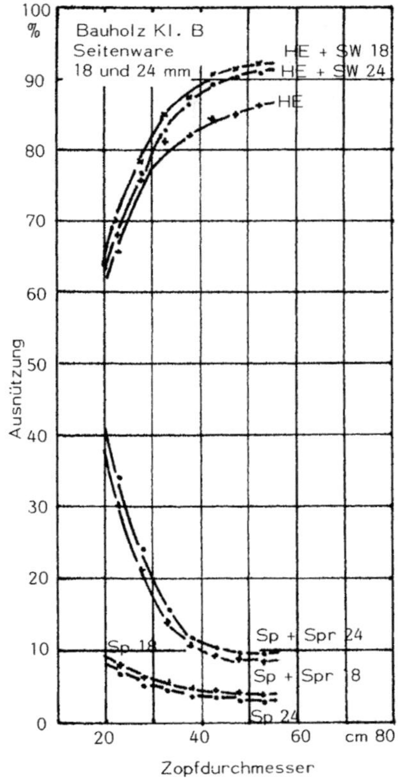

Abbildung 41: Ausbeutediagramm für Bauholzeinschnitt

3.5.5.3 Ausbeutediagramme für den Einschnitt von Modelware (Abb. 42-44)

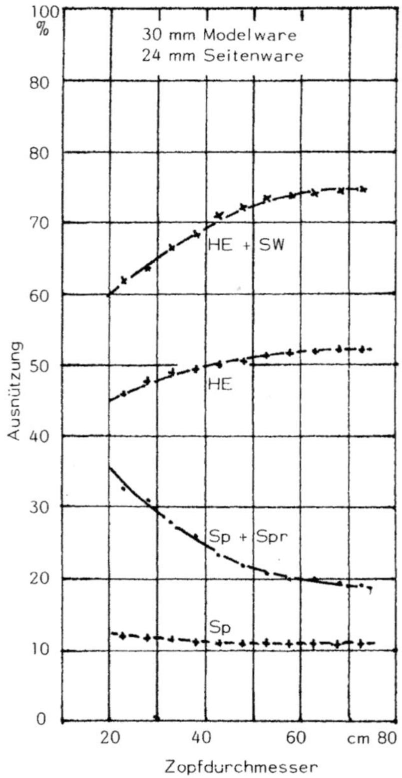

Abbildung 42: Ausbeutediagramm für den Einschnitt von Modelware

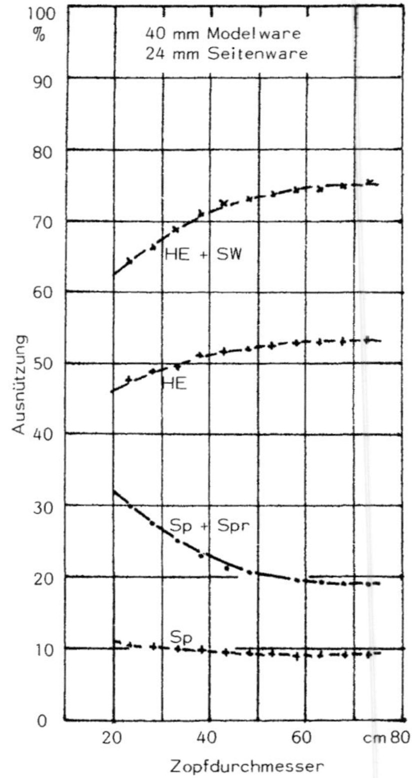

Abbildung 43: Ausbeutediagramm für den Einschnitt von Modelware

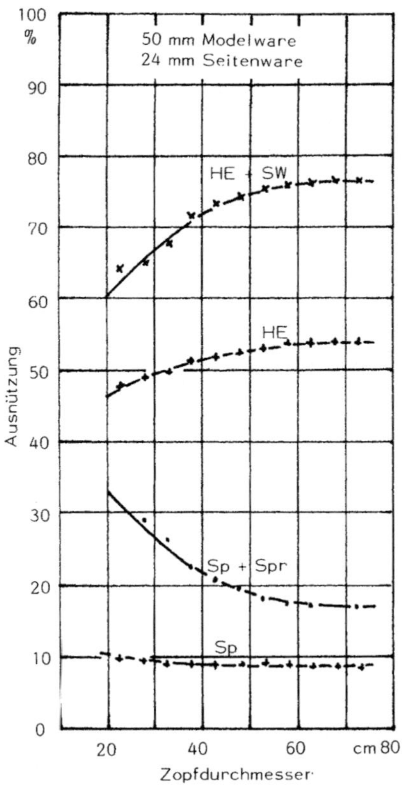

Abbildung 44: Ausbeutediagramm für den Einschnitt von Modelware

3.6 Sägewerks-Kalkulation

Kalkulation bedeutet im betriebswirtschaftlichen Sinne die Berechnung von Kosten und Preisen und ist als „Kostenrechnung" Teil des betrieblichen Rechnungswesens. Während andere Industriezweige, vor allem aber auch das Handwerk, in der bekannten Form nach Material + Materialgemeinkosten sowie Fertigungslöhne + Fertigungsgemeinkosten Preisberechnungen durchführen, ist die Art der Auftragsausführung im Sägewerk nicht dazu geeignet, eine exakte Trennung und Zuteilung dieser Kostengruppen durchzuführen. Vielmehr findet man bei der Sägewerkskalkulation zwei Eigentümlichkeiten:

1. Schneidesatz, als Zusammenfassung der obigen Kostengruppen
2. Kuppelproduktkalkulation, als Folge des gleichzeitigen Herstellens von Haupt- und Nebenerzeugnissen im Gegensatz zum Handwerk, in dem die gesamte Kalkulation auf das einzelne Stück Fertigerzeugnis ausgerichtet ist.

Bei der Preisbildung eines Betriebes ist zunächst davon auszugehen, dass alle anfallenden Kosten einschließlich der kalkulatorischen Kosten gedeckt sein müssen.

3.6.1 Kalkulations-Erläuterungen

Eine ordnungsgemäße Kalkulation wird nach Maisenbacher[26] folgendermaßen aufgebaut:

Rundholzkosten + Bringungs- und Nebenkosten
= Materialkosten
+ Schneidesatz
= Herstellkosten
+ Verwaltungs- und Vertriebskosten
= Selbstkosten
+ Gewinn + Risiko
= Verkaufspreis für 1 Fm Kuppelprodukt
+ Skonto und evtl. Rabatt i. H.
= Zielverkaufspreis für 1 Fm Kuppelprodukt
= Zielverkaufspreis für 1 m³ Haupterzeugnis und Nebenerzeugnisse
– Kostenmindernde Erlöse aus Nebenerzeugnissen
= Verkaufspreis für 1 m³ Haupterzeugnis

3.6.1.1 Rundholzkosten

Die Rundholzkosten sind abhängig von der Holzart sowie von Güte- und Dimensionsklasse. Eventuelle Zusatzkosten für Entrindung sind zu berücksichtigen. Werden für einen Auftrag beispielsweise je 30 % der Klassen D1b und D2a sowie 40 % der Klasse D2b verwendet, so ergibt sich bei angenommenen Fm-Preisen für Fichtenstammholz von D1b = 58 € , D2a = 68 € und D2 b = 75 € folgende Rechnung:

0,3 x 58 + 0,3 x 68 + 0,4 x 75 = 67,80 €

Es sind also 67,80 €/Fm Rundholzkosten aufzuwenden. Besonders wichtig ist demnach die Wahl der entsprechenden Rundholz-Stärkeklassen.

3.6.1.2 Bringungs- und Nebenkosten

Zu den Bringungs- und Nebenkosten gehören alle Kosten, die anfallen, bis das Rundholz im Sägewerk zur Verfügung liegt. Insbesondere sind Kosten für das Rücken, für die Anfuhr und das Abladen zu berücksichtigen. Auch Kosten des Rundholzeinkaufs, Wege- und Mautgebühren, Flurschadenskosten usw. gehören dazu. Die Bringungs- und Nebenkosten werden entweder prozentual oder in €/Fm den Rundholzkosten aufgeschlagen, je nachdem, wie genau die tatsächlichen Kosten zugeordnet werden können.

3.6.1.3 Schneidesatz

Der Schneidesatz wird in €/Fm angegeben und errechnet sich aus

$$S = \frac{\text{Fertigungskosten/Jahr}}{\text{Einschnittmenge/Jahr}} \quad [\text{€/Fm}]$$

In ihm gehen auf: Löhne, Gehälter, Sozialaufwendungen, Hilfs- und Betriebsstoffe, Instandhaltungs- und Reparaturkosten, fertigungsbezogene Steuern, Versicherungen, Beiträge, Gebühren, Miete, Pacht, Reinigung usw. Der Schneidesatz umfasst alle Kosten, die die Fertigung verursacht und die nicht als Verwaltungskosten dort berücksichtigt werden.

Der so errechnete Schneidesatz kann natürlich nur als ein Durchschnittswert angesehen werden. Der tatsächlich für die Kalkulation brauchbare Schneidesatz muss sich vielmehr an der Art des Erzeugnisses bzw. am Sortiment orientieren. Dies geschieht dadurch, dass man die gesamte Einschnittmenge auf ihre prozentualen Anteile an Bauholz, prismierter Ware (Modelware) und Blockware untersucht; eine weitere Unterteilung nach Schnittarten und/ oder Durchmessergruppen ist sinnvoll. Je weiter untergliedert wird, desto genauer kann der Schneidesatz berechnet werden. Anschließend wird man untersuchen, in welchem Verhältnis die Kostenfaktoren der Erzeugnis- und Durchmessergruppen zueinander stehen. Dabei darf nicht davon ausgegangen werden, dass z. B. Modelware (prismierte Ware) die doppelte Schnittzeit wie Blockware benötigt. Vielmehr kann beim Doppelschnitt für den Vorschnitt mit 70 ... 80 % und für den Nachschnitt mit 80... 90 % der Schnittzeit beim Einfachschnitt gerechnet werden. Auch müssen der unterschiedliche Kraftbedarf, Werkzeugverschleiß usw. berücksichtigt werden.

Angenommen, ein Sägewerk erzeuge im Jahresdurchschnitt 20 % Blockware, 50 % Bauholz und 30 % Modelware (prismierte Ware) und die errechneten Kostenfaktoren verhielten sich wie 1 : 1,8 : 1,6, so könnten mit den gleichen Kosten wie für 0,5 Fm Bauholz 0,5 · 1,8 = 0,9 Fm Blockware oder statt 0,3 Fm Modelware 0,3 · 1,6 = 0,48 Fm Blockware eingeschnitten werden. Anstelle eines Durchschnittsfestmeters könnte man also 0,2 + 0,9 + 0,48 = 1,58 Fm Blockware erzeugen = Verrechnungsfestmeter. Der Durchschnittsschneidesatz, geteilt durch die Verrechnungsfestmeter, ergibt den Schneidesatz pro Verrechnungsfestmeter, welcher in diesem Fall mit dem Erzeugnis Blockware (Faktor 1) identisch ist. Die Schneidesätze der übrigen Sortimente errechnen sich durch Multiplikation der Kosten pro Verrechnungsfestmeter mit den Kostenfaktoren, also in diesem Beispiel:
Verrechnungsfestmeter = 0,2 + 0,9 + 0,48
= 1,58 Fm
Durchschnittsschneidesatz angenommen
35,00 €/Fm

Kosten/Verrechnungsfestmeter =

$$\frac{\text{Durchschnittsschneidesatz}}{\text{Verrechnungsfestmeter}} = \frac{35}{1{,}58} = 22{,}15\ \text{€/Fm}$$

Schneidesätze		
Blockware	22,15 x 1	= 22,15 €/Fm
Bauholz	22,15 x 1,8	= 39,87 €/Fm
Modelware	22,15 x 1,6	= 35,44 €/Fm

Kontrollrechnung		
0,2 Fm Blockware	x 22,15 €	= 4,43 €
0,5 Fm Bauholz	x 39,87 €	= 19,94 €
0,3 Fm Modelware	x 35,44 €	= 10,63 €
1,0 Fm		35,00 €

3.6.1.4 Verwaltungs- und Vertriebskosten

Zu den Verwaltungs- und Vertriebskosten zählen z. B. kaufmännische Löhne und Gehälter, Bürobedarf, Heizung und Licht für die Verwaltung, Büromaschinenkosten, Versicherungen und Steuern usw., im Prinzip alle die Kosten, die nicht direkt der Fertigung zugeordnet werden können. Auch kalkulatorische Kosten wie Abschreibungen finden über die Kontenklasse 2 Eingang in diesen Bereich. Die Verwaltungs- und Vertriebskosten werden prozentual den Herstellkosten zugeschlagen. Sie errechnen sich aus:

Verwaltungskostensatz =

$$\frac{\textbf{Verwaltungskosten €/Jahr} \cdot 100}{\textbf{Herstellkosten €/Jahr}}\ [\%]$$

3.6.1.5 Gewinn und Risiko

Gewinn und Risiko werden als Prozentzuschlag auf die Selbstkosten errechnet. Wenn auch Maisenbacher[26] im Jahr 1960 10... 20% als Gewinn- und Risikospanne für einen Fertigungsbetrieb als normal bezeichnete, so muss heute in der Sägeindustrie eher von realistischeren 3 ... 5 % ausgegangen werden. Dieser Zuschlag ist nie als Reingewinn zu sehen; in ihm müssen zusätzliche Aufwendungen abgedeckt werden, die sich nicht in die Kalkulation einarbeiten lassen, wie z. B. Neuinvestitionen, Rationalisierungen, aber auch Schäden durch Naturkatastrophen usw.

3.6.1.6 Kuppelprodukt – kostenmindernde Erlöse

Als Kuppelprodukt wird das Gesamterzeugnis bezeichnet, das aus 1 Fm Rundholz eingeschnitten wird, also das Haupterzeugnis, das Nebenerzeugnis und das Industrierestholz, oder anders ausgedrückt: das Haupterzeugnis und die zum kostenmindernden Erlös führenden Produkte wie Seitenware, Kürzungen, Latten, auch Sägespäne, Brennholz, Schwarten und Spreißel oder Hackschnitzel.

Teilt man die Gesamtkosten für 1 Fm Kuppelprodukt durch die Ausbeute für das Haupterzeugnis, so erhöht man die Kosten für 1 m^3 Haupterzeugnis inklusive anfallendem Nebenerzeugnis. Von diesen Kosten müssen unter Beachtung der entsprechenden Auflockerungsfaktoren die Erlöse für das Nebenerzeugnis abgezogen werden, damit der tatsächliche m^3-Preis für das Haupterzeugnis entsteht. Die in der Kalkulation zu verwendenden Preise für das Nebenprodukt orientieren sich an den Marktpreisen.

Beispiel:	
Kosten für 1 Fm Kuppelprodukt	120,00 €
Kosten für 1 m^3 Haupterzeugnis bei 40 % Ausbeute = 120 : 0,4 =	300,00 €
abzüglich kostenmindernde Erlöse	110,00 €
Verkaufspreis für 1 m^3 Haupterzeugnis	190,00 €

3.6.2 Schnittholzkalkulation

Aufgrund der Erläuterungen im Abschnitt 3.6.1 soll nachstehend ein Kalkulationsbeispiel für Schnittholz durchgerechnet werden. Für einen Auftrag werden Rundhölzer je zur Hälfte der

Dimensionsklassen D1b und D2a verwendet zu 58 bzw. 68 €/Fm. Die Ausbeute an Haupterzeugnis sei mit 40 % errechnet, ferner 20 % Seitenbretter, 8,5 % Kürzungen, 10 % Schwarten, 14 % Sägespäne und 7,5 % Brennholz. Die Bringungskosten betragen 10 €/Fm, der Schneidesatz 35 €/Fm, Verwaltungskosten 7,5 %, Gewinnvorstellung 3 %.

	€/Fm
Rundholzkosten 0,5 x 58 + 0,5 x 68	63,00
+ Bringungskosten	10,00
= Materialkosten frei Sägewerk	73,00
+ Schneidesatz	35,00
= Herstellkosten	108,00
+ Verwaltungskosten 7,5 %	8,10
= Selbstkosten	116,10
+ Gewinnvorstellung 3 %	3,48
= Kosten für 1 Fm Kuppelprodukt ohne Skonto	119,58
+ Skonto, 2 % i.H.	2,44
= Kosten für 1 Fm Kuppelprodukt mit Skonto	122,02

Bei 40 % Ausbeute werden 2,5 Fm Rundholz für 1 m^3 Haupterzeugnis benötigt,

$$\left(SH = \frac{RH}{A}\right),$$

also:

Kosten für 1 m^3 Haupterzeugnis einschließlich Nebenerzeugnissen = 122,02 x 2,5		305,05
./. kostenmindernde Erlöse		
20 % Seitenbretter aus 2,5 Fm = 0,500 m^3 á 135,00	67,50	
8,5 % Kürzungen aus 2,5 Fm = 0,212 m^3 á 85,00	18,06	
10 % Schwarten* aus 2,5 Fm = 0,250 m^3 á 12,00	3,00	
14 % Späne* aus 2,5 Fm = 0,350 m^3 á 12,00	4,20	
7,5 % Brennholz* aus 2,5 Fm = 0,188 m^3 á 20,00	3,76	96,52
Verkaufspreis für 1 m^3 Haupterzeugnis		208,53

Anmerkung: bei den mit * gekennzeichneten Positionen ist ein Umrechnungsfaktor m^3: Raummeter zu berücksichtigen.

3.6.3 Rundholzkalkulation

Der Idealfall, dass ein richtig kalkulierter Preis auf dem Markt tatsächlich ohne Abstriche zu erzielen ist, ist recht selten. Viel häufiger ist der Säger gezwungen, sich an gegebenen Marktpreisen zu orientieren; eine Rückrechnung vom Schnittholzpreis auf den Rundholzpreis ist dabei unerlässlich. Beispiel (auf Zahlenwerte aus 3.6.2 basierend):

Tatsächlicher Verkaufspreis (Marktpreis)	195,00 €
+ kostenmindernde Erlöse	96,00 €
= Kosten einschl. Nebenerzeugnis für 2,5 Fm Rundholz	291,00 €
: 2,5 = Kosten für 1 Fm Rundholz einschl. Nebenerzeugnis	116,40 €
– Skonto 2 %	2,33 €
Kosten für 1 Fm Kuppelprodukt	114,07 €
– 3 % Gewinnvorstellung i.H.	3,32 €
= Selbstkosten	110,75 €
– 7,5 % Verwaltungskosten i.H.	7,73 €
= Herstellkosten	103,02 €
– Schneidesatz	35,00 €
= Materialkosten	68,02 €
– Bringungskosten	10,00 €
= Rundholzkosten frei Werk	58,02 €
= Preis, der für 1 Misch-Fm aus Klassen D1b und D2a bezahlt werden kann.	

4 Trocknen und Dämpfen

Thomas Annies

Der Werkstoff Holz als Rohstoff enthält eine mehr oder weniger große Menge an Wasser. Für die Verarbeitung zum gebrauchsfähigen Produkt muss der Wasseranteil meist erheblich reduziert werden. So können frisch gefällte Buche und Eiche bis zu 110%, Fichte bis zu 150%, Tanne und Pappel bis zu 220% und Balsa gar bis zu 600 % Holzfeuchte enthalten. Daraus ergibt sich eine Folgerung: Je geringer die Dichte des Holzes ist, desto höher kann der Wassergehalt sein.

Holz besitzt in seiner mannigfachen Form die Eigenschaft, sich in seinem Feuchtezustand der relativen Luftfeuchte seiner Umgebung anzupassen. Man nennt dies „Hygroskopizität". Der Praktiker erkennt die Zustandsänderungen des Holzes an augenfälligen Formveränderungen, d.h. trockenes Holz wird in feuchter Umgebung Feuchte aufnehmen und damit quellen. Nasses Holz dagegen wird in trockener Umgebung an Feuchte verlieren und damit schwinden.

Es spielt hierbei nur eine untergeordnete Rolle, ob es sich bei dem Holz um nur wenige Jahre altes Material oder um mehrere Jahrzehnte abgelagerte Ware handelt. Immer und stets werden im sogenannten „hygroskopischen Bereich" (Holzfeuchtebereich von 0 bis etwa 30 % Holzfeuchte) Feuchteveränderungen mit Formveränderungen einhergehen.

Zwischen der Holzfeuchte einerseits und der relativen Luftfeuchte sowie der Lufttemperatur andererseits besteht eine wechselseitige Beziehung.

Aufgabe der Holztrocknung ist es, das Holz vor seiner Endverarbeitung in einen Feuchtezustand zu bringen, der möglichst genau dem Klima entspricht, in dem das fertige Erzeugnis später eingesetzt wird. Nur dann ist gewährleistet, dass die Maßhaltigkeit während der Produktion und auch im späteren Gebrauch bzw. im Einsatz sichergestellt ist.

Vorteile der technischen (künstlichen) Holztrocknung sind:

- es wird die tatsächlich gewünschte Endfeuchte erreicht; auch bei langer Freilufttrocknung werden dagegen 15 % Holzfeuchte kaum unterschritten
- die technische Holztrocknung ist in fast allen Fällen billiger als die Freilufttrocknung: Die Lagerhaltung wird erheblich verringert, so dass wertvoller Lagerplatz eingespart werden kann und Kapital für Rationalisierungsaufgaben frei wird. Außerdem steht das Holz viel schneller zur Verfügung, so dass eine schnellere Auftragsdisposition möglich ist
- die Qualität der Ware wird durch die richtige Endfeuchte verbessert. Die Spannungen im Holz sowie das Schwinden und Quellen werden abgebaut. Verschiedene Inhaltsstoffe, die sich bei Verleimungen und der Oberflächenbehandlung nachteilig auswirken könnten, werden teilweise entfernt; dadurch werden spätere Reklamationen vermieden
- ein durch jahrelange Holzablagerung im Freien auftretende Wertverlust wird bei der technischen Holztrocknung auf ein Minimum gesenkt.

4.1 Grundlagen der Holztrocknung

4.1.1 Holzfeuchte u (%)

Unter Holzfeuchte (u in %) versteht man das Verhältnis des im Holz enthaltenen Wassergewichtes zum Gewicht des absolut trockenen Holzes. Das Gewicht der reinen Holzsubstanz wird als Ausgangsbasis = 100% gewertet. Das Gewicht des Holzes ohne Wasser nennt man das „Darrgewicht".

20% Holzfeuchte bedeutet, dass auf 100 Teile reine Holzsubstanz 20 Teile reines Wasser kommen. Bei 100 % Holzfeuchte enthält das Holz genauso viel Wasser wie die reine Holzsubstanz wiegt.

Die Holzfeuchte wird in der Praxis nach folgender Formel errechnet:

$$\text{Holzfeuchte} = \frac{\text{Nassgewicht} - \text{Darrgewicht}}{\text{Darrgewicht}} \cdot 100\ [\%]$$

oder abgekürzt:

$$u = \frac{m_u - m_0}{m_0} \cdot 100\ [\%]$$

wobei m_u [Symbol] = Nassgewicht [g] und m_0 [Symbol] = Darrgewicht [g] bedeuten.

Diese Berechnung ist notwendig für die genaue Ermittlung der Holzfeuchte beim Darrverfahren. Weitere Begriffe sind Anfangsfeuchte des Holzes u_a [%] und Endfeuchte u_e.

4.1.2 Bestimmung der Holzfeuchte

In der Praxis wendet man meist folgende Methoden zur Feuchtebestimmung an:
1. Bestimmung durch das Darrverfahren
2. Bestimmung mit elektrischen Messgeräten

4.1.2.1 Darrverfahren (DIN EN 13183-1)

Das Darrverfahren ist nach wie vor die genaueste und sicherste Methode zur Ermittlung der Holzfeuchte. Sie ist vor allem bei der Trocknung von Laubhölzern und Exoten zu empfehlen, weil es dort auf eine sehr genaue Bestimmung der Anfangsfeuchte ankommt. Unter Darren versteht man das Heruntertrocknen bis 0 % Holzfeuchte.

Man geht folgendermaßen vor: Aus einem Brett (möglichst Seitenbrett) der zu trocknenden Ware schneidet man einige schmale Holzstreifen (>20mm) heraus. Forderung: Mindestabstand vom Hirnende 30 cm, weil in den mittleren Zonen des Holzes meist die größte Feuchte vorliegt. Man verwende dazu nur gut geschärfte und geschränkte, langsam laufende Sägen, weil die Holzprobe sonst durch die Temperaturerhöhung am Werkzeug schon Feuchte abgeben kann. Auf einer sehr genauen Waage (mindestens 0,1 g Ablesegenauigkeit) wird die Probe gewogen (= Nassgewicht). Anschließend wird die Probe in einem Darrofen bis zur völligen Gewichtskonstanz gedarrt bzw. getrocknet, bei einer Temperatur von 103 °C ± 2 °C. Die Probe mit nunmehr 0% Feuchte wird dann nach kurzem Abkühlen wieder gewogen (= Darrgewicht).

Die Holzfeuchte kann jetzt durch die anfangs genannte Formel

$$u = \frac{m_u - m_0}{m_0} \cdot 100\ [\%]$$

ermittelt werden.

4.1.2.2 Elektrische Messgeräte (DIN EN 13183-2)

Die Bestimmung der Holzfeuchte durch elektrische Messgeräte basiert auf dem Zusammenhang zwischen dem Holzfeuchtegehalt und der elektrischen Leitfähigkeit des Holzes.

Durch die unterschiedlichen dielektrischen Konstanten des trockenen Holzes und des Wassers ändert sich der elektrische Widerstand zwischen zwei angelegten Elektroden, wobei der dabei mehr oder weniger stark fließende elektrische Strom direkt in % Holzfeuchte angezeigt wird.

Beim Anwenden der Messgeräte sind folgende Punkte zu berücksichtigen:
- die größte Messgenauigkeit liegt im Bereich von 7 ... 30 % Holzfeuchte. Über 30% werden die Messergebnisse ungenauer. Unterhalb 6 % Holzfeuchte sind praktisch keine Messungen mehr möglich, weil man hierbei in den Bereich der sogenannten Chemosorption (molekulare Anziehungskräfte) kommt
- die Temperatur des Holzes beeinflusst die Genauigkeit der Messergebnisse erheblich. Die Bezugstemperatur der Geräte liegt bei etwa 20 °C (293 K). Bei Geräten ohne Temperatureinstellmöglichkeit ist deshalb darauf zu achten, dass warmes Holz aus der

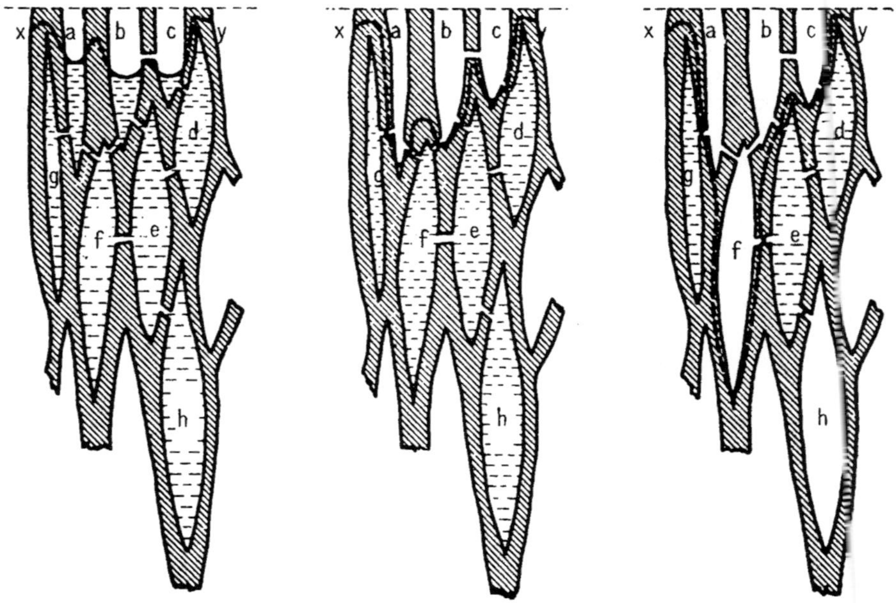

Abbildung 45: Schematische Darstellung der kapillaren Feuchtebewegung im Holz bei der Trocknung, a) Anfangszustand, b) zweiter Zustand, c) dritter Zustand (nach Kollmann[31])

Trockenkammer vor dem Messen erst abkühlen muss. Man kann sich aber auch mit „Temperatur-Korrektur-Tabellen" behelfen, die von den Herstellern meist mit dem Gerät geliefert werden. Eine Temperatur von z. B. 30 °C (303 K) verfälscht das Messergebnis um rund 1,5 % nach oben

• die elektrische Holzfeuchtemessung ist ungeeignet für mit öligen oder wässrigen Holzschutzmitteln imprägniertes Holz

Bei den Elektroden der Messgeräte unterscheidet man zwischen Aufdrückelektroden (zur Oberflächenmessung) sowie Einschlag- oder Eindrück-, Ramm-, Einschraub- und Stechelektroden. Wichtig ist, dass die Elektroden möglichst bis mindestens ein Drittel der Holzdicke eindringen, weil dort die größte Feuchte vorhanden ist.

4.1.3 Fasersättigung

Das Holz kann Wasser auf zwei verschiedene Arten enthalten. Sind die Zellwände annähernd mit Wasser gesättigt, füllen sich die Zellhohlräume mit Wasser. Dieses Wasser nennt man *freies* oder *kapillares* Wasser. Der Anteil dieses ungebundenen Wassers ist meist sehr hoch, lässt sich aber relativ leicht entfernen. Das Wasser, das in den Zellwänden gebunden ist, nennt man *gebundenes* Wasser. Dieses lässt sich nur schwer entfernen und damit erklärt sich auch die sich verkleinernde Trocknungsgeschwindigkeit mit zunehmendem Trockenheitsgrad des Holzes.

Den Bereich, in dem freies Wasser kaum noch oder gar nicht mehr im Holz vorhanden ist, bezeichnet man als den *Fasersättigungsbereich*. Er liegt je nach Holzart zwischen 22 und

35 % Holzfeuchte.

Bei Schwind- und Quellberechnungen wird als „Rechenwert“ für den Fasersättigungspunkt 30 % Holzfeuchte angenommen.

Bei Aufnahme bzw. Abgabe von Feuchte unterhalb dieses Bereiches quillt bzw. schwindet das Holz, während bei sich ändernden Holzfeuchten oberhalb des Fasersättigungsbereiches Formveränderungen nur in sehr geringem Maße auftreten.

Nachstehend die Fasersättigungsbereiche bzw. -punkte einiger Holzarten:

1. Zerstreutporige Laubhölzer ohne ausgeprägten Kern 32 ... 35 %
   Hainbuche, Erle, Birke, Rotbuche, Pappel, Sapelli, Sipo, Echtes Mahagoni, Dark Red Meranti, Dark Red Lauan, Niangon
2. Nadelhölzer ohne ausgeprägten Farbkern
   Fichte, Tanne 30 ... 34 %
   Splint von Nadelhölzern mit Farbkern
   Kiefer, Lärche 30 ... 34 %
3. Nadelhölzer mit ausgeprägtem Farbkern
   Kiefer, Lärche, Douglasie
   bei mäßigem Harzgehal 26 ... 28 %
   bei hohem Harzgehalt 22 ... 24 %
4. Ringporige und halbringporige Laubhölzer (z. T. mit ausgeprägtem Farbkern) 22 ... 24 %
   Eiche, Kirsch, Esche, Nuss, Edelkastanie, Teak, Makoré.

4.1.4 Holz-Grenzfeuchte u_{gr} (%)

Unter Holz-Grenzfeuchte u_{gr} in % versteht man diejenige Holzfeuchte, nach deren Unterschreitung das Trocknungsklima ohne Qualitätseinbuße des Holzes verschärft werden kann = u_{gr} %. Sie ist nicht identisch mit dem Fasersättigungsbereich. Die Holz-Grenzfeuchte basiert auf Erfahrungswerten von vielen Trocknungen und liegt je nach Holzart zwischen 48 und 27 % Holzfeuchte. Für den Ablauf und die Steuerung einer Trocknung hat die Holz-Grenzfeuchte folgende Bedeutung:

- Trocknung oberhalb Holz-Grenzfeuchte: die Trocknung geht relativ schnell und gleichmäßig vor sich, es muss vorsichtig getrocknet werden (mildes Klima), es treten kaum Formveränderungen (Schwund) auf.
- Trocknung unterhalb Holz-Grenzfeuchte: die Trocknungsgeschwindigkeit verlangsamt sich zusehends; das Trocknungsklima kann verschärft werden (höhere Temperaturen, niedere Luftfeuchte); das Holz zeigt Formveränderungen, es schwindet.

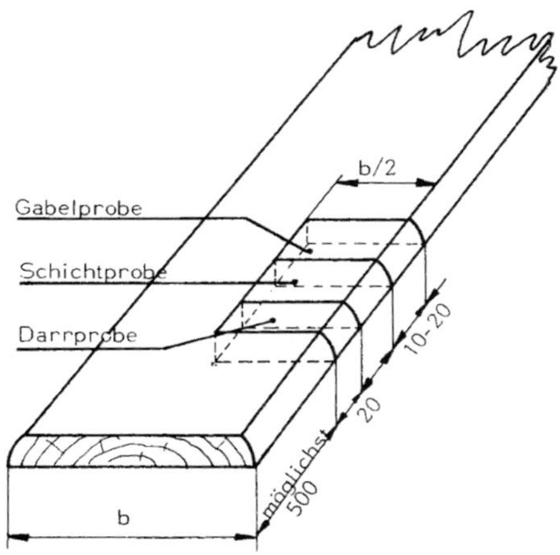

Abbildung 46: Entnahme einer Darrprobe, Schichtprobe und Gabelprobe aus einem Brett (nach Hildebrand [32])

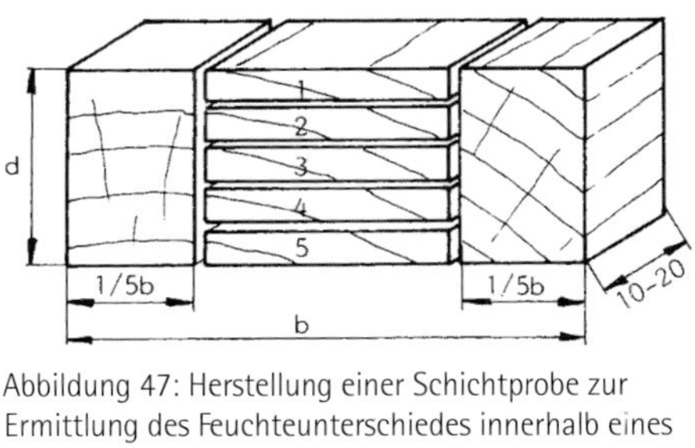

Abbildung 47: Herstellung einer Schichtprobe zur Ermittlung des Feuchteunterschiedes innerhalb eines Brettes (b Breite, d Dicke des Brettes)

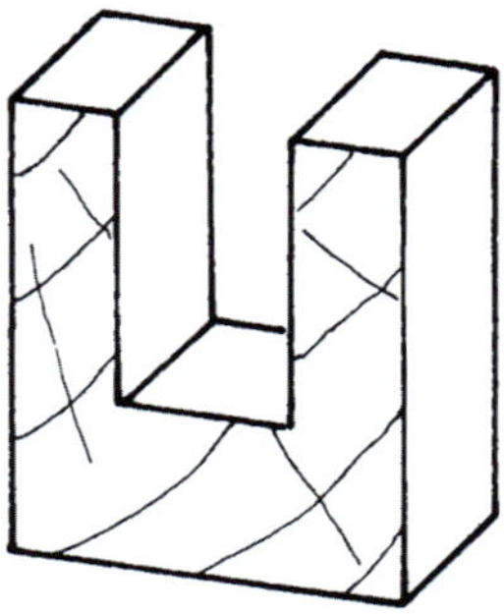

Abbildung 48: Gabelprobe

4.1.5 Holzfeuchtegleichgewicht u_{gl} (%).

Unter Holzfeuchtegleichgewicht (u_{gl} in %) oder auch Gleichgewichtsfeuchte versteht man diejenige Holzfeuchte, auf die sich das Holz in Abhängigkeit vom umgebenden Klima einstellt.

Das Holz passt sich von Natur aus dem umgebenden Klima (Lufttemperatur und Luftfeuchte) an. Ändert sich das Klima, wird das Holz feuchter oder trockener, das Holz verhält sich hygroskopisch. Wenn das Holz also in einem Zustand bleibt, wo es weder Feuchte aufnimmt noch abgibt, dann ist das Holzfeuchtegleichgewicht erreicht.

Beispiel:
Lufttemperatur +20 °C
Relative Luftfeuchte 53 %
u_{gl} = 10 % (siehe Abb. 49)

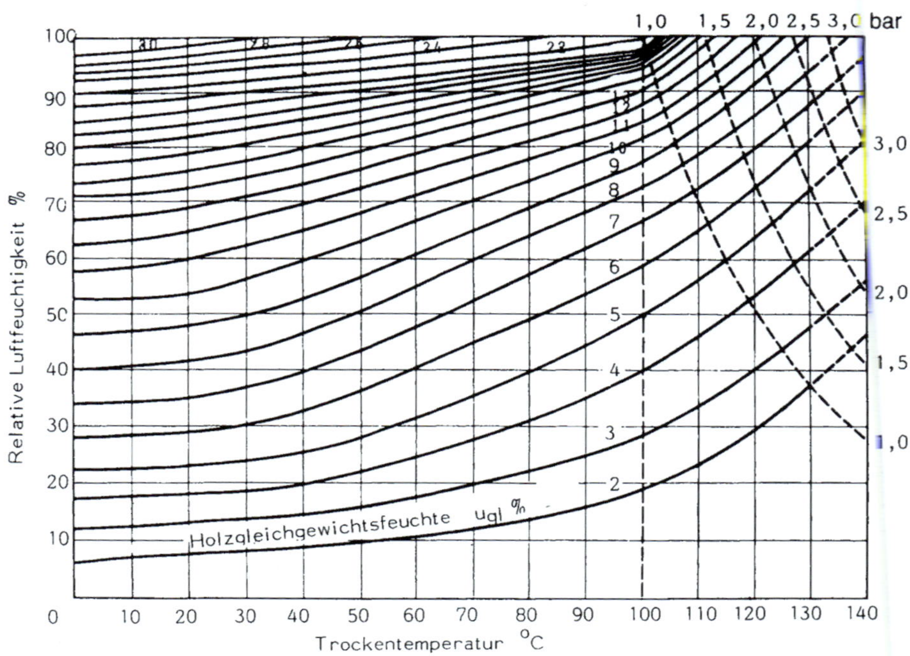

Abbildung 49: Gleichgewichtsfeuchte in Abhängigkeit von Luftfeuchte und Lufttemperatur (nach Bollmann[33])

Maßgebende Faktoren für die Gleichgewichtsfeuchte sind vor allem die relative Luftfeuchte und die Lufttemperatur. Die Gleichgewichtsfeuchte u_{gl} kann in der Trockenkammer auf zwei Arten ermittelt werden:

1. durch Ablesen der psychrometrischen Differenz und Übertragen bzw. Ermitteln aus Diagrammen und Tabellen
2. durch einen u_{gl}-Feuchtefühler

Die Feuchteeinstellung von Vollholz für die verschiedenen Verwendungsbereiche

Die Gleichgewichtsfeuchte u_{gl} muss bei jedem Werkstück so eingestellt werden, dass sie dem Klima am Ort der späteren Verwendung entspricht. Man nennt sie dann Haushalts- oder Gebrauchsfeuchte.

Tabelle 34: Haushalts-(Gebrauchs-)feuchten (nach Vogt[34])

Erzeugnis bzw. Verwendungszweck	Haushalts-bzw. Gebrauchs-feuchte* %	Trocknung auf %
Bauholzdimensionen soweit Verleimung und Lackierung im Betrieb nicht vorgesehen	13 ... 17	15. ..25 (Freiluft-trocknung)
Schiffs- und Bootsbau	16 ... 18	13 ... 15
Straßen- und Luftfahrzeuge, Schiffs-innenausbau, Sportgeräte, Holzausbau nicht geheizter Räume, Untersicht überstehender Dachkonstruktionen, Außenvertäfelungen, Balkonverkleidungen, Verpackungen, Paletten	13 ... 17	14 ± 2
Ingenieurholzbau Fenster, Außentüren aus üblichen Hölzern, aus Exoten, die bei der Lackierung besonders kritisch sind	12 ... 16	13 ± 2 11 ± 2
Deckentäfelungen in ofengeheizten Räumen in zentralgeheizten Räumen	8 ... 10 6 ... 8	7 ± 2
Musikinstrumente	8 ... 11 (5 ... 8)	9 ± 1 (7 ± 1)

* Die Schwankungen in der Gebrauchsfeuchte ergehen sich aus den jahreszeitlich bedingten Klimaschwankungen. Dabei ist zu beachten, daß im geheizten Raum die niedrige Feuchte im Winter, die hohe im Sommer erreicht wird. Die Schwankung ist entsprechend der Tabelle gering bei gut lackierten Hölzern, größer bei unbehandelten Erzeugnissen.

4.1.6 Schwindung und Quellung

Wird frisches Holz nur auf etwa 30 % Holzfeuchte getrocknet, so entleeren sich lediglich die Zellhohlräume ohne praktisch wesentliche Schwindung. Erst der Verlust von gebundenem Wasser aus den Zellwänden führt zum Schwinden. Das Ausmaß der Schwindung steigt proportional mit dem Verlust an gebundenem Wasser und mit der Rohdichte des Holzes. Die Schwindung in Faserrichtung des Holzes ist sehr klein (0,1 ... 0,3 ... 1 % vom grünen zum darrtrockenen Zustand) und deshalb meist vernachlässigbar (Ausnahmen: Wuchsanomalien wie Zug- und Druckholz, extremer Wechseldrehwuchs). Tangential zum Jahrring schwindet Holz 1,2 ... 3,0 mal so stark wie radial. Daher verziehen sich Holzquerschnitte je nach Jahrringlage mehr oder weniger.

Das Schwinden und Quellen beschränkt sich also im Wesentlichen auf den Bereich zwischen Fasersättigung und Darrtrockenheit.

Man unterscheidet drei Richtungen, in denen das Holz seine Form verändert: axial, radial, tangential.

Tabelle 35: Gesamt Schwindmaß β (%) bei Abnahme der Holzfeuchte von Fasersättigung bis 0 % sowie differentielles Schwind-/Quellmaß q (%) bei Änderung der Holzfeuchte um 1 %, (nach Wagenführ[16], DIN 68 100 und anderen Quellen)

Holzart	β_t	β_r	β_v	q_t	q_r	q_v
Abachi	4,6 ... 5,6 ... 6,7	2,2 ... 3,3 ... 4,2	6,9 ... 9,1 ... 11,5	0,22	0,11	0,19 ... 0,32
Afzelia, Doussie	3,6 ... 4,4	2,2 ... 3,3	6,4 ... 7,7	0,22	0,11	~0,23
Afrormosia, Kokrodua	6,0 ... 7,0	3,0 ... 3,5	9,4 ... 10,0	0,32	0,18	0,41 ... 0,43
Agba, Tola branca	4,0 ... 4,2 ... 5,7	1,9 ... 2,0 ... 2,8	6,5 ... 7,6 ... 8,3	0,2	0,11	~0,25
Ahorn	~8,0	~3,0	11,5 ... 11,8	0,26	0,15	~0,25
Birke	~7,8	~5,3	13,7 ... 14,2	0,41	0,29	~0,23
Birnbaum	~9,1	~4,6	13,6 ... 14,7	0,33	0,16	~0,48
Brasilkiefer, Parana Pine	4,7 ... 6,4 ... 8,3	2,7 ... 3,9 ... 5,2	7,4 ... 10,3 ... 13,5	0,33	0,19	0,25 ... 0,45
Bongossi, Azobe	8,3 ... 8,7 ... 10,8	6,7 ... 7,4 ... 9,2	15,2 ... 7,4 ... 21,0	0,4	0,31	0,51 ... 0,70
Eiche	7,8 ... 10,0	4,0 ... 4,6	12,6 ... 15,6	0,36	0,16	~0,45
Erle	7,7 ... 9,3	4,4 ... 4,8	12,6 ... 14,2	0,27	0,16	0,15 ... 0,30
Esche	8,0 ... 8,4	4,6 ... 5,0	12,8 ... 13,6	0,38	0,21	0,43 ... 0,45
Fichte	7,8 ... 8,0	3,5 ... 3,7	11,6 ... 12,0	0,39	0,19	0,39 ... 0,40
Hemlock	7,9 ... 8,5	4,3 ... 5,4	12,4 ... 13,0	0,25	0,13	~0,41
Iroko, Kambala	4,5 ... 5,5 ... 9,8	2,5 ... 3,8 ... 5,6	7,1 ... 10,0 ... 15,6	0,28	0,19	0,24 ... 0,52
Kiefer	7,5 ... 8,7	3,3 ... 4,5	11,2 ... 12,4	0,36	0,19	0,37 ... 0,41
Kirschbaum	6,5 ... 8,7	3,5 ... 5,0	13,7 ... 14,0	0,28	0,17	~0,46
Lärche	7,8 ... 10,4	3,3 ... 4,3	11,4 ... 15,0	0,3	0,14	0,38 ... 0,50
Limba	4,2 ... 5,5 ... 7,4	2,7 ... 4,7 ... 6,2	7,0 ... 10,4 ... 13,9	0,22	0,14	0,31 ... 0,51
Sipo	5,9 ... 7,9 ... 8,8	4,0 ... 5,0 ... 6,4	10,0 ... 11,8 ... 14,7	0,25	0,2	0,33 ... 0,49
Makore	4,3 ... 6,3 ... 9,5	3,5 ... 4,7 ... 6,5	7,9 ... 11,2 ... 16,5	0,27	0,22	0,43 ... 0,48
Meranti, Dark Red	7,1 ... 9,7 ... 11,0	3,4 ... 4,1 ... 4,6	11,3 ... 14,1 ... 16,0	0,32	0,17	0,38 ... 0,53
Niangon	7,6 ... 8,5 ... 9,2	2,9 ... 3,7 ... 4,5	10,0 ... 12,9 ... 14,0	0,33	0,18	0,33 ... 0,47
Nußbaum	7,5	5,4	13,4 ... 14,0	0,29	0,18	0,25 ... 0,45
Ramin	9,4	4,0	13,6 ... 15,0	0,39	0,19	0,47
Rotbuche	11,8	5,8	14,0 ... 17,9 ... 21,0	0,41	0,2	0,40 ... 0,60
Rüster	6,9 ... 8,3	4,6 ... 4,8	11,8 ... 13,8	0,23	0,2	0,39 ... 0,46
Sapelli	4,3 ... 7,0 ... 9,8	4,1 ... 5,4 ... 7,6	8,5 ... 12,6 ... 17,8	0,32	0,24	0,29 ... 0,61
Teak	4,2 ... 5,8	2,1 ... 3,0	6,9 ... 9,4	0,26	0,16	0,24 ... 0,32

In Faserlängsrichtung ist die Schwindung bzw. Quellung am geringsten (0,1... 0,3%) und daher meist vernachlässigbar klein. In radialer Richtung beträgt die Schwindung etwa 3 ... 5 % und in tangentialer Richtung etwa 5 ... 12 %.

Für jede Holzart gibt es ein Gesamt-Quellmaß (α-Wert) und Gesamt-Schwindmaß (ß-Wert). Diese α- und β-Werte sind unterschiedlich, weil sich beide Zahlen auf verschiedene Ausgangszustände beziehen:

„α" bezieht sich auf die Maßänderung von darrtrocken bis zur Fasersättigung, „β" bezieht sich auf die Maßänderung von Fasersättigung bis zum Darrzustand.

Man muss bei den Schwindzahlen, die in den verschiedenen Tabellen angegeben werden, zwei verschiedene Zahlenangaben beachten:

1. Gesamt-Schwindmaß „β" (β_v = β Volumen, β_t = β tangential, β_r = β radial): Diese Zahlen beziehen sich auf den Gesamtschwund des

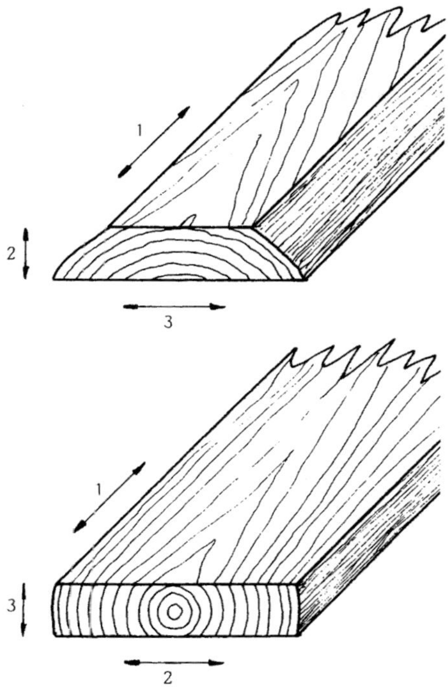

Abbildung 50: Schwindrichtungen in Abhängigkeit von der Jahrringlage (1 Längsschwund, 2 Radialschwund, 3 Tangentialschwund)

Holzes von Fasersättigung bis auf 0 % Holzfeuchte.
Beispiel:
Fichte β_t = 7,8 %; wird Fichte von u_a = 30 % oder mehr auf 0 % herabgetrocknet, dann schwindet das Holz um 7,8 % in der Richtung der Jahresringe. Trocknet man z. B. von 30% auf 15%, darf man nur 50 % von 7,8 % rechnen, also schwindet das Holz dann um 3,9 %.

2. Differentielles Schwind-/Quellmaß „q" (q_t, q_r): Diese Zahlen geben die Schwindung oder Quellung je 1 % Holzfeuchteänderung an.
Beispiel:
Fichte q_t= 0,39; wird Fichte von 24 % auf 23 % getrocknet, schwindet das Holz um 0,39 %.

Weitere Schwindwerte für hier nicht berücksichtigte Holzarten sind der Tabelle 19 im Abschnitt 1.4.3 zu entnehmen.

Rechenbeispiel zur Schwindermittlung: Kiefer, 50% feucht, zu trocknen auf 10 %: von 50% auf 30% Holzfeuchte fast kein Schwund; von 30% auf 10% = 20% Differenz; Differentielles Schwind-/Quellmaß q_t nach Tabelle = 0,36; 0,36 • 20% (Feuchtedifferenz) = 7,2 % Schwund in Richtung der Jahresringe. Die angegebene Berechnung dient nur zur überschlägigen Ermittlung des Schwundes für den Praktiker im Betrieb.

Die differenzierten Formeln und Berechnungsmethoden von Kollmann sind hier mit Absicht nicht aufgeführt.

4.1.7 Begriffe zum Feuchtegehalt des Holzes

Unter Berücksichtigung der Definitionen nach EN 844-4: 1997 (Rund- und Schnittholz, Terminologie - Begriffe zum Feuchtegehalt)

- *Feuchtegehalt:* Masse (Gewicht) des im Holz enthaltenen Wassers; wird in Prozent angegeben, bezogen auf die Masse des darrtrockenen Holzes.
- *Anfangsfeuchte (u_a):* Feuchtegehalt des Holzes vor Beginn einer Trocknungsphase.
- *Endfeuchte (u_e):* Feuchtegehalt des Holzes nach dem Ablauf einer Trocknungsphase.
- *Zielfeuchte:* Angestrebter Feuchtegehalt des Holzes, der nach einer Trocknungsphase erreicht werden soll.
- *Oberflächenfeuchte:* Momentaner Feuchtegehalt des Holzes an seiner Oberfläche; wird gemessen bis 1/6 der Holzdicke.
- *Kernfeuchte:* Feuchtegehalt des Holzes in der Mitte seines Querschnittes; wird gemessen bei 1/2 der Holzdicke.
- *Mittlere Holzfeuchte:* Feuchtegehalt des Holzes, der in 1/3 der Holzdicke gemessen wird.
- *Darrtrockenes Holz:* Holz, das absolut keine Feuchte mehr enthält. Wird in der Fachlite-

ratur mit „atro“ (= absolut trocken) bezeichnet. Dieser Zustand kann nur kurzzeitig mittels Darrverfahren erreicht werden.

- *Frisches Holz:* Holz, dessen Feuchtegehalt über dem Fasersättigungspunkt liegt (durchschnittlich 30%).
- *Lufttrockenes Holz:* Holz, dessen Feuchtegehalt dem ungefähren Gleichgewicht des Umgebungsklimas im Freien entspricht; der Feuchtegehalt von lufttrockenem Holz liegt normalerweise unter 20%.
- *Verladetrockenes Holz:* Holz, dessen Feuchtegehalt ausreichend niedrig liegt, dass beim Transport in der Regel keine Verfärbungen, Schimmel- und Pilzbefall auftreten können; der Feuchtegehalt von verladetrockenem Holz sollte immer unter 25 % liegen. Für „Verladetrocken“ wird in der Praxis häufig auch der Begriff „Schiffstrocken“ (SD = shipping dry) bei Seetransporten verwendet.
- *„KD“-getrocknetes Holz (KD = kiln dried):* Holz, das in einer Trockenanlage technisch getrocknet wurde. Eine Angabe ohne Gewähr hinsichtlich eines bestimmten Feuchtegehaltes oder einer bestimmten Trocknungsqualität. Falls zum Begriff „KD“ kein zusätzlicher Vorgabewert über eine bestimmte Endfeuchte vorliegt, erwartet man in der Praxis für KD-Ware einen Feuchtegehalt von ca. 10 ... 16%.
- *Gleichgewichtsfeuchte* (u_{gl}): Feuchtegehalt, auf den sich Holz abhängig vom Umgebungsklima einstellt. Holz nimmt dann weder Feuchte aus der Umgebung auf noch gibt es welche ab.
- *Gebrauchsfeuchte:* Feuchtegehalt des Holzes, der dem Umgebungsklima seiner Endverwendung am Einsatzort entspricht.
- *Fasersättigung* (u_{FS}: Zustand des Holzes, bei dem seine Zellwände mit Wasser gesättigt sind, seine Zellhohlräume jedoch frei von Wasser sind; der Durchschnittswert des Feuchtegehaltes bei Fasersättigung beträgt bei Holzarten der gemäßigten Klimazonen etwa 30 %.
- *Schwindung:* Verkleinerung der Maße eines Holzstückes bei Abnahme des Feuchtegehaltes.
- *Gesamtschwindmaß β (%):* Auch maximales Schwindmaß genannt. Gesamte Schwindung eines Holzstückes in einer bestimmten Richtung (tangential, radial, axial) zwischen dem Fasersättigungspunkt und dem Darrzustand. Wird als Prozentsatz angegeben, bezogen auf das Maß im Fasersättigungspunkt.
- *Differentielles Schwindmaß q (%).* Schwindung in einer bestimmten Richtung (tangential, radial, axial) bei Abnahme des Feuchtegehaltes um einen Prozentpunkt.
- *Tangentialschwindung:* Schwindung tangential (parallel) zu den Wachstumsringen.
- *Radialschwindung:* Schwindung quer (senkrecht) zu den Wachstumsringen.
- *Quellung:* Vergrößerung der Maße eines Holzstückes bei Zunahme des Feuchtegehaltes.
- *Gesamtquellmaß α (%):* Auch „maximales Quellmaß“ genannt. Gesamte Quellung eines Holzstückes in einer bestimmten Richtung (tangential, radial, axial) zwischen dem Darrzustand und dem Fasersättigungspunkt. Wird als Prozentsatz angegeben, bezogen auf das Maß im Darrzustand.
- *Differentielles Quellmaß q (%):* Quellung in einer bestimmten Richtung (tangential, radial, axial) bei Zunahme des Feuchtegehaltes um einen Prozentpunkt.
- *Tangentialquellung:* Quellung tangential (parallel) zu den Wachstumsringen.
- *Radialquellung:* Quellung quer (senkrecht) zu den Wachstumsringen.

4.1.8 Physikalische Begriffe

4.1.8.1 Temperatur T, ϑ (°C, K)

Die Temperatur spielt bei allen Trocknungsvorgängen eine große Rolle. Je höher die Lufttemperatur ist, desto mehr Feuchte aus dem Holz kann sie aufnehmen und desto schneller verläuft die Trocknung. Bei der Holztrocknung ist nicht nur die Temperatur der umgebenden Luft, sondern auch die Temperatur maßgebend, die an der Holzoberfläche herrscht. Diese „Oberflächentemperatur“ kann verschieden sein von der Lufttemperatur, die außer durch die Luftströmung auch durch Strahlung beeinflusst werden kann (z. B. direkte Sonneneinstrahlung oder Heizkörper in Trockenkammer). Bei der Freilufttrocknung (Holzplatz) herrschen oft infolge direkter Sonnenbestrahlung durch starke Erwärmung der Holzoberfläche zeitweilig sehr scharfe Trocknungsverhältnisse. Die bekannte Folge sind Rissbildungen auf der Brettoberfläche und am Hirnende sowie Verwerfen, krumm werden und Verfärbungen.

Die Lufttemperatur in der Trockenkammer wird mit dem Trockenthermometer des Psychrometers oder einem üblichen Thermometer gemessen.

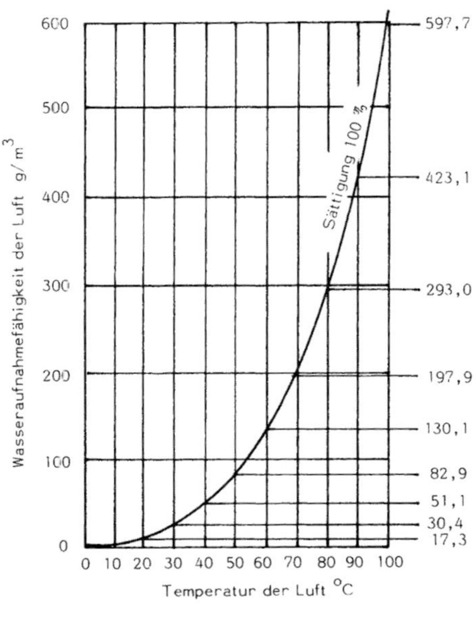

Abbildung 51: Wasseraufnahmefähigkeit der Luft (g/m³) in Abhängigkeit von der Temperatur

4.1.8.2 Luftfeuchte

Absolute Luftfeuchte f_{abs} [g/m³]: f_{abs} gibt an, wie viel Dampf [g] in einem m³ Luft enthalten ist. Bei einer bestimmten Temperatur kann sich in einem bestimmten Raum nur eine bestimmte Höchstmenge an Dampf (Sattdampf) befinden (und zwar unabhängig davon, ob dieser Raum Luft enthält oder nicht). Das Luft-Dampf-Gemisch heißt dann gesättigte feuchte Luft. Gesättigte feuchte Luft kann bei höherer Temperatur absolut gesehen mehr Dampf aufnehmen als bei niedriger.

Wenn im betreffenden Raum weniger als die Höchstmenge an Dampf vorhanden ist, heißt der Dampf ungesättigt oder überhitzt. Der absolute Feuchtegehalt (die effektiv vorhandene Feuchte) der Luft ändert sich bei Erwärmung nicht und bei Abkühlung erst dann, wenn Tau anfällt, wenn also bis unterhalb des Taupunktes abgekühlt wird.

Taupunkt: Die Luft hat den Taupunkt erreicht, wenn sie mit Wasserdampf gesättigt ist. Wird der Taupunkt unterschritten, so scheidet die Luft Wasser aus. Diesen Vorgang nennt man Kondensation. Die Kondensation wird ausgelöst durch das Abkühlen gesättigter Luft. Nach dem Unterschreiten des Taupunktes macht sich die Konden-sation des Wasserdampfes auf folgende Weise bemerkbar:

- durch feinverteilte, frei in der Luft schwebende Flüssigkeitströpfchen, die dem Auge als Nebel oder Dampfschwaden sichtbar werden.
- durch Feuchtigkeitsniederschlag in Form feiner Flüssigkeitströpfchen auf festen Körpern, an denen sich die Luft abkühlt.

Der Taupunkt der Luft (100% relative Luftfeuchte) wird erreicht bei den in Tabelle 36 genannten Temperaturen und maximalen absoluten Luftfeuchten (g/m³).

Tabelle 36: Taupunkt: Temperaturen und maximale absolute Luftfeuchten

Temp. °C	g/m³	Temp. °C	g/m³
– 20	0,90	+ 12	10,68
– 15	1,40	+ 14	12,09
– 10	2,17	+ 16	13,65
– 8	2,74	+ 18	15,40
– 6	3,17	+ 20	17,31
– 4	3,66	+ 30	30,39
– 2	4,22	+ 40	51,12
0	4,85	+ 50	82,98
+ 2	5,57	+ 60	130,10
+ 4	6,37	+ 70	197,00
+ 6	7,27	+ 80	293,00
+ 8	8,28	+ 90	423,00
+10	9,41	+100	597,00

Relative Luftfeuchte φ [%]: Für Trocknungsvorgänge ist nicht die absolute Luftfeuchte ausschlaggebend, sondern ihre Aufnahmefähigkeit für Feuchte, also die relative Luftfeuchte.

Die relative Luftfeuchte ist das Verhältnis der im Raum wirklich vorhandenen Wasserdampfmenge (f_{abs}) zu der bei gleicher Temperatur möglichen Höchstmenge ($f_{sätt}$)

$$\varphi = \frac{f_{abs}}{f_{sätt}} \times 100\ [\%]$$

f_{abs} (g/m³) = die im Moment vorhandene Feuchte in der Luft (absolute Feuchte), $f_{sätt}$ (g/m³) = die maximal mögliche Feuchte bei der vorhandenen Temperatur. Die relative Luftfeuchte gibt also an, wie viel Prozent von der möglichen Wasserdampfmenge bei einer bestimmten Lufttemperatur tatsächlich vorhanden sind. Je wärmer die Luft wird, desto mehr Feuchte kann sie aufnehmen.

Beispiel 1:
1m³ Luft kann bei 50 °C und voller Sättigung maximal 82,9 g Wasser aufnehmen. Sind nur 62,1 g Wasser vorhanden, dann ist die Luft zu 75 % gesättigt. Durch Abkühlung wird dieses Dampf-Luft-Gemisch relativ feuchter und ist bei 43 °C gesättigt.

Abgekühlte Luft (mit gleicher absoluter Feuchte wie wärmere Luft) ist also relativ feuchter und damit weniger aufnahmefähig für Wasser.

Bei 30 °C Lufttemperatur sei die tatsächlich vorhandene Wassermenge = 15,2 g/m³. Die maximalmögliche Wassermenge laut Tabelle 36 beträgt 30,4 g/m³.

$$\text{Relative Luftfeuchte } \varphi = \frac{15{,}2\ \text{g/m}^3}{30{,}4\ \text{g/m}^3} \times 100 = 50\ \%$$

Aus diesen Eigenschaften der Luft kann gefolgert werden:

1. Holz trocknet in wärmerer Luft schneller als in kälterer Luft gleicher relativer Feuchte, weil die Luft mit steigender Temperatur mehr Wasser aufnehmen kann.
2. Die relative Luftfeuchte sagt aus, ob die Luft vergleichsweise trocken (10%) oder mittelmäßig feucht (65%) oder sehr feucht (90%) ist. Anhand dieses Wertes kann man gut beurteilen, in welchem Maße die Luft in der Lage ist, noch Feuchte aufzunehmen. In trockener Luft trocknet Holz sehr rasch, feuchte Luft nimmt nur noch sehr träge Wasserdampf auf.
3. Erwärmt man eine bestimmte Luftmenge, so sinkt die relative Luftfeuchte, kühlt man Luft ab, so steigt die relative Luftfeuchte bis 100% – darüber hinaus wird bei weiterer Abkühlung die überschüssige Wassermenge in Form von Wassertröpfchen kondensiert.

Das Psychrometer

Das Psychrometer ist ein Instrument, mit dem das Klima (Luftfeuchte und Temperatur) in der Trockenkammer gemessen werden kann. Dieses Gerät besteht aus zwei Thermometern: Das *Trockenthermometer* zeigt die Normal-

(Trocken-)Temperatur – ϑ_{tr} in der Kammer an, das *Nassthermometer* zeigt die Feuchte-(Nass-) Temperatur ϑ_w an.

Der Fühlkopf des Nassthermometers ist mit einem Docht oder Lappen überzogen, der laufend befeuchtet wird.

Verdunstet an der Oberfläche eines Körpers Wasser, so wird der hierfür erforderliche Wärmeaufwand dem Körper entzogen, und dieser kühlt ab.

Ist die den Körper umgebende Luft sehr trocken, dann kann von dieser sehr viel Feuchte aufgenommen werden, d. h. der Körper kühlt stark ab.

Ist die den Körper umgebende Luft sehr feucht, dann kann diese nicht mehr viel Feuchte aufnehmen, d. h. der Körper kühlt wenig ab.

Je nach der vorhandenen relativen Luftfeuchte in der Trockenanlage verdunstet von diesem Docht mehr oder weniger Wasser in die umgebende Luft und kühlt damit auch das feuchte Thermometer mehr oder weniger ab. Das feuchte Thermometer zeigt somit entsprechend der vorhandenen relativen Luftfeuchte gegenüber dem trockenen Thermometer eine Differenz-Temperatur, die ein Maß für die vorhandene relative Luftfeuchte im Trockner ist.

Die psychrometrische Differenztemperatur $\Delta\vartheta_{ps}$ legt die relative Luftfeuchte fest. Mit Hilfe von Tabellen kann damit auch das hygroskopische Gleichgewicht u_{gl} festgelegt werden.

Ist die Temperaturdifferenz groß, dann ist die Kammerluft trocken und damit die Luftfeuchte gering. Ist die Temperaturdifferenz gering, dann ist die Kammerluft feucht; es herrscht eine hohe Luftfeuchte.

Ist die Temperaturdifferenz gleich 0, d. h. beide Thermometer zeigen die gleiche Temperatur, dann gibt es mehrere Möglichkeiten:

- Luftfeuchte = 100% (gesättigt)
- es findet keine Luftbewegung statt (die Luftgeschwindigkeit am Psychrometer sollte mindestens 2 m/s betragen)

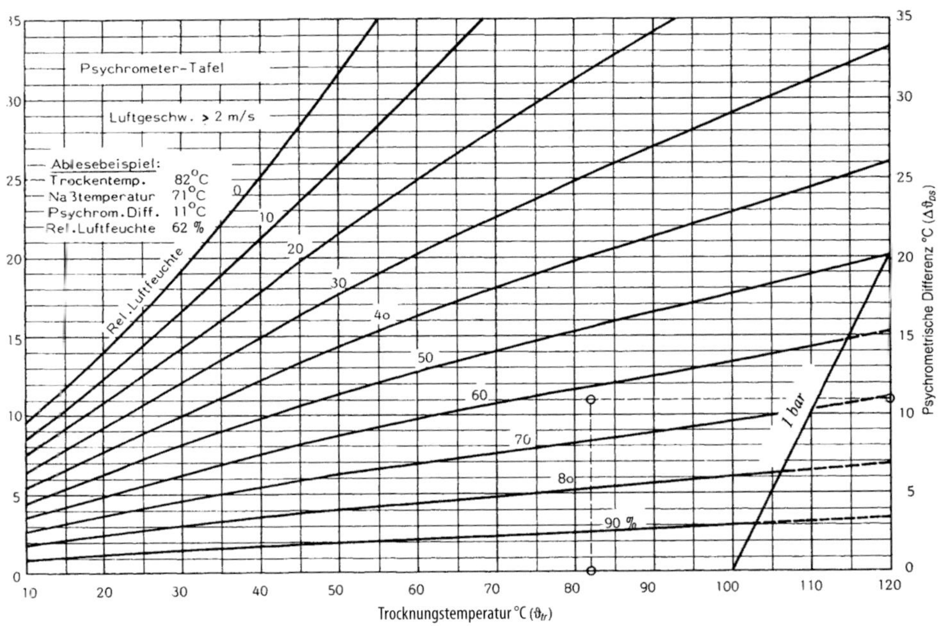

Abbildung 52: Psychrometer-Tafel zur Ermittlung der relativen Luftfeuchte (aus Eisenmann[35])

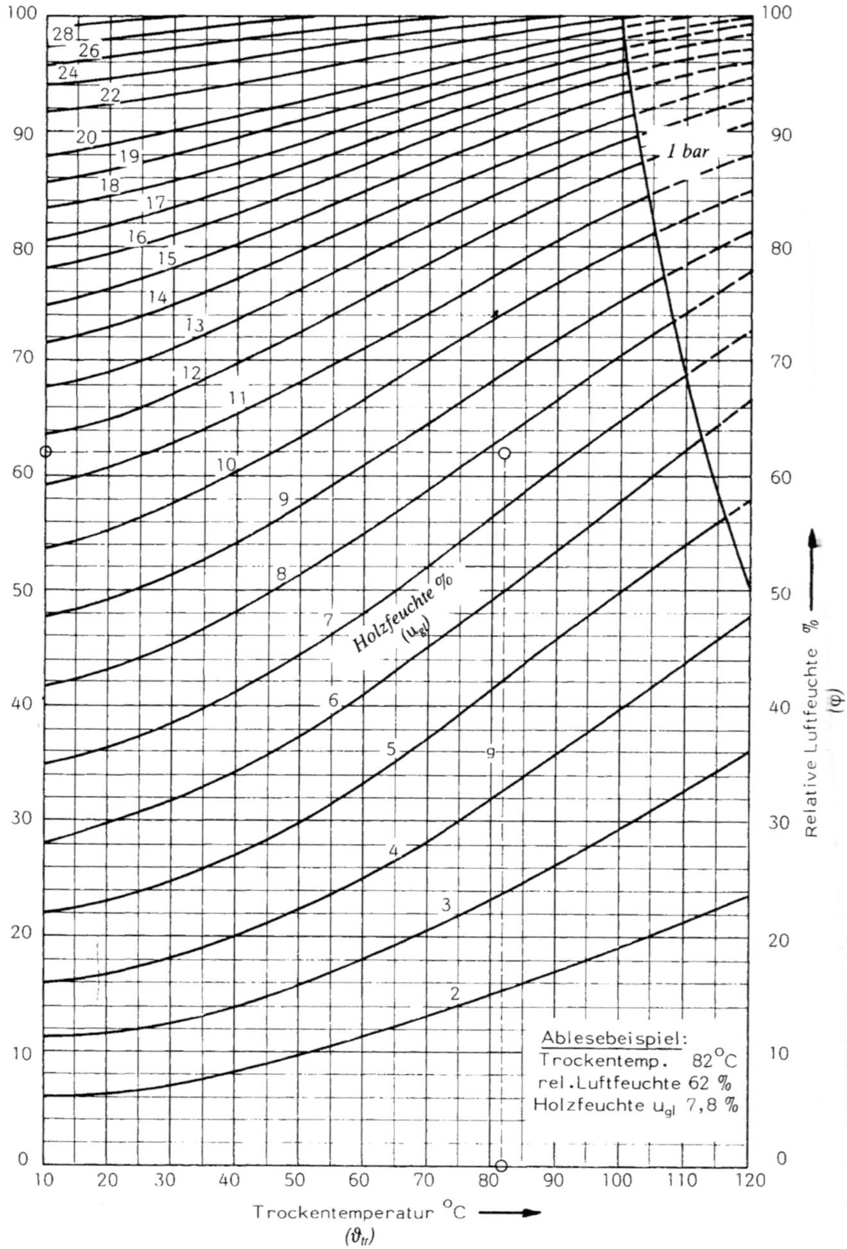

Abbildung 53: Holzfeuchte-Gleichgewichtlinien zur Ermittlung des Holzfeuchtegleichgewichts (aus Eisenmann[35]

Tabelle 37: Holzfeuchtegleichgewichtszahlen (aus Eisenmann[35])

Psychrometrische Differenz in °C

Ablesebeispiel:
Trockentemperatur = 82 °C
Psych. Differenz = 11 °C
ergeben 8 % Gleichgewichtsfeuchte

Trockentemperatur in °C (ϑ_{tr})	0	1	2	3	4	5	6	7	8	9	10	11	12	13	14	15	16	17	18	19	20	21	22	23	24	25	
120																					4,5	4	4	4	3,5	3,5	120
118																			4,5	4,5	4,5	4	4	4	4	3,5	118
116																	5	5	5	4,5	4,5	4	4	4	4	3,5	116
114															5,5	5,5	5,5	5	5	4,5	4,5	4	4	4	4	3,5	114
112													6,5	6,5	6	5,5	5,5	5	5	4,5	4,5	4,5	4,5	4	4	3,5	112
110											7,5	7	6,5	6,5	6	5,5	5,5	5	5	5	4,5	4,5	4,5	4	4	4	110
108									8,5	8	7,5	7	6,5	6,5	6	5,5	5,5	5	5	5	4,5	4,5	4,5	4	4	4	108
106							10	9,5	8,5	8	7,5	7	6,5	6,5	6	5,5	5,5	5	5	5	4,5	4,5	4,5	4	4	4	106
104					11,5	11	10	9,5	8,5	8	7,5	7	6,5	6,5	6	5,5	5,5	5,5	5	5	4,5	4,5	4,5	4	4	4	104
102			14,5	13	11,5	11	10	9,5	9	8,5	7,5	7	6,5	6,5	6	6	5,5	5,5	5	5	4,5	4,5	4,5	4	4	4	102
100	22	16,5	15	13	12	11	10	9,5	9	8,5	7,5	7	6,5	6,5	6	6	5,5	5,5	5	5	4,5	4,5	4,5	4	4	4	100
98	22,5	17	15	13,5	12	11	10	9,5	9	8,5	8	7,5	7	6,5	6	6	5,5	5,5	5	5	4,5	4,5	4,5	4	4	4	98
96	23	17	15	13,5	12	11,5	10	10	9	8,5	8	7,5	7	6,5	6	6	5,5	5,5	5	5	4,5	4,5	4,5	4	4	4	96
94	23	17,5	15,5	14	12	11,5	10,5	10	9	8,5	8	7,5	7	6,5	6,5	6	5,5	5,5	5	5	4,5	4,5	4,5	4	4	4	94
92	23,5	18	15,5	14	12	11,5	10,5	10	9	8,5	8	7,5	7	6,5	6,5	6	5,5	5,5	5	5	4,5	4,5	4,5	4	4	3,5	92
90	24	18	15,5	14	12,5	11,5	10,5	10	9,5	8,5	8	7,5	7,5	6,5	6,5	6	6	5,5	5,5	5	4,5	4,5	4,5	4	4	3,5	90
88	24	18,5	15,5	14	12,5	11,5	10,5	10	9,5	8,5	8	7,5	7,5	6,5	6,5	6	6	5,5	5,5	5	4,5	4,5	4,5	4	4	3,5	88
86	24,5	18,5	15,5	14,5	12,5	11,5	11	10	9,5	8,5	8	8	7,5	6,5	6,5	6	6	5,5	5,5	5	4,5	4,5	4,5	4	4	3,5	86
84	24,5	19	16	14,5	12,5	11,5	11	10	9,5	9	8,5	8	7,5	7	6,5	6	6	5,5	5,5	5	4,5	4,5	4,5	4	4	3,5	84
82	24,5	19	16	14,5	13	12	11	10	9,5	9	8,5	8	7,5	7	6,5	6	6	5,5	5,5	5	4,5	4,5	4,5	4	4	3,5	82
80	25	19	16	14,5	13	12	11	10	9,5	9	8,5	8	7,5	7	6,5	6,5	6	5,5	5,5	5	5	4,5	4,5	4	4	3,5	80
78	25	19	16	15	13	12	11	10	9,5	9	8,5	8	7,5	7	6,5	6,5	6	5,5	5,5	5	5	4,5	4	4	4	3,5	78
76	25	19,5	16,5	15	13	12	11	10	9,5	9	8,5	8	7,5	7	6,5	6,5	6	5,5	5,5	5	5	4,5	4	4	4	3,5	76
74	25,5	19,5	16,5	15	13	12	11	10	9,5	9	8,5	8	7,5	7	6,5	6,5	6	5,5	5,5	5	5	4,5	4	4	4	3,5	74
72	25,5	20	17	15	13,5	12,5	11	10	9,5	9	8,5	8	7,5	7	6,5	6,5	6	5,5	5,5	5	5	4,5	4	4	4	3,5	72
70	26	20	17	15,5	13,5	12,5	11	10,5	9,5	9	8,5	8	7,5	7	6,5	6,5	6	5,5	5,5	5	5	4,5	4	4	4	3,5	70
68	26	20	17,5	15,5	13,5	12,5	11,5	10,5	9,5	9	8,5	8	7,5	7	6,5	6,5	6	5,5	5,5	5	5	4,5	4	4	4	3,5	68
66	26,5	20,5	17,5	15,5	13,5	12,5	11,5	10,5	10	9	8,5	8	7,5	7	6,5	6,5	6	5,5	5,5	5	5	4,5	4	4	4	3,5	66
64	26,5	20,5	17,5	15,5	13,5	12,5	11,5	10,5	10	9	8,5	8	7,5	7	6,5	6,5	6	5,5	5,5	5	5	4,5	4	4	4	3,5	64
62	27	21	17,5	15,5	13,5	12,5	11,5	10,5	10	9	8,5	8	7,5	7	6,5	6,5	6	5,5	5,5	5	5	4,5	4	4	4	3,5	62
60	27	21	18	15,5	14	12,5	11,5	10,5	10	9,5	8,5	8	7,5	7	6,5	6,5	6	5,5	5	5	4,5	4,5	4	4	3,5	3,5	60
58	27	21	18	15,5	14	12,5	11,5	10,5	10	9,5	8,5	8	7,5	7	6,5	6,5	6	5,5	5	5	4,5	4,5	4	3,5	3,5	3,5	58
56	27,5	21	18	15,5	14	13	11,5	10,5	10	9,5	8,5	8	7,5	7	6,5	6,5	6	5,5	5	5	4,5	4	4	3,5	3,5	3	56
54	27,5	21,5	18	16	14	13	11,5	10,5	10	9,5	8,5	8	7,5	7	6,5	6,5	6	5,5	5	4,5	4,5	4	3,5	3,5	3	3	54
52	28	21,5	18	16	14	12,5	11,5	10,5	10	9	8,5	8	7,5	7	6,5	6	5,5	5,5	5	4,5	4,5	4	3,5	3,5	3	2,5	52
50	28	21,5	18,5	16	14	12,5	11,5	10,5	10	9	8,5	8	7,5	7	6,5	6	5,5	5,5	5	4,5	4	4	3,5	3	3	2,5	50
48	28	21,5	18,5	16	14	12,5	11,5	10,5	10	9	8,5	8	7,5	7	6,5	6	5,5	5	4,5	4,5	4	3,5	3,5	3	2,5	2	48
46	28,5	21,5	18,5	16	14	12,5	11,5	10,5	9,5	9	8,5	8	7,5	7	6,5	6	5,5	5	4,5	4	4	3,5	3	2,5	2,5	2	46
44	28,5	22	18,5	16	14	12,5	11,5	10,5	9,5	9	8,5	7,5	7	6,5	6	5,5	5,5	4,5	4,5	4	3,5	3	2,5	2,5	2		44
42	28,5	22	18,5	16	14	12,5	11,5	10,5	9,5	9	8	7,5	7	6,5	6	5,5	5	4,5	4	4	3,5	3	2,5	2			42
40	29	22	18,5	16	14	12,5	11,5	10,5	9,5	9	8	7,5	7	6,5	6	5,5	4,5	4,5	4	3,5	3	2,5	2				40
	0	1	2	3	4	5	6	7	8	9	10	11	12	13	14	15	16	17	18	19	20			23	24	25	

Psychrometrische Differenz in °C
($\Delta\vartheta_{ps}$)

Trockentemperatur in °C (ϑ_{tr})

- es findet keine Befeuchtung statt (kein Wasser im Behälter)

Auswirkungen der Lage des Psychrometers in der Kammer

- Psychrometer auf Zuluftseite: Die Luft wird an der Stelle ihrer größten Trocknungswirkung gemessen. Man kann ruhig etwas scharf fahren, da die Luft mit jedem Zentimeter Weg durch den Holzstapel kälter und feuchter wird, also an Trocknungswirkung und Gefährlichkeit in bezug auf Rissbildung verliert
- Psychrometer auf Abluftseite (nur als Zusatzgerät zu empfehlen): Die Luft wird an der Stelle ihrer geringsten Trocknungswirkung gemessen. Am Psychrometer darauf achten, dass die Differenz nicht zu groß wird, was ja gleichbedeutend mit scharfer Trocknung ist, weil auf der anderen Seite des Stapels (am Lufteintritt) etwas höhere Temperatur und geringere Luftfeuchte, also noch schärfer Trocknungsbedingungen herrschen.

Achtung: Beide Thermometer sollten nie gleich stehen. 0 bedeutet volle Sättigung. Immer mit mindestens ½ bis 1 °C Differenz fahren!

Veränderung der relativen Luftfeuchte

Die Veränderung der Holzfeuchte beruht bei der technischen Trocknung im wesentlichen auf der Veränderung der relativen Luftfeuchte – im Prinzip Verringerung von φ. Verringerung von φ (Vergrößerung der Temperaturdifferenz = niederes u_{gl} = schärfere Trocknung) geschieht durch

- Temperaturerhöhung
- Frischluftzufuhr

Voraussetzung: Temperaturunterschied (Temperatur der Frischluft muss niedriger sein als in der Kammer)

- Absperrung der Sprüheinrichtungen Erhöhung von φ (Verringerung der Temperaturdifferenz = höheres u_{gl} = sanftere und langsamere Trocknung) geschieht durch
- Sprühen
- Schließen der Frisch- und Abluftklappen
- Temperatur senken

In der Regel wird gesprüht, das geht schneller als Temperatursenkung; letztere ist nur durch Drosselung der Heizung zu erreichen, nicht aber durch Frischluftzufuhr.

Kammerklima: Lufttemperatur und relative Luftfeuchte bestimmen das Kammerklima und dadurch das Holzfeuchtegleichgewicht, das vom Trockengut (Holz) bei diesem Klima angestrebt wird. Ablesebeispiel:

Psychrometeranzeige: Trocknungstemperatur ϑ_{tr} = 70 °C, Nasstemperatur ϑ_{w} = 60 °C, psychrometrische Differenz = 10 °C. Ergibt eine Gleichgewichtsfeuchte von 8,5 %.

4.1.9 Holzfeuchtegefälle (Feuchtegefälle)

Während im stehenden Baum die Feuchte, besonders das im Splintholz enthaltene Wasser, relativ gleichmäßig verteilt ist, zeigen sich bei der Freilufttrocknung von Schnittware schon bald Feuchteunterschiede im Querschnitt. Das Holz trocknet zunächst in den äußeren Schichten, während zum Inneren hin ein wesentlich langsamerer Trocknungsfortschritt festzustellen ist. Es bildet sich folglich ein Feuchtegefälle vom Brettinneren zu den äußeren Holzschichten, das bei der Holztrocknung richtig gesteuert werden muss. Messung durch Schichtprobe:

$\Delta_u = u_{innen} - u_{außen}$

Ist das Holzfeuchtegefälle während der Trocknung zu groß, reißt der Feuchtefluss von der Holzmitte zur Holzoberfläche ab und es kommt zu der gefürchteten Verschalung; solches Holz ist in den Oberflächenschichten übertrocknet und im Inneren noch zu feucht.

Umgekehrt, also bei zu klein gewähltem Holzfeuchtegefälle, erfolgt der Wasserentzug aus dem Holz zu langsam, und es ergeben sich lange und damit unwirtschaftliche Trockenzeiten.

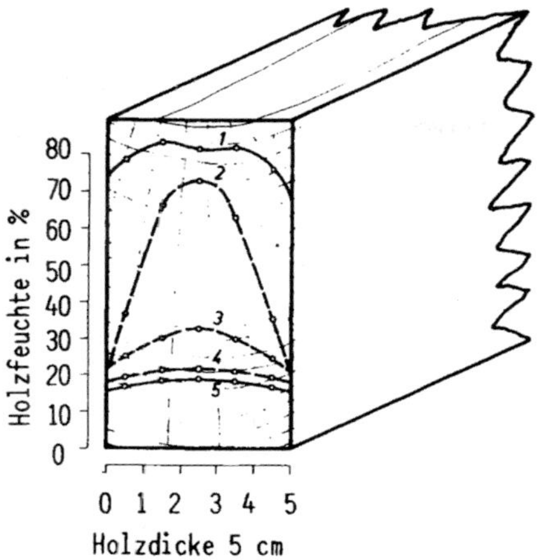

Abbildung 54: Veränderungen der Holzfeuchteverteilung in einer 50 mm dicken Buchenbohle im Laufe der Lagerung auf dem Holzplatz (aus Hildebrand[32])
1 Holzfeuchte beim Einschnitt
2 Holzfeuchte nach 6 Wochen Lagerung
3 Holzfeuchte nach 6 Monaten Lagerung
4 Holzfeuchte nach 12 Monaten Lagerung
5 Holzfeuchte nach 18 Monaten Lagerung

4.1.10 Trocknungsgefälle TG (ohne Einheit)

Das Trocknungsgefälle TG ist das Verhältnis der Regelfeuchte u_r zur Gleichgewichtsfeuchte u_{gl}. Dieses Verhältnis gilt jedoch nur für $u \leq u_{gr}/u_{gl}$. Das Trocknungsgefälle kennzeichnet gleichzeitig die „Schärfe“ einer Trocknung.

$$\text{Trocknungsgefälle} = \frac{u_r}{u_{gl}}$$

Die Regelfeuchte u_r ist die „Führungsgröße“, mit der die Trocknung gesteuert wird. Für u_r wird entweder der momentan feuchteste Wert oder ein zu wählender Durchschnittswert aller Feuchtemessstellen oder ein sonstiger Einzelwert gewählt.

Das Trocknungsgefälle ist eine Zahl ohne Einheit.

Beispiel 1:
Würde die Regelfeuchte u_r gleich der Gleichgewichtsfeuchte u_{gl} sein (13 % = 13 %), so wäre das Trocknungsgefälle = 1,0; das Holz würde nicht mehr trocknen.

Beispiel 2:
Regelfeuchte u_r = 40 %, Trocknungstemperatur ϑ_{tr} 70 °C, relative Luftfeuchte φ = 70 %. Aus der Abbildung 53 ergibt sich für

$$u_{gl} = 10\,\%;\ \text{Trocknungsgefälle} = \frac{40}{10} = 4{,}0$$

Allgemein kann gesagt werden, je größer das Trocknungsgefälle ist,

- desto schärfer und schneller geht die Trocknung vor sich
- desto ungleichmäßiger ist die Endfeuchteverteilung.

Die Kammertrocknung wird vor allem nach dem Trocknungsgefälle unterhalb u_{gr} gesteuert. Früher wurden Trocknungen mit einem konstanten Trocknungsgefälle gefahren. Heute verändert man durch moderne Technik und Erkenntnisse das Trocknungsgefälle je nach Holzart und Verwendungszweck während der Trocknung laufend, um schneller zu besseren Ergebnissen zu kommen.

Von der Größe des Trocknungsgefälles hängt es ab, ob die Trocknung wirtschaftlich ist und ein optimales Trocknungsergebnis erreicht wird.

Bei zu großem Trocknungsgefälle ist mit Spannungen und Rissbildungen im Holz zu rechnen, so dass in jedem Fall nicht nur die Holzart, sondern auch die Holzdicke und Anfangsfeuchte für die Wahl des richtigen Trocknungsgefälles zu berücksichtigen sind.

4.1.11 Beschicken von Trockenkammern, Sortierung und Stapelung

Um eine qualitativ einwandfreie Trocknung zu erzielen, sind folgende Grundsätze anzustreben: In einer Trocknungscharge sollte nur *eine Holzart mit gleicher Qualität, gleicher Dicke und ungefähr ähnlicher Anfangs- und gleicher Endfeuchte getrocknet werden.*

Da sich diese Forderungen in der Praxis nicht immer verwirklichen lassen, richtet sich die Steuerung der Trocknung immer nach den ungünstigsten Werten, d. h. nach dem feuchtesten, dicksten und von der Holzart her am schwersten zu trocknenden Teil der Charge. Wird also z. B. Kiefer mit Buche zusammen in einer Kammer getrocknet, muss der Trocknungsfahrplan von Buche angesetzt werden.

Das einwandfreie Stapeln ist eine weitere Vorbedingung für eine gute Trocknung. Schon auf dem Schnittholzplatz sollte die Ware auf die Maße der Trockenkammer gestapelt werden. Dadurch kann man mit dem Gabelstapler ohne umstapeln sofort auf die Gleiswagen oder Paletten für die Trockenkammer setzen.

Die Dicke der Stapelleisten ist abhängig von der Brettdicke und der Holzart, der Stapelleistenabstand nur von der Brettdicke.

Tabelle 38: Richtwerte für Stapelleisten in Trockenkammern (nach Vogt[34])

Brett- bzw. Bohlendicke mm	Stapelleistendicke bei Nadelholz mm	Stapelleistendicke bei Laubholz mm	Stapelleistenabstand mm
15 ... 20	18	15	400 ... 700
20 ... 30	22	18	600 ... 800
30 ... 40	25	20	800 ... 1000
40 ... 60	30	25	1000 ... 1200
60 ... 80	35	30	1200 ... 1400
80 ... 120	40	35	1300 ... 1600

Aus Wirtschaftlichkeitsgründen empfiehlt sich jedoch die Verwendung von einer oder höchstens zwei Leistendimensionen mit rechteckigem Querschnitt, der entsprechend der obigen Tabelle und den im Betrieb vorkommenden Dimensionen festzulegen ist. Es ist zu beachten, dass bei Verwendung zu dicker Leisten das Fassungsvermögen und die Leistung der Kammer unnötig reduziert werden.

Stapel-Regeln

- nur gleichmäßig dicke Stapelleisten
- Stapelleisten genau übereinander
- Stapelleisten an den Hirnenden bündig oder sogar überstehend
- Stapelleisten aus Nadelholz, jedoch nicht aus der selben Holzart
- gleiche Brettlängen (wenn nicht möglich, dann immer kurze Bretter auf langen Brettern, aber nie umgekehrt, sonst werden die Bretter krumm)
- Bretter bis 40 mm Brett an Brett stapeln; bei größeren Holzdicken, bei Kantein und Rohfriesen seitlich und in der Länge auf Abstand (ca. 40 % der Kanteldicke), damit die Luft die Feuchte besser entziehen kann
- einheitliche Stapelbreite, keine Bretter überstehen lassen
- Stapel mit Platten belasten, um das „Schüsseln“ (krumm werden) zu vermeiden
- Hohlräume (Löcher) vermeiden durch Anbringen von Blenden. Immer bis Zwischendecke stapeln, sonst geht die Luft den Weg des geringsten Widerstandes und nicht durch die Spalten des Stapels (ungleichmäßige Trocknung)

4.1.12 Trocknungszeit

Die Trocknungszeit ist von sehr vielen Faktoren abhängig, so dass sie nie genau berechnet werden kann. Auch die Berechnung nach Kollmann[31] führt nur zu einer groben Annäherung an die tatsächlich benötigte Zeit.

Der gleiche Unsicherheitsfaktor gilt auch für die graphischen Darstellungen (Nomogramme) der verschiedenen Hersteller von Trockenkammern. Die ermittelten Zeiten dürfen deshalb nur für Planungsarbeiten eingesetzt werden. Jeder Trocknerführer muss aus den Erfahrungswerten seiner verschiedenen Trocknungen die für seine Kammer gültigen

Trocknungszeiten selbst ermitteln. Folgende Faktoren beeinflussen die Trocknungszeit:

1. Geforderte Trocknungsqualität: Je höher die Ansprüche an die Trocknungsqualität sind, desto länger dauert die Trocknung. Hölzer für hochwertige Einsatzgebiete müssen sehr viel schonender und dadurch langsamer getrocknet werden als Hölzer für geringwertige Produkte.
2. Holzart (Rohdichte): Holz mit einer niederen Rohdichte, d. h. mit viel Zellhohlraum und wenig Zellwandanteil, trocknet schneller als Holz mit hoher Rohdichte, d. h. mit wenig Zellhohlraum und einem großen Zellwandanteil.
3. Holzfeuchte: Je höher die Anfangsfeuchte und je niedriger die geforderte Endfeuchte ist, desto länger dauert die Trocknung. Bis zum Fasersättigungsbereich geht die Entfeuchtung relativ schnell und gleichmäßig voran. Unterhalb der Fasersättigung wird die Trocknung um so mehr verlangsamt, je tiefer die Endfeuchte liegt.
4. Holzdicke: Mit zunehmender Holzdicke verlängert sich die Trocknungszeit überproportional.

Mit folgenden Faktoren ist die Normtrocknungszeit für 25 mm dickes Holz (= Faktor 1,0) zu multiplizieren bei einer Trocknungstemperatur von 65 °C (nach Kollmann[31]).

Tabelle 39: Trocknungszeit-Faktoren (Holzdicke) (nach Kollmann[31])

Holzdicke mm	„u" über Fasersättigung	„u" unter Fasersättigung
15	0,528	0,465
20	0,757	0,716
25	1,000	1,000
30	1,256	1,315
35	1,523	1,656
40	1,799	2,023
50	2,379	2,828
60	2,987	3,718
70	3,623	4,685
80	4,280	5,720
90	4,959	6,830
100	5,657	8,000
120	7,103	10,500
140	8,615	13,300

5. Trocknungstemperatur: Eine Erhöhung der Temperatur bewirkt einen größeren und schnelleren Feuchtefluss aus dem Holzinneren an die Oberfläche und damit eine schnellere Trocknung.

Folgende Faktoren gelten für unterschiedliche Trocknungstemperaturen (nach Kollmann[31]), wenn man von der Normtrocknungszeit ausgeht und eine Normtemperatur von 65 °C zugrunde legt (Tabelle 40).

Nadelhölzer dürfen meist mit höheren Temperaturen getrocknet werden als schwere Laubhölzer und Exoten.

Tabelle 40: Trocknungszeit-Faktoren (Temperatur) (nach Kollmann[31])

°C	f_T	°C	f_T
50	1,300	80	0,812
55	1,180	85	0,765
60	1,083	90	0,722
65	1,000	95	0,684
70	0,928	100	0,650
75	0,867		

6. Trocknungsgefälle: Ein feuchtes Trocknungsklima (niedriges Trocknungsgefälle) verlangsamt die Trocknung, weil die Luft durch einen hohen Sättigungsgrad dem Holz nur wenig Feuchte entziehen kann.
   Ein trockenes Klima (hohes Trocknungsgefälle) bewirkt dagegen eine schnelle Entfeuchtung des Holzes (siehe Abschnitt 4.1.10).
7. Luftgeschwindigkeit: Die bewegte Luft hat die Aufgabe, dem Holz Wärme zuzuführen und den an der Oberfläche des Holzes ent-

standenen Wasserdampf abzuführen. Je größer die Luftgeschwindigkeit, desto schneller trocknet das Holz. Die Luftgeschwindigkeit ist nach Holzart und Trocknungsverfahren zu wählen. Bei zu hohen Luftgeschwindigkeiten besteht die Gefahr von Trocknungsschäden. Bei zu geringen Luftgeschwindigkeiten bleibt die Feuchte als ruhende Schicht auf der Holzoberfläche und verhindert das Nachströmen aus dem Inneren.

- Frischluft-Ablufttrocknung 30 °C ... 90 °C
  Nadelhölzer und mittelschwere Laubhölzer ≈ 2,0 ... 4,0 m/s
  schwere Laubhölzer, Exoten ≈ 1,5 ... 2,0 m/s
- Kondensationstrocknung: 25 °C ... 54°C
  ≈ 1,5... 2,0 m/s
- Hochtemperatur-trocknung: über 100°C
  ≈ 4,0 ... 6,0 m/s

8. Unterbrechung der Trocknung: Wird die Trocknung unterbrochen, verlängert sich die Trocknungszeit. Voraussetzungen: dichte Kammer mit einem Temperatur-Abfall von max. 1°C/h und stetig laufende Ventilatoren, damit eine Klimakontrolle möglich ist und Kondensat vermieden wird. Die ermittelte Trocknungszeit muss bei Unterbrechung mit folgenden Faktoren multipliziert werden.

Betriebsdauer pro Tag h	Faktor
24	1,00
16	1,17
12	1,26
10	1,31
8	1,35

9. Zuschnittform der Hölzer: Die Dimensionen des zu trocknenden Holzes beeinflussen die Trocknungsgeschwindigkeit ebenfalls.

Folgende Faktoren sind in Abhängigkeit von der Zuschnittform zur Ermittlung der Trocknungszeit zu verwenden:

- Kantel mit 10 ... 20% Anteil der Hirnschnittflächen f = 0,6
- besäumte kurze Bretter (Rohfriesen) f = 0,75
- besäumte Bretter über 2 m lang f = 1,0
- unbesäumte Bretter über 2 m lang f = 1,06

10. Kammerbauart: Jede Trockenkammer übt durch ihre individuelle Bauweise, technische Einrichtungen (Lage der Ventilatoren, Art der Heizung, Befeuchtungseinrichtung, Belüftung) einen indirekten Einfluss auf die Dauer der Trocknungszeit aus. Spezielle Werte und Faktoren können aus diesem Grund hier nicht aufgeführt werden, man muss auf Erfahrungen zurückgreifen.
11. Trocknungsmethode (Trocknungsverfahren): Unabhängig von den vorher genannten Faktoren ergeben sich je nach Trocknungsmethode (siehe 4.2) unterschiedliche Trocknungszeiten.

Die Gesamttrocknungszeit setzt sich zusammen aus:

- Aufheizzeit
- Durchwärmzeit
- reiner Trocknungszeit
- Nachlaufzeit (Ausgleichszeit und Abkühlzeit)

Die Aufheizzeit und die Abkühlzeit sind etwa gleich lang. Die Ausgleichszeit (Konditionierzeit) hängt von der verlangten Trocknungsqualität und von der Schärfe der Trocknung ab. Es sind daher keine Zeitangaben möglich. Siehe Richtwerte in Tabelle 41.

Die angegebenen Zeiten schwanken je nach Jahreszeit und Qualität der Heizanlage. Die niedrigeren Werte gelten für schärfere, die höheren für schonendere Trocknung.

Tabelle 41: Richtwerte für Aufheiz- und Abkühlzeiten (nach Vogt[34])

Holzdicke mm	Nadelholz h	Laubholz h
15 ... 20	1,5 ... 2	2 ... 3
20 ... 30	2 ... 3	3 ... 4,5
30 ... 40	3 ... 4	4,5 ... 6
40 ... 60	4 ... 5	6 ... 8
60 ... 80	5 ... 6	8 ... 10
80 ... 100	6 ... 8	10 ... 12

Das Ende der Aufheizzeit lässt sich nicht genau bestimmen. Als Anhalt gilt der Zeitpunkt, zu dem die Kammertemperatur nach Abstellen der Heizung nicht stärker als sonst bei warmer Kammer abfällt.

Die Tabelle 42 dient zur ungefähren Ermittlung der Trocknungszeiten. Die errechneten Werte sind immer als Mindestzeiten bei idealen Trocknungsbedingungen anzunehmen.

Die Werte der nachfolgenden Trocknungszeit-Tabelle gelten für Bretter der Normdicke 24 mm, Trocknungstemperatur 70 °C. Darrgewicht 450 kg/ m³ bei Weichholz, 650 kg/m³ bei Hartholz. Bei Abweichungen von diesen Werten sind die Grundzeiten mit den für die Abweichung gültigen Faktoren zu ermitteln.

Zahlenbeispiel zur Tabelle:
Eiche 40mm; u_a = 50%; u_e = 8%; Kantelware; Trocknungstemperatur 55 °C; Darrgewicht 700 kg/m³, Betriebszeit 24 h

A Durchwärmzeit:	6 Std.
Grundtrocknungszeit:	57 Std.
Grund-Ausgleichszeit:	4 Std.
Konditionierzeit für Hartholz 40 mm:	18 Std.

Korrekturfaktoren für die Grundzeiten:

B Faktor für Darrgewicht 700 kg/m³ bei Hartholz	f=1,1
C Faktor für Holzstärke 40 mm:	f = 1,9
D Faktor für Holzform Kantel:	f = 0,75
E Faktor für Trocknungstemp. 55 °C:	f = 1,3
F Faktor für trocknungsträge Holzart Eiche:	f=1,7

Gesamt- Trocknungszeit:

– Gesamt-Trocknungszeit	6 Std.
– Trocknungszeit (= Grundtrocknungszeit x Faktoren) 57 x 1,1 x 1,9 x 0,75 x 1,3 x 1,7=	197,5 Std.
– Ausgleichszeit (= Grundausgleichszeit x Faktoren) 4 x 1,1 x 1,9 x 0,75 x 1,3 x 1,7=	13,8 Std.
– Konditionierzeit	= 18,0 Std.
	Gesamtzeit ca. 235 Std.

4.2 Methoden der Holztrocknung

Folgende grundsätzliche Methoden der Trocknung werden angewandt:

- Freilufttrocknung
- Vortrocknung
- Technische Trocknung

Die Trocknungsverfahren unterscheiden sich hauptsächlich nach der Art der Erwärmung des Holzes:

- Konvektive Erwärmung: Der Wärmeträger als Trocknungsmedium erwärmt die Oberfläche des Holzes (Luft, Dämpfe, Gase, Flüssigkeiten)
- Kontakterwärmung: Die zum Verdampfen der Feuchte erforderliche Wärme wird durch direktes Berühren des Trockengutes mit Heizflächen übertragen
- Strahlungserwärmung: Das Trockengut liegt unter Strahlern (vorwiegend Infrarot)
- Kapazitive Erwärmung: Die Wärme wird durch elektrische Wechselfelder induktiv oder dielektrisch im Trockengut erzeugt. Das Trockengut liegt als Dielektrikum zwischen den Platten eines Kondensators im HF-Feld.

4.2.1 Freilufttrocknung (natürliche Trocknung)

Unter Freilufttrocknung versteht man die Trocknung von gestapeltem, frischem Schnittholz auf dem Holzplatz oder in offenen Schuppen. Die Trocknung erfolgt durch die vorbeistreichende mehr oder weniger feuchtigkeitsgesättigte Luft und durch direkte und indirekte Sonneneinstrahlung.

Die Wasseraufnahmefähigkeit der Luft hängt von deren Temperatur ab. Im Jahresdurchschnitt kann daher bei der Freilufttrocknung nur eine End-Holzfeuchte von etwa 15 % erreicht werden. Die Trocknung verläuft sehr unregelmäßig, weil das Holz sehr unterschied-

Tabelle 42: Trocknungszeiten (nach Babcock[36])

A — Zeiten für Durchwärmen, Trocknen, Ausgleichen

	Abschnitt		Weichholz											Hartholz										
	Durchwärmzeit bei Holzstärke	Std.	20 mm = 2,5		40 mm = 5		60 mm = 7,5		80 mm = 10			100 mm = 12,5		20 mm = 3		40 mm = 6		60 mm = 9		80 mm = 12			100 mm = 15	
Grund-Trockenzeit	von Anfangsfeuchte %		100	90	80	70	60	50	40	35	30	25	20	100	90	80	70	60	50	40	35	30	25	20
Grund-Trockenzeit	auf Restfeuchte 15 %	Stunden	22	20,5	19	17,5	15,5	13	10	8,5	6,5	4,5	2,5	56	52,5	49	45,5	41	34,5	27,5	23	18	12	6
Grund-Trockenzeit	auf Restfeuchte 12 %	Stunden	25	23,5	22	20,5	18,5	16	13	11,5	9,5	7,5	5,5	63	59,5	56	52,5	48	41,5	34,5	30	25	19	13
Grund-Trockenzeit	auf Restfeuchte 10 %	Stunden	28,5	27	25,5	24	22	19,5	16,5	15	13	11	9	70	66,5	63	59,5	55	48,5	41,5	37	32	26	20
Grund-Trockenzeit	auf Restfeuchte 8 %	Stunden	32,5	31	29,5	28	26	23,5	20,5	19	17	15	13	78,5	75	71,5	68	63,5	57	50	45,5	40,5	34,5	28,5
Grund-Trockenzeit	auf Restfeuchte 6 %	Stunden	37	35,5	34	32,5	30,5	28	25	23,5	21,5	19,5	17,5	88	84,5	81	77,5	73	66,5	59,5	55	50	44	38
	Grund-Ausgleichzeit bei Restfeuchte	Std.	15 % = 3,5		12 % = 3		10 % = 2,5		8 % = 2			6 = = 1,5		15 % = 7		12 % = 6		10 % = 5		8 % = 4			6 % = 3	

B — Trockenzeit- und Ausgleichzeit-Faktoren für verschiedene Darrgewichte

Darrgewicht (kg/cbm)		350	375	400	425	450	475	500	525	550	575	600	625	650	675	700	725	750	775	800	825	850	900	950	1000	1100	1200
Weichholz	Faktor	0,7	0,75	0,85	0,9	1,0	1,1	1,15	1,25	1,35	1,45	1,55	1,65	1,75	1,85	1,95	2,05	2,15	2,25	2,35	2,5	2,6	2,8	3,0	3,3	3,9	4,4
Hartholz	Faktor	0,4	0,45	0,5	0,55	0,6	0,65	0,7	0,75	0,8	0,85	0,9	0,95	1,0	1,05	1,1	1,15	1,2	1,3	1,35	1,45	1,5	1,65	1,75	1,9	2,2	2,5

C — Trockenzeit- und Ausgleichzeit-Faktoren für verschiedene Holzstärken

Holzstärke (mm)	10	12	15	20	25	30	35	40	45	50	55	60	65	70	80	90	100
Faktor	0,3	0,4	0,5	0,7	1	1,3	1,6	1,9	2,2	2,5	2,8	3,2	3,6	4	4,8	5,6	6,5

D — Trockenzeit- und Ausgleichzeit-Faktoren für verschiedene Holzformen

Holzform	Parkett	Kanteln	Rundstäbe	kleinstückige Holzteile	
Faktor	0,85	0,75	0,65	0,4	

E — Trockenzeit- und Ausgleichzeit-Faktoren für verschiedene Trockentemperaturen

Trockentemperatur (°C)	40	45	50	55	60	65	70	75	80	85	90	95
Faktor	1,8	1,6	1,4	1,3	1,2	1,1	1	0,9	0,85	0,8	0,75	0,7

F — Trockenzeit- und Ausgleichzeit-Faktoren für verschiedene trocknungsträge Holzarten

Holzart	Pappel	Eiche										
Faktor	1,8 ± 0,2	1,5 ± 0,3										

G — Zeiten für Konditionieren (bei Abtrocknung auf 8 ± 1 % Restfeuchte)

Holzstärke (mm)		15	20	25	30	35	40	45	50	55	60	65	70	80	90	100
Weichholz	Std	[illegible]	[illegible]	7	9	11	13	15	17	19	21	23	25	29	33	37
Hartholz	Std	8	10	12	14	16	18	20	22	24	26	28	30	34	38	42

lichen und unbeeinflussbaren Klimabedingungen ausgesetzt ist. Es können dabei verschiedene Trocknungsschäden auftreten: Verschalung durch zu großes Feuchtegefälle, Verwerfen, Verfärbungen, Oberflächenrisse, Hirnrisse durch zu starke Sonneneinstrahlung, Pilz- und Insektenbefall.

Der große Platzbedarf und die starke Kapitalbindung durch das Holz müssen ebenfalls bei den Kosten mit in Betracht gezogen werden. Ein weiterer Nachteil ist die lange Trocknungszeit von mehreren Monaten bis Jahren. Die Trocknungszeit bei der Freilufttrocknung ist vor allem abhängig vom örtlichen Klima (Temperatur und Luftfeuchte), von der Holzart, von der Holzstärke und der Jahreszeit, in der die frisch gestapelte Ware auf den Holzplatz gebracht wird.

Empfehlungen zur Neu-Anlage von Holzplätzen

- Freie Lage des Platzes ohne störende Gebäude, Bäume oder Büsche, die den Wind wegnehmen
- Je nach Empfindlichkeit der Ware die Stapel quer oder längs zur Hauptwindrichtung setzen
- Schwer zu trocknende Hölzer in den Windschatten von leicht zu trocknenden Hölzern setzen,
- z. B. → Wind → Fichte, Buche, Eiche.
- Tragfähigkeit des Bodens prüfen, wegen Einsinkgefahr der Stapel.
- Möglichst Fundierung und Entwässerung des Platzes anstreben.
- Soweit als möglich den Platz bzw. das Holz frei von Sägemehl und Rinde halten, sonst Gefahr von Pilz- und Insektenbefall und damit verzögerte Trocknung.
- Sortenbildung anstreben nach Holzarten, Qualitäten, Dimensionen und Verwendungszweck.
- Die Verkehrswege sollten geradlinig und möglichst befestigt sein. Ihre Breiten auf die Maße der Fördermittel abstimmen.

Empfehlungen zum Stapelaufbau

- Mindestabstand vom Boden bis zur ersten Holzlage 40 ... 60 cm.
- Stapelmaße (Höhen und Breiten) abstimmen auf Vorschriften der Berufsgenossenschaft (Breite: Höhe = 1:3), den vorhandenen Fördermitteln (z. B. Gabelstapler, Kran), den evtl. späteren Transportmitteln (z. B. LKW, Waggon), den Trockenkammermaßen, der Geländebeschaffenheit, den Betriebseinrichtungen (z. B. Tränkanlage) und auf eventuelle Kundenwünsche.
- Hirnendenschutz bei empfindlichen Hölzern durch Anstriche (Dispersionsfarben, Paraffin etc.), Welleisen, S-Haken (Rotbuche), Latten aufnageln oder durch Vorstellen von Brettern oder Platten.
- Bei wertvoller Blockware rechte Holzseite nach oben legen.
- Schräge Stapelabdeckungen als Sonnen- oder Regenschutz aus Brettern, Platten, Blechen etc.

Vorn und hinten überstehende Stapellatten schützen die Hirnenden des Trockengutes vor Rissen, weil die Sonne nicht direkt einwirken kann

Kreuzstapel ohne Stapellatten. Wegen der zahlreichen und breiten Auflageflächen nur für vorgetrocknetes Holz geeignet.

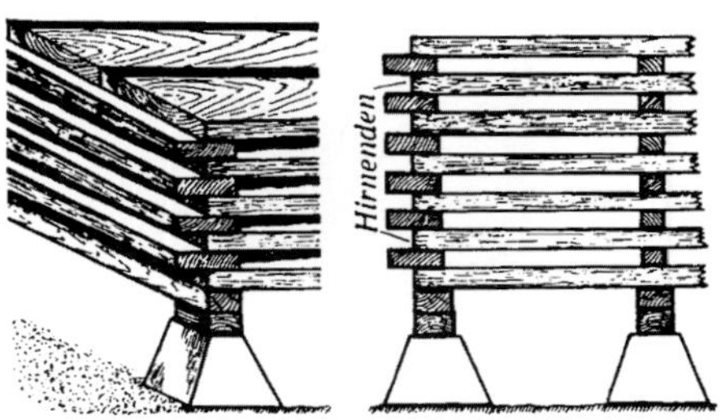

Abbildung 55: Vorn und hinten überstehende Stapellatten schützen die Hirnenden des Trockengutes vor Rissen, weil die Sonne nicht direkt einwirken kann

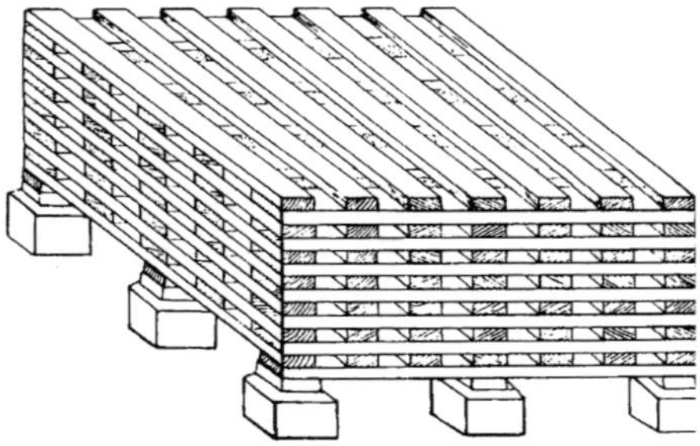

Abbildung 56: Kreuzstapel ohne Stapellatten.
Wegen der zahlreichen und breiten Auflageflächen nur für vorgetrocknetes Holz geeignet

Abbildung 58: Verbesserte Blockstapelung mit ängeren Stapellatten, gute Standsicherheit.

Abbildung 57: Block-Einzelstapelung üblicher Art.
Durch die nur kleinen Auflageflächen an den Punkten a kommt es leicht zu Verlagerungen des gesamten Stapels

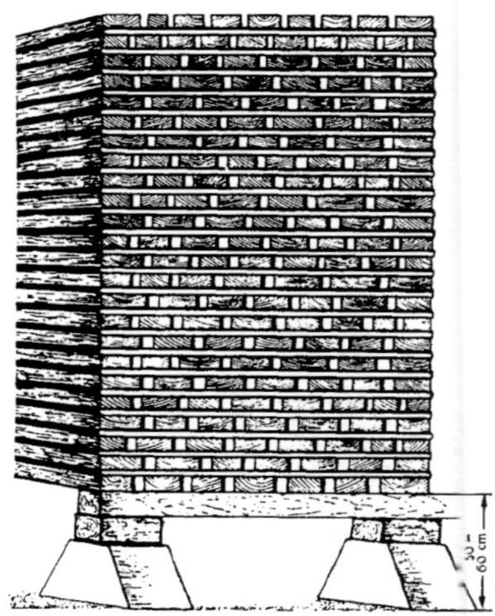

Abbildung 60: Kastenstapel für besäumte und unbesäumte Ware in verschieden anfallenden Breiten. Schlechte Durchlüftung wegen fehlender senkrechter Spalten

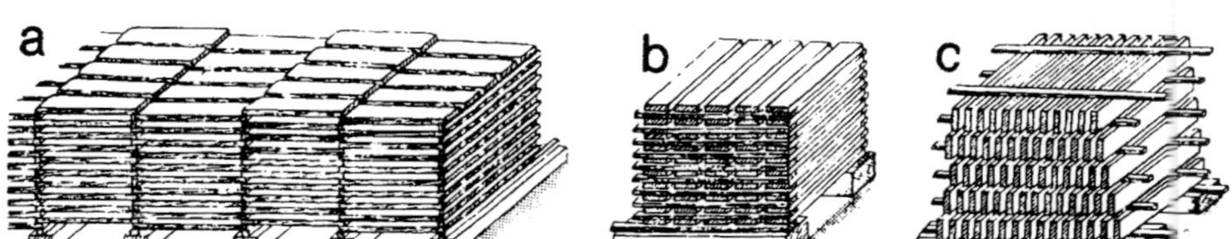

Abbildung 59: Verschiedene Formen der Rohfriesenstapelung,
a ohne Stapellatten mit übereinandergelegten Ende b flach und c aufrecht mit Latten

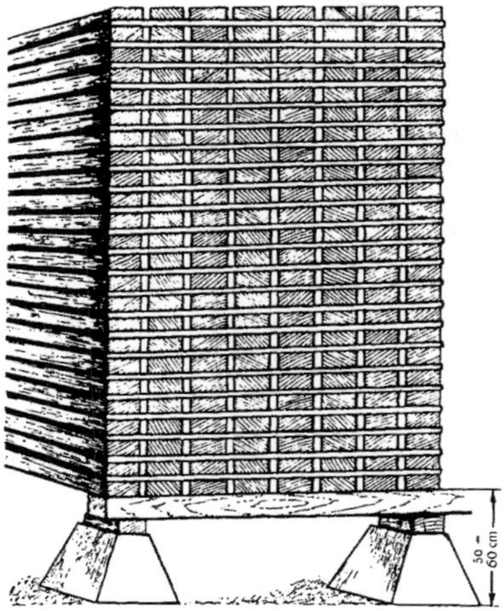

Abbildung 61: Kasten-Gitterstapel für Bretter gleicher Breite. Durch enge Stapelung nur schmale senkrechte Fugen, für Kiefer und empfindliche Laubhölzer ungeeignet

Abbildung 62: Kasten-Gitterstapel in weiter Ausführung, breite vertikale Lufträume, rasches Abtrocknen der Ware ist gewährleistet

Die Abdeckungen allseitig etwa 50 cm vorstehen lassen und durch Spannfedern sichern.

Stapelarten

Als Stapelarten kommen Weitstapel (Kastenweit-, Block- und Kreuzstapel, Engstapel (Kasteneng-) und Sonderstapel zur Anwendung. Kastenweit- und Blockstapel dienen vorwiegend zum Trocknen von frischem und sehr feuchtem Holz.

Kreuzstapel werden ohne Stapellatten aufgesetzt. Sie dienen nur der schnellen und vorübergehenden Stapelung von gleichlanger Massenware.

4.2.2 Vortrocknung

Die Vortrocknung dient dazu, Hölzer mit hohem Feuchtegehalt bis zum Fasersättigungsbereich schneller herabzutrocknen als dies bei der Freilufttrocknung möglich wäre. Vorgetrocknete Hölzer können bei der anschließenden Kammertrocknung gefahrloser getrocknet werden. Das Holz wird in großen, geschlossenen Schuppen gelagert, die beidseitig mit breiten Toren versehen sind. Bei trockenem Klima

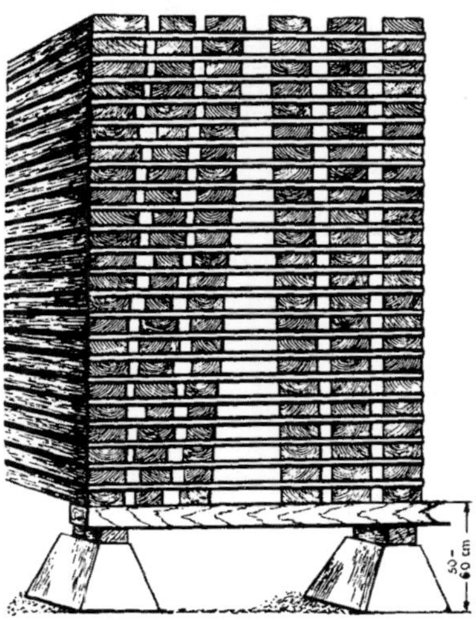

Abbildung 63: Enger Kasten-Gitterstapel mit Luftschacht; Luftschächte sind nur bei Stapeln größerer Breite erforderlich

und guten Windverhältnissen werden die Tore geöffnet und die Trocknung geschieht auf natürliche Weise. Bei feuchtem Klima bleiben die Tore geschlossen, und eine einfache Heizeinrichtung (eventuell mit mehreren Ventilatoren versehen) übernimmt nun die Vortrocknung durch Erzeugen eines milden Trockenklimas.

Die ganze Anlage ist aber nicht mit einer richtigen Trockenkammer zu vergleichen. Eine Vortrocknung ist nur bis zum Fasersättigungsbereich sinnvoll und wirtschaftlich.

Der Vorteil solcher Anlagen liegt in der zwei- bis dreifachen Trocknungsgeschwindigkeit gegenüber der Freilufttrocknung. Außerdem ist das Holz vor direkter Witterungseinwirkung geschützt (Regen, Sonne).

4.2.3 Frischluft-Abluft-Trocknung (Verdunstungstrocknung, Konvektionstrocknung)

Die Holzfeuchte (Wasser) wird durch ein Dampf-Luft-Gemisch bei Temperaturen unter 100 °C durch Verdunsten an der Oberfläche entzogen. Dieses Verfahren wird heute noch am häufigsten für die Holztrocknung angewandt.

Trocknungsablauf
Frischluft aus der Umgebung der Kammer wird durch entsprechende Ventilatoren angesaugt. Der Luftstrom wird durch eingebaute Lufterhitzer (Wärmetauscher) geführt und durch das Trockengut geblasen. Die erwärmte Luft entzieht dabei dem Holz die Feuchte. Eine gewisse Menge der teilweise gesättigten feuchten Luft wird anschließend durch Abluftschächte bzw. Klappen ins Freie transportiert. Der ständige Umluftwechsel führt dem Holz konstant Wärme zu und führt die austretende Feuchte ab. Die Frischluft ist in jedem Falle trockener als die Luft innerhalb der Kammer. Dadurch bleibt sie laufend fähig, weitere Feuchte aus dem Holz aufzunehmen.

Das Trocknungsklima – Temperatur und Luftfeuchte – wird manuell, halbautomatisch oder vollautomatisch so auf die jeweilige Holzart eingestellt, dass die Trocknung optimal verläuft. Wenn die Gefahr von Trocknungsfehlern besteht durch ein zu trockenes Klima – kann die Kammerluft mit Hilfe von Sprüheinrichtungen befeuchtet werden. Dieses Sprühen geschieht entweder durch Dampf oder durch direkte Wasserzufuhr im Vernebelungseffekt. Zur Durchführung dieses Trocknungsvorganges sind Zu- und Abluftklappen, Ventilatoren, Heizeinrichtung, Befeuchtungsgeräte, Mess- und Regeleinrichtungen notwendig.

Die Kammern können in Massiv- oder Metallbauweise ausgeführt sein, müssen aber den hohen Temperaturen standhalten. Die Trocknungstemperaturen liegen je nach Holzart und Holzdicke zwischen 30 und 90 °C.

Heizmedien
- Niederdruckdampf (NDD)
- Warmwasser
- Heißwasser
- Thermoöl
- Direkte Öl- oder Gasbeheizung
- Elektrische Energie.

Vorteile der Frischluft-Abluft-Trocknung
(Verdunstungstrocknung, Konvektionstrocknung)
- Trocknung aller Holzarten in jeder Dicke, von jeder beliebigen Anfangs- bis zu jeder Endfeuchte mit engen Endfeuchtetoleranzen möglich.
- Mittlere bis schnelle Trocknungszeiten durch die möglichen hohen Temperaturen.
- Einsatz verschiedener Heizmedien. Bei Restholzverwertung zudem Einsparung von Primärenergie.

Nachteile
- Großer Energieaufwand mit hohen Kosten bei relativ schlechtem Wirkungsgrad durch den ständigen Austausch von Frischluft und Abluft. Der Nachteil wird aber durch den Einsatz von Resthölzern zur Verbrennung teilweise aufgehoben.

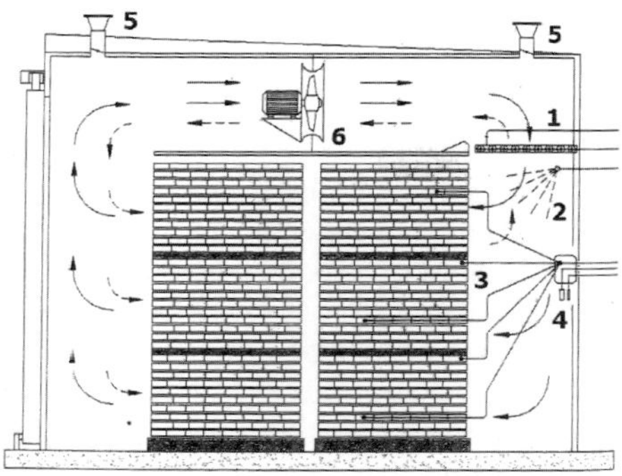

Abbildung 64: Grundprinzip eines Frischluft-/Ablufttrockners (nach Trübswetter[62]).
1 Heizregister
2 Sprühung
3 Holzfeuchtemessung
4 Messeinrichtung für das Kammerklima
5 Frischluft- /Abluftklappen
6 Ventilatoren
← Luftführung im Reversierbetrieb

- Gefahr von Fehltrocknungen durch die scharfen Trocknungsmöglichkeiten.
- Umweltschutzprobleme durch Abwässer, Dämpfe und Lärm.
- Eventuelle Energieprobleme für Kleinbetriebe, Holzhandlungen und Schreinereien ohne Kesselanlagen, weil die Anschaffung einer Kesselanlage ausschließlich für die Trockenkammer in der Regel unwirtschaftlich ist.

  Das Fassungsvermögen reicht von 1 m³ bis 4000 m³ Nutzinhalt.

4.2.4 Kanaltrocknung

Bei der Kanaltrocknung wird das Schnittholz in einem Durchlauftrockner mit stetiger Beschickung und Ausstoß getrocknet. Vom Prinzip her ist es eine „Fließbandtrocknung" nach dem Frischluft-Abluftsystem.

Die Schnittholzstapel liegen auf Gleiswagen quer oder längs zur Kanalrichtung und werden taktweise stetig durch den Trockner geführt. Beim System *„Querförderung"* wird der Luftstrom von oben gegen die Stapel geführt, beim System *„Längsförderung"* werden die Stapel von der Seite belüftet. Die Holzstapel durchlaufen nacheinander verschiedene Zonen mit unterschiedlichem Klima.

Diese Taktdurchlauftrockner werden ausschließlich bei großen Mengen von dünnem Nadelholz (bis etwa 35 mm Dicke), stets gleichen Stapelgrößen und Endfeuchten bis ca. 15...18% Holzfeuchte eingesetzt. Die Trocknungszeiten sind kürzer als bei der üblichen Frischluft-Abluft-Trocknung. Allerdings müssen größere Endfeuchte-Streuungen in Kauf genommen werden, weil das Trocknungsklima in den verschiedenen Zonen nicht präzise gesteuert werden kann.

4.2.5 Kondensationstrocknung

Bei der Kondensationstrocknung handelt es sich ebenfalls um eine Verdunstungstrocknung im Dampf-Luft-Gemisch. Der Unterschied zur Frischluft-Abluft-Trocknung besteht darin, dass beim Kondensationsverfahren die warme, feuchte Kammerluft im geschlossenen Kreislauf bleibt und nicht ins Freie geblasen wird. Ein Merkmal der herkömmlichen Kondensationstrocknung sind die niedrigen Trocknungstemperaturen bis etwa 50 °C (manche Anlagen erreichen bis 70 °C) und elektrischer Strom als Hauptenergieträger.

Prinzip des Verfahrens

Die feuchte und warme Kammerluft wird durch das Kondensationsgerät in einen Verdampfer angesaugt. In diesem Wärmetauscher nimmt ein flüssiges Kältemittel die Wärme auf und verdampft. Durch die Abgabe der Wärme (Abkühlung) kondensiert die vorher vorhandene Luftfeuchte und wird an Kondensatorflächen ausgeschieden in Form von Wasser.

Das durch einen Kompressor (Verdichter) komprimierte, gasförmige Kältemittel gibt einem zweiten Wärmetauscher (Kühler) seine Wärme an die nun trockene Umluft wieder ab.

Die Aufheizung der entfeuchteten Luft durch Teil-Rückgewinnung der frei werdenden Verdampfungswärme des Kältemittels an einem Wärmetauscher hat dem Kondensationsgerät den Namen Wärmepumpe verschafft.

Die getrocknete und aufgewärmte Luft geht zurück in die Trockenkammer – der Kreislauf beginnt von neuem. Zum Aufheizen der Luft auf etwa 20 °C – darunter findet übrigens noch keine Wärmerückgewinnung statt – ist eine Zusatzheizung installiert. Während die komplette Kondensationsanlage nur mit elektrischem Strom, kann die Zusatzheizung wahlweise neben elektrischem Strom mit Warmwasser, Heißwasser, Heißöl oder Niederdruckdampf betrieben werden.

Außer den fehlenden Frisch-Abluftklappen ist die Ausstattung und die Regelung einer Kondensations-Trockenkammer ähnlich einer Kammer nach dem Frisch-Abluftverfahren.

Eine Weiterentwicklung zu den herkömmlichen Kondensationsanlagen (bis 50 °C) sind die sogenannten Hochleistungswärmepumpen, kombiniert mit einem Frisch-Abluftsystem, die Temperaturen von 60 bis 70 °C erreichen. Diese Anlagen sind aufgebaut wie herkömmliche Kondensationstrockenkammern, besitzen aber zusätzliche Frisch- und Abluftklappen in der Wärmerückgewinnungsanlage außerhalb des eigentlichen Trockenraumes.

Je nach Umgebungstemperatur und regionaler Lage der Kammer (in wärmeren Ländern ist der Wirkungsgrad am höchsten) kann die in der Atmosphäre vorhandene Wärmeenergie teilweise mit verwendet werden.

Der warmen Frischluft von außen wird ein Teil der feuchten Kammer-Abluft zugemischt. Dieser „Mischluft“ wird ein großer Teil ihrer Energie durch die Wärmepumpe wieder entzogen, bevor sie ins Freie entweicht.

Der Vorteil dieses Systems ist ein kürzere Trocknungszeit als bei herkömmlichen Kondensationsanlagen durch die höheren Trocknungstemperaturen von 60 bis 70 °C.

Als weitere Alternativen sind noch Wärmepumpensysteme zu nennen, die die Wärme zum Aufheizen aus dem Erdreich (Erdwärme), Grundwasser bzw. aus Bächen oder Seen entnehmen. Diese Systeme weisen teilweise noch technische Probleme auf bzw. gibt es Schwierigkeiten mit rechtlichen Genehmigungen.

Vorteile der Kondensationstrocknung

- Sanfte und schonende Trocknung bei dicken, langsam und schwierig zu trocknenden Laub- und Exotenhölzern (niedrige Temperaturen).
- Einsatz von Strom als Heizenergie ist immer möglich, vor allem wenn sonst keine anderen Energiequellen zur Verfügung stehen.
- Wirtschaftliche Energieausnutzung durch Wärmerückgewinnung.

Nachteile

- Längere Trocknungszeiten und damit größere Kapitalbindung.
- Hohe Betriebskosten, vor allem wenn das Aufheizen nur mit elektrischer Energie erfolgt.
- Bei Endfeuchten unter 12... 14% überproportional steigende Energiekosten und Trocknungszeiten.
- Bläueanfällige Hölzer (Kiefer, Koto, Ramin, Abachi) sind stark gefährdet, weil das „Treibhausklima“ die Bläueausbreitung fördert.
- Unwirtschaftliche Trocknung bei Nadelhölzern und leichten Laubhölzern. Hölzer dieser Art können mit weit höheren Temperaturen schneller getrocknet werden. Zudem besteht die Gefahr von Verfärbungen, weil die großen Wassermengen bei diesen Hölzern durch die schonenden Trocknungsbedingungen nicht schnell genug von der Holzoberfläche abgeführt werden können.

Sehr gut bewährt hat sich dieses Trocknungssystem auch als Vortrocknung bei schwierigen

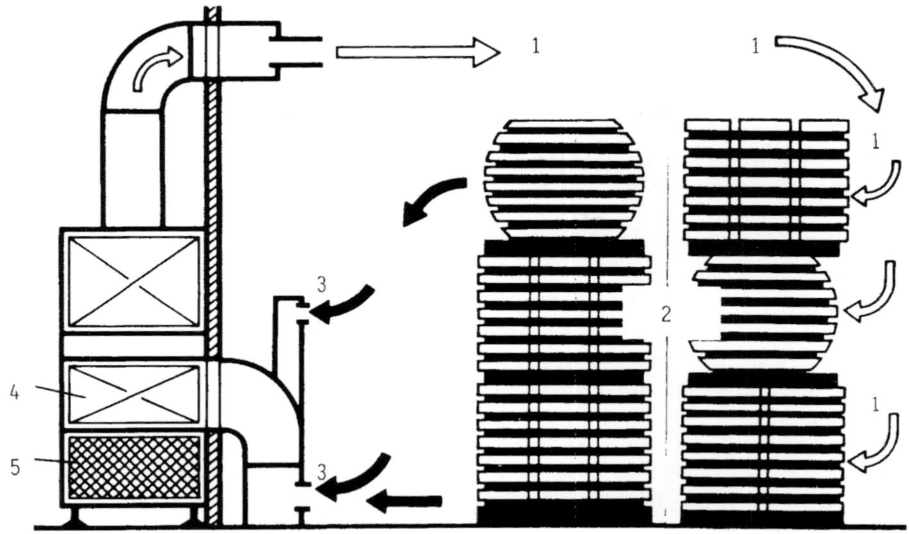

Abbildung 65: Prinzip der Kondensationstrocknung (nach Ceaf[37])
1 warme, trockene Luft wird ausgeblasen, 2 Luft entzieht dem Holz Feuchte, 3 feuchte Luft wird angesaugt, 4 feuchte Luft wird ausgeschieden, 5 entzogenes Wasser läuft ab

Holzarten bis etwa 20% Holzfeuchte in großen Betrieben der Parkett- und Gestellindustrie. Die Ware wird anschließend in konventionellen Frischluft-Abluft-Kammern schnell bis zur gewünschten Endfeuchte heruntergetrocknet.

4.2.6 Vakuumtrocknung

Das Verfahren basiert auf der Tatsache, dass sich bei Verminderung des Druckes der Siedepunkt des im Holz enthaltenen Wassers erniedrigt. Durch den Vakuumzustand ist der Dampfdruck des Wassers im erwärmten Holz sehr viel höher als in der Umgebung des Holzes. Dadurch verdampft das Wasser im Holz sehr schnell und strömt in Form von Wasserdampf an die Oberfläche, um einen Ausgleich des Dampfdruckes im Holz mit dem Umgebungsdampfdruck herbeizuführen. Die Trocknung läuft bei niederen Temperaturen insgesamt schneller ab als sonst üblich. Physikalisch und trocknungstechnisch ist der Vorgang bei der Vakuumtrocknung aber im Prinzip der gleiche wie bei den konventionellen Verfahren.

Zur Durchführung der Trocknung sind sehr ausgeprägte Unterdrücke notwendig. Bei den meisten Vakuumsystemen liegt der Arbeitsbereich im Druckbereich von etwa 350 mbar (Siedepunkt des Wassers etwa 73 °C) bis etwa 80 mbar (Siedepunkt etwa 40 °C).

In der Praxis werden heute folgende drei Systeme angewendet:

1. System mit kontinuierlichem Vakuum
(Plattenverfahren = reine Vakuumtrocknung)
Die Wärmeübertragung an das Holz erfolgt über Heizplatten (aus Aluminium), die zwischen jeder Holzlage angebracht sind.

Die Heizplatten sind über Schläuche in der Regel mit einem Heißwasserumlauf-System verbunden. Die Heizplatten sind notwendig, weil eine Wärmeübertragung durch Umluft im Vakuum nicht möglich ist. Das Schnittholz wird auf speziellen Stapelwagen in die Kammer gefahren. Nach dem Aufheizen des Holzes durch die Kontaktwärme der Platten wird ein dauernd anhaltendes Vakuum erzeugt. Es erfolgt eine kontinuierliche Wärmezufuhr (in der Endphase bis 70 °C) und damit eine stetige Trocknung des Holzes.

Die dem Holz entzogene, verdampfende Feuchte wird an stehenden Kühlflächen einer im Kaltwasserumlaufsystem arbeitenden Kondensationsanlage in Perioden ausgeschieden. Die Temperatur im Holz schwankt, je nach Feuchtezustand des Holzes, zwischen der Heizplattentemperatur und der dem Unterdruck entsprechenden Siedetemperatur.

Vor Erreichen der Endfeuchte schaltet die Heizung ab und die Endtrocknung erfolgt durch die noch im Holz gespeicherte Wärme.

Vorteile dieses Systems: Sehr kurze Trocknungszeiten bei guter Holzqualität, schonende Trocknung, geringere Energiekosten.

Nachteile: Lange Beschickungs- und Entleerungszeiten durch die Heizplatten, Gewicht und Dimensionen der Platten erfordern mindestens zwei Mann Bedienungspersonal, teilweise hoher Platten- und Schlauchverschleiß, bei verdrehten Hölzern keine bzw. geringe Wärmeübertragung durch fehlenden Plattenkontakt.

2. System mit diskontinuierlichem Vakuum
(Zyklische Trocknung bei Normaldruck und im Vakuum)
Die Wärmeübertragung an das Holz erfolgt über die von einem Heizsystem erzeugte Umluft.

Anstelle von Heizplatten werden übliche Stapelleisten verwendet. Nach dem Beschicken (mittels Stapelwagen) und Schließen der Kammer wird das Trockengut durch Umluft unter Beibehaltung eines bestimmten Klimas auf die gewünschte Holztemperatur aufgeheizt. Nach dem Abschalten der Heizung wird Vakuum erzeugt. Der anschließende Trocknungsvorgang ist ähnlich dem vorher beschriebenen, nur bewegt sich die während der Heizphase eingebrachte Wärme während der Vakuumphase in der selben Richtung wie die Feuchte. Durch die Verdampfung der Feuchte wird dem Holz an der Oberfläche Wärme entzogen. Die Holztemperatur sinkt je nach Holzart mehr oder weniger ab. Da durch das vorangegangene Abschalten der Heizung zum Trocknen nur die Speicherwärme des Holzes zur Verfügung stand, kann mangels Wärme keine weitere Verdampfung mehr stattfinden. Um dem Holz wieder Wärme zuführen zu können, wird belüftet (d. h. das Vakuum unterbrochen) und mittels Umluft wieder bis zur gewünschten Temperatur aufgeheizt. Der diskontinuierliche Ablauf erfolgt bis zum Erreichen der Endfeuchte.

Vorteile des Verfahrens: Sehr kurze Beschickungs- und Entleerungszeiten durch den Wegfall der Heizplatten, weniger Personalaufwand, keine Zusatzkosten für Heizplatten. Nachteile: Längere Trocknungszeiten möglich, Gefahr von Trocknungsschäden (Risse, Verschalung, Verfärbung), weil in den Aufheizzyklen unter Normaldruck ein schärferes Trockenklima herrscht, höhere Energiekosten. Die Vakuum-Trockenkammern bestehen aus meist zylindrischen, luftdichten und horizontal liegenden Stahlbehältern, deren Fassungsvermögen zwischen 1und 400 m³ Nutzinhalt liegen.

3. Vakuumtrocknung im überhitzten Dampf
(Trocknung in reinem Heißdampf bei Unterdruck)
Die Vakuumkessel werden in Dimensionen bis zu 5,50 m Durchmesser und etwa 30 m Länge angeboten.

Die Holzstapel werden mit normalen Latten auf Gleiswagen in den Vakuumbehälter eingefahren. Am Beginn der Trocknung wird die Luft weitgehend aus dem Behälter entfernt (evakuiert). Im Druckbehälter herrscht nun eine nahezu reine, ungesättigte bzw. überhitzte Wasserdampfatmosphäre. Das Holz wird durch Umwälzung des Wasserdampfes auf den sich einstellenden Siedepunkt erwärmt. Die notwendige Wasserdampfatmosphäre bildet sich durch Wasser aus dem Holz und/oder Einsprühung von außen. Bei weiterer Erwärmung bildet sich ein überhitzter Dampf (Heißdampf). Heißdampf ist ein trockener Dampf (Sattdampf ohne flüssiges Wasser), dessen Temperatur durch weitere Wärmezufuhr erhöht wurde. Der Heißdampf kann an das Holz Wärme abgeben, ohne dabei zu kondensieren, bis seine Sättigungstemperatur erreicht ist. Nach Erreichen der Starttemperatur wird die Kammer teilweise evakuiert. Die Trocknung erfolgt bei Temperaturen von etwa 35 ... 70 °C. Der überhitzte Dampf (Heißdampf) wird mit hoher Geschwindigkeit (bis zu 20 m/s) umgewälzt und damit wird die Feuchte dem Holz entzogen. Durch den niedrigen Innendruck und der dadurch bedingten geringen Wärmekapazität des Heißdampfes benötigt man viele Ventilatoren.

Die Regelung des Trocknungsablaufes erfolgt über die Temperatur und den Unterdruck im Kessel. Merkmale der Heißdampftrocknung: Kurze Trocknungszeiten bei dicken Laub- und Nadelhölzern, für Bauholztrocknung gut geeignet, gute Trocknungsqualität bei hellen Hölzern (sofern nasses Holz sofort getrocknet wird), größere Nutzinhalte als andere Vakuumsysteme, empfindliche Hölzer (z. B. Eiche) sollten erst im Freien schonend vorgetrocknet werden, große Endfeuchtestreuungen möglich (wenn Laubhölzer sägefrisch getrocknet werden), bei dünnem Nadelholz häufig keine Trocknungszeiteinsparung gegenüber Frischluft-Ablufttrocknung, massiver Harzaustritt bei Kiefer, Holzverfärbungen sind möglich (wenn Kessel nicht absolut dicht sind), hohe Investitionskosten.

Grundsätzliche Merkmale der Vakuumtrocknung (alle Systeme)

Relativ kurze Trocknungszeiten. Geeignet für langsam und schwer zu trocknende Hölzer (große Dimensionen, Bauholz). Die Steuerung und Regelung ist schwieriger als bei den konventionellen Verfahren. Eine Qualitätskontrolle während der Trocknung (Sichtprüfung) ist nicht möglich. Die möglichen Nutzinhalte sind geringer als bei konventionellen Verfahren. Die relativ hohen Investitionskosten werden je nach Praxisfall durch die kurzen Trocknungszeiten und dem damit verbundenen größeren Durchsatz teilweise ausgeglichen.

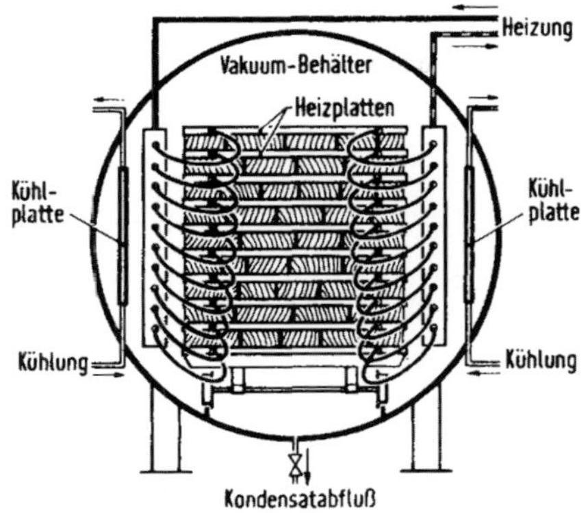

Abbildung 66: Prinzip der Vakuum-Holztrocknung (Plattenanlage

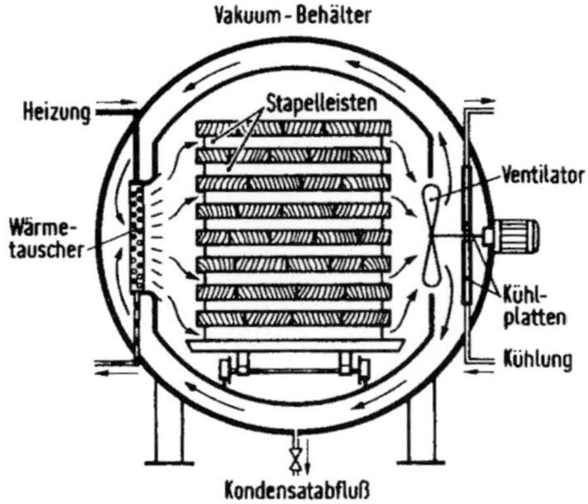

Abbildung 67: Prinzip der Vakuum-Holztrocknung (Plattenlose Anlage)

4.2.7 Sonderverfahren der Trocknung

Hochtemperaturtrocknung (Verdampfungstrocknung)

Die Trocknung erfolgt im Dampf-Luft-Gemisch in sehr gut gedämmten Aluminium-Kammern. Die Trocknungstemperaturen gehen bis etwa 130 °C, die Nasstemperatur sinkt weit unter 100 °C. Das Kammerklima oberhalb Fasersättigung ist ähnlich wie bei der Frisch-Ablufttrocknung. Die Holzqualität wird durch Dunkelfärbung, Verharzung und Astaustritte beeinträchtigt. Daher ist dieses Verfahren nur bei leicht zu trocknenden Hölzern (z. B. Sperrholz-Mittellagen und Plantagenhölzer) anzuwenden. Die Trocknungszeiten sind sehr kurz im Vergleich zur Frischluft-Ablufttrocknung.

Hochfrequenztrocknung

Das Trockengut liegt als Dielektrikum zwischen Kondensatorplatten, welche die Energie der hochfrequenten elektromagnetischen Schwingungen übertragen. Das Holz wird von innen her erwärmt. Bei Überschreiten des Siedepunktes verdampft die Holzfeuchte sehr schnell und wird von innen nach außen gedrückt. Der Dampf tritt meist am Hirnholz aus.

Um Trocknungsschäden zu vermeiden, sollte die Anfangsfeuchte nicht mehr als etwa 40% betragen.

Die Hochfrequenztrocknung ist geeignet für dampfdurchlässige Hölzer (Buche, Ahorn, Birke, Pappel, auch Nadelholz bei der Keilzinkung im Bereich der Zinken). Die Trocknungszeiten sind sehr gering.

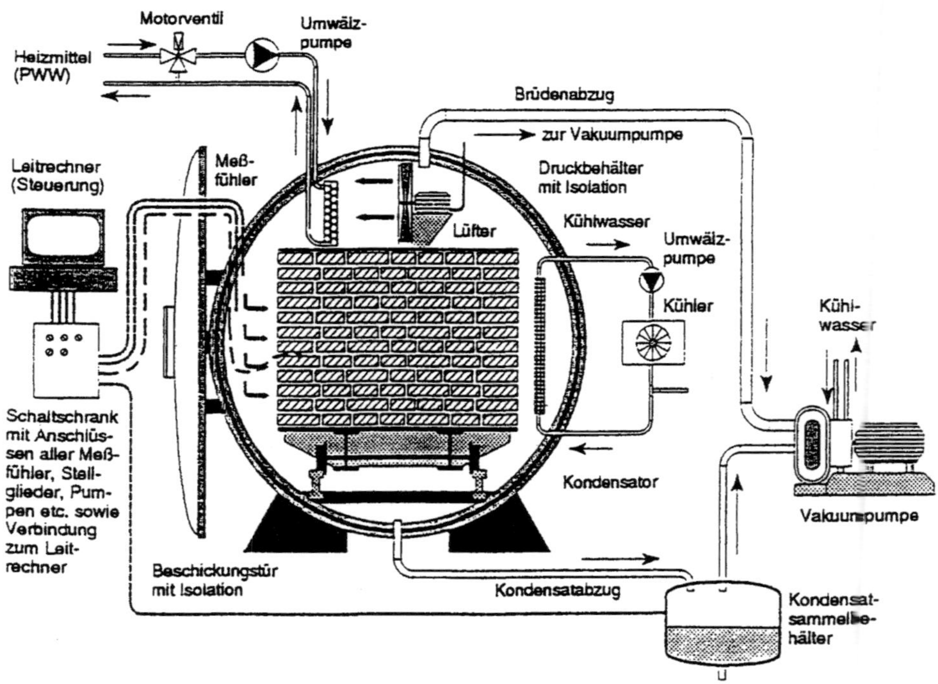

Abbildung 68: Prinzip der Vakuum-Holztrocknung (Trocknung im reinen Heißdampf)

Die Investitions- und Betriebskosten sind sehr hoch. Ein wirtschaftlicher Einsatz ist nur sinnvoll, wenn sehr dicke (über 60 mm) und kurze, prismierte Hölzer in großen Mengen laufend getrocknet werden müssen,

z. B. Parkett, Spielwaren, Schuhleisten, Holzsandalen, Tisch- und Stuhlbeine, oder wenn es sich um partielle Trocknung (Keilzinkenbereich) handelt.

Nachteilig sind häufige Trocknungsschäden wie Verkohlung, Innenrisse, Holzverfärbungen. Der Energieverbrauch je kg Wasserentzug beträgt etwa1... 1,5 kWh. Die Anlagen arbeiten meist im Durchlaufverfahren. Der Frequenzen wegen sind sie außerdem genehmigungspflichtig.

Trocknung in heißen Ölen

Prinzip und physikalischer Ablauf wie bei der Heißdampftrocknung. Flüssiges Öl übernimmt die Funktion des Heißdampfes und überträgt die Wärme der Heizflächen auf das Holz. Das Trockengut wird vollständig vom Ölbad, innerhalb einer Grube, umschlossen. Bei Öltemperaturen bis 130 °C und Holztemperaturen von 100 °C verdampft die im Holz enthaltene Feuchte sehr schnell durch den hohen Wasserdampfdruck im Holz. Das Verfahren ist nur für unempfindliche Hölzer ohne besondere Qualitätsansprüche geeignet bzw. für Hölzer, die nach der Trocknung noch eine Imprägnierung erhalten sollen. Die Trocknung verläuft bei kurzen Trocknungszeiten relativ schonend.

Nachteilig sind die hohen Kosten, die Geruchsbelästigung und die Tatsache, dass durch den Imprägniereffekt eine anschließende Oberflächenbehandlung nicht mehr möglich ist.

Trocknung in Chemikalien

Das Verfahren beruht auf der Tatsache, dass Holz durch Tränkung mit hygroskopischen Stoffen sein Feuchtegleichgewicht verändert. Durch die Anwendung von Chemikalien z. B. Polyäthylenglykol, Natriumchlorid- und Harnstofflösungen werden u.a. das Trocknungsverhalten, die Schwindungseigenschaften und das Trocknungsgefälle beeinflusst bzw. verändert. Voraussetzung für den Einsatz der verschiedenen Mittel ist allerdings, dass die jeweilige Chemikalie mehr Wasser aufnehmen kann, als im Holz vorhanden ist.

Die Trocknung verläuft bei Temperaturen über 100 °C in einem Tränkbad oder einer Berieselungsanlage. Die Trocknungszeiten sind sehr kurz. Nachteilig sind häufige Spannungen und Risse unterhalb der Fasersättigung, sowie Rückstände von Chemikalien, die sich nicht mehr beseitigen lassen. Das Verfahren kann nur bei nassem Holz angewandt werden.

Presstrocknung

Das Holz wird in Mehretagenpressen bei Überdruck und Temperaturen bis 170 °C getrocknet.

Durch den großen Pressdruck (bis 12 bar) erfolgt in der Dicke (speziell bei Rotbuche) meist eine starke Schwindung. Durch die anschließende notwendige Befeuchtung auf die gewünschte Endfeuchte ergibt sich meist eine höhere Dickenquellung als sonst üblich bei anderen Trocknungsverfahren. Zudem wird die Holzfarbe dunkler und die Rohdichte erhöht. Durch die kurzen Trocknungszeiten ist die Presstrocknung speziell bei Parkettfriesen eine interessante Alternative.

Das Verfahren eignet sich nur für dampfdurchlässige Hölzer wie z. B. Buche und Birke, sowie für die Furniertrocknung. Für Tropenhölzer, Nadelhölzer und verschiedene Laubhölzer ist das Verfahren nicht zu verwenden.

Fazit der Sonderverfahren

Die meisten der angegebenen Verfahren sind für einen breiten industriellen Einsatz der Schnittholztrocknung nur sehr begrenzt einsetzbar. Trotz teilweise immer wiederkehrender Publikationen in der Fachpresse oder bei Fachkongressen handelt es sich in der Regel um spezifische „Nischen-Lösungen“ für einzelne Produkte unter bestimmten Voraussetzungen in einzelnen Firmen oder Regionen. Selbst bei möglichen Weiterentwicklungen sind die Einsatzbereiche auch in der Zukunft sehr beschränkt.

4.3 Regelung und Steuerung

4.3.1 Regelung

Unabhängig von den jeweiligen Regelmöglichkeiten ist es notwendig, dass jeder Trocknungsablauf zur Überwachung und Nachkontrolle bei etwaig aufgetretenen Trocknungsschäden protokolliert wird. Je nach System kann das durch handgeschriebene Tagesprotokolle, Automatik-Schreibstreifen oder durch ausgedruckte Protokolle erfolgen.

Manuelle Regelung (Handsteuerung)
Heute nur sehr selten angewandt, weil die Gefahr von Trocknungsfehlern zu groß ist. Manuelle Steuerung von Temperatur und Klima durch Handbetätigung von Heizung, Sprüheinrichtungen und Klappen. Vor der Trocknung wird ein Trocknungsfahrplan aufgestellt, dessen Werte vom Bedienungsmann während der Trocknung laufend eingehalten werden müssen. Als Hilfsmittel dienen Psychrometer, Holzfeuchtemessgeräte sowie Trocknungskurven bzw. Tabellen.

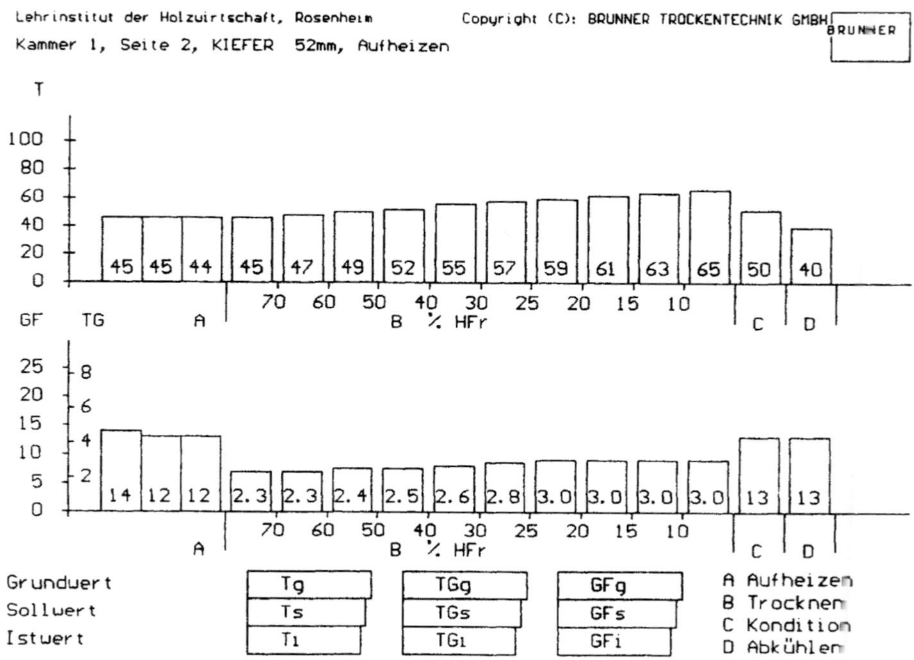

Abbildung 69: Trocknungsfahrplan (Computerprogramm)

Merkmale:

- sehr qualifizierter Trockenführer notwendig
- großer Zeitaufwand für Überwachung und Bedienung
- kein Nacht- bzw. Wochenendbetrieb möglich.

Halbautomatische Regelung

a) Feuchteabhängig: Anhand eines Trocknungsfahrplanes oder aus Erfahrungswerten werden zu Beginn und während der Trocknung feste Sollwerte für die Trocknungstemperatur ϑ_{tr} und die Gleichgewichtsfeuchte u_{gl} vorgegeben, die dann automatisch geregelt werden. Die Sollwerte müssen im Verlauf der Trocknung immer wieder nachgestellt werden.

Merkmale:

- gute Erfahrungswerte und Programme notwendig
- Trocknungszeitverluste (durch Stufeneinstellung)
- Nacht- und Wochenendbetrieb möglich
- geeignet für langandauernde Trocknungen bei immer gleichem Holz
- Mehrverbrauch an Energie.

b) Zeitabhängig (Programmregelung): Aus Erfahrungswerten bzw. Programmen werden für die Trocknungstemperatur und Gleichgewichtsfeuchte feste Sollwerte nach einem Zeitplan vorgegeben. Merkmale:

- gute Erfahrungswerte notwendig
- keine Holzfeuchtemessstellen vorhanden

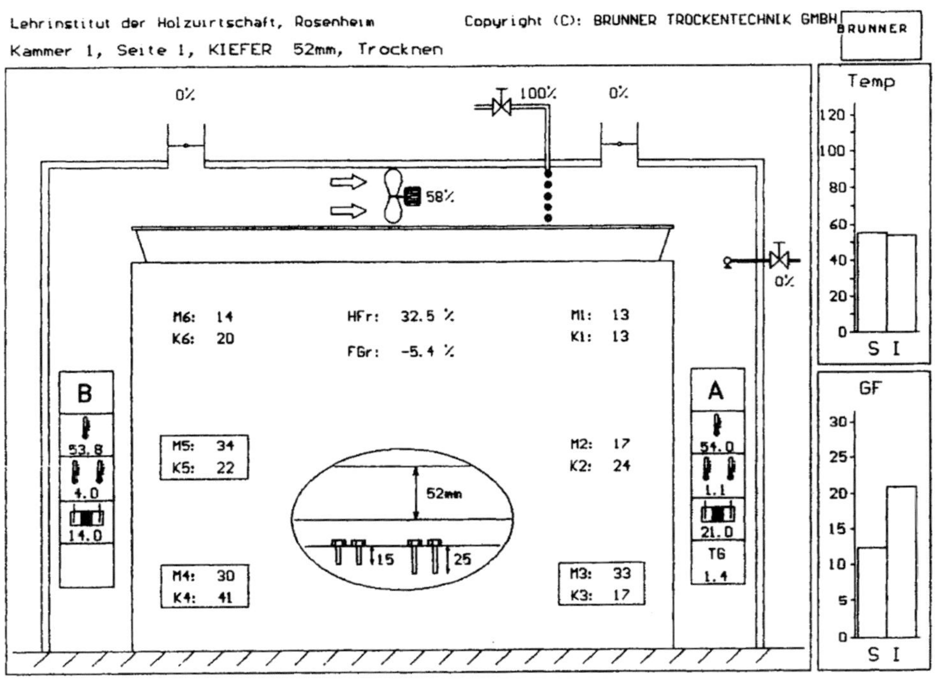

Abbildung 70: Protokollausdruck (Kammerdaten)

- Risiko, dass der tatsächliche Trocknungsablauf nicht dem vorgegebenen Zeitprogramm entspricht
- mehr Überwachungsaufwand
- Einsatz nur sinnvoll bei bekannten, immer gleichartigen Hölzern.

Vollautomatische Regelung

a) Holzfeuchteabhängige Folgeregelung. Abhängig von der jeweiligen Holzfeuchte werden die Gleichgewichtsfeuchte und die Trocknungstemperatur unter Berücksichtigung eines bestimmten Trocknunggsgefälles automatisch geregelt. Es erfolgt ein laufender Soll-/Istwert-Vergleich der Messgrößen. Je nach Typ der Anlage werden zu Beginn der Trocknung die wichtigsten Kenngrößen eingegeben, z. B. Holzart, Holzstärke, Endfeuchte, Anfangs- und Endtemperatur, Gleichgewichtsfeuchte, Trocknungsgefälle etc.

Merkmale:
- einfache Bedienung
- kurze Überwachungszeiten
- Nacht- und Wochenendbetrieb möglich
- Trocknungszeitverkürzungen
- keine Fehler- oder Störmeldungen.

b) Vollautomatik nach Zeitprogramm. Funktion ähnlich der Halbautomatik-Programmregelung. Das Klima und der Temperaturverlauf werden nach einem Zeitplan vorgegeben und die Trocknung läuft dann vollautomatisch durch.

Merkmale:
- keine Feuchtemesselektroden
- Risiko bei unbekannten Hölzern
- schwierige Einstellung.

c) Computer-Automatik. Die vorher genannten Regelmöglichkeiten werden durch frei programmierbare Computer-Automatiken (mit Bildschirmdialog) ersetzt. Die Automatiken können sowohl für die Regelung einzelner, als auch für die zentrale Regelung vieler Trockenkammern eingesetzt werden. Diese Technik bietet die Möglichkeit, von einem Schreibtisch aus, per Bildschirm, mehrere Trockenkammern zu steuern und zu überwachen.

Der Unterschied der Computer-Automatiken zur vorher genannten, etwas starren Folgeregelung ist vor allem eine ständige Anpassung an veränderte Bedingungen, d. h. die neuen Anlagen sind flexibler und lernfähig.

Je nach Typ und Programmierweise der jeweiligen Anlage werden in der Regel zu Beginn der Trocknung mehr Daten als bei der üblichen Folgeregelung eingegeben. Neben den Grundeingabedaten wie z. B. Holzart, Endfeuchte etc. können noch die Trocknungsqualitäten, Stromtarife, Reversiertaktzeiten, Eindringtiefen der Elektroden, Abschalttemperatur der Ventilatoren und vieles mehr eingegeben werden.

Merkmale und Möglichkeiten:
Je nach Leistung und Ausstattung der jeweiligen Computer-Automatiken:

Eingabe von individuellen Trocknungsprogrammen, Trocknungszeitvorhersagen, Fehleranzeigen bei technischen Störungen oder im Trocknungsablauf, Messstellenauswahl, Sicherheitseinrichtungen für Temperaturen und Klima, stufenlose Drehzahlregelung der Ventilatoren durch Frequenzumrichter oder polumschaltbarer Motoren unter Berücksichtigung der jeweiligen Holzfeuchte bzw. kundenspezifischer Gegebenheiten wie z. B. Stromtarife oder Lärmschutz während der Nacht (Drehzahlreduzierung bis auf 40% herab, weil bei niedrigen Holzfeuchten geringere Luftgeschwindigkeiten ausreichen), Energieeinsparung und sinnvolle Energieverteilung bei einer oder mehreren Trockenkammern durch „Energiemanager-Systeme", automatischer Ausdruck aller Trocknungsdaten und Energieverbrauchswerte.

Anmerkung des Verfassers:
Trotz der vielen Vorteile und Möglichkeiten müssen auch Computer-Vollautomatiken täglich von einer qualifizierten Bedienungsperson

überwacht werden. Keine Regelanlage ist so perfekt wie das Holz individuell ist!

Trocknungsstufen

1. *Aufheizen:* Zu Beginn müssen die Kammerluft und alle Einbauten auf die zulässige Anfangstemperatur aufgeheizt werden. Das Aufheizen sollte immer so feucht wie möglich erfolgen, sonst besteht die Gefahr von Verschalung (s. 4.4 Trocknungsqualität). Es muss daher viel gesprüht werden, bis eine relative Luftfeuchte von etwa 90% (entspricht etwa u_{gl} = 18%) erreicht wird.
   Nur bei hell verlangten Laubhölzern (z. B. Ahorn, Buche, Esche) wird ohne Sprühung aufgeheizt. Die Dauer der Aufheizphase hängt ab von der Holzart, Holzdicke und Jahreszeit (im Winter längere Aufheizzeiten).
2. *Durchwärmen:* In dieser Phase wird das feuchte Holz gleichmäßig über den gesamten Querschnitt durchwärmt. Während des Aufheizens wird das Holz meist nur in den Oberflächenschichten erwärmt. Das Durchwärmen ist speziell notwendig bei anschließender scharfer Trocknung, weil sonst Schäden entstehen können.
3. *Trocknen:* Bei Holzfeuchten oberhalb der Holzgrenzfeuchte muss die Trocknung bei mildem Klima sehr schonend erfolgen, d. h. mit annähernd konstanten niederen Temperaturen und hohen u_{gl}-Werten. Das Missachten dieser Regeln ist häufig Ursache für die vielen „Fehltrocknungen“ beim Laubholz!
   Wenn die Anzeige aller Holzfeuchtemessstellen unterhalb der Holzgrenzfeuchte liegt, kann die Trocknungstemperatur stark erhöht und die Gleichgewichtsfeuchte stetig gesenkt werden, bis zum Erreichen der gewünschten Endfeuchte.

Das jeweilige u_{gl} wird gemäß der sinkenden Regelungsfeuchte ur nach der Formel

$$u_{gl} = \frac{u_r}{TG}$$

eingestellt.

Unterhalb der Regelungsfeuchte von etwa 15 % darf das Trocknungsgefälle um 20...50% gesteigert werden, weil nun keine Schäden mehr zu befürchten sind.

4. *Konditionieren* (Ausgleichen): Um unerwünschte Feuchtedifferenzen über den Querschnitt des Holzes und zwischen den Hölzern zu vermeiden, muss das Holz unbedingt klimatisiert werden. Bei konstanter Trocknungstemperatur wird der momentan sehr niedrige u_{gl}-Wert auf den gewünschten Holzendfeuchtewert u_e durch Sprühen erhöht. Vorhandene Spannungen im Holz bauen sich damit ab.
5. *Abkühlen:* Die Heizung wird abgeschaltet, das Klima bleibt bestehen, die Klappen können eventuell etwas geöffnet werden. Erst wenn die Temperatur des Holzes etwa 30 ... 40 °C über der Außentemperatur liegt, kann die Kammer geöffnet werden. Erst dann schalten auch die Ventilatoren ab.
   Bei zu frühem Öffnen der Kammer besteht die Gefahr von Rissen und Spannungen.

4.3.2 Steuerung der Kammertrocknung

Unter der Steuerung einer Trocknung versteht man das „Fahren“ nach einem Trocknungsplan. Die Steuerungsdaten (Trocknungstemperatur und Trocknungsgefälle) sind dabei abhängig von Holzart und Holzfeuchte (siehe Tabelle 43). Holzfeuchte oberhalb Holzgrenzfeuchte: niedrige Temperatur, hohes u_{gl}.

Holzfeuchte unterhalb Holzgrenzfeuchte: Temperatursteigerung bis zur zulässigen Höchsttemperatur, u_{gl} sinkend. Trockungsgefälle bis u = 15 % konstant, unterhalb u = 15 % Trocknungsgefälle steigern bis zum gewählten Höchstwert.

Messung der Daten:

- Holzfeuchte u: durch Elektroden, die vor der Trocknung in das Holz geschlagen wurden, oder durch elektrische Handmessgeräte.
- Feuchtegleichgewicht u_{gl}: durch einen u_{gl} – Feuchtefühler, der im Luftstrom frei ange-

bracht ist und sich der jeweiligen relativen Luftfeuchte sofort anpasst. Bei Handsteuerung mit Hilfe des Psychrometers.

- Temperatur ϑ: Durch Temperaturanzeiger an der Automatik oder durch Trockenthermometer am Psychrometer.

Bemerkung: Die Daten können bei gelungener Trocknung vorsichtig verschärft werden. Keinesfalls darf eine niedrigere Temperatur durch schärferes Trocknungsgefälle bzw. niedrigere u_{gl} kompensiert werden! In den Holzgruppen 1–7 kann T1 um 5 °C höher angesetzt werden, wenn das Holz unter 40 mm dick ist.

4.3.2.1 Folgeprobe

Die Folgeprobe hat die Aufgabe, den Trocknungsablauf zu kontrollieren und rechtzeitig Trocknungsfehler zu erkennen. Sie ist ein Hilfsmittel zum Trocknungsplan.

Für die Folgeprobe schneidet man ein oder mehrere 60... 100 cm lange Brettstücke aus der Ware (mindestens 30 ... 50 cm vom Hirnende) heraus. Die Anfangsfeuchte der Probe wird mittels Darrverfahren oder elektrischer Messung ermittelt. Die Probe wird gewogen (Gewicht am Anfang = m_a), beschriftet und an einer zugänglichen Stelle im Stapel eingebaut.

Die Folgeprobe „begleitet“ praktisch die Trocknung. In periodischen Abständen wird die Trockenkammer geöffnet, die Probe geprüft bzw. gewogen und anschließend wieder in die Kammer zurückgelegt.

Zweck der Folgeprobe:

- Ermittlung der jeweils augenblicklichen Holzfeuchte. Die Feuchte der Probe wird auch der Feuchte des Holzes in der Kammer entsprechen.
- Kontrollen auf Trocknungsfehler (Risse, Verfärbungen).

Ermittlung der jeweils momentanen Holzfeuchte

$$u_i = \frac{m_i}{m_a} (u_a + 100) - 100 \, (\%)$$

Tabelle 43: Richtwerttabelle für die Trocknung der wichtigsten Holzarten (nach Trübswetter[38])

Gruppe	Holzart	T_1 [°C] für u_r	$u_{gl\,1}$ [%] $>u_{gr}$	u_{gr} [%]	T_2 [°C] für u_r	TG [– $<u_{gr}$
1	Fichte, Tanne, Abachi (geringe Ansprüche)	60	12	48	90	4,0
2	Fichte, Tanne, Kiefer, Oregon Pine, Hemlock, WR Cedar, Abachi, Balsa	50	13	45	85	3,5
3	Erle, Linde, Pappel, Weide, Ilomba, Okoume	45	14	39	80	2
4	Edelkastanie, Abura, Lärche, Koto	45	15	37	80	2,8
5	Birnbaum, Kirschbaum, Nußbaum, Birke, Rüster, Khaya	45	16	35	75	2,5
6	Buche, Kambala, Makore, Sipo, DR Meranti, Teak	45	16	34	75	2,0
7	Ramin, Weißbuche, Brasilkiefer	40	15	30	70	2,0
8	Keruing, Kosipo, Hickory, Tali, Wenge	40	17	30	70	1,8
9	Eiche, Afzelia (Bongossi)	30	18	27	70	1,5
10	Esche, Ahorn, Buche, wenn einheitlich hell verlangt (sägefrisch in Kammer!)	45	13	32	65	2,5

Bemerkung: Die Daten können bei gelungener Trocknung vorsichtig verschärft werden. Keinesfalls darf eine niedrigere Temperatur durch schärferes Trocknungsgefälle bzw. niedrigere u_{gl} kompensiert werden! In den Holzgruppen 1-7 kann T_1 um 5 °C höher angesetzt werden, wenn das Holz unter 40 mm dick ist.

Trocknungsprotokoll für Fichte, Frischluft-Ablufttrocknung (nach Vogt [34], Trübswetter[38])
Hobelware, 24 mm, Frischluft-Abluft-Kammer, $u_a = 70$ %, $u_e = 10$ %,
tägliche Heizzeit = 24 Stunden
Werte aus Tabellen:
Temperatur am Anfang = 70 °C, Temperatur am Ende 80 °C, Trocknungsgefälle 2,7...4,8; u_{gl} für nasses Holz (über 60 %) = 16 %, zwei Folgeproben begleiten die Trocknung
Folgeprobe I: Anfangsgewicht 1370 g, $u_a = 66$ %
Folgeprobe II: Anfangsgewicht 1720 g, $u_a = 71$ %

Folgezeit h	Folgeprobe Gewicht g	I/u Feuchte u (%)	Folgeprobe Gewicht g	II/u Feuchte u (%)	TG	u_{gl} %	T_{tr} °C	T_w °C	Bemerkungen
0	1370	66	1720	71,0	-	-	20	19	Heizung an, Ventilatoren an, Klappen zu
	-	-	-	-	-	16,0	55	52	etwas Sprühdampf
3	1330	60	1660	66,0	2,7	16,0	68	65	Sprühdampf aus, Heizen
6	1260	52	1570	57,0	3,0	13,0	70	66	
9	1200	44	1480	48,0	3,3	12,0	72	67	
12	1330	36	1390	39,0	3,3	12,0	74	69	
16	1060	28	1300	30,0	3,0	10,0	77	70	Klappen etwas öffnen
20	1010	22	1230	23,0	3,3	7,0	76	63	
23	970	27	1170	17,0	3,1	5,4	77	60	Klappen weiter auf
26	940	13	1130	13,0	3,3	4,0	78	55	Klappen ganz auf
28	920	11	1105	10,5	3,8	2,9	78	48	
29	915	10	1090	9,0	4,8	2,1	78	44	Klappen etwas zu
30	905	9	1080	8,0	4,3	2,1	78	45	Klappen zu, Ausgleichen, sprühen
33	915	10	1100	10,0	1,0	10,0	79	73	Dampf aus, Heizung aus, Klappen auf, Abkühlen auf mindestens 40 °C über Außentemperatur, Ausfahren

u_i (%) = momentane Holzfeuchte
m_i (g) = Masse (Gewicht) der Probe zum Zeitpunkt der Messung
m_a (g) = Masse (Gewicht) der Probe am Beginn der Trocknung
u_a (%) = Anfangsfeuchte der Probe.

Beispiel:
Probebrett $u_a = 36$ %;
Gewicht am Anfang $m_a = 3460$ g;
Nach 20 Stunden wiegt die Probe $m_i = 3215$g.
Wie groß ist die Feuchte der Probe jetzt nach 20 Stunden?

$$u_i = \frac{3215}{3460}\,(36 + 100) - 100\,(\%) = 26{,}4\,\%$$

4.3.2.2 Trocknungspläne

Allgemeine Hinweise

- bei empfindlichen Hölzern (Laubhölzer, Exoten) und bei sehr nassen Hölzern immer mit niederen Anfangstemperaturen fahren, sonst besteht die Gefahr von Trockenfehlern. Unterhalb Holz-Grenzfeuchte kann die Temperatur gesteigert werden
- bei nassen Hölzern über Holzgrenzfeuchte wird am Anfang nicht das Trocknungsgefälle als Steuerinstrument verwendet, sondern die Gleichgewichtsfeuchte u_{gl}
- unterhalb 15 % Holzfeuchte kann das Trocknungsgefälle gesteigert werden (durchschnittlich 20...50 % mehr als in den Tabellen angegeben)

- die Temperaturdifferenz am Psychrometer darf zu Beginn der Trocknung nicht mehr als 2 °C betragen
- bei ungleichmäßig verteilter Holzfeuchte in der Charge sollte man zu Beginn der Trocknung sprühen.

Trocknungsplan für Eiche
Holzdicke = 55 mm, Frischluft-Abluft-Kammer, u_a = 70-80%, u_e = 8%
bei u über Holzgrenzfeuchte: Trocknungstemperatur = 30 °C, u_{gl} = 18 %
bei u unterhalb Holzgrenzfeuchte: Trockentemperatur = 60 °C, Trocknungsgefälle = 1,5-2,0

U_r %	TG	U_{gl} %	T_{tr} °C	T_w °C	φ %	Bemerkungen
80	-	18	auf 30	28	86	Aufheizen, Sprühen
80-27	-	18	30	28	86	Daten halten bis u_{gr}
27-20	1,5	13,5	45	41	77	
20-15	1,5	10	60	53	67	
15-12	2,0	6	60	43	41	TG steigern
12-10	2,0	5	60	41	33	
10-8	2,0	4	60	37	25	
8	1,0	8	55	44	52	Konditionieren, Abkühlen

Trocknungsplan für Ahorn (hell)
Holzdicke = 50 mm, Frischluft-Abluft-Kammer, u_a = 50 – 60 %, u_e = 12%
bei u über Holzgrenzfeuchte: Trocknungstemperatur = 45 °C, u_{gl} = 13 %
bei u unterhalb Holzgrenzfeuchte: Trocknungstemperatur = 60 °C, Trocknungsgefälle= 2,5 – 3,5

U_r %	TG	U_{gl} %	T_{tr} °C	T_w °C	φ %	Bemerkungen
60	-	18	auf 45	43	auf 90	Aufheizen, Sprühen
60-32	-	13	45	40	75	Daten halten bis u_{gr}
32-25	2,5	10	60	52	67	
25-20	2,5	8	60	48	54	
20-15	2,5	6	60	44	40	
15-12	3,5	3,5	60	36	21	TG steigern
12	1,0	12	60	55	75	Konditionieren, Abkühlen

Trocknungsplan für Dark Red Meranti
Holzdicke = 75 mm, Frischluft-Abluft-Kammer, u_a = 45 - 50 %, u_e = 12%
bei u über Holzgrenzfeuchte: Trocknungstemperatur = 45 °C, u_{gl} =16%
bei u unterhalb Holzgrenzfeuchte: Trocknungstemperatur = 70 °C, Trocknungsgefälle = 2,0 – 2,5

U_r %	TG	U_{gl} %	T_{tr} °C	T_w °C	φ %	Bemerkungen
50	-	18	auf 45	43	88	Aufheizen, Sprühen
50-34	-	16	45	42	85	Daten halten bis u_{gr}
34-30	2,0	15	55	52	83	
30-25	2,0	12,5	60	55	77	
25-20	2,0	10	60	52	67	
20-15	2,0	7,5	70	58	55	
15-12	2,5	4,8	70	50	35	TG steigern
12	1,0	12	60	54	75	Konditionieren, Abkühlen

Trocknungsplan für Kiefer

Holzdicke = 40 mm, Frischluft-Abluft-Kammer, u_a = 50 - 60 %,u_e = 10%
bei u über Holzgrenzfeuchte: Trocknungstemperatur = 50 °C, u_{gl} = 13 %
bei u unterhalb Holzgrenzfeuchte: Trocknungstemperatur = 75 °C, Trocknungsgefälle = 3,0 – 3,5

U_r %	TG	U_{gl} %	T_{tr} °C	T_w °C	φ %	Bemerkungen
60	-	18,5	auf 50	48	auf 90	Aufheizen, Sprühen
60-50	-	13	50	45	76	Daten halten bis u_{gr}
50-45	-	13	50	45	76	
45-40	3,0	13	55	50	78	
40-30	3,0	10	55	49	75	
30-25	3,0	8,5	60	49	58	
25-20	3,0	6,5	70	55	48	
20-15	3,0	5	75	55	39	
15-12	3,5	3,4	75	48	25	TG steigern
12-10	3,5	2,9	75	46	21	
10	1,0	10	65	57	69	Konditionieren, Abkühlen

Trocknungsplan für Erle

Holzdicke = 30 mm, Frischluft-Abluft-Kammer, u_a = 55 - 60%, u_e = 9%
bei u über Holzgrenzfeuchte: Trocknungstemperatur = 45 °C, u_{gl} = 14 %
bei u unterhalb Holzgrenzfeuchte: Trocknungstemperatur = 80 °C, Trocknungsgefälle = 2,8 – 3,5

U_r %	TG	U_{gl} %	T_{tr} °C	T_w °C	φ %	Bemerkungen
60	-	18	auf 45	43	88	Aufheizen, Sprühen
60-39	-	14	45	41	79	Daten halten bis u_{gr}
39-35	2,8	12,5	50	45	75	
35-30	2,8	10,7	50	43	67	
30-25	2,8	9	60	50	60	
25-20	2,8	7,0	70	57	53	
20-15	2,8	5,4	80	62	44	
15-12	3,5	3,4	80	53	26	TG steigern
12-9	3,5	2,6	80	49	20	
9	1,0	9	70	61	64	Konditionieren, Abkühlen

Trocknungsplan für Rotbuche

Holzdicke = 40 mm, Frischluft-Abluft-Kammer, u_a = 60 - 70 %, u_e = 10%
bei u über Holzgrenzfeuchte: Trocknungstemperatur = 45 °C, u_{gl} =16%
bei u unterhalb Holzgrenzfeuchte: Trocknungstemperatur = 75 °C, Trocknungsgefälle = 2,0 – 2,5

U_r %	TG	U_{gl} %	T_{tr} °C	T_w °C	φ %	Bemerkungen
70	-	19	auf 45	43	auf 90	Aufheizen, Sprühen
70-60	-	16	45	42	84	
60-34	-	16	45	42	84	Daten halten bis u_{gr}
34-30	2,0	15	50	47	82	
30-25	2,0	12,5	60	55	78	TG steigern
25-20	2,0	10	65	57	68	
20-15	2,0	7,5	75	62	57	
15-12	2,5	5	75	55	37	TG steigern
12-10	2,5	4	75	51	30	
10	1,0	10	65	57	68	Konditionieren, Abkühlen

Notwendige Daten zum Erstellen eines Trocknungsplanes

1. Anfangsfeuchte (u_a) – Ermitteln durch Darrprobe oder elektrische Messgeräte.
2. Endfeuchte (u_e) – ist vorgegeben.
3. Trocknungstemperatur am Anfang und am Ende der Trocknung – aus Tabellen entnehmen.
4. Trocknungsgefälle – aus Tabellen entnehmen.
5. Feuchtegleichgewicht u_{gl} – aus Tabellen entnehmen.
6. Holzgrenzfeuchte u_{gr} – aus Tabellen entnehmen.

4.3.3 Checkliste zum Ablauf einer Trocknung (nach HDH[39])

Möglichst gleichartiges Holz, d. h. gleiche Holzart, gleiche Qualität, gleiche Dicke, gleiche Endfeuchte. Ansonsten richtet sich die Trocknung nach den ungünstigsten Werten.

1. Holz einwandfrei gestapelt bereitstellen.
2. Holz auf Fehler aus Lagerung überprüfen.
3. Anfangsfeuchte prüfen.
4. Folgeprobe herrichten, wiegen, in Stapel einbauen.
5. Elektroden zur Trocknungsführung in nasse und schwere Hölzer einbringen.
6. Stapel sichern zur Vermeidung von Verformungen.
7. Gleichgewichtsfeuchtefühler neu bestücken (bei Reversierbetrieb zwei Fühler!).
8. Feuchtestrumpf am Psychrometer prüfen bzw. erneuern, Wasser nachfüllen.
9. Sprühdüsen bzw. -öffnungen reinigen.
10. Stapel einfahren.
11. Elektroden anschließen.
12. Notwendige Blenden setzen.
13. Kammer schließen.
14. Trocknungsdaten einstellen bzw. eingeben.
15. Automatik einschalten, Anzeigen prüfen.
16. Ventilatoren einschalten.
17. Klappen schließen, Heizung einschalten, evtl. sprühen (Handbetrieb).
18. Trocknen nach Plan, Überwachung auch bei Automatik notwendig.
19. Bei längerer Unterbrechung der Heizung (nachts, Wochenende) Ventilatoren und Automatik eingeschaltet lassen zur Vermeidung von Kondensation. Bei Handregelung Überwachung unerlässlich.
20. Nach Ende der Trocknung bzw. Konditionierung abkühlen auf holzverträgliche Temperaturdifferenz zur Außenluft (max. 40 °C).
21. Automatik und Ventilatoren abschalten, Kammer öffnen.
22. Elektrodenleitungen abklemmen.
23. Stapel ausfahren und mit Planen/Folien abdecken, wenn nicht sofort unter Dach.
24. Holz in geschlossenem Raum ausklimatisieren lassen.
25. Stapelsicherungen entfernen.
26. Qualitätskontrolle.
27. Bei Qualitätsmängeln evtl. Korrekturen für nächste Trocknung vorsehen.
28. Verarbeitung erst nach Klimatisierung. Dabei nochmalige Qualitätskontrolle zweckmäßig.

4.4 Trocknungsqualität

In der Praxis werden häufig Qualitätsminderungen, die auf holzspezifische Merkmale zurückzuführen sind, vermischt oder verwechselt mit Eigenschaften und Fehlern, die durch unsachgemäße Trocknungsbedingungen verursacht wurden. In den meisten Fällen lassen sich aber natürliche und trocknungsbedingte Holzfehler eindeutig unterscheiden. Schwierigkeiten bereiten allerdings diejenigen Fehler, die während der Trocknung nur deshalb aufgetreten sind, weil bestimmte, die Holzqualität beeinflussende Merkmale vorgelegen haben.

Daher müssen vorhandene oder auftretende Schäden/Fehler folgendermaßen abgegrenzt werden:

4.4.1 Holzqualität (Holzspezifische Merkmale)

Festigkeit, Rohdichte, Schwindung, Äste, Faserabweichungen, Drehwuchs, Wechseldrehwuchs, Reaktionsholz, Jugendholz, bestimmte Verfärbungen, Wachstumsspannungen, Ringschäligkeit, Frostrisse, Harzgallen. Alle Qualitätsminderungen des Holzes, die auf die holzspezifischen Merkmale zurückzuführen sind, dürfen daher nicht der Trocknung angelastet werden.

4.4.2 Trocknungsqualität (trocknungsbedingte Eigenschaften), DIN EN 14298

4.4.2.1 Holzfeuchte

Das Ziel jeder Holztrocknung ist eine vorgegebene End-Holzfeuchte, die möglichst in allen Hölzern innerhalb einer Trockenkammer gleichmäßig vorliegen sollte. In der Praxis ist diese Vorgabe aber nie völlig erreichbar. Im Hinblick auf die Trocknungsqualität ist die geforderte End-Holzfeuchte (auch Zielfeuchte genannt) und deren Streuung innerhalb der ganzen Ladung bzw. innerhalb einzelner Bretter das wichtigste Qualitätskriterium von getrocknetem Schnittholz. In der Praxis wird meistens die mittlere Holzfeuchte, d. h. ein Durchschnittswert innerhalb einer Bandbreite um die Zielfeuchte als ausreichend akzeptiert.

Als Näherungswert für die mittlere Holzfeuchte gilt die Messung der Holzfeuchte in 1/3 der Brettdicke.

Eine genauere Aussage über die mittlere Holzfeuchte erhält man zusätzlich über die Holzfeuchteverteilung über den Brettquerschnitt (Feuchtegradienten), innerhalb der einzelnen Stapel und innerhalb der ganzen Ladung. Dazu sind aber viele weitere Messungen an verschiedenen Messpunkten notwendig, z.B. Messung der Oberflächenfeuchte bei 1/6 der Brettdicke sowie Messung der Kernfeuchte bei ½ der Brettdicke.

4.4.2.2 Verschalung

Wenn Holz mit hoher Feuchte einem scharfen Trocknungsklima – hohe Temperatur und niedrige Luftfeuchte – ausgesetzt wird, tritt eine äußere bzw. innere Verschalung ein. Dieser Zustand kann sowohl bei der Freilufttrocknung als auch bei der Kammertrocknung eintreten.

Das Holz trocknet an der Oberfläche zu schnell ab, während das Innere des Holzes noch sehr feucht ist. Durch dieses große Feuchtegefälle zwischen den äußeren und den inneren Schichten entstehen Spannungen, die zur Verschalung führen.

Äußere Verschalung
Durch das zu trockene Klima geben die äußeren Schichten zu schnell das Wasser ab und es entsteht ein großes Feuchtegefälle. Nach Unterschreiten des Fasersättigungsbereiches schwinden die äußeren Schichten, wobei der Feuchtefluss von innen nach außen stark vermindert wird. Da der feuchte Brettkern noch nicht schwinden kann, entstehen starke Zugspannungen an der Brettaußenschicht. Der Kern steht unter Druckspannungen. Die Brettaußenseite dehnt sich und krümmt sich nach außen. Es entstehen zudem Risse an der Oberfläche.

Innere Verschalung
Wird die Trocknung unvermindert fortgesetzt, schwindet auch der Brettkern. Die äußeren Zugspannungen verlieren sich, die Außenschichten bleiben aber spröde und unelastisch. Nun entstehen innen Zugspannungen, welche die äußeren Schichten unter Druck setzen. Das Holz krümmt sich nach innen. Zusätzlich entstehen mehr oder weniger große Innenrisse.

Die Verschalung kann durch verschiedene Proben sichtbar gemacht werden: Zinkenprobe,

Gabelprobe, Mittenschnittprobe. Diese Proben entnimmt man der zu trocknenden Ware während und nach der Trocknung (Abb. 71-73).

Verschalung kann während und am Ende der Trocknung durch ausreichendes Sprühen und Dämpfen beseitigt werden. Bei starker Verschalung muss die Trocknung unterbrochen werden.

Bleibend verschaltes Holz ist Ausschuss. Gefährdet sind vor allem langsam zu trocknende Hölzer in größeren Dicken mit hoher Anfangsfeuchtigkeit.

Schon vor der Kammertrocknung sollte man Verschalungsproben durchführen, weil

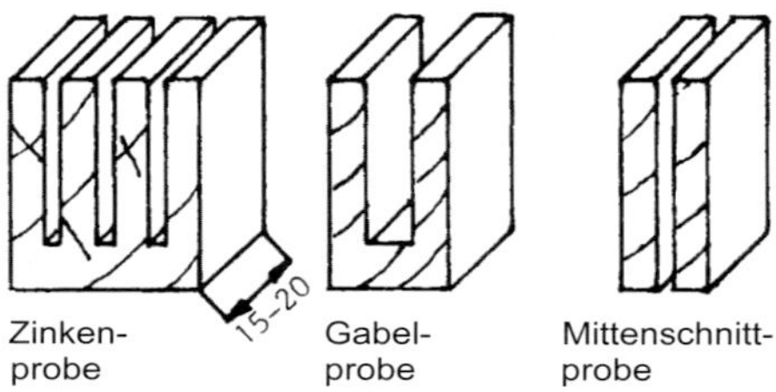

Abbildung 71: Probenarten

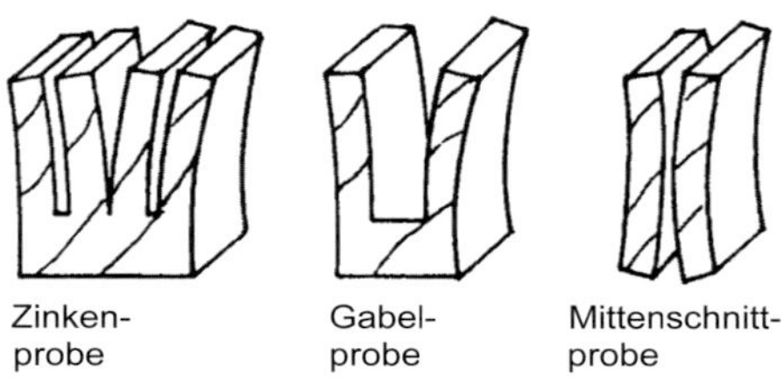

Abbildung 72: Äußere Verschalung zu Beginn der Trocknung

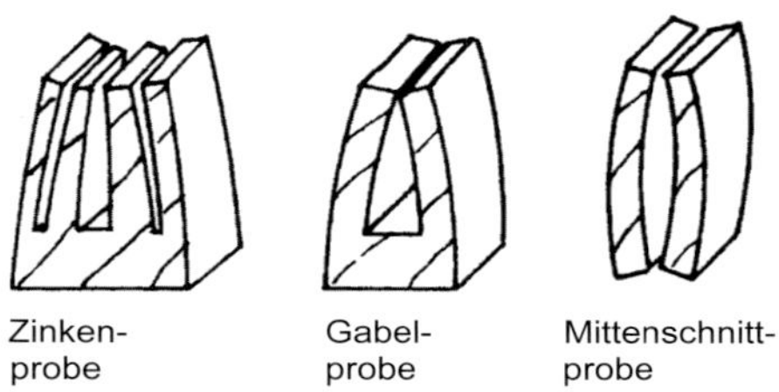

Abbildung 73: Innere Verschalung am Ende der Trocknung

Hölzer schon durch die Freilufttrocknung verschalt sein können. Selbst eine korrekt durchgeführte Trocknung würde in diesem Fall zu Trocknungsschäden führen.

4.4.2.3 Risse

Oberflächen- und Hirnrisse

Oberflächen- und Hirnrisse entstehen meist während der Freilufttrocknung durch zu starke Sonneneinwirkung und trockenes Klima oder in der ersten Trocknungsphase als Vorstufe zur Verschalung (siehe äußere Verschalung). In beiden Fällen sind Spannungen an der Oberfläche durch zu rasches Austrocknen der äußeren Schichten die Ursache.

Die Risse bei der Freilufttrocknung können durch Abdecken der Stapel, richtiges Stapeln oder durch einen Schutz der Hirnenden (Aufnageln von Leisten, Anstriche) vermieden werden. In der Trockenkammer muss die Temperatur gesenkt und die Luftfeuchte durch Sprühen erhöht werden.

Innenrisse

Die gefürchteten Innenrisse sind eine Folge von starker Verschalung, d. h. sie entstehen bei zu hoher Temperatur und zu niedriger Luftfeuchte. Zu starkes Besprühen von bereits vorgetrocknetem Holz kann ebenfalls zu Innenrissen bzw. Zellkollaps führen.

Bei schweren Laubhölzern, Hölzern mit kräftig ausgebildeten Holzstrahlen und Exoten entstehen die Risse bei jeder Art von Verschalung. Die Innenrisse können nur selten beseitigt werden, das Holz ist meist völlig entwertet.

4.4.2.4 Zellkollaps

Wenn bei sehr nassen Hölzern bereits weit oberhalb des Fasersättigungsbereiches eine unnatürlich große und unregelmäßige Schwindung vorliegt, handelt es sich um einen Zellkollaps (oder Zelleinbruch). Obwohl sich noch ein erheblicher Anteil freien Wassers in den Zellhohlräumen befindet, fallen die Holzzellen bei zu hohen Temperaturen und sehr scharfen Trocknungsbedingungen infolge von Zugspannungen in den Kapillargefäßen zusammen.

Der Zellkollaps kann äußerlich durch ein besonders großes Schwindmaß und durch eine unregelmäßige Verformung des Holzquerschnittes sichtbar werden.

Dieser Trocknungsfehler kann dann eintreten, wenn Hölzer, deren Zellen völlig mit freiem Wasser gefüllt und deren Zellwände sehr dicht sind, in einem sehr scharfen Klima getrocknet werden. Die ersten Anzeichen des Zelleinbruchs treten fast immer im Bereich von 50... 60% Holzfeuchte auf. Im Wesentlichen ist die Erscheinung beendet, bevor der Fasersättigungsbereich erreicht wird. In der Regel treten Zelleinbrüche nicht im Splint, sondern fast ausschließlich im Kernholz auf.

Besonders gefährdete Hölzer sind Eiche, Buche, Eukalypten, Zypressen, Meranti/ Lauan, Rüster, Hickory.

Bei rechtzeitigem Erkennen kann der Zellkollaps durch starkes Dämpfen (bei 16... 20% Holzfeuchte) in der Trockenkammer noch abgewendet werden. Wird während der Trocknung nicht eingegriffen, ist das Holz völlig wertlos und bleibt Ausschuss.

4.4.2.5 Formänderungen

Die Ursachen für Formänderungen sind meist nicht auf falsche Trocknungsführung zurückzuführen. Häufig spielen dabei die Anisotropie (unterschiedliches Verhalten in verschiedenen Richtungen) oder Wuchsfehler eine entscheidende Rolle.

Drehwuchs bewirkt ein „Windschiefwerden" (parallele Kanten sind verdreht). Die Schwindungsanisotropie führt zum „Werfen" oder „Schüsseln" (parallele Kanten wölben sich). Wenn lange Bretter zu weit über die Stapellatten hängen, verbiegen sich die Bretter.

Weitere Ursachen für Formänderungen: falsche Lage der Ventilatoren (zu nah am Holz), ungleichmäßige Luftzuführung, ungleichmäßige Heizung, ungleichmäßige Sprühdampfzufuhr. Durch sachgemäße Stapelung können Formänderungen eingeschränkt werden.

4.4.2.6 Verfärbungen

Verfärbungen an der Oberfläche

Diese Verfärbungen gehen nicht tief in das Holz und können meist durch Hobeln beseitigt werden.

Wenn heißes Kondenswasser oder Sprühdampf auf der Oberfläche des Holzes verdampfen, bilden sich auf gerbstoffhaltigen Hölzern (besonders Eiche) und bei Exoten braune oder blauschwarze Flecken durch Gerbsäurereaktionen. Die gleiche Erscheinung tritt auf, wenn solche Hölzer direkt mit Eisenteilen (Bandeisen, Nägel) in Berührung kommen. Auch verschiedene Enzyme (Fermente) können Braunflecken hervorrufen (z. B. bei White Pine, Strobe). Weitere Oberflächenverfärbungen sind möglich z. B. Außenbläue, Schimmelbefall und Kondensatflecken.

Verfärbungen im Inneren

Verfärbungen im Inneren des Holzes bedeuten meist eine erhebliche Qualitätsminderung, wenn sie sehr tief im Inneren des Brettquerschnittes liegen.

Derartige Verfärbungen treten meist auf, wenn feuchte Hölzer mit zu hoher Temperatur und zu hoher Luftfeuchte getrocknet werden. Zuviel Sprühdampf beim Aufheizen kann auch zu bleibenden Verfärbungen führen. Bläuebildung wird hervorgerufen durch Kondensatniederschlag bei niederer Temperatur und hoher Luftfeuchte. Häufig ist auch das Abschalten der Kammer am Abend und das morgendliche Wiederaufheizen Ursache für die Bläuebildung, vor allem bei Kiefer, Ramin, Koto und Abachi. Auch zu schnelles Ausfahren von Chargen aus der Kammer kann zu Kondensatniederschlag und damit zu Bläue führen.

Gegenüberstellung: Kleine Kammern – große Kammern

Kleine Kammern	Große Kammern
Vorteile Flexible Betriebsdisposition, da mehrere Aufträge (verschiedene Holzarten, verschiedene Stärken) prallel laufen können; Kurze Beschickungs- und Entleerungszeiten, daher kurze Totzeiten; Kleinere Lagerräume für getrocknetes Material; Geringeres Risiko bei Bedienungsfehlern (Trocknungsschäden)	Vorteile kleinerer Platzbedarf an Grundfläche; geringere Baukosten; geringere Kosten für technische Ausstattung; geringere Betriebskosten (Strom); leichte Beschickungsmöglichkeit direkt mit Hubstaplern; insgesamt bessere Wirtschaftlichkeit
Nachteile größerer Platzbedarf; höhere Baukosten; höhere Kosten für Einbauteile, wie Türen, Ventilatoren, Mess- und Regelgeräte, Stapelwagen; Größerer Zeitaufwand für Bedienung und Wartung; Insgesamt schlechtere Wirtschaftlichkeit	Nachteile schwierigere Termindispositionen bei unterschiedlichen Aufträgen; größere Lagerräume für getrocknetes Material; längere Beschickungs- und Entleerungszeiten; größeres Risiko bei Bedienungsfehlern

Viele Ursachen von Holzverfärbungen sind nicht nur durch die vorher beschriebenen Fehler begründet. Häufig handelt es sich um bestimmte Reaktionsmechanismen im Holz in Verbindung mit z. T. sehr unterschiedlichen äußeren Gegebenheiten (z.B. Trocknungstemperaturen, Feuchtegehalt von Stapelleisten, pH-Wert von Sprühwasser usw.). Viele Zusammenhänge und Ursachen sind zur Zeit noch nicht erforscht. Dadurch ist es auch nicht möglich, für die Praxis eindeutige Verhaltensmaßregeln für die Trocknung vieler Hölzer vorzugeben.

Verfärbungen lassen sich nach folgendem Schema gruppieren (nach Bauch[40]).

1. Verfärbungen durch Bakterien und Pilze, z. B. Bläue bei Limba, Abachi und Kiefer.
2. Verfärbungen durch physiologische Prozesse in den Parenchymzellen, z. B. Thyllenbildung bei sommergefällter Rotbuche und bei Eiche.
3. Verfärbungen durch biochemische Prozesse, verbunden mit spezifischen Enzymreaktionen, z. B. bei Erle, Esche, Ahorn, Birnbaum.
4. Verfärbungen durch chemische Reaktionen wie Eisen-Gerbstoff-Reaktion z. B. bei Eiche oder pH-Wert-Veränderungen z. B. bei Tanne und Hemlock.
5. Verfärbungen durch kombinierte Reaktionen, z. B. lokale pH-Wert-Veränderung auf frischem Holz, verursacht durch Stoffwechsel von Bakterien, z. B. bei Ilomba.

Die Trocknungstemperaturen spielen häufig eine maßgebende Rolle bei den verschiedenen Verfärbungen.

Bei Trocknung von nassem Holz oberhalb Holz-Grenzfeuchte können folgende Verfärbungen auftreten:

- bei Temperaturen von mehr als 30 °C Eiche – braun bis graufleckig,
- bei zu niederen Temperaturen bis etwa 70 °C in Verbindung mit sehr feuchtem Aufheizklima Hemlock, Weymouthskiefer, Douglasie – braunfleckig;
- bei Temperaturen über 60 °C Ahorn: rötlich; Birke und Linde: graufleckig; Rotbuche: rot bis graubraun; Nussbaum und Erle: braunfleckig; Palisander: lila; Eiche: grau (häufig

schon ab 30 °C); Rüster: rot; Kirschbaum, Birnbaum: braun; Ramin: blau;

- bei Temperaturen von über 90 °C Nadelhölzer – gelb bis braun.

4.4.2.7 Harzausfluss

Bei Temperaturen über 60 °C verliert das Holz immer mehr an Harz. Harz wird flüssig und läuft auf die Holzoberfläche. Die Folgen sind ein speckiges Aussehen, schwieriges Hobeln durch verschmierte Werkzeuge und Probleme bei der Verleimung.

Harzausfluss ist aber kein Trocknungsschaden und sollte auch nicht negativ bewertet werden.

4.4.3 Prüfen von Trocknungsschäden

Zum Erkennen und Bewerten von Trocknungsschäden aus der Freilufttrocknung oder nach der Technischen Trocknung muss das Schnittholz durch Trennschnitte quer zur Holzfaser immer innen kontrolliert werden. Diese Schnitte sollten mindestens 300 mm vom Hirnende des Holzes vorgenommen werden. Bei kürzeren Holzstücken (weniger als 600 mm) sollte in der Mitte des Stückes geschnitten werden. Dafür sind stets scharfe Kreissägen oder Bandsägen zu verwenden. Keine Kettensägen einsetzen, weil sonst die Trocknungsschäden nicht klar sichtbar werden.

4.4.3.1 Einfacher Trennschnitt

Dient zum sofortigen Erkennen von *Innenrissen, Zellkollaps* oder *Innenverfärbungen*. Siehe Abbildung 74.

4.4.3.2 Mittenschnitt-Test (nach ENV 14464)

Dient zur Erkennung von *Verschalungen* (Außen oder Innenverschalung). Eine Verschalung kann möglicherweise sofort sichtbar werden oder aber erst nach einer bestimmten Zeit.

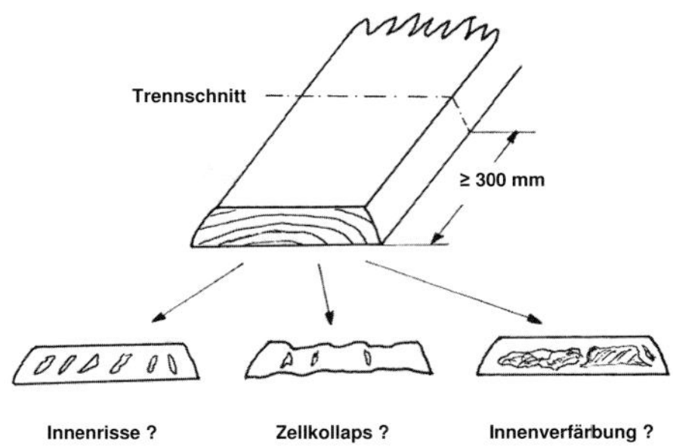

Abbildung 74: Prüfung auf Innenrisse , Zellkollaps, Innenverfärbungen

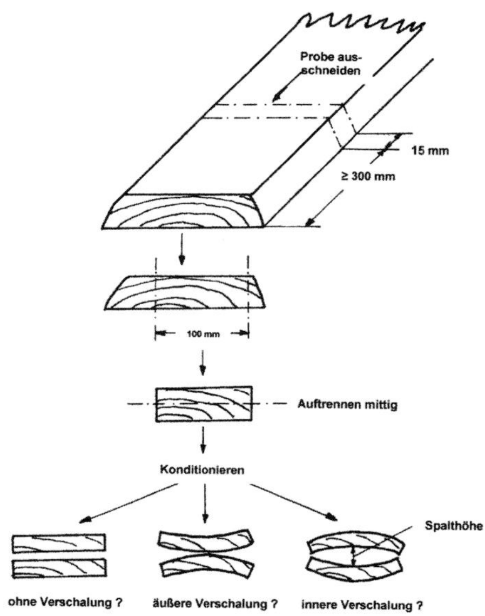

Abbildung 75: Prüfung auf Verschalung

Die Prüfstücke (Mittenschnitt-Proben) sollten deshalb nach dem Schneiden in einer Kunststoffhülle in einem trockenen Raum klimatisier werden. Bei Nadelholz mindestens 24 Stunden, bei Laubholz mindestens 48 Stunden. Erst danach kann mit Sicherheit festgestellt werden, ob es sich um eine Verschalung handelt.

Zu beachten: Diese Kontrollmethode funktioniert nur, wenn die zu prüfenden Bretter oder Balken *liegende Jahrringe* aufweisen. Siehe Abbildung 75.

Gemessen wird die Größe der Verformung bzw. die Spalthöhe. Um vergleichbare Ergebnisse bei verschiedenen Holzbreiten zu bewerten ist es notwendig, die Proben auf eine einheitliche Breite von 100 mm zu schneiden. Die Vertragsparteien können sich vor der Lieferung auf eine für sie „passende" und noch tragbare Verformung bzw. Spalthöhe einigen.

4.5 Trockenanlagen

4.5.1 Auswahl und Planung

Die Größe einer Trockenkammer wird vor allem bestimmt durch die Holzmenge, die pro Woche oder Monat benötigt wird und von der Trocknungszeit der zu trocknenden Ware. Die Trocknungszeit ist abhängig von der Art der Beschickung, Holzart, Holzdicke, Anfangs- und Endfeuchte und von der täglichen Betriebszeit.

Berechnung des Netto-Holzvolumens der Kammer pro Charge

$$V_H = \frac{V_M \cdot t_M}{t_B} \ [m^3]$$

V_H = Netto-Holzvolumen der Kammer pro Charge in m^3

V_M = benötigte Holzmenge pro Woche bzw. pro Monat in m^3

t_M = mittlere Trocknungszeit pro Charge in Stunden (einschließlich Beschicken und Entleeren), Zeiten errechnen bzw. abschätzen aus Erfahrungen

t_B = Gesamtbetriebszeit pro Woche bzw. pro Monat in Stunden.

Nach der Berechnung des Netto-Holzvolumens ist die Größe der Kammer(n) festzulegen.

Die Größe einer Trockenkammer wird weiter von folgenden Faktoren beeinflusst: von der Zuschnittform und der Länge des Holzes, von der Dicke der Stapellatten und von verschiedenen nicht nutzbaren Hohlräumen (Stapelwagen, Art der Stapelung – dicht an dicht oder mit Abstand -, technische Einrichtungen). Eine Trockenkammer kann daher in der Praxis nur zu 15 ... 65 % mit Holz gefüllt werden.

Berechnungen und Begriffe für die Auslegung einer Kammer (nach Trübswetter[38])

1. Stapelfaktor

$$f_s = \frac{V_H}{V_N} = f_L \cdot f_B \cdot f_H$$

f_L (Faktor Länge) = 1, nur wenn das Stapelgut gleiche Länge aufweist
= 0,7 ... 0,9 bei ungleichen Längen

f_B (Faktor Breite) = 0,9 bei vollkantigem Holz, Brett an Brett und normaler Stapelung
= 0,5 . . . 0,8 bei unbesäumtem Holz, bei Stapelung mit Zwischenabständen in der Breite

$$f_H \text{ (Faktor Höhe)} = \frac{\text{Brettdicke} \cdot \text{Lagenzahl}}{\text{Stapelhöhe}}$$

2. Nutzungsfaktor

$$f_N = \frac{V_N}{V_K} = 0{,}5 \ldots 0{,}8, \text{ je nach Bauart der Kammer}$$

3. Füllfaktor

$$f_F = \frac{V_H}{V_K} = 0{,}15 \ldots 0{,}65$$

V_H = Holzinhalt (Netto-Holzvolumen der Kammer)

V_N = Nutzvolumen (Stapelraum)

V_K = Kammerinhalt (Volumen des umbauten Raumes)

Bei der Festlegung der Größe der Einzelkammern gilt folgender Grundsatz: Die Wirtschaftlichkeit der Holztrocknung (Investitionskosten und Betriebskosten) steigt mit zunehmender Kammergröße, weil dann die Trocknungskosten je m^3 Holz fallen.

Normale Trockenkammern haben einen Nutzinhalt von 10 ... 100 m^3, Großraumkammern von 100...500... 4000 m^3.

Siehe eine Gegenüberstellung von Argumenten „Kleine Kammern – große Kammern" (aus Hildebrand[32]).

4.5.2 Wandaufbau

Gemauerte Kammern
Nur geeignet für Temperaturen bis 90 °C (d. h. nicht geeignet für Hochtemperaturtrocknung), mehr Wartungsaufwand für Isolierungen und Mauerreparaturen, ortsgebunden und daher nicht flexibel, lange Aufheizzeiten, halten die Wärme sehr lange (Backofeneffekt).

Ganzmetallkammern
Für alle Temperaturen geeignet. Werden als Fertigteile geliefert (Baukastenprinzip), sehr mobil (bei Betriebsumstellungen), wenig Wartung, bessere Klimasteuerung, gute Wärmedämmung, längere Lebensdauer.

4.5.3 Tore und Türen

Ausführungen als

- Flügeltore, ein- bzw. zweiflügelig, preiswert, einfach, max. Torbreite 5 m.
- Hebe-Schiebetore, manuelle oder automatische Bedienung, gute Abdichtung durch Eigengewicht als Anpressdruck, viel Platzbedarf.
- Falttore, 3 bis 6 Einzelflügel, preiswert, manuelle Bedienung.
- Hubtore, automatische Bedienung, gute Abdichtung durch Eigengewicht, bis ca. 14 m Breite, bei kurzzeitigem Öffnen große Wärmeverluste, hohe Investitionskosten.
- Rolltore, nur geeignet für Niedrigtemperaturtrockner, weniger gute Abdichtung, höherer Verschleiß, automatische Bedienung.

Alle Trockenkammern müssen mit Fluchttüren und/oder optischen bzw. akustischen Signalanlagen ausgerüstet sein.

Allgemein wird über die konstruktive Ausführung der Tür folgendermaßen entschieden:

1. Trockner mit Türanordnung in der Stirnwand:

- Flügeltüren bis zu einer Höhe von 2 Stapeln.
- Schiebetüren oder Falttore ab einer Höhe von 3 Stapeln.

2. Trockner mit Türanordnung in der Längswand (allgemein wird in folgender Reihenfolge entschieden):

- Schiebetüren je nach Seitenlänge des Trockners unterteilt
- Falttore
- Hubtore
- Rolltore.

Die Türdichtung ist ein entscheidender Faktor für die Wirtschaftlichkeit einer Trockenkammer. Bei undichten Kammern ist der Heizenergieverlust beträchtlich und die Trocknungszeit verlängert sich.

4.5.4 Transportsysteme

Die Wirtschaftlichkeit einer Trockenanlage hängt sehr stark ab vom gewählten Transportsystem. Das Beschicken und Entleeren muss deshalb verstärkt bei der Planung einer Kammer berücksichtigt werden. Die Trocknungszeit spielt dabei eine maßgebliche Rolle. Bei einer mehrwöchigen Trocknung fällt es nicht ins Gewicht, ob die Beschickung und Entleerung zwei oder vier Stunden dauert. Bei einer Trocknungszeit von z. B. 25 Stunden ist dagegen der prozentuale Anteil des Zeitausfalls, bezogen auf den Chargenwechsel, ganz erheblich.

Es gibt keine allgemein gültige Aussage darüber, welches Transportsystem die optimale Lösung darstellt. Für jeden Betrieb muss dieses Problem individuell gelöst werden.

In der folgenden Übersicht sind die häufigsten Fördermittel mit den jeweiligen Vor- und Nachteilen dargestellt:

Gleiswagen (Loren): Beladung manuell, mit Stapler oder Kran; Trocknerbeschickung manuell, mit Seilwinde oder Kettenzug; schneller Chargenwechsel; bei Durchfahrbetrieb auch Platzbedarf hinter dem Trockner notwendig; gleisgebunden; Wagenrücktransport erforderlich; Kosten für Wagen und Gleise (mindestens 2 Satz je Kammer) abhängig von Holzlängen; wenig Personaleinsatz.

Rollböcke: Beladung und Beschickung wie vor; beliebige Holzlängen möglich; gleislos; befestigte Fahrwege nötig; unbeweglich; Kosten für Rollböcke und Gleise; für große Stapelhöhen nicht geeignet.

Hubwagen gleislos: kein zusätzlicher Platzbedarf hinter der Kammer notwendig; keine Gleise; wendig, beweglich; nur Holzlängen bis 5 m möglich; befestigte Wege notwendig; niedrige Stapelhöhe; langsamer Chargenwechsel bei großen Kammern.

Frontstapler: beweglich, schnell; gute Ausnutzung des Stapelraumes; kein Bereitstellungsplatz vor der Kammer notwendig; keine Zusatzkosten für Transportgeräte; keine Gleise; Beschädigungen am Trockner möglich; großer Zeitbedarf bei kleinen Stapeln, großem Nutzinhalt der Kammer und kurzen Trocknungszeiten.

Seitenstapler: Vor- und Nachteile ähnlich wie Frontstapler, jedoch mehr Platzbedarf notwendig.

Rollen- und Röllchenhahn: schneller Chargenwechsel; keine Kosten für Wagen, Rollböcke und Gleise; beliebige Holzlängen möglich; Quertraverse bzw. U-Schienen (bei Röllchenbahnen) notwendig; korrosionsgefährdet; hohe Investitionskosten; hohe Wartungskosten; Beschickung nur mit Seitenstapler möglich.

Kettentransport mit Quertraversen: Vorteile und Nachteile wie vor; zusätzlicher Aufwand für Fundamentkosten.

4.5.5 Belüftung

Ein wichtiges Kriterium einer guten Trockenkammer ist die gleichmäßige Luftverteilung über das gesamte Holzvolumen.

Aufgabe der umgewälzten Luft ist es, dem feuchten Holz die benötigte Wärme zuzuführen, damit das zu entziehende Wasser verdunsten kann und das verdunstete Wasser abzuführen.

4.5.5.1 Arten von Ventilatoren

Radialventilatoren: Das Laufrad wird in radialer Richtung durchströmt. Die Druckerhöhung tritt durch Zentrifugalkräfte ein. Diese Ventilatoren überwinden hohe Drücke und sind weniger druckempfindlich. Sie benötigen viel Energie. Ein „Reversierbetrieb" (Umkehrung des Luftstromes) ist nicht möglich. Daher ist ihr Einsatz nur bei Trocknern mit kleinen Stapelbreiten möglich. Radialventilatoren liegen meist über Zwischendecken.

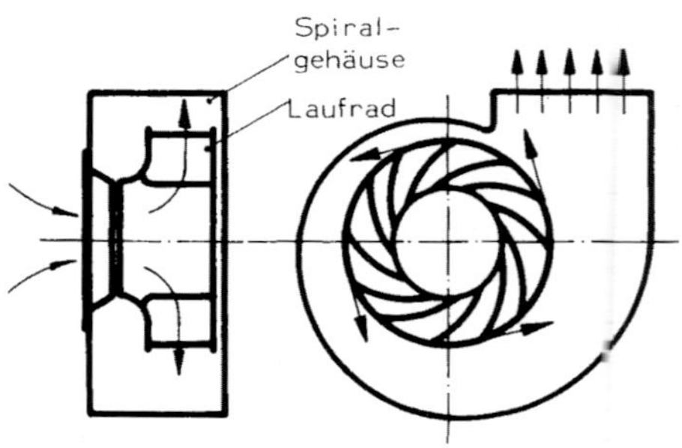

Abbildung 76: Radialventilator (aus Hildebrand[32])

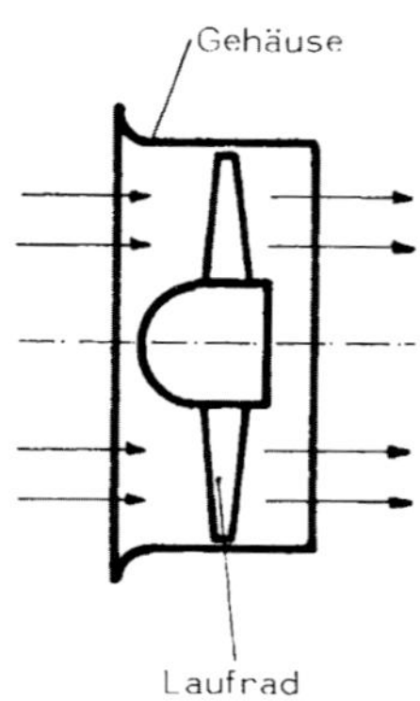

Abbildung 77: Axialventilator mit Luftführungsgehäuse (aus Hildebrand[32])

Axialventilatoren: Das Laufrad wird in axialer Richtung durchströmt. Diese Ventilatoren überwinden nur geringe Drücke. Mit wenig Energieaufwand fördern sie allerdings große Luftmengen. Sie sind druckempfindlich, d.h. sie haben einen geringen Arbeitsbereich. Durch Wechsel der Drehrichtung ist „Reversierbetrieb" möglich. Dadurch wird die Gefahr von unterschiedlichen Feuchten an den Stapelseiten ausgeschlossen. Wenn mehrere Stapel nebeneinander liegen, sind Axialventilatoren deshalb besser geeignet als Radialventilatoren. Die Konstruktion der Ventilatoren ist relativ einfach und deshalb sind sie auch billiger.

Mit Hilfe von Frequenzwandlern können die Drehzahlen der Axialventilatoren stufenlos verstellt werden. Dadurch erreicht man Stromeinsparung, weil in manchen Trocknungsphasen auch mit reduzierten Lüfterleistungen gearbeitet werden darf. Während des Nachtbetriebes reduziert man zudem die Lärmbelästigung durch niedere Drehzahlen. Die stufenlose Drehzahlveränderung ist nur mit einer Computersteuerung möglich.

Zu hohe Luftgeschwindigkeiten können zu Trocknungsschäden (Verfärbungen, Risse, Kollaps) führen. Daher ist die Holzart ein wichtiger Faktor bei der Festlegung der Geschwindigkeit. Die Luftgeschwindigkeit wird in m/s angegeben und kann gemessen werden mit Flügelradanemometer, Staurohr und Hitzdrahtanemometer

- Querbelüftung:
  Luftgeschwindigkeit 1,5 ... 4 m/s.
- Längsbelüftung:
  Luftgeschwindigkeit 4 ... 8 m/s.

Ein weiteres Maß für die Luftbewegung ist die Angabe in Luftumwälzungen je Stunde nach folgender Formel:

$$n = \frac{A_L \cdot V_L \cdot 3600}{V_K}$$

n = Luftumwälzung je Stunde
A_L = Fläche der Lufteintrittsöffnung in m^2
V_L = Luftgeschwindeigkeit in m/s
V_K = Kammerinhalt in m^3

Richtwerte für die zu installierende Motorleistung je m^3 Holzinhalt bei $v = 2$ m/s

Nadelholz, leichte Laubhölzer	0,25 ... 0,4 kW
Schwere Laubhölzer	0,15 ... 0,3 kW

4.5.5.2 Belüftungsarten

Grundsätzlich unterscheidet man zwischen Längsstrombelüftung und Querstrombelüftung.

Längsstrombelüftung: Vor dem möglichst quadratischen Querschnitt des Holzstapels ist ein Ventilator angeordnet. Der Ventilator bläst oder saugt die Luft in den bzw. aus dem Holzstapel. Die Bretter werden auf allen vier Seiten von Luft umspült. Der Feuchteentzug ist sehr gleichmäßig. Die Luftgeschwindigkeiten sind sehr hoch (etwa 4 ... 8 m/s). Es besteht die Gefahr, dass die Hirnenden vor dem Ventilator zu rasch austrocknen und Risse zeigen. Man muss spezielle, gekröpfte Blechstapelleisten verwenden, damit die Luft unbehindert durchstreichen kann. Diese Art der Belüftung ist nur für kleine Trockenkammern mit einem Stapel zu empfehlen. Bei Stapelung nebeneinander und übereinander ist meist keine einwandfreie Trocknung gewährleistet. Die Trocknerlänge ist zudem begrenzt auf rund 5 ... 8 m.

Querstrombelüftung: Diese Art der Belüftung ist anzuwenden, wenn es sich um nicht quadratische Stapelmaße oder um Doppel- und Mehrstapelkammern handelt oder auch bei Einstapelkammern mit mehr als 10 ... 15 m^3 Nutzinhalt. Die Belüftung erfolgt quer zur Holzfaser, wobei eine Seite des Holzes immer im Windschatten liegt, sofern keine „Reversierbarkeit" der Lüfter besteht. Die Luftgeschwindigkeiten liegen bei 1,5 ... 4 m/s. Es werden normale Stapelleisten aus Holz verwendet.

Die Ventilatoren (Axial- oder Radialventilatoren) können oberhalb oder seitlich vom Stapel angeordnet sein.

4.5.6 Heizeinrichtungen

Um eine Trocknung durchführen zu können, muss der Trocknungsanlage die erforderliche Wärmeenergie durch Heizeinrichtungen zugeführt werden. Die Wärme wird benötigt für: Erwärmung der Kammer (Wände, Boden, Decke), Holz, technische Kammereinbauten, Fördermittel, Stapellatten, Aufheizen der Frischluft, Verdampfung des im Holz enthaltenen Wassers und zur Deckung der laufenden Wärmeverluste durch Leitung, Strahlung und Konvektion. Die Auslegung der Heizleistung richtet sich nach dem maximalen Wärmebedarf, der immer beim Aufheizen am größten ist. Der Wärmebedarf ist abhängig von der Holzart, Holzdicke, Feuchtegehalt des Holzes, Jahreszeit, Größe und Bauart der Trocknungsanlage. Da der Wärmebedarf während der Aufheizphase ein Vielfaches von dem während der eigentlichen Trockenphase beträgt, ist es daher ratsam, beim Betrieb von mehreren Kammern diese nicht gleichzeitig aufzuheizen, um dadurch Heizenergie zu sparen. Die Heizeinrichtung bei Frischluft-Abluftkammern soll so dimensioniert sein, dass die Lufttemperatur in etwa 3 Stunden von 20 °C auf 80 °C gesteigert werden kann (der Faktor „Holzart" ist dabei nicht berücksichtigt). Die Temperaturdifferenz, in der Kammerlänge gemessen, darf 5 °C nicht überschreiten. Größere Temperaturabweichungen führen zu einer ungleichmäßigen Trocknung. Die Heizrohre sollten daher in der Mitte der Kammer zugeführt werden, um den Temperaturabfall in Grenzen zu halten. Der gesamte Wärmeverlust soll bei einer Außentemperatur von +20 °C und einer Innentemperatur von +80 °C nicht mehr als 8,2 kJ/m2hK (2kcal/m2h °C) betragen.

4.5.6.1 Indirekte Heizeinrichtungen

In Kesselanlagen, die mit Festbrennstoffen (z. B. Restholz), Öl oder Gas befeuert werden, wird ein Wärmeträger (Heizmedium) erhitzt und über ein entsprechendes Leitungssystem in die Trockenkammer dem Holz zugeführt. Die erreichbaren Trocknungstemperaturen liegen jeweils etwa 20% unter der mittleren Temperatur des Wärmeträgers. Durch die hohe Korrosionsbeanspruchung werden deshalb hauptsächlich Wärmetauscher mit sogenannten Bimetall-Rippenrohren verwendet. Für Trockenkammern sind alle üblichen Heizmedien möglich:

1. Warmwasser (bis 95 °C Vorlauftemperatur): Die maximal erreichbare Trocknungstemperatur ist begrenzt. Dadurch eignet sich dieses System nicht für schnelltrocknende Nadelhölzer. Eine Sprühdampfentnahme oder Dampferzeugung ist nicht möglich.
2. Heißwasser (bis 120 °C Vorlauftemperatur): Ideales Heizmedium, häufig angewendet, eine Sprühdampfentnahme ist möglich.
3. Heißwasser (mehr als 120 °C Vorlauftemperatur): Nur erforderlich bei Hochtemperatur-Trocknung, grundsätzlich auch für Frisch-Ablufttrocknung möglich.
4. Niederdruckdampf (NDD): Für Frisch-Ablufttrocknung geeignet mit 0,2 ... 0,5 bar Überdruck bei 110°C. Gut geeignet für Heizung und Sprühung. Der Wärmeübergang bei Dampf er folgt durch Kondensation in den Wärmetauscher, bei der die Verdampfungswärme abgegeben wird.
5. Hochdruckdampf (HDD): Drücke bis 5 bar und mehr. Nur erforderlich bei Hochtemperatur-Trocknung. Bei direkter Verwendung als Sprühdampf muss eine Druckreduzierung auf 0,5 bar sowie Kühlung durch Einsprühen von Wasser (Kondensat) auf Sattdampftemperatur erfolgen. Die Anlagen sind überwachungspflichtig.
6. Thermoöl (bis 200 °C und mehr): Heißölsysteme arbeiten mit einer drucklosen Ölumlaufheizung und sind nur erforderlich für Hochtemperatur-Trocknung. Eine Sprühdampferzeugung durch eine entsprechende Verdampfereinrichtung ist möglich.

Mittlerer Wärmebedarf in kJ bzw. kcal je l kg Wasserentzug aus dem Holz

Holz-Rohdichte kg/m³	Sommer 100% kJ	–> 30 % kcal	30 % kJ	–> 6 % kcal	Winter 100% kJ	–> 30 % kcal	30 % kJ	–> 6 % kcal
300 ... 600	3561	850	4400	1 050	4190	1000	5238	1250
600 ... 900	3771	900	4609	1 100	4609	1100	5866	1400
900 ... 1200	4190	1000	5028	1200	4818	1 150	6285	1500

4.5.6.2 Direkte Heizeinrichtungen

Diese Anlagen wandeln Brennstoffe in Form von Öl oder Gas direkt in nutzbare Wärme um. Üblich sind geschlossene Systeme mit integrierten Lufterhitzern. Dabei wird in der Trocknungsanlage ein Teilluftstrom über einen außerhalb der Kammer liegenden Lufterhitzer geführt und auf eine Temperatur von 130 ... 150 °C erwärmt. Die heiße Luft wird wieder durch einen Verteilerkanal in die Kammer zurückgegeben und dem Umluftstrom beigemischt. Die Rauchgase werden getrennt über einen Kamin in die Atmosphäre abgeführt.

Vorteile: Beliebig hohe Trocknungstemperaturen möglich, günstige Investitionskosten bei nur einer Trockenkammer (bei mehreren Trockenkammern ist eine indirekte Heizungsanlage günstiger), der wärmetechnische Wirkungsgrad liegt bei ca. 85%.

Direktbeheizung ist zu empfehlen, wenn Betreiber anstelle einer Restholzheizung nur Öl oder Gas als Brennstoff einsetzen können.

4.5.6.3 Tabellen und Formeln zur Ermittlung des Wärmebedarfs

Allgemeine Wärmebedarfsformel

$$Q = m \cdot c \cdot \Delta\vartheta$$

Q = Wärmebedarf in kJ (früher in kcal)
m = Gewicht (Masse) des zu erwärmenden Körpers in kg
c = spezifische Wärme des zu erwärmenden Körpers in kJ/kgK (früher in kcal/kg °C)
$\Delta\vartheta$ = Temperaturdifferenz des Körpers vor dem Erwärmen bis nach dem Erwärmen in K

Spezifischer Dampfbedarf (NDD, 0,5 atü oder 150 kPa oder 1,5 bar, aus Hildebrand[32]) in kg je 1 kg Wasserentzug aus dem Holz (q_D = mittlerer Dampfverbrauch).

1. Trocknung aus sägefallendem Zustand
- Hartholz 2,0 ... 3,5
- Nadelholz, weiche Laubhölzer 1,5 ... 2,0

2. Trocknung im hygroskopischen Bereich
- Hartholz 3,0 ... 4,5
- Nadelholz, weiche Laubhölzer 2,0 ... 3,5

Anmerkung: Für die Auslegung der Heizregister und der Kesselanlage sind diese Werte nicht zu verwenden, weil dafür der Spitzenbedarf zu berücksichtigen ist.

Wärmeinhalte verschiedener Heizmedien
1 l Öl (EL) =
rd. 8500 kcal (= 35,6 MJ) = 9,8 kWh
1 kg Dampf =
rd. 550 kcal (= 2,3 MJ) = 0,64 kWh
1 kg Späne =
max. ca. 4 000 kcal (= 16,7 MJ) = 4,65 kWh
1 m³ Späne =
rd. 850000 kcal (= 3559 MJ) = 990 kWh
1 m³ Späne entsprechen etwa 100 l Heizöl
oder Faustwert:
3 kg Späne ersetzen etwa 1 l Heizöl.

Anmerkung: Späne gerechnet mit rd. 230 kg/m³ Schüttgewicht bei etwa 18 % Späne-Holzfeuchte.

Spezifischer Ölbedarf (EL) in l je kg Wasserentzug aus dem Holz
Weichholz 0,10 . . . 0,15 l
Hartholz 0,11 . . . 0,171

Richtwerte für den Heizenergiebedarf je m³ Holz (nach Vogt[34])

Beim Aufheizen			
		Kammer vorgewärmt	kalt
Wärmebedarf in kJ/hm3		41900 (= 42 MJ/hm³)	62850 (= 63 MJ/hm³)
erforderliche Niederdruckdampfmenge in kg/hm³ ≈		20	30
erforderlicher Anschlusswert in kW/m³ ≈		12	18
Während der Trocknung			
	nasse, dünne Hölzer	mittlere Hölzer	trockene dicke Hölzer
Wärmebedarf in kJ/hm3	16760 (= 17 MJ/hm³)	10475 (= 10 MJ/hm³)	5237 (= 5 MJ/hm³)
erforderliche Niederdruckdampfmenge in kg/hm³ ≈	8	5	2,5
erforderlicher Anschlusswert in kW/m³ ≈	8	4	0,5

Anmerkung: Bei der Bemessung des Wärmeerzeugers bzw. der elektrischen Anschlußleistungen sind die o. a. Werte und der sonstige Wärmebedarf zu berücksichtigen (Gleichzeitigkeitsfaktor). Im Bedarfsfall ist die Aufheizzeit außerhalb der normalen Betriebszeit zu legen. Außerdem besteht die Möglichkeit, die elektrische Heizung nur bei freier Leistung in Anspruch zu nehmen.

Kondensationstrocknung
Wärmebedarf zur Verdampfung von 1 kg Wasser etwa 550 ... 700 kcal (2300 ... 2930 kJ), d. h. Energiebedarf rd. 0,6 ... 0,8 kWh. Der geringere Energiebedarf ist deshalb möglich, weil der sonst notwendige Mehrbedarf zur Verdampfung von 1 kg Wasser durch Wärmerückgewinnung eingespart wird.

Nachstehend einige Energiedaten der auf dem Markt angebotenen Kondensationsanlagen:
max. Wasserentzug (l/Tag): 120 ... 3200
Kompressor-Leistungen: 0,1 ... 0,4 kW/m³ Holz
Zusatzheizungs-Leistungen: 1 ... 4 kW/m³ Holz

Anmerkung: Als Leistung der Kondensationsanlagen (Wärmepumpe) wird in der Regel der maximal mögliche Wasserentzug in l/Tag bzw. l/Std. angegeben. Es wäre falsch, die Trocknungszeit und damit die Disposition nach diesen Werten festzulegen. Der angegebene maximale Wasserentzug ist nur im Bereich sehr hoher Holzfeuchte zu erreichen. Im Verlauf der Trocknung, vor allem unterhalb Fasersättigung, wird der Wasserentzug immer geringer.

4.5.6.4 Installationen

Beheizt wird meist mit Bimetall-Rippenrohren. Das Heizmedium wird durch Siederohre zugeführt.

Bei der Frisch-Ablufttrocknung benötigt man je m³ Holz etwa 15 ... 20 m² Heizfläche, bei der Hochtemperaturtrocknung je m³ Holz etwa 30 m².

Spezifische Strombedarfswerte für verschiedene Holzarten (Kondensationsanlage bis zu 50°C)

Holzart	Dicke mm	Holzfeuchte u_a %	u_e %	spez. Strombedarf kWh/m³
Eiche	65	80	10	340 ... 380
	40	30	12	140 ... 1[illegible]0
	25	25	11	120 ... 1[illegible]0
Rotbuche	35	30	12	120 ... 1[illegible]0
Dark Red Meranti	65	60	9	300 ... 350
Sipo	40	40	12	130 ... 1[illegible]0
Fi/Ta	30	70	12	110 ... 1[illegible]0
Kiefer	50	60	8	110 ... 1[illegible]0

Rippenrohrheizfläche je lfd. m	
50 mm Durchmesser	ca. 2,0 m^2
70 mm Durchmesser	ca. 2,4 m^2
100 mm Durchmesser	ca. 3,0 m^2

Die Wärmeabgabe von Rippenheizrohren je m^2 Heizfläche beträgt bei etwa 65 °C Temperatur bei Abdampf (0,2 . . . 0,5 atü = 120 ... 150 kPa oder 1,2 ... 1,5 bar) etwa 1466 kJ (350 kcal), bei Frischdampf (1,0 . . . 2,0 atü = 200 . . . 300 kPa oder 2 ... 3 bar) etwa 1675 kJ (400 kcal).

4.5.7 Sprüheinrichtungen

Um die relative Luftfeuchte im Laufe der Trocknung zu steuern, ist eine künstliche Befeuchtung der Kammerluft durch Sprüheinrichtungen notwendig. Dies gilt besonders für die Aufheizphase und Konditionierphase einer Trocknung. Gut geeignet ist dafür Niederdruck-Sattdampf (bis 0,5 bar Überdruck bei 110 °C). Durch Dampfsprühung wird der Trockenkammer nicht nur Feuchte, sondern auch Wärme zugeführt. Dies ist besonders beim Aufheizvorgang vorteilhaft, kann aber beim Konditionieren zu einem unerwünschten Temperaturanstieg führen. Aufbereiteter Dampf sollte möglichst gepuffert werden, weil er möglicherweise die Aluminiumhaut der Kammern angreifen kann (pH-Wert von Dampf liegt über 7).

Die Dampfzuführung durch Sprührohre sollte über die gesamte Kammerlänge führen, damit eine gleichmäßige Verteilung erfolgen kann. In den Rohren sind Bohrungen (Durchmesser 5 ... 10 mm) für den Dampfaustritt angebracht. Je m^3 Holzinhalt sind 3 ... 5 kg Dampf je Stunde erforderlich. Überhitzter Dampf ist nicht vorteilhaft, weil er keine Feuchte hereinbringt und nur die Lufttemperatur erhöht.

Trotz aller Vorteile der Dampfbefeuchtung werden heute vorwiegend Kaltwasser-Sprüheinrichtungen zur Befeuchtung eingesetzt. Dazu verwendet man meist normales, nicht aufbereitetes Leitungswasser. Durch einen Wasserdruck von mindestens 3 bar wird das Wasser über Zerstäuberdüsen vernebelt, d. h. fein verteilt in die Kammer geführt.

Problematisch ist häufig die Verstopfung der Düsen durch Kalkablagerungen (besonders bei hartem Wasser). Durch den Einsatz eines zweiten Düsensatzes, durch Verwendung von Kunststoffdüsen und dem automatischen Ausblasen der Düsen mit Druckluft nach jedem Sprühvorgang kann man dieses Problem lösen. Kaltwassersprühung verlängert die Aufheizphase (gewünschter Temperaturanstieg wird laufend gebremst) und verkürzt dafür die Konditionier- und Abkühlphase.

4.5.8 Entfeuchtungseinrichtungen

Zur Abführung des anfallenden Wasserdampfes in der Kammer sind Entfeuchtungseinrichtungen erforderlich. Bei der Frisch-Ablufttrocknung sind das mehrere runde oder eckige Schächte (Rohre), über die ein Luftaustausch erfolgt. In die Öffnungen sind angetriebene Klappen eingebaut. Diese werden einzeln gesteuert oder zentral über Gestänge verbunden. Zur Vermeidung von Klimaschwankungen empfiehlt sich eine stufenlose Regelung der Klappen. Je nach Kammergröße sind mehrere Schächte erforderlich. Die Anordnung richtet sich nach der Lage der Ventilatoren. Möglich ist auch der Einsatz zentraler Abluftventilatoren mit Verteilkanal in der Kammer.

Anstelle eines Luftaustausches kann die Entfeuchtung der Kammerluft auch durch Kondensation über Kühlelemente erfolgen (siehe Kondensations- und Vakuumtrocknung).

4.5.9 Wartung von Trockenanlagen

Trockenanlagen sind neben der Energieversorgungsanlage meist die Einrichtungen mit den höchsten Jahresbetriebsstunden. Schadhafte Anlageteile oder sogar Stillstandzeiten beeinträchtigen die Trocknungsqualität und bringen erhebliche Kosten mit sich. Ähnlich wie bei Holzbearbeitungsmaschinen ist auch bei Trockenanlagen eine turnusmäßige Wartung und Pflege notwendig. Nachfolgend eine Checkliste (nach Klinkmüller[41]) für die Wartung von Trockenanlagen:

Anlagenteil	Arbeiten, Prüfungen	Bemerkungen/Turnus
Messeinrichtungen	– Feuchtemesskabel auf Beschädigungen prüfen; evtl. isolieren – Klemmen am Feuchtefühler reinigen – Feuchtestrumpf am Psychrometer reinigen bzw. austauschen	Nach jeder Trocknung. Bei größeren Fehlern austauschen. Vor jeder Trocknung
Ventilatoren	– Von Hand durchdrehen! – Lager in Ordnung? – Gleichmäßiger Luftspalt? – Anlaufen lassen! – Ruhiger, nicht unwuchtiger Lauf? – Prüfen, ob nach Reversierung alle Ventilatoren in Gegenrichtung laufen.	Vierteljährlich
Klappen (bei Frischluft-Abluft-System)	– Funktionen prüfen – Bei „Zu" geschlossen am Anschlag? – Wenn erforderlich am Gestänge nachstellen. – Drehpunkte, Kugelgelenke leicht ölen	Vierteljährlich Monatlich
Kaltwassersprühung	– Düsen auf einwandfreie Zerstäubung prüfen – Entkalken – Schmutzfänger reinigen – Mit Druckluft durchblasen	Wenn nicht ok, Wasserdruck zu niedrig oder Düse verschmutzt. Vor jeder Trocknung Je nach Wasserbeschaffenheit Vierteljährlich
Heizung	– Heizventile auf Funktion, Dichtheit prüfen – Vorlauftemperatur auf vorgeschriebenem Wert? – Gleichmäßige Erwärmung der Heizregister? – Heizregister reinigen, Ablagerungen entfernen, entkalken – Auf Korrosion prüfen, ggf. Schutzanstrich ausbessern oder erneuern – Kondenstöpfe (bei Dampfanlagen) prüfen und entleeren	Vierteljährlich z. B. mit Druckluft durchblasen. Vierteljährlich Vierteljährlich
Türe, Tore	– Gummiprofile reinigen, mit Talkum (Wachs) einreihen. Wenn beschädigt, brüchig oder stark formverändert – austauschen – Scharniere, Verschlüsse leicht ölen – Anpressdruck nachstellen – Auflagefläche reinigen, Stahlteile auf Korrosion prüfen, ggf. Schutzanstrich erneuern	Monatlich Monatlich Profile sollen ringsum satt aufliegen – je nach Bedarf – Monatlich bzw. nach langen Trocknungen Vierteljährlich
Gehäuse	– Auf Dichtheit prüfen! Risse, Sprünge, Abblättern, offene Fugen? Ggf. abputzen, ausbessern, teeren, mit Spezialdichtungsmitteln nachdichten	Vierteljährlich bzw. nach Bedarf
Zu beachten: Bei Kondensationsgeräten und bei Vakuumanlagen ist es ratsam, einen Spezialisten der Herstellerfirma anzufordern.		

4.6 Kosten der technischen Trocknung

Die Ermittlung der wirklichen Trocknungskosten eines Betriebes erfordert viel Zeitaufwand und ein exaktes Erfassen aller Faktoren. Diese Kosten sind nicht übertragbar, d. h. die ermittelten Trocknungskosten eines Betriebes für eine bestimmte Holzart dürfen nicht ohne weiteres als Kalkulationsbasis für einen anderen Betrieb übernommen werden.

Folgende Faktoren beeinflussen die Kostenberechnung:
Holzart, Schnittholzmenge pro Tag, Brettdicke, Anfangs- und Endfeuchte, tägliche Betriebszeit, Jahreszeit, Trocknungszeit, Kammer-Nutzinhalt, Stapelfaktor, Auslastung der Kammer, Heizungsart, Zahl und Leistung der Ventilatoren, Art der Stapel (Doppel- oder Einfachstapel), Fördermittel, Trocknungsqualität.

Die Trocknungskosten können in € pro m^3 Holz oder € pro Trocknungsstunde festgestellt werden. Üblich ist die Berechnung nach €/m^3.

$$\text{Trocknungskosten} = \frac{\text{Gesamtkosten (fix + variabel)/Jahr}}{\text{Durchsatzmenge getrocknetes Holz/Jahr}} = \frac{€}{m^3}$$

4.6.1 Ermittlung von Trocknungskosten für Frischluft-Abluft-Trocknung (nach Maisenbacher[42])

Fixkosten

1. Abschreibung:

Die kalkulatorische Abschreibung liegt je nach Verschleiß bei 5 ... 15 Jahren. Die Investitionskosten sind vor allem abhängig vom Nutzinhalt (mehr Nutzinhalt → geringere Kosten pro m^3 Holz).
Zu den Gesamtinvestitionskosten zählen die Kosten für Anschaffung, Bau, Dachkonstruktionen, Montage, Fracht, Zoll (Steuer), Installationen für Heizung + Sprühen + Wasser + Strom, Kesselanlage (anteilig für die Holztrocknung), Stapel- und Beschickungseinrichtungen, Regelanlage.

$$K_A = \frac{\text{Gesamtinvestition (€)} \cdot \text{Abschreibungssatz}}{\text{Holzmenge pro Jahr} \cdot 100} = \frac{€}{m^3}$$

2. Verzinsung (Kapitalkosten der Anlage):

Die Höhe der Verzinsung der Gesamtinvestition ist abhängig vom Kapitalmarkt (durchschnittlich 8 % pro Jahr)

$$K_Z = \frac{\text{Zinsfuß}}{2} \cdot \frac{\text{Gesamtinvestition (€)}}{100 \cdot \text{Holzmenge/Jahr}} = \frac{€}{m^3}$$

3. Platzkosten (Geländekosten):

Zur Betriebsfläche zählen Fläche des Trockners, Fläche des Bereitstellungsgeländes (vor und hinter dem Trockner), Be- und Entladeflächen, Fläche für Klimatisierung, Förderwege.

$$K_P = \frac{\text{Betriebsfläche } (m^2) \cdot \text{Flächenwert } (€/m^2) \cdot \text{Zinsfaktor}}{\text{Holzmenge pro Jahr} \cdot 100} = \frac{€}{m^3}$$

4. Platzausbaukosten:
Nur kalkulieren, falls spezielle Investitionen für Bereitstellungsfläche vorgenommen werden.

$$K_{PB} = \frac{\text{Bereitstellungsfläche (m}^2\text{)} \cdot \text{Ausbaukosten (€/m}^2\text{)} \cdot \text{Zinssatz + Abschreibungssatz}}{\text{Holzmenge pro Jahr} \cdot 100} = \frac{€}{m^3}$$

5. Kosten für Versicherung und Steuern:
Diese Kosten betragen etwa 2 ... 4 % der gesamten Investitionen

$$K_{VS} = \frac{\text{Gesamtinvestition (€)} \cdot \text{Faktor Versicherung + Steuer}}{\text{Holzmenge pro Jahr} \cdot 100} = \frac{€}{m^3}$$

6. Kosten für Hilfsmittel:
Stapellatten, Unterlagshölzer, Spannhaken, Abdeckungen, Abschreibung auf etwa 2 Jahre

$$K_H = \frac{\text{Hilfsmittelmenge (m}^3\text{)} \cdot \text{Preis (€/m}^3\text{)} \cdot \text{Faktor Abschreibung + Zinssatz}}{\text{Holzmenge pro Jahr} \cdot 100} = \frac{€}{m^3}$$

Variable Kosten

7. Stapel- und Förderkosten:
Diese Kosten sind mengen- und lohnabhängig (Personal, Gabelstapler, Stapelmaschine)

$$K_{SF} = \text{Stapelzeit/m}^3 \cdot \text{Lohnsatz (€/h)} + \text{Be- und Entladezeit/m}^3 \cdot \text{Lohnsatz (€/h)} + \text{Förderzeit/m}^3 \cdot \text{Lohnsatz (€/h)} + \text{Einsatzzeit Fördermittel/m}^3 \cdot \text{Fördermittelsatz (€/h)} = \frac{€}{m^3}$$

8. Überwachung und Steuerung:
Je länger die Trocknungszeit, desto kürzer wird die Überwachungsdauer. Für Überwachen, Steuern, Aufschreiben der Daten, Kontrolle der Proben bei einzelnen Kammern etwa l Stunde/Schicht, zwei und mehr Kammern etwa 0,5 Stunden/Schicht und Kammer. Auch bei automatischer Steuerung ist eine Kontrollperson notwendig!

$$K_{Ü} = \frac{\text{Überwachungsdauer + Wegezeit/Tag (h)} \cdot \text{jährl. Betriebstage} \cdot \text{Lohnsatz inkl. Überstundenzuschläge €/h}}{\text{Holzmenge pro Jahr} \cdot 100} = \frac{€}{m^3}$$

9. Reparatur- und Instandhaltungskosten:
Diese Kosten betragen etwa l ... 4 % der Investition pro Jahr, abhängig von den Trocknungsbedingungen und der Auslastung. Bei Metallkammern sind sie geringer als bei gemauerten Kammern.

$$K_R = \frac{\text{Gesamtinvestition (€)} \cdot \text{Faktor Reparatur + Instandhaltung}}{\text{Holzmenge pro Jahr} \cdot 100} = \frac{€}{m^3}$$

10. Kosten für Wärmeenergie: hier: Dampfenergiekosten

$$K_W = W \cdot q_D \cdot p_D = \frac{€}{m^3}$$

W = Durchschnittlicher Wasserentzug (kg) je m³ Holz =

$$= (u_a - u_e) \cdot \frac{G_o}{V_o} \left[\frac{\text{kg Wasser}}{\text{m}^3\text{ Holz}} \right]$$

q_D = Spezifischer Dampfverbrauch, kg Dampf je kg Wasserentzug

p_D = Dampfpreis $\frac{€}{\text{kg Dampf}}$

Für q_D kann auch $q_{Öl}$ verwendet werden, wenn der Trockner eine Ölheizung hat. $q_{Öl}$ = durchschnittlicher Heizölbedarf (kg) während des ganzen Jahres je l kg Wasserentzug Für p_D ist $p_{Öl}$ (Preis je kg Heizöl) zu nehmen

11. Kosten für den Lüfterbetrieb (Ventilatoren):

$$K_L = \frac{N_V \cdot \cos\varphi \cdot t_v \cdot n_v \cdot p}{V_N \cdot \eta} = \frac{€}{m^3}$$

N_V = Nennleistung der Ventilatoren in kW
$\cos\varphi$ = Verlustwinkel (0,7 . . . 0,95)
t_V = effektive Laufzeit der Ventilatoren (normal 24 h/Tag) in h, bezogen auf die gesamte Trocknungszeit einer Kammercharge
n_V = Zahl der Ventilatoren
p = Strompreis in €/kWh
V_N = Nutzinhalt der Kammer in m³
φ = Wirkungsgrad der Motoren (Durchschnittswert)

12. Kapitalverzinsung des Lagervorrats an Holz:
Es ist nur das Material in der Trockenkammer und bei der Klimatisierung anzusetzen.

$$K_{ZL} = \frac{\text{Holzpreis frei Werk (€/m}^3\text{)} \cdot \text{Zinsfaktor} \cdot \text{Lagerdauer}}{12 \cdot 100} = \frac{€}{m^3}$$

Die Lagerdauer wird gerechnet vom Stapeln bis zur Kammertrocknung.

13. Kosten für Wertverluste: Wertverlust (Risse, Verfärbungen, Verwerfen, Pilzbefall) sind mit abhängig von der Holzart und der Holzqualität. Im Durchschnitt beträgt der Wertverlust 3 ... 5 % des Chargenwertes.

$$K_V = \frac{\text{Holzpreis (€/m}^3\text{)} \cdot \text{Faktor Wertverluste}}{100} = \frac{€}{m^3}$$

Gesamtkosten

Fixe Kosten

1. Abschreibung	K_A	=	€/m³
2. Verzinsung	K_Z	=	€/m³
3. Platzkosten	K_P	=	€/m³
4. Platzausbaukosten	K_{PB}	=	€/m³
5. Versicherung/ Steuern	K_{VS}	=	€/m³
6. Hilfsmittel	K_H	=	€/m³

Variable Kosten

7. Stapeln/Fördern	K_{SF}	=	€/m³
8. Überwachung	$K_Ü$	=	€/m³
9. Reparatur/ Instandhaltung	K_R	=	€/m³
10. Wärmeenergie	K_W	=	€/m³
11. Lüfterenergie	K_L	=	€/m³
12. Kapitalverzinsung	K_{ZL}	=	€/m³
13. Wertverluste	K_V	=	€/m³
Gesamtkosten		=	€/m³

4.6.2 Trocknungskosten in Verhältniszahlen (Frischluft-Abluft-Trocknung)

Die folgende Tabelle gibt verlangte Trocknungskosten aus der Praxis in Verhältniszahlen an. Da sehr viele und oft nicht messbare Faktoren die Trocknungskosten beeinflussen, sind die Werte daher nur als grobe Orientierung anzusehen. Verbindliche Aussagen stellen diese Werte nicht dar.

Tabelle 44: Trocknungskosten in Verhältniszahlen Annahme: Faktor 1 = 50 €/m³

Holzdicke mm	Fichte	Kiefer	Rotbuche	Ahorn	Esche	Eiche
18/20	0,9	0,7	1,3	1,3	1,3	1,8
24/26	1,0	0,8	1,5	1,5	1,5	2,1
30	1,1	1,0	1,7	1,9	1,7	2,4
35	1,2	1,1	1,9	2,2	2,0	2,9
40	1,4	1,3	2,1	2,5	2,2	3,2
45	1,5	1,4	2,4	2,8	2,4	3,9
50	1,6	1,5	2,7	3,0	2,8	4,4
55	1,7	1,6	2,9	3,3	3,1	4,8
60	1,9	1,7	3,2	3,5	3,4	5,3
65	2,0	1,9	3,4	3,8	3,7	5,7
70	2,1	2,1	3,6	4,1	4,1	6,5
80	2,3	2,3	3,9	4,5	4,5	7,4

Anmerkung: Unabhängig von den ermittelten wirklichen Trocknungskosten sind die regionalen bzw. überregionalen Marktpreise für getrocknete Ware entscheidend. Diese Preise liegen oft unter den tatsächlichen Selbstkosten. Daher werden die Trocknungskosten häufig als Serviceleistung für den Kunden betrachtet.

Als Berechnungsgrundlage wird 24 mm Fichte, unbesäumte Ware mit u_a = ca. 30 %, u_e = ca. 10 % angenommen. Als Trocknungskosten werden 50 €/m³ angenommen.

Für 30 mm Eiche (= Faktor 2,4) ergäben sich in diesem Fall Trocknungskosten von ≈ 120 €/m³

4.7 Dämpfen von Holz

Von Ulf Lohmann

Gedämpft oder gekocht wird einerseits, um Holz für die Aufarbeitung zu Furnieren vorzubereiten. Dabei ist das Erweichen des Rundholzes (Plastifizierung) primäres Ziel. Gleichzeitig können höhere Standzeiten der Werkzeuge, leichtere Entrindung, Abtöten von Schädlingen, Farbänderungen (z. B. Rotbuche, Birnbaum) und Farbangleichungen erzielt werden. Andererseits kommt ein Dämpfen für weitere Bereiche der Holzbearbeitung in Betracht: Spannungsausgleich und Quellungsvergütung für Parketthölzer, Verbesserung der Verleimfähigkeit, Vortrocknung und Feuchtigkeitsausgleich, Vorbereitung von Biegehölzern.

Dämpfen kann aber auch unerwünschte Veränderungen des Holzes bewirken: die

Festigkeit sinkt, das Holz kann während des Dämpfens reißen, Farbänderungen können unerwünscht sein, Gewichtsverlust, Abnahme von Insekten- und Pilzresistenz, Zersetzung des Holzes bei Temperaturen über 100 °C und 100% Luftfeuchtigkeit.

Einige Hölzer werden nicht gedämpft, sondern gekocht. Dies gilt für hitze- und farbempfindliche und sehr harte Holzarten vor allem für die Herstellung von Messerfurnieren; auch kollapsempfindliche Holzarten können gekocht werden, ebenso diejenigen, bei denen ein Harz- oder Farbfleckenentzug erwünscht ist. Der Begriff „Kochen“ ist nicht korrekt, da die Wassertemperatur weit unter der Kochtemperatur liegt und im Allgemeinen 85 °C nicht übersteigt. Das Kochverfahren ist für Biegehölzer weniger geeignet als das Dämpfverfahren, da die wassergefüllten Zellen eine höhere Biegekraft erfordern.

4.7.1 Vorgänge im Holz beim Dämpfen

4.7.1.1 Feuchtigkeitsverhalten

Wird sehr frisches Holz gedämpft, so findet zunächst eine Trocknung statt. Sehr trockenes Holz nimmt anfänglich aus dem Dampf Wasser auf. Dies bedeutet, dass eine Art Gleichgewichtsfeuchte angestrebt wird, die nach Kollmann[31] zwischen 40 und 50 % liegt. Verschiedene Hölzer, z. B. Esche, können jedoch bereits bei 25 % ihre Gleichgewichtsfeuchte erreichen. Bei Sattdampfverwendung ist die Gleichgewichtsfeuchte stets höher als bei Verwendung von überhitztem Dampf, bei der die Gefahr von Luftrissen, Verschalung usw. besteht.

4.7.1.2 Quellungsverhalten

Zu unterscheiden ist die Quellung während des Dämpfens und nach dem Dämpfen. Während des Dämpfens ist bei trockenem Holz eine Quellung bis zur Erreichung der Gleichgewichtsfeuchte zu berücksichtigen, wobei das tangentiale Quellmaß etwa den doppelten Wert des radialen Quellmaßes erreicht. Daraus resultieren Spannungen und gegebenenfalls Risse in tangentialer oder radialer Richtung. In der Regel wird aber Holz mit Feuchten über Fasersättigung gedämpft, wobei keine Quellung, aber gelegentlich Außenrisse durch Schwunderscheinungen auftreten können.

Das Quellungsverhalten des Holzes nach dem Dämpfen ist für die Praxis weit interessanter. Das Dämpfen von Holz bewirkt eine Quellungsvergütung, die allerdings fast nur bei Splintholz relevant ist. Den Einfluss des Dämpfens an sich, des Dampfdruckes und der Zeit zeigt Tabelle 45.

Tabelle 45: Quellungsvergütung (nach Mörath[43])

Dämpfdauer min	Dampfdruck bar	Temperatur °C	Abnahme der Tangentialquellung %
50	1	120	12
60	2	120	13
60	3	133	21
60	4	143	28
120	4	143	38

4.7.1.3 Änderung der mechanischen Eigenschaften

Kollmann[31] stellt fest, dass der Elastizitätsmodul von Holz während des Dämpfens sinkt; er verringert sich mit zunehmender Länge der Dämpfzeit und Höhe des Dampfdruckes. Auf die Druckfestigkeit hat das Dämpfen keinen Einfluss, es sei denn, das Holz verlöre an Gewicht.

Auch die Brinellhärte H_B sowie die Festigkeiten sinken bei zunehmender Feuchte im hygroskopischen Bereich (s. Abschnitte 1.3.2 und 1.3.4), wobei sich bei den Festigkeiten durch die gleichzeitige Zufuhr von Wärme ein Synergieeffekt ergibt.

Tabelle 46: Vor- und Nachteile der Dämpfverfahren (nach Doffiné[44])

	direktes Dämpfen	indirektes Dämpfen
Vorteile	1. einfachere Anordnung der Rohrleitungen 2. Ausnutzbarkeit von Abdampf mit geringstem Druck (z. B. 1,08 ... 1,1 bar) 3. schneller wirksame Regelung	1. besonders milde Holzbehandlung, damit geringstmögliche Schäden 2. Möglichkeit der Kondensatrückgewinnung, daher gute Wirtschaftlichkeit 3. keine Schwierigkeiten bei Kondensatabführung 4. Dampf braucht nicht ölfrei zu sein 5. Möglichkeit des Anschlusses an Hochdruck-Heißwasseranlage, damit besondere Wirtschaftlichkeit
Nachteile	1. Notwendigkeil sorgfältiger Überwachung, um Schäden am Holz zu vermeiden 2. Unmöglichkeit der Kondensatrückgewinnung, daher wärmewirtschaftlich ungünstig 3. Dampf muss völlig ölfrei sein	1. Notwendigkeit etwas höheren Dampfdruckes (von 1,3... 1,4 bar) mit Rücksicht auf die Wärmeübertragung durch die Rohre 2. umfangreichere und kostspieligere Rohrleitungen 3. träge Regelung

4.7.2 Dämpf- und Kochverfahren

Beim *direkten Dämpfen* wird niedrig gespannter Dampf in Rohrschlangen am Boden der Dämpfgrube oder des Kessels eingeleitet. Er tritt durch 4 ... 5 mm große Löcher aus, die in etwa 10 ... 20 cm Abstand in die Rohre gebohrt sind. Der Dampf wird von sogenannten Prallblechen abgefangen, damit er nicht direkt auf das Holz auftrifft, wo er sonst Verbrennungen und Verfärbungen hervorrufen könnte.

Beim *indirekten Dämpfen* befinden sich geschlossene Heizschlangen in einem etwa 0,5 m hohen Wasserbad; das Medium (Abdampf oder Heißwasser) heizt das Wasserbad auf, so dass dieses Dampf abgibt, der das Dämpfgut allseitig umspült.

Beim *Kochen* befindet sich das Holz ganz unter der Wasseroberfläche und wird durch das heiße Wasser erwärmt. Problematisch sind hier das Aufschwimmen der Hölzer und vor allem die Frage der Abwasserbeseitigung, die aufgrund der größeren Mengen stärker zu bewerten ist als beim Dämpfen.

4.7.3 Dämpfanlagen

4.7.3.1 Dämpfkessel

Dämpfkessel sind aufgrund der Korrosionsgefahr bei Eisen nicht zu empfehlen. Lediglich für schwaches Rundholz und kleine Halberzeugnisse zum Biegen können Kessel eingesetzt werden, sofern sie mit Edelstahl oder Kupfer ausgekleidet oder aus Aluminiumlegierungen gefertigt sind und eine Außenisolierung tragen.

Dämpfkessel sind liegende Zylinder, Durchmesser bis 80 cm, Länge bis zu 3 m, die im Allgemeinen durch beidseitig angeordnete Türen mit Loren über Stirn beschickt werden. Sie sind meist für direktes Dämpfen ausgerüstet bis Temperaturen von 130 °C, selten höher. Ihr Vorteil liegt in ihrer Beweglichkeit, sie sind kleiner und handlicher als Kammern und Gruben; technisch vorteilhaft ist die Möglichkeit der Druckerzeugung während des Dämpfens.

4.7.3.2 Dämpfkammern

Dämpfkammern, die in der Regel für Schnittholz eingesetzt werden, entsprechen in ihrem Aufbau etwa dem von Trockenkammern; sie werden wegen verschiedener technischer Schwierigkeiten jedoch selten verwendet. Die Wände müssen aus säurefestem Klinker oder Beton mit wasser-und dampfdichtem und gegen Säuren unempfindlichen Putz gefertigt werden, sofern nicht eine Ganzaluminiumkonstruktion vorgezogen wird. In der Kammer soll keinerlei Eisen wegen der erheblichen Korrosion verwendet werden; dies ist besonders bei der Kammertür problematisch, die zweckmäßigerweise als Schiebetür gefertigt wird. Sie sollte einen Rahmen aus Edelstahl haben und ggf. mit Aluminium beschlagen sein; auf absolute Dampfdichtigkeit ist zu achten, ebenso auf eine Abflussmöglichkeit für das Kondensat, wobei die Neigung der Kammersohle einem Gefälle bis 1:20 entsprechen sollte. Die Größe von Dämpfkammern richtet sich nach der Länge des zu dämpfenden Holzes. Kammern für die Schnittholzdämpfung sind normalerweise 2,20 m hoch und 2,50 . . . 3,00 m breit.

4.7.3.3 Dämpfgruben

Dämpfgruben sind für das Dämpfen von Rundholz zur Furniererzeugung gebräuchlich und müssen deshalb durch Kran beschickbar sein. Sie werden aus Stahlbeton oder säurefestem Klinker gefertigt. Beim Bau sind Dehnungsfugen vorzusehen. Die Wände sind gegebenenfalls durch Bohlen vor Beschädigungen beim Beschicken und Entleeren zu schützen, ebenso soll ein Bohlenrost das Dämpfgut vor direkter Berührung mit Dampf bzw. vor Schlamm schützen. Die Grubenwände sollen im Hinblick auf Unfallgefahren mindestens 1 m über Flurhöhe hinausragen. Rohrschlangen sind nur aus Aluminium oder Kupfer zu fertigen.

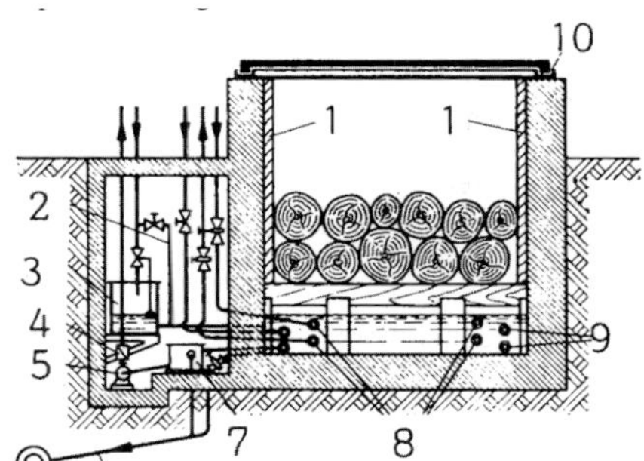

Abbildung 76: Dämpfgrube für indirekte Beheizung (nach Doffiné[44])
1 Schutzbohlen 2 Füllleitung 3 Kaltwasserbehälter
4 Rückschlagventil 5 Kondensat-Rückspeisepumpe
6 Schmutzwasser 7 Kondensat-Sammelbehälter
8 Heißwasserschlangen 9 Abdampfschlangen
10 Wasserverschluss

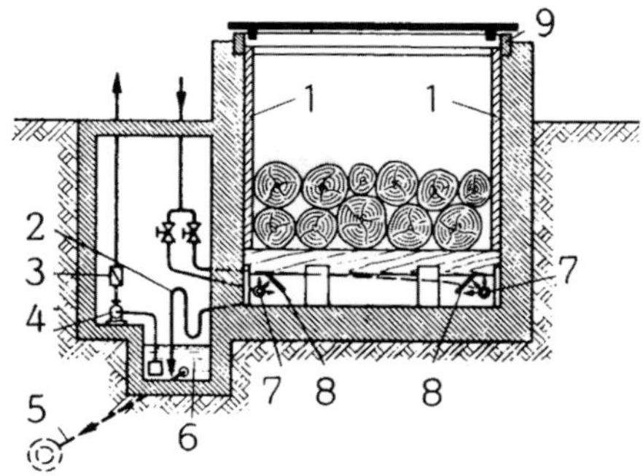

Abbildung 77: Dämpfgrube für direkte Beheizung (nach Doffiné[44])
1 Schutzbohlen 2 Syphonverschluss
3 Rückschlagventil 4 Schmutzwasserpumpe
5 falls möglich, direkter Anschluss 6 Schmutzwasser
7 Abdampf 8 Prallbleche 9 Randhölzer

Der Deckel der Gruben sollte aus Lärchenholz oder ähnlich säureresistenten Holzarten bestehen und unterseitig mit Aluminium beschlagen werden. Auf eine besonders wirksame Abdichtung ist zu achten.

Die Größe von Dämpfgruben richtet sich nach der Holzart, den Holzabmessungen und der Kapazität des Betriebes. Es ist bei allen Berechnungen darauf zu achten, dass das Fassungsvermögen einer Grube nur etwa 50 % des umbauten Raumes entspricht. Für Schälhölzer gelten etwa folgende Richtwerte:
europäische Hölzer:
Länge 20 m, Breite 3,00 m, Höhe 2,75 m
überseeische Hölzer:
Länge 10 m, Breite 3,75m, Höhe 3,50 m
Für Messerwerke gilt:
Länge = Arbeitsbreite der Messermaschine + 0,6 . . . 1,0 m
Breite = 2,75 m, Höhe 2,50 m

Pro Messermaschine müssen mindestens 3 Gruben vorgesehen werden, um während aller Zyklen (Beschicken, Aufheizen, Dämpfen, Entnehmen) die Maschine mit gleichbleibend feuchtem/warmen Holz versorgen zu können und ein zu starkes Abkühlen der gedämpften Ware zu vermeiden.

4.7.4 Dämpfzeiten

Die Dämpfzeiten aus Tabelle 47 können nur als Anhaltswerte betrachtet werden, da sie abhängig sind von der Rohdichte des Holzes und dem Durchmesser des Abschnitts. Eine Wasserlagerung vor dem Dämpfen verkürzt die Dämpfzeit bis zur Hälfte; sind Farbänderungen erwünscht, so ist häufig mit der 1,5 ... 2-fachen Dämpfzeit zu rechnen.

Als Faustformel für das Dämpfen fand Fleischer[45]:

bei ρ_0 = 0,5	$t = \frac{1}{2} D^2$
bei ρ_0 = 0,64	$t = \frac{2}{3} D^2$

Hierbei wird der Durchmesser in Dezimetern angegeben; die Zeit ergibt sich in Stunden. Beispiel: Koto mit einer Rohdichte von $\rho_0 = 0{,}50$ und einem Stammdurchmesser von 55 cm benötigt eine Dämpfzeit von

$t = ½\,D^2 = 0{,}5 \bullet 5{,}5^2 = 0{,}5 \bullet 30{,}25 \approx 15$ Stunden

4.7.5 Dampfverbrauch

Der Dampfverbrauch ist von sehr vielen Faktoren abhängig, nicht zuletzt von der Art und dem baulichen Zustand der Dämpfgruben. Deshalb findet man in der Literatur sehr unterschiedliche Angaben, die von 15 ... 100 kg Dampf pro Festmeter und Stunde schwanken. Folgende Richtwerte können angesetzt werden: bei direkter Dämpfung: 10 ... 15 kg Dampf pro Kubikmeter umbauter Raum und Stunde, bei indirekter Dämpfung: 7... 11 kg Dampf pro Kubikmeter umbauter Raum und Stunde.

Für Rund- und Schnittholz kann mit 15 ... 25 kg pro Kubikmeter Holz und Stunde gerechnet werden, für Biegeteile kann sich dieser Wert bis auf 100 kg/m³h erhöhen. Dies sind Durchschnittswerte, die sich aus dem Gesamtbetrieb einer Dämpfgrube ergeben. Für das Aufheizen müssen bis 50 kg/m³ h und für den laufenden Betrieb 5 ... 20 kg/m³ h angesetzt werden.

Tabelle 47: Dämpf- und Kochzeiten ausgewählter Hölzer (Rundholz)

Holzart	Dämpfen Messerbetrieb		Dämpfen Schälbetrieb		Kochen	
	h	°C	h	°C	h	°C
Abachi	36 ... 48	90 ... 95	36 ... 48	90 ... 95	–	–
Ahorn (schlicht)	–	kalt	–	kalt	–	kalt
Ahorn Knollen	–	–	–	–	72	85
Birke	–	–	–	–	24	75 ... 78
Buche, Rot-	35 ... 40	75 ... 80	48	75 ... 80	–	–
Birnbaum	–	–	–	–	90 ... 100	80
Erle	–	–	48	90 ... 95	–	–
Ilomba	15 ... 20	75 ... 80	24	75 ... 80	–	–
Kirschbaum	30 ... 36	75 ... 80	30 ... 36	75 ... 80	–	–
Limba	48	80 ... 85	60	80 ... 85	–	–
Nußbaum	48	75	48	75	–	–
Nußbaum, Pyramiden-	–	–	–	–	72	30
Okoume	12	80	18	80	–	–
Pappel	–	kalt	–	kalt	–	kalt
Samba	12 ... 15	75	12 ... 15	75	–	–
Tiama	72	90 ... 95	96	90 ... 95	–	–

5 Holzschutz

Geert-Adolph Peters

5.1 Allgemeine Grundlagen

5.1.1 Begriff

Holzschutz umfasst alle Maßnahmen, die eine Wertminderung oder Zerstörung von Holz, Holzwerkstoffen oder Holzkonstruktionen (z. B. Blockhäuser, Dachkonstruktionen, Möbel, Bauholz, Gartenholz, Leitungsmasten, Eisenbahnschwellen) vor Schädigungen durch Witterung, Insekten und Pilze verhüten und damit eine lange Gebrauchsdauer sicherstellen. Neben dem konstruktiven Holzschutz ist auch die Anwendung unterschiedlicher Holzschutzmittel und Holzschutzverfahren zum Schutz des Holzes bekannt. Der Begriff „Holzschutz" ist nicht nur auf den Einsatz chemischer Mittel zu beschränken. Der Holzschutz beginnt schon mit dem so genannten „konstruktiven Holzschutz". Darunter sind z.B. die Auswahl der Hölzer, Fällzeiten, die Bearbeitung und die Art und Weise der Verbauung zu verstehen.

Splintholz und Kernholz unterscheiden sich wesentlich hinsichtlich ihrer natürlichen Dauerhaftigkeit. Während das Splintholz als nicht dauerhaft gilt, schwankt die Dauerhaftigkeit des Kernholzes in Abhängigkeit seiner Inhaltsstoffe stark. Trockenes Holz, richtig eingebaut und richtig gepflegt, ist, wie viele Beispiele zeigen, mit seinen hohen Standzeiten extrem lang haltbar. Die Gefährdung des Holzes besteht in folgenden zu kontrollierenden Faktoren:

Witterungseinflüsse

1. Feuchtigkeit
2. Temperaturschwankungen (führen zu Rissbildungen)
3. UV-Strahlung
4. Luftbewegung

Die Witterungseinflüsse bewirken photochemische Abbaureaktionen durch UV-Strahlung und durch oberflächliche Abtragung durch Niederschlagswasser 0,01 ... 0,1 mm im Jahr.

Chemische Einflüsse

Auch wenn Holz in seiner Festigkeit mit Stahl oder Beton nicht konkurrieren kann, wird es im Bauwesen zum Teil dort eingesetzt, wo Stahl und Beton korrodieren. Im Allgemeinen ist eine Beständigkeit des Holzes im pH-Bereich 3 ... 10 anzunehmen. Die Widerstandsfähigkeit ist natürlich von der Art des Holzes abhängig.

Biologische Einflüsse

Die Veränderung der Holzsubstanz erfolgt durch Organismen wie Pilze, Insekten, Bakterien etc.. Diese stellen unterschiedliche Anforderungen an ihren Lebensraum. Eine zentrale Stellung nehmen dabei die Parameter Holzfeuchte und Temperatur ein.

Ziele des Holzschutzes:

- Natürlichen Holzabbau verhindern
- Insekten-Vorbeugung und -Bekämpfung
- Pilz-Vorbeugung und -Bekämpfung
- Veränderung des Adsorptionsverhaltens (Schwinden und Quellen, Wasseraufnahme)
- Veränderung der Wärmeleitfähigkeit
- Brandschutzverbesserung
- Erhöhung der natürlichen Dauerhaftigkeit
- Erhöhung des mechanischen Widerstands
- Vorbeugung gegen Witterung in Form von Wasser, Feuchte oder Sonnenstrahlen (UV)
- Einsatz einheimischer Holzarten
- Erhalt von Bausubstanz und Kulturgütern

5.1.2 Entscheidungskriterien für Holzschutzmaßnahmen

Um einen optimalen Schutzerfolg zu sichern, ist bereits im Planungsstadium des Endproduktes die Festlegung der Schutzmaßnahmen vorzunehmen. Sie ist auf folgende Punkte auszulegen:

1. Umfang der Gefährdung nach Art und Grad z. B. Klimabelastungen, Feuchtigkeitseinflüsse, Brandrisiko.

2. Auswahl der geeigneten Holzart bzw. Holzwerkstoffe; z. B. sind manche tropischen Laubhölzer resistenter gegen Pilzbefall, aber nicht absolut ungefährdet.
3. Sachgemäße Vorbehandlung der Werkstoffe, z. B. Trocknung, Lagerung, Transport.
4. Abstimmung der chemischen Schutzmittel auf die Be- und Verarbeitung des Holzes und der Holzwerkstoffe, z. B. Leim- und Anstrichverträglichkeit, Wirksamkeitsdauer, Zugänglichkeit für Nachschutzbehandlungen.
5. Umfang des chemischen Schutzes als Ergänzung der konstruktiven Schutzmaßnahmen, z. B. Oberflächen-, Rand- und Tiefschutz.
6. Ort und Zeitpunkt der Holzschutzbehandlung.
7. Beachtung gesundheitlicher Risiken für den Benutzer.
8. Beachtung ökologischer Risiken.

5.1.3 Normen im Holzschutz

DIN 52 175 Holzschutz; Begriff, Grundlagen
DIN 68 800 Teil l Holzschutz im Hochbau; Allgemeines
DIN 68 800 Teil 2 Holzschutz; Vorbeugende bauliche Maßnahmen im Hochbau
DIN 68 800 Teil 3 Holzschutz; Vorbeugender chemischer Holzschutz
DIN 68 800 Teil 4 Holzschutz; Bekämpfungsmaßnahmen gegen Pilze und Insekten
DIN 68 800 Teil 5 Holzschutz im Hochbau; Vorbeugender chemischer Schutz von Holzwerkstoffen
DIN 4076 Teil 4 Benennungen und Kurzzeichen auf dem Holzgebiet; Holzschutzmittel
DIN EN 335-1 Definition der Gebrauchsklassen für einen biologischen Befall – Allgemeines DIN EN 335-2 Definition der Gebrauchsklassen - Anwendung bei Vollholz
DIN EN 335-3 Definition der Gebrauchsklassen – Anwendung bei Holzwerkstoffen
DIN EN 350-2 Dauerhaftigkeit von Holz und Holzprodukten – Natürliche Dauerhaftigkeit von Vollholz, Leitfaden für die natürliche Dauerhaftigkeit und Tränkbarkeit von ausgewählten Holzarten von besonderer Bedeutung in Europa
DIN EN 460 natürliche Dauerhaftigkeit von Vollholz

EN-Normen für den Schutz des Holzes und ihr Bezug zum Neuentwurf von DIN 68 800

EN-Nr. / Teil	Inhalt	Betrifft DIN 68 800
EN 335-1, -2 (2006)	Gebrauchsklassen allgemein; bei Vollholz	Teil 1
EN 335-3 (1995)	Gebrauchsklassen bei Holzwerkstoffen	Teil 1
EN 350-2 (1994)	Angaben zur natürlichen Dauerhaftigkeit von Holz	Teil 1
	Angaben zur Tränkbarkeit von Holz	Teil 3
EN 351-1 (2007)	Geschütztes Holz	Teil 3
EN 351-2 (2007)	Probenahme bei geschütztem Holz	Teil 3
EN 460 (1994)	Bezug natürliche Dauerhaftigkeit zu Gebrauchsklassen und Notwendigkeit von Holzschutzmitteln	Teil 1*
EN 599-1 (1997)	Anforderungen an Holzschutzmittel	Teil 3
EN 599-2 (1995)	Kennzeichnung von Holzschutzmitteln	Teil 3
EN 1001-2 (2005)	Begriffsbestimmungen	Teil 1,3,4
EN 14128 (2003)	Bekämpfungsmittel	Teil 4
CEN/TS 15003 (2005)	Heißluftverfahren	Teil 4
* EN 460 wird als zu unpräzise angesehen und wurde nur als Prinzip in Anhang E berücksichtigt		

5.1.4 Klassifizierung von Gefährdung und Schutzmaßnahmen

5.1.4.1 Allgemeine Struktur und Gefährdung

Die nachfolgende Strukturierung dient zur leichteren Auswahl von vorbeugenden und/oder bekämpfenden Schutzmaßnahmen.

Die Gefährdung für Holz- und Holzwerkstoffprodukte kann in folgende vier Hauptgruppen unterteilt werden:

1. Verfärbung durch Pilzbefall
2. Zerstörung durch Pilzbefall
3. Zerstörung durch Insektenbefall
4. Zerstörung durch Meeresschädlinge
5. Zerstörung durch Feuereinwirkung

Alle Holzschutzmaßnahmen, die sich gegen diese Gefahren richten, lassen sich in die drei Hauptgruppen unterteilen:

5.1.4.1.1 Natürlicher Holzschutz

Natürliche Dauerhaftigkeit

Unter Natürlicher Dauerhaftigkeit versteht man die Haltbarkeit von Holz im Bezug auf dessen Widerstandsfähigkeit gegenüber Pilzen, Insekten, Meerwasser usw. Die Verwendung ausreichend resistenter Holzarten entsprechend der jeweiligen Gebrauchsklasse (GK) verhindert Bauschäden. Zum Beispiel enthält Teakholz giftige Stoffe, die dem Zersetzen durch Fressfeinde entgegenwirken oder auch das Holz einiger Nadelholzarten (z.B. Lärche, Western Red Cedar) schützt sich selbst. Diese sind jedoch häufig nicht ausreichend verfügbar und teuer.

Resistenzklassen

Die Resistenzklassen lassen zum Beispiel nach der etwas älteren Klassifizierung in Resistenzklassen nach DIN 68 364 (1979) einteilen. Hier wird von einer gemeinsamen Eigenresistenz gegen holzzerstörende Insekten und Pilze ausgegangen.

Die neuere Einteilung erfolgt nach DIN EN 350-2. Hierbei wird dann in Dauerhaftigkeitsklassen zwischen den Arten der Holzzerstörer (z.B. Insekten, Pilze, Termiten, marine Holzschädlinge) unterschieden. Der Begriff „Dauerhaftigkeit" ist hier gleichzusetzen mit „Resistenz".

Nachfolgend die Klassifikation der natürlichen Dauerhaftigkeit gegen holzzerstörende Pilze:

Resistenzklassen nach DIN 68 364 (1979)

Resistenzklasse 1 sehr dauerhaft	Resistenzklasse 2 dauerhaft	Resistenzklasse 3 mäßig dauerhaft	Resistenzklasse 4 wenig dauerhaft	Resistenzklasse 5 nicht dauerhaft
Afzelia	Stiel-/Traubeneiche	Lärche	Tanne	Buche
Iroko / Kambala	Edelkastanie	Douglasie	Fichte	Birke
Bilinga	Western Red Cedar		Ulme / Rüster	Esche
Greenheart	Bangkirai		amerik. Roteiche	Linde
Padouk	Bubinga		Limba	
asiat. Teak	Merbau		Okoumé	
Makoré	Bongossi / Azobé		Meranti (ρ<0,49)	
	Mahagoni			
	Meranti (ρ >0,5)			
Robinie		Kiefer		

Dauerhaftigkeitsklassen nach DIN EN 350-2 (1994)

Dauerhaftigkeitsklasse 1 sehr dauerhaft	Dauerhaftigkeitsklasse 2 dauerhaft	Dauerhaftigkeitsklasse 3 mäßig dauerhaft	Dauerhaftigkeitsklasse 4 wenig dauerhaft	Dauerhaftigkeitsklasse nicht dauerhaft
Afzelia	Stiel-/Traubeneiche	Pitch Pine	Tanne	Buche
Moabi	Edelkastanie		Fichte	Birke
Bilinga	Western Red Cedar		Ulme / Rüster	Esche
Greenheart	Bangkirai		Roteiche	Linde
Padouk	Bubinga		Yellow Meranti	White Meranti
asiat. Teak	Merbau			
Makoré	Bongossi / Azobé			
	Mahagoni			
Robinie		Kiefer		
		Lärche		
		Douglasie		
	Yellow Cedar (Alaska-Zeder)			
	amerik. Weißeiche			

5.1.4.1.2 Konstruktiver (baulicher) Holzschutz

Vorbeugender Holzschutz kann definiert werden als die Summe aller Maßnahmen, mit denen Holzschäden infolge eines Befalls durch Pilze und tierische Organismen dauerhaft vorgebeugt werden kann.

Der bauliche Holzschutz erfordert das Ergreifen konstruktiver und bautechnischer Maßnahmen, die hauptsächlich darauf ausgerichtet sind,

- das Holz vor Feuchteeinwirkungen zu schützen und auf Dauer trocken zu halten (Schutz vor Pilzbefall) sowie
- die Zugänglichkeit für Insekten zu Holzbauteilen zwecks Ablage von Eiern in Rissen der Holzoberfläche zu verhindern (Schutz vor Insekten).

Als Maßnahmen des baulichen Holzschutzes können im weiteren Sinne auch aufgefasst werden

- die Auswahl geeigneter Holzarten, um die natürliche Dauerhaftigkeit des Holzes gezielt zu nutzen,
- die Verwendung dauerhafter Hilfsstoffe wie z.B. Klebstoffe und
- ein zweckmäßiger Einschnitt des Holzes zur Vermeidung von Konstruktionsfugen durch Schwinden.

Hauptaufgabe des baulichen Holzschutzes ist und bleibt aber, das Holz gegen Feuchteeinwirkungen zu schützen. Feuchte heißt Gefahr eines Befalls durch holzverfärbende und holzzerstörende Pilze. Dies ist in vielen Fällen mit geringem Aufwand zu erreichen, z.B. durch

- Schutz vor Niederschlägen (Spritzwasser),
- Schutz vor Feuchteleitung aus dem Wasser, dem Erdreich oder angrenzenden Baustoffen,
- Verhinderung von Tauwasserbildung,
- ausreichende Belüftung,
- Feuchteschutz während des Bauens und
- Einbau von trockenem Holz.

Problematisch wird jedoch der bauliche Holzschutz im Hinblick auf einen vorbeugenden Schutz vor Insektenbefall. Hier sind die Möglichkeiten sehr viel begrenzter. Rein mechanische Sperren wie Fliegengitter oder Schließung von Dachluken sind in der Regel meist unwirksam. Ein Befall kann im Allgemeinen nur verhindert werden, wenn die Holzkonstruktion allseitig vollflächig mit einem Werkstoff verkleidet ist, der seinerseits nicht befallen werden kann, und die Fugen insektenundurchlässig geschlossen sind.

Für die praktische Umsetzung dieser z.T. idealisierten Vorstellungen (siehe Neufassung der DIN 68 800-2) bedeutet dies, dass schon in der Planungsphase alle Details im Hinblick auf den späteren Zustand des Bauprojektes zu berücksichtigen sind, auch nachträglich vorgesehene Änderungen. Die Umsetzung setzt hohes Fachwissen und große Erfahrung voraus. Über die Möglichkeit der praktischen Umsetzung sei auf die einschlägige Literatur wie z.B. den Kommentar zur DIN 68 800 verwiesen.

5.1.4.1.3 Chemischer Holzschutz

Dazu zählen Behandlungen des Holzes und der Holzwerkstoffe mit Holzschutzmitteln in flüssigem, pastösem oder gasförmigen Zustand. Diese Schutzmittelbehandlung ist im Wesentlichen als eine vorbeugende Maßnahme zur Ergänzung und Unterstützung des konstruktiven Holzschutzes anzusehen.

Die Gefahr durch den Befall holzzerstörender Pilze ist dann gegeben, wenn die Holzfeuchte längerfristig 20 % übersteigt. Ist Holz im eingebauten Zustand direkt beregnet oder ständigen Tauwasserbelastungen ausgesetzt, so reichen Oberflächenanstriche nicht aus, um Holzfeuchten über 20 % zu verhindern. Unter Anstrichen mit dampfsperrender Wirkung besteht die Möglichkeit der Feuchteanreicherung.

Eine Gefährdung verbauten Holzes durch Insektenbefall ist dann gegeben, wenn Farbkernhölzer mit mehr als 10% Splintholzanteil oder stärkereiche Tropenhölzer eingesetzt werden. Diese Gefahr ist auch dann gegeben, wenn das Holz unkontrollierbar verbaut ist. Das trifft vor allem bei belüfteten Dach- und Wandteilen zu.

Ist Holz durch Niederschläge und Spritzwasser beansprucht, so besteht die Gefahr der Auswaschung von auf- bzw. eingebrachten Schutzmitteln. Eine vorübergehende Tauwasser- und/oder Reifbildung auf der Holzoberfläche stellt aber keine Auswaschbeanspruchung dar.

Eine weitere Gefährdung für das Holz besteht in der Möglichkeit durch Moderfäulebefall. Er ist dann zu erwarten, wenn sich das Holz in ständigem Erd- und/oder Wasserkontakt befindet. Diese Gefährdung ist aber auch dann gegeben, wenn bei Außenbauteilen in Rissen, Fugen oder auf der Oberfläche erhöhte Schmutzablagerungen auftreten. Bei wasserverbautem Holz ist zu beachten, dass zwischen Süß- und Meerwasserverbau infolge unterschiedlicher holzzerstörender Organismen getrennt werden muss.

5.1.4.2 Gebrauchsklassen nach DIN 68 800

Nach DIN 68800 Teil 3 ist Holz für tragende und/ oder aussteifende Zwecke entsprechend seinem Gefährdungsgrad sogenannten Gebrauchsklassen zuzuordnen. Die gilt für nichttragende, nicht maßhaltige bzw. maßhaltige Hölzer empfehlenswerter Weise ebenso. Der Zusammenhang zwischen

- Gebrauchsklasse
- Beanspruchung
- Gefährdung
- Anwendungsbereich
- Anwendungsbeispielen wird im Folgenden beschrieben.

Gebrauchsklasse 0 (GK 0)

Beanspruchung: Innen verbautes, ständig trockenes Holz, das entweder aus Farbkernholz mit einem Splintholzanteil <10% besteht oder gegen Insektenbefall allseitig durch eine geschlossene Bekleidung abgedeckt bzw. zum Raum hin so offen angeordnet ist, dass es kontrollierbar bleibt.

- Gefährdung: keine

- Anwendungsbereiche: Innenbauteile bei einer relativen Luftfeuchte bis 70 %
- Anwendungsbeispiele: Innenwände und Geschoßdecken zwischen Aufenthaltsräumen, Küchen und Bädern von normalen Wohngebäuden, Verwaltungsbauten, Kindergärten und Schulen.
  Holz für Sparren, Pfetten bzw. Wandbauteile von nichtbelüfteten Dächern oder als sichtbares Konstruktionsholz angeordnet, z. B. Dächer mit sichtbaren Sparren und Pfetten und Aufdachdämmung.
- Holzfeuchte: ständig <20 %

Gebrauchsklasse 1 (GK 1)
- Beanspruchung: Innen verbautes, ständig trockenes Holz, das nicht gegen Insekten abgeschlossen oder kontrollierbar angeordnet ist.
- Gefährdung: Insektenbefall – Trockenholzinsekten
- Anwendungsbereiche: Innenbauteile bei einer mittleren relativen Luftfeuchte bis 70% und gleichwertig beanspruchte Bauteile. Sichergestellte Holzfeuchte <20 %
- Anwendungsbeispiele: Holz in belüfteten Innen- und Außenwänden, belüfteten Dächern von Aufenthaltsräumen normaler Wohngebäude, Verwaltungs- und Schulbauten, Kindergärten
- Holzfeuchte: maximal 20%

Gebrauchsklasse 2 (GK 2)
- Beanspruchung: Holz, das weder dem Erdkontakt noch direkt der Witterung oder Auswaschung ausgesetzt ist; vorübergehende Befeuchtung möglich.
- Gefährdung: Insektenbefall, Pilzbefall
- Anwendungsbereiche: Innenbauteile bei einer mittleren relativen Luftfeuchtigkeit über 70% und gleichartig beanspruchte Bauteile sowie Innenbauteile in Nassbereichen, wobei die Holzteile wasserabweisend abgedeckt sind sowie Außenbauteile ohne unmittelbare Wetterbeanspruchung
- Anwendungsbeispiele: Gewerblich oder industriell genutzte Räume sowie Stallgebäude, bei denen an wärmeschutztechnisch exponierten Stellen Tauwasser anfällt. Holz in Duschen, das wasserabweisend abgedeckt sein muss. Standardkonstruktionen von Außenwänden, Dächer mit Dacheindeckung belüfteter Art. Anstrichsysteme mit dauerhaft wirksamem Oberflächenschutz bei Fenstern und Außentüren ermöglichen die Einstufung dieser Holzbauteile in diese Gebrauchsklasse.
- Holzfeuchte: gelegentlich >20%

Gebrauchsklasse 3 (GK 3)
- Beanspruchung: Holz, das der Witterung oder Kondensation ausgesetzt ist, sich aber nicht im Erdkontakt befindet.
- Gefährdung: Insektenbefall, Pilzbefall, Auswaschung
- Anwendungsbereich: Innenbauteile in Nassräumen, Außenbauteile mit Wetterbeanspruchung, Spritz- und Niederschlagswasserbelastung ohne ständigen Erd-/Wasserkontakt.
- Anwendungsbeispiele: Holz für landwirtschaftliche Nutzbauten, abgedeckte Brückenträger, überdachte Brückenkonstruktionen. Holz für Garten-, Landschafts- und Spielplatzbau ohne Erdkontakt. Holz für Balkone, Schwellholz auf Fundament von Fertighäusern oder Holzhäusern. Außenfenster, Außentüren, Außenverkleidungen, Tore, Zaunlatten, Pergolen, Carports, Stapelleisten.
- Holzfeuchte: häufig > 20%

Gebrauchsklasse 4 (GK 4)
- Beanspruchung: Holz in dauerndem Erdkontakt oder ständiger starker Befeuchtung ausgesetzt.
- Gefährdung: Insekten-, Pilz-, Moderfäulebefall und Auswaschung
- Anwendungsbereiche: Holzbauteile mit ständigem Erd- und/oder Süßwasserkontakt, auch bei Ummantelung

- Anwendungsbeispiele: Lagerhölzer im Erdkontakt, Bootsstegpfähle, erdverbaute Stützen, Zaunpfähle, Spielgerätestützen, Rund- und Kantholzpalisaden, Pergola- und Carportstützen, Hopfenstangen, Wein- und Obstbaustangen. Holz für ingenieurmäßigen Tief- und Erdbau. Holz, bei dessen Anwendung Schmutzablagerungen in Rissen, Fugen oder auf der Fläche in Verbindung mit Nässe auftreten.
- Holzfeuchte: ständig >20%

5.1.4.3 Gebrauchsklassen nach DIN EN 335

DIN EN 335 Teile 1 und 2 definieren Gebrauchsklassen für einen biologischen Befall. Danach sind fünf Gebrauchsklassen GK 1 bis GK 5 erklärt. Der Sachinhalt der GK 1 bis GK 4 deckt sich mit dem der in DIN 68800 Teil 3 definierten. Die GK 5 nach europäischer Norm beinhaltet die Anwendung von Vollholz, das in Meerwasserkontakt verbaut ist. Die Holzfeuchte ist ständig > 20%.

Der Zusammenhang zwischen Gebrauchsklasse, Holzfeuchte, auftretenden Organismen und Wirksamkeit des Holzschutzmittels ist in der Tabelle 48 dargestellt. Sie ist als Hilfsmittel zur Entscheidung gedacht, welche Holzschutzmaßnahmen ergriffen werden müssen.

5.1.5 Merkmale der Holzgefährdungen

5.1.5.1 Gefährdung durch Pilzbefall

5.1.5.1.1. Holzzerstörende Pilze

Holz ist im Kreislauf der Natur Schädigungen durch lebende Organismen (biotische Schädigungen), aber auch dem Feuer, atmosphärischen, chemischen und mechanischen Einflüssen (abiotische Schädigungen) ausgesetzt. Biotische Schädigungen werden durch tierische und pflanzliche Schädlinge verursacht. Die wichtigsten pflanzlichen Schädlinge sind fast ausschließlich Pilze, wobei zu unterscheiden ist zwischen Pilzen, die das Holz lediglich verfärben, und solchen, die es zerstören. Letztere sind in der Lage, innerhalb weniger Jahre Holz vollständig abzubauen. Einerseits ist dies gewünscht, das heißt, sie stellen Nützlinge dar, indem sie totes Holz in seine Ausgangsprodukte Wasser, Kohlendioxyd und Mineralstoffe zerlegen und so für eine Rückführung in den Kreislauf der Natur sorgen. Andererseits stehen Nutzungsdauer und die Sicherheit von baulichen Anlagen einem Abbau entgegen.

Eine Gefährdung durch holzzerstörende Pilze besteht praktische überall. Pilzsporen sind allgegenwärtig und keimen unter geeigneten

Tabelle 48: Gefährdungsklassen und Holzschutmittel

Belastung	Gefährdungsklassen				
	GK 1	GK 2	GK 3	GK 4	GK 5
Holzfeuchte	max. 20%	gelegentl.	häufig	ständig	ständig
		> 20 %	> 20 %	> 20 %	> 20 %
holzzerstörende Pilze	nein	ja	ja	ja	ja
Bläuebefall	nein	ja	ja	ja	ja
Moderfäule	nein	nein	nein	ja	ja
holzerstörende Insekten	ja	ja	ja	ja	ja
Holzschädlinge im Meerwasser	nein	nein	nein	nein	ja
erforderliche Wirksamkeit des Holzschutzmittels	Iv	P,Iv	P, Iv, W	P, Iv, W, E	P, Iv, W, E

Feuchte- und Temperaturbedingungen aus. Die Einteilung erfolgt nach unterschiedlichen Systemen, so z.B. nach botanischer Klassifizierung *(Basidiomyceten, Ascomyceten, Fungi imperfecti)*, nach Ausbildung des Myzels (Substrat-, Oberflächenpilze), dem bevorzugten Ort des Auftretens (Stammfäule, Lagerfäule, Hausfäule) oder dem Zerstörungsbild (Fäuletypen wie z.B. Braunfäule oder Weißfäule).

Allen holzzerstörenden Pilzen ist gemeinsam, dass sie die Zellwände der Holzzellen abbauen und dadurch eine Fäulnis verursachen. *Braunfäulepilze* zerstören die „weiße" Zellulose, wodurch das geschädigte Holz braun mit würfelbruchartigem Zerfallsmuster erscheint. *Weißfäulepilze* zerstören das „braune" Lignin, wodurch das geschädigte Holz weiß erscheint. In allen Fällen wird durch den Angriff der Pilze die Festigkeit des Holzes nachhaltig vermindert, was im Endstadium einer Pulverisierung gleich kommt. Braun- und Weißfäule sind meist an verbautem Holz ohne Erdkontakt zu finden. *Moderfäule* ist eine Holzzerstörung, die insbesondere an Hölzern in ständigem Erdkontakt wie z.B. an Masten, Pfählen, Palisaden, Schwellen auftritt, das heißt an Hölzern, die einer starken und permanenten Feuchte ausgesetzt sind.

Die Hauptursache für einen Pilzbefall ist die Feuchtigkeit. Holz mit einer Feuchte oberhalb des Fasersättigungsbereiches (28 ... 30 % Holzfeuchte) ist prinzipiell gefährdet. Der günstigste Feuchtebereich für das Wachstum der Pilze liegt im Allgemeinen bei 30 ... 50 % Holzfeuchte; aber auch schon bei Feuchten von 20 % kann unter gewissen Umständen ein Befall auftreten.

Ein weiteres Kriterium für die Entwicklung der Pilze ist die Temperatur. Jeder Pilz besitzt ein für ihn charakteristisches Temperaturoptimum. Im Allgemeinen liegt dies bei 20 ... 25 °C. Oberhalb und unterhalb der so genannten kritischen Temperaturen (+38 °C maximal, +3 °C minimal) verfallen Pilze in eine Wachstumsstarre; ein Absterben tritt aber erst bei wesentlich höheren (+50 ... +75 °C) oder tieferen Temperaturen ein.

5.1.5.1.2 Holzverfärbende Pilze

Blaue bis grau-schwarze Verfärbungen bei Rundholz, bei frisch eingesägten Hölzern, aber auch bei verbauten Hölzern mit starker Bewitterung (z.B. Fensterrahmen, Fassadenverkleidungen und Zäune) werden überwiegend durch *Bläuepilze* hervorgerufen. Diese zu den *Ascomyceten* oder *Fungi imperfecti* gehörenden Holzschädlinge bauen im Allgemeinen nicht die Zellwände des Holzes ab und rufen damit keine Fäule hervor. Bläuepilze bevorzugen sehr feuchtes Nadelholz (80 ... 20 % Feuchte) und ernähren sich von den Zellinhaltsstoffen. Vornehmlich gefährdet ist Kiefernholz, während Fichte, Tanne oder Lärche weniger häufig verblauen. Es wird ausschließlich der Splintbereich befallen, da dieser die verwertbaren Zellinhaltsstoffe enthält.

Wenngleich Bläuepilze keine Zerstörung des Holzes hervorrufen, sondern nur „optische" Schäden, bereiten sie durch ihr Wachstum den Boden für einen nachfolgenden Befall durch holzzerstörende Pilze. Bekannt ist dieses Erscheinungsbild bei lackierten Fensterrahmen. Die Fruchtkörper sprengen die Lackschichten und ermöglichen so den Zutritt von Wasser und den Angriff der holzabbauenden Pilze.

Schimmelpilze verursachen ebenso wie die Bläuepilze Holzverfärbungen. Sie wachsen aber nur auf der Oberfläche des Holzes, ohne tiefer in das Innere vorzudringen. Sie benötigen hohe Feuchten oberhalb der Fasersättigung. Schimmelpilze sind auf Lagerplätzen für frisch eingesägtes Schnittholz ebenso zu finden wie auf Bauholz, das mit ungenügender Trocknung eingebaut wird. Die Schimmelbildung kann unterdrückt werden durch ausreichende Belüftung bzw. Austrocknung. Bei Entzug der Feuchte sterben die Pilze ab, und der Pilzrasen kann abgebürstet werden, wobei jedoch fleckige Verfärbungen auf dem Holz zurückbleiben.

Auch *Bakterien* können für Verfärbungen von Holz ursächlich sein. Ein Befall ist meist erst bei einem Folgeanstrich zu erkennen, wenn das Holz eine ungleichmäßige Aufnahme der Lasur zeigt, was optisch als ausgeprägte Streifenbildung auffällt. Unzulässige Festigkeitsänderungen beim Holz werden auch durch Bakterien nicht hervorgerufen.

5.1.5.2 Gefährdung durch Insektenbefall

Holzzerstörende Insekten befallen das Holz im Wald oder auf dem Holzlagerplatz (Frischholzinsekten), aber auch verbautes, trockenes Holz (Trockenholzinsekten). Die wichtigsten gehören zur Ordnung der Käfer wie z.B. der Hausbock (Hylotrupes bajulus), der Gemeine Nagekäfer (Anobium punctatum) oder der Braune Splintholzkäfer (Lyctus brunneus). Alle vorgenannten Schädlinge sind speziell in unseren Breiten als Zerstörer von Bau- und Werkholz bekannt. Holzwespen (Sirex sp.) befallen nur frisches Holz. Die Entwicklung setzt sich im verbauten Holz fort, aber nach dem Schlupf der Wespe erfolgt kein Wiederbefall. Auch Ameisen können als tierische Holzzerstörer auftreten. Außerhalb unserer Breiten, z.B. in den Tropen, sind weniger die Käfer, als vielmehr Termiten die am meisten gefürchteten Holzzerstörer.

Die Schäden an Bau- und Werkholz, und speziell darauf beziehen sich die weiteren Ausführungen, werden nicht von den Käfern selbst, sondern von deren Larven verursacht. Die Käferweibchen legen ihrer befruchteten Eier mittels so genannter Legeröhren in Risse oder Spalten des Holzes ab. Die Larven beginnen nach dem Schlupf mit ihrer Zerstörungstätigkeit. Sie durchziehen nagend das Splintholz, indem sie mit ihren Mundwerkzeugen das Holz zerkleinern und teilweise fressen. Dabei wird das Holz mit Gängen durchzogen, wobei jede Käferart ein charakteristisches Fraßbild hinterlässt. Je nach Populationsdichte wird dabei die Statik der Hölzer nachhaltig beeinträchtigt. Kurz vor der Verpuppung nagt sich die Larve bis dicht unter die Holzoberfläche vor. Im Puppenstadium wird keine weitere Nahrung mehr aufgenommen. Aus der Puppe schlüpft schließlich das fertige Insekt, das aus dem Holz ausfliegt. Form und Größe der Ausfluglöcher sind ebenfalls charakteristisch für die jeweilige Art und ermöglichen eine Bestimmung des Schädlings. Die neu geschlüpften Käfer befallen wiederum das Holz und tragen somit zu dessen nachhaltiger Zerstörung bei.

Frische Ausfluglöcher, Bohrmehl oder eventuell auch Fraßgeräusche lassen auf einen aktiven Befall schließen, dessen Art und Umfang von Fachleuten aus den vorgenannten Gründen geprüft werden sollten. Ebenso sollten die anschließenden Bekämpfungsmaßnahmen von geprüften Spezialisten ausgeführt wertden.

Holzerstörende Insekten

- Hausbock (*Hylotrupes bajulus)*, in Nadel-Splintholz, Lebenszeit der Larve 3 ... 6 Jahre, Länge des Insektes 8 ... 20 mm, ovales Flugloch 4 x 7 mm
- Brauner Splintholzkäfer *(Lyctus brunneus)*, in stärkehaltigem Laub-Splintholz (Limba, Ramin, Abachi), Lebenszeit der Larve 4 ... 6 Monate, Länge des Insektes 3 ... 6 mm, rundes Flugloch 1,5 ... 2 mm
- Gewöhnlicher Nagekäfer *(Anobium punctatum)*, in Laub- und Nadelholz, Lebenszeit der Larve 3 ... 5 Jahre, Länge des Insektes 2,5 ... 4,5 mm, rundes Flugloch 1,5 ... 2 mm
- Holzwespe *(Sirex juvencus)*, in Nadelholz, Lebenszeit der Larve 2 … 3 Jahre, Länge des Insektes 15 … 30 mm, rundes Flugloch 4 … 7 mm
- Termite *(Reticulitermes flavipes)*, Wärme und Feuchtigkeit liebendes Insekt, Tropen und Subtropen, lebt in Kolonien, termitenresistente Holzart: Teak-Kernholz (Tectona grandis).

5.1.5.3 Gefährdung durch Meeresschädlinge

Bohrmuschel *(Teredo navalis)* und Bohrassel *(Limnoria lignora)* leben im Meereswasser mit Salzgehalt über 7 ‰. Resistente Holzarten sind: Bongossi / Azobé *(Lophira procera)*, Basralocus / Angelique *(Dicorynia paraensis)* sowie Greenheart / Demerara *(Ocotea rodiaei)*.

5.1 5.4 Gefährdung durch Feuereinwirkung

Nach DIN 4102 – Brandverhalten von Baustoffen und Bauteilen – werden Baustoffe nach ihrer Brennbarkeit wie folgt klassifiziert:

Tabelle 49: Baustoffklassen

nicht brennbare Baustoffe	A, A_1, A_2
brennbare Baustoffe	B
schwer entflammbar	B1
normal entflammbar	B2
leicht entflammbar	B3

Als organischer Baustoff ist die Brennbarkeit von Holz je nach Materialabmessungen unterschiedlich zu beurteilen.

Holz sowie genormte Holzwerkstoffe mit einer Rohdichte >400 kg/m3 und einer Dicke >2 mm oder mit einer Rohdichte > 230 kg/m3 und einer Dicke >5 mm; genormte Holzwerkstoffe mit einer Dicke >2 mm, die mit nicht thermoplastischer Verklebung mit Furnieren oder DKS-Platten vollflächig beschichtet sind; genormte kunststoffbeschichtete dekorative Flachpressplatten nach DIN 68765 mit einer Dicke >4 mm; kunststoffbeschichtete dekorative Holzfaserplatten nach DIN 68751 mit einer Dicke > 3 mm gehören alle der Baustoffklasse B2 an.

Eine Schwerentflammbarkeit lässt sich durch den Einsatz von chemischen Mitteln bei der Oberflächenbehandlung oder durch Imprägnierstoffe erreichen; hierfür ist jedoch der Nachweis durch ein Prüfzeichen des Instituts für Bautechnik in Berlin erforderlich.

Die Kombination von brennbaren Baustoffen zu Bauteilen führt in Abhängigkeit von der Konstruktion zu beachtlichen Feuerwiderstandsdauern. So ist es möglich, Bauteile herzustellen, deren Durchbrand trotz Verwendung von brennbaren Baustoffen, z. B. Holz oder Holzwerkstoffen, erst nach mehr als 60 Minuten zu erwarten ist (Feuerwiderstandsklassen F30, F60, F90 usw.).

5.2 Prüfprädikate – Zulassungen – Prüfzeichen

5.2.1 Anforderungen an Holzschutzmittel

Holzschutzmittel werden überwiegend flüssig verarbeitet und enthalten chemische Verbindungen mit Giftwirkungen gegen Pilze und/oder Insekten. Diese gewollte Maßnahme wird jedoch verschiedentlich begleitet von erschwerenden Bedingungen für die Weiterverarbeitung des geschützten Holzes. Um optimale Schutz- und Verarbeitungsbedingungen zu erlangen, sollten von einem Holzschutzmittel möglichst viele der nachgenannten Forderungen erfüllt werden.

- breiter Einsatzbereich (P, Iv, Ib, F)
- hohe Giftwirkung bei geringen Konzentrationen
- Unbedenklichkeit für Mensch, Tier, Lebens- und Futtermittel nach der Fixierung im Holz
- umweltneutral hinsichtlich der Vernichtung von Rest- oder Verlustbeständen
- unbedenklich bei der Verarbeitung für Menschen
- lange Wirksamkeitsdauer
- geringe Auslaugbarkeit
- gute Eindring- und Verteilungseigenschaften
- einfache Kontrollmöglichkeit für Qualität und Quantität des Schutzmittels
- einfache und preisgünstige Verarbeitungsmöglichkeit

- keine Erhöhung der Brandgefahr bei und nach der Verarbeitung
- keine negative Beeinflussung der Maßhaltigkeit und Festigkeit des Holzes
- schnelle Trocknung und Weiterverarbeitungsmöglichkeit
- keine Beeinträchtigung von Metallen, Glas, Mauerwerk, Kunststoff, Keramik
- gute Leim- und Anstrichverträglichkeit
- kein Ausschwitzen
- kein Verfärben oder Ausbleichen bei pigmentierten Mitteln.

Keines der heute im Handel erhältlichen Schutzmittel erfüllt alle diese Bedingungen. Die Hersteller bemühen sich jedoch durch Forschung und Weiterentwicklung, ein Optimum an positiven Bedingungen zu erreichen.

5.2.2 Prüfprädikate

Holzschutzmittel für den vorbeugenden Schutz von Vollholz sowie solche für Bekämpfungsmaßnahmen gegen Pilz- und Insektenbefall müssen zugelassen sein. Die Wirksamkeit von Holzschutzmitteln wird nach bestehenden Normen geprüft und gemäß DIN 68 800 Blatt 3 sowie dem Holzschutzmittelverzeichnis durch Kurzzeichen (Buchstabenkennzeichnung) kenntlich gemacht. Es handelt sich jeweils um den Anfangsbuchstaben der Eigenschaft des Schutzmittels. Da die meisten Produkte mehrere wichtige Eigenschaften in sich vereinen, ist eine Kennzeichnung durch mehrere Buchstaben die Regel.

Tabelle 50: Prüfprädikate von Holzschutzmitteln

Kurzzeichen	Bedeutung
P	gegen Pilze vorbeugend wirksam (Fäulnisschutz)
Ib	gegen Insekten bekämpfend wirksam
W	geeignet auch für Holz, das der Witterung ausgesetzt ist, jedoch nicht im ständigen Kontakt mit Wasser u./o. Erde
E	moderfäulewidrig; auch für Holz, das im ständigen Kontakt mit Wasser u./o. Erde ist oder bei Schmutzablagerungen in Fugen und Rissen
M	Mittel zur Verhinderung des Durchwachsens von Hausschwamm durch Mauerwerk (Schwammsperrmittel)
(P)	gegen Pilze vorbeugend wirksam bei Anwendung in Holzwerkstoffen
F	Flammschutzmittel

5.2.3 Zulassungen – Prüfzeichen – Kennzeichnung

In der Vergangenheit verlangten die Landesbauordnungen in Verbindung mit den Prüfzeichenverordnungen für bestimmte Holzschutzmittel als Brauchbarkeitsnachweis, dass diese ein Prüfzeichen hatten.

Durch die Novellierung der Landesbauordnungen aller 16 Bundesländer ist die Regelung über die Zuteilung von Prüfzeichen aufgehoben worden. Als bauaufsichtlichen Verwendbarkeitsnachweis verlangt der Gesetzgeber jetzt für nicht geregelte Bauprodukte die

* allgemeine bauaufsichtliche Zulassung und
* Zustimmung im Einzelfall.

Holzschutzmittel sind nicht geregelte Bauprodukte und fallen somit unter diese Neuregelung. Zum Aufgabenbereich der Bauaufsicht gehört die vorbeugende Gefahrenabwehr bei baulichen Anlagen. Die Bauaufsicht reguliert somit ausschließlich die Ansprüche an Holzschutzmittel für die Anwendung bei tragenden oder aussteifenden Holz- und Holzwerkstoffbauteilen in baulichen Anlagen.

Sie verlangt, dass nur Holzschutzmittel mit vorbeugender Wirkung entsprechend der maßgebenden Gebrauchsklasse eingesetzt werden, die einen Zulassungsbescheid haben.

Einen Zulassungsbescheid müssen desweiteren haben

- chemische Mittel zur Bekämpfung eines Befalles durch holzzerstörende Insekten in baulichen Anlagen

- Schwammsperrmittel zur Verhinderung des Durchwachsens von Hausschwamm durch Mauerwerk.

Die Bauaufsicht reguliert nicht die Ansprüche an Holzschutzmittel von Holz- und Holzwerkstoff-bauteilen, die nicht zu tragenden oder aussteifenden Zwecken baulicher Anlagen oder gar nicht zur baulichen Anlage gehören.

Vorbeugender chemischer Holzschutz kann nur empfehlenswert sein. In diesem Fall ist die Eignung des Holzschutzmittels durch das RAL-Gütezeichen Holzschutzmittel zu belegen.

Gütezeichen RAL

Holzschutzmittel

RAL – Gütezeichen Holzschutzmittel

Die Bauaufsicht ist nicht an der Vergabe des Gütezeichens und der hier zu erfüllenden Bedingungen beteiligt.

Vor dem Einsatz vorbeugend wirksamer Holzschutzmittel ist zu klären, welche Hölzer und Holzwerkstoffe geschützt werden sollen, welcher Gefährdung die Materialien bzw. Bauteile ausgesetzt sind und ob ein vorbeugender chemischer Holzschutz

- von bauaufsichtlicher Seite her angewendet werden muss bzw.
- empfehlenswerter Weise aus Gründen der Gebrauchstauglichkeit und/oder Werterhaltung eingesetzt werden sollte. Diese Entscheidung obliegt dem Bauherrn bzw. dem von ihm Beauftragten.

Holzschutzmittel mit bauaufsichtlicher Zulassung sind nur für die gewerbliche Verwendung in baulichen Anlagen zugelassen.

5.2.3.1 Zulassungsbescheid – Holzschutzmittel

Chemische Holzschutzmittel, die dem vorbeugenden Schutz bzw. zu Bekämpfungsmaßnahmen an tragenden und/oder aussteifendem Vollholz, Bauteilen aus Holz- und Holzwerkstoffen und an Holzwerkstoffen dienen sollen, müssen einen Zulassungsbescheid (früher Prüfbescheid) haben.

Der Zulassungsbescheid ist die bauaufsichtliche Zulassung für das jeweilige Holzschutzmittel. Tragende und/oder aussteifende Bauteile sind solche, die die Standsicherheit des Gebäudes bewirken. Sie sind gemäß DIN 1052 Teile 1 bis 3, DIN 1047 oder DIN 18900 zu berechnen. Hierzu gehören im wesentlichen Sparren, Pfetten, Deckenträger, Rahmen- und Fachwerkhölzer von Rahmen-, Tafel-, Skelett- und Fachwerkbauten sowie aussteifende Beplankungen von tragenden Wand-, Dach- und Deckenbauteilen.

Den Zulassungsbescheid erteilt das Deutsche Institut für Bautechnik, DIBt, Kolonnenstr. 10, 10820 Berlin. Er wird erteilt, wenn

a) durch eine vom DIBt anerkannte Prüfstelle der Wirksamkeitsnachweis in Verbindung mit der Gebrauchsklasse erbracht ist,
b) durch das Bundesinstitut für gesundheitlichen Verbraucherschutz und Veterinärmedizin die gesundheitliche Unbedenklichkeit festgestellt wurde,
c) durch das Umweltbundesamt keine ökotoxikologischen Bedenken bestehen.

Besonders zu beachtende Kriterien beim Umgang mit dem Holzschutzmittel und bei seinem Einsatz sind durch

- Anwendungseinschränkungen (E)
- Hinweise (H)
- Hinweise auf besondere Gefahren (R-Sätze)
- Sicherheitsratschläge (S-Sätze)
- Gefahrenbezeichnung (Symbole) herausgestellt.

Anwendungseinschränkungen (E)

E1 Nicht zur großflächigen Anwendung (Flächen-/Raumvolumenverhältnis gleich oder größer 0,2 m^2/m^3) in Räumen, die zum dauernden Aufenthalt von Menschen oder Tieren sowie zum Lagern von Lebens- oder Futtermitteln bestimmt sind, wenn die Holzbauteile zum Innenraum hin nicht durch Bekleidungen abgedeckt werden.

E2 Nicht für Holzbauteile in Aufenthaltsräumen, in anderen Räumen mit vergleichbarem Staubkontakt (z. B. nicht ausgebaute Dachräume, die zu Spielzwecken genutzt werden können) nur mit staubdichter Bekleidung.

E3 Nicht für Innenbauteile in Nassräumen

E4 Nicht für Holzbauteile, die häufig in direkten Hautkontakt mit Mensch und Tier kommen können, es sei denn, die Bauteile werden nach abgeschlossener Behandlung und Fixierung des Holzschutzmittels gründlich abgewaschen.

E5 Nicht für Holzbauteile, die in direkten Kontakt mit Lebens- oder Futtermitteln kommen können.

E6 Nicht zur großflächigen Anwendung an Holzbauteilen (Flächen-/Raumvolumenverhältnis gleich oder größer 0,2 m^2/m^3) in Innenräumen.

E7 Nicht für Mauerwerk, das bestimmungsgemäß in direkten Kontakt mit Lebens- oder Futtermitteln kommen kann.

Hinweise (H)

H1 Die unter Verwendung des Holzschutzmittels hergestellten Holzwerkstoffplatten sind gemäß DIN 68 800-2 zu verwenden, jedoch nicht im Inneren von Gebäuden.

H2 Das Mittel ist giftig für Fische und Fischnährtiere; es ist darauf zu achten, dass das Holzschutzmittel nicht in Oberflächengewässer gelangen kann.

H3 Nichteisenmetalle und Glas können angegriffen werden.

H4 Das Mittel bewirkt keinen vorbeugenden Schutz gegen Pilze.

H5 Die behandelten Holzbauteile sind in Aufenthaltsräumen und in anderen Räumen mit vergleichbarem Staubkontakt (z.B. nicht ausgebaute Dachräume, die zu Spielzwecken genutzt werden können) staubdicht zu bekleiden.

H6 Behandeltes Mauerwerk ist zu Aufenthaltsräumen hin zu verputzen oder mit anderen Ausbaumaterialien zu bekleiden.

Hinweise auf besondere Gefahren (R-Sätze)
(Auszug aus der Gefahrstoffverordnung)

R20 Gesundheitsschädlich beim Einatmen
R21 Gesundheitsschädlich bei Berührung mit der Haut
R22 Gesundheitsschädlich beim Verschlucken
R25 Giftig beim Verschlucken
R26 Sehr giftig beim Einatmen
R34 Verursacht Verätzungen
R35 Verursacht schwere Verätzungen
R36 Reizt die Augen
R37 Reizt die Atmungsorgane
R38 Reizt die Haut
R40 Irreversibler Schaden möglich
R41 Gefahr ernster Augenschäden
R43 Sensibilisierung durch Hautkontakt möglich
R46 Kann vererbbare Schäden verursachen
R49 Kann Krebs erzeugen beim Einatmen

Sicherheitsratschläge (S-Sätze)
(Auszug aus der Gefahrstoffverordnung)

S2 Darf nicht in die Hände von Kindern gelangen
S13 Von Nahrungsmitteln, Getränken und Futtermitteln fernhalten
S20 Bei der Arbeit nicht essen und trinken
S21 Bei der Arbeit nicht rauchen
S24 Berührung mit der Haut vermeiden
S26 Bei Berührung mit den Augen gründlich mit Wasser abspülen und Arzt konsultieren
S28 Bei Berührung mit der Haut sofort abwaschen mit viel . . . (vom Hersteller anzugeben)
S44 Bei Unwohlsein ärztlichen Rat einholen (wenn möglich, dieses Etikett vorzeigen)

S45 Bei Unfall oder Unwohlsein sofort Arzt hinzuziehen (wenn möglich, dieses Etikett vorzeigen)
S46 Bei Verschlucken sofort ärztlichen Rat einholen und Verpackung oder Etikett vorzeigen
S53 Exposition vermeiden – vor Gebrauch besondere Anweisungen einholen

Zulassungsbescheide beinhalten nachfolgende Angaben und sind im Holzschutzmittelverzeichnis offengelegt:

- Bezeichnung des Holzschutzmittels
- Zulassungsnummer
- Antragsteller
- Erteilungsdatum und Gültigkeitsdauer
- Prüfprädikate
- Anwendungsbereiche
- Anwendungsverfahren
- Einbringmengen
- Einschränkungen und Hinweise
- Wirk-, Hilfs- und Fixierstoffe
- Einstufung nach der Gefahrstoffverordnung mit Gefahrenbezeichnung, Hinweisen und Sicherheitsratschlägen.

5.2.3.2 RAL-Gütezeichen Holzschutzmittel

Chemische Holzschutzmittel, die dem vorbeugenden Schutz oder bekämpfenden Maßnahmen von

- nichttragenden und nicht aussteifenden Teilen in baulichen Anlagen
- Materialien und/oder Konstruktionen nicht baulicher Anlagen dienen sollen, benötigen keine bauaufsichtliche Zulassung und erhalten somit auch keinen Zulassungsbescheid für o. a. Einsatzbereiche. Entsprechend DIN 68800-3 wird hier bei Holz in baulichen Anlagen unterschieden nach
- Ziffer 11: Hinweise zum Schutz von nichttragendem, nicht maßhaltigem Holz ohne statische Funktion. Es sind dies alle Hölzer für Wand-, Dach- und Deckenverkleidungen der Innen- und Außenanwendung ohne tragende Funktion.
- Ziffer 12: Hinweise zum Schutz von nichttragendem, maßhaltigem Holz. Hierzu zählen alle Holzteile für Außenfenster und Außentüren. Für die Bewertung von Holzschutzmitteln vorgenannter Einsatzzwecke ist die Gütegemeinschaft Holzschutzmittel e.V., Karlstr. 21, 60329 Frankfurt/M. zuständig.

Das RAL-Gütezeichen Holzschutzmittel wird von der Gütegemeinschaft Holzschutzmittel e.V. dann vergeben, wenn

a) durch eine anerkannte Prüfung die Wirksamkeit in Verbindung mit der Gebrauchsklasse erbracht wurde,
b) durch das Bundesinstitut für gesundheitlichen Verbraucherschutz und Veterinärmedizin die gesundheitliche Unbedenklichkeit festgestellt wurde,
c) durch das Umweltbundesamt keine ökotoxikologischen Bedenken bestehen,
d) eine Überwachung des Herstellers des Holzschutzmittels durch die Gütegemeinschaft Holzschutzmittel e.V. sichergestellt ist.

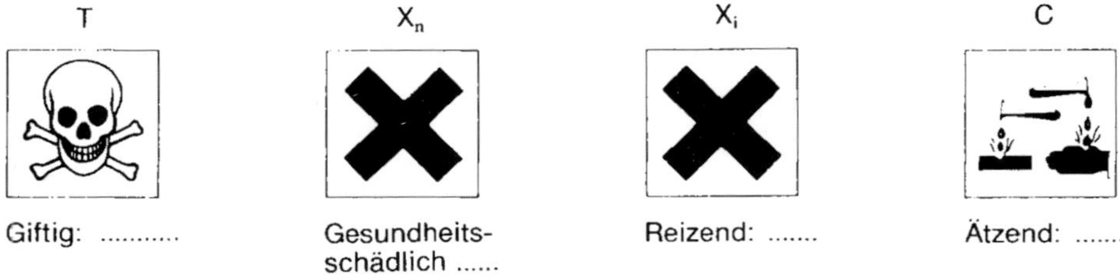

Gefahrenbezeichung durch Symbole (Auszug aus der Gefahrstoffverordnung)

Besonders zu beachtende Kriterien bezüglich der Anwendung dieser Holzschutznmittel sind folgende Hinweise:

Anwendungseinschränkungen (E)

0 Keine

1 Nicht anzuwenden bei Holz, das bestimmungsgemäß in direkten Kontakt mit Lebens- oder Futtermitteln kommt.

2 Anwendung nur durch qualifizierte Fachbetriebe.

4 Nicht anzuwenden bei Holz, das bestimmungsgemäß in direkten Kontakt mit Lebens- oder Futtermitteln kommt. In Innenräumen nicht großflächig anwenden.
(bei Gebinden bis 250 ml Inhalt zusätzlich:) Nur zu Behandlung von Möbelstücken und anderen kleineren Holzgegenständen
(bei Gebinden über 250 ml Inhalt zusätzlich:) Anwendung nur durch qualifizierte Fachbetriebe.

5 Anwendung nur durch qualifizierte Fachbetriebe. Nicht anzuwenden bei Holz, das bestimmungsgemäß in direkten Kontakt mit Lebens- oder Futtermitteln kommt. In Innenräumen nicht großflächig anwenden.

6 Anwendung nur durch anerkannte Fachbetriebe. Nicht anzuwenden bei Mauerwerk, das bestimmungsgemäß in direkten Kontakt mit Leben- oder Futtermitteln kommt. Behandeltes Mauerwerk ist zu Wohn- und Aufenthaltsräumen hin zu verputzen oder mit anderen Ausbauteilen abzudecken.

7 Nicht anzuwenden bei Holz, das bestimmungsgemäß in direkten Kontakt mit Lebens- oder Futtermitteln kommt.

Anwendungsverfahren

DV	Doppel-Vakuum-Verfahren
F	Fluten
In	Injektionsverfahren
Sch	Schaumverfahren
Spr	Spritzen
[Spr]	Spritzen nur durch Fachbetriebe
[Sprg]	Spritzen in geschlossenen Anlagen
[Stat]	nur in stationären Anlagen
Str	Streichen
T	Tauchen
Tr	Bohrlochtränkung
V	Verpressung
Z	Zugabe zum Anmachwasser des Mauermörtels

Anwendungsmenge: alle Angaben in ml/m² bzw. g/m² oder kg/m³ (in einer... %igen wäßrigen Lösung)

Prüfbescheide der Gütegemeinschaft Holzschutzmittel e.V. beinhalten folgende Einzelangaben:

- Gütezeichennummer
- Erteilungsdatum und Gültigkeitsdauer
- Gütezeicheninhaber und Hersteller
- Anwendungsbereich mit Wirksamkeit
- Wirkstoffe
- Anwendungsverfahren
- Einbringmenge
- Anwendungseinschränkungen

Die Gütegemeinschaft gibt ein Verzeichnis über Holzschutzmittel mit RAL-Gütezeichen jährlich neu heraus. Diese Holzschutzmittel sind auch im Holzschutzmittelverzeichnis Teil B ausgewiesen.

5.2.3.3 Kennzeichnung von Holzschutzmittelgebinden

Fällt ein Holzschutzmittel in den Anwendungsbereich der Gefahrstoffverordnung, so unterliegt es besonderen Vorschriften für die Kennzeichnung. Auf einem deutlich sichtbaren Kennzeichnungsfeld sind auszuweisen

- Gefahrensymbol (schwarzer Druck auf orangefarbenem Feld) zusammen mit Kennbuchstaben und Gefahrenbezeichnung
- Warnhinweise (R-Sätze), die auf die besonderen Gefahren beim Umgang mit dem Erzeugnis hinweisen
- Sicherheitsratschläge (S-Sätze), die der Vor-

beugung von Gefahren dienen, welche vom Holzschutzmittel selbst oder von seiner Verwendung ausgehen können
- Produktbezeichnung sowie Wirkstoffe nach Art und Menge
- Name und Anschrift des Herstellers.

Ist auf dem Gebinde des Holzschutzmittels kein Kennzeichnungsfeld ausgewiesen, dann kann der Anwender davon ausgehen, dass das Erzeugnis nicht unter die Gefahrstoffverordnung fällt.

5.2.3.4 Kennzeichnung von chemisch geschütztem Holz

Mit Lieferung und Verbau von Holz, das chemisch geschützt ist, muss der Auftragnehmer den Lieferpapieren eine Bescheinigung beifügen, die folgende Angaben enthalten muss: Name und Anschrift des ausführenden Betriebes, Schutzmittel, Wirkstoffe, allgemeine bauaufsichtliche Zulassung (Nummer), Gebrauchsklasse, Einbringverfahren und -menge, Lösungsmittelkonzentration, Behandlungsdatum. An verbautem chemisch geschütztem Holz für tragende und/oder aussteifende Zwecke und für nichttragende, nicht maßhaltige Einsätze ist durch den Auftragnehmer eine Kennzeichnung vorzunehmen. An einer möglichst sichtbar bleibenden Stelle ist das Holz dauerhaft mit folgenden Angaben zu kennzeichnen: Name und Anschrift des ausführenden Betriebes, Name und Zulassungs- bzw. Gütezeichen-Nummer des angewendeten Holzschutzmittels, Prüfprädikate, Wirkstoffe, erzielte Einbringmenge sowie Jahr und Monat der Schutzbehandlung.

Bei industrieller Fertigung, z.B. Fertighausherstellung, erfolgt die Kennzeichnung vielfach über Signierwalzen. Ansonsten bieten die Holzschutzmittelhersteller sogenannte Deckkarten an. Sie bestehen aus dauerhaftem Kunststoff und enthalten einen Vordruck für die zu tätigenden Angaben. Diese werden von Hand bezüglich fehlender Daten ergänzt. Die Karten sind im Bauwerk an einer dauerhaft gesicherten und einsehbaren Stelle anzubringen.

5.3 Übersicht über die Holzschutzmittel

Grundsätzlich ist die Anwendung chemischer Holzschutzmittel aus gesundheitlichen, hygienischen und ökologischen Gründen für Menschen, Tiere und Pflanzen bedenklich und sollte nur als letzte Möglichkeit in Betracht gezogen werden. Nachfolgend sind die international eingesetzten Holzschutzmittel verzeichnet, deren Erlaubnis nach den jeweils nationalen Gesetzen zu prüfen ist.

5.3.1 Wasserlösliche Holzschutzmittel

Die Holzfeuchtigkeit, bezogen auf das Darrgewicht, muss <30 % betragen. Hölzer mit einer Holzfeuchtigkeit >30% können nur mit einzelnen Verfahren behandelt werden. Wasserlösliche Holzschutzmittel sind mehr oder weniger geruchsfrei, bewirken keine Erhöhung der Brandgefahr und lassen eine weitere Oberflächenbehandlung mit deckenden Anstrichen zu.

Bei der Verarbeitung führen sie zu einem Anquellen der Oberfläche und zu deutlichen Maßänderungen am Werkstück. Die Schutzmittel wirken nach der Einbringung noch hygroskopisch, so dass die Feuchtigkeitsaufnahme aus der Luft verstärkt werden kann.

Demzufolge ist der Einsatz nur an solchen Werkstücken zu empfehlen, bei denen keine besonderen Anforderungen an die Maßhaltigkeit gestellt werden. Geeignet sind sie z. B. für Pfähle, Masten, Bauholz, rohe Verbretterungen und ähnliches.

Die möglichen Korrosionsgefahren für Metalle, Glas, Mauerwerk und Keramik sind ebenso zu beachten wie die von den Herstellern benannten Verarbeitungsbedingungen.

Nach der Art der Anbindung der Wirkstoffe an die Holzsubstanz können diese Holzschutzmittel in zwei Gruppen unterteilt werden:

Nicht-fixierende Holzschutzmittel und Fixierende Holzschutzmittel.

– *Nicht-fixierende Präparate*
Sie werden nicht durch chemische Reaktion an die Holzfaser gebunden und sind somit bleibend auswaschbar. Mit ihnen können nur die Gebrauchsklassen 1 und 2 abgedeckt werden. Damit behandeltes Holz muss nach der Imprägnierung bei Lagerung, Transport, Bereitstellung auf der Baustelle sowie während der Montage grundsätzlich vor Niederschlägen geschützt werden. In der Montageabwicklung bedeutet das, dass das Holz bis zum Schließen des Baukörpers geschützt sein muss.

– *Fixierende Präparate*
Sie wandeln sich während und nach der Imprägnierung durch chemische Reaktion im Holz um. Dadurch wird die Wasserlöslichkeit abgebaut bzw. verhindert. Dieser Prozess ist mit Abschluss des Holzschutzverfahrens selbst noch nicht abgeschlossen. Deshalb muss das Holz in der Fixierungszeit so gelagert werden, dass eine Auswaschung durch Niederschläge o. ä. nicht möglich ist. Die Fixierungszeit kann je nach Schutzmitteltyp, Lagerungsbedingungen und sonstigen Einflüssen aus dem Holz bis zu sechs Wochen dauern. Die Herstellerbedingungen sind deshalb unbedingt zu beachten. In der Fixierungszeit herrschen u. U. ungünstige Bedingungen bezüglich toxikologischer und Umweltbedingungen. Für alle nachgenannten wasserlöslichen Holzschutzmittel gelten folgende Hinweise und Einschränkungen:

- Die Holzschutzmittel sind giftig für Fische und Fischnährtiere
- Die Holzschutzmittel dürfen nicht in Oberflächenwasser gelangen
- Die Holzschutzmittel dürfen nicht angewendet werden, wenn die damit geschützten Holzbauteile in direkten Kontakt mit Lebens- oder Futtermitteln kommen.
- Die Holzschutzmittel, die **nicht** B-Salze sind, dürfen nicht verwendet werden, wenn eine großflächige Anwendung bei fehlender Innenbekleidung in folgenden Räumen vorgesehen ist:

a) Räume zum dauernden Aufenthalt von Menschen und Tieren
b) Räume zur Lagerung von Lebens- und Futtermitteln

Einzelbeschreibung

1. B-Salze
- Wirksamkeit: vorbeugende Wirkung gegen Pilz- und Insektenbefall (P, Iv)
- Gebrauchsklassen: geeignet für GK 1 und GK2
- Hauptbestandteile: anorganische Borverbindungen
- Einstufung nach Gefahrstoffverordnung: Derzeit zugelassene Produkte sind aus toxikologischer Sicht nicht kennzeichnungspflichtig
- Anwendungsverfahren: geeignet für Oberflächenverfahren, Trogtränkung, teilweise für Kesseldruckverfahren
- Hinweise: nicht geeignet für Holz, das der Witterung und/oder dem Erdkontakt ausgesetzt ist.

1) Anmerkung: Großflächige Anwendung bedeutet, wenn das Verhältnis von zu behandelnder Holzfläche zum Raumvolumen ≥0,2 m^2/m^3 ist

2. SF-Salze
- Wirksamkeit: vorbeugende Wirkung gegen Pilz- und Insektenbefall (P, Iv)
- Gebrauchsklassen: geeignet für GK 1 und GK2
- Hauptbestandteile: Silicofluoride
- Einstufung nach Gefahrstoffverordnung: Mindergiftig; Gefahrenhinweise und Sicherheitsratschläge (R- und S-Sätze) gemäß Zulassungsbescheid unbedingt beachten
- Anwendungsverfahren: geeignet für Oberflächenverfahren, Trogtränkung und Kesseldruckverfahren

- Hinweise: Nicht geeignet für Holz, das der Witterung und/oder dem Erdkontakt ausgesetzt ist. Korrosionswirkung auf Eisen und Stahl ist durch Zusätze gemindert.

3. *CFB-Salze*
- Wirksamkeit: vorbeugende Wirkung gegen Pilz- und Insektenbefall, auch bei bewittertem Holz (P, Iv, W)
- Gebrauchsklassen: geeignet für GK l, GK 2 und GK 3
- Hauptbestandteile: Fluor- und Borverbindungen als Wirkstoffe, Chrom als Fixierungshilfs mittel
- Einstufung nach Gefahrstoffverordnung: Diese Produkte sind ätzend; Gefahrenhinweise und Sicherheitsratschläge (R- und S-Sätze)gemäß Zulassungsbescheid unbedingt beachten
- Anwendungsverfahren: Trog- und Kesseldruckverfahren
- Hinweise: Nicht zugelassen für Oberflächen verfahren, nicht geeignet für Holz in dauerndem Erd- und/oder Wasserkontakt. Korrosionswirkung auf Eisen und Stahl ist z. T. durch Zusätze gemindert.

4. *CK-Salze*
- Wirksamkeit: vorbeugende Wirkung gegen Pilz-, Insekten- und Moderfäulebefall; für Holz, das der Witterung und/oder dauerndem Erd- oder Wasserkontakt ausgesetzt ist (P, Iv, W, E)
- Gebrauchsklassen: überwiegend GK I bis einschließlich GK 4; einzelne Produkte nur für GK 3 und GK 4 zugelassen
- Hauptbestandteile: Kupfersalze als Wirkstoffe, verschiedene Chromprodukte als Fixierungshilfsstoffe
- Einstufung nach Gefahrstoffverordnung: Produkte sind überwiegend giftig, einzelne mindergiftig. Gefahrenhinweise und Sicherheitsratschläge sind unbedingt zu beachten.
- Anwendungsverfahren: Kesseldruckverfahren
- Hinweise: Produkte sind nicht zugelassen für Oberflächen- und Einlagerungsverfahren.

5. CKA-Salze
- Wirksamkeit: vorbeugende Wirkung gegen Pilz-, Insekten- und Moderfäulebefall für Holz, das der Witterung und/oder dauerndem Erd- oder Wasserkontakt ausgesetzt ist (P, Iv, W, E)
- Gebrauchsklassen: GK 3 und GK 4
- Hauptbestandteile: Kupfersalze unter Zusatz von Arsenverbindungen als Wirkstoffe, Natriumdichromat als Fixierungshilfsstoff
- Einstufung nach Gefahrstoffverordnung: Allgemein nicht bekannt, Zulassungsbescheid gibt Auskunft
- Anwendungsverfahren: Nur für Kesseldruckverfahren zugelassen
- Hinweise: Produkte sind nicht in Oberflächen- und Einlagerungsverfahren zugelassen. Zulassungsbescheid bezüglich Gefahrenhinweisen und Sicherheitsratschlägen (R- und S-Sätze) unbedingt beachten.

6. *CKB-Salze*
- Wirksamkeit: vorbeugende Wirkung gegen Pilz-, Insekten- und Moderfäulebefall für Holz, das der Witterung und/oder dauerndem Erd- oder Wasserkontakt ausgesetzt ist (P, Iv, W, E)
- Gebrauchsklassen: GK 1 bis einschließlich GK4
- Hauptbestandteile: Kupfersalze mit Zusätzen von Borverbindungen als Wirkstoffe, verschiedenartige Chromverbindungen als Fixierhilfsstoffe
- Einstufung nach Gefahrstoffverordnung: Überwiegend mindergiftige Produkte. Einzelne ätzende bzw. giftige Produkte. Gefahrenhinweise und Sicherheitsratschläge der einzelnen Zulassungsbescheide sind unbedingt zu beachten.
- Anwendungsverfahren: Alle Produkte für Kesseldrucktränkung geeignet. Überwie-

gende Anzahl zugelassener Produkte auch für Trogtränkung geeignet
- Hinweise: Produkte sind nicht für Oberflächenverfahren zugelassen. Bei Anwendung der Trogtränkung nur Gebrauchsklassen GK 1, GK 2 und GK 3 erreichbar.

7. CKF-Salze
- Wirksamkeit: Vorbeugende Wirkung gegen Pilz-, Insekten- und Moderfäulebefall für Holz, das der Witterung und/oder dauerndem Erd- oder Wasserkontakt ausgesetzt ist (P, Iv, W, E)
- Gebrauchsklassen: GK 1 bis einschließlich GK4
- Hauptbestandteile: Kupfersalze mit Fluorverbindungszusätzen als Wirkstoffe, Chromverbindungen als Fixierungshilfsstoffe
- Einstufung nach Gefahrstoffverordnung: Überwiegend mindergiftig, einzelne Produkte giftig. Beachtung der Gefahrenhinweise und Sicherheitsratschläge (R- und S-Sätze) des Zulassungsbescheides erforderlich
- Anwendungsverfahren: Kesseldrucktränkung
- Hinweise: Nicht für Oberflächen- und Einlagerungsverfahren zugelassen. Eisen- und Stahlkorrosion denkbar.

8. Chromfreie Kupferpräparate (Cu-HDO, Cu-Quat, Cu-Triazol)
- Wirksamkeit: Vorbeugende Wirkung gegen Pilze und Insekten (P, Iv) bei allen zugelassenen Produkten. Je nach Zusammensetzung auch witterungsbeständig (W), teilweise auch moderfäulewidrig (E)
- Gebrauchsklassen: Im wesentlichen GK 1, GK 2 und GK 3, einzelne Präparate auch GK 4 bzw. nur GK 3
- Hauptbestandteile: Kupfer und HDO bzw. quartäre Ammoniumverbindungen oder Triazole
- Einstufung nach Gefahrstoffverordnung: Überwiegender Teil der zugelassenen Produkte ist ätzend bzw. reizend. Wenige Produkte sind mindergiftig oder schädlich
- Anwendungsverfahren: Geeignet für Kesseldrucktränkung, verschiedentlich auch für Trogtränkung
- Hinweise: Produkte sind nicht zugelassen für Oberflächenverfahren.

9. Quat-Bor-Präparate
- Wirksamkeit: Alle zugelassenen Produkte mit vorbeugender Wirkung gegen Pilze und Insekten (P, Iv), verschiedentlich auch witterungsbeständig (W)
- Gebrauchsklassen: Alle Produkte GK 1 und GK 2, verschiedentlich auch GK 3
- Hauptbestandteile: Quartäre Ammonium-Borverbindungen
- Einstufung nach Gefahrstoffverordnung: Ätzend, Gefahrenhinweise und Sicherheitsratschläge (R- und S-Sätze) gemäß Zulassungsbescheid unbedingt beachten
- Anwendungsverfahren: geeignet für Kesseldrucktränkung, mehrheitlich auch für Trogtränkung
- Hinweise: Nicht zulässig für Oberflächenverfahren. Bei Trogtränkung vornehmlich nur GK 1 und GK 2 erzielbar. Zulassungsbescheid genau beachten.

10. Quat-Präparate
- Wirksamkeit: Vorbeugende Wirkung gegen Pilz- und Insektenbefall und witterungsbeständig (P, Iv, W)
- Gebrauchsklassen: GK 1 bis einschließlich GK3
- Hauptbestandteile: Quaternäre Ammoniumverbindungen
- Einstufung nach Gefahrstoffverordnung Produkte sind ätzend. Gefahrenhinweise und Sicher-heitsratschläge (R- und S-Sätze) gemäß Zulassungsbescheid unbedingt beachten
- Anwendungsverfahren: Grundsätzlich für Kesseldrucktränkung, teilweise auch für Trog-tränkung geeignet
- Hinweise: Nicht zulässig sind Oberflächenverfahren

5.3.2 Lösemittelhaltige Holzschutzmittel

5.3.2.1 Allgemeines

Diese Holzschutzmittel werden im Wesentlichen als bindemittelfreie bzw. bindemittelhaltige, farblose oder pigmentierte Produkte angeboten. Eine Klassifizierung nach Wirkstoff und eventuellen Fixierungshilfsstoffen wie bei wasserlöslichen Holzschutzmitteln ist hier schlecht möglich. Bei Produkten mit bauaufsichtlicher Zulassung bzw. mit Gütezeichen kann nach der Wirksamkeit und dem damit verbundenen Anwendungsbereich eine Einteilung erfolgen. Alle Produkte sind nicht anwendbar in Kesseldruckverfahren, in der Vakuumtränkung, den Einlagerungsverfahren außer dem Tauchen. Die erforderliche Holzfeuchte soll im Splint wie im Kernholz höchstens 30 % betragen, mehrheitlich jedoch <20%. Diese Holzschutzmittel sind für die Holzbauteile nicht geeignet, die in direkten Kontakt mit Lebens- und Futtermitteln kommen. Der Schutz vor Verfärbungen des Holzes infolge Bläuepilzbefall muss durch eigens dafür geeignete Schutzmittel bewerkstelligt werden. Ein vorbeugender Schutz gegen holzzerstörende Pilze (P) beinhaltet das nicht.

Sie dürfen nicht für Holzbauteile in Aufenthaltsräumen eingesetzt werden. In Räumen, die gelegentlich genutzt werden, z. B. in nicht ausgebauten Dachgeschossen zu Spielzwecken o. ä., müssen die behandelten Holzbauteile eine staubdichte Bekleidung haben.

Diese Holzschutzmittel sind für Fische und Fischnährtiere giftig. Es ist darauf zu achten, dass sie nicht in Oberflächengewässer gelangen. Eine Erhöhung der Entflammbarkeit ist unmittelbar nach der Behandlung der Teile möglich, die aber nach Abdünstung der Lösemittel nicht mehr vorhanden ist. Die Produkte besitzen im Allgemeinen einen starken Eigengeruch, der bei der Verarbeitung auftritt. Nach Abdunstung der Lösemittel sind die Holzbauteile jedoch überwiegend geruchsfrei.

5.3.2.2 Mittel zum vorbeugenden Schutz an tragenden Teilen

- Wirksamkeit: Vorbeugende Wirkung gegen holzzerstörende Pilze und Insekten an statisch tragenden und/oder aussteifenden Bauteilen, auch bei Witterungsbeanspruchung (P, Iv, W). Einzelne Produkte nur vorbeugende Wirkung gegen Insektenbefall (Iv)
- Gebrauchsklassen: Wenn P, Iv und W, dann GK l, GK 2 und GK 3. Wenn nur Iv, dann nur GK1
- Hauptbestandteile: Fungizid und/oder insektizid wirkende organische Stoffe in organischen Lösemitteln
- Einstufung nach Gefahrstoffverordnung: Mehrheitlich reizend, einzelne Produkte bezüglich toxikologischer Aspekte nicht kennzeichnungspflichtig
- Anwendungsverfahren: Tauchen, Spritzen in stationären Anlagen, Streichen
- Hinweise: Bei „reizenden" Produkten Gefahrenhinweise und Sicherheitsratschläge (R- und S-Sätze) gemäß Zulassungsbescheid unbedingt beachten.

5.3.2.3 Mittel zum Schutz von Fenstern und Außentüren

- Wirksamkeit: vorbeugende Wirkung gegen Pilzbefall (P) und vorbeugende Wirksamkeit gegen Verfärbung durch Bläuepilzbefall sowie witterungsbeständig (W)
- Gebrauchsklasse: GK 3
- Hauptbestandteile: Fungizid wirkende organische Stoffe in organischen Lösemitteln
- Einstufung nach Gefahrstoffverordnung: Eine Bewertung der Wirksamkeit sowie der gesundheitlichen und umweltbezogenen Unbedenklichkeit liegt bei Produkten mit RAL-Gütezeichen vor.
- Anwendungsverfahren: Streichen, Tauchen, Spritzen in geschlossenen Anlagen, teilweise auch Fluten

- Hinweise: Außer der Beachtung der herstellerabhängigen Verarbeitungsbedingungen liegen bei gütegesicherten Produkten keine Anwendungseinschränkungen vor. Da bei Fenstern und Außentüren die Wahrscheinlichkeit eines Insektenbefalls äußerst niedrig ist, wird auf die insektizide Einstellung der Schutzmittel verzichtet. Entflammbarkeit und Geruchsbelästigung bei Behandlung erhöht. Beide Aspekte bauen im Normalzustand nach Abdunstung der Lösemittel ab. Beim Einsatz nicht bläuegefährdeter Hölzer empfiehlt sich der Einsatz von gütegesicherten Produkten mit der Wirksamkeit
- P und W, die als solche erhältlich sind. Beim Einsatz bläuegefährdeter Holzarten, z. B. Kiefer, bei denen auf andere Wirksamkeiten verzichtet werden soll, können angebotene gütegesicherte Bläueschutzmittel Einsatz finden. Beide vorgenannten Produktgruppen dürfen nicht angewendet werden, wenn das Holz anschließend nicht oberflächenbehandelt wird.

5.3 2.4 Mittel zum Schutz nicht statisch beanspruchter Hölzer

Es handelt sich hier im wesentlichen um Produkte mit den Bezeichnungen „Holzschutzgrund“, „Holzschutzlasur“, „Imprägniergrund“ oder „Holzschutz-Finish“, die in umfassendem Maß als gütegesicherte Produkte auf dem Markt angeboten werden. Sie unterliegen der Anwendungseinschränkung, dass sie nicht auf Holz eingesetzt werden dürfen, das bestimmungsgemäß in direkten Kontakt mit Lebens- oder Futtermitteln kommt.

- Wirksamkeit: Es werden verschiedene Wirksamkeitskombinationen angeboten, z. B. P und W, Bläueschutz, P und W und Bläueschutz, P und Iv und W usw.
- Gebrauchsklassen: Je nach Wirkungsspektrum GK l bis GK 3
- Hauptbestandteile: Fungizid und/oder insektizid wirksame organische Stoffe in organischen Lösungsmitteln
- Einstufung nach Gefahrstoffverordnung: Produkte mit RAL-Gütezeichen sind bezüglich gesundheitlicher und umweltbezogener Aspekte bei bestimmungsgemäß richtiger Anwendung unbedenklich
- Anwendungsverfahren: Streichen, Tauchen, Spritzen in geschlossenen Anlagen; Fluten bei einzelnen Produkten möglich
- Hinweise: Entflammbarkeit sowie Geruchsbelästigung können bei der Verarbeitung erhöht sein. Sie bauen sich nach Abdunstung der Lösemittel auf den Normalzustand bzw. Geruchsfreiheit üblicherweise wieder ab.

5.3.2.5 Teerölpräparate

Diese Produkte werden als „aromatische Imprägnieröle" bezeichnet. Sie werden durch fraktionierte Destillation des Steinkohlenteeröls gewonnen und vornehmlich zur Masten- und Schwellenimprägnierung nach den Bedingungen der Deutschen Bahn AG und denen von Post und Telekom eingesetzt.

- Wirksamkeit: Vorbeugende Wirkung gegen Pilz- und Insektenbefall sowie Moderfäule, witterungsbeständig und geeignet für dauernden Erd- u./o. Wasserkontakt (P, Iv, W, E)
- Gebrauchsklassen: GK 3 und GK 4
- Hauptbestandteile: Methylderivate, Methylnaphtaline, Fluorene, Methylfluorene, Phenole <3 %
- Einstufung nach Gefahrstoffverordnung: Produkte mit Zulassungsbescheid bzw. RAL-Gütezeichen sind gemäß der Bescheide einzustufen
- Anwendungsverfahren: Kesseldruck-Sparverfahren, Einlagerungsverfahren als Heiß-Kalt-Tränkung
- Hinweise: Nicht anwendbar in Oberflächenverfahren. Holzfeuchte höchstens 30%. Nur bei Heiß-Kalt-Tränkung auch größere Holzfeuchte möglich. Teerölverordnung ist unbedingt zu beachten. Geruchsbelästigung ist nicht auszuschließen.

5.3.3 Sonstige Holzschutzmittel

5.3.3.1 Ölemulsionen – Verstockungsmittel

Bei Ölemulsionen handelt es sich überwiegend um Produkte zum Schutz gegen Insektenbefall von frisch gefälltem Stammholz. Verstockungsmittel werden ebenso wie die Ölemulsionen (also als Hirnholzschutz) eingesetzt, haben jedoch die Aufgabe, Pilzbefall zu verhindern.

Beide Produktgruppen werden auf das Hirnholz des nicht entrindeten Stammes aufgebracht.

5.3.3 2 Schutzmittel gegen Feuer

Diese Produkte zählen im engeren Sinne nicht zu den Holzschutzmitteln. Sie dienen aber dem Schutz des Holzes bei Feuerangriff. Sie bewirken die Schwerentflammbarkeit des Holzes.

1. Anorganische Feuerschutzsalze

- Wirksamkeit: Mit diesen Mitteln kann man den Werkstoff schwer entflammbar machen (F)
- Hauptbestandteile: Phosphate und andere anorganische Bestandteile, Carbonate, Silikate, Oxide
- Hinweise: Diese Präparate sind nur im Kesseldruckverfahren einbringbar, die Witterungs-beständigkeit ist nicht nachgewiesen, Neigung zu Glasangriff und Metallkorrosion kann gegeben sein, Wirksamkeit P, Iv in der Regel gegeben.

2. Schaumbildende Feuerschutzmittel

- Wirksamkeit: Bei Feuerangriff schäumt die Oberfläche des Trägermaterials auf und bildet eine Dämmschicht, die die Entflammung des Bauteils verzögert (F)
- Hauptbestandteile: Organische Bestandteile
- Hinweise: Diese Präparate werden vielfach durch Spritzen oder Streichen aufgebracht und sind mit nichtbrennbaren, wasserabweisenden Lacken überstreichbar.

5.3.3.3 Bläueschutzmittel

Diese Produkte dienen zum vorbeugenden Schutz gegen Bläuebefall. Sie haben keine Wirksamkeit gegen holzzerstörende Pilze und/oder Insekten. Sie werden vorwiegend zum Schutz von Nadelhölzern eingesetzt und können als Grundierung in Verbindung mit einem anderen Holzschutzmittel als Gemisch vorliegen. In diesen Fällen ist die Hauptwirksamkeit der Schutz gegen Anstrichschäden durch Bläuepilze; die Nebenwirksamkeit ist als Oberflächenschutz gegen holzzerstörende Pilze gegeben.

5.3.3.4 Sonderpräparate für Holzwerkstoffe

Hierbei handelt es sich um Schutzmittel, die ausschließlich zum vorbeugenden Schutz gegen Pilzbefall an Holzwerkstoffen einzusetzen sind.

- Wirksamkeit: Vorbeugende Wirkung gegen Pilzbefall (P)
- Hauptbestandteile: Kaliumfluoride, anorganische Borverbindungen, Kalium-HDO
- Einstufung nach Gefahrstoffverordnung: Borsäurebasierte Schutzmittel sind nicht kennzeichnungspflichtig aus toxikologischen Gesichtpunkten. Kaliumbasierte Produkte giftig; Gefahrenhinweise und Sicherheitsratschläge gemäß Zulassungsbescheid unbedingt beachten.
- Anwendungsverfahren: Leimuntermischverfahren beim Einsatz in Holzspanplatten. Einzelne Produkte zum Tauchen bei Anwendung für Baufurnierplatten geeignet. Ansonsten Leimuntermischverfahren für Sperrholz.
- Hinweise: Produkte sind ausschließlich im Herstellerwerk zu verarbeiten. Sie bewirken den Plattentyp 100 G. Die Besonderen Bedingungen der Zulassungsbescheide sind für den Holzwerkstoffhersteller von wesentlicher Bedeutung.

5.3.4 Übersicht nach dem Holzschutzmittelverzeichnis

Das Holzschutzmittelverzeichnis erscheint jährlich in Neuauflage. Alle Holzschutzmittel mit gültigem Zulassungsbescheid sind wie folgt aufgeführt:

Teil A: Holzschutzmittel mit bauaufsichtlicher Zulassung
- alphabetische Auflistung der Holzschutzmittel
- Verzeichnis der vorbeugend wirkenden Holzschutzmittel
- Verzeichnis der Bekämpfungsmittel
- Erläuterungen

Teil B: Holzschutzmittel mit RAL-Gütezeichen
- alphabetische Auflistung aller Holzschutzmittel
- Liste der Hersteller- bzw. Lieferfirmen
- Erläuterungen

Bei der Arbeit in der Praxis ist es notwendig, auf die Angaben im Holzschutzmittelverzeichnis zurückzugreifen; Gründe dafür sind:
1. Vollständiger Überblick über zugelassene Produkte des Holzschutzes
2. Nachweis über Hersteller- und Lieferfirmen für Holzschutzmittel
3. Durch übersichtliche Gruppierung ist die Entscheidung für eine bestimmte Holzschutzmittelart einfach.

Herausgeber des Holzschutzmittelverzeichnisses ist das Deutsche Institut für Bautechnik.

5.3.5 Holzschutzmittelübersicht nach DIN 4076

Die DIN 4076, Teil 4 unterteilt Holzschutzmittel nach ihren Grundsubstanzen und führt Kurzbezeichnungen ein.
1. In der ersten Hauptgruppe sind Holzschutz mittel gegen biologische Schädlinge genannt. Ihre Wirksamkeit richtet sich vor allem gegen Pilze und Insekten. Es gehören dazu:
   - Chromat-Kupfersalz-Gemische (CK) in folgenden Gemischen
     Chromat-Kupfersalz-Arsenat-Gemisch CKA
     Chromat-Kupfersalz-Borat-Gemisch CKB
     Chromat-Kupfersalz-Fluorid-Gemisch CKF
   - Chromat-Fluorid-Gemische (CF) als
     Chromat-Fluorid-Arsenat-Gemisch CFA
     Chromat-Fluorid-Borat-Gemisch CFB
   - Fluor-Verbindungen (F) als
     Hydrogen-(Bi-)Fluoride hF
     Fluorsilicate sF
   - Borverbindungen B
   - Chlornaphtalin-Präparate CHL
   - Teerölpräparate T
   - Öl-Salz-Gemische CS
   - Emulsionskonzentrate EC
   - Lösungsmittelhaltige Präparate (LM) als
     reine Holzschutzmittel LMH
     holzschützende Grundierungen LMG
     holzschützende Lasuren LML
2. Die zweite Hauptgruppe kennzeichnet die – Holzschutzmittel gegen Feuer (FE) mit anorganischen Feuerschutzsalzen FEA
   Schaumbildnern FES
3. Die dritte Hauptgruppe beinhaltet gegen Pilzbefall an Werkstoffen schützende Mittel G

5.4 Lagerung und Umgang mit Holzschutzmitteln

Da Holzschutzmittel Stoffe enthalten, die gegen holzzerstörende Organismen aktiv wirksam sind, ist eine Beeinträchtigung auch höherer Lebewesen zu erwarten. Durch Berührung und/oder Einatmen von Gasen und Dämpfen können Vergiftungserscheinungen verursacht werden. Die beider Verarbeitung von Holzschutzmitteln auftretenden Unfälle sind überwiegend auf folgende Ursachen zurückzuführen:

- Unkenntnis der Vorsichtsmaßnahmen
- Leichtsinn und Gleichgültigkeit bei der Verarbeitung
- Unkenntnis der Gefährlichkeit

Die Länderverordnungen über den Handel mit Giften schreiben vor, dass auf Originalverpackungen und Umhüllungen eine deutliche Kennzeichnung nach Giftklassen vorgenommen wird (siehe Abschnitt 5.2.3).

Die Schutzmittel dürfen nur in Verbindung mit einer eindeutigen und umfassenden schriftlichen Gebrauchsanweisung und Belehrung über die mit einem unvorsichtigen Gebrauch verbundenen Gefahren abgegeben werden.

5.4.1 Lagerung und Umgang

Schutzmittel sind grundsätzlich so zu lagern, dass sie für Kinder unerreichbar sind und dass andere unbefugte Personen keinen Zugriff haben. Produkte der Giftklassen 1 und 2 sind unter Verschluss zu halten.

Die Verordnung über den Umgang mit gefährlichen Arbeitsstoffen verlangt:

1. Am Arbeitsplatz sind nur die Mengen gefährlicher Stoffe zu lagern, die für den Fortgang der Arbeit unerlässlich sind. Abfälle, Rückstände und verschüttete Stoffe sind regelmäßig bzw. unverzüglich zu beseitigen.
2. Zur Lagerung gefährlicher Stoffe sind geeignete Lagerräume zu schaffen.
3. Die Aufbewahrung gefährlicher Stoffe darf nur in Behältnissen erfolgen, die eine Verwechslung mit Gefäßen für andere Materialien, Stoffe oder Flüssigkeiten eindeutig ausschließen.

Die Gebrauchsanweisungen und genannten Vorsichtsmaßnahmen der Hersteller sind im einzelnen genau zu befolgen. Allgemein gilt für die Verarbeitung von Holzschutzmitteln:

- die Mittel dürfen nur von zuverlässigen und geschulten Personen verarbeitet werden
- Verarbeitungsräume müssen gut be- und entlüftbar sein
- Tragen von Schürzen oder Schutzanzügen und Handschuhen
- Schutzbrille und erforderlichenfalls Atemschutzgeräte anlegen
- während der Arbeit mit Schutzmitteln nicht essen, trinken, rauchen
- gründlicher Hautschutz vor der Verarbeitung mit Salben (fetthaltig bei Salzlösungen – fett frei bei Ölen), nach der Verarbeitung durch Waschen mit Seife
- guter Schutz von Hautabschürfungen und offenen Wunden
- kein Alkoholgenuss vor, während und direkt nach der Verarbeitung von Holzschutzmitteln

Die Wasserhaushalts- und Landesgewässerschutz-Gesetzgebung verlangt dann die Erfüllung besonderer Anforderungen bei der Verarbeitung, wenn diese langfristig oder immer an einem Platz erfolgt. Hierbei sind vor allem Grundwasser- und Bodenverseuchungen durch Verarbeitungsverluste oder durch Restverluste zu beachten.

Die Beseitigung der Restbestände und Gebinde von Holzschutzmitteln darf nur in einer nicht umweltgefährdenden oder umweltverschmutzenden Art vorgenommen werden.

5.4.2 Arbeitsplatzkonzentration (MAK-Werte)

Da bei lösungsmittelhaltigen Schutzmitteln (aber auch bei wasserlöslichen) Gase und Dämpfe abgegeben werden, ist deren gesundheitsschädliche Konzentration am Arbeitsplatz zu berücksichtigen.

Das Bundesministerium für Arbeit und Sozialordnung gibt auf dem neuesten Stand gehaltene Listen heraus, die die MAK-Werte enthalten.

MAK-Werte sind Angaben über die „Maximale Arbeitsplatz-Konzentration gesundheitsschädlicher Stoffe", die für die Dauer einer 8stündigen Arbeitszeit an einem Arbeitsplatz zulässig sind.

Tabelle 51: MAK-Werte einiger Lösungsmittel

Lösungsmittel	MAK-Werte cm^3/m^3	mg/m^3
Aceton	1000	2400
Testben/in	500	2000
Butylacctat	200	950
Toluol	200	750
Xylol	200	870
Trichlorälhylcn (Tri)	50	260
Tetrachlorkohlenstoff (Tetra)	10	65

Bei der Verarbeitung von lösemittelhaltigen Materialien wie z. B. Lacken müssen die MAK-Werte besonders berücksichtigt werden; sie sind aber auch bei öligen Holzschutzmitteln und, wenn auch in geringerem Maß, bei wasserlöslichen Schutzmitteln zu beachten. Vorschriften der Berufsgenossenschaften sind unbedingt zu beachten.

5.4.3 Giftwirkungen

Der direkte oder indirekte Kontakt von Menschen und giftigen Schutzmitteln führt bei höheren Dosierungen zu akuten Vergiftungserscheinungen, bei Langzeiteinwirkung kleinster Mengen zu chronischen Vergiftungen.

Symptome einzelner Vergiftungsarten

1. Arsenvergiftung: Herzlähmungserscheinungen, Erbrechen, Schwindelanfälle, Verdauungsstörungen, Schwellungen, Entzündungen. Kann tödlich wirken!
2. Quecksilbervergiftung: Ähnliche Wirkungen wie Arsen; Herzschwäche, begleitet von Magenkrämpfen. Wirkt stark ätzend auf Schleimhäute des Magens, der Atmungsorgane sowie des Mund- und Rachenbereiches. Kann tödlich wirken!
3. Fluorvergiftungen: Hautschäden und Geschwüre, Kopf- und Magenschmerzen, Erbrechen, Krämpfe und Lähmungserscheinungen. Bei Langzeiteinwirkung entsteht Auflösung des Zahnbeins und der Knochensubstanz.
4. Phenol- und Chlorverbindungen: Sie verursachen durch Einatmen oder durch Berührung vielfach Schwindelerscheinungen, Atembeschwerden, Schleimhautreizungen, Ekzembildung, Leberschäden bei Langzeiteinwirkung.

Was noch zu beachten ist

1. Bei Vergiftungserscheinungen sollte unbedingt sofortige ärztliche Hilfe in Anspruch genommen werden. Um spezielle Maßnahmen zu ermöglichen, ist dem Arzt ausreichende Information über das Schutzmittel anhand zu geben. Das kann vorerst durch Prospekte oder Etiketten von Schutzmittelgebinden geschehen. Bei Unfällen wie Spritzer in die Augen oder Berührung mit offenen Wunden hilft vielfach intensive Spülung mit lauwarmem Wasser. Anschließend Arzt aufsuchen. Ansonsten sofort Arzt rufen.
2. Allgemein gilt zum Schutz von Personen, die ständigen Umgang mit giftigen Schutzmitteln haben, dass eine vorsorgende und ständige ärztliche Untersuchung vorgenommen wird.
3. Bei ständigem oder häufigem Umgang mit Stoffen der Giftklassen l und 2 wird verlangt:

- ärztliche Vorsorgeuntersuchung vor Beginn der Tätigkeit allgemein
- sechs Monate nach der ersten Vorsorgeuntersuchung abermalige Untersuchung
- von da an alle 12 Monate Kontrolluntersuchung.

5.5 Einbringverfahren

Die heute benutzten Verfahren für eine chemische Schutzbehandlung zeigt Abbildung 78 auf. Sie berücksichtigt nicht eventuelle Verfahrenstechniken vor der Verarbeitung wie z. B. chemische Schutzbehandlung des Holzes unmittelbar nach dem Einschlag an nicht entrindeten Stämmen im Wald.

Die Gliederung richtet sich nach genormten Oberbegriffen und Ausführungsformen. Anschließend folgt eine Kurzbeschreibung der Ausführungsformen im Zusammenhang mit erreichbaren Gebrauchsklassen (GK l ... 4), einsetzbaren Holzschutzmitteln und zu Beginn der Schutzbehandlung erforderlichen Holzfeuchten. Dabei gelten gemäß Erläuterungen zur DIN 68800 Teil 3 folgende Zusammenhänge:

Holzfeuchtebegriff	Holzfeuchtebereich im Splintholz	Kernholz
trocken	< 20 %	< 20 %
halbtrocken	< 30 "A,	< 30 %
feucht	< 50 %	Fasersättigung
naß	< 80 %	Fasersättigung
saftfrisch	> 80 %	Fasersättigung

Die nachfolgende Tabelle 52 zeigt zur Orientierung den Zusammenhang zwischen erreichbarer Gebrauchsklasse und Einbringverfahren in Abhängigkeit der Holzanspruchung.

Tabelle 52: Gebrauchsklassen und Einbringverfahren

Gebrauchsklassen	Beanspruchung der Holz-/- und Holzbauteile	Einbringverfahren
GK l	statisch bedeutsam	Oberflächenverfahren
	statisch nicht bedeutsam	Oberflächenverfahren
GK 2	statisch bedeutsam	Oberflächenverfahren
	statisch nicht bedeutsam	Oberflächenverfahren
GK 3	statisch bedeutsam	Einlagerungsverfahren Druckverfahren
	statisch bedeutsam	Oberflächenverfahren Einlagerungsverfahren Niederdruckverfahren
GK4	statisch bedeutsam	Kesseldruckverfahren
	statisch nicht bedeutsam	Kesseldruckverfahren

Welchem Einbringverfahren letztendlich im jeweils vorliegenden Anwendungsfall der Vorzug zu geben ist, hängt von mehreren Faktoren ab. Im Abschnitt 5.6.3.5 wird darauf näher eingegangen.

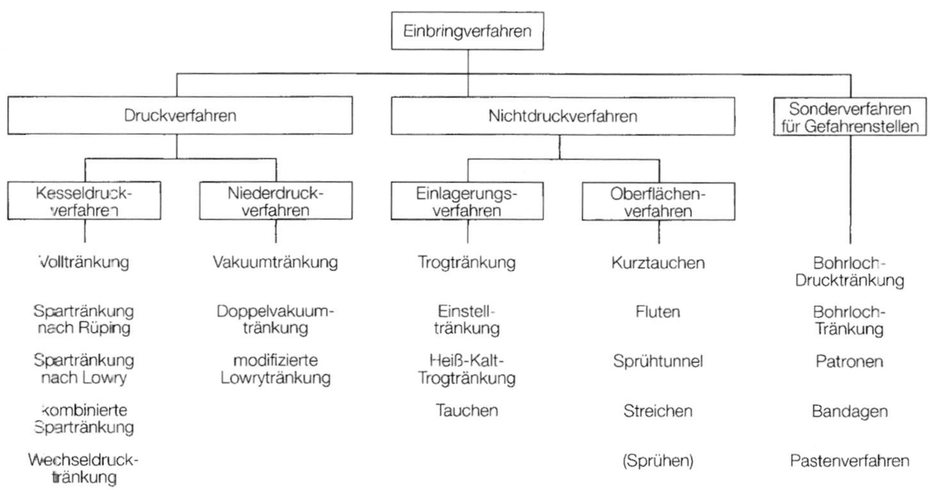

Abbildung 78: Einbringverfahren

5.5.1 Druckverfahren

5.5.1.1 Kesseldruckverfahren

- *Volltränkverfahren Arbeitsweise:*

1. Vorvakuum 0,2 bar für 30 Minuten
2. Füllen mit Holzschutzmittel unter Vakuum
3. Tränkdruck erzeugen 9 ... 11 bar, 45 bis mehr Minuten
4. Entspannen auf Atmosphärendruck
5. Rückförderung der Tränkflüssigkeit
6. Endvakuum mit mindestens 0,5 bar, ca. 40 Minuten
7. Belüften auf Atmosphärendruck

Holzfeuchte: Trocken bis halbtrocken
Holzschutzmittel: Vorzugsweise wasserlösliche Präparate, selten Teerölpräparate
Gebrauchsklassen: GK 3 und GK 4
Hinweise: Tränkdruckzeiten abhängig von Holzart und Holzsortiment bis zu mehreren Stunden.

Bei gut und mäßig gut tränkbaren Hölzern sehr hohe Schutzmittelaufnahme, mehr als erforderliche Einbringmenge. Hauptsächlich für Fichten-und Kiefernholz. Fixierungszeiten lang. Endvakuum dient vornehmlich zur Reduzierung von Abtropfverlusten, minimaler Schutzmittelrückstoß. Bei gehobelten Fichtensortimenten ist der Druck in der Tränkphase u. U. auf maximal 6 bar zu halten, um Riefenbildung (Waschbretteffekt) zu vermeiden.

- *Spartränkung nach Rüping*

Arbeitsweise:

1. Vordruck mit 10 ... 50% des nachfolgenden Tränkdruckes, ca. 15 ... 30 Minuten
2. Füllen mit Holzschutzmittel unter Vordruck
3. Tränkdruck 9 ... 11 bar erzeugen, mindestens 30 Minuten bis mehrere Stunden
4. Entspannen auf Atmosphärendruck und Rückführung des Tränkmittels mit 1. Rückstoß
5. Herstellen eines Endvakuums 0,2 ... 0,1 bar, mindestens 20 Minuten bis ca. 120 Minuten mit 2. Rückstoß
6. Belüften auf Atmosphärendruck
7. Rückführung des im 2. Rückstoßes anfallenden Schutzmittels

Im Doppelrüpingverfahren werden zwei der vorbeschriebenen Zyklen durchgeführt. Dabei wird der 1. Zyklus innerhalb von 120 Minuten abgewickelt, der 2. Zyklus in einer längeren Zeit. Das verbesserte Doppelrüpingverfahren beinhaltet im 1. Zyklus eine mindestens 150 Minuten lange Vordruckphase zur Verbesserung der Konditionierung mit anschließender Tränkdruckphase, ca. 60 Minuten mit 9 ... 11 bar. Danach ca. 40 Minuten Entspannung auf Atmosphärendruck. Dem folgt der 2. Zyklus mit ca. 15 Minuten langer Vordruckstufe, anschließender Tränkdruckphase mit 9 ... 11 bar, ca. 120 Minuten oder länger, Entlastung auf

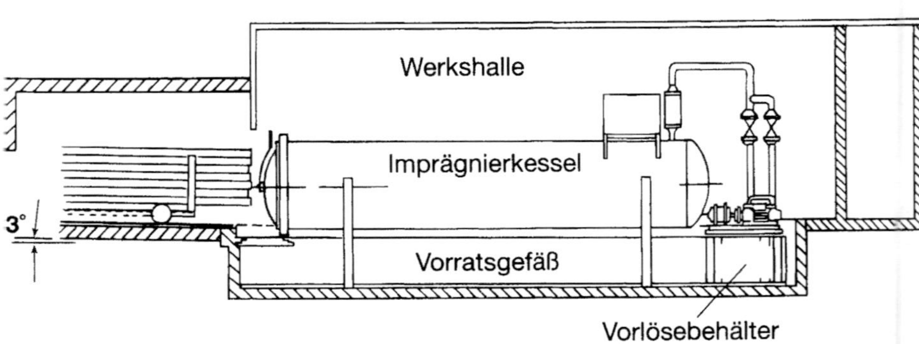

Abbildung 79: Schema einer Kesseldruckanlage nach ibh[46]

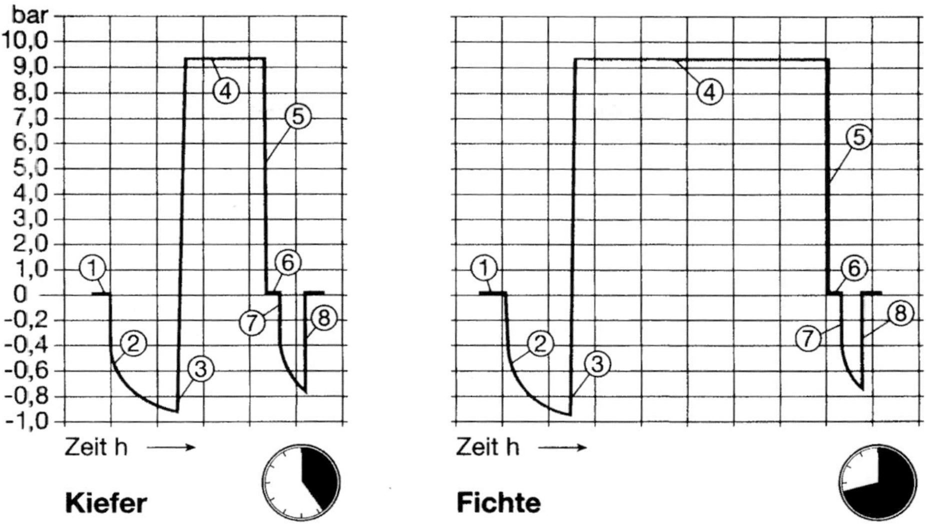

Abbildung 80: Tränkdiagramme des Vakuum-Druck-Verfahrens für Rundhölzer im Erdkontakt nach RAL-RG 411 nach ibh[46]

1. Beschicken des Imprägnierkessels
2. Vorvakuum
3. Fluten des Kessels mit Imprägnierflüssigkeit
4. Tränkdruck aufbauen und über vorgeschriebene Zeit halten
5. Entspannen
6. Tränklösung ablassen
7. Nachvakuum
8. Belüften, Holzausfahren

Atmosphärendruck und ca. 60 Minuten Endvakuum mit 0,2 . . . 0,1 bar.
Holzfeuchte: Halbtrocken oder trocken
Holzschutzmittel: Vorzugsweise heiße Teerölprodukte (ca. 120 °C), aber auch für wasserlösliche Salzlösungen anwendbar.
Gebrauchsklassen: GK 3 und GK 4
Hinweise: Durch die Rückstoßeffekte 1 und 2 wird ein Teil der überschüssigen Schutzmittelmengen dem Holz entzogen. Im einfachen Rüpingverfahren werden vornehmlich Kiefer, Fichte, Lärche, Tanne und Douglasie sowie Eiche behandelt. Für Buche werden vorzugsweise das Doppelrüpingverfahren eingesetzt und das verbesserte Doppelrüpingverfahren. Tränkzeiten sind holzart- und sortimentsabhängig von unterschiedlicher Dauer.

• *Lowry-Verfahren*
Arbeitsweise: Prinzipiell wie das einfache Rüpingverfahren, jedoch ohne Vordruckstufe.
Holzfeuchte: Trocken bis halbtrocken
Holzschutzmittel: Vorzugsweise heiße Teerölprodukte, aber Einsatz wässriger Salzlösungen ebenso möglich
Gebrauchsklassen: GK 3 und GK 4
Hinweise: Dieses Verfahren wird vornehmlich in den USA zur Mastentränkung mit heißen Teerölprodukten eingesetzt.

• *Kombinierte Spartränkung*
Arbeitsweise: Koppelung der Druck-Vakuum-Verläufe von Volltränkung, einfachem Rüpingverfahren und Lowryverfahren mit Wahlmöglichkeit im Vordruck- und Vakuumbereich.

Holzfeuchte: Trocken bis halbtrocken
Holzschutzmittel: Wasserlösliche Produkte Gebrauchsklassen: GK 2, GK 3 und GK 4 möglich
Hinweise: Diese Verfahrenstechnik ist zur Zeit in Normen bzw. Prüfbescheiden noch nicht vorgesehen. Sie ist für Fichten- und Kiefernsortimente optimiert und ermöglicht, mit einem Minimum an verschiedenartigen Lösungsmittelkonzentrationen auszukommen. Sie ermöglicht alle Arten der Steuerung der Nettoaufnahme von Holzschutzmitteln bei einer optimalen Bruttoaufnahmemenge.

- *Wechseldruckverfahren*

Arbeitsweise: Beginn mit Tränkdruckphase, anschließend im kurzen Wechsel Vakuum- und Druckphasen längere Zeit aufeinander folgend. Druckhöhe ca. 9 ... 11 bar, Vakuum ca. 0,2 bar, Übergang von Druck zu Vakuum in Bruchteilen von Sekunden. Mit zunehmender Tränkzeit wird die Zeit der Druckphase größer.
Holzfeuchte: Saftfrisch
Holzschutzmittel: Wasserlösliche Produkte
Gebrauchsklassen: GK 3 und GK 4
Hinweise: Verfahren ist vornehmlich für Rundholztränkung von Fichte und sonstigen schwer zu tränkenden Nadelhölzern entwickelt worden. Tränkdauer beträgt bei saftfrischer Fichte ca. 22 Stunden, wobei dann ca. 400 Druck-Sog-Perioden durchlaufen werden. Eine Weiterentwicklung dieses Verfahrens besteht darin, dass man auf die Vakuumphase verzichtet. Es wird in Minuten-Intervallen Druckphase und Atmosphärendruck gesteuert. Der Übergang zum Tränkdruck erfolgt langsam. Pro Stunde sind 6 ... 10 Zyklen zu absolvieren, also eine geringere Wechselzahl als im klassischen Wechseldruckverfahren.

5.5.1.2 Niederdruckverfahren

- *Vakuumtränkung*

Arbeitsweise: Start mit Vakuum, Übergang auf Atmosphärendruck, Abschluss ohne Endvakuum.
Holzfeuchte: Trocken oder halbtrocken
Holzschutzmittel: Wasserlösliche Produkte
Gebrauchsklassen: siehe Hinweise
Hinweise: Dieses Verfahren wird ausschließlich in der Labortechnik bei der Holzschutzmittelprüfung angewendet. Für die großtechnische Behandlung von Holz findet es keine Anwendung.

- *Doppelvakuumverfahren*

Arbeitsweise: Erzeugen eines mäßigen Vakuums, Übergang auf Atmosphärendruck ca. 60 Minuten, anschließend längeres hohes Endvakuum.
Holzfeuchte: Trocken
Holzschutzmittel: Lösungsmittelhaltige Produkte; wasserlösliche möglich, werden aber z.Z. nicht eingesetzt
Gebrauchsklassen: GK 2 und GK 3
Hinweise: Diese Verfahrenstechnik wird vornehmlich in skandinavischen und englischen Regionen zur Behandlung gut tränkbarer Hölzer – Kiefer – eingesetzt. Für schwer tränkbare Hölzer – Fichte, Douglasie – müssen höhere Druckdifferenzen und längere Tränkzeiten gesteuert werden. Vielfach für die Imprägnierung von Fensterholz, Silodauben, Verkleidungsbrettern. Durch den Einsatz von lösungsmittelhaltigen Produkten besonders für die Imprägnierung maßhaltiger Holzsortimente geeignet.

- Modifiziertes Lowry-Verfahren

Arbeitsweise: Beginn mit Atmosphärendruck, anschließend Vakuum ca. 0,4 bar, Übergang zu Tränkdruck ca. 6 bar, abschließendes längeres Endvakuum ca. 0,2 bar.
Holzfeuchte: Trocken und halbtrocken
Holzschutzmittel: Lösungsmittelhaltige Produkte, wasserlösliche möglich, aber nicht eingesetzt Gebrauchsklassen: GK 2 und GK 3
Hinweise: Besonders für Fichtensortimente und ausländische schwer oder schwerer imprägnierbare Laub- oder Nadelhölzer geeignet. Einheitliches Programm für die Prozesssteuerung bei allen Holzarten, höhere Kontrollier-

barkeit der günstigen Bruttoaufnahme. Optimaler Rückstoß ca. 30... 50%. Eindringtiefen zwischen denen der Tauchtränkung und Kesseldrucktränkung.

5.5.2 Nichtdruckverfahren

5.5.2.1 Einlagerungsverfahren

- *Trogtränkung und Einstelltränkung*

Arbeitsweise: Einlagerung des Holzes über mindestens einen bis mehrere Tage unter Flüssigkeitsspiegel mittels Niederhaltern.
Holzfeuchte: Trocken und halbtrocken, in Sonderfällen feucht
Holzschutzmittel: Wasserlösliche Produkte, für Teeröle bzw. lösungsmittelhaltige Holzschutzmittel zwar geeignet, aber nicht eingesetzt.
Gebrauchsklassen: GK 1, GK 2 und GK 3
Hinweise: Nicht eingesetzt werden dürfen chromhaltige Präparate. Sägerauhe Ware kann dicht gestapelt getränkt werden, gehobelte Sortimente sind gelattet einzulagern. Bei Einstelltränkung werden nur die zu schützenden Holzenden in das Schutzmittel eingestellt.

- *Heiß-Kalt-Trogtränkung*

Arbeitsweise: Einlagern wie bei Trogtränkung in Tränkflüssigkeit mit einer Temperatur von 110 ±5 °C und einer Dauer von 2 Stunden. Anschließend Temperatursenkung auf ca. 50 °C, die ca. 6 Stunden dauert. Abschließend eine ca. 1stündige Abtropfphase. Verschiedentlich wird dieses Verfahren auch als 2-Trog-Verfahren praktiziert. Hierbei ist dann im 1. Trog heißes Imprägniergut und im 2. Trog das kalte.
Holzfeuchte: Trocken und halbtrocken
Holzschutzmittel: Teerölhaltige Präparate
Gebrauchsklasse: GK 3
Hinweise: Besondere Bedeutung vor allem als Einstelltränkung für die Imprägnierung von Weinberg-, Obst- und Gartenpfählen. Durch den Temperaturwechsel der Tränkflüssigkeit entsteht im Holz ein geringes Vakuum, wodurch höhere Bruttoaufnahmemengen erzielt werden.

- *Tauchen*

Arbeitsweise: Tränkgut wird für mindestens eine bis mehrere Stunden im Imprägniermittel vollständig untergetaucht.
Holzfeuchte: Trocken und halbtrocken
Holzschutzmittel: Wasserlösliche, wasserverdünnbare lösungsmittelhaltige und bindemittelhaltige Präparate
Gebrauchsklassen: GK 1 und GK 2. GK 3 nur dann, wenn der Prüfbescheid dies ausdrücklich vorsieht.

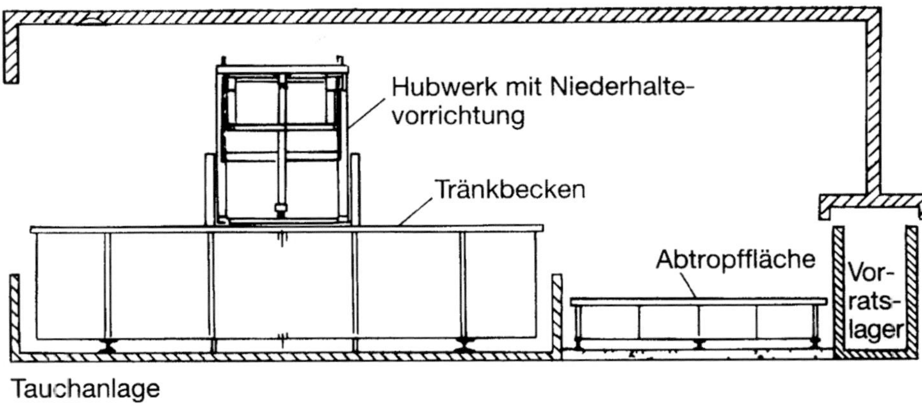

Abbildung 81: Schema einer Kesseldruckanlage nach ibh[46]

Hinweise: Dieses Verfahren wurde als Ablösung für das umweltbelastende Oberflächenverfahren des manuellen Spritzens entwickelt. Es wird hauptsächlich in Zimmereien, Hobel- und Sägewerken eingesetzt. Beim Einsatz öliger Schutzmittel sollte die Holzfeuchte unter 20 % liegen.
Bei wasserlöslichen Präparaten soll die Lösungskonzentration 10... 20 % betragen.

5.5.2.2 Oberflächenverfahren

- *Kurztauchen*

Allseitiges Untertauchen des Holzes für Sekunden bis Minuten. Geeignet besonders für lösungsmittelhaltige Produkte zum Schutz von Fensterrahmen. Erforderliche Holzfeuchte trocken. Schutzmittel sollen erhöhte Wirksamkeit besitzen.

- *Fluten*

Schutzmittel wird mittels Flüssigkeitsfahne aufgebracht. Gefahr der Vernebelung der Schutzmittel ist gering. Schutzmittel vornehmlich lösungsmittelhaltig; wasserlösliche und wasserverdünnbare sind ebenfalls anwendbar. Nach DIN 68 800 Teil 3 für Hölzer der GK 1 und GK 2 zugelassen. Anwendung von Holzschutzmitteln mit erhöhter Wirksamkeit ist empfohlen.

- *Sprühtunnel*

Hölzer werden einzeln durch einen in einem Tunnel befindlichen Sprühkranz maschinell hindurchgeführt. Verlustarmer, gleichmäßiger, allseitiger Schutzmittelauftrag. Durch regelbaren Vorschub ist eine verwendungszweckorientierte Schutzmitteldosierung möglich. Im Auslauf angebrachte Absaugungen vermindern Umweltbelastungen und Abtropfverluste. Geeignet für wasserlösliche, vornehmlich aber für lösungsmittelhaltige Schutzmittel. Die Holzfeuchtigkeit soll <20% sein. Gemäß DIN 68 800, Teil 3 für GK 1 und GK 2 zugelassen, wenn der Prüfbescheid dieses Verfahren zulässt. Reine Holzveredelungsprodukte ohne biozide Wirkung sind auch anwendbar.

- *Spritzen*

Dieses Verfahren ist nur noch im gewerblichen Bereich und dort auch nur zur Nachbehandlung von verbautem Holz bzw. bei Bekämpfungsmaßnahmen einzusetzen. Wegen der geringen Schutzmittelaufnahme ist ein zweimaliger Spritzvorgang vorzusehen. Es dürfen keine chromhaltigen Schutzmittel verarbeitet werden.

- *Streichen*

Manueller, mindestens zweimaliger Auftrag von Schutzmitteln mit Pinsel oder Rolle. Für Nachbehandlung schon geschützter Hölzer oder zur Behandlung großflächiger Bauteile. Gemäß DIN 68 800 Teil 2 für GK 1 und GK 2 geeignet. Bei Anwendung wasserlöslicher Produkte mindestens 15%ige Lösungen verwenden. Der zweite Arbeitsgang ist erst nach weitestgehender Abtrocknung des ersten vorzunehmen. Lediglich bei Anwendung wasserlöslicher Schutzmittel für Bekämpfungsmaßnahmen ist das Nass-in-Nass-Verfahren anzuwenden.

5.5.3 Sonderverfahren des Holzschutzes

Diese Verfahren werden überwiegend zur Nachpflege, zu Bekämpfungsmaßnahmen, aber seltener als vorbeugende Maßnahme angewandt:

- *Injektionsverfahren*

Behandelt werden meist Möbel oder Holzteile, die keinen allzu starken Insektenbefall aufweisen. Das Schutzmittel wird durch Injektion mit Spritzen oder Kännchen direkt in die Fraßgänge im Holz eingefüllt. Dadurch ist ein Abschleifen oder sonstige Behandlung der Oberfläche zu Verbesserung der Schutzmittelaufnahme überflüssig. Nach Abschluss der Insektenbekämpfung werden die Fraßlöcher mit Wachs verschlossen.

Die hierfür entwickelten Schutzmittel können bedenkenlos in bewohnten Räumen angewendet werden.

• *Begasungen*
Kunstgegenstände, Skulpturen, Schnitzwerke und ähnliches werden vielfach durch Insektenbefall zerstört. Eine Bekämpfung ist durch Begasung möglich. Die Gegenstände werden unter luftdichte Abdeckungen oder in verschließbare Behälter eingelagert. Danach wird ein Schutzmittel durch Brennsatzentzündung in gasförmigen Zustand versetzt. Die Einwirkung des Gases muss längere Zeit bestehenbleiben. Dieses Verfahren verursacht keine Schäden am Holz, und die Farben bleiben erhalten.

• *Bohrloch-Verfahren*
Es wird vorwiegend zur Nachbehandlung von im Mauerwerk befindlichen Balkenenden oder Deckenbalken, also an schwer erreichbaren gefährdeten Stellen, angewandt.
Es werden Bohrungen, seitlich versetzt auf der Holzfläche, mit folgenden Abmessungen angebracht:

Lochabstand parallel zur Faser: 150 ... 200 mm Lochabstand quer zur Faser: 30 ... 40 mm Lochtiefe etwa Holzdicke minus 20 ... 30 mm
Die Löcher werden mehrmals mit etwa 20prozentiger wässriger Schutzsalzlösung oder mit öligen Schutzmitteln gefüllt und vorübergehend zugekorkt. Abschließend werden die Löcher verdübelt.
Bohrlöcher dürfen bei tragenden Teilen nicht angebracht werden
1. im Bereich des maximalen Biegemoments
2. in der Zugzone der Balken.
Die Einbringung der Schutzmittel wird vielfach durch Überdruck vorgenommen. Hierbei werden Stahlflaschen, in denen ein Schutzmittel unter Druck steht, in die Bohrlöcher eingeschraubt. Das Schutzmittel wird dann unter erhöhtem Druck in die Bohrlöcher eingebracht, wodurch eine höhere Verteilungsgeschwindigkeit erzielt wird.

Die Bohrlochabstände können hierbei vergrößert werden, je nach Gerät bis etwa 1000 mm. Die bekannten Geräte sind Springer-Presser mit einschraubbarer Stahlflasche, in der das Holzschutzmittel unter etwa 20 bar Luftdruck steht, sowie Schad-Presser mit einschraubbarer Stahlflasche, in der das Holzschutzmittel unter Federdruck (Stahlfeder) steht.

Eine andere Form der Schutzmittelfüllung ist die Einbringung von Schutzmittelpatronen, die vom Handel speziell für das Bohrlochverfahren angeboten werden.

• *Mastennachpflege*
In der Erd-Luft-Zone ist bei Masten und Pfählen vielfach eine Nachpflege erforderlich. Dazu werden in diesen Bereichen des Holzes Schutzmittelpasten aufgetragen und anschließend mit Folien- oder Dachpappenwickel überdeckt.

Die Schutzmittelhersteller bieten für diese Anwendung auch Fertigbandagen an. Es handelt sich um auf Trägermaterial aufgebrachte Wirkstoffe in breiten Bändern.

• *Heißluftverfahren*
Der Grundgedanke zu diesem Verfahren beruht auf der Tatsache, dass tierische Holzschädlinge und Pilze bei Temperaturen >50 °C nicht mehr lebensfähig sind.

Das Verfahren wird vorwiegend zur Bekämpfung des Hausbockbefalls angewandt. Mit mobilen Geräten ist eine große Flexibilität gegeben. Ölbeheizte Brenner erhitzen Luft auf etwa 100 °C, die über Rohrleitungen in die zu sanierenden Räume, z. B. Dachstühle, geleitet wird. Die Raumlufttemperatur beträgt dann etwa 80 °C. Nach einer 6-... 10stündigen Behandlungsdauer sind die Insekten und deren Larven abgetötet.

Holz, das mit den üblichen Verfahren technisch getrocknet wird (t = 60…120 °C) enthält deshalb auch keine lebensfähigen Insekten und Larven. Es ist aber nicht ausreichend abgesichert, ob mit dem Heißluftverfahren auch ein anhaltender vorbeugender Schutz erreichbar ist. Gegenüber dem Begasungsverfahren, welches mit giftigen Gasen praktiziert wird und als bekämpfende Maßnahme ebenso wie das Heißluftverfahren baurechtlich zugelassen ist, sind einige Vorteile zu nennen:

- keine Korrosionschäden
- gute Verträglichkeit mit Holz- und Feuerschutzmitteln
- leichte und ungefährliche Arbeitsbedingungen, keine Vergiftungsgefahr
- keine Schwächung der Dachkonstruktion durch Abbeilen
- kurze Behandlungsdauer zu jeder Jahreszeit.

5.5.4 Imprägnierung von Holzwerkstoffen

Zu den Holzwerkstoffen gehören Sperrholz mit Furnier- und Tischlerplatten, Faserplatten mit Hart- und Weichfaserplatten sowie den mittelharten Platten (MDF), Spanplatten als Flach- und Strangpressplatten sowie mineralisch gebundene Holzwolleleichtbauplatten.

Die Schutzmittelbehandlung von Holzwerkstoffen erfolgt in der Praxis überwiegend durch zwei Verfahren:

1. Oberflächenbehandlung durch Sprühen oder Streichen der fertigen Platte.
2. Imprägniermaßnahmen während der Fertigung.

Nicht bei allen Holzwerkstoffen ist jedes Verfahren mit einem optimalen Schutzerfolg verbunden.

Sperrholz

Oberflächenbehandlung: Eindringung nur in die Deckfurniere und Schnittkanten möglich. Einbringmengen nicht mit Vollholz vergleichbar. Wegen gleichmäßiger Schutzmittelverteilung sollte Sprühverfahren angewandt werden. Wässrige Schutzsalzlösungen sollten nicht eingesetzt werden, da unter Umständen eine Beeinträchtigung der Verleimungsqualität zu erwarten ist.

Bei nachträglicher Behandlung der Oberfläche ist die Verträglichkeit des Schutzmittels mit anderen Stoffen zu beachten. Schutzmittelbehandlung bei Verleimung: Eine patentierte Verfahrenstechnik basiert auf der Schutzmittelzugabe zur Leimflotte. Beim Verleimungsprozess wandert dann das Schutzmittel in die beleimten Furniere. Damit ist ein Vollschutz der Furnierplatte erzielbar, ohne dass die Verleimungsqualität darunter leidet.

Diese Schutzbehandlung kann nur von Sperrholzwerken angewendet werden, wobei ölige Schutzmittel Einsatz finden.

Spanplatten

Oberflächenbehandlung: Sie ist nur mit öligen Mitteln anwendbar. Da aber die Oberfläche sehr inhomogen ist, ist mit einer ungleichmäßigen Schutzmittelverteilung zu rechnen. Die gleichmäßige Aufnahme durch alle auf der Oberfläche befindlichen Späne ist zu bezweifeln, da der Beleimungsprozess vielfach eine Sperrschicht aufbaut.

Schutzmittelbehandlung bei der Fertigung: Dem Prinzip nach wird der Leimflotte öliges Schutzmittel beigemischt, das bei der Heißverleimung in die Holzspäne wandert. Damit wird ein Vollschutz erreicht.

Die patentierten Verfahren bewirken einen Pilzschutz; sie sind nur bei der Herstellung im Spanplattenwerk anwendbar.

Derart geschützte Platten werden gemäß DIN 68800 mit „G" gekennzeichnet und finden vielfach im Bauwesen Anwendung. Diese Schutzmethode ist wirkungsvoller und kostengünstiger als die Oberflächenbehandlung.

Faserplatten

Oberflächenschutz: Bei Hartfaserplatten sind nur ölige Schutzmittel, bei Weichfaserplatte auch wässrige Schutzsalzmittel anwendbar. Wegen der besseren Verteilung und zur Vorbeugung gegen Überaufnahme bei Weichfaserplatten sollten die Platten gesprüht werden. Bei ölgehärteten Hartfaserplatten ist mit einer verzögerten Schutzmittelaufnahme zu rechnen. Imprägnierung während der Fertigung: Bei der

Weichfaserplattenherstellung können durch Schutzmittelzugaben in den Stoffbrei pilz- und insektengeschützte Platten hergestellt werden. Bei der Hartfaserplattenherstellung ist dies grundsätzlich auch möglich, jedoch ergeben sich neben der Wirkstoffausbeute auch Probleme in Form von Abwasserverschmutzungen, die besondere Gegenmaßnahmen erfordern. Bei allen Schutzmittelbehandlungen während des Herstellungsprozesses sind grundsätzliche Absprachen mit dem Schutzmittelhersteller unerlässlich.

Holzwerkstoffe sind entsprechend ihrer Verleimungsqualität und ihrem unter Umständen zusätzlich vorhandenen Schutz gegen Pilzbefall den Anwendungsbereichen zuzuordnen. DIN 68800 Teil 2 unterscheidet Holzwerkstoffe bezüglich ihrer Feuchtigkeitsbeständigkeit nach Holzwerkstoff-Klassen 20, 100 und 100 G. Die der Holzwerkstoff-Normung entsprechenden Plattentypen werden wie folgt den Holzwerkstoffklassen (HWK) zugeordnet:

Tabelle 53: Holzwerkstoffklassen nach DIN 68800,2

Holzwerkstoff nach DIN	Kurzzeichen nach DIN	Holzwerkstoffklasse nach DIN 68800,Teil 2
Sperrholz Bau-Furniersperrholz DIN 68705,3	BFU 20	20
Bau-Furniersperrholz aus Buche DIN 68705,5	BFU-BU 100 BFU-BU 100G	100 100 G
Bau-Stabsperrholz DIN 68705,4	BST 20 BST 100 BST 100G	20 100 100 G
Bau-Stäbchensperrholz	BSTAE 20 BSTAE100 BSTAE 100 G	20 100 100 G
Spanplatten Flachpressßplatten für das Bauwesen DIN 68763	V 20 V 100 V 100 G	20 100 100 G
Beplankte Strangpress-platten für das Bauwesen DIN 68764,1	SV I/SRI SV2/SR2	20 100
Beplankte Strangpress-platten für das Bauwesen DIN 68764,2	TSV 1 TSV 2	20 100
Holzfaserplatten Harte Holzfaserplatten für das Bauwesen DIN 68754,1	HFH 20	20
Mittelharte Holzfaserplatten für das Bauwesen DIN 68754,2	HFM 20	20

Nachstehend werden die Anwendungsbereiche der Holzwerkstoff-Klassen beschrieben:

Anwendungsbereich der Holzwerkstoffklasse 20
Holzwerkstoffe dieser Klasse dürfen nur eingesetzt werden, wenn eine Erhöhung der Feuchtigkeit kurzfristig auftritt und dabei der Feuchtigkeitsgehalt von 15%, bezogen auf das Darrgewicht, an keiner Stelle überschritten wird. Ferner muss eine ungehinderte Abgabe eventuell eingedrungener Feuchtigkeit gewährleistet sein (z. B. raumseitige Beplankungen von durch Menschen ständig bewohnte Räume ohne besonders hohe Luftfeuchtigkeit).

Anwendungsbereich der Holzwerkstoffklasse 100
Holzwerkstoffe dieser Klasse müssen dann eingesetzt werden, wenn langfristig höhere Gleichgewichtsfeuchtigkeiten oder kurzfristige Befeuchtungen der Platten zu erwarten sind. Die Plattenfeuchtigkeit darf aber an keiner Stelle dauernd mehr als 10 Gewichtsprozent betragen, und zusätzlich eingedrungene Feuchtigkeit muss ungehindert entweichen können (z. B. Platten in belüfteten Hohlräumen ohne direkte Witterungsbeanspruchung).

Anwendungsbereich der Holzwerkstoffklasse 100 G
Derart geschützte Holzwerkstoffe müssen eingesetzt werden, wenn die klimatischen Bedingungen langfristig zu höheren Gleichgewichtsfeuchtigkeiten führen und/oder eine Be-

feuchtung der Platten zu erwarten ist, die über einen längeren Zeitraum nicht ausreichend entweichen kann (z. B. raumseitige Beplankungen in Nassräumen, bewitterte Außenbeplankungen, obere Beplankung von Dächern). Eine detaillierte Abstufung von Anwendungen sind in Tabelle 2 der DIN 68800 Blatt 2 angegeben.

5.6 Holzschutzmaßnahmen

Holzschutz ist nicht allein die vorbeugende chemische Schutzbehandlung, sondern

- Pflege des Holzes nach dem Einschlag
- bauliche Maßnahmen
- chemische Schutzbehandlung mit vorbeugen dem und bekämpfendem Charakter.

DIN 68 800 Teil l bis 5 legt die Grundsätze des Holzschutzes fest, die berücksichtigt werden müssen.

5.6.1 Schutz des Holzes vor der Verarbeitung

Hierunter sind die Schutzmaßnahmen zu verstehen, die bei der Lagerung des Holzes nach dem Einschlag im Wald und auf dem Rundholzplatz sowie bei der Lagerung auf dem Schnittholzplatz angewandt werden sollen:

1. Nach dem Einschlag: Bei Holzfällung in warmer Jahreszeit sollte für eine rasche Abfuhr gesorgt werden; ansonsten Lagerung mit Bodenfreiheit, etwa 40 cm über dem Erdboden. Möglichst Winterfällung bei bläuegefährdetem Holz.
2. Auf dem Rundholzplatz: Nach dem Entrin den, was vor allem bei Nadelhölzern baldmöglichst nach dem Einschlag geschehen sollte, empfiehlt sich Wasserlagerung oder Besprühen (Beregnen).
3. Nach dem Einschnitt: Rasche Stapelung der Schnittware, Entfernung aller Sägespäne, Stapellatten imprägnieren, Bodenfreiheit der Stapel etwa 30 ... 40 cm, gute Belüftung der Stapel, gefährdete und/oder sehr wertvolle Holzarten möglichst unter Dach lagern, kein dichtes Aufeinanderlegen von Schnittware, unter Umständen sofortige technische Trocknung in Kammern.

5.6.2 Vorbeugende bauliche Maßnahmen

DIN 68 800 Teil 2 – Holzschutz, vorbeugende bauliche Maßnahmen im Hochbau – ist durch ihre bauaufsichtliche Einführung eine verbindliche Technische Baubestimmung. Für tragende und aussteifende Bauteile sind die Aussagen dieser Norm Anwendungspflicht.

Für nichttragende nichtmaßhaltige und maßhaltige Bauteile wird die Anwendung der Norm empfohlen. Ihre Zielsetzung ist es, den Baustoff Holz möglichst ohne Anwendung von Holzschutzmitteln einzusetzen.

Baulicher Holzschutz ist bei der Planung – siehe Abschnitt 5.1.2 – und Ausführung grundsätzlich zu berücksichtigen. Dies gilt auch dann, wenn sich durch diese Maßnahmen die Gebrauchsklasse gemäß DIN 68 800 Teil 3 nicht ändert. Konstruktionen, die ohne den Einsatz chemischer Holzschutzmittel auskommen, ist der Vorzug gegenüber denen zu geben, die vorbeugenden chemischen Holzschutz erfordern.

Vorbeugende bauliche Maßnahmen bewirken, dass keine unzuträgliche Veränderung des Feuchtegehaltes von Holz und Holzwerkstoffen eintritt. Sie sind gegen den Befall von holzzerstörenden Insekten – Trockenholzinsekten – im Allgemeinen unwirksam.

Werden aber verdeckt liegende Holzbauteile so verbaut, dass ein Zutritt der Insekten verhindert ist, entfallen chemische Maßnahmen mit vorbeugender Wirkung gegen Insektenbefall. „Besondere bauliche Maßnahmen“ (siehe Abschnitt 5.6.2.6) ermöglichen die Einstufung von Ausführungen in die Gebrauchsklasse GK 0, bei der die Anwendung chemischer Holzschutzmittel entfällt.

Bestehen jedoch Bedenken darüber, dass die „besonderen baulichen Maßnahmen" nicht eingehalten werden können, ist auf einen vorbeugenden chemischen Schutz nicht zu verzichten.

5.6.2.1 Feuchtigkeitseinwirkung

Unter vorbeugenden baulichen Maßnahmen zum Holzschutz sind alle bauphysikalischen und konstruktiven Vorkehrungen zu verstehen, die eine unzulässige Veränderung der Feuchtigkeit von Holz und Holzwerkstoffen verhindern. Die Feuchtigkeitseinwirkung kann im wesentlichen auftreten als

- Niederschläge von außen
- Spritzwasser von außen
- Feuchteübertragung durch angrenzende Bauteile (Kapillarwirkung)
- als Wasserdampf indirekt (Kondensation).

Sie ist dann unzulässig, wenn dadurch Voraussetzungen zur Lebensfähigkeit von holzzerstörenden Pilzen und Insekten und/oder unzulässige Verformungen in Form von Quell- und Schwundbewegungen oder Verwerfungserscheinungen hervorgerufen werden.

Dies ist der Fall, wenn die Holzfeuchtigkeit dauernd auf Werte >20% steigt und Holzwerkstoffe eine Feuchteerhöhung um dauernd 3 % erfahren.

5.6.2.2 Schutz gegen Niederschläge

Schutz gegen Niederschläge ist erreichbar durch

- zurückspringende Fassadeneinbauten
- große Dachüberstände
- wasserableitende Schrägen an Profilen und Stützenauflagen
- ausreichenden Abstand zwischen Erdboden und Holzkonstruktion gegen Spritzwassereinwirkung (etwa 30 ... 50 cm)
- kein Eindringen von Wasser in die Konstruktion z. B. an Brüstungsfugen oder an deren Verbindungen, bei denen Gefahr der Feuchtigkeitsanreicherung besteht.

5.6.2.3 Schutz gegen Feuchtigkeitsübertragung

Schutz gegen Feuchtigkeitsübertragung aus angrenzenden Stoffen ist zu erreichen durch Anwendung von Sperrschichten, die fugenlos oder mit dichten Stößen (geklebt, verschweißt) anzuordnen sind. Sie sind anzuwenden bei

- Holzauflagen auf Metall und/oder Mauerwerk
- Einmündung von Balkenköpfen in Mauerwerk
- Holzlagern von Fußböden auf Rohdecken
- Holzauflagen auf Bauteilen, die durch aufsteigende Bodenfeuchtigkeit gefährdet sind.

5.6.2.4 Schutz bei Transport, Lagerung und Einbau

Holz, Holzwerkstoffe und Holzbauteile sind beim Transport und/oder Lagerung durch geeignete Maßnahmen so zu schützen, dass sich ihre Feuchtigkeit nicht

- unzulässig erhöht bzw.
- unzulässig sinkt.

Geeignete Maßnahmen sind im Allgemeinen Transporte unter Planen, Lagerung unter Dach, Einfolieren sperriger Bauteile, Abdeckung durch Anheften wasserabweisender Folien.

Die Einbaufeuchten sollten auf den Anwendungsbereich abgestimmt sein.

Gemäß DIN 1052, Teil l, gelten für Vollholz folgende Richtwerte:

Anwendungsbereich	Holzfeuchte in %
Allseitig geschlossene Bauwerke – mit Heizung – ohne Heizung	6 ... 12
Überdeckte offene Bauwerke	9 ... 15
Der Witterung allseitig	12 ... 18
ausgesetzte Konstruktionen	6 ... 12

Für Sperrholz und Spanplatten dürfen diese Werte gemäß DIN 68800 Teil 2 vereinfachend auch angenommen werden. Hartfaserplatten liegen durchschnittlich um 3 % niedriger.

Wird Holz ohne chemischen Schutz mit einer Holzfeuchte >20% (halbtrocken) eingebaut, so muss sichergestellt sein, dass es innerhalb von sechs Monaten ohne Beeinträchtigung der Konstruktion auf u ≤ 20% abtrocknen kann. Während des Einbaues und danach sind alle Holz-und Holzwerkstoffteile unverzüglich gegen Niederschläge zu schützen.

Werden Holzbauteile in Räumen mit hoher Baufeuchte und daraus resultierender hoher Luftfeuchte eingesetzt, so müssen diese Räume so lange intensiv gelüftet werden, bis die höhere Baufeuchte abgeklungen ist. Erfolgt dies nicht, ist mit unzuträglicher Feuchteerhöhung in den Holz- und Holzwerkstoffteilen zu rechnen.

5.6.2.5 Schutz bei Tauwassergefahren

Tauwasser kann auftreten als kondensierter Wasserdampf

- im Inneren von Bauteilschichten, wenn der Dampfdiffusionswiderstand der Baustoffe nicht ausreichend in Richtung des Dampfteildruckgefälles abnimmt; die Gefahr wird vor allem durch unsachgemäße Schichtenfolge verursacht und/oder durch unzureichenden Wärmeschutz
- auf der Oberfläche, wenn die Oberflächentemperatur des Bauteils unter die Taupunkt-Temperatur der angrenzenden Luft sinkt. Die Gefährdung wird vor allem durch unzureichenden Wärmeschutz verursacht und ist in erster Linie an Wärmebrücken zu erwarten.

Bauteile, die längeranhaltenden Umgebungsklimata ausgesetzt sind, z. B. Außenbauteile, Bauteile von Feucht- und Nassräumen, müssen hinsichtlich ihres Verhaltens bezüglich der Tauwassergefährdung überprüft werden. Die Schichtenfolge im Gefahr- und Rippenbereich muss so gewählt werden, dass keine Gefährdung der Konstruktion und des erforderlichen Wärmeschutzes durch Tauwasserbildung entsteht. Die rechnerische Abschätzung der Tauwassergefahr ist nach dem Verfahren von Glaser durchzuführen. In Wintermonaten darf durch anfallendes Tauwasser

- in Vollholzquerschnitten die Holzfeuchtigkeit an keiner Stelle mehr als 18 % des Darrgewichtes erreichen
- in Holzwerkstoffen keine Gewichtserhöhung um mehr als 3 % entstehen.

Die unter Winterverhältnissen angefallene Tauwassermenge muss unter Sommerverhältnissen wieder vollständig abdiffundieren können.

Die Verlegung von Fußböden aus Holz und Holzwerkstoffen auf massiven Rohdecken erfordert einen Schutz gegen Kondensation ausdiffundierender Baufeuchtigkeit. Auf die Rohdecke muss eine unbeschädigte, vollflächig verlegte Dampfsperre aufgebracht werden.

Der rechnerische Nachweis zum Tauwasserschutz auf der Bauteiloberfläche und infolge Diffusion im Bauteilquerschnitt hat nach DIN 4108, Teil 3 und Teil 5 zu erfolgen.

Eine weitere Gefährdung der Konstruktion besteht durch Tauwasserbildungen im Bauteilquerschnitt durch Konvektion. Es handelt sich hier um Kondensatbildungen als Folge von in die Konstruktion eingedrungener Raumluft. Die raumseitigen Oberflächen und Durchdringungen der Anschlüsse lassen infolge größerer oder kleinerer Undichtigkeiten warm-feuchte Raumluft in die Konstruktion eindringen. Diese Erscheinung ist für praktische Verhältnisse nicht rechnerisch erfassbar.

Die Wasserdampfkonvektion ist auf jeden Fall zu vermeiden, indem die raumseitigen Oberflächen luftdicht ausgeführt werden müssen. Besondere Sorgfalt ist dabei Plattenstößen, Durchdringungen und Anschlüssen zu widmen.

5.6.2.6 Besondere bauliche Maßnahmen als Voraussetzung für die Zuordnung von Holzbauteilen zur Gebrauchsklasse GK 0

Außenbauteile in Holzbauart ohne unmittelbare Wetterbeanspruchung sowie Innenbauteile mit wasserabweisender Abdeckung in Nassräumen gehören der GK 2 an. Sie sind also mit der Wirksamkeit P und Iv chemisch zu schützen. Durch die Anwendung „besonderer baulicher Maßnahmen“ gemäß DIN 68 800, Teil 2, Ziffer 7, besteht die Möglichkeit, Konstruktionen und Teile so auszuführen, dass sie der GK 0 zuzuordnen sind. Diese Maßnahmen sollen sicherstellen, dass keine Schäden durch Befall holzzerstörender Pilze und/oder Insekten auftreten. Die Sicherung gegen Befall durch holzzerstörende Pilze setzt voraus, dass das Holz gegen Auftreten oder Eindringen auch ungewollter Feuchte geschützt ist. Ferner muss das Holz / die Konstruktion in der Lage sein, eventuell eingedrungene Feuchte so schnell wieder abgeben zu können, dass keine Schäden auftreten können.

„Besondere bauliche Maßnahmen“ gegen Insektenbefall bestehen darin, verdeckt angeordnetes Holz so zu verkleiden/abzudecken, dass ein Zutritt der Insekten zur Eiablage verwehrt wird.

Bei Bauteilen aus Holz und Holzwerkstoffen für Wohnbauten und ähnlich genutzten Gebäuden ist mit einem Pilzbefall nicht zu rechnen (GK 0), wenn die Holzfeuchte längerfristig nicht deutlich über 20% steigt. Bei bauphysikalisch richtiger Planung und Ausführung ist bei diesen Gebäuden mit einer Holzfeuchte von 12 ... 18% zu rechnen, und somit kann ein Pilzbefall ausgeschlossen werden. Bei Dachlatten sowie Lattungen für Unterkonstruktionen hinterlüfteter Verkleidung besteht ebenfalls keine Gefährdung. Ein Insektenbefall ist nicht zu erwarten, wenn Holzbauteile allseitig so abgedeckt sind, dass ein Zutritt von Insekten verwehrt ist. Demzufolge ist auf belüftete Hohlräume weitestgehend zu verzichten. Holzteile in Wohnräumen und ähnlich genutzten Räumen, die trocken eingebaut werden und mindestens dreiseitig einsehbar bleiben, sind ebenfalls der GK 0 zuzuordnnen.

Im Übrigen kann auf den chemischen Holzschutz verzichtet werden, wenn entsprechende Ersatzholzarten verwendet werden. Gemäß DIN EN 350-2 und DIN EN 460 sowie DIN 68 800,3 können in Abhängigkeit der Gebrauchsklasse die genannten Hölzer eingesetzt werden, die dann keinen chemischen Holzschutz benötigen. Nachfolgende Tabelle gibt Auskunft darüber, in welcher Gebrauchsklasse welche Holzart eingesetzt werden kann, ohne dass diese dann chemisch geschützt werden muss.

Tabelle 54: Gebrauchsklassen und Holzarten ohne chemischen Holzschutz

Gebrauchsklasse	Holzarten ohne chemischen Holzschutz
GK 1	Kiefer, Splintanteil unter 10%
GK 2	Kiefer, Lärche, Douglasie, splintfrei
GK 3	Western Red Cedar*, Eiche, splintfrei
GK 4	Teak, Afzclia, Robinie*, splintfrei
*Robinie und Western Red Cedar sind nicht für tragende Zwecke gemäß DIN 1052,1 geeignet	

Eine umfangreiche Darstellung von Anwendungsbeispielen zur Überführung von Konstruktionen in die GK 0 würde den Rahmen dieser Ausführungen sprengen. Es wird auf die Veröffentlichungen der Arbeitsgemeinschaft Holz „Holzbauhandbuch“47 verwiesen. Ferner sind in DIN 68 800,2 Konstruktionsbeschreibungen enthalten.

5.6.3 Vorbeugender chemischer Schutz

5.6.3.1 Notwendigkeit

Können durch Holzauswahl und/oder Ausschöpfung aller baulichen und besonderen baulichen Maßnahmen gemäß DIN 68800,2

Gefahren von Bauschäden durch Insekten und/oder Gefährdungen durch Pilze nicht ausgeräumt werden, so ist die Notwendigkeit des vorbeugenden chemischen Holzschutzes gegeben. Dabei ist dann zu beachten, dass

- tragende und aussteifende Teile geschützt wer den *müssen*
- nichttragende, nichtmaßhaltige sowie nichttragende, maßhaltige Bauteile *empfehlenswerter* Weise entsprechend der Gebrauchsklasse geschützt werden.

Der Umfang der Schutznotwendigkeit hängt vom Umfang der Gefährdung ab. Dies erklärt nachfolgende Tabelle:

Tabelle 55: Schutznotwendigkeit von Holzbauteilen

Gebrauchsklassen	Gefährdung durch Insekten	Pilze	Auswaschung	Moderfäule	erforderliche Prüfprädikate
GK1	ja	nein	nein	nein	Iv
GK2	ja	ja	nein	nein	P, Iv
GK3	Ja	ja	ja	nein	P, Iv, W
GK4	ja	ja	ja	ja	P, Iv, W, E

5.6.3.2 Vorbedingungen für die Schutzbehandlung

Nach der Entscheidung über den Umfang der vorbeugenden chemischen Schutzbehandlung sind die Einflüsse aus Holzart, Bearbeitungszustand und Holzfeuchteanforderungen eventueller mechanischer Vorbehandlung zu klären.

- *Holztechnologische Einflüsse*
- Holzart: Laubhölzer lassen sich schwieriger imprägnieren als Nadelhölzer. Fichte und Lärche sind schwieriger zu imprägnieren als Kiefer und Tanne.
- Faserrichtung: Parallel zur Faser ist die Einbringung um ein Vielfaches höher als quer zur Faser.
- Splint-Kern-Anteil: Einbringung in Splintholz ist relativ leicht, während Kernholz schlecht bis gar nicht imprägnierbar ist.
- Jahrringbreite / Früh- und Spätholzanteil: Im Allgemeinen lässt sich Frühholz leichter behandeln als Spätholz, weshalb grobjähriges Holz leichter zu schützen ist als feinjähriges. Bei Fichte und einigen Laubhölzern trifft dies jedoch nicht zu.
- Gemäß DIN EN 350-2 sind Tränkbarkeitsklassen und die Tränkbarkeit von Hölzern definiert. Die Klassifikation der Tränkbarkeit und zugehörige Definitionen beinhaltet Tabelle 56.

Tabelle 56: Klassifikation der Tränkbarkeit von Holz nach EN 350, Teil 2 Klassifikation der Tränkbarkeit von Holz nach EN 350, Teil 2

Tränkbarkeitsklasse	Definition	Beschreibung
1	gut tränkbar	einfach zu tränken; wird unter Druck ohne Schwierigkeiten vollständig durchdrungen
2	mäßig widerstehend	ziemlich einfach zu tränken; unter Druck kann nach 2 oder 3 h in Nadelhölzern mehr als 6 mm Eindringung senkrecht zur Faser erreicht werden; oder Durchdringung eines Großteils der Laubholzgefäße; eine vollständige Durchdringung ist in der Regel nicht möglich
3	widerstehend	schwierig zu tränken; 3 bis 4 h unter Druck ergeben nicht mehr als 3 bis 6 mm Eindringung senkrecht zur Faserrichtung
4	extrem widerstehend	praktisch unmöglich zu tränken; nimmt auch nach 3 bis 4 h Behandlungsdauer nur wenig Schutzmittel auf; Eindringung sowohl in Längsrichtung als auch senkrecht dazu minimal

Der Zusammenhang zwischen Tränkbarkeitsklasse und der in DIN 1052 genannten Holzarten ist nachfolgend beschrieben:

Tabelle 57: Tränkbarkeit der in DIN 1052 genannten Holzarten

Tränkbarkeitsklasse	Holzzone	Holzart
1	Splint	Kiefer, Southern Pine, Eiche, Roteiche, Buche
	Kern	–
1 – 2	Splint	Western Hemlock
	Kern	–
2	Splint	Tanne, Lärche, Keruing, Yang, Afzelia, Angelique, Azobe (Bongossi), Greenheart
	Kern	–
2 – 3	Splint	Douglasie
	Kern	Tanne, Western Hemlock, Roteiche, Keruing, Yang
3	Splint	Fichte, Teak
	Kern	Kiefer, Southern Pine
3 – 4	Splint	–
	Kern	Fichte, Lärche, Douglasie, Merbau
4	Splint Kern	Eiche, Buche, Teak, Afzelia, Angelique, Azobe (Bongossi), Greenheart

• *Holzfeuchte*
Die Holzfeuchte sollte dem späteren Anwendungsbereich entsprechen. Sie beeinflusst die Auswahl des Schutzmittels und des Einbringverfahrens. Die Angaben des Prüfbescheides sind demzufolge maßgebend.

Allgemein kann gesagt werden, dass beim Einsatz von

- wasserlöslichen Holzschutzmitteln das Holz trocken bis halbtrocken sein soll, in Sonderfällen auch feucht bzw. saftfrisch oder nass sein kann, bei
- öligen Holzschutzmitteln das Holz trocken sein soll, in Ausnahmefällen halbtrocken bis feucht

• *Bearbeitung*
Alle Bearbeitungsvorgänge am Holz sind vor der Schutzmittelbehandlung vorzunehmen. Das Holz muss frei von Rinde, Bast und Verschmutzungen sein. Eventuelle Weiterbearbeitung in Form von Verleimungen oder Oberflächenbehandlungen setzen voraus, dass die Verträglichkeit zwischen Holzschutzmittel und Leim bzw. Anstrich gewährleistet ist.

• *Mechanische Vorbehandlung*
Mittels Bohren bis 3 mm Durchmesser und Tiefen bis 30 mm vor allem für Masten und Rundhölzer der Gebrauchsklasse GK 4 werden eine Erhöhung der Einbringmenge, eine gleichmäßige Schutzmittelverteilung und eine höhere Eindringtiefe erzielt.

Sie sollte bei allen Hölzern der Tränkbarkeitsklassen 2 – 3, 3, 3 – 4 und 4 im Bereich der Erd-Luft-Zone vorgenommen werden. Gleiches gilt auch für die nachgenannten Möglichkeiten.

- Mittels Stechen mit Messern, die Schlitze bis 30 mm in der Oberfläche erzeugen, für Masten und vergleichbare Hölzer.
- Mittels Nadeln mit bis zu 1 mm Dicke und 10... 12 mm Tiefe, für schwer tränkbares Schnittholz.
- Mittels Schlitzen mit stumpfen bis angeschärften Kreissägescheiben. Es werden ca. 2 mm breite, 11 mm lange und 8 mm tiefe Schlitze in die Oberfläche von Schnittholz eingebracht. Bohr- und Stechverfahren sind von der Bundespost – Telekom – zugelassen und führen ebenso wie das Nadeln zu keinen beachtenswerten Festigkeitsverlusten. Schlitzen ist festigkeitsmäßig dann unbedenklich, wenn die Schlitztiefen bis maximal 3 mm gehen.

• *Festlegung der Schutzbedingungen*
Vor Durchführung der Schutzmaßnahmen sind durch den Impägnierer die Bedingungen festzulegen, die sich aus Holzart, Volumen (m^3), Oberfläche (m^2), Gebrauchsklasse, Einbringverfahren, Holzschutzmittel, erforderlicher Einbringmenge und Verteilung ableiten.

5.6.3.3 Holzschutzmittel

Für tragende und aussteifende Bauteile müssen Holzschutzmittel mit Zulassungsbescheid eingesetzt werden.

Für alle übrigen Anwendungen sollten Schutzmittel mit RAL-Gütezeichen verwendet werden. Die Auswahl hat in Abhängigkeit der maßgebenden Gebrauchsklassen und der dann erforderlichen Schutzwirkung – Prüfprädikate – zu erfolgen.

5.6.3.4 Einbringmengen

Maßgebend sind die im Zulassungsbescheid für das Holzschutzmittel angegebenen Mengen. Bei deren Einsatz im Druckverfahren sind folgende Multiplikatoren zu beachten, um die die Einbringmenge zu vergrößern ist.

Multiplikator	Schnittholzdicke cm	Rundholzdurchmesser cm
1,0	>8	>10
1,25	4 ... 8	... 10
1,5	<4	<7

Bei Druck- und Niederdruckverfahren wird die Einbringmenge in kg/m³ Holzvolumen vorgegeben. Bei Nichtdruckverfahren erfolgen die Vorgaben in g/m² Holzoberfläche bei wasserlöslichen und in ml/m² Holzoberfläche bei öligen Schutzmitteln. Allgemein gültige Mengenangaben sind nicht möglich und auch nicht zulässig.

5.6.3.5 Einbringverfahren

Einen allgemeinen Überblick hierzu gibt Abschnitt 5.5. Das anzuwendende Verfahren hängt letztendlich ab von den Angaben im Zulassungsbescheid des Holzschutzmittelherstellers und der Gebrauchsklasse.

Es ist bei manuellen Anwendungen im Allgemeinen ein zweimaliger Auftrag erforderlich. Im Übrigen ist dem Verfahren der Vorzug zu geben, bei dem eine ausreichend hohe Eindringtiefe und eine gute Schutzmittelverteilung erreichbar sind und die eingebrachte Menge gemessen werden kann.

Bei Anwendung von Druck- und Niederdruckverfahren sowie Nichtdruckverfahren ist die eingebrachte Menge nachzuweisen (Tränkprotokoll). Bei Trogtränkungen müssen gemäß TRGS 618 ausnahmslos chromfreie Holzschutzmittel eingesetzt werden.

Beim Umgang mit vorbeugenden chemischen Holzschutzmiteln wird in Zukunft von den Ausführenden eine Sachkundeausbildung verlangt, wie sie z. B.das Lehrinstitut in Rosenheim anbietet.

5.6.3.6 Behandlung des Holzes nach der Schutzbehandlung

Ist Holz mit nichtfixierenden wasserlöslichen Holzschutzmitteln behandelt worden (GK 1 und 2 ohne W), so ist es bis zum endgültigen Einbau regengeschützt zu lagern. Bei Transport und Einbau ist es gegen Beregnung zu schützen. Ist Holz mit fixierenden Salzen behandelt, so ist es so lange in regengeschützter Lage zu deponieren, bis die Oberfläche abgetrocknet und die Fixierung soweit fortgeschritten ist, dass eine kurzzeitige Beregnung keine Auswaschung bewirken kann. Dazu sind die Angaben im Zulassungsbescheid und des Schutzmittelherstellers zu beachten. Holz, das den GK 3 und GK 4 entsprechend behandelt wurde, ist erst nach abgeschlossener Fixierung auszuliefern.

Werden nach der Schutzmittelbehandlung Bearbeitungen vorgenommen, so sind diese Stellen manuell nachzubehandeln. Gleiches gilt für eventuell aufgetretene Rissbildungen.

5.6.3.7 Entsorgung imprägnierter Hölzer

Abfallhölzer oder Altholz, das imprägniert oder mit Lacken oder Lasuren gänzlich oder teilweise versehen ist, darf zur Zeit noch auf

Hausmülldeponien gelagert werden. Gemäß der „TA Siedlungsabfal" ist ab dem Jahr 2005 eine Entsorgung nur noch in dafür geeigneten Feuerungsanlagen möglich, wobei Hausmüllverbrennungsanlagen oder Drehrohröfen von Zementwerken in Frage kommen.

5.6.4 Vorbeugender chemischer Feuerschutz

Wasserlösliche Feuerschutzmittel müssen durch Kesseldruckverfahren, schaumbildende Mittel durch Streichen, Gießen oder Spritzen ein- bzw. aufgebracht werden.

Alle Bearbeitungsgänge am Holz sind vor der Schutzbehandlung vorzunehmen. Schaumbildende Feuerschutzmittel besitzen keine Nebenwirkungen (Iv, Ib, P, W) wie zum Teil wasserlösliche. Deshalb ist die Verträglichkeit mit anderen Schutzmitteln zu beachten.

Feuerschutzmittel sind nicht witterungsbeständig, aus diesem Grund ist ihre Anwendung nur möglich, wenn die Holzbauteile vor Witterung und ähnlicher Feuchtigkeitsbeanspruchung geschützt sind.

5.6.5 Bekämpfungsmaßnahmen gegen Pilz- und Insektenbefall

Sind Holzteile oder Holzwerkstoffe durch Pilze und/oder Insekten befallen und ist dadurch eine Gefährdung gegeben, so müssen die Holzschädlinge bekämpft werden. Die Bekämpfung kann erfolgen durch

- Auswechseln der befallenen Teile
- Behandlung mit Holzschutzmitteln
- Anwendung des Heißluft- oder Durchgasungsverfahrens (keine vorbeugende Wirkung)
- Austrocknen der befallenen Teile durch Entfernung von Lacken und anderen Anstrichmaterialien, z. B. bei Fenstern und Türen.

Bei chemischer Insektenbekämpfung sind Richtwerte der Einbringmengen des Bekämpfungsmittels zu beachten: ölige Mittel etwa 300 ... 500 ml/m^2, wasserlösliche Mittel etwa 100 ... 150 g Salz/m^2.

Als Holzschutzmittel dürfen nur solche Produkte verwandt werden, die geprüft sind und die erforderlichen Prädikate besitzen. Bei allen Bekämpfungsmaßnahmen ist sicherzustellen, dass die Standsicherheit der baulichen Anlage nicht gefährdet ist. Dies gilt insbesondere bei der Anwendung des Bohrlochverfahrens und beim Abbeilen von befallenen Teilen. Besondere Beachtung der Vorschriften ist notwendig, wenn Befall durch den Echten Hausschwamm (Serpula lacrimans) oder den Hausbock (Hylotrupes bajulus) vorliegt, oder wenn zu erwarten ist, dass es sich um einen solchen handeln kann. Sind berechtigte Zweifel gegeben, so ist die Maßnahme so durchzuführen, als handelte es sich tatsächlich um derartigen Befall. Die Ausführung erfordert eine Sachkundeausbildung des eingesetzten Personals.

6 Schnittholz

Ulf Lohmann

Vorliegendes Handbuch wurde vor fast 30 Jahren zusammengestellt, einer Zeit, in der die deutsche Holzwirtschaft einem erheblichen Umbruch ihrer bisherigen Mess- und Sortierungsvorschriften unterlag. Die seit Jahrzehnten gültigen und allgemein als Handelsbrauch anerkannten „Tegernseer Gebräuche" wurden zwar 1985 neu festgestellt, jedoch hat ihr zweiter, die Sortierung und Vermessung von Schnittholz beinhaltender Teil, seit dem stark an Bedeutung verloren. Viele Regeln wurden durch DIN-Normen ergänzt oder ersetzt, wobei besonders auf die Bauholz-Sortierung nach DIN 4074 hinzuweisen ist.

Darüber hinaus sind inzwischen eine Vielzahl von europäischen EN-Normen zu berücksichtigen. EN-Normen ersetzen DIN-Normen ab dem Tag ihrer Veröffentlichung; entsprechende nationale Normen sind zurückzuziehen. Liegt der Rechtscharakter der „Tegernseer Gebräuche" (TG) als Handelsbrauch gerade darin, dass sie auch ohne besondere Erwähnung als vereinbart gelten, so sind Normen immer noch weitgehend erwähnungsbedürftig, sofern sie nicht durch geltendes Recht wie z.B. die DIN 4074 durch Landesbauordnungen, vorgeschrieben sind. Im europäischen Bereich ist dies nur bei so genannten „harmonisierten" Normen der Fall wie z.B. bei der EN 14 081; alle anderen EN aus dem Bereich Schnittholz können, müssen aber nicht angewendet werden.

Da in diesem Abschnitt „Schnittholz" auf die zur Zeit der Überarbeitung relevanten DIN- und EN-Normen besonders eingegangen wird, erscheint es notwendig, zunächst die häufig von den Bräuchen abweichende Terminologie der Normen zu klären. Deshalb werden als Grundlage dafür nicht nur die DIN 68252-1 (1978), Begriffe für Schnittholz, Formen und Maße, erläutert, sondern auch die zum Zeitpunkt der Neuauflage Anfang 2010 vorliegenden europäischen Normen EN.

6.1 Begriffe für Schnittholz

6.1.1 Begriffe nach DIN 68 252,1

Schnittholz: Holzerzeugnis, z. B. ↗ Latte (Leiste), ↗ Brett, ↗ Bohle, ↗ Kantholz, ↗ Kreuzholz (Rahmen) oder ↗ Balken, das durch Sägen von Rundholz parallel zur Stammachse hergestellt wird. Schnittholz kann scharfkantig sein oder ↗ Baumkante haben.

Latte (Leiste): Schnittholz mit einer Querschnittsfläche bis 32 cm^2 und einer Breite bis 80 mm

Brett: Schnittholz mit einer Dicke von mindestens 8 mm und weniger als 40 mm und einer Breite von mindestens 80 mm

Bohle: Schnittholz mit einer Dicke von mindestens 40 mm. Die große Querschnittseite ist mindestens doppelt so groß wie die kleine

Kantholz: Schnittholz von quadratischem oder rechteckigem Querschnitt mit einer Seitenlänge von mindestens 60 mm. Die große Querschnittseite ist höchstens dreimal so groß wie die kleine

Kreuzholz (Rahmen): Schnittholz mit einer Querschnittsfläche von mehr als 32 cm^2. Bei Kreuzholz müssen 4 Stück kerngetrennt und bei Rahmen mindestens 4 Stück aus einem Rundholzabschnitt erzeugt sein

Balken: ↗ Kantholz, dessen größere Querschnittseite mindestens 200 mm breit ist

Besäumtes Schnittholz: Schnittholz mit parallel zueinander liegenden ↗ Seiten und senkrecht dazu stehenden ↗ Kantenflächen

Unbesäumtes Schnittholz: Schnittholz mit parallel zueinander liegenden Seiten und nicht oder teilweise gesägten Kantenflächen, jedoch mit mehr ↗ Baumkante, als für besäumtes Schnittholz zulässig ist

Seite: Breite Fläche des Schnittholzes in Faserrichtung. Bei quadratischem Querschnitt jede Fläche in Faserrichtung

Innere Seite: rechte Seite; dem Stamminneren zugewendete Seite

Äußere Seite: linke Seite; der Stammoberfläche zugewendeten Seite, oder beide Seiten, wenn

sie etwa gleich weit vom Mark entfernt sind
Kantenfläche: Schmale Fläche bei Brettern, Bohlen und Platten
Ende: Querschnitt am Ende des Schnittholzes
Kante: Linie, die von zwei aneinanderstoßenden Seiten und Kantenflächen gebildet wird
Baumkante: am Schnittholz gebliebener Teil der Stammoberfläche
Dicke: Abstand zwischen beiden Seiten eines ↗ Brettes oder einer ↗ Bohle
Breite: Abstand zwischen beiden ↗ Kantenflächen eines Brettes oder einer Bohle, gemessen an einer bestimmten Stelle senkrecht zur Längsachse des Schnittholzes
Länge: Kürzester Abstand zwischen den ↗ Enden eines Schnittholzes
Nennmaß: angegebenes Maß, das Sägeungenauigkeit, Änderung des Feuchtigkeitsgehalts und weitere Bearbeitung des Schnittholzes nicht berücksichtigt
Ist-Maß: Maß zur Zeit der Messung
Sägemaß: ↗ Nennmaß zuzüglich ↗ Schwindmaß des Holzes bis zur Messbezugsfeuchte
Soll-Maß: Maß, das nach maschineller Bearbeitung des Schnittholzes bei einem bestimmten Feuchtigkeitsgehalt erreicht werden soll
Schwindmaß: Maß der Abnahme von Schnittholzabmessungen infolge Absinkens des Feuchtigkeitsgehaltes im Holz von Fasersättigung bis Darrzustand
Quellmaß: Maß der Zunahme von Schnittholzabmessungen infolge Ansteigens des Feuchtigkeitsgehaltes im Holz vom Darrzustand bis zur Fasersättigung. Anmerkung: Die Messbezugsfeuchte ist der Feuchtigkeitsgehalt des Holzes, bei dem die genormten Maße vorhanden sein müssen. Sie braucht also nicht dem Feuchtigkeitsgehalt des Holzes bei Lieferung oder Einbau zu entsprechen.

6.1.2. Begriffe für Schnittholz nach EN 844-3

Baumkante: Teil der Stammoberfläche mit oder ohne Rinde auf ↗ Breit- oder ↗ Schmalseiten von ↗ besäumtem Schnittholz.
Besäumtes Schnittholz: Schnittholz mit rechtwinkligem Querschnitt, wenn zulässig, auch mit ↗ Baumkante, die das festgelegte Ausmaß nicht überschreitet.
Bessere Seite: ↗ Breitseite, die nach bestimmten Sortierungsregeln besser beurteilt wird als die andere Breitseite.
Blockware: Nach dem Aufschneiden eines Stammes zur ursprünglichen Stammform zusammengelegtes ↗ unbesäumtes Schnittholz ohne ↗ Schwarten.
Breitseite: eine der beiden breiten Seitenflächen eines Schnittholzstückes oder eine der Seitenflächen bei Schnittholz mit quadratischem Querschnitt.
Brettschichtholz: Holzerzeugnis, das aus mehreren brettförmigen Lagen mit zueinander annähernd parallel laufenden Fasern besteht, wobei deren ↗Breitseiten mit Klebstoffen miteinander verbunden sind.
Deckbreite: die geringste Breite eines ↗ unbesäumten Schnittholzstückes, auf der schmalen (↗ linken) Seite gemessen. (Bei Hobelware andere Bedeutung)
Edelrift: ↗ Schnittholz, dessen Holzstrahlen in einem Winkel von 10° oder weniger auf die ↗ Breitseite auftreffen. Wenn die Holzstrahlen nicht sichtbar sind, gilt dies für Schnittholz, dessen Wachstumsringe in einem Winkel von 80° oder mehr auf die Breitseite auftreffen.
Egalisiertes Schnittholz: ↗ Schnittholz im frischen Zustand, mit oder ohne weitere maschinelle Bearbeitung, das engere zulässige Abweichungen besitzt als ↗ sägeraues Schnittholz
Eingeschlossene Markröhre: Markröhre, die weder an der ↗ Breitseite noch an der ↗ Schmalseite sichtbar, aber im Schnittholzstück enthalten ist.
Einstielig: ↗ Eingeschlossene Markröhre
Fehlkante: Kante, die in ihrem Verlauf eine oder mehrere ↗ Baumkanten aufweist.
Gehobeltes Schnittholz: Schnittholz, das bei Endfeuchte auf mindestens einer ↗ Breitseite

in voller Breite und Länge durch maschinelles Hobeln eine glatte Oberfläche erhalten hat.
Gekappt, rechtwinkelig: ↗ rechtwinkelig gekappt
Herzgetrenntes Holz: ↗ sichtbare Markröhre
Kalibriertes Schnittholz: Schnittholz, das nach Erreichen der Endfeuchte maschinell in Dicke und Breite weiterbearbeitet wurde, um enge zulässige Abweichungen zu erreichen.
Kantel: ↗ zugerichtetes Schnittholz
Keilgezinktes Holz: Holzstück, bestehend aus mehreren Einzelteilen ähnlichen Querschnitts, deren Enden in Form von keilförmigen Zinken miteinander verleimt sind.
Kernseite: die ↗ Breitseite eines Schnittholzstückes, die zur Markröhre des ursprünglichen Rundholzes näher liegt (rechte Seite).
Krümmungen: ↗ Längskrümmung, ↗ Querkrümmung
Längskrümmung der *Breitseite* ist die Krümmung eines Holzstückes in der Länge senkrecht zur Breitseite, Längskrümmung der *Schmalseite* senkrecht zur Schmalseite.
Liegende Wachstumsringe: Schnittholz, dessen Holzstrahlen in einem Winkel von 90° oder annähernd 90° auf die Breitseite auftreffen. Wenn die Holzstrahlen nicht sichtbar sind, gilt dies für Schnittholz, dessen Wachstumsringe tangential oder annähernd tangential zur Breitseite verlaufen.
Linke Seite: ↗ Splintseite
Markröhre, eingeschlossene: ↗ eingeschlossene Markröhre
Markröhre, sichtbare: Markröhre, die an einer Breit- oder Schmalseite sichtbar ist.
Massivholzplatte: Platte, die aus mehreren brettförmigen Holzstücken gleicher Dicke besteht, die an den Schmalseiten und, falls mehrlagig, auch an den Breitseiten miteinander verleimt sind.
Querkrümmung: Krümmung in der Breite eines Holzstückes.
Querschnitt: Schnittfläche im rechten Winkel zur Längsachse eines Holzstückes.
Rauher Sägeschnitt: Schnittfläche mit aufstehenden Fasern.
Rechte Seite: ↗ Kernseite
Rechtwinkelig gekappt: Ende eines Holzstückes, das eine ebene Fläche im rechten Winkel zur Längsrichtung des Holzstückes bildet.
Rift: Schnittholz, dessen Holzstrahlen tangential oder annähernd tangential zur Breitseite verlaufen. Wenn die Holzstrahlen nicht sichtbar sind, gilt dies für Schnittholz, dessen Wachstumsringe in einem Winkel von 90° oder annähernd 90° auf die Breitseite auftreffen.
Sägerauh: Schnittholz, das keine weitere Bearbeitung erfahren hat, mit festgelegten zulässigen Abweichungen.
Sägeschnitt, rauer: ↗ rauer Sägeschnitt
Sägespuren, tiefe: ↗ tiefe Sägespuren
Scharfe Kante: Kante ohne jede ↗ Baumkante.
Schlechtere Seite: ↗ Breitseite, die nach bestimmten Sortierungsregeln schlechter beurteilt wird als die andere Breitseite.
Schmalseite: Eine der beiden schmalen Seitenflächen eines Schnittholzstückes mit rechteckigem Querschnitt.
Schnittholz: Produkt, das durch Sägen oder Zerspanen von Rundholz oder größeren Holzquerschnitten in Längsrichtung erzeugt wurde und eventuell gekappt und/oder bearbeitet wurde, um eine bestimmte Maßgenauigkeit zu erreichen.
Unbesäumt: Schnittholz mit parallelen ↗ Breitseiten und einer oder zwei unbesäumten ↗ Schmalseiten.
Schnittunregelmäßigkeiten: Durch Sägen entstandene Unebenheiten oder Fehler an der Schnittfläche des Holzes.
Schwarte: Beim Aufschneiden eines Stammes sich ergebender äußerer Teil, der auf einer Seite die Schnittfläche und auf der anderen Seite die Stammoberfläche zeigt.
Sichtbare Markröhre: ↗ Markröhre, sichtbare
Splintseite: ↗ Breitseite, die am weitesten entfernt von der Markröhre geschnitten wurde (linke Seite).
Tiefe Sägespuren: Tiefe, von den Sägezähnen hinterlassene kerbartige Spuren.
Unbesäumtes Schnittholz: ↗ Schnittholz mit

parallelen ↗ Breitseiten und einer oder zwei unbesäumten Schmalseiten.
Verdrehung: Spiraldrehung in Längsrichtung.
Verformung: Veränderung der geometrischen Form eines Holzstückes während der Bearbeitung und/oder ↗ Trocknung und/oder ↗ Lagerung.
Welligkeit: ergibt sich aus einem mangelhaften Schnitt und zeigt sich als wellige Oberfläche.
Zugerichtetes Schnittholz: Schnittholz, das bei Endfeuchte abgelängt und/oder auf einer oder mehreren Seiten mit vereinbarten zulässigen Abweichungen maschinell bearbeitet wurde (Kantel).

6.2 Maße

6.2.1 Vermessung von Schnittholz

6.2.1.1 Vermessung von Schnittholz nach Tegernseer Gebräuchen

Für die Vermessung von Schnittholz gelten die §§18 und 23 der Tegernseer Gebräuche (TG). Während sich § 18 auf besäumtes und unbesäumtes Nadelschnittholz bezieht, ist § 23 nur auf unbesäumtes Laubholz anzuwenden. Sie legen fest, wie und an welcher Stelle die Breite und Länge eines Schnittholzes zu messen sind.

Besäumtes Nadelschnittholz wird, wenn in den einzelnen Güteklassen nach TG nichts anderes bestimmt ist, einzeln brettweise vermessen. Die TG-Güteklassen III und IV lassen eine Flächenvermessung zu, die jedoch wahlweise zu vereinbaren ist.

Nach TG, Fassung 1985, wird die Breite unbesäumten Laub- und Nadel-Schnittholzes grundsätzlich stückweise in der Mitte des Brettes blockliegend oder verglichen gemessen. Lediglich Bretter unter 33 mm Dicke einschließlich werden schmalseitig gemessen, sofern es sich um Seitenware handelt, deren Dicke von der des Haupterzeugnisses abweicht, oder um obere und untere Seitenbretter bei gleicher Dicke wie das Haupterzeugnis oder um Einzelbretter. Breitenmaße werden auf volle Zentimeter abgerundet, wobei 1 % Abweichung von der Breite unberücksichtigt bleibt. Diese Regelung gilt nicht für Dimensions- und Listenware. Dimensionsware ist Schnittware, die auf Bestellung in bestimmten Dicken, Breiten und/oder Längen erzeugt wird.

Bei Eichenschnittholz wird gesunder, fester Splint mitgemessen, fauler, also abbröckelnder und verwurmter Splint wird nicht gemessen. Zu erwähnen ist besonders, dass bei der Übernahme bzw. Vermessung von Laubschnittholz in wesentlich stärkerem Maße als bei Nadelschnittholz Maßvergütungen üblich sind. So soll, gemäß § 21 der TG, für vorkommende grobe Fehler (faule Äste, kranke und angestockte Stellen, Risse, Ringschäle, auch stellenweiser Insektenbefall usw.) ein Abschlag in Länge und/oder Breite entsprechend dem fehlerhaften Stück gewährt werden.

6.2.1.2 Vermessung nach europäischen Normen

Da die Terminologie der europäischen Normen EN von der der nationalen Normen DIN und auch von der der Tegernseer Gebräuche abweicht, ist es notwendig, zunächst hierüber einen Überblick zu verschaffen.

6.2.1.2.1 Begriffe zu Maßen von Schnittholz nach EN 844-6

Abweichung: ↗ zulässige Abweichung
Breite: Abstand zwischen den Schmalseiten eines Schnittholzstückes an einer bestimmten Mess-Stelle.
Dicke: Abstand zwischen den Breitseiten eines Schnittholzstückes an einer bestimmten Mess-Stelle.
Einschnittmaß: Maß, auf das eine Maschine eingestellt wird, um dem Schnittholz die erforderlichen Abmessungen zu geben; es enthält gewöhnlich ein Übermaß für Schwindung und Sägeungenauigkeiten.

Ist-Maß: Maß eines Schnittholzstückes zum Zeitpunkt der Messung.
Länge: kürzester Abstand zwischen den Enden eines Stückes.
Listenware: Schnittholzlos, das mit festgelegten Maßen für einen bestimmten Zweck eingeschnitten wurde.
Maßtoleranz: Differenz zwischen ↗ oberer und ↗ unterer zulässiger Abweichung; sie ist ein absoluter Wert ohne Vorzeichen.
Nennmaß: Schnittholzmaß, das bei festgelegtem Feuchtegehalt benannt oder angegeben wird.
Obere zulässige Abweichung: algebraische Differenz zwischen dem zulässigen Höchstmaß und dem zugehörigen ↗ Soll-Maß.
Soll-Maß: das nach Bearbeitung bei festgelegtem Feuchtegehalt zu erreichende Maß, auf das die ↗ zulässigen Abweichungen bezogen werden.
Untere zulässige Abweichung: algebraische Differenz zwischen dem zulässigen Mindestmaß und dem zugehörigen ↗ Soll-Maß.
Zulässige Abweichung: Sammelbegriff für die ↗ obere und ↗ untere zulässige Abweichung. Wenn die obere zulässige Abweichung eine andere Größe hat als die untere, sollten das ↗ Soll-Maß und die zulässige Abweichung wie folgt angegeben werden:

$$50 \, {}^{+3}_{-2} \text{ mm}$$

6.2.1.2.2 Vermessung nach EN 1309-1 und Volumensbestimmung nach EN 1312

EN 1309-1 (1997) legt Verfahren zur Messung der Maße von Schnittholz fest und bezieht sich auf parallel besäumtes und unbesäumtes Laub- und Nadelschnittholz, jedoch nicht auf Tropenhölzer. EN 1312 (1997) legt die Regeln für die Bestimmung des Volumens von Schnittholz fest, und zwar für Laub- und Nadelholz, besäumt und unbesäumt, rau, egalisiert, kalibriert, zugerichtet und gehobelt (Begriffe siehe EN 844-3 im Abschnitt 6.1.2).

Dickenmessung

Mit einer Messvorrichtung mit mindestens 0,1 mm Ablesegenauigkeit ist die Dicke parallel besäumten Schnittholzes mindestens an drei sauberen und fehlerfreien Stellen rechtwinklig zur Breitseite zu messen. Zwei der Messungen sind nahe den Enden, aber mindestens 150 mm davon entfernt, vorzunehmen, weitere Messungen zufallsverteilt dazwischen.

Die Dicke unbesäumten Schnittholzes ist an jedem Ende und möglichst nahe an der Schmalseite, ebenfalls an sauberen und fehlerfreien Stellen, zu messen.

Die geringste gemessene Dicke besäumten und unbesäumten Schnittholzes ist in Millimeter mit einer Dezimalstelle anzugeben, ebenso der tatsächliche Feuchtegehalt des Stückes.

Breitenmessung

Parallel besäumtes Schnittholz ist ebenfalls an mindestens drei Stellen rechtwinklig zur Längsachse mittels einer Messvorrichtung mit mindestens 1 mm Ablesegenauigkeit in der Breite zu vermessen. Lage und Beschaffenheit der Messstellen sowie anzugebendes Maß und Feuchtegehalt siehe Dickenmessung von besäumtem Schnittholz.

Für die Breitenmessung unbesäumten Schnittholzes gilt EN 1312, siehe dazu den übernächsten Absatz Volumenbestimmung.

Längenmessung

Mit einer Messvorrichtung mit mindestens 5 mm Ablesegenauigkeit ist die Länge des größten im Schnittholz enthaltenden Quaders zu messen und auf zwei Dezimalstellen abgerundet in Metern anzugeben.

Volumenbestimmung nach EN 1312: Die Maße Dicke t, Breite b und Länge l werden in Millimetern und stets in dieser Reihenfolge angegeben. Zur Volumenberechnung benützt man folgende Formel: $V = t \cdot b \cdot l$, wobei die Maße in Metern mit drei Dezimalstellen eingesetzt und das Ergebnis in Kubikmetern mit drei Dezimalstellen ausgedrückt wird.

Besteht ein Los aus Stücken gleicher Dimension, wird bei der Vermessung eines Bezugsstückes das Volumen in Kubikmetern mit vier Dezimalstellen genannt und das Losvolumen durch $V = n \cdot V_t$ berechnet, wobei n die Anzahl der Stücke und V_t das Volumen des Bezugsstückes ausdrückt.

Besteht ein Los aus Schnitthölzern mit gleichen Dicken und Breiten, aber unterschiedlichen Längen, ist die Länge jedes einzelnen Stückes zu messen, um die Gesamtlänge des Loses zu ermitteln. Sind in einem Los nur gleiche Dicken, aber unterschiedliche Längen und Breiten enthalten, so wird die Breite gleichlanger Stücke einzeln gemessen, um deren Gesamtbreite zu ermitteln. Die Berechnung kann auf der Gesamtbreite einer Lage dicht nebeneinander liegender Bretter erfolgen. Für jede Länge ergibt sich das Volumen als Gesamtbreite mal Länge und Dicke.

Lose mit gänzlich unterschiedlichen Maßen sollen in Teillose mit Stücken gleicher Maße unterteilt werden und dann wie o. a. vermessen werden.

Das Volumen unbesäumtes Schnittholzes wird berechnet, indem man die Breite mit halber Baumkante (ohne Rinde) auf halber Brett-/Bohlenlänge mißt. Fällt die Messstelle auf eine Unregelmäßigkeit, so sind zwei gleichweit entfernte Messungen vorzunehmen und deren Ergebnisse zu mitteln. Gesunder Splint wird mitgemessen. Berechnungsgrundlage ist die Gesamtbreite des Blockes. Blockware kann auch blockliegend gemessen werden.

Maßvergütungen können bei Vorliegen bestimmter Merkmale (s. EN 975-1 und 2, EN 1611-1) vorgenommen werden, da es unzulässig ist, aus einer Blockware ein oder mehrere Stücke als fehlerhaft herauszunehmen. In diesem Fall wird eine Maßvergütung = Volumensminderung vorgenommen, so dass nur die Teile berücksichtigt werden, die „gesund“ (ohne Befall), „sauber“ (keine Fehler oder Befall, der sich ausbreiten kann), „verkäuflich“, d. h. zur handelsüblichen Verwendung geeignet sind.

6.2.2 Abmessungen für Schnittholz

6.2.2.1 Abmessungen nach Tegernseer Gebräuchen

Die Tegernseer Gebräuche (TG) kennen keine festen, in diesem Sinne genormten Abmessungen. Es sind jedoch eine Vielzahl von Maßen handelsüblich geworden. Auf Maßtoleranzen (§§ 16, 17 und 22) und Längenstufungen (§§ 18,6 und 22,3) sei besonders hingewiesen.

§ 16 Maßhaltigkeit

1. Nadelschnittholz muss so eingeschnitten werden, dass die berechneten Maße

a) bei den Sortimenten Stamm-, Mittel- und Zopfware, astreinen Seiten, Modellware und Rohhobler sowie Fichten- und Tannen-Blockware in trockenem Zustande,

b) bei Dimensions- und Listenware sowie bei allen übrigen handelsüblichen Sortimenten, soweit nicht anderes ausdrücklich vereinbart worden ist, bei einer Messbezugsfeuchte von 30% vorhanden sind.

2. Werden ausgesuchte Blöcke in Sortimente der besäumten Tischlerqualität eingeschnitten, erfolgt Maßberechnung nach 1 a. Tischlerqualitäten entsprechen den Anforderungen der Güteklassen 0 und I mit maximal 40 % Güteklasse II entsprechend der Anlage.

3. Bei höchstens 10% der Stückzahl dürfen die Breiten bis 2 %, die Dicken bis 3 % unterschritten werden.

§ 17 Holzfeuchte bei Lieferung

1. Nadelschnittholz wird mangels Vereinbarung

a) in den Sortimenten Stamm-, Mittel- und Zopfware, astreine Seiten, Modellware und Rohhobler, Fichten- und Tannenblockware sowie Tischlerqualität trocken,

b) als Dimensions- und Listenware sowie in allen übrigen handelsüblichen Sortimenten frisch und/oder halbtrocken geliefert.

2. Nadelschnittholz gilt

a) als trocken, wenn es eine mittlere Holzfeuchte (alle Angaben zur Holzfeuchte beziehen sich auf das Darrgewicht), bezogen auf den Querschnitt des Stückes, von höchstens 20 % hat,

b) als halbtrocken, wenn es eine mittlere Holzfeuchte, bezogen auf den Querschnitt des Stückes, von höchstens 30%, bei Querschnitten über 200 cm^2 von höchstens 35 % hat,

c) als frisch ohne Begrenzung der Holzfeuchte. Bei a) und b) dürfen 20 % der Menge unter Berücksichtigung der natürlichen Feuchteschwankungen über den Grenzen liegen.

3. Nadelschnittholz gilt als verladetrocken, wenn es je nach Holzart und Jahreszeit eine Holzfeuchte aufweist, die Schäden durch eigene Feuchtigkeit während des Transportes bei normaler Beförderungsdauer ausschließt.

§ 18 Vermessung

1. Besäumtes Nadelschnittholz wird, soweit bei den einzelnen Güteklassen nichts anderes bestimmt ist, einzeln stückweise vermessen.
2. Unbesäumtes Nadelschnittholz wird grundsätzlich stückweise in der Mitte des Brettes vermessen, und zwar auf der schmalen und breiten Seite verglichen (halbe Baumkante) oder blockliegend. Anfallende Seitenware mit anderen Dicken als das Hauptprodukt bis einschließlich 33 mm sowie obere und untere Seitenbretter bis einschließlich 33 mm bei gleichen Dicken wie das Hauptprodukt und Einzelbretter bis 33 mm werden schmalseitig gemessen.
3. Alle Maße werden auf volle Zentimeter nach unten abgerundet, wobei 1 % Abweichung unberücksichtigt bleibt – das gilt nicht für Dimensions- und Listenware –.
4. Bei gehobelter und gespundeter sowie bei nur gespundeter Ware wird das nach der Bearbeitung vorhandene Profilmaß in Millimetern berechnet.
5. Bei glattkantig gehobelter Ware gilt das nach der Bearbeitung vorhandene Breitenmaß, bei mit Wechselfalz hergestellter Ware gilt das nach der Verarbeitung vorhandene Breitenmaß mit Falz in Millimetern.
6. Die Längenvermessung erfolgt nach ganzen, halben und viertel Metern, bei Stamm- und Blockware auch in Dezimetern, bei Dimensions- und Listen- sowie in fixen Längen bestellter Ware nach vollen Zentimetern.
7. Bei unbesäumter Ware wird das Längen- und Breitenmaß, oder auf Wunsch des Käufers die Stamm- und Blattnummer, an der Messstelle erkennbar aufgeschrieben. Das gleiche gilt für besäumte Ware, für die Maßvergütungen gewährt werden.

§ 19 Deck- und Durchschnittsbreiten

1. Für unbesäumte Bretter und Bohlen gelten, soweit nichts anderes gesagt ist, in allen Güteklassen folgende Mindestdeckbreiten:

bis 19 mm Schnittstärke	8 cm
von 20 bis 30 mm Schnittstärke	10cm
von 31 bis 40 mm Schnittstärke	12cm
von 41 mm aufwärts Schnittstärke	14 cm

2. Vereinzelte Bretter mit geringerer Deckbreite dürfen mitgeliefert werden, wenn der Teil des Brettes, der die zulässige Deckbreite nicht erreicht, nicht mitgemessen wird.
3. Für Kiefern- und Lärchenstammware gelten folgende normale Durchschnittsbreiten (DB):

bis 19 mm Schnittstärke	20cm
von 20 bis 30 mm Schnittstärke	23 cm
von 31 bis 40 mm Schnittstärke	25 cm
von 41 mm aufwärts Schnittstärke	27 cm

4. Die unter Ziffer 3 aufgeführten Durchschnittsbreiten können höchstens bis einschließlich 4 cm unterschritten werden.

§ 22 Maßhaltigkeit/Trockenheit

1. Unbesäumtes Laubschnittholz wird so eingeschnitten, dass die berechneten Maße im trockenen Zustand (Messbezugsfeuchte 18 %) der Ware vorhanden sind.

2. Unbesäumtes Laubschnittholz wird innerhalb der Blocklängen von 3 bis 6 m geliefert. Bis 15 % der Menge dürfen in Blocklängen von 2,50 bis 2,90 m geliefert werden. Dicken unter 20 mm können in Längen von 2 m aufwärts geliefert werden. Bei Bunt- und Obsthölzern sind alle Längen handelsüblich.
3. Die Längenvermessung erfolgt nach Dezimetern und Viertelmetern.
4. Laubschnittholz gilt als verladetrocken, wenn es je nach Holzart und Jahreszeit eine Holzfeuchte aufweist, die Schäden durch eigene Feuchtigkeit während des Transportes bei normaler Beförderungsdauer ausschließt.

§ 23 Vermessung

1. Unbesäumtes Laubschnittholz wird grundsätzlich stückweise in der Mitte des Brettes vermessen, und zwar auf der schmalen und breiten Seite verglichen (halbe Baumkante) oder blockliegend. Anfallende Seitenware mit anderen Dicken als das Hauptprodukt bis einschließlich 33 mm sowie obere und untere Seitenbretter bis einschließlich 33 mm bei gleichen Dicken wie das Hauptprodukt und Einzelbretter bis 33 mm werden schmalseitig gemessen.
2. Bei Eichenschnittholz wird gesunder, fester Splint mitgemessen, fauler, also abbröckelnder, und verwurmter Splint werden nicht gemessen.

6.2.2.2 Zulässige Abweichungen und Vorzugsmaße für Nadelschnittholz nach EN 1313-1

Die EN 1313-1 (November 1999) trägt den Titel „Zulässige Abweichungen und Vorzugsmaße für Nadelschnittholz“. Sie legt Dicken- und Breitentoleranzen bei einem Bezugsfeuchtegehalt und Berichtigungen für Maßänderungen aufgrund von Holzfeuchteänderungen sowie Vorzugsmaße für Nadelschnittholz fest.

Die Messbezugsfeuchte beträgt 20%. Sofern nichts anderes nachweisbar ist, gilt, dass sich Dicke und Breite eines Schnittholzes unabhängig von der Holzart um 0,25 % je 1 % Feuchtezunahme (Bereich über 20 % bis Fasersättigung) vergrößert und sich um 0,25 % je 1 % Feuchteabnahme unter 20 % verringert.

Tabelle 58: Vorzugs-Querschnittmaße nach EN 1313-1 für Nadelschnittholz, Dicke ≥ 38 mm

Dicke	Breite in mm									
mm	75	100	125	150	175	200	225	250	300	
38		xxx	xxx	xxx						
50		xxx	xxx	xxx	xxx	xxx	xxx			
63		xxx	xxx	xxx	xxx					
75				xxx	xxx	xxx	xxx			
100						xxx				

Zusätzliche Vorzugsmaße in Deutschland

Dicke	Breite in mm										
mm	60	80	100	120	140	160	180	200	220	240	260
40	xx										
60		xx		xx	xx	xx	xx	xx		xx	
80		xx	xx	xx	xx	xx	xx	xx		xx	
100			xx	xx		xx		xx			
120				xx				xx		xx	
160						xx				xx	xx

Die mittleren Dicken und Breiten dürfen nicht kleiner sein als die Soll-Maße.

Die zulässigen Abweichungen betragen bei 20 % Holzfeuchte

- für Dicken und Breiten ≤ 100 mm + 3 mm / – 1 mm
- für Dicken und Breiten >100 mm + 4 mm / – 2 mm

Längen: keine Minusabweichung, Plusabweichung ist vertraglich zu vereinbaren.

6.2.2.3 Zulässige Abweichungen und Vorzugsmaße für Laubschnittholz nach EN 1313-2 (1999)

Diese Norm legt zulässige Abweichungen und Vorzugsmaße für europäisches Laubschnittholz bei einem Feuchtegehalt von 20 % fest. Das zu Maßänderungen in Abhängigkeit von der Feuchte unter obigem Abschnitt 6.2.2.2 für Nadelschnittholz zutreffende gilt auch für Laubschnittholz. Bei einer bestimmten Zahl von Schnitthölzern darf die durchschnittliche Dicke und Breite nicht kleiner sein als die Soll-Dicke und Soll-Breite. Die zulässigen Abweichungen bei einem Feuchtegehalt von 20 % sind:

Dicken	≤ 32 mm	–1 mm	+ 3 mm
	> 32 mm	– 2 mm	+ 4 mm
Breiten	≤ 100 mm	– 2 mm	+ 6 mm
	≤ 200 mm	– 3 mm	+ 9 mm
	> 200 mm	– 4 mm	+ 12 mm
Längen	– 0 + 3 % der Soll-Länge, nicht mehr als 90 mm		

Als allgemeine Vorzugsmaße gelten:
Dicken: 20, 27, 32, 40, 50, 60, 70, 80 und 100 mm
Breiten: in 10 mm-Schritten bei Breiten zwischen 50 und 90 mm, in 20 mm-Schritten bei Breiten von 100 mm und mehr
Längen bei unbesäumtem Holz und Blockware in 10 cm-Schritten bei Längen zwischen 2,00 und 6,00 m, bei besäumten Holz in 5 cm-Schritten bei Längen bis 1,00 m und in 10 cm-Schritten bei Längen über 1,00 m

In Deutschland gelten zusätzliche Vorzugsmaße:
Dicken: 18, 22, 24, 25, 30, 35, 45, 52, 63 und 78 mm
Breiten: 145 mm als Brettbreite für Standardpaletten

6.2.2.4 Maße und zulässige Abweichungen für Bauschnittholz nach EN 336 (2003)

Im Rahmen der Normenreihe „Bauholz für tragende Zwecke“ (s.a. Abschnitt 6.3.4) regelt EN 336 (2003) die Maße und zulässige Abweichungen für Schnittholz und zugerichtetes besäumtes Schnittholz mit Rechteckquerschnitt und parallelen Kanten bei Schnittdicken bzw. -breiten von 22 mm bis 300 mm aus Nadel- und Laubholz. Sie bezieht sich auf Sollmaße, wobei eine Messbezugsfeuchte von 20 % zugrunde gelegt wird. Wenn keine andere Vereinbarung besteht, ist davon auszugehen, dass sich Dicke und Breite eines Bauholzstückes bei Holzfeuchten von 20 % bis 30 % um 0,25 % je 1,0 % Feuchtezunahme vergrößern und bei einer Holzfeuchte von weniger als 20 % um 0,25 % je 1,0 % Feuchteabnahme verringern. Diese Werte gelten für alle Holzarten.

Zulässige Querschnittsabweichungen

Dicken und Breiten	Maßtoleranzklasse 1	Maßtoleranzklasse 2
≤ 100 mm	+ 3 mm / - 1 mm	+ 1 mm / - 1 mm
> 100 mm	+ 4 mm / - 2 mm	+ 1,5 mm / - 1,5 mm
Längen: negative Abweichungen sind nicht zulässig, positive Abweichungen sind vertraglich zu vereinbaren		

6.3 Gütebestimmungen für inländisches Holz

Für die Gütebestimmung (Sortierung) inländischen Schnittholzes sind von Bedeutung:

- Tegernseer Gebräuche
- DIN-Normen
- EN-Normen
- Richt- und Gebrauchssortimente

Für geklebte Konstruktionshölzer siehe Abschnitt 8.2.2

Sortierung von Schnittholz

nach dem Aussehen *appearance grading* *classement d'aspect*	**nach der Festigkeit** *strength grading* *classement suivant leur résistance*

Nadelholz	Tegernseer Gebräuche
	DIN 68 365
	EN 1611-1
Laubholz	EN 975-1

	visuell	maschinell
Nadelholz	DIN 4074-1	DIN 4074-3,4
Laubholz	DIN 4074-5	
Nadel-/Laubh.	EN 338 und EN 14 081-1	

6.3.1 Tegernseer Gebräuche (Fassung 1985)[27]

An der Abfassung der Tegernseer Gebräuchesammlung waren die Verbände der Sägeindustrie, des Holzhandels und der holzverarbeitenden Industrie beteiligt. Darüber hinaus haben die Verbände des holzverarbeitenden Handwerks, des Bau- und Zimmerhandwerks sowie der Furnier-, Sperrholz- und Holzspanplattenindustrie mitgewirkt. Die Tegernseer Gebräuchesammlung ist also eine Gemeinschaftsarbeit auf breitester Grundlage, die eine Normierung einseitiger Interessen ausschließt. Jedem Verbandsmitglied steht es frei, seinen Vertragsabschlüssen eigene Geschäfts-, Liefer- und sonstige Vertragsbedingungen zugrunde zu legen. Die Tegernseer Gebräuche sind mehrfach durch richterliche Entscheidungen als Handelsbrauch entsprechend § 346 HGB bestätigt worden. Auch die nach fast 25 Jahren seit der letzten Überarbeitung im Jahr 1985 festgestellten Gebräuche sind Handelsbrauch, wie es das Bundeskartellamt im August 1985 bestätigte, und werden in Zweifelsfällen zur Auslegung von Verträgen verwendet.

Nadelschnittholz inländischer Erzeugung
§ 15 Gütebestimmungen/Sortierung

1. Nadelschnittholz wird gesund geliefert; Fehler sind nach Art und Umfang in einem Maße zulässig, das jeweils bei den einzelnen Güteklassen und Sortimenten festgelegt ist.
2. Nadelschnittholz wird, soweit nichts anderes vereinbart ist, in Güte- bzw. Schnittklassen nach der Anlage gehandelt.
3. Beim Verkauf von unsortierter sägefallender Ware darf grundsätzlich kein Holz aussortiert werden.

§ 20 Güteklassenbeurteilung

1. Bei brettweiser Sortierung ist für die Beurteilung der Güteklassenzugehörigkeit die bessere Seite maßgebend. Die andere Seite muss mindestens der der besseren Seite nachfolgenden Güteklasse entsprechen. Ist dies nicht der Fall, so wird die Ware um eine Klasse höher als die schlechtere Seite eingestuft.
2. Das unter Ziffer 1 Gesagte gilt auch für Dicken unter 16 mm, die im Originalschnitt erzeugt sind. Bei Spaltware allgemein ist für die Güteklassenzugehörigkeit die Güteklasse des Originalbrettes vor dem Spalten maßgebend.
3. Bei einseitig gehobelter Ware ist die gehobelte Seite, bei zweiseitig gehobelter Ware ist die bessere Seite zu beurteilen.
4. Im Maß vergütete Fehler sind bei der Einstufung in die jeweiligen Güteklassen außer acht zulassen.

5. Bretter von besonders hochwertiger Beschaffenheit dürfen unerheblich von den festgesetzten Gütebestimmungen abweichen.

Laubschnittholz

§ 21 Beschaffenheit

1. Laubschnittholz-Handelsware wird im Allgemeinen unbesäumt als Blockware gehandelt. Soll außer Block gesetztes Laubschnittholz Gegenstand des Lieferungsvertrages sein, so muss dies im Angebot bzw. im Kaufvertrag besonders gesagt sein.
2. Laubschnittholz muss, soweit nachstehend nichts anderes gesagt ist, gesund sein und einen normalen Wuchs haben. Für vorkommende grobe Fehler (faule Äste, kranke und angestockte Stellen, Risse, auch Eisrisse, Ringschäle, stellenweiser Wurmbefall) erfolgt ein Abschlag in Länge und/oder Breite entsprechend dem fehlerhaften Stück; für geraden Riss erfolgt kein Abschlag. Verschnittenes, stark drehwüchsiges und verstocktes Holz (verdorbenes) kann zurückge-wiesen werden.

§ 24 Seitenbretter

Wird Laubschnittholz als Blockware gehandelt, so ist das anfallende Seitenmaterial, und zwar auch in abweichenden Dicken, mitzuliefern und abzunehmen.

§ 25 Übernahme

Laubschnittholz wird in der Regel auf Besichtigung (auf Besicht) gekauft und durch den Käufer am Lagerort der Ware übernommen. Für die Übernahme gelten dabei die Gebräuche, die im § 6 dieser Sammlung zusammengestellt sind (s. Abschnitt 7.2.1).

Anlage zu den TG: Handelsübliche Güteklassen für Nadelschnittholz

Die Güteklassen nach dieser Anlage gelten für den allgemeinen Einsatz von Schnittholz. Bei speziellen Anforderungen ist das DIN-Normenwerk zu beachten und bei Bestellung zu vereinbaren. Als spezielle Anforderungen gelten z. B. Festigkeit und Feuchte bei Bauschnittholz.

I. Gütemerkmale

A. Fichte, Tanne

1. Farbe: Die Ware gilt als

- blank, wenn sie weder rot- noch blaustreifig, noch durch unsachgemäße Behandlung farbig geworden ist,
- leichtfarbig, wenn sie bis zu 10%,
- mittelfarbig, wenn sie bis zu 40% der Oberfläche farbig ist,
- faul, wenn sie nicht nagelfest ist.

Bei unbesäumter Ware können Faulstellen im Maß abgerechnet werden.

2. Äste: Äste gelten als

- klein, wenn sie nicht mehr als 2 cm kleinsten Durchmesser,
- mittelgroß, wenn sie nicht mehr als 4 cm kleinsten Durchmesser haben.

Nach Rund- und Flügelästen wird nicht unterschieden. Äste bis zu 0,5 cm kleinstem Durchmesser bleiben unberücksichtigt. Soweit nichts anderes bestimmt, darf der größere Durchmesser der Äste jeweils nicht mehr als das Vierfache des zlässigen kleinsten Durchmessers betragen. Feste schwarze und schwarz umrandete Äste gelten als gesund, wenn sie einseitig mindestens zur Hälfte fest verwachsen sind.

3. Harzgallen: Harzgallen gelten als

- klein, wenn sie nicht mehr als 0,5 cm breit und 5 cm lang sind,
- mittelgroß, wenn sie nicht mehr als 1 cm breit und 10 cm lang sind.

Gemessen wird die breiteste und die längste Stelle. Harzgallen bis zu 2 mm Breite und 2 cm Länge bleiben unberücksichtigt. Das gleiche gilt bei unbesäumter Ware für Harzgallen von größerer Ausdehnung, wenn sie auf der Breitseite des Brettes innerhalb der Fläche vorkommen, die durch die Baumkante begrenzt ist.

4. Risse: Risse gelten als

- klein, wenn sie nicht schräg laufen, nicht län-

ger als die Brettbreite sind und nicht durchgehen, Endrisse dürfen auch durchgehen,
- mittelgroß, wenn sie nicht länger als die 1,5-fache Brettbreite sind, diese dürfen auch durchgehen.

Durchgehende Schrägrisse oder Risse, welche durch Ringschäligkeit entstanden sind, gelten in jedem Falle als große Risse. Kleine unbedeutende sogenannnte Haarrisse bleiben bei allen Güteklassen unberücksichtigt. Bei unbesäumter Ware können Risse im Maß abgerechnet werden.

5. *Baumkante:* Baumkante gilt als
- klein, wenn sie nicht mehr als ein Viertel der Brettlänge beträgt und schräg gemessen nicht über ein Viertel der Brettdicke misst,
- mittelgroß, wenn sie nicht mehr als die Hälfte der Brettlänge beträgt und schräg gemessen nicht mehr als die Brettdicke misst,
- groß, wenn das Brett in ganzer Länge mindestens von der Säge gestreift ist.

Die Mindestdeckbreite muss jedoch die Hälfte der Brettbreite betragen. Baumkante ist bei der Güteeinstufung auch dann zu berücksichtigen, wenn sie auf der schlechteren Brettseite vorkommt.

B. Kiefern und Weymouthskiefern

1. *Farbe:* Die Ware gilt
- als blank, wenn sie frei von Bläue jeder Art ist; vereinzelt vorkommende Anbläue, die durch einen leichten Hobelstoß entfernt werden kann, bleibt unberücksichtigt,
- als angeblaut, wenn die Anbläue nur hin und wieder (vereinzelt) vorkommt,
- als blau, wenn sie stärker blau ist, als verdorben, wenn sie durch unsachgemäße Behandlung schwarz oder schimmlig geworden ist.

2. *Äste:* Äste gelten als klein
a) bei unbesäumter Ware, wenn der kleinste Durchmesser nicht mehr als etwa 1/10 der Brettmittenbreite beträgt. Sie dürfen jedoch 2 cm Durchmesser haben;
b) bei besäumter Ware, wenn sie ohne Rücksicht auf die Brettbreite nicht mehr als etwa 3 cm kleinsten Durchmesser haben.

Der größte Durchmesser der unter a) und b) beschriebenen Äste darf nicht mehr als etwa das Vierfache des kleinsten Durchmessers, jedoch 8 cm betragen. Nach Rund- und Flügelästen wird nicht unterschieden. Äste bis zu 1 cm kleinstem Durchmesser bleiben unberücksichtigt. Das gilt nicht für astreine Seiten. Kleinere Zersetzungserscheinungen der Äste auf einer Seite des Brettes bleiben unberücksichtigt. Feste schwarze und schwarz umrandete Äste gelten als gesund, wenn sie einseitig mindestens zur Hälfte fest verwachsen sind.

3. *Harzgallen:*
Es gilt dasselbe wie unter A, Ziffer 3 gesagt. Sofern bei den einzelnen Güteklassen nichts anderes gesagt ist, müssen sie abgerechnet werden, wenn sie den normalen Verwendungszweck beeinträchtigen.

4. *Risse:*
Es gilt dasselbe wie unter A, Ziffer 4 gesagt. Sofern bei den einzelnen Güteklassen nichts anderes gesagt ist, müssen Risse im Maß vergütet werden, wenn sie den normalen Verwendungszweck beeinträchtigen.

5. *Baumkante:*
Es gilt dasselbe wie unter A, Ziffer 5 gesagt.

C. Lärche

1. *Farbe:*
Es gilt dasselbe wie unter A, Ziffer l gesagt.

2. *Äste:*
Es gilt dasselbe wie unter A, Ziffer 2 gesagt. Schwarzumrandete Äste gelten noch als gesund, sofern sie keine Loslösungserscheinungen aufweisen.

3. *Harzgallen:*
Es gilt dasselbe wie unter A, Ziffer 3 gesagt.

4. *Risse:*
Es gilt dasselbe wie unter A, Ziffer 4 gesagt. Sofern nichts anderes gesagt ist, sind gerade Risse und gerade Pechrisse ohne Maßvergütung gestattet.

5. *Baumkante:*
Es gilt dasselbe wie unter A, Ziffer 5 gesagt.

6. Bei unbesäumter Ware sind Faulstellen, fauler, rissiger und wurmstichiger Splint sowie Schrägrisse gestattet, müssen jedoch im Maß vergütet werden.

D. Douglasie

Schnittholzsortimente werden in zunehmenden Mengen auch aus Douglasien-Rundholz inländischen Ursprungs erzeugt. Holzartenspezifische Güteklassen haben sich bislang jedoch noch nicht gebildet. Die Güteklasseneinteilung erfolgt überwiegend wie bei Fichte/Tanne. Douglasien-Schnittware wird auch noch in Mischung mit anderen Holzarten (vor allem Fichte/Tanne oder Lärche), zum Teil aber auch als reines Douglasien-Schnittholz sortiert.

II. Güteklassen

1. Bretter und Bohlen, unbearbeitet

A. Fichte/Tanne

a) Blockware

Normallänge 3 ... 6 m. Stapelung und Verkauf: nur blockweise.

Gruppe I: von 40 cm Zopfdurchmesser aufwärts

Gruppe II: von 35 bis unter 40 cm Zopfdurchmesser

Gruppe III: von 30 bis unter 35 cm Zopfdurchmesser

Beim Einschnitt von Brettern bis einschließlich 19 mm Dicke können auch Zopfdurchmesser von 25 bis unter 30 cm mitgeliefert werden.

Vermessungsart: brettweise.

Die Ware muss im Allgemeinen aus gesunden, äußerlich äst- und beulenfreien Stämmen erzeugt werden. Der innere Ausfall des Blockes muss innerhalb der Zifferngüteklassen I und II liegen. Es sind Blöcke zulässig, bei denen ein Kernbrett der Zifferngüteklasse III und bei Blöcken, welche im Kern durchschnitten sind, zwei Kernbretter der Güteklasse III vorkommen. Rotharte (buchsige) Blöcke sind ausgeschlossen.

b) Zifferngüteklassen

Güteklasse 0:

Normallänge 3 ... 6 m, 8 cm aufwärts breit, besäumt und unbesäumt. Vermessungsart: brettweise.

Die Ware muss:

1. blank sein.

Die Ware darf:

2. je lfd. m – ohne Rücksicht auf die Lage – einen kleinen Ast, jedoch nicht länger als 5 cm,
3. statt eines kleinen Astes eine kleine Harzgalle,
4. vereinzelt kleine Risse,
5. vereinzelt kleine Baumkante,
6. bei unbesäumter Ware Krümmung bis 2 cm je lfd. m haben.

Rotharte (buchsige) Bretter und Bohlen sind ausgeschlossen.

Güteklasse I:

Normallänge 3 ... 6 m, 8 cm aufwärts breit, besäumt und unbesäumt. Vermessungsart: brettweise.

Die Ware darf:

1. vereinzelt leicht farbig sein, sofern sie jedoch die Voraussetzungen der Nummern 2 bis 5 der Güteklasse 0 erfüllt, darf sie farbig sein; der Käufer ist berechtigt, die Lieferung solcher Ware auszuschließen
2. kleine fest verwachsene Äste, nicht über 5 cm lang, und je lfd. m einen kleinen Durchfallast,
3. vereinzelt kleine Harzgallen,
4. vereinzelt kleine Risse, Endrisse, welche nicht länger als die Brettbreite sind, bleiben unberücksichtigt,
5. vereinzelt kleine Baumkante,
6. bei unbesäumter Ware Krümmung bis 2 cm je lfd. m haben. Rotharte (buchsige) Bretter und Bohlen sind ausgeschlossen.

Güteklasse II:

Normallänge 3 ... 6 m, 8 cm aufwärts breit, besäumt und unbesäumt. Vermessungsart: brettweise.

Die Ware darf:

1. leicht farbig sein,
2. ohne Rücksicht auf die Lage je lfd. m zwei kleine Durchfalläste und auf beiden Seiten fest verwachsene mittelgroße Äste bis 10 cm Länge haben. Die bessere Seite darf keine sich gegenüberliegenden, vom Kern ausgehenden Äste aufweisen,
3. kleine Harzgallen,
4. vereinzelt vorkommende kleine Risse, Endrisse, welche nicht länger als die Brettbreite sind, bleiben unberücksichtigt,
5. kleine Baumkante,
6. bei unbesäumter Ware Krümmung bis 2 cm je lfd. m haben.

Wurmbefall ist auch auf der schlechteren Seite nicht zugelassen.

Güteklasse III:
Normallänge 3 ... 6 m, 8 cm aufwärts breit, besäumt und unbesäumt. Vermessungsart: brettweise oder nach Flächenmaß. Bei Lieferung von 8 cm aufwärts 12 cm DB, auf Wunsch des Käufers auch ohne DB, 18cm aufwärts ohne DB.
Die Ware darf:
1. mittelfarbig sein,
2. vereinzelt mittelgroße lose, im Übrigen gesunde Äste,
3. mittelgroße Harzgallen in geringer Anzahl,
4. mittelgroße Baumkante,
5. mittelgroße Risse,
6. geringen Wurmbefall,
7. bei unbesäumter Ware Krümmungen haben.

Güteklasse IV:
Normallänge 2 ... 6 m, 8 cm aufwärts breit, ohne DB, besäumt und unbesäumt. Vermessungsart: brettweise oder Flächenmaß.
Ware, die der Güteklasse III nicht entspricht, gehört zur Güteklasse IV. Sie darf unter anderem große Baumkante haben und auch verschnitten sein. Schnittholz, das nicht mehr als Nutzholz verwendet werden kann, darf nicht mitgeliefert werden. Scherben, verdorbene Ware und Brennholz sind ausgeschlossen.

Rohhobler:
Normallänge 2 ... 6 m, nicht über 55 mm stark, Breite 8... 18 cm, nur parallel besäumt oder prismiert. Vermessungsart: brettweise.
Die Ware darf:
1. vereinzelt leicht farbig sein,
2. mittelgroße, gesunde Äste, jedoch nicht länger als 7 cm, keine Durchfalläste,
3. kleine Harzgallen, jedoch darf die Ansicht des Brettes nicht beeinträchtigt werden,
4. kleine Baumkante,
5. vereinzelt kleine Risse sowie Endrisse, welche nicht länger als Brettbreite sind, haben.

B. Kiefer

a) Stamm-, Mittel-, Zopfware, astreine Seiten
Stammware Güteklasse I:
Nur aus Erdstämmen erzeugt, brettweise sortiert. Vermessungsart: brettweise.
Bis 3 % der Stückzahl aus forstseitig gesund geschnittenem Rundholz dürfen mitgeliefert werden, soweit der Erdstammcharakter erhalten ist.
Die Ware darf nicht grobringig und muss frei von stärkerem Drehwuchs sein.
Die Faser muss gerade verlaufen, nur eine leichte Abweichung von der geraden Linie ist gestattet. Die Kernröhre darf nicht wesentlich von der Mitte des Brettes abweichen. Die Ware muss im Prinzip blank sein, hin und wieder ist leichte Anbläue gestattet.
Die Längen dürfen nicht unter 4 und nicht über 9 m, bis 5 % der Stückzahl dürfen über 9 ... 10 m betragen. Die Ware muss im ersten und zweiten Drittel der Länge – bei Längen bis 6 m auf mindestens 4 m – einseitig astrein sein. Wenige kleine, gesunde, im mittleren Drittel der Brettbreite liegende Äste bleiben unberücksichtigt. Im Übrigen Teil der Länge dürfen auch einige größere, gesunde, jedoch nicht bis zum Rand durchgehende Äste vorkommen.
Einseitige Krümmung bis zu 2 cm je lfd. m ist gestattet. Kernschiefer (Schilber) nicht über ein Drittel der Brettbreite reichend, kleine

Faulstellen, Stamm-(Stock-)Fäule sowie mit der Faser verlaufende Risse sind zulässig, müssen jedoch der Ausdehnung entsprechend im Maß abgerechnet werden. Seitenrisse sowie durchgehende Schrägrisse sind ausgeschlossen.

Stammware Güteklasse II:
Nur aus Erdstämmen erzeugt, brettweise sortiert. Vermessungsart: brettweise.
Bis zu 5 % der Stückzahl aus forstseitig gesund geschnittenem Rundholz dürfen mitgeliefert werden, soweit der Erdstammcharakter erhalten ist.
Längen wie bei Stammware Güteklasse I. Die Ware muss im ersten Drittel der Länge – bei Längen bis 6 m auf mindestens 2 m – einseitig astrein sein, im Übrigen nach den für Stammware Güteklasse I geltenden Gütebestimmungen sortiert werden.

Stammware Güteklasse III:
Nur aus Erdstämmen erzeugt, brettweise sortiert. Vermessungsart: brettweise.
Forstseitig gesund geschnittenes Rundholz, soweit der Erdstammcharakter erhalten ist, darf mitgeliefert werden.
Im ersten Drittel der Länge – bei Längen bis 6 m auf nicht weniger als 2 m – dürfen einige kleine, gesunde, nicht bis zum Rand durchgehende Äste, im übrigen Teil der Länge kleine faule und große gesunde Äste in mäßiger Anzahl vorkommen. Bauholzqualität (stark beulig und grobästig) ist ausgeschlossen.
Längen: wie bei Stammware Güteklasse I und II. Die Ware muss im Prinzip blank, bis ein Drittel der Stückzahl darf angeblaut sein. Kernschiefer (Schilber), kleine Faulstellen und Stamm-(Stock-)Fäule sowie Risse sind zulässig, müssen jedoch der Ausdehnung entsprechend im Maß vergütet werden. Krümmung bis zu 3 cm je lfd. m ist gestattet.

Mittelware:
Blockweise sortiert, von 25 cm Zopfdurchmesser aufwärts. Vermessungsart: brettweise.
Die Ware ist aus nicht grobringigen, nicht stärker drehwüchsigen, äußerlich astreinen, nicht stark beuligen - bei besonders hochwertiger Beschaffenheit - auch äußerlich fast astreinen zweiten oder dritten Mittelstücken einzuschneiden. Erdstämme sind ausgeschlossen. Die Normallänge muss 3 m aufwärts betragen, höchstens 20% der Brettzahl dürfen 2,40 bis 2,80 m lang sein. Die Ware muss blank sein, hin und wieder vorkommende Anbläue ist gestattet. Kernschiefer (Schilber), nicht über ein Drittel der Brettbreite reichend, kleine Faulstellen sowie mit der Faser verlaufende Risse und Schrägrisse sind zulässig, müssen jedoch der Ausdehnung entsprechend im Maß abgerechnet werden.
Der Block darf einseitige Krümmung bis zu 2 cm je lfd. m haben. Der innere Ausfall des Blockes ist bei der Güteeinstufung entscheidend. Die Mehrzahl der Bretter des Blockes muss klein- und gesundästig sein.

Zopfware:
Blockweise sortiert, von 20 cm Zopfdurchmesser aufwärts. Vermessungsart: brettweise.
Die Ware ist aus äußerlich nicht grobästigen Mittelstücken und Zopfenden einzuschneiden. Bauholzqualität (stark beulig und grobästig) ist ausgeschlossen. Die Normallänge muss 3 m aufwärts betragen, 20% der Brettzahl dürfen 2,40 bis 2,80 m lang sein. Die Ware muss im Prinzip blank sein, vorkommende Anbläue ist gestattet. Kernschiefer (Schilber) und kleine Faulstellen sowie mit der Faser verlaufende Risse und Schrägrisse sind der Ausdehnung entsprechend im Maß abzurechnen. Der Block darf einseitige Krümmung bis zu 2 cm je lfd. m haben.

Modellware:
Unbesäumt, block- oder brettweise sortiert, von 30 cm Zopfdurchmesser aufwärts. Vermessungsart: brettweise.
Die Ware muss gesund und darf grob, krumm, sowie blau sein und faule Äste haben. Die Nor-

mallänge muss 3 m und aufwärts betragen. Bis 20 % der Stückzahl dürfen 2,40 bis 2,80 m lang sein.

Kistenbretter:
Unbesäumt oder besäumt, block- oder brettweise sortiert. Vermessungsart: brettweise oder Flächenmaß.
Die Ware darf aus Rundhölzern eingeschnitten werden, die krumm, grob und schlechtästig sind. Sie muss gesund, zum mindesten nagelfest sein. Vorkommende Ringschäligkeit muss im Maß abgerechnet werden. Weitere Qualitätsansprüche werden an diese Ware nicht gestellt. Kistenbretter müssen eine Mindestlänge von 2 m und eine Durchschnittslänge von 3 m, ein Mindestdeckmaß von 7 cm sowie eine Durchschnittsbreite von 13 cm haben. Längen von 0,80 bis 1 ,80 m dürfen auf Wunsch des Käufers mitgeliefert werden.

Astreine Seiten:
Vermessungsart: brettweise.
Bis 30 mm dick, mindestens einseitig astrein und rissfrei, Krümmungen bis zu 2 cm je lfd. m zulässig. Die Ware wird nach folgenden Sortimenten unterschieden:
a) Breite, blanke Stammseiten, bis 10% der Stückzahl leichte Anbläue gestattet, unbesäumt, entrindet, 10 cm Mindestdeckbreite, 18 cm aufwärts breit, 21 cm DB, 3 m aufwärts lang, 4 m DL.
b) Alle übrigen Seiten, unbesäumt und besäumt, entrindet, 6 cm Mindestdeckbreite, 15 cm DB, 2 m aufwärts lang, 3,20 m DL. Die Ware muss blank sein, bis 10% der Stückzahl leichte Anbläue gestattet.
c) Angeblaute und blaue Seiten, Abmessungen wie (b).
d) Blanke Kürzungsseiten, bis 10% der Stückzahl leichte Anbläue gestattet, 0,80 bis 1,80 m lang, 6 cm Mindestdeckbreite ohne DB und ohne DL.
e) Angeblaute und blaue Kürzungsseiten in Abmessungen wie unter (d).

b) Zifferngüteklassen
Güteklasse I:
Normallänge 3 ... 6 m, 8 cm aufwärts breit, besäumt und unbesäumt. Vermessungsart: brettweise.
Die Ware muss:
1. scharfkantig – vereinzelt kleine Baumkante gestattet –,
2. blank – vereinzelt angeblaut – sein.
Die Ware darf:
3. vereinzelt kleine gesunde Äste,
4. vereinzelt kleine Harzgallen haben.
Kernschiefer (Schilber) und Risse – ausgenommen kleine Risse – sind ausgeschlossen. Krümmungen bei unbesäumter Ware bis 2 cm je lfd. m gestattet.

Güteklasse II:
Normallänge 3 ... 6 m, bis 5 % der Stückzahl von 2 bis unter 3 m zulässig, 8 cm aufwärts breit, besäumt und unbesäumt. Vermessungsart: brettweise.
Die Ware muss blank sein - vorkommende Anbläue gestattet –. Die Ware darf kleine gesunde – vereinzelt auch lose – und bei Dicken über 30 mm auch vereinzelt größere gesunde Äste und kleine Baumkante sowie Harzgallen haben. Kernschiefer (Schilber), Schrägrisse und durchgehende Endrisse sind ausgeschlossen. Vereinzelt vorkommende Risse und Endrisse bis zur Länge der Brettbreite, letztere durchgehend, sind gestattet. Bei unbesäumter Ware Krümmungen bis 2 cm je lfd. m gestattet.

Güteklasse III:
Normallänge 3 ... 6 m, bis 15 % der Stückzahl von 2 bis unter 3 m lang zulässig, besäumt und unbesäumt, 8 cm aufwärts breit. Vermessungsart: brettweise oder nach Flächenmaß. Bei Lieferung von 8 cm aufwärts breit 12 cm DB, auf Wunsch des Käufers auch ohne DB, von 18 cm aufwärts breit ohne DB.
Gütebestimmungen: wie bei Fichte/Tanne, Güteklasse III, jedoch darf die Ware der Jahreszeit entsprechend blau sein.

Güteklasse IV:
Normallänge 2 ... 6 m, besäumt und unbesäumt, 8 cm aufwärts breit ohne DB. Vermessungsart: brettweise oder nach Flächenmaß. Gütebestimmungen: wie bei Fichte/Tanne, Güteklasse IV.

Rohhobler:
Normallänge 2 ... 6 m, nicht über 55 mm stark, nur parallel besäumt oder prismiert, Breite 8 ... 18 cm. Vermessungsart: brettweise. Gütebestimmungen und Astgröße: wie bei Fichte/Tanne, Güteklasse Rohhobler, jedoch darf die Ware leicht angeblaut sein.

C. Weymouthskiefer
Güteklasse S:
Blockweise sortiert, Länge 2,40 m aufwärts, Mindestmittendurchmesser 30 cm, Mindestzopfdurchmesser 20 cm. Vermessungsart: brettweise. Die Ware muss:
1. faul-und bruchfrei sein,
2. blockweise gestapelt, verkauft und verladen werden. Kleine Faulstellen müssen im Maß abgerechnet werden.

Güteklasse N:
Besäumt und unbesäumt, 2 m aufwärts lang, 6 cm Mindestbreite. Vermessungsart: brettweise. Die Ware muss faul- und bruchfrei sein. Kleine Faulstellen müssen im Maß abgerechnet werden.

D. Lärche
a) Stammbretter und Bohlen unbesäumt
Güteklasse I:
Normallänge 2,40 m aufwärts lang, nur aus Erdstämmen erzeugt. Vermessungsart: brettweise.
Die Ware muss:
1. auf der linken Seite (Außenseite) an jeder Stelle mindestens zwei Drittel der Brettbreite Kernholz aufweisen,
2. frei von starkem Drehwuchs sein.
Die Ware darf:
3. kleine gesunde Äste – ohne Rücksicht auf die Lage – sowie Nageläste bis zu einer Breite von etwa 15 mm, welche in der Längsrichtung aufgeschnitten sind – ohne Rücksicht auf ihre Länge –,
4. Pechrisse (Pechlarsen), Kernröhrenrisse sowie vereinzelt vorkommende kleine Risse – Endrisse, diese jedoch nicht länger als die Brettbreite –,
5. kleine Harzgallen,
6. einseitige Krümmung bis 3 cm je lfd. m haben.

Güteklasse II:
Normallänge 2,40 m aufwärts, unbesäumt. Vermessungsart: brettweise.
Die Ware muss:
1. frei von starkem Drehwuchs sein.
Die Ware darf:
2. mittelgroße, gesunde Äste - ohne Rücksicht auf die Lage - sowie Nageläste bis zu einer Breite von etwa 15 mm, welche in der Längsrichtung aufgeschnitten sind – ohne Rücksicht auf ihre Länge-,
3. Pechrisse (Pechlarsen), Kernröhrenrisse sowie mittelgroße Risse und Endrisse, diese jedoch nicht länger als die doppelte Brettbreite,
4. mittelgroße Harzgallen,
5. vereinzelt leichte Brandigkeit (Rotfäule),
6. einseitige Krümmung bis 3 cm je lfd. m, haben.

b) Zifferngüteklassen
Güteklasse 0:
Normallänge 3 . . . 6 m, 8 cm aufwärts breit, besäumt und unbesäumt. Vermessungsart: brettweise.
Die Ware muss:
1. blank und frei von Brandigkeit sein.
Die Ware darf:
2. je lfd. m einen Ast,
3. vereinzelt keine Harzgallen,
4. vereinzelt kleine Risse, an den Kanten auftretende Schrägrisse, welche nicht länger als die Brettbreite sind (diese sind im Maß zu ver-

güten), sowie Endrisse, welche nicht länger als die Brettbreite sind,
5. vereinzelte kleine Baumkante,
6. bei unbesäumter Ware einseitige Krümmung, bis 3cm je lfd. m haben.

Güteklasse I:
Normallänge 3 ... 6 m, 8 cm aufwärts breit, besäumt und unbesäumt. Vermessungsart: brettweise.
Die Ware muss:
1. blank und frei von Brandigkeit sein.
Die Ware darf:
2. je lfd. m einen kleinen Ast,
3. vereinzelt kleine Harzgallen,
4. vereinzelt kleine Risse, an den Kanten auftretende Schrägrisse, welche nicht länger als die Brettbreite sind (diese sind im Maß zu vergüten), sowie Endrisse, welche nicht länger als die Brettbreite sind,
5. vereinzelt kleine Baumkante,
6. bei unbesäumter Ware einseitige Krümmung, bis 3 cm je lfd. m, haben.

Güteklasse II:
Normallänge 3 ... 6 m, 8 cm aufwärts breit, besäumt und unbesäumt. Vermessungsart: brettweise.
Die Ware darf:
1. leicht farbig sein und vereinzelt leichte Brandigkeit (Rotfäule),
2. mittelgroße, gesunde Äste und je lfd. m zwei kleine Durchfalläste oder angefaulte Äste und zwei Nageläste bis zu einer Breite von etwa 15 mm, welche in der Längsrichtung aufgeschnitten – ohne Rücksicht auf ihre Länge –,
3. Harzgallen,
4. kleine Risse, an den Kanten auftretende Schrägrisse, welche nicht länger als die Brettbreite sind (diese sind im Maß zu vergüten), sowie Endrisse, welche nicht länger als die Brettbreite sind,
5. kleine Baumkante,
6. bei unbesäumter Ware Krümmung bis 3 cm je lfd. m, haben.

Güteklasse III:
Länge, Breite, Vermessungsart und Gütebestimmungen wie Fichte/Tanne, Güteklasse III.
Güteklasse IV:
Länge, Breite, Vermessungsart und Gütebestimmungen wie Fichte/Tanne, Güteklasse IV.
Rohhobler:
Länge, Breite, Kennzeichnung, Vermessungsart und Gütebestimmungen wie Fichte/Tanne, Güteklasse Rohhobler.

3. Latten, Kreuzholz, Rahmen, Kantholz und Balken

Fichte, Tanne, Kiefer, Lärche, Douglasie
a) Latten:
Als Latten gelten Querschnittsabmessungen bis zu 32 cm^2 und nicht über 8 cm breit. Ware, bei der die Abmessungen 8 cm übersteigen, gilt als Bretter oder Bohlen.

Güteklasse I: Normallänge 3 ... 6 m.
Die Ware darf:
1. bei Fichte/Tanne/Lärche/Douglasie leicht farbig, bei Kiefer der Jahreszeit entsprechend angeblaut sein,
2. kleine Äste, soweit sie die Bruchfestigkeit, und Harzgallen, soweit sie den Verwendungszweck nicht beeinträchtigen,
3. kleine Baumkante,
4. kleine Risse haben.

Güteklasse II: Normallänge 2 ... 6 m.
Die Ware darf:
1. bei Fichte/Tanne/Lärche/Douglasie farbig, bei Kiefer der Jahreszeit entsprechend blau sein,
2. Äste, soweit sie die Bruchfestigkeit nicht beeinträchtigen,
3. Harzgallen,
4. Baumkante, jede Seite muss jedoch auf der ganzen Länge von der Säge gestreift sein,
5. Risse, soweit sie die Bruchfestigkeit nicht beeinträchtigen, haben.

Spalierlatten:
von 0,80 m aufwärts lang, bis 24 mm dick, bis 35 mm breit.
Spalierlatten (Plafondlatten, Gipslatten usw.) müssen gleichmäßig geschnitten sein. 50% der Stückzahl dürfen keine Baumkante aufweisen. Im Übrigen müssen die Latten auf allen Seiten in ganzer Länge von der Säge gestreift sein.

b) Kreuzholz und Rahmen:
Als Kreuzholz und Rahmen gelten nur Querschnittabmessungen von mehr als 32 cm². Bei Kreuzholz müssen vier Stück kerngetrennt, bei Rahmen mindestens vier Stück aus einem Rundholzabschnitt erzeugt sein.

Güteklasse I:
Normallänge 3 ... 6 m, bis 10 % der Stückzahl unter 3 m zulässig.
Die Ware muss:
1. frei von durchgehenden Rissen und Drehwuchs sein.

Die Ware darf:
2. bei Fichte/Tanne/Lärche/Douglasie leicht farbig, bei Kiefer der Jahreszeit entsprechend angeblaut sein,
3. bei Fichte/Tanne/Lärche/Douglasie mittelgroße, bei Kiefer vereinzelt große, gesunde Äste,
4. Harzgallen, die den Verwendungszweck nicht beeinträchtigen,
5. kleine Baumkante haben.

Güteklasse II:
Normallänge 3 ... 6 m, bis 10 % der Stückzahl unter 3 m zulässig.
Die Ware darf:
1. bei Fichte/Tanne/Lärche/Douglasie farbig, bei Kiefer blau sein,
2. Äste und Harzgallen,
3. mittelgroße Risse,
4. Baumkante – schräg gemessen – nicht mehr als die Hälfte der größeren Querschnittabmessung,
5. kleinen Drehwuchs,
6. leichte Wurmstichigkeit haben.

c) Kantholz und Balken (Bauholz):
Bauholz muss äußerlich gesund, fehlerfrei und entrindet sein, es darf bei Fichte / Tanne / Lärche /Douglasie farbig und bei Kiefer blau sein sowie Kern- und Trockenrisse aufweisen. Als Fehler gelten insbesonders Sandbrandigkeit, jede Art von Fäule sowie Ringschäligkeit. Fraßgänge von Frischholzinsekten sind zulässig.

Für Vorratskantholz gelten folgende Abmessungen: 3 m aufwärts lang, 25 % 2,0 ... 2,80 m lang. Als Halbholz gilt Bauholz, wenn mindestens zwei Stücke aus einem Rundholzabschnitt erzeugt sind.

Schnittklasse S:
Die Ware muss scharfkantig sein und darf keine Baumkante aufweisen.

Schnittklasse A:
Die Ware darf an beliebigen Kanten in ganzer Länge Baumkante aufweisen, die schräg gemessen nicht mehr als ein Achtel der größeren Querschnittabmessung (Höhe) beträgt. Bei Längen über 8 m darf bei vereinzelt anfallenden Stücken (maximal 10 % der Menge) der letzte ½ m die Merkmale der Schnittklasse B aufweisen.

Schnittklasse B:
Die Ware darf an allen Kanten in ganzer Länge Baumkanten aufweisen, die schräg gemessen nicht mehr als sein Drittel der größeren Querschnittabmessung (Höhe) beträgt.

Schnittklasse C:
Die Ware muss an allen Seiten in ganzer Länge mindestens von der Säge gestreift sein. In geringer Länge nicht gestreifte Stellen sind im Maß abzurechnen.

6.3.2 Gütemerkmale für Schnittholz

Die im Folgenden bearbeiteten DIN- und EN-Normen weichen in ihrer Terminologie zum Teil erheblich von den traditionellen Tegernseer Gebräuchen ab. Da neben einigen europäischen noch mehrere deutsche Normen Gültigkeit haben, ist es notwendig, die Begriffsdefinitionen aus DIN und EN aufzuzeigen.

6.3.2.1 Gütemerkmale nach DIN 68 256 (1976)

Diese Norm erläutert die Begriffe, die als Gütemerkmale für Laub- und Nadelschnittholz verwendet werden. Sie stimmt sachlich überein mit den Normen ISO 1031 und ISO 2300 und gilt für ungehobeltes, abgerichtetes und gehobeltes Schnittholz, nicht jedoch für profiliertes Holz.

Merkmal-gruppe	Benennung	Erläuterung
Äste	runder Ast 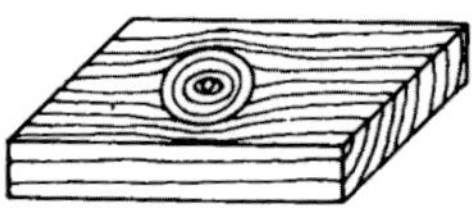	Ast, der so geschnitten ist, dass das Verhältnis zwischen dem größten und kleinsten Durchmesser nicht größer als 2 ist
	ovaler Ast 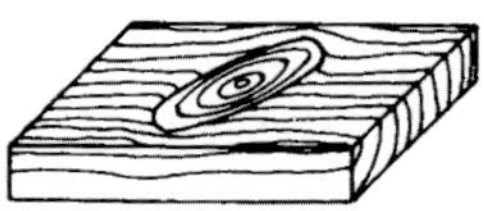	Ast, der so geschnitten ist, daß das Verhältnis zwischen dem größten und kleinsten Durchmesser größer als 2, aber nicht größer als 4 ist
	länglicher Ast 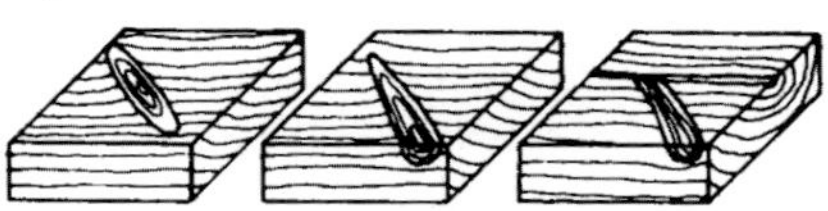	Ast, der so geschnitten ist, daß das Verhältnis zwischen dem größten und kleinsten Durchmesser größer als 4 ist
	Flügelast	annähernd parallel zu seiner Längsachse aufgeschnittener Ast
	Punktast	Ast mit einem Durchmesser bis 5 mm
	Seitenast 	Ast, der an einer Seite (Breitfläche) auftritt
	Kantenflächenast 	Ast, der an einer Kantenfläche (Schmalfläche) auftritt

Merkmal-gruppe	Benennung	Erläuterung
	Kantenast 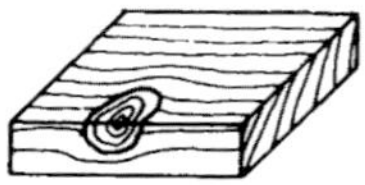	Ast, der an einer Kante auftritt
	durchgehender Ast 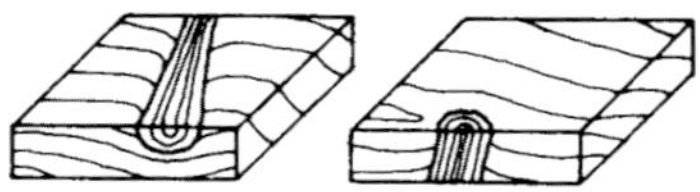	Ast, der von einer Seite oder Kantenfläche zur gegenüberliegenden durchgeht
	Einzelast	Ast, der einzeln so auftritt, daß sein Abstand von einem anderen Ast in Längsrichtung des Holzes größer ist als die Breite des Holzes. Wenn das Holz breiter als 150 mm ist, ist der Mindestabstand 150 mm
	Gruppenast (= Astansammlung) 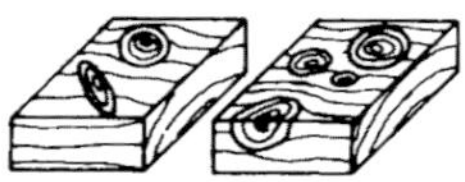	mehrere runde, ovale und Kantenäste in einem Flächenbereich, der so lang ist wie die Brettbreite, jedoch nicht länger als 150 mm
	Doppelast 	zwei Flügeläste auf derselben Achse, oder ein länglicher Ast, kombiniert mit einem ovalen oder Kantenast auf derselben Achse, wobei dazwischenliegende runde oder ovale Äste nicht gewertet werden
	verwachsener Ast	Ast, der auf mindestens drei Viertel seines Querschnittumfanges mit dem umgebenden Holz verwachsen ist
	teilweise verwachsener Ast	Ast, der auf mehr als einem Viertel und weniger als drei Viertel seines Querschnittumfanges mit dem umgebenden Holz verwachsen ist
	nicht verwachsener Ast	Ast, der nicht oder auf einem Viertel oder weniger seines Querschnittumfanges mit dem umgebenden Holz verwachsen ist
	gesunder Ast	Ast ohne Anzeichen von Fäulnis; es werden unterschieden helle, dunkle und dunkle verharzte Äste
	heller Ast	gesunder Ast, dessen Holz hell ist und der Farbe des umgebenden Holzes entspricht
	dunkler Ast	gesunder Ast, der wesentlich dunkler als das umgebende Holz ist
	dunkler verharzter Ast	gesunder Ast, dessen Holz wesentlich dunkler als das umgebende Holz ist und glasig erscheint
	angefaulter Ast	Ast, bei dem höchstens ein Drittel der Querschnittfläche faul ist
	fauler Ast	Ast, bei dem über ein Drittel der Querschnittfläche faul ist

Merkmal-gruppe	Benennung	Erläuterung
Risse		Trennung der Fasern in Längsrichtung
	Kernriss	radial gerichteter Riss, der im Kern auftritt mit großer Ausdehnung in der Längsrichtung des Holzes
	Frostriss	radial gerichteter Riss, der vom Splintholz in Richtung Kernholz mit großer Ausdehnung in Längsrichtung des Holzes läuft; er entsteht am stehenden Baum und wird von einer Nachdunkelung des angrenzenden Holzes und einer örtlichen Krümmung der Jahrringe begleitet
	Trockenriss	Riss, der am gefällten Stamm auftritt und in radialer Richtung läuft
	Ringriss	Riss, der am Kernholz auftritt, den Jahrringen folgt und an seiner großen Ausdehnung in der Längsrichtung des Holzes zu erkennen ist
	Schilferriss	meist in der Mitte der Herzbretter auftretender schräger Faserverlauf mit schuppiger Ablösung flächiger Holzschichten, so dass meist bis etwa 10 cm lange Risse quer oder schräg zur Brettlänge entstehen
	Seitenriss	Riss an den Seiten (Breitflächen); er kann aber auch an den Enden (Hirnholz) auftreten
	Kantenflächenriss	Riss an den Kantenflächen (Schmalflächen); er kann aber auch an den Enden (Hirnholz) auftreten
	Endriss	Riss an den Enden; er darf aber nicht an der Kantenfläche oder Seite des Holzes auftreten
	Oberflächenriss (Haarriss)	Riss, der bei höchstens 50 mm dickem Holz nicht tiefer geht als 5 mm, und der Riss, der bei dickerem Holz nicht tiefer geht als ein Zehntel der Dicke
	tiefer Riss	Riss, der bei höchstens 50 mm dickem Holz tiefer geht als 5 mm, und Riss, der bei dickerem Holz tiefer geht als ein Zehntel der Dicke, jedoch nicht auf der anderen Seite des Holzes erscheint
	durchgehender Riss	Riss, der an zwei Seiten oder Enden des Holzes sichtbar ist; bei Ringrissen auch an zwei benachbarten Stellen derselben Holzfläche
Holz-struktur	Markröhre	zentrale Röhre im Stamm innerhalb des ersten Jahrringes, in Farbe und Struktur vom umgebenden Holz abweichend
	Faserneigung	Abweichungen der Faser von der Richtung der Längsachse des Holzes; häufig Anzeichen für Drehwuchs
	Druckholz (Buchs, Rothärte)	örtliche Veränderung der Holzstruktur während des Wachstums, hervorgerufen durch Verdickung der Frühholzzellen; häufig durch Farbänderung erkennbar
	Zugholz	örtliche Veränderung der Holzstruktur während des Wachstums, die durch rauhe, wollige Schnittfläche erkennbar ist
	Wirbel	gewellter oder unregelmäßiger Verlauf der Faser im Holz

Merkmal-gruppe	Benennung	Erläuterung
	Drehwuchs	spiraliger, im wesentlichen paralleler Faserverlauf schräg zur Baumachse
	Wechseldrehwuchs	die Fasern aufeinanderfolgender Wachstumszonen sind abwechselnd geneigt in entgegengesetzten, von der Baumachse abweichenden Richtungen
	Harzgalle	zwischen den Jahrringen liegender, mit Harz gefüllter Hohlraum Harzgallen werden in einseitige und durchgehende Gallen eingeteilt
	einseitige Harzgalle	Harzgalle, die nur auf einer Seite des Holzes sichtbar ist
	durchgehende Harzgalle	Harzgalle, die auf zwei gegenüberliegenden Seiten des Holzes sichtbar ist
	Harzzone	Zone im Holz mit besonders hohem Harzgehalt
	Rindeneinschluß	vollständig oder teilweise im Holz eingeschlossene Rinde Rindeneinschlüsse werden in einseitige und durchgehende Einschlüsse eingeteilt
	Falschkern	unnormal starke Verfärbung verschiedener Tönung, Intensität und Einheitlichkeit im inneren Teil des Stammes, die die Härte des Holzes nicht vermindert; dieses Merkmal erscheint am stehenden Baum bei Arten mit unregelmäßiger Bildung des Kernholzes (Birke, Buche usw.)
	Spritzkern	für die Güte des Holzes der Rotbuche bedeutsame Art des Falschkerns, der an der besonders dunklen Färbung und dem gezackten Rand erkennbar ist
	Gerbstoffverfärbung	rötlich-braune und bläulich-braune Färbung der Oberfläche (2 ... 5 mm tief), die im Holz durch Oxidierung der Gerbstoffe entsteht
	Flecken und Fladern	örtliche Verfärbung des Splintes am stehenden Baum in Form von Flecken und Streifen, deren Farbe sich kaum von der des Kernholzes unterscheidet; die Härte des Holzes wird nicht vermindert
	eingeschlossenes Splintholz (Mondringe)	Jahrringe im Kernholz, deren Farbe und Eigenschaften sich kaum von denen des Splintholzes unterscheiden
Fehler durch Pilze	Kernflecken und Streifen durch Pilzbefall	Stellen mit unnormaler Färbung des Kernholzes, sie entstehen am wachsenden Baum unter Einfluß holzbewohnender Pilze
	Kernfäule	Kernholz unnormaler Färbung und verminderter Festigkeit; entsteht am wachsenden Baum unter Einfluß holzzerstörender Pilze
	Roststreifigkeit	rötliche oder bräunliche streifenförmige Verfärbung des Splintholzes, durch holzzerstörende Pilze nach der Fällung verursacht; Minderung der Festigkeit
	Schimmel	Mycel oder Sporen von Schimmelpilzen an der Holzoberfläche

Merkmal-gruppe	Benennung	Erläuterung
	Verfärbungen durch Pilzbefall	unnormale Färbung des Splintholzes im bzw. auf dem Holz; häufig als Flecken auftretend, hervorgerufen durch Pilze
	Bläue	grau bis bläuliche, meist streifige Verfärbung des Splintholzes durch Pilze hervorgerufen; ohne Minderung der Festigkeit
	Splintverfärbung	orange, gelbe, rosa (bis hellviolett) und braune Färbung des Splints
	helle Splintverfärbung	leichte Verfärbung des Holzes, die seine Struktur verdeckt
	flache Splintverfärbung	Verfärbung bis 2 mm Tiefe
	tiefe Splintverfärbung	Verfärbung tiefer als 2 mm
	verdeckte Splintverfärbung	Verfärbung unter der Oberfläche
	Einlauf	graue bis bräunliche, von rindenfreien Holzoberflächen ausgehende Verfärbung des Holzes infolge biochemischer Vorgänge ohne Pilzeinwirkung entstehend; Holzfestigkeit nicht vermindert
	Verstocken (Splintfäule)	bräunliche oder weißlichfleckige von rindenfreien Holzoberflächen ausgehende Verfärbung des Splintholzes infolge biochemischer Vorgänge am Stamm mit zusätzlichem Befall durch holzzerstörende Pilze; die Festigkeit des Holzes ist vermindert; Vorläufer des Verstockens ist der Einlauf
Insektenfraß und andere Fehler	Fraßgang (Wurmloch)	Fraßgang im Holz, hervorgerufen durch Insekten bzw. durch deren Larven; je nach Lage und Tiefe werden Fraßgänge in flache und tiefe eingeteilt
	flacher Fraßgang	Fraßfurche auf der Holzoberfläche, nicht tiefer als 5 mm
	tiefer Fraßgang	Fraßgang tiefer als 5 mm unter der Oberfläche; nach dem Durchmesser des Fraßganges werden tiefe Fraßgänge in kleine und große Gänge eingeteilt
	kleiner Fraßgang	tiefes Loch mit einem Durchmesser von höchstens 3 mm
	großer Fraßgang	tiefes Loch mit einem Durchmesser über 3 mm
	Mistelloch	Loch im Schnittholz, hervorgerufen durch Mistelbefall
Merkmale durch Sägen	Baumkante	am besäumten Schnittholz verbliebener Teil der Stammoberfläche
	Merkmale an der Schnittfläche	durch Sägen entstandene Unregelmäßigkeiten an der Schnittfläche des Holzes; Merkmale an der Schnittfläche werden eingeteilt in tiefe Sägespuren, Wellen und rauen Sägeschnitt
	tiefe Sägespuren	tiefe, von den Sägezähnen hinterlassene Spuren an der Oberfläche des Holzes
	Wellen	uneben gesägte Fläche
	rauer Sägeschnitt	teilweise aufgerichtete Fasern an der Oberfläche, wodurch das Holz rau wird

Merkmal-gruppe	Benennung	Erläuterung
Verfor-mungen	Krümmung	Biegen des Holzes beim Aufschneiden oder Trocknen, nach der Art der Krümmung wird unterschieden zwischen Längskrümmung der Seiten, Längskrümmung der Kantenfläche und Querkrümmung
	Längskrümmung der Seite	Krümmung in der Länge senkrecht zur Seite. Nach der Anzahl der Krümmungen ist die Längskrümmung der Seite eingeteilt in einfache und mehrfache Krümmung
	einfache Krümmung 	Längskrümmung in nur einer Richtung
	mehrfache Krümmung	Längskrümmung in mehrere Richtungen
	Längskrümmung der Schmalfläche 	Längskrümmung senkrecht zur Seite
	Querkrümmung 	Krümmung in Richtung der Breite
	Verdrehung 	Spiraldrehung in Längsrichtung

6.3.2.2 Begriffe zu Merkmalen von Schnittholz nach EN 844-9

Ast: Ein im Holz eingeschlossener Teil eines Zweiges. Es wird unterschieden nach

- *Breitseitenast*, wenn er an einer oder beiden Breitseiten auftritt,
- *Schmalseitenast*, wenn er an einer oder beiden Schmalseiten auftritt,
- *Kantenast*, wenn er an einer Kante auftritt.
- *runder Ast:* Ast, der so geschnitten ist, dass das Verhältnis zwischen dem größten und kleinsten Durchmesser nicht größer als 1,5 ist.
- *ovaler Ast:* wenn dieses Verhältnis größer als 1,5 und nicht größer als 4 ist.
- *länglicher Ast:* wenn dieses Verhältnis größer als 4 ist.
- *Flügelast:* ↗ Kantenast, der so geschnitten ist, dass das Verhältnis zwischen dem größten und dem kleinsten Durchmesser an der Breitseite größer als 4 ist.
- *Doppelflügelast (Astpaar):* zwei ↗ Flügeläste oder ↗ längliche Äste, die auf der gleichen Breitseite von annähernd dem gleichen Ursprung ausgehen.
- *Durchgehender Ast:* Ast, der von einer Seite zur gegenüberliegenden Seite durchgeht.
- *Einzelast:* Ast, der so angeordnet ist, dass sich bis zu den benachbarten Ästen der Faserverlauf normalisiert hat; der Abstand sollte mehr als die Breite betragen, jedoch nicht mehr als 150 mm.
- *Astansammlung:* Äste, die so angeordnet sind, dass zwischen den benachbarten Ästen keine

Normalisierung des Faserverlaufes erkennbar ist; der Abstand sollte weniger als die Breite betragen, jedoch weniger als 150 mm.
- *Punktast:* ↗ Runder oder ↗ ovaler ↗ gesunder Ast, teilweise oder gänzlich verwachsen, mit einem maximalen Durchmesser von 5 mm.
- *Katzenpfote:* Gruppe von ↗ Punktästen, die eng beieinander liegen; sie kommt gewöhnlich bei Eichenholz vor.
- *Festverwachsener Ast:* Ast, der auf der Sichtseite zu mindestens ¾ seines Querschnittumfanges mit dem umgebenden Holz verwachsen ist.
- *Teilweise verwachsener Ast:* Ast, der mehr als ¼ und weniger als ¾ verwachsen ist,
- *Nicht verwachsener (toter) Ast:* Ast, der weniger als ¼ verwachsen ist.
- *Durchfallast:* Toter Ast, der im umgebenden Holz nicht festsitzt.
- *Gesunder Ast:* Ast ohne Anzeichen von Fäule.
- *Faulast:* Ast mit Fäulnisbefall.
- *Astpaar:* ↗ Doppelflügelast

Drehwuchs: Spiraliger Verlauf der Fasern um die Markröhre.

Faserneigung: Abweichung der Faserrichtung von der Längsachse des Holzes.

Harzgalle: Linsenförmiger Hohlraum im Holz, der Harz enthält oder enthalten hat.

Mondring: Ein dem Splintholz in Farbe und Eigenschaften ähnlicher, vollständiger oder unvollständiger Ring im Kernholz.

Rindeneinwuchs: In Holz vollständig oder teilweise eingeschlossene Rinde.

Ringschäle: ↗ Riss

Riss: Trennung längs der Fasern. Man unterscheidet:
- *Kernriss:* Ein von der Markröhre ausgehender, radialer ↗ Endriss.
- *Frostriss:* Radialer, vom Splint zur Markröhre verlaufender Riss größerer Länge, der durch Frosteinwirkung am stehenden Baum entstanden ist; das den Riss umgebende Holz ist dunkler, seine Jahresringe sind lokal gekrümmt.
- *Ringschäle (Ringriss):* Riss, der dem Verlauf eines Wachstumsringes folgt.
- *Schmalseitenriss:* Riss an einer Schmalseite, der auch an den Hirnholzenden sichtbar sein kann.
- *Breitseitenriss:* Riss an einer Breitseite, der auch an den Hirnholzenden sichtbar sein kann.
- *Endriss:* Riss, der an der Stirnholzfläche auftritt und sich auch an den Schmal- oder Breitseiten fortsetzen kann.
- *Durchgehender Riss:* Riss, der von einer Seite zu einer anderen Seite durchgeht.
- *Seichter Riss:* Kurzer, schmaler und wenig tiefer Riss.
- *Oberflächenriss:* Riss, der durch normales Hobeln entfernt werden kann; er ist weniger als etwa 2 mm tief.
- *Schräger Riss:* Riss, der an einer Breit- und/oder Schmalseite in einem Winkel zur Kante verläuft.
- *Gerader Riss:* Riss, der annähernd parallel zur Kante verläuft.

Textur:
- grob mit relativ großen Zellen und breiten oder unregelmäßigen Wachstumsringen,
- mittelfein mit mittelgroßen Zellen und/oder mittelbreiten, regelmäßigen Wachstumsringen,
- fein mit relativ kleinen Zellen und/oder relativ schmalen, regelmäßigen Wachstumsringen.

Wirbelwuchs: enger, unregelmäßiger Faserverlauf.

6.3.2.3 Messung der Merkmale nach EN 1310 und EN 1311

EN 1310 (1997) legt die Verfahren zur Messung von Merkmalen bei der visuellen Sortierung von Schnittholz und weiterbearbeitetem Holz oder zur Abschätzung ihrer mechanischen Eigenschaften fest. Sie gilt nicht für die Sortierung von Bauholz nach seiner Festigkeit. Sie bezieht sich auf parallel besäumtes, unbesäumtes und bearbeitetes Laub- und Nadelschnittholz (ohne Tropenholz).

1. Äste

Äste werden nach Form, Größe und Lage beurteilt. Die Astgröße wird in mm oder als Prozentsatz eines Maßes der Seite angegeben, an der der Ast erscheint. Für die verwendeten Formeln gelten

d Größe in mm
a kleinerer Durchmesser in mm
b größerer Durchmesser in mm.

Für die Vermessung von Ästen gibt es ein „allgemeines Verfahren" zur Beurteilung des Erscheinungsbildes und ein „alternatives Verfahren" zur Beurteilung der Festigkeit. Für die reine Festigkeitssortierung müssen jedoch Sortierregeln herangezogen werden, die den Anforderungen der EN 14 081 genügen, wie z.B. wie DIN 4074.

a) Allgemeines Verfahren

Jeder Ast ist einzeln zu berücksichtigen. Je nach Sortierregel sind die Äste auf der gesamten Breit- oder Schmalseite(n) oder auf einem Teil davon zu messen.

In den Sortiernormen ist die Maximalgröße jeder Astform sowie die Höchstzahl der größten Äste je Form pro Prüfstück oder pro Längeneinheit angegeben. Für kleinere Äste kann, sofern in der Sortierregel vermerkt, auch eine größere Anzahl zulässig sein, wobei jedoch die Summe der Astgrößen das Produkt aus zulässiger Größe und zulässiger Anzahl größter Äste nicht überschreiten sollte.

Runder Ast: $d = \frac{a + b}{2}$

Ovaler Ast: $d = \frac{a + b}{2}$

Länglicher Ast: $d = \frac{a + b}{2}$

oder: keine Messung, Vorkommen vermerken

Flügelast:
Je nach Sortierregel Messung nur an der Schmalseite nach der Formel

$$d = \frac{a + b}{2}$$

oder keine Messung, Vorkommen vermerken.

Doppelflügelast: Je nach Sortierregel keine Messung, Vorkommen vermerken oder Feststellen der Astanzahl je Längeneinheit

Astansammlung: Es sind die Einzeläste zu messen.

Katzenpfote: Es ist die Gesamtgröße der Astgruppe zu messen.

$$d = \frac{a + b}{2}$$

b) Alternatives Verfahren

Dieses Verfahren gilt nicht für unbesäumtes Schnittholz. Parallel zu einer Seite angeschnittene Äste sind auf dieser Seite nicht zu berücksichtigen. Die Astgröße wird gemessen als die rechtwinkelig zur Holzstück-Längsachse zu messenden Breite des Astes oder der Astansammlung. Dies gilt für runde, ovale und längliche Äste sowie für Astansammlungen.

Flügeläste sind nur auf der Schmalseite zu messen, auf der er im Querschnitt sichtbar ist. Astansammlungen werden auf der Seite gemessen, auf der sie quer angeschnitten sind.

2. Harzgallen

Je nach Sortierregel wird die Länge der Harzgalle in mm gemessen (bei mehreren Harzgallen ist deren Anzahl je Meter Prüfstücklänge oder je Prüfstück-Gesamtlänge anzugeben) oder es erfolgt keine Messung, nur das Vorhandensein ist zu vermerken.

3. Reaktionsholz

Je nach Sortierregel keine Messung, Vorhandensein vermerken oder Messung der Länge und/oder Breite des umschließenden Rechteckes entweder in cm oder als Prozentsatz der Länge und/oder Breite der betreffenden Fläche (Breit- oder Schmalseite). Bei zwei oder mehr Reaktionsholzzonen sind diese wie oben zu vermessen und die jeweiligen Messwerte zu addieren.

4. Faserneigung
Die Faserneigung wird mittels einer Reißnadel gemessen. Das Ergebnis wird nach der Formel

$$\frac{x}{y} \cdot 100$$

berechnet, wobei x die Abweichung der Faserneigung in mm und y die Messstrecke in mm ist.

5. Drehwuchs, Wechseldrehwuchs
Keine Messung, Vorkommen vermerken.

6. Wirbelwuchs
Je nach verwendeter Sortierregel keine Messung, Vorkommen vermerken oder Messung der Länge und/oder Breite des umschließenden Rechteckes entweder in cm oder als Prozentsatz der Länge und/oder Breite der betreffenden Breit- oder Schmalseite. Bei zwei oder mehr Wirbelwuchszonen sind diese in der o. a. Weise zu messen und die jeweiligen Messwerte zu addieren.

7. Mittlere Jahrringbreite
An einem Ende des Prüfstückes ist die längstmögliche rechtwinkelig zu den Jahrringen verlaufende Gerade zu markieren. Dann wird die Anzahl der entlang dieser Geraden vorkommenden Jahrringe ermittelt. Dies ist am anderen Ende des Prüfstückes zu wiederholen. Ist eine Markröhre vorhanden, so werden die inneren 25 mm des Markröhrenradius außer Betracht gelassen. Zur Bestimmung der mittleren Jahrringbreite in mm ist die Summe der Längen der beiden Geraden durch die Gesamtanzahl der Jahrringe zu dividieren.

8. Rindeneinwuchs
Je nach verwendeter Sortierregel keine Messung, nur Vorkommen vermerken oder Ermittlung der Anzahl der Rindeneinwüchse je Meter Holzstücklänge oder je Holzstück-Gesamtlänge oder Messung der Länge und/oder Breite des umschließenden Rechteckes entweder in cm oder als Prozentsatz der Länge und/oder Breite der betreffenden Schmal- oder Breitseiten.

9. Splint
Je nach verwendeter Sortierregel keine Messung, nur Vorkommen vermerken oder Messung der Splintseite (Breit- oder Schmalseite) an dessen breitester Stelle. Angabe des Ergebnisses in mm oder als Prozentsatz der Seitenbreite.

10. Baumkante
Je nach verwendeter Sortierregel keine Messung, nur Vorkommen vermerken oder Messung der Baumkantenlänge c und Angabe in cm oder als Prozentsatz der Prüfstücklänge. Treten Baumkanten an mehreren Stellen auf, so sind die Einzellängen $c_1 + c_2 + c_3 + ... c_n$ zu addieren. Oder Messung der größten Baumkantenbreite auf der Breit- oder Schmalseite und Angabe in mm oder als Dezimalbruch nach den Formeln

$$w_f = \frac{a - a_1}{a} \qquad w_e = \frac{b - b_1}{b}$$

wobei

wf Baumkantenbreite der Breitseite als Dezimalbruch
we Baumkantenbreite der Schmalseite als Dezimalbruch
a volle Breitseiten in mm
a_1 Breitseitenbreite minus Baumkante in mm
b volle Schmalseitenbreite in mm
b_1 Schmalseitenbreite minus Baumkante in mm

11. Risse

Treten Ring- und Kernrisse lediglich an einem oder beiden Enden des Prüfstückes auf, ist nur das Vorkommen zu vermerken. Bei Auftreten auf einer Breit- oder Schmalseite ist nach folgendem, für Breitseiten-, Schmalseiten-, End- und durchgehende Risse geltenden Verfahren vorzugehen:

Je nach verwendeter Sortierregel keine Messung, nur Vorkommen vermerken oder Messung der Risslänge parallel zur Längsachse des Holzstückes. Bei einer Gruppe von Rissen (überlappende Risse) ist die Gesamtlänge der Gruppe zu messen. Sind mehrere Risse oder Rissgruppen vorhanden, sind deren Längen zu addieren. Das Ergebnis ist in mm oder als Prozentsatz der Holzstücklänge anzugeben.

Trocknungsrisse werden je nach Sortierregel nur vermerkt oder es wird die Länge und/oder Breite des umschließenden Rechteckes entweder in mm oder als Prozentsatz der Länge und/oder Breite der betreffenden Oberfläche (Breit- oder Schmalseite) gemessen.

12. Krümmungen

Bei Längskrümmungen der Breit- oder Schmalseite wird die größte Abweichung von der Geraden gemessen

a) an bis 2 m langen Holzstücken mit Hilfe eines Lineals, in mm

b) an über 2 m langen Holzstücken über eine Länge von 2 m unter Verwendung eines 2 m langen starren Lineals, an der Stelle der visuell eingeschätzten größten Abweichung. Das Ergebnis ist in mm je 2 m anzugeben.

Bei Querkrümmungen wird die größte Abweichung über die Breite des Prüfstückes gemessen und in mm oder als Prozentsatz der Breite angegeben.

Bei Verdrehungen erfolgt die Messung der größten Abweichung der Breitseite über eine Bezugslänge von 2 m; sie wird in mm angegeben oder als Prozentsatz der Prüfstücklänge.

13. Insektenbefall

Anzugeben sind die Anzahl der Bohrlöcher sowie deren größter Durchmesser in mm. Bei einer Bohrlochansammlung ist die Breite und/oder die Länge des umschließenden Rechteckes zu messen und in cm oder als Prozentsatz der Breite und/oder Länge der befallenen Breit- oder Schmalseite anzugeben. Bei mehreren Ansammlungen auf einer Breit- oder Schmalseite sind die jeweiligen Maße zusammenzufassen.

14. Pilzbefall

Bei Verfärbungen ist die Breite und/oder die Länge des umschließenden Rechteckes zu messen und in cm oder als Prozentsatz der Breite und/oder Länge der befallenen Breit- oder Schmalseite anzugeben. Bei mehreren Verfärbungszonen auf einer Breit- oder Schmalseite sind die jeweiligen Maße zusammenzufassen. Bei Fäule wird je nach verwendeter Sortierregel keine Messung vorgenommen, nur das Vorkommen vermerkt oder wie bei Verfärbungen verfahren.

6.3.3 DIN 68 365 (2008) Schnittholz für Zimmererarbeiten – Sortierung nach dem Aussehen – Nadelholz

Im Zusammenhang mit der Neufassung der DIN 4074 im Dezember 2008 wurde auch die DIN 68 365 überarbeitet und gänzlich neu gestaltet. Sie galt seit 1957 und beinhaltete im Prinzip mit wenigen Abweichungen die Sortierung von Nadelschnittholz nach den Tegernseer Gebräuchen in Form und Sprache einer Norm. Die neue DIN 68 365 geht unter Berücksichtigung der Tatsache, dass für die Sortierung von Nadelschnittholz für Zimmererarbeiten nach der Tragfähigkeit ausschließlich die DIN EN 14 081-1 in Verbindung mit nationalen Sortiernormen wie z.B. DIN 4074-1 anzuwenden ist, nur auf die Anforderungen an das Aussehen von Nadelschnittholz für

Zimmererarbeiten ein. Sie entspricht also den Anforderungen an Hölzer für „sonstige Konstruktionen", wie sie nach VOB bzw. DIN 18 334 im Gegensatz zu „tragenden Konstruktionen" genannt werden, die nach DIN 4074-1 zu sortieren sind.

DIN 68 365 bietet nunmehr die Möglichkeit, Sortiermerkmale zu korrigieren bzw. auszuschließen, die, weil sie keinen Einfluss auf die Tragfähigkeit haben, in der reinen Festigkeitssortierung DIN 4074-1 zugelassen sind, wie z.B. Bläue, Lineatusbefall oder eine relativ große Baumkante. Eine Sortierklasse nach DIN 4074-1 könnte also, sofern es sich beispielsweise um sichtbare Deckenkonstruktionen handelt, durch die zusätzliche Vereinbarung einer Güteklasse nach DIN 68 365 in dekorativer Hinsicht korrigiert werden.

Grundsätzlich gilt deshalb, sofern nichts anderes erwähnt wird, dass die Bemessung der einzelnen Merkmale wie Äste, Baumkante usw. nach den Regeln der DIN 4074-1 vorzunehmen ist.

6.3.3.1 Sortierung von Kantholz

Nach visuell feststellbaren Merkmalen werden drei Güteklassen unterschieden, wobei die Sortiermerkmale an der für das jeweilige Merkmal ungünstigsten Stelle am Schnittholz zu bewerten sind. Eine eventuelle Zulässigkeit von Keilzinkung ist zu vereinbaren, ebenso die Beschaffenheit der Oberfläche (sägerau, feingesägt, gehobelt...) sowie die Einschnittart (markfrei, kerngetrennt...). Grundsätzlich in allen Klassen unzulässig sind Blitzrisse, Fäule und Rinde. Zur Bemessung der Merkmale siehe Abschnitt 6.3.4.1 Sortierung nach DIN 4074-1.

6.3.3.2 Sortierung von Brettern und Bohlen

Nach visuell feststellbaren Merkmalen werden drei Güteklassen unterschieden, wobei die jeweils bessere Breitseite maßgebend ist. Grundsätzlich unzulässig sind Blitzrisse, Ringschäle, Fäule, Mistelbefall und Rinde

Merkmal	Güteklasse		
	1	2	3
Äste	bis 2/5 der Breite der zugehörigen Seite; faule und lose Äste unzulässig	zulässig	zulässig
Risse Schwindrisse – Breite – Endrisslänge Ringschäle	 bis 3 % der jeweiligen Querschnittseite ≤ Höhe h unzulässig	 bis 5 % der jeweiligen Querschnittseite ≤ 1,5 x Höhe h unzulässig	 zulässig ≤ 2 x Höhe h zulässig
Baumkante	unzulässig	≤ 1/4	≤ 1/3
Verfärbungen – Bläue – Rotstreifigkeit	 unzulässig unzulässig	 zulässig ≤ 2/5	 zulässig ≤ 3/5
Insektenfraß	unzulässig	Fraßgänge ≤ 2 mm zulässig	Fraßgänge ≤ 2 mm zulässig
Harzgallen	Breite ≤ 5 mm	Breite ≤ 5 mm	zulässig
Hobelschläge	≤ 0,2 mm Tiefe	≤ 0,3 mm Tiefe	zulässig
Brennstellen	unzulässig	zulässig	zulässig
Krümmung – Verdrehung – Längskrümmung	 1 mm je 25 mm Breite bis 4 mm	 1 mm je 25 mm Breite bis 8 mm	 2 mm je 25 mm Breite bis 12 mm

Merkmal	Güteklasse 1	2	3
Äste	zulässig: gesunde bis 30 x 50 mm; unzulässig: faule und lose Äste sowie Astlöcher	zulässig: gesunde bis 50 x 70 mm; unzulässig: faule und lose Äste sowie Astlöcher	zulässig
Risse Schwindrisse – Endrisslänge	≤ Breite b	≤ Breite b	≤ 1,5 x Breite b
Baumkante	unzulässig	≤ 1/4	≤ 1/3
Verfärbungen – Bläue – Rotstreifigkeit	 unzulässig unzulässig	 zulässig ≤ 1/4	 zulässig ≤ 2/5
Insektenfraß	unzulässig	unzulässig	Fraßgänge ≤ 2 mm zulässig
Harzgallen	Breite ≤ 5 mm Länge ≤ 50 mm max. 1 pro lfdm	Breite ≤ 5 mm Länge ≤ 50 mm max. 4 pro lfdm, Gesamtlänge 100 mm	Breite ≤ 10 mm Länge ≤ 100 mm
Hobelschläge	≤ 0,2 mm Tiefe	≤ 0,3 mm Tiefe	zulässig
Brennstellen	unzulässig	unzulässig	zulässig
Krümmung – Verdrehung – Längskrümmung	 1 mm je 25 mm Breite bis 8 mm	 1 mm je 25 mm Breite bis 8 mm	 1 mm je 25 mm Breite bis 12 mm

6.3.3.3 Sortierung von Rauspund

Im Gegensatz zur früheren Ausgabe führt die DIN 68 365 keine Sortierung von gehobelten Brettern, Bohlen und Latten mehr, sondern definiert lediglich die Güteanforderung an das Sortiment Rauspund. Für Rauspund gilt eine maximale Holzfeuchte von ≤ 20 %. Unzulässig sind: Blitzrisse, Ringschäle, Fäule, Mistelbefall und Rinde. Zulässig sind Verfärbungen, Harzgallen, Hobelschläge und Brennstellen.

Zulässig sind Äste, jedoch nur vereinzelt lose oder ausgeschlagene mit einem kleinsten Durchmesser bis zu 50 mm. Durchgehende Endrisse müssen ≤ Brettbreite sein, Baumkante ist nur auf der Unterseite bis zum Spund bis auf ½ der Brettlänge zulässig. Insektenfraß ist bis 2 mm Durchmesser zulässig, Längskrümmung ≤ 8 mm und Verdrehung 1 mm je 25 mm Breite.

6.3.4 Visuelle Sortierung von Nadelschnittholz nach der Tragfähigkeit

Die im Abschnitt 6.3.3 dargestellte DIN 68 365 (2008) regelt die Güteanforderungen an Holz für allgemeine Zimmererarbeiten; auch die Tegernseer Gebräuche weisen darauf hin, dass ihre Güteklassen nur „für den allgemeinen Einsatz von Schnittholz" gelten. Bei speziellen Anforderungen (als solche gelten z.B. Festigkeit und Feuchte bei Bauschnittholz) sei das DIN-Normenwerk (zwischenzeitlich auch europäische Normen) zu beachten und bei Bestellung zu vereinbaren. Auch die VOB bzw. DIN 18 334 fordert im Gegensatz zu „sonstigen Konstruktionen" nach DIN 68 365 für „tragende Konstruktionen" eindeutig und zwingend die Anwendung der DIN 4074-1.

6.3.4.1 Sortierung nach DIN 4074-1

Die Anwendung der DIN 4074-1 (2008) ist spätestens seit dem Inkrafttreten des sogenannten Ü-Zeichens (s. Abschnitt 7.2.8) für tragende und aussteifende Nadelschnitthölzer zwingend. Sie legt Sortiermerkmale und -klassen fest als Voraussetzung für die Festlegung und Anwendung von Rechenwerten für die Nachweise der Grenzzustände der Tragfähigkeit und Gebrauchstauglichkeit nach z.B. DIN 1052 oder DIN EN 1995-1-1.

DIN 4074-1 ist Voraussetzung für die Führung des Ü-Zeichens, für die Zertifizierung mit dem CE-Zeichen (s. 7.2.9) sowie für die Produktion von Konstruktionsvollholz KVH® und MH®-Massivholz (s. Abschnitt 8.2.3.1), deren Gütebedingungen auf dieser Norm basieren. Sie erfüllt die Mindestanforderungen der DIN EN 14 081-1.

Es werden für Kantholz und Bretter/Bohlen drei, für Latten zwei Sortierklassen gebildet; die Bezeichnung S steht für Sortierklasse, die Ziffern 7, 10 und 13 beziehen sich auf die zulässigen Biegespannungen σ_{Bzul} nach DIN 1052. Sofern eine maschinelle Sortierung nach DIN 4074-3,4 verwendet wird, kann eine vierte, besonders tragfähige Klasse gebildet werden.

visuell	maschinell
S 7[1]	MS 7[1]
S 10	MS 10
S 13	MS 13
	MS 17

[1] nicht für Latten

Da die Bewertung einiger wichtiger Sortiermerkmale wie z.B. Astigkeit bei Kantholz, Brettern/Bohlen und Latten unterschiedlich gehandhabt wird, ist die Definition dieser Hölzer von großer Bedeutung. In teilweisem Widerspruch zu DIN 68 252-1 (1978) – siehe Abschnitt 6.1.1 Begriffe für Schnittholz – gilt nach DIN 4074-1:

Art	Dicke d bzw. Höhe h	Breite b
Latte	d ≤ 40 mm	b < 80 mm
Brett[1]	d ≤ 40[2] mm	b ≥ 80 mm
Bohle[1]	d > 40 mm	b > 3 d
Kantholz	b ≤ h ≤ 3 b	b > 40 mm

1 vorwiegend hochkant biegebeanspruchte Bretter/Bohlen sind wie Kantholz zu sortieren und mit einem K nach der Sortierklasse zu kennzeichnen, z.B. S 10 K

2 Dieser Grenzwert gilt nicht für Bretter für Brettschichtholz

Der nachfolgende Abschnitt bezieht sich auf Nadelschnittholz. Eine entsprechende Sortierung nach der Festigkeit von Laubschnittholz ist in DIN 4074-5 geregelt, sie findet sich im Abschnitt 6.3.9.

6.3.4.1.1 Grundsätzliches

- Die Sollquerschnitte beziehen sich auf eine mittlere Holzfeuchte von ≤ 20 %.
- Abweichungen von den vorgesehenen Querschnittsmaßen sind nur im Rahmen der Toleranzklasse 1 nach EN 336 möglich. Dies bedeutet bei rauem Schnittholz und Querschnittsmaßen ≤ 100 mm +3 mm / -1 mm sowie bei Querschnittsmaßen > 100 mm +4 mm und –2 mm.
- Alle Sortierkriterien sind auf eine mittlere Holzfeuchte von ≤ 20 % bezogen.
- Der Zusatz TS zur Sortierklasse (z.B. S 10 TS) bedeutet, dass das Schnittholz bei einer mittleren Holzfeuchte von ≤ 20 % sortiert wurde, was insbesondere für die Beurteilung von Rissen und Krümmungen wichtig ist.
- Grundsätzlich unzulässig sind in allen Sortierklassen: Blitzrisse, Ringschäligkeit, Fäule und Mistelbefall.
- Unbeschränkt zulässig sind bei allen Bauschnittholzarten Bläue sowie Fraßgänge von Frischholzinsekten (i.B. Lineatus-Befall) bis 2 mm Durchmesser. Harzgallen werden nicht bewertet.
- Bei nachträglicher Inspektion einer Lieferung sind ungünstige Abweichungen von

den geforderten Grenzwerten der Merkmale zulässig bis 10 % bei 10 % der Menge.

- Werden die Querschnittsmaße nach DIN 4074-1 sortierten Holzes um mehr als 5 mm bei Querschnittsmaßen bis 100 mm bzw. um mehr als 10 mm bei Querschnittsmaßen über 100 mm reduziert, ist eine erneute Sortierung erforderlich.

Der Grundsatz einer Festigkeitssortierung, wie sie die DIN 4074-1 darstellt, könnte heißen: „Eine Kette ist so stark wie ihr schwächstes Glied". Dies bedeutet einerseits, dass nur ein Merkmal, nämlich das am stärksten festigkeitsmindernde berücksichtigt wird. Deshalb spielt z.B. die Anzahl weiterer, kleinerer Äste ebenso keine Rolle wie die Länge der Baumkante. Andererseits werden nur Merkmale bewertet, die die Tragfähigkeit beeinflussen (deshalb ist Bläue unbegrenzt zulässig); der Ast wird nicht nach seiner Beschaffenheit (gesund, teilweise verwachsen, Durchfallast, faul ...) beurteilt, sondern nach dem Maß, mit dem er den tragenden Querschnitt schwächt. Alle Maße von Merkmalen werden stets auf die Querschnittseite bezogen, auf der sie auftreten.

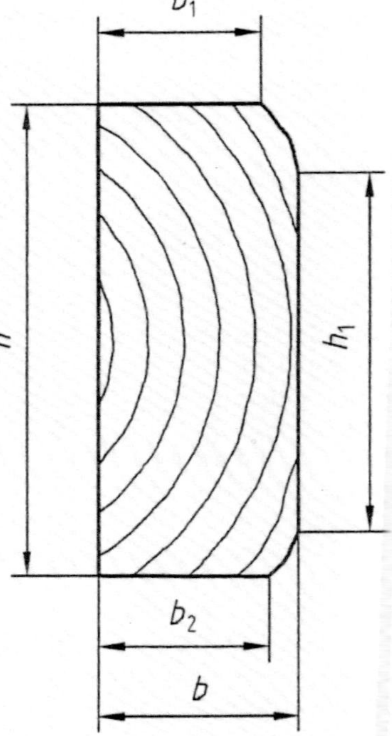

Baumkante

6.3.4.1.2 Bemessungsrichtlinien

1. *Baumkante:* Bei der Bemessung der Baumkante erfolgt keine Unterscheidung zwischen Latten, Brettern und Kanthölzern. Sie ist an der Stelle ihrer stärksten Breitenausdehnung zu messen, ihre Längenausdehnung bleibt unberücksichtigt. Die Baumkantenbreite $h - h_1$ bzw. $b - b_1$ wird auf die jeweilige Querschnittseite projiziert gemessen und als Bruchteil K dieser Seite angegeben. Der z.B. für Kantholz S 10 gültige Grenzwert von K = 1/4 bedeutet in der Praxis, dass eine Mindestschnittfläche an allen Querschnittseiten von 3/4 vorhanden sein muss.

2. *Äste* werden nach ihrem Durchmesser im Verhältnis zu der Brett-, Latten- oder Kantholzseite beurteilt, an der sie auftreten. Zwischen verwachsenen und nicht verwachsenen Ästen wird nicht unterschieden, Astlöcher

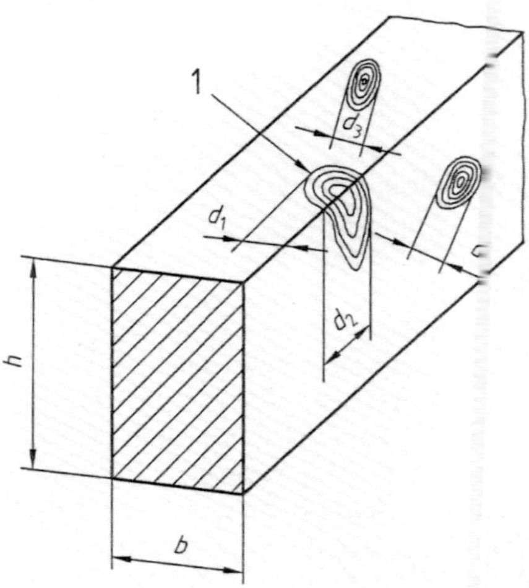

Äste

(Durchfalläste) werden wie normale Äste behandelt. Maßgebend ist stets der größte Ast der jeweiligen zu beurteilenden Seite; dagegen spielt die Anzahl (von kleineren) Ästen sowie deren Bezug zur Schnittholzlänge keine Rolle. Äste mit einem Durchmesser unter 5 mm bleiben unberücksichtigt.

2.1 Bei Kanthölzern ist der kleinste sichtbare Durchmesser des größten Asten maßgebend. Die Astgröße ergibt sich (s. Bild) aus d_3 : b oder aus d_4 zu h. Bei Kantenästen (im Bild: 1) gilt die Bogenhöhe d_1, wenn diese kleiner als der Durchmesser ist.

2.2 Bei Brettern und Bohlen werden Äste kantenparallel (also quer zur Brettlängsachse) gemessen und überall dort, wo der Astquerschnitt zutage tritt. Dabei sind zwei Sonderfälle zu beachten:

- Kantenast: Der auf der innen (rechten) Seite sichtbare Teil eines Kantenastes bleibt unberücksichtigt, wenn das auf der Schmalseite vorhandene Astmaß, auf die Schmalseite bezogen, den Grenzwert für den Einzelast nicht überschreitet.
- Schmalseitenast: Bei Ästen, die auf der Schmalseite zutage treten, ist zusätzlich zu ermitteln, über welchen Anteil der Brettbreite sie sich erstrecken. Schmalseitenäste werden bei Brettern für Brettschichtholz nicht bewertet.

Bei Brettern und Bohlen sind drei Kriterien zu berücksichtigen:

- Einzelast: Die Ästigkeit A berechnet sich aus der Summe aller Astmaße des einzelnen Astes auf allen Schnittflächen, auf denen der Ast auftritt, geteilt durch das doppelte Maß der Brettbreite. Beim klassischen Einzelast kann der Mittelwert aus dem größeren (auf der linken Seite) und kleineren Durchmesser (auf der rechten Seite) auf die einfache Brettbreite bezogen werden.
- Treten mehrere kleinere Äste im Bereich von 150 mm Brettlänge auf, wird eine Astansammlung gebildet und die Summe aller Astmaße auf die doppelte Brettbreite bezogen.

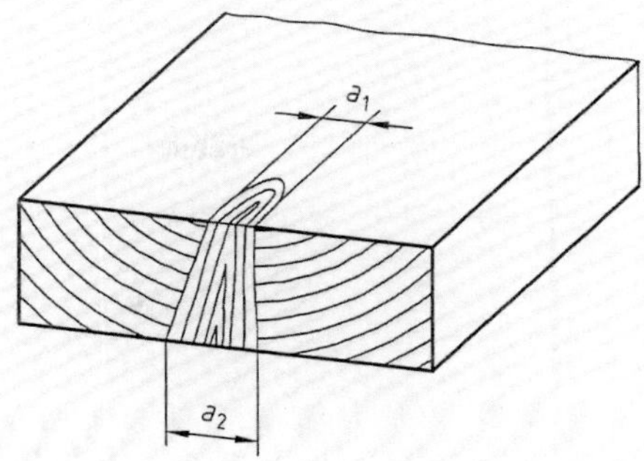

Einzelast

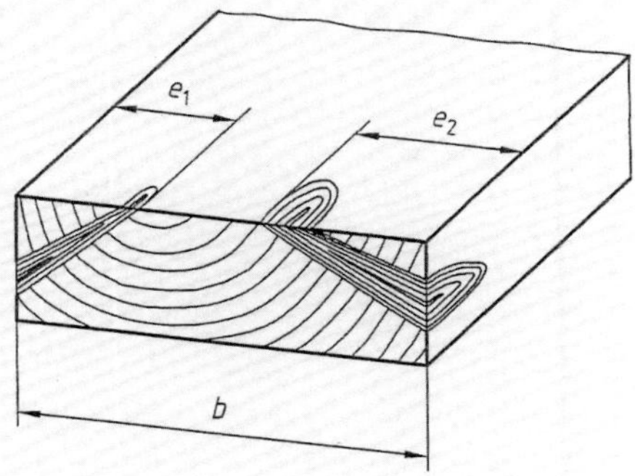

Schmalseitenast

- Bei Schmalseitenästen ist die Summe der auf die Breitseite projizierten Längen, bezogen auf die Brettbreite, ein zusätzliches Sortiermerkmal.

2.3 Bei Latten erfolgt die Messung ebenfalls kantenparallel und mit Ausnahme von Latten mit einem Querschnitt von 40 x 60 mm nur auf den Breitseiten. Bei Einzelästen wird der Durchmesser auf der linken Seite auf die Lattenbreite bezogen, Astansammlungen im Bereich von 50 mm Lattenlänge gelten als ein Ast. Von Schmalseite zu Schmalseite, von Kante zu Kante oder von Kante zu Schmalseite durchgehende Äste sind grundsätzlich ausgeschlossen; lediglich Schmalseitenäste an Latten 40 x 60 mm sind in gewissem Umfang zulässig. Bei Latten mit Markröhre gelten beidseitig erscheinende Kanten- und Schmalseitenäste als ein

durchlaufender Ast, der generell nicht zulässig ist.
3. *Faserneigung* misst man einfach, indem man Schwindrissen folgt bzw. diese auf 100 cm Messstrecke verlängert; die Abweichung von der Geraden in Zentimeter ergibt dann den Messwert in Prozent. Örtliche, durch Äste hervorgerufene Faserneigung bleibt unberücksichtigt.
4. *Markröhre* wird nicht gemessen, sondern nur als vorhanden registriert. Danach wird Schnittholz als mit und ohne Markröhre unterschieden. Sie gilt auch dann als vorhanden, wenn sie nur teilweise im Schnittholz verläuft.
5. Als *Jahrringbreite* gilt die mittlere Jahrringbreite nach DIN EN 1310 in Millimeter. Sofern eine Markröhre vorhanden ist, bleibt von ihr aus auf der Messstrecke ein Bereich von 25 mm außer Betracht. Die Messstrecke verläuft im rechten Winkel zu den Jahresringen und soll von der Markröhre bis zum von ihr am weitesten entfernten Jahresring reichen.
6. *Schwindrisse* (Trockenrisse) bleiben bei Brettern/Bohlen und Latten unberücksichtigt, sowie bei Kantholz, sofern ihre Länge unter ¼ der Schnittholzlänge, maximal 1 m, bleibt. Muss ein Riss berücksichtigt werden, spielt seine Länge und seine Breite keine Rolle. Lediglich die Risstiefe ist mit einer 0,1 mm dicken Fühlerlehre an drei Viertelpunkten der Risslänge zu messen, wobei dann der Mittelwert daraus als Risstiefe gilt. Dabei sind die projizierten Tiefen gegenüberliegender Risse zu addieren. Die Risstiefe wird auf das Maß der entsprechenden Querschnittseite bezogen. Schwindrisse können nur bei TS-sortiertem Holz gewertet werden.
7. Im Bereich *Verformungen* treten auf: Verdrehung, Längskrümmung in Richtung der Dicke, Längskrümmung in Richtung der Breite bzw. Höhe sowie die hier Querkrümmung genannte

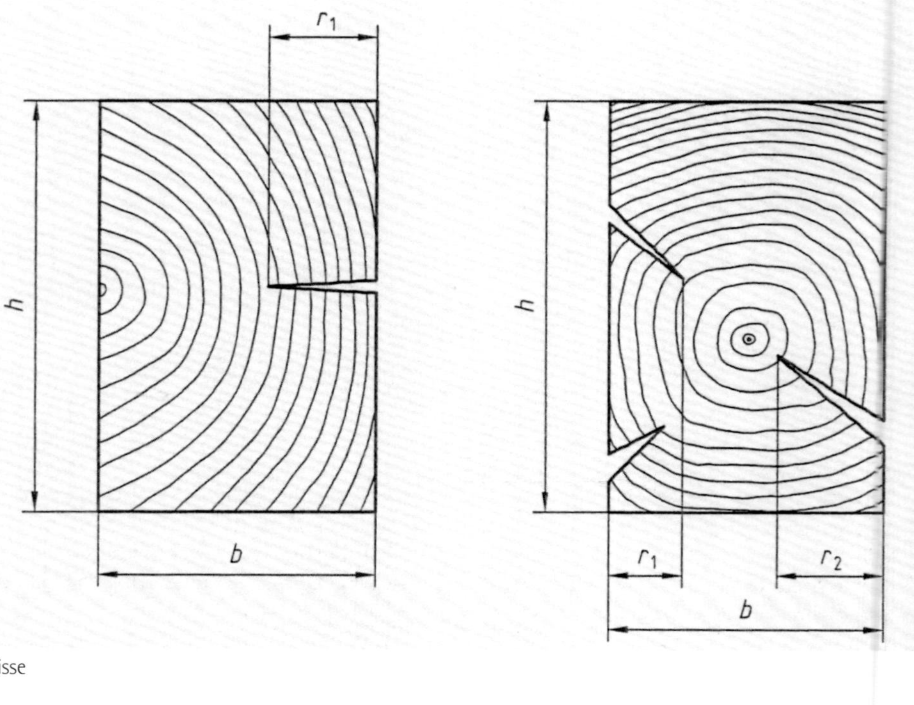

Risse

Schüsselung. Gemessen wird die Pfeilhöhe bezogen auf eine Messlänge von 2 m, bei Querkrümmung bezogen auf die Breite bzw. Höhe des Schnittholzes. Verformungen werden nur bei TS-sortiertem Holz bewertet.
8. *Verfärbungen* (mit Ausnahme der zulässigen Bläue) werden an der Stelle der maximalen Ausdehnung an der Oberfläche des Schnittholzes rechtwinklig zur Längsachse an allen betroffenen Seiten gemessen und auf den Umfang des Querschnitts bezogen.
9. Auch *Druckholz* (Reaktionsholz, Buchs) wird nach dem gleichen Verfahren wie für Verfärbungen bemessen.
10. *Insektenfraß*. Maßgebend ist der an der Oberfläche erkennbare Durchmesser der Fraßgänge bzw. Bohrlöcher von Frischholzinsekten, in der Regel des als „Lineatus" bekannten Trypodendron lineatum. Eine Messung der Ausdehnung erfolgt nicht.

6.3.4.1.3 Sortierklassen

Sortierklasse S 7

- *Kantholz*
- Äste bis 3/5
- Faserneigung bis 12 %
- Markröhre zulässig
- Jahrringbreite bis 6 mm, Douglasie bis 8 mm
- Risse bis ½
- Baumkante bis ¼ (= ¾ Mindestschnittfläche)
- Längskrümmung bis 8 mm
- Verdrehung 1 mm pro 25 mm Höhe
- Rotstreifigkeit bis 2/5
- Druckholz bis 2/5

- *Bretter und Bohlen*
- Einzelast bis 1/2
- Astansammlung bis 2/3
- Faserneigung bis 16 %
- Markröhre zulässig
- Jahrringbreite bis 6 mm, Douglasie bis 8 mm
- Schwindrisse zulässig
- Baumkante bis 1/3
- Längskrümmung bis 12 mm
- Verdrehung bis 2 mm pro 25 mm Breite
- Querkrümmung bis 1/20
- Rotstreifigkeit bis 3/5
- Druckholz bis 3/5

Sortierklasse S 10

- *Kantholz*
- Äste bis 2/5*
- Faserneigung bis 12 %
- Markröhre zulässig
- Jahrringbreite bis 6 mm, Douglasie bis 8 mm
- Schwindrisse bis 1/2
- Baumkante bis 1/4
- Längskrümmung bis 8 mm
- Verdrehung 1 mm pro 25 mm Höhe
- Rotstreifigkeit bis 2/5
- Druckholz bis 2/5

* Astgröße bis ½, sofern Jahrringbreiten bei Fichte bis 4 mm und bei Douglasie bis 5 mm. Nicht mehr als 25 % einer Lieferung.

- *Bretter und Bohlen*
- Einzelast bis 1/3
- Astansammlung bis 1/2
- Schmalseitenast bis 2/3
- Faserneigung bis 12 %
- Markröhre zulässig
- Jahrringbreite bis 6 mm, Douglasie bis 8 mm
- Schwindrisse zulässig
- Baumkante bis 1/3
- Längskrümmung bis 8 mm
- Verdrehung bis 1 mm pro 25 mm Breite
- Querkrümmung bis 1/30
- Rotstreifigkeit bis 2/5
- Druckholz bis 2/5

- *Latten*
- Äste bis ½, bei Kiefer 2/5*
- Faserneigung bis 12 %
- Markröhre nur bei Fichte zulässig
- Jahrringbreite bis 6 mm, Douglasie bis 8 mm
- Schwindrisse zulässig
- Baumkante bis 1/3
- Längskrümmung bis 12 mm

- Verdrehung 1 mm pro 25 mm Breite
- Rotstreifigkeit bis 3/5
- Druckholz bis 3/5

* Bei Querschnitt 40 x 60 mm bis 1/2

Sortierklasse S 13

- *Kantholz*
- Äste bis 1/5
- Faserneigung bis 7 %
- Markröhre nicht zulässig*
- Jahrringbreite bis 4 mm, Douglasie bis 6 mm
- Schwindrisse bis 2/5
- Baumkante bis 1/5
- Längskrümmung bis 8 mm
- Verdrehung 1 mm pro 25 mm Höhe
- Rotstreifigkeit bis 1/5
- Druckholz bis 1/5

* Bei Breiten > 120 mm zulässig.

- *Bretter und Bohlen*
- Einzelast bis 1/5
- Astansammlung bis 1/3
- Schmalseitenast bis 1/3
- Faserneigung bis 7 %
- Markröhre nicht zulässig
- Jahrringbreite bis 4 mm, Douglasie bis 6 mm
- Schwindrisse zulässig
- Baumkante bis 1/4
- Längskrümmung bis 8 mm
- Verdrehung bis 1 mm pro 25 mm Breite
- Querkrümmung bis 1/50
- Rotstreifigkeit bis 1/5
- Druckholz bis 1/5

- *Latten*
- Äste bis 1/3, bei Kiefer 1/5
- Faserneigung bis 7 %
- Markröhre nur bei Fichte zulässig
- Jahrringbreite bis 6 mm, Douglasie bis 8 mm
- Schwindrisse zulässig
- Baumkante bis 1/4
- Längskrümmung bis 8 mm
- Verdrehung 1 mm pro 25 mm Breite
- Rotstreifigkeit bis 2/5
- Druckholz bis 2/5

6.3.4.1.4 Apparativ unterstützte visuelle Sortierung

Dieser Abschnitt bezieht sich nicht auf eine rein maschinelle Sortierung nach DIN 4074-3-4. Schnittholz nach DIN 4074-1 darf mit apparativer Unterstützung nur von geeigneten Betrieben und nur mit einer Apparatur sortiert werden, die von einer dafür anerkannten Stelle nach DIN 4074-3 geprüft worden ist. Der Nachweis der Eignung zur apparativ unterstützten visuellen Sortierung gilt als erbracht, wenn von einer anerkannten Prüfstelle eine Eignungsbescheinigung nach DIN 4074-4 erteilt worden ist.

Nach visuell und apparativ feststellbaren Merkmalen ist über die drei Klassen S7, S10 und S 13 hinaus eine Sortierung in die Klasse S 15 möglich. Dazu muss das Holz zunächst einmal der Sortierklasse S 10 entsprechen; darüber hinaus gelten als Sortierkriterien die nach DIN 4074-3 für jede Apparatur festgelegten Einstellwerte und apparatespezifisch festgelegte Zusatzkontrollen.

6.3.4.2 Sortierung nach EN

Das Technische Komitee CEN/TC 124 „Holzbauwerke“ verzichtete auf die Ausarbeitung einer eigenen, europaeinheitlichen Sortiernorm, um den Unterschieden in Holzarten, Holzgüten, Verwendungszwecken und Herstellungsmaßen Rechnung zu tragen. Vielmehr wurde ein System von Festigkeitsklassen festgelegt, in dem Sortierklassen und Holzarten mit ähnlichen Festigkeitseigenschaften in Klassen zusammengefasst werden, die eine Austauschbarkeit garantieren. Dies erlaubt dem Planer, eine bestimmte Festigkeitsklasse festzulegen und dem Lieferanten, eine größere Auswahl an Bauholz anzubieten, als wenn eine bestimmte Holzart mit dazugehöriger Sortierklasse festgelegt wären.

Somit waren zunächst zwei EN relevant: In EN 338 (2003) werden diese Festigkeitsklassen definiert, in EN 518 (1996) waren die Anforderungen an Normen über die visuelle Sortie-

Tabelle 65: Charakteristische Werte von Festigkeitsklassen nach EN 338 (2003)

	Pappelholz und Nadelhölzer												**Laubhölzer**					
	C14	C16	C18	C20	C22	C24	C27	C30	C35	C40	C45	C50	D30	D35	D40	D50	D60	D70
Festigkeitseigenschaften N/mm²																		
Biegung	14	16	18	20	22	24	27	30	35	40	45	50	30	35	40	50	60	70
Zug parallel	8	10	11	12	13	14	16	18	21	24	27	30	18	21	24	30	36	42
Zug rechtwinklig	0,4	0,5	0,5	0,5	0,5	0,5	0,6	0,6	0,6	0,6	0,6	0,6	0,6	0,6	0,6	0,6	0,7	0,9
Druck parallel	16	17	18	19	20	21	22	23	25	26	27	29	23	25	26	29	32	34
Druck rechtwinklig	2,0	2,2	2,2	2,3	2,4	2,5	2,6	2,7	2,8	2,9	3,1	3,2	8,0	8,4	8,8	9,7	10,5	13,5
Schub	1,7	1,8	2,0	2,2	2,4	2,5	2,8	3,0	3,4	3,8	3,8	3,8	3,0	3,4	3,8	4,6	5,3	6,0
Steifigkeitseigenschaften kN/mm²																		
Mittelwert E-Modul parallel	7	8	9	9,5	10	11	11	12	13	14	15	16	10	10	11	14	17	20
Mittelwert E-Modul rechtw.	0,23	0,27	0,30	0,32	0,33	0,37	0,38	0,40	0,43	0,47	0,50	0,53	0,64	0,69	0,75	0,93	1,13	1,33
Rohdichte kg/m³																		
Rohdichte	290	310	320	330	340	350	370	380	400	420	440	460	530	560	590	650	700	900
Mittelwert Rohdichte	350	370	380	390	410	420	450	460	480	500	520	550	640	670	700	780	840	1080

Die Eigenschaften gelten für Holz mit einem bei 20 °C und 65 % relativer Luftfeuchte üblichen Feuchtegehalt.

rung nach der Festigkeit dokumentiert. Dabei wurde die DIN 4074-1 ausdrücklich als „eine der gegenwärtig angewandten Sortiernormen" genannt, die diesen Anforderungen entsprach.

Schon früh erarbeitete CEN unter Mitwirkung des Normenausschuss Bauwesen (NABau) im DIN aufgrund des Europäischen Mandats M/112 gemäß EG Bauprodukten-Richtlinie 89/106/EWG die EN 14 081, die als „harmonisierte" Norm als verbindlich zu gelten hat. Mit der DIN EN 14 081-1 „Holzbauwerke – Nach Festigkeit sortiertes Bauholz für tragende Zwecke mit rechteckigem Querschnitt, Allgemeine Anforderungen" wurde ausdrücklich EN 518 zurückgezogen, da die dort definierten Anforderungen an Sortiernormen in EN 14 081-1 ebenfalls neu festgelegt wurden.

DIN 4074-1 entspricht den Anforderung der EN 14 081-1 voll. Somit kann die seit über 70 Jahren (mit mehreren Überarbeitungen) in Deutschland gültige Festigkeitssortierung nach DIN 4074-1 (2008) weiterhin angewendet werden, es wird also keine spezifische europäische Sortierregel geben.

EN 14 081-1 regelt außerdem die Anforderungen an Bauholz produzierende Betriebe, um die Zertifizierung zur Kennzeichnung des Holzes mit dem CE-Zeichen zu erlangen (s. Abschnitt 7.2.9)

6.3.4.2.1 Festigkeitsklassen nach EN 338

EN 338 gilt für alle Nadel- und Laubhölzer für tragende Zwecke und gibt charakteristische Werte der Festigkeit, Steifigkeit und Rohdichte sowie Regeln für die Zuordnung von Holzgrundgesamtheiten zu den Klassen an. Die Grundgesamtheit wird durch Parameter wie Holzart bzw. -gruppe, Herkunft und Sortierklasse definiert. Die Festigkeitsklassen werden jeweils durch eine Nummer bezeichnet, mit der die Werte der Biegefestigkeit in N/mm2 angegeben werden. Visuell sortiertes Bauschnittholz muss eine Sortiernorm erfüllen, die den Anforderungen der EN 14 081-1 entspricht, in Deutschland also der DIN 4074,1.

6.3.4.2.2 Vergleichbarkeit nationaler Sortierungen

Um dem Ziel einer europäischen Vergleichbarkeit festigkeitssortierten Holzes näher zu kommen, wurde die DIN EN 1912 im Juni 2008 in Kraft gesetzt. Diese Norm gibt visuelle Festigkeitsklassen, Holzarten und deren Herkunft an und legt die Festigkeitsklassen nach EN 338 fest, denen sie zugeordnet sind. Als Herkunft gelten Bereiche wie

Code (deutsch)	Code (englisch)	Herkunft
MNO-Europa	CNE	Mittel-, Nord- und Osteuropa
NNO-Europa	NNE	Nord- und Nordosteuropa
NM	NC	Nord- und Mitteleuropa

oder die Nennung eines Landes wie Frankreich, Spanien u.ä.

Die in den Tabellen angegebenen Sortierklassen entsprechen jeweils einer nationalen Sortiernorm, die die Anforderungen der EN 14081 erfüllt. Dazu ist es notwendig, dass entsprechende Prüfdaten nach EN 384 vorliegen.

Im Nachfolgenden werden lediglich die Festigkeitsklassen C 24 und C 30 genannt, die bei Nadelholz durch die deutsche u/o. österreichische Sortierung nach DIN bzw. ÖNORM 4074-1 erreicht werden. Andere nationale Sortierungswerte und andere Festigkeitsklassen müssen der EN 1912 entnommen werden. Ebenso beschränkt sich die Übersicht auf einige, zufällig ausgewählte Länder und deren Holzarten.

6.3.5 Sortierung von Nadelholz nach EN 1611-1

EN 1611-1 (2002) stellt eine Sortierungsregel für Nadelschnittholz der Arten Fichte, Tanne, Kiefer, Lärche und Douglasie nach dem Aussehen dar. Sie könnte insofern als Ersatz für die

Zuordnung von Sortierklassen (Nadelholz) zu Festigkeitsklassen nach DIN EN 1912				
Festigkeitsklasse	Land	Sortierklasse	Holzart Handelsname	Herkunft
C 24	Frankreich	ST-II	Fichte, Tanne, Douglasie, Lärche, Kiefer	Frankreich
	Deutschland	S 10	Douglasie	Deutschland
	Deutschland Österreich	S 10	Fichte, Tanne, Kiefer, Lärche	MNO-Europa
	Nord Länder	T 2	Fichte, Tanne, Kiefer, Lärche	NNO-Europa
	Spanien	ME 1	Radiata Kiefer	Spanien
	Slowakei	SI	Fichte	Slowakei
C 30	Frankreich	ST-I	Fichte, Tanne	Frankreich
	Deutschland Österreich	S 13	Fichte, Tanne, Kiefer, Lärche	MNO-Europa
	Nord. Länder	T 3	Fichte, Tanne, Kiefer, Lärche	NNO-Europa
	USA	J&P Sel.	Southern Pine	USA

Tegernseer Gebräuche gelten, nicht jedoch für die Sortierung von Bauschnittholz nach dessen Tragfähigkeit.

Diese europäische, nicht harmonisierte, also unverbindliche bzw. stets zu vereinbarende Norm entstand 1999 als Kompromiss zwischen den Forderungen der nordischen und der mitteleuropäischen Länder. Wollte man in Skandinavien auf die dort übliche Beurteilung von Nadelschnittholz auf Breit- *und* Schmalseiten zugunsten der bei uns üblichen Beurteilung „der besseren Breitseite“ nicht verzichten, so konnten sich die Mitteleuropäer nicht mit dem zwingenden Bezug der Maße nahezu aller Merkmale zu den Schnittholzdimensionen anfreunden. Deshalb gibt es zwei Verfahren:

G 2 Beurteilung an den beiden Breitseiten,

G 4 Beurteilung (vor allem der Äste) an allen vier Seiten,

wobei das G für das englische Wort „Grading“ (Sortierung) steht. Da die Norm fünf Güteklassen vorsieht, können also die Bezeichnung lauten:

G2-0, G2-1, G2-2, G2-3 und G2-4 sowie
G4-0, G4-1, G4-2, G4-3 und G4-4.

Die EN 1611-1 ist eine sehr aufwendige Norm.

- Äste werden nach ihrer Beschaffenheit differenziert (gesund verwachsen, tot oder teilweise verwachsen, schwarz umrandet, faul oder lose) und nach ihrer Art (rund/oval, Flügeläste, längliche Äste). Außerdem werden die Astgrößen in Bezug gesetzt zur Brett-/Bohlenbreite, in dem die einzelnen Klassen beispielsweise erlauben: „10 % der Breite + 10 mm oder 10 % der Breite + 35 mm“ usw. Ferner wird die Astanzahl je schlechtestem Meter begrenzt, wobei wiederum nach der Beschaffenheit differenziert wird.
- Rindeneinwuchs und Harzgallen werden nach Anzahl je schlechtestem Meter und einer Gesamtlänge bewertet.
- Verkientes Holz und Reaktionsholz werden in % der Fläche angegeben.
- Baumkante wird in mm Breite an Schmal- und Breitseiten gemessen und ihre Länge in % an jeder Kante angegeben.

- Verformungen werden nach Längskrümmung der Breitseite und der Schmalseite differenziert sowie nach Verdrehung und Querkrümmung und diese durch mm-Angaben pro 2 m Länge bzw. in % der Breite begrenzt.

Alle Merkmale sind nach EN 1310 und EN 1311 zu beurteilen bzw. zu bemessen. Dabei ist insbesondere die Kompensationsregel nach EN 1310 zu beachten, die da lautet: „ In den Sortierregeln ist die Maximalgröße jeder Astform sowie die Höchstzahl der größten Äste je Form pro Prüfstück oder pro Längeneinheit angegeben. Für kleinere Äste kann eine größere Anzahl zulässig sein, wobei jedoch die Summe der Astgrößen das Produkt aus zulässiger Größe und zulässiger Anzahl größter Äste nicht überschreiten sollte."

Ein Abdruck der EN 1611-1 ist an dieser Stelle zu aufwendig. Es wird empfohlen, die Norm zu bestellen beim Beuth Verlag GmbH, Burggrafenstraße 6, 10787 Berlin. Auch haben der Holzabsatzfonds und Proholz-Österreich eine farbige Broschüre „Sortierung von Nadelschnittholz nach Europäischen Normen" herausgegeben, die bei der VDS, Wiesbaden, und beim Fachverband der Holzindustrie Österreichs, Wien, erworben werden kann.

6.3.6 Sortierung von Laubholz-Schnittholz nach EN 975

6.3.6.1 Sortierung von Eiche und Buche nach EN 975-1

Als Ersatz für die deutschen Normen DIN 68369 und DIN 68370 für Buchen- bzw. Eichenschnittholz aus den 1976 und 1980 wurde EN 975 im Jahr 1995 fertiggestellt und mit verschiedenen Änderungen im Oktober 1999 in das deutsche Normenwerk aufgenommen. Teil 1 behandelt die Sortierung nach dem Aussehen von Eichen- und Buchenschnittholz, Teil 2 aus dem Jahr 2004 die Sortierung von Schnittholz aus europäischen Pappeln.

EN 975-1 gilt für frisches und trockenes Eichen- und Buchenschnittholz, jedoch nicht für die Festigkeitssortierung von tragendem Holz und nicht für Schnittholz für Paletten. Erstmalig werden über die in Deutschland übliche Bewertung von Blockware und unbesäumten Brettern/Bohlen hinaus für Eiche und Buche folgende Sortimente gebildet:

B Blockware und loses unbesäumtes Schnittholz
F Friese und besäumtes Schnittholz
P Kantholz
D Kanteln

Zusammen mit den Anfangsbuchstaben der botanischen Bezeichnung der Holzarten Eiche *(Quercus)* und Buche *(Fagus)* ergeben sich folgende Güteklassen:

Eiche
Blockware: Q-B A, Q-B 1, Q-B 2 und Q-B 3
Friese: Q-F A, Q-F 1a, Q-F 1b, Q-F 2, Q-F 3
Kantholz: Q-P A, Q-P 1, Q-P 2
Der Zusatz X am Ende der Klassenbenennung bedeutet das Vorhandensein von Splintholz auf einer Breitseite der Friese oder des unbesäumten Holzes, XX bedeutet Splint auf einer oder zwei Breit- und einer oder zwei Schmalseiten.

Buche
Blockware: F-B A, F-B 1, F-B 2, F-B 3
Friese: F-F A, F-F 1, F-F 2
Kanteln: F-D A, F-D 1, F-D 2
Der Zusatz R am Ende der Bezeichnung ist ein Hinweis auf das Vorhandensein von Rotkern.

Folgende Kriterien werden bei der Sortierung von Eichen- und Buchenschnittholz herangezogen:

Maße:
- Breiten, Längen, Mindestdeckbreiten

Strukturmerkmale:
- Äste (Maße, Form, Zustand, Grad der Verwachsung, Anzahl und Verteilung, Katzenpfote)
- Risse (Kern-, Frost- Sternriss, Ringschäle und seichte Risse)

- Textur (bei Eiche: feine, mittelfeine, grobe)
- Faserverlauf (Faserneigung, Drehwuchs, Wirbelwuchs)
- Rindeneinwuchs (oberflächlich, durchgehend)
- Splintholz (bei Eiche: gesund, krank)
- Mondring (bei Eiche)
- Farbe (bei Eiche: Farbunterschiede, helle Farbe)

Einschnittmerkmale:

- Im Riftschnitt erzeugtes Schnittholz
- Schnittholz mit liegenden Jahresringen
- Einstielig geschnittenes Holz
- Herzgetrenntes Holz
- Baumkante

Verformungen:

- Längskrümmung der Breitseite
- Längskrümmung der Schmalseite
- Querkrümmung (Schüsselung)
- Verdrehung

Insektenbefall:

- flacher, tiefer, schwarzer, heller Fraßgang

Verfärbung:

- Braunkern (bei Eiche)
- Rotkern (bei Buche)
- Dunkle Ader
- Andere Verfärbungen

Pilzbefall:

- Leichte Fäule
- Fäule

Die Tabellen der Qualitätsklassen legen Grenzwerte fest. Die gehandelten Lose müssen eine normale Qualitätsverteilung zwischen den Grenzwerten der jeweiligen Qualitätsklasse und denen der nächsthöheren Qualitätsklasse aufweisen. 10 % der Stücke dürfen der nächstniedrigen Qualitätsklasse angehören.

Sofern nichts anderes vereinbart wird, findet die Abnahme zur Anerkennung der Qualität von Blockware und unbesäumtem Schnittholz beim Verkäufer statt, damit eventuell notwendige Volumenminderungen berücksichtigt werden können (Maßvergütung).

6.3.6.2 Sortierung von Pappeln nach EN 975-2

EN 975-2 (2004) regelt die Sortierung von Schnittholz aus europäischen Pappeln nach dem Aussehen. Sie gilt für trockenes und frisches Schnittholz mit Dicken zwischen 15 und 34 mm und Breiten zwischen 100 und 250 mm, jeweils im frischen Zustand gemessen. Sie gilt nicht für die Festigkeitssortierung von Bauholz (s. dazu DIN 4074-5 bzw. EN 338).

Ähnlich wie EN 1611-1 für die Sortierung von Nadelschnittholz verschiedene Merkmale auch an den Schmalseiten eines Brettes beurteilt, basiert EN 975-2 für Pappelschnittholz auf der Klassifizierung jeder Seite getrennt. Wenn alle vier Seiten dieselbe Klasse aufweisen, entspricht dies der Klasse des Stückes. Weist eine der Breitseiten eine niedrigere Klasse als jede der anderen drei Seiten auf, ist die Klasse des Stückes eine Klasse besser als die Klasse dieser schlechteren Seite. Falls eine der Schmalseiten die niedrigste Klasse der vier Seiten hat, ist diese niedrigste Klasse die Klasse des Stückes. Die Norm definiert nur die untere Grenze jeder Klasse. Jedes Los muss jedoch eine gleichmäßige Verteilung der Qualität haben. Die Sortierung sieht die Klassen 1 bis 4 vor. Alle Merkmale werden nach EN 1310 gemessen.

- Äste an Breit- und Schmalseiten werden nach ihrer Form, ihrem Zustand und ihrer Anzahl je schlechtestem Meter beurteilt. Ihre Größe wird durch einen Prozentwert der Brettbreite bzw. der Brettdicke angegeben, wobei Äste $\leq$ 8 mm unberücksichtigt bleiben, sofern sie nicht faul oder lose sind. Für runde und ovale Äste auf den Breitseiten gilt die Kompensationsregel nach EN 1310.
- Rindeneinwuchs wird als oberflächlich oder durchgehend an der bewerteten Breitseite als zulässig / unzulässig bewertet, ebenso Reaktionsholz.
- Abnormale Faserneigung, i. B. Wirbelwuchs, ist in den Klassen 1 und 2 unzulässig.

- Verfärbungen werden auf allen vier Seiten als „leichte Spuren", „Spuren" und „zulässig" beurteilt. Fäule ist generell unzulässig.
- Insektenbefall ist nur in der 4. Klasse zulässig, sofern nicht mehr aktiv.
- Baumkante wird ebenfalls auf vier Seiten beurteilt und zwar in mm nach % der Brettbreite sowie in % der Brettlänge. Rinde ist unzulässig.
- Längskrümmungen, Querkrümmung und Verdrehung werden als Pfeilhöhe in mm auf 2 m Messlänge bzw. % der Breite angegeben.
- Risse als Breitseitenrisse sind in Klasse 1 bis 2 nicht erlaubt, in den niedrigeren Klassen erfolgt eine Angabe in % der Länge des Stückes mit Begrenzung auf eine maximale Länge.

6.3.7 Laubschnittholz für Treppenbau

Im November 1975 trat die DIN 68368 „Laubschnittholz für Treppenbau – Gütebedingungen" in Kraft. Mit dieser im Februar 2006 überarbeiteten Norm wurde zum ersten Mal ein sogenanntes Gebrauchssortiment von der Normung erfasst, d. h. eine Gütevorschrift aufgestellt, die nicht vom Holz und/oder von der Holzart her zu mehr oder weniger willkürlichen Klassen führt, sondern vom Verwendungszweck her eine Auslese des Rohmaterials möglich macht. Diese Norm gilt für harte Laubschnitthölzer, die sich zum Bau von Treppen eignen, besonders also Eiche, Buche oder ähnliche Holzarten, auch tropische Hölzer. Selbstverständlich muss das Holz gesund sein. Rotbuche soll, wenn nichts anderes vereinbart ist, gedämpft sein. DIN 68 368 bildet zwei Güteklassen, unterscheidet aber außerdem noch, ob sich die zur Klassenbildung relevanten Merkmale auf den sichtbaren oder auf den nicht sichtbar bleibenden Flächen befinden.

Nicht zulässig
Grundsätzlich sind nicht zulässig: Verstocken und Einlauf; Sägespuren; Feuchtigkeit über 12 +2%; Splint bei Eiche und Doussie (sonst zulässig, wenn die Festigkeit des Splints der des Kerns entspricht); Fladerschnitte bei zum Verziehen neigenden Hölzern wie Rotbuche („derselbe Jahrring darf auf derselben Breitfläche nicht zweimal erscheinen").

Zulässig
Zulässig sind dagegen grundsätzlich: Verklebung von Trittstufen aus mehreren Teilen; Längs- und Querkrümmung bis 0,5 % der jeweiligen Richtung; Verdrehung bis 0,5 % der Längsrichtung.

Zulässig auf nicht sichtbaren Flächen
Zulässig sind außerdem auf den nicht sichtbar bleibenden Flächen: Markspuren; Rotkern; Verfärbungen aller Art; eingewachsene Rinde; gesunde und faule Äste, sofern die Festigkeit nicht leidet; eine geringe Anzahl von Insektenfraßgängen, sofern keine lebenden Larven vorhanden sind; lebhafte Maserung; Haar- und Endrisse; Baumkante an der hinteren, verdeckten Kante, sofern eine Mindestdicke des verbleibenden Holzes von 30 mm auf die ganze Länge gewährleistet ist; weitere, nicht einzeln benannte Fehler sind zulässig, wenn sie die Festigkeit und Dauerhaftigkeit der Stufen nicht beeinträchtigen.

Nicht zulässig auf sichtbaren Flächen
Unzulässig sind auf den sichtbar bleibenden Flächen: Markspuren; faule Äste; Fraßgänge; Schwarzverfärbung; Baumkante; Risse (sofern nicht kleine Haar- oder Endrisse); in der Güteklasse I ist außerdem Rotkern bei Rotbuche unzulässig, wogegen Klasse II diesen zulässt. Weiterhin lässt die Klasse II zu: grobe Farbunterschiede und maximal drei gesunde oder ausgeflickte Äste mit 3 cm größtem Durchmesser pro Stufenlänge.

6.3.8 Gütebedingungen für Sargeiche

Wie zu Beginn des Abschnitts 6.3 erwähnt, kommen für die Gütebestimmung bzw. Sortierung inländischen Schnittholzes neben den Tegernseer Gebräuchen und einer Anzahl dort genannter DIN und EN-Normen auch sogenannte Richt-und Gebrauchssortimente in Betracht. Gebrauchssortimente haben den Vorteil, dass sie zwischen Fachleuten präzise und ohne Umschweife gerade die Ware beschreiben, die beide für die im Namen des Gebrauchssortiments genannte Verwendung für richtig halten. Begriffe wie „Gestellbuche", „Sargware", „Leistenware" usw. sind durchaus üblich. Im Nachstehenden soll der Versuch gemacht werden, für das Sortiment „Sargeiche" eine Beschreibung zu entwickeln, die – ohne jeden Rechtsanspruch – helfen soll, Sargeiche zweckmäßig zu sortieren.

Allgemeines:
Sargeiche kann blockliegend oder lose, besäumt oder unbesäumt geliefert werden. Bretter der 1. Wahl werden hauptsächlich für Sargoberkästen verwendet, wobei astfreie Teile für Leisten aussortiert werden; Bretter der 2. Wahl sind für Unterkästen vorgesehen, wobei schlechtere Ware zu Böden verarbeitet wird.
Maße:
Dicke 26 mm, maßhaltig bei 15 % Holzfeuchte;
Breiten unbesäumte Ware 20 cm DB, besäumte Ware 16 cm DB, jedoch nicht unter 10 cm
Längen 2,00 oder 4,00 m + jeweils 2 % Längenzugabe
Feuchte:
maximal 25% Holzfeuchte, bezogen auf das Darrgewicht

Güte:
Unzulässig sind grundsätzlich
- Ringschäle
- Spinne
- Rotfärbung
- Rotfäule
- Verdrehung

Zulässig sind grundsätzlich
- Wirbel
- Insektenfraß im Splintholz
- Splintfäule

Sargeiche 1. Wahl
Holz guter Qualität, aus geringeren unteren Stammstücken und normalen Mittelstücken erzeugt. 25 % der Lieferung müssen einseitig astfrei sein. Für den Rest sind zulässig auf je 2 m Brettlänge ein gesunder Ast bis 4 cm Durchmesser oder zwei kleinere Äste bis 2 cm Durchmesser. Faule Äste und Katzenpfötchen sind ausgeschlossen.

Kernrisse als Herzrisse sind zulässig, sofern die beiden durch den Riss getrennten Bretteile auf je 2 m Brettlänge nicht mehr als 3 cm auseinanderklaffen. Kernrisse als Schrägrisse sind bei 2 m Brettlänge ausgeschlossen, bei 4-m-Brettern bis zu einer Länge von 30 cm unter Gewährung einer Maßvergütung zulässig. Oberflächenrisse (auch Haarrisse genannt) sind zulässig, sofern sie durch normales Hobeln entfernbar sind.

Die Faser darf nicht unter 1 m Länge von der Ober- zur Unterseite aus dem Brett herauslaufen. Rindeneinschluss ist in unbedeutendem Umfang zulässig, ebenso Farbigkeit bis zu 20 % der Brettlänge. Insektenfraß im Kernholz ist ausgeschlossen.

Eine Längskrümmung der Seitenfläche ist mit 1 cm Pfeilhöhe auf 2 m Länge zulässig, eine Längskrümmung der Kantenfläche darf auf 2 m Brettlänge maximal 10% der Brettbreite als Pfeilhöhe auftreten. Querkrümmung (Schüsseln) und Verdrehung ist unzulässig.

Sargeiche 2. Wahl
Holz von mittlerer bis geringerer Qualität, meist aus Mittelstücken und besseren Zopfenden erzeugt. Maßvergütung ist zu gewähren für vorkommende grobe Fehler wie faule Äste, Ringschäle, kranke und angestockte Stellen, stellenweiser Schädlingsbefall und Risse. Zulässig sind zwei gesunde Äste bis 4 cm Durchmesser oder vier kleinere Äste bis 2 cm Durchmesser auf je 3 m Brettlänge.

Kernrisse als Herzrisse werden wie bei der 1. Wahl beurteilt, dagegen sind Kernrisse als Schrägrisse bis 30 cm Risslänge mit Maßvergütung zulässig. Oberflächenrisse, auch vereinzelt tiefere Luftrisse, sind ebenso zulässig wie Faserneigung, Rindeneinschluss und Farbigkeit. Insektenfraß im Kernholz ist im Umfang bis etwa 20 % der Brettfläche zulässig. Längskrümmungen werden wie bei der 1. Wahl beurteilt, Querkrümmung ist zulässig bis 5 % der Brettbreite.

6.3.9 Visuelle Sortierung von Laubschnittholz nach der Tragfähigkeit

DIN 4074-5, erstmalig 2003 veröffentlicht und im Dezember 2008 überarbeitet, berücksichtigt die Tatsache, dass nach EN 338 Festigklassen für Laubschnittholz vorgesehen sind. DIN 4074-5 entspricht den Anforderungen der EN 14 081 und gilt demnach für Laubschnitthölzer für Bauteile, die nach der Tragfähigkeit zu bemessen sind. Sie legt Sortiermerkmale und -klassen fest als Voraussetzung für die Festlegung und Anwendung von Rechenwerten für die Nachweise der Grenzzustände der Tragfähigkeit und Gebrauchstauglichkeit nach z.B. DIN 1052 oder DIN EN 1995-1-1. Wie auch DIN 4074-1 sieht DIN 4074-5 sowohl eine rein visuelle Sortierung vor wie auch eine visuelle mit apparativer Unterstützung.

Es werden für Kantholz und Bretter/Bohlen je drei Sortierklassen gebildet; die Bezeichnung LS steht für Laubholz-Sortierklasse, die Ziffern 7, 10 und 13 beziehen sich auf die zulässigen Biegespannungen σ_{Bzul} nach DIN 1052. Da die Bewertung einiger wichtiger Sortiermerkmale wie z.B. Astigkeit, bei Kantholz und Brettern/Bohlen unterschiedlich gehandhabt wird, ist die Definition dieser Hölzer von großer Bedeutung. In teilweisem Widerspruch zu DIN 68 252-1 (1978) – siehe Abschnitt 6.1.1 Begriffe für Schnittholz – gilt nach DIN 4074-5:

Art	Dicke d bzw. Höhe h	Breite b
Brett[1]	$d \leq 40$ mm	$b \geq 80$ mm
Bohle[1]	$d > 40$ mm	$b > 3\,d$
Kantholz	$b \leq h \leq 3\,b$	$b > 40$ mm

[1] vorwiegend hochkant biegebeanspruchte Bretter/Bohlen sind wie Kantholz zu sortieren und mit einem K nach der Sortierklasse zu kennzeichnen, z.B. LS 10 K

6.3.9.1 Grundsätzliches

- Abweichungen von den vorgesehenen Querschnittsmaßen sind nur im Rahmen der Toleranzklasse 1 nach EN 336 möglich. Dies bedeutet bei rauem Schnittholz und Querschnittsmaßen ≤ 100 mm +3 mm / -1 mm sowie bei Querschnittsmaßen > 100 mm +4 mm und –2 mm.
- Alle Sortierkriterien sind auf eine mittlere Holzfeuchte von ≤ 20 % bezogen.
- Der Zusatz TS zur Sortierklasse (z.B. LS 10 TS) bedeutet, dass das Schnittholz bei einer mittleren Holzfeuchte von ≤ 20 % sortiert wurde, was insbesondere für die Beurteilung von Rissen und Krümmungen wichtig ist.
- Grundsätzlich unzulässig sind in allen Sortierklassen: Blitzrisse, Frostrisse, Ringschäligkeit, Fäule sowie Insektenfraß von Frischholzinsekten.
- Bei nachträglicher Inspektion einer Lieferung sind ungünstige Abweichungen von den geforderten Grenzwerten der Merkmale zulässig bis 10 % bei 10 % der Menge.
- Werden die Querschnittsmaße nach DIN 4074-5 sortierten Holzes um mehr als 5 mm bei Querschnittsmaßen bis 100 mm bzw. um mehr als 10 mm bei Querschnittsmaßen über 100 mm reduziert, ist eine erneute Sortierung erforderlich.
- Für das Maß der Jahrringbreite gibt es keine Begrenzung
- Vorwiegend hochkant biegebeanspruchte Bretter und Bohlen sind wie Kantholz zu sortieren und mit dem Zusatz K zu kennzeichnen.

6.3.9.2 Bemessungsrichtlinien

1. Bei der Bemessung der *Baumkante* erfolgt keine Unterscheidung zwischen Brettern und Kanthölzern. Sie ist an der Stelle ihrer stärksten Breitenausdehnung zu messen, ihre Längenausdehnung bleibt unberücksichtigt. Die Baumkantenbreite h – h_1 bzw. b – b_1 wird auf die jeweilige Querschnittseite projiziert gemessen und als Bruchteil K dieser Seite angegeben. Der z.B. für Kantholz LS 10 gültige Grenzwert von K = 1/3 bedeutet in der Praxis, dass eine Mindestschnittfläche an allen Querschnittseiten von 2/3 vorhanden sein muss.
2. *Äste* werden nach ihrem Durchmesser im Verhältnis zu der Brett- oder Kantholzseite beurteilt, an der sie auftreten. Zwischen verwachsenen und nicht verwachsenen Ästen wird nicht unterschieden, Astlöcher (Durchfalläste) werden wie normale Äste behandelt. Maßgebend ist stets der größte Ast der jeweiligen zu beurteilenden Seite; dagegen spielt die Anzahl (von kleineren) Ästen sowie deren Bezug zur Schnittholzlänge keine Rolle. Äste mit einem Durchmesser unter 5 mm bleiben unberücksichtigt.

2.1 Bei Kanthölzern ist der kleinste sichtbare Durchmesser des größten Asten maßgebend. Bei Kantenästen gilt die Bogenhöhe d1, wenn diese kleiner als der Durchmesser ist.

2.2 Bei Brettern und Bohlen werden Äste kantenparallel (also quer zur Brettlängsachse) gemessen und überall dort, wo der Astquerschnitt zutage tritt. Dabei sind zwei Sonderfälle zu beachten:

- Kantenast: Der auf der innen (rechten) Seite sichtbare Teil eines Kantenastes bleibt unberücksichtigt, wenn das auf der Schmalseite vorhandene Astmaß, auf die Schmalseite bezogen, den Grenzwert für den Einzelast nicht überschreitet.
- Schmalseitenast: Bei Ästen, die auf der Schmalseite zutage treten, ist zusätzlich zu ermitteln, über welchen Anteil der Brettbreite sie sich erstrecken.

Bei Brettern und Bohlen sind drei Kriterien zu berücksichtigen:

- Einzelast: Die Ästigkeit A berechnet sich aus der Summe aller Astmaße des einzelnen Astes auf allen Schnittflächen, auf denen der Ast auftritt, geteilt durch das doppelte Maß der Brettbreite. Beim klassischen Einzelast kann der Mittelwert aus dem größeren (auf der linken Seite) und kleineren Durchmesser (auf der rechten Seite) auf die einfache Brettbreite bezogen werden.
- Treten mehrere kleinere Äste im Bereich von 150 mm Brettlänge auf, wird eine Astansammlung gebildet und die Summe aller Astmaße auf die doppelte Brettbreite bezogen.
- Bei Schmalseitenästen ist die Summe der auf die Breitseite projizierten Längen, bezogen auf die Brettbreite, ein zusätzliches Sortiermerkmal.

3. *Faserneigung* misst man einfach, indem man Schwindrissen folgt bzw. diese auf 100 cm Messstrecke verlängert; die Abweichung von der Geraden in Zentimeter ergibt dann den Messwert in Prozent. Örtliche, durch Äste hervorgerufene Faserneigung bleibt unberücksichtigt.
4. *Markröhre* wird nicht gemessen, sondern nur als vorhanden registriert. Danach wird Schnittholz als mit und ohne Markröhre unterschieden. Sie gilt auch dann als vorhanden, wenn sie nur teilweise im Schnittholz verläuft.
5. *Schwindrisse* (Trockenrisse) bei Kantholz bleiben unberücksichtigt, sofern ihre Länge unter ¼ der Schnittholzlänge, maximal 1 m, bleibt. Muss ein Riss berücksichtigt werden, spielt seine Länge und seine Breite keine Rolle. Lediglich die Risstiefe ist mit einer 0,1 mm dicken Fühlerlehre an drei Viertelpunkten der Risslänge zu messen, wobei dann der Mittelwert daraus als Risstiefe gilt. Dabei sind die projizierten Tiefen gegenüberliegender Risse zu addieren. Die Risstiefe wird auf das Maß der entsprechenden Querschnittseite bezogen. Schwindrisse können nur bei TS-sortiertem Holz gewertet werden. Bei Brettern/Bohlen brauchen Schwindrisse nicht berücksichtigt zu werden.

6. Im Bereich *Verformungen* treten auf: Verdrehung, Längskrümmung in Richtung der Dicke, Längskrümmung in Richtung der Breite bzw. Höhe sowie die hier Querkrümmung genannte Schüsselung. Gemessen wird die Pfeilhöhe bezogen auf eine Messlänge von 2 m, bei Querkrümmung bezogen auf die Breite bzw. Höhe des Schnittholzes. Verformungen werden nur bei TS-sortiertem Holz bewertet.
7. *Verfärbungen* werden an der Stelle der maximalen Ausdehnung an der Oberfläche des Schnittholzes rechtwinklig zur Längsachse an allen betroffenen Seiten gemessen und auf den Umfang des Querschnitts bezogen.

6.3.9.3 Sortierklassen

Sortierklasse LS 7

- *Kantholz*
- Äste bis 3/5
- Faserneigung bis 16 % (bleibt bei Buche unberücksichtigt)
- Markröhre nur bei Eiche zulässig
- Risse bis 3/5
- Baumkante bis 1/3 (= 2/3 Mindestschnittfläche)
- Längskrümmung bis 12 mm
- Verdrehung 2 mm pro 25 mm Höhe
- braune und rote Streifen bis 3/5, sofern nagelfest

- Bretter und Bohlen
- Einzelast bis 1/2
- Astansammlung bis 2/3
- Faserneigung bis 16 % (bleibt bei Buche unberücksichtigt)
- Markröhre nur bei Eiche zulässig
- Schwindrisse zulässig
- Baumkante bis 1/3
- Längskrümmung bis 12 mm
- Verdrehung bis 2 mm pro 25 mm Breite
- Querkrümmung bis 1/20
- braune und rote Streifen bis 3/5, sofern nagelfest

Sortierklasse LS 10

- Kantholz
- Äste bis 2/5
- Faserneigung bis 12 % (bleibt bei Buche unberücksichtigt)
- Markröhre nur bei Eiche > 100 mm zulässig
- Schwindrisse bis 1/2
- Baumkante bis 1/3
- Längskrümmung bis 8 mm
- Verdrehung 1 mm pro 25 mm Höhe
- braune und rote Streifen bis 2/5, sofern nagelfest

- Bretter und Bohlen
- Einzelast bis 1/3
- Astansammlung bis 1/2
- Schmalseitenast bis 2/3 (nicht bei Brettern für BSH)
- Faserneigung bis 12 %
- Markröhre nicht zulässig
- Jahrringbreite bis 6 mm, Douglasie bis 8 mm
- Schwindrisse zulässig
- Baumkante bis 1/4
- Längskrümmung bis 8 mm
- Verdrehung bis 1 mm pro 25 mm Breite
- Querkrümmung bis 1/30
- braune und rote Streifen bis 2/5, sofern nagelfest

Sortierklasse LS 13

- Kantholz
- Äste bis 1/5, bei Eiche bis 1/6
- Faserneigung bis 7 % (bleibt bei Buche unberücksichtigt)
- Markröhre nicht zulässig
- Schwindrisse bis 2/5
- Baumkante bis 1/4
- Längskrümmung bis 8 mm
- Verdrehung 1 mm pro 25 mm Höhe
- braune und rote Streifen bis 1/5, sofern nagelfest

- Bretter und Bohlen
- Einzelast bis 1/5
- Astansammlung bis 1/3

- Schmalseitenast bis 1/3 (nicht bei Brettern für BSH)
- Faserneigung bis 7 % (bleibt bei Buche unberücksichtigt)
- Markröhre nicht zulässig
- Schwindrisse zulässig
- Baumkante bis 1/8
- Längskrümmung bis 8 mm
- Verdrehung bis 1 mm pro 25 mm Breite
- Querkrümmung bis 1/50
- braune und rote Streifen bis 1/5, sofern nagelfest
- Druckholz bis 1/5

Folgende Festigkeitsklassen nach EN 338 können durch in Deutschland gewachsenes Laubschnittholz erreicht werden:

D 40	Buche	LS 13
	Esche	LS 10 und höher
D 35	Buche	LS 10 und höher
D 30	Eiche	LS 10
C 27	Pappel	LS 13
C 22	Pappel	LS 10 und höher

6.3.9.4 Apparativ unterstützte visuelle Sortierung

Dieser Abschnitt bezieht sich nicht auf eine rein maschinelle Sortierung nach DIN 4074-3-4. Schnittholz nach DIN 4074-5 darf mit apparativer Unterstützung nur von geeigneten Betrieben und nur mit einer Apparatur sortiert werden, die von einer dafür anerkannten Stelle nach DIN 4074-3 geprüft worden ist. Der Nachweis der Eignung zur apparativ unterstützten visuellen Sortierung gilt als erbracht, wenn von einer anerkannten Prüfstelle eine Eignungsbescheinigung nach DIN 4074-4 erteilt worden ist.

Nach visuell und apparativ feststellbaren Merkmalen ist über die drei Klassen LS7, LS10 und LS 13 hinaus eine Sortierung in die Klasse LS 15 möglich. Dazu muss das Holz zunächst einmal der Sortierklasse S 10 entsprechen; darüber hinaus gelten als Sortierkriterien die nach DIN 4074-3 für jede Apparatur festgelegten Einstellwerte und apparatespezifisch festgelegte Zusatzkontrollen.

6.4 Erzeugnisse des Hobelwerks

Für die Beurteilung von gehobeltem Schnittholz sind zwei Gesichtspunkte zu beachten:

- Abmessungen, Profile, Maßhaltigkeit
- Gütebedingungen

Bezüglich der Abmessungen sagen die Tegernseer Gebräuche recht wenig aus; deshalb sind nahezu ausschließlich die Vorschriften des DIN-Normenwerks maßgeblich.

Gütebedingungen für Hobelware findet man in:

- Tegernseer Gebräuchen für inländisches Nadelholz
  - DIN 68 365 (2008) für Rauhspund, (s. Abschnitt 6.3.3.3)
  - DIN EN 14 519 Innen- und Außenbekleidungen aus massivem Nadelholz, Profilholz mit Nut und Feder
- VDH-Gebräuchen für nordamerikanische und nordische Hobelware (s. Abschnitt 7.2.3.1)

6.4.1 Profile und deren Bezeichung

Neben den relativ wenigen durch die DIN genormten Profilen und Abmessungen werden eine große Anzahl weiterer Formen hergestellt, die zum Teil nur lokale oder branchenspezifische Bedeutungen haben. Insbesondere sei in diesem Zusammenhang auf die Vielzahl von Bilderrahmenleisten, von Sockelleisten und Leisten für das Baugewerbe (Dreikant, Hohlkehle, Viertelstab usw.) verwiesen sowie auf die manchmal recht phantasievolle Bezeichnungen für Profilbretter, wie ein Landhaus-, Softline-, Blockhausprofil u. a. m.

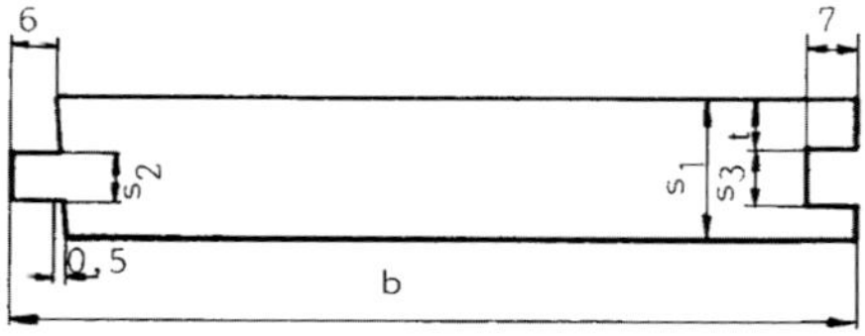

Gespundete Bretter aus Nadelholz/DIN 4072 (1977)

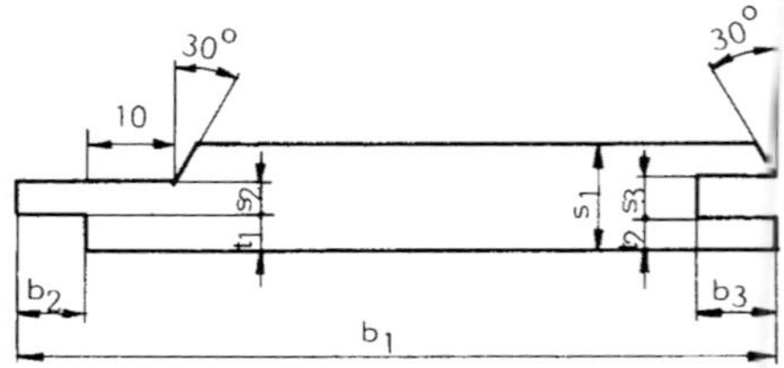

Profilbretter mit Schattennut/DIN 68126,1 (1983)

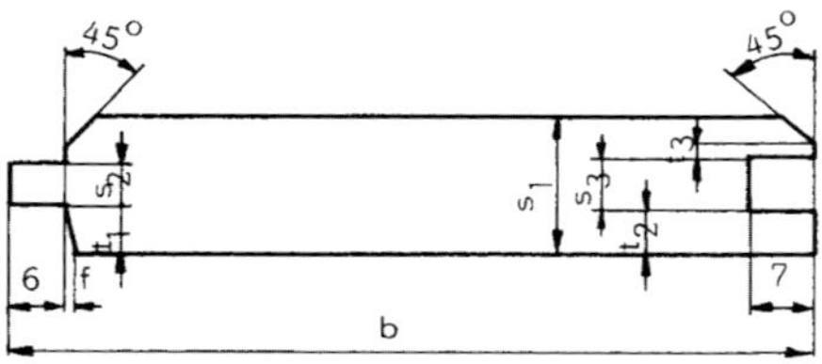

Fasebretter aus Nadelholz/DIN 68122 (1977)

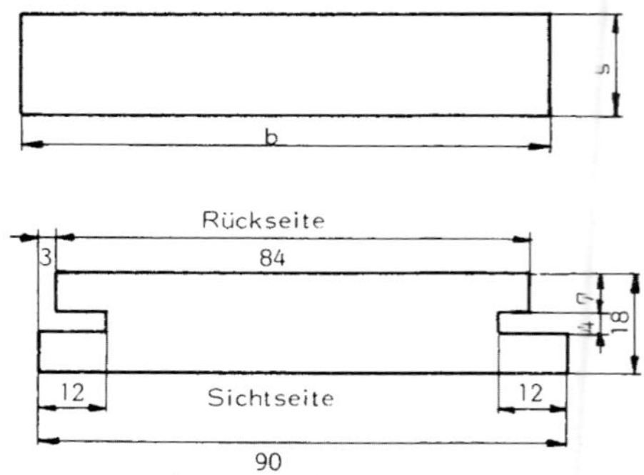

Akustikbretter/DIN 68127 (1970)

Stülpschalungsbretter aus Nadelholz/DIN 68123 (1977)

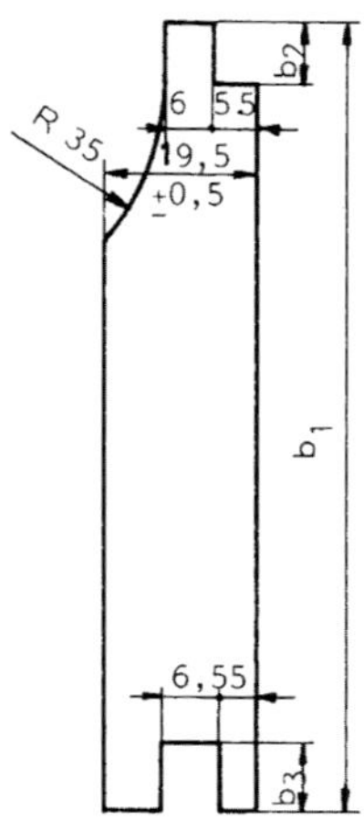

Fußleisten aus europäischen und nordischen Hölzern/DIN 68125,1 (1970) und 68125,2 (1977)

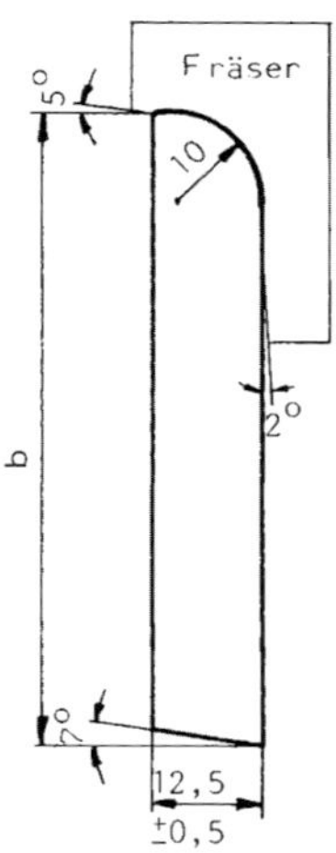

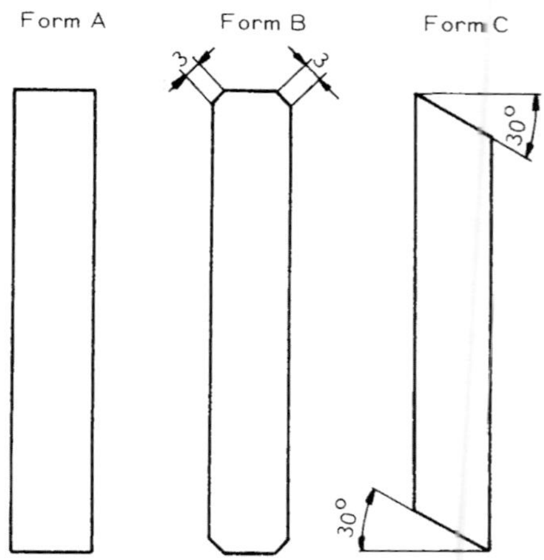

Balkonbretter/DIN 68128 (1977)

6.4.2 Abmessungen von Hobelware

Für alle Normen, die sich mit den Abmessungen und Profilen von gehobeltem Holz beschäftigen (mit Ausnahme EN 14 519), gilt die Messbezugsfeuchte von 14...20 %, vorzugsweise 16...18 %, jeweils bezogen auf das Darrgewicht. Die Messbezugsfeuchte ist die Feuchte, bei der die genormten Maße vorhanden sein müssen; sie braucht also nicht dem Feuchtegehalt des Holzes bei der Lieferung oder Einbau entsprechen.

Die zulässigen Abweichungen umfassen ausschließlich die unvermeidbaren Bearbeitungsungenauigkeiten und die durch Feuchteschwankungen innerhalb des Messbereichs bedingten Maßunterschiede.

6.4.2.1 Stülpschalungsbretter

Gehobelte, gespundete Stülpschalungsbretter aus Nadelholz sind in DIN 68 123 (1977) genormt.

Das unter 6.4.2 Gesagte bezüglich Messbezugsfeuchte und zulässigen Abweichungen ist sinngemäß auch hier anzuwenden.

Brett- und Federbreiten sowie Nuttiefen in mm (Stülpschalung)

Bezeichnung	Zeichen	europäisches (ohne nordisches) Holz			nordisches Holz		
Profilmaß	b_1	115	135	155	111	121	146
Toleranz		± 1,5	± 2,0	± 2,0	± 1,5	±2,0	±2,0
Federbreite	b_2	8,0	10,0	10,0	8,0	8,0	10,0
Nuttiefe	b_3	8,5	10,5	10,5	8,5	8,5	10,5

Brettdicken und Profile in mm (Schattennut)

Bezeichnung	Zeichen	europäisches (ohne nordisches) Holz			nordisches Holz			überseeisches Holz		
Brettdicke	S_1	13,5	15,5	19,5	12,5	14,0	19,5	9,5	11,0	12,5
Toleranz		± 0,5	± 0,5	± 0,5	± 0,5	± 0,5	± 0,5	± 0,5	± 0,5	± 0,5
Federdicke	S_2	4,0	4,0	6,0	4,0	4,0	6,0	3,0	3,0	4,0
Nutbreite	S_3	4,5	4,5	6,5	4,5	4,5	6,5	3,5	3,5	4,5
Dicke unter der Feder	t_1	4,0	5,5	5,5	4,0	4,5	5,5	3,5	3,5	4,0
Dicke unter der Nut	t_2	3,5	5,0	5,0	3,5	4,0	5,0	3,0	3,0	3,5

Brettdicken, Federbreiten und Nuttiefen in mm (Schattennut)

Bezeichnung	Zeichen	europäisches (ohne nordisches) Holz		nordisches Holz			überseeisches Holz	
Profilmaß	b_1	95,0	115,0	71,0	96,0	146,0	69,0	94,0
Toleranz		± 1,5	± 1,5	± 1,0	± 1,5	± 2,0	± 1,0	± 1,5
Federbreite	b_2	8,0	8,0	8,0	8,0	10,0	6,0	6,0
Nuttiefe	b_3	9,0	9,0	8,5	8,5	10,5	7,0	7,0

Brettlängen
Die DIN 68 123 – Stülpschalungsbretter – sieht für nordische Hölzer im Bereich 1800 bis 6000 mm eine einheitliche Längenstufung von 300 mm, für europäische (ohne nordische) Hölzer eine Längenstufung von 250 mm im Bereich von 1500 bis 4500 mm und von 500 mm im Bereich von 4500 bis 6000 mm vor mit einer einheitlichen zulässigen Abweichung von +50 und -25 mm.

Ausführung
Die Nut- und Federkanten sollen leicht gerundet sein.

6.4.2.2 Profilbretter mit Schattennut

DIN 68 126,1(1983) regelt die Abmessungen für Profilbretter mit Schattennut, die vorwiegend zum Verkleiden von Decken und Wänden bestimmt sind. Sie gilt für Nadel- und Laubhölzer. Bestimmungen bezüglich Maßhaltigkeit, Abweichungen, Ausführung von Nut und Feder sind dem Abschnitt 6.4.2.1 zu entnehmen.

Brettlängen
Für alle Hölzer gilt eine einheitliche zulässige Abweichung in der Länge von +50 und -25 mm. Für europäische (ohne nordische) Hölzer ist im Längenbereich von 1500 mm bis 4500 mm eine Stufung in 250 mm und im Bereich von über 4500 mm bis 6 000 mm eine Stufung von 500 mm vorgesehen. Nordische und überseeische Hölzer sind auf folgende Längenmaße festgelegt:

nordisches Holz mm		überseeisches Holz mm	
1800	4200	1830	4270
2100	4500	2130	4570
2400	4800	2440	4880
2700	5100	2740	5180
3000	5400	3050	5490
3300	5700	3350	5790
3600	6000	3660	6100
3900		3960	

6.4.2.3 Gespundete Bretter aus Nadelholz

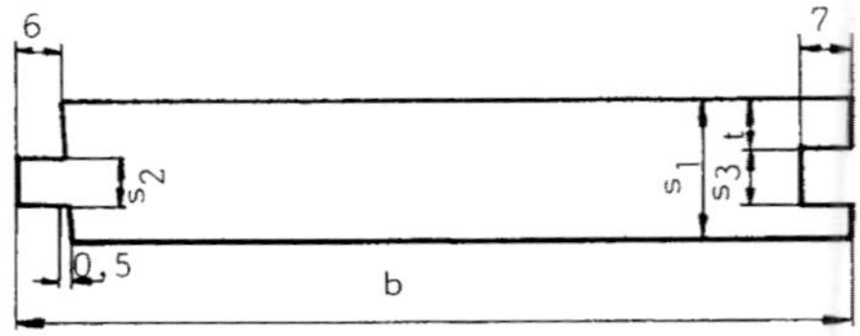

Nach DIN 4072 (1977), die im Gegensatz zu früheren Normen auf überseeisches Holz nicht mehr besonders eingeht, gelten für europäische und nordische Hölzer folgende Maße:

Bezeichnung	Zeichen	euopäisches (ohne nordisches) Holz mm		nordisches Holz mm	
Brettdicke	S1	15,5	19,5	12,5	
Toleranz		± 0,5	± 0,5	± 0,5	
Federdicke	S2	4,0	6,0	4,0	
Nutbreite	S3	4,5	6,5	4,5	
Dicke unter der Feder	t1	5,5	6,0	4,0	
Dicke unter der Nut	t2	5,0	5,5	3,5	
obere Plattendicke	t3	2,0	4,0	2,0	
Unterfügung	f	0,5	0,5	0,3	
Profilmaß	b	95,0	115,0	96,0	111,0
Toleranz		± 1,5	± 1,5	± 1,5	± 1,5

Brettlängen
Für europäische (ohne nordische) Hölzer gilt das unter 6.4.2.2 Gesagte. Für nordische Ware gilt im Bereich von 1800 mm bis 6000 mm eine einheitliche Längenstufung von 300 mm.

Ausführung
Die Unterfügung (0,5 mm) darf schräg über die ganze Brettdicke oder senkrecht zur Unterseite des Brettes verlaufen. Im Übrigen gilt das im Abschnitt 6.4.2.1 Gesagte.

Gespundete Bretter aus Nadelholz nach DIN 4072 (1977)

Bezeichnung	Zeichen	europäisches (ohne nordisches) Holz				nordisches Holz		
Brettdicke	S1	15,5	19,5	25,5	35,5	19,5	22,5	25,5
Toleranz		± 0,5	± 0,5	± 1,0	± 1,0	± 0,5	± 1,0	± 1,0
Federdicke	S2	4,0	6,0	6,0	8,0	6,0	6,0	6,0
Nutbreite	S3	4,5	6,5	6,5	8,5	6,5	6,5	6,5
Dicke über Nut und Feder	t	7,0	8,0	11,0	13,0	8,0	10,0	11,0
Profilmaß	b	95,0	115,0	135,0	155,0	96,0	111,0	121,0
Toleranz		± 1,5	± 1,5	± 2,0	± 2,0	± 1,5	± 1,5	± 2,0

6.4.2.4 Fasebretter aus Nadelholz

Gehobelte gespundete Fasebretter aus Nadelholz sind in DIN 68 122 (1977) genormt. Sie sieht folgende Maße vor:

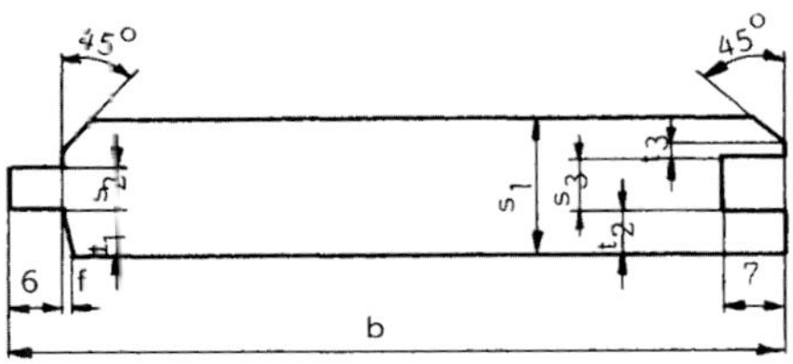

Brettlängen
Für die Brettlängen und die Ausführung gelten die Vorschriften des Abschnittes 6.4.2.3.

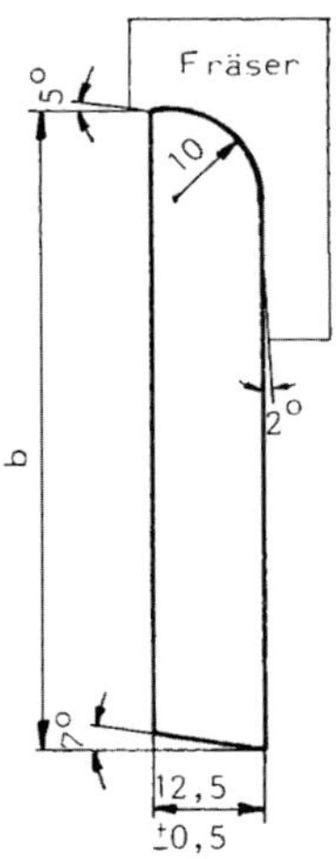

Dicken und Breiten in mm

	Euopäisches Holz			nordisches/Überseeisches Holz	
Dicke S	15,0	19,5	21,0	12,5	
zulässige Abweichung	± 0,5	± 0,5	± 0,5	± 0,5	
Breite b	73,0	42,0	42,0	58,0	70,0
zulässige Abweichung	+ 1,0	+ 1,0	+ 1,0	± 1,0	± 1,0

6.4.2.5 Fußleisten

Fußleisten sind Leisten, die zum Abschluss der Fuge zwischen Fußboden und Wand und zum Schutz der Tapete dienen; DIN 68 125,1 (1970) und DIN 68 125,2 (1977) bestimmen deren Abmessungen. Die Regeln bezüglich Messbezugsfeuchte, Längen und Abweichungen sind dem Abschnitt 6.4.2.1 zu entnehmen.

6.4.2.6 Akustikbretter

Akustikbretter werden als Glattkantbretter und als Profilbretter hergestellt; sie sind für schallschluckende Verkleidung von Wänden und Decken geeignet.

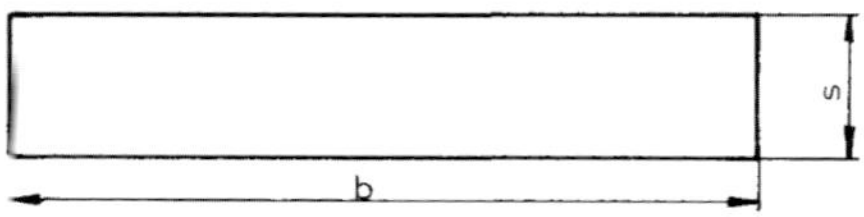

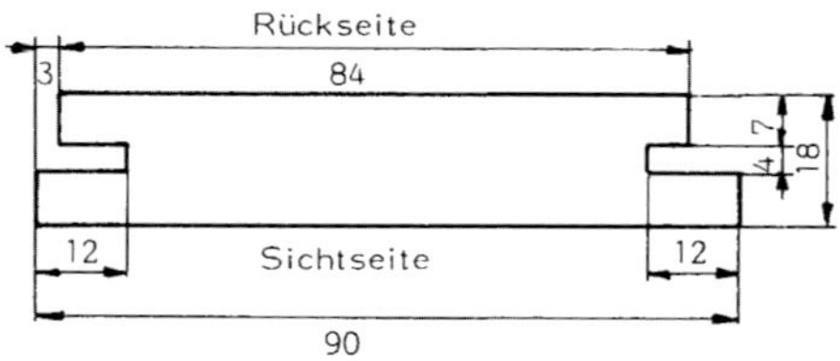

DIN 68 127 (1970) nennt folgende Maße, die nur für Glattkantbretter gelten:

Dicken in mm

Europäisches Holz	Nordisches/Überseeisches Holz		
Dicke S	zulässige Abweichung	Dicke S	zulässige Abweichung
17,0	± 0,5	16,0	± 0,5
19,5	+ 0,5	19,5	+ 0,5
21,0	+ 0,5	22,5	± 1,0

Breiten in mm

Europäisches Holz	Nordisches Holz	Überseeisches Holz	zulässige Abweichung
74,0	70,0	68,0	± 1,0
94,0	95,0	94,0	± 1,5

Akustikprofilbretter sind einheitlich genormt; die Maße sind obiger Zeichnung zu entnehmen. Regelungen bezüglich der Länge, der Messbezugsfeuchte und der Abweichungen sind dem Abschnitt 6.4.2.1 zu entnehmen.

Ausführung: Die Sichtseite der Akustikbretter, ihre beiden Kantenflächen, an denen bei Glattkantbrettern auch ein glatter Sägeschnitt zulässig ist, sowie die Rückseite der Akustikprofilbretter müssen gehobelt sein; Kanten dürfen leicht gebrochen sein.

6.4.3 Gütebestimmungen für Hobelware

Zur Sortierung von Hobelware können mehrere Vorschriften herangezogen werden, je nachdem, ob es sich um aus inländischer oder aus nordischer Ware erzeugte oder um fertig aus dem Ausland importierte Hobelware handelt. Für aus inländischer Ware erzeugte gehobelte Schnitthölzer können immer noch unter Gewerbetreibenden die Tegernseer Gebräuche herangezogen werden, die drei Güteklassen sowie das Produkt Rauspund vorsehen. Nur für Rauspund – nicht für andere Hobelware – gilt die Tabelle 4 der DIN 68 365 (2008) – Schnittholz für Zimmererarbeiten – , die im Zusammenhang mit der Neufassung der Bauschnittholz-Norm DIN 4074-1 ebenfalls vollständig neu gestaltet wurde (siehe dazu Abschnitt 6.3.3.3).

Für Fichte, Tanne und Kiefer einheimischer und nordischer Herkunft galt bis 2005 die DIN 68 126-3 (1986). Dieser Teil 3 der Norm „Profilbretter mit Schattennut" war die einzige DIN, die außer Maßen und Profilen auch etwas zur Güte von Hobelware aussagte. Die darin enthaltenen Gütebedingungen konnten, sofern ausdrücklich vereinbart, auch auf die anderen Profile des Normenwerks und auf sonst handelsübliche Profile angewendet werden. Seit Dezember 2005 gilt nun die DIN EN 14 519 – Innen- und Außenbekleidungen aus massivem Nadelholz, Profilholz mit Nut und Feder – die den Teil 3 der DIN 68126 ausdrücklich ersetzt und teilweise auch in deren Teil 1 hineinspielt.

Unter Kaufleuten können, wie oben festgestellt, die Tegernseer Gebräuche, aber auch noch die Handelsgebräuche des Vereins Deutscher Holzeinfuhrhäuser e.V. herangezogen werden, die im Abschnitt 7.2.3.1 für Hobelware aus nordischem Rot- und Weißholz bzw. für Hobelware aus Pitch-, Red-, Carolina-, Oregon- und Parapine dargestellt sind.

Ebenfalls nur unter Kaufleuten – nicht gegenüber dem Privatmann – können Formulierungen verwendet werden wie „us hobelfallend", die eine Verwendung der nordischen us-Qualität als Rohmaterial ohne Sortierung nach dem Hobeln ausdrückt.

6.4.3.1 Sortierung von Hobelware nach den Tegernseer Gebräuchen

Gemäß § 20 der Tegernseer Gebräuche, Fassung 1985, wird bei einseitig gehobelter Ware die gehobelte, bei zweiseitig gehobelter Ware die bessere Seite beurteilt.

Für gehobelte Bretter und Bohlen, aus inländischem Schnittholz der Holzarten Fichte, Tanne, Kiefer, Weymouthkiefer, Lärche und Douglasie erzeugt, werden folgende Güteklassen gebildet:

Hobeldielen, Stab- und Fasebretter, Stülpschalung, Rauspund und Fußleisten

Güteklasse I:
Normallänge 2 ... 6 m, erzeugt aus Rauware 8 ... 18 cm breit. Vermessungsart: brettweise mit Feder nach Millimeter.
Die Ware muss:
1. blank sein, darf vereinzelt leicht farbig, bei Kiefer leicht angeblaut sein,
2. frei von ausgedübelten Stellen und Hobelfehlern sein,
3. gut passend gehobelt sein – im Allgemeinen soll die linke Seite (Außenseite des Brettes) gehobelt werden –.

Die Ware darf:
4. nur festverwachsene Äste bis zu 2,5 cm kleinstem Durchmesser,
5. vereinzelt kleine Harzgallen,
6. kleine Baumkante, nur auf der ungehobelten Seite,
7. kleine Risse haben.

Güteklasse II:
Normallänge 2 ... 6 m, erzeugt aus Rauware 8 ... 18 cm breit. Vermessungsart: brettweise mit Feder nach Millimeter.
Die Ware muss:
1. gut und passend gehobelt sein – im Allgemeinen soll die linke Seite (Außenseite des Brettes) gehobelt werden –.

Die Ware darf:
2. leicht farbig - bei Kiefer - angeblaut sein,
3. kleine, schwarze, festverwachsene Äste bis 4 cm kleinstem Durchmesser,
4. kleine Harzgallen,
5. kleine Baumkante, nur auf der ungehobelten Seite,
6. kleine Risse,
7. kleine Hobelfehler und ausgedübelte Stellen haben.

Güteklasse III:
Normallänge 2 ... 6 m, erzeugt aus Rauware 8 cm aufwärts breit. Vermessungsart brettweise mit Feder nach Millimeter.
Die Ware darf:
1. mittelfarbig, bei Kiefer blau sein,
2. vereinzelt nur kleine, ausgeschlagene Äste,
3. Harzgallen,
4. kleine Baumkante auf der ungehobelten Seite,
5. große Risse – nicht länger als ein Viertel der Brettlänge –,
6. Hobelfehler haben.

Rauspund:
Normallänge 2 ... 6 m, erzeugt aus Brettern 8 cm aufwärts breit. Vermessungsart: brettweise mit Feder nach Millimeter.
Die Ware darf:
1. farbig - bei Kiefer blau - sein,
2. große Äste – auch lose oder ausgeschlagene –,
3. Harzgallen,
4. mittelgroße Baumkante,
5. Risse bis zu ein Drittel der Brettlänge,
6. Insektenfraß haben.

Fußleisten:
ohne Breitenbegrenzung
Güteklasse I: Gütebestimmungen wie Hobeldielen, Güteklasse I.
Güteklasse II: Gütebestimmungen wie Hobeldielen, Güteklasse II.

6.4.3.2 Sortierung nach DIN EN 14 519 (2005)

Die Norm EN 14 519 – Innen- und Außenbekleidungen aus massivem Nadelholz – Profilholz mit Nut und Feder – wurde im März 2006 als deutsche Norm veröffentlicht und in Kraft gesetzt. Sie ersetzt ausdrücklich die bis dahin gültige DIN 68 126-3 und legt die Merkmale von Innen- und Außenbekleidungen aus Massivholz mit Nut und Feder fest, die aus den Nadelholzarten Fichte/Tanne (Picea spp./Abies spp.), Kiefer (Pinus sylvestris), Lärche (Larix spp.), Europäische Douglasie (Pseudotsuga menziesii) und Seekiefer (Pinus pinaster) hergestellt werden.

Dabei sind:
- Innen- und Außenbekleidungen mit Nut und Feder massive Profilhölzer mit Nut und Feder, die auf der Oberseite und zwei Schmalseiten bearbeitet wurden und deren Rückseiten egalisiert sind. Die Stirnseiten können mit Nut und Feder versehen sein.
- Innenbekleidung steife oder halbsteife Elemente aus Massivholz für die Verwendung im Innenbereich.
- Außenbekleidung steife oder halbsteife Elemente aus Massivholz für die Verwendung im Außenbereich.
- Oberseite die sichtbare Oberfläche des Elements, einschließlich Kanten und Fasen.

6.4.3.2.1 Allgemeines
- Alle Anforderungen gelten zum Zeitpunkt der Fertigung, sofern vom Hersteller nicht anders angegeben.
- Sofern nichts anderes festgelegt ist, gilt die Sortierung nur für die Oberseite. Die festgelegten Anforderungen an die Bearbeitung gelten für alle Klassen und alle Holzarten.
- Die Messung der Merkmale hat nach EN 1310 zu erfolgen, die der Astigkeit nach dem dort vorgesehenen „Allgemeinen Verfahren".
- Die Sortierung hat vor einer eventuellen Oberflächenbehandlung zu erfolgen.
- Außer den im nachfolgenden beschriebenen Sortierklassen sieht EN 14 519 auch die Verwendung einer so genannten „Freien Klasse" vor, in der der Hersteller der Hobelware alle Sortiermerkmale der Sortierklassen im Vertrag oder in den Unterlagen / Datenblättern berücksichtigen und angeben muss. Es sind dies: Äste, ausgeschlagene Stellen, Druckholz, Verformung, Harzgallen, Risse, Markröhre, Farbe, Pilzbefall, Insektenbefall, Baumkante, Rindeneinwuchs, Stapelmarkierungen. Für Außenbekleidungen müssen dabei mindestens die Merkmale der Klasse B erfüllt werden.

6.4.3.2.2 Feuchtegehalt – geometrische Eigenschaften
Zum Zeitpunkt der Lieferung ab Fertigungswerk muss der Feuchtegehalt der Profilhölzer im Bereich zwischen 17 ± 2 % bzw. 12 ± 2 % liegen mit Ausnahme von Seekiefer, deren Feuchtegehalt 11 ± 3 % betragen muss. Andere Feuchtegehalte sind zwischen den Beteiligten zu vereinbaren.

Die im weiteren genannten Maße entsprechen einer Messbezugsfeuchte von 12 % bzw. 17 %. Die Dicke und Breite von Profilhölzern nimmt je 1 % Feuchtezunahme um 0,25 % zu bzw. nimmt je 1 % Feuchteabnahme um 0,25 % ab. Für Profilholz mit einer Dicke ≥ 9,5 mm ist eine Grenzabweichung von ± 0,5 mm vorgesehen, für Breiten ≥ 40 mm eine Toleranz von + 0 mm / - 2 mm. In der Länge gelten Grenzabmaße von + 50 mm und – 0 mm, bei Profilholz mit stirnseitiger Nut und Feder ± 2 mm. Querkrümmung (Schüsselung) ist zum Zeitpunkt der Herstellung bis zu 1 % der Brettbreite zulässig.

Die Oberseite muss glatt gehobelt sein. Gleichmäßige Hobelspuren auf der Oberseite dürfen einen Abstand von 2 mm nicht überschreiten. Zum Zeitpunkt der Produktion müssen sich die Profilhölzer leicht zusammenfügen lassen. Für die Profilhölzer muss nach der Bearbeitung eine Grenzabweichung für die Dicke und Breite von 0,3 mm bei einer Profilbreite bis 100 mm und für eine Profilbreite über 100 mm eine Grenzabweichung von 1 mm eingehalten werden.

6.4.3.2.3 Sortierklassen für Nadelholzarten (ohne Seekiefer)

Die Klassifizierung nach dem Aussehen berücksichtigt keine Merkmale, die nach dem Zusammensetzen der Elemente nicht mehr sichtbar sind. Die Oberseite umfasst die gesamte sichtbare Oberfläche nach dem Zusammensetzen, sie erstreckt sich daher bis zu den Kanten, insbesondere bis zu den Fasen. Höchstens 5 % der Liefermenge dürfen der nächstniederen Sortierklasse entsprechen. Teile, die den Anforderungen der Klasse B nicht erfüllen, müssen entsprechend der freien Klasse klassifiziert werden.

Klasse A:

Unzulässig sind: Durchfalläste, Astlöcher und Fauläste; durchgehende Risse (jedoch keine Endrisse); Risse von einer Breitseite zur Schmalseite; Ringschäle; Risse auf der Rückseite über die ganze Profilholzlänge; Verfärbung auf der Oberseite; Pilzbefall; Insektenbefall;

Zulässig sind:

- Äste: Schwarze Punktäste bis 5 mm Durchmesser, sofern sie nicht in Gruppen auftreten; gesunde, festverwachsene Äste bis zu 10 % der Breite + 30 mm; teilweise verwachsene, rindenumrandete, Flügeläste und tote (nicht verwachsene) Äste (jedoch keine Duchfalläste) bei Fichte, Tanne und Lärche bis zu 10 % der Breite + 15 mm, bei Kiefer und Douglasie bis zu 10 % der Breite + 30 mm. Vereinzelt kleine fehlende und beschädigte Kantenäste bis zu 20 % der größten zulässigen Astgröße, sofern die Deckung nicht beeinträchtigt wird. Ausgedübelte Äste der gleichen Holzart bis zur größten zulässigen Astgröße.
- Ausgeschlagene Stellen bei Ästen bis zu 20 % der Astfläche, bei weiteren Stellen eine pro Meter bis zu 20 % der maximalen Astgröße
- Druckholz
- Verformung, soweit Nut und Feder über die gesamte Länge eine einwandfreie Verbindung aufweisen
- Harzgallen: vereinzelt bis zu 2 x 25 mm oder entsprechend in mm² mit einer maximalen Breite von 2 mm; 1 Harzgalle bis zu 3 x 40 mm oder entsprechend in mm² je 1,50 m Länge
- Risse: Haarrisse; Endrisse mit eine Länge bis Profilholzbreite. Bei Profilholz mit Nut und Feder an den Stirnseiten: Vereinzelte Endrisse bis ½ Profilholzbreite
- Markröhre auf 1/5 der Länge mit einer maximalen Breite von 5 mm
- Farbe: nur auf der Rückseite zulässig
- Baumkante auf der Rückseite, wenn Nut und Feder nicht betroffen sind
- Rindeneinwuchs vereinzelt bis 3 x 40 mm oder entsprechend in mm²

Klasse B:

Unzulässig sind: Ringschäle; Pilzbefall (Verfärbung siehe Farbe); Insektenbefall

Zulässig sind:

- Äste: Schwarze Punktäste bis 5 mm; gesunde, fest verwachsene, teilweise verwachsene, rindenumrandete Äste, Flügeläste und nicht verwachsene Äste bis zu 10 % der Breite + 50 mm; vereinzelte Durchfalläste, Astlöcher und Fauläste bis 15 mm; ausgedübelte Äste der gleichen Holzart
- Ausgeschlagene Stellen bei Ästen bis zu 40 % der Astfläche, bei weiteren Stellen bis zu 40 % der maximalen Astgröße

- Verformung, soweit Nut und Feder über die gesamte Länge eine einwandfreie Verbindung aufweisen
- Harzgallen bis zu 2 x 35 mm oder entsprechend in mm² unbegrenzt, 3 Harzgallen bis 5 mm Breite und Gesamtlänge 150 mm oder entsprechend in mm² je 1,50 m Länge
- Risse: durchgehende Breitseitenrisse max. 1 mm breit bis 300 mm Länge; Endrisse bis doppelte Brettbreite; bei Profilholz mit Nut und Feder an den Stirnseiten vereinzelte Endrisse
- Markröhre
- Farbe: leichte rote und blaue Flecken
- Baumkante auf der Rückseite, wenn Nut und Feder auf ¾ der Länge davon nicht betroffen sind
- Rindeneinwuchs

6.4.3.2.4 Beispiele für Maße

Zielmaße, Dicken (in mm) bei 17 % Feuchtegehalt

Dicke	Dicken-bereich	Feder-dicke	Nut-weite	Dicke unter Feder	Dicke unter Nut
12	11,5...12,5	4	4,5	4	3,5
14	13,5...14	4	4,5	4,5	4
16	15,5...16	4	4,5	4,5	4
19	18,5...19,5	6	6,5	5,5	5
21	20,5...21,5	6	6,5	5,5	5
Die Dicke der Feder kann zusätzlich zu einer Bearbeitungszugabe um weitere 0,5 mm reduziert werden, um die Montage zu erleichtern oder eine Oberflächenbeschichtung zu ermöglichen					

Zielmaße, Dicken (in mm) bei 12 % Feuchtegehalt

Dicke	Dicken-bereich	Feder-dicke	Nut-weite	Dicke unter Feder	Dicke unter Nut
10	9,5...10	3	3,5	3,5	3
12	11,5...12	4	4,5	4	3,5
13	12,5...13	4	4,5	4,5	4
15	14,5...15	4	4,5	4,5	4
18	17,5...18,5	6	6,5	5,5	5
20	19,5...20,5	6	6,5	5,5	5
Die Dicke der Feder kann zusätzlich zu einer Bearbeitungszugabe um weitere 0,5 mm reduziert werden, um die Montage zu erleichtern oder eine Oberflächenbeschichtung zu ermöglichen					

Zielmaße, Breiten (in mm) bei 17 % Feuchtegehalt

Breite	Breiten-bereich	Feder	Nut	Deckbreiten-bereich
71	69...71	5	6	64...66
96	94...96	8	8,5	86...88
116	114...116	8	8,5	106...108
121	119...121	10	10,5	109...111
146	144...146	10	10,5	134...136

Zielmaße, Breiten (in mm) bei 12 % Feuchtegehalt

Breite	Breiten-bereich	Feder	Nut	Deckbreiten-bereich
69	67...69	5	6	62...64
75	73...75	5	6	68...70
94	92...94	8	8,5	84...86
114	112...114	8	8,5	104...106
119	117...119	10	10,5	107...109
144	142...144	10	10,5	132...134

6.5 Maschinelle Gütesortierung von Schnittholz

6.5.1 Verfahren

Die zerstörungsfreie Ermittlung der Qualität von Schnittholz (Festigkeitsprüfung ohne Bruch) mit Hilfe von Maschinen im Gegensatz zur individuellen Gütesortierung durch das Auge und von Hand ist ein Problem, an dem Forscher aus der ganzen Welt schon seit rund 50 Jahren intensiv arbeiten.

Durch den Einsatz von Maschinen wird vor allem bei dem heutigen hohen Holzdurchsatz in den Betrieben die Sortierung deutlich objektiver und sicherer. Es können auch Sortierparameter wie Rohdichte und Elastizitätsmodul bestimmt werden, die eine gute Korrelation zur Festigkeit aufweisen, visuell aber nicht erfasst werden können. Dadurch wird eine bessere Ausnutzung des Holzes, d. h. eine Sortierung in deutlich höhere Festigkeitsklassen als bisher möglich.

Mehrere, sich wesentlich unterscheidende Verfahren sind entwickelt und untersucht worden, befinden sich zur Zeit in der Erprobung oder sind bereits im praktischen Einsatz.

Biegeverfahren (Stress grading)
Am weitesten sind die Arbeiten fortgeschritten mit solchen Maschinen, bei denen stationär oder im Durchlaufverfahren mit Hilfe einer Biegeprüfvorrichtung der Biege-E-Modul des Schnittholzes bestimmt wird. Aus der aufgebrachten Prüflast F, der Durchbiegung δ und den Abmessungen des geprüften Holzes oder aus der zur Erzielung einer bestimmten Durchbiegung δ erforderlichen Kraft F kann unter Berücksichtigung der Prüfanordnung der Biege-Elastizitätsmodul errechnet werden, der seinerseits in ausreichender Korrelation zur Holzfestigkeit, insbesondere zur Biegefestigkeit steht. Die Messergebnisse können elektronisch ausgewertet werden. Durch Eingabe bestimmter Maximal- bzw. Minimalforderungen sortieren dann die Maschine selbstständig das eingeführte Holz in eine oder mehrere Güteklassen.

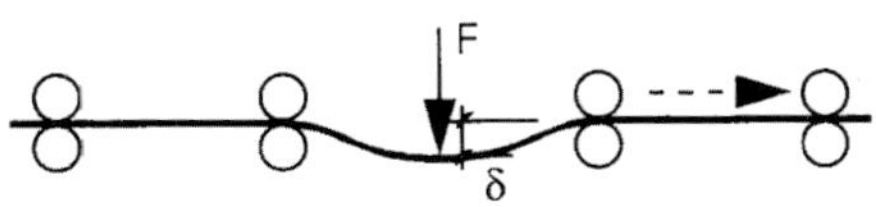

Abbildung 82: Systemskizze des Biegeverfahrens (nach Radovic[48])

Durchstrahlungs-Verfahren
Eine Idee, die schon bei Spanplatten verwirklicht worden ist, kann auch bei der Gütesortierung von Schnittholz verwertet werden. Bringt man eine geeignete Strahlenquelle (Radioisotopen-Emitter) über ein Brett, so ist der durch das Brett fließende und in einer Ionisationskammer aufgenommene Ionisationsstrom abhängig von der Dichte des Brettes. Der Strom kann mit Hilfe eines Verstärkers auf entsprechende Anzeige- und Auswertegeräte einwirken. Die Gütesortierung beruht auf der Tatsache, dass Äste eine größere Dichte besitzen als das umgebende Holz (rund 2 ... 2,5fache Dichte); damit absorbieren sie einen größeren Teil der weichen Gammastrahlung als das umgebende Holz, weshalb die von der Ionisationskammer aufgenommene Strahlungsintensität bei der Durchstrahlung von Ästen abfällt. Dadurch wird bei anschließender Grauwert-Bildverarbeitung eine Größen- und Lagebestimmung der Äste ermöglicht.

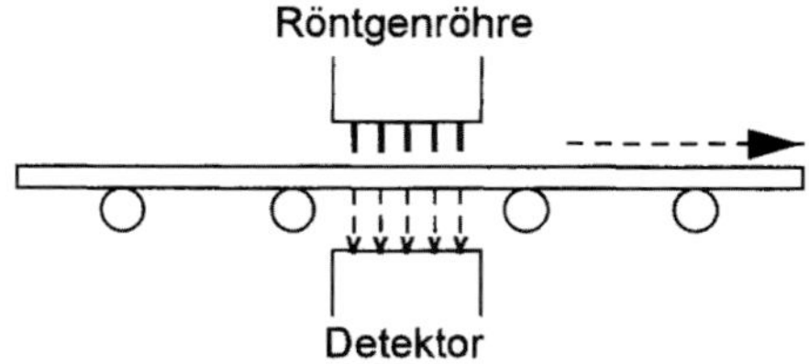

Abbildung 83: Systemskizze des Durchstrahlungsverfahrens[48]

Stoßwellen-(Längsschwingungs-)verfahren
Auf völlig andere Weise wurde in den USA versucht, die Holzgüte zu ermitteln. Zum Beginn der Forschungsarbeiten wurden die Hölzer auf zwei Stützen gelagert und durch einen Schlag senkrecht zur Längsrichtung in Querschwingung versetzt. Aus der Frequenz kann der dynamische E-Modul ausgerechnet werden, der sehr eng mit dem statischen E-Modul und hinreichend genau mit der Holzfestigkeit korreliert.

Für den praktischen Gebrauch wird das Brett an einem Ende hydraulisch festgeklemmt und mit einem elektromagnetischen Hammer in Längsschwingung versetzt. Zur Zeitmessung können mehrere Sensoren in zuvor gewählten Abständen am Brett angelegt werden.

Die Vorteile des Verfahrens bestehen vor allem darin, dass das Holz in seiner ganzen Länge geprüft werden kann. Es ist wenig empfindlich gegen leichte Krümmungen im Holz und geringe Dicken- und Breitenunterschiede. Die Brettlänge muss allerdings konstant sein, wenn man sich auch vorstellen kann, dass die Brettlänge automatisch messbar wäre. Das Verfahren arbeitet im Takt, also nicht kontinuierlich.

Nachteilig ist, dass nur der mittlere E-Modul erfasst wird, weshalb örtliche Schwachstellen (Äste usw.) ähnlich wie beim Ultraschallverfahren (s.u.) entweder visuell oder nach einem optischen Verfahren bestimmt werden müssen.

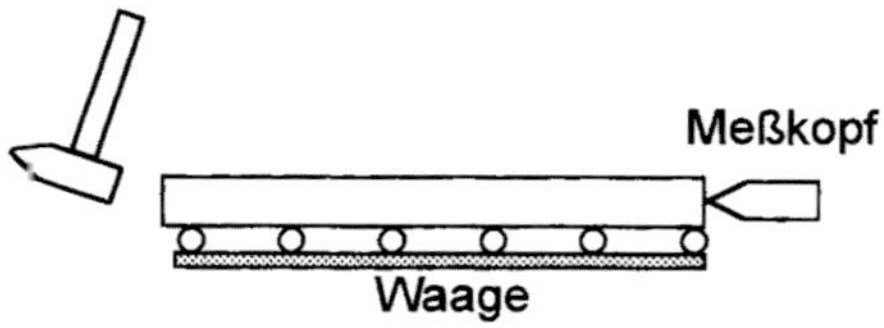

Abbildung 84: Systemskizze des Längsschwingungsverfahrens[48]

Ultraschallverfahren

Bei diesem Verfahren wird der mittlere dynamische E-Modul über die Ultraschall-Geschwindigkeit parallel zu den Holzfasern ermittelt. Dabei wird die Laufzeit einer Schallwelle in Längsrichtung des zu beurteilenden Schnittholzes gemessen.

Das Ultraschallverfahren bestimmt nur den mittleren E-Modul, nicht aber örtliche Schwachstellen wie z. B. Äste. Diese Stellen müssen wie beim Längsschwingungsverfahren zusätzlich entweder visuell oder mit einem anderen Verfahren (z. B. Scanner) bestimmt werden. Vorteil des Verfahrens ist, dass im Gegensatz zum Biegeverfahren auch große Holzquerschnitte geprüft werden können.

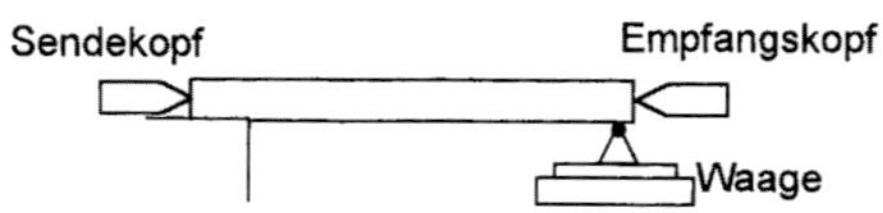

Abbildung 85: Systemskizze des Ultraschallverfahrens[48]

6.5.2 Maschinelle Festigkeitssortierung nach EN 14 081

Im Rahmen der Maßnahmen zur Schaffung eines gemeinsamen europäischen Binnenmarktes führte die Europäische Kommission 1989 die Europäische Bauproduktenrichtlinie ein, die 1992 als Bauproduktengesetz in deutsches Recht überführt wurde. Danach dürfen Bauprodukte, die für die mechanische Festigkeit und Standsicherheit von Bauwerken von Bedeutung sind, nur dann in Verkehr gebracht werden, wenn sie mit einer so genannten "harmonisierten" Norm oder einer Europäischen Technischen Zulassung übereinstimmen und dies vom Hersteller durch eine CE-Kennzeichnung nachgewiesen wird.

Anforderungen an Schnittholz für tragende Zwecke, d.h. Schnittholz, das nach der Festigkeit sortiert werden muss, sind in der harmonisierten Europäischen Norm EN 14 081 geregelt, die 2006 als deutsche Norm eingeführt wurde. Sie muss nach heutigem Stand (Sommer 2010) bis spätestens 2012 zwingend angewendet werden (s. dazu Abschnitt 6.3.4 Visuelle Sortierung von Nadelschnittholz nach der Tragfähigkeit).

Die maschinelle Festigkeitssortierung ist in EN 14 081-1 in Verbindung mit den Teilen EN 14 081-2 bis 4 vollständig geregelt. Damit ersetzt diese europäische Norm im Bereich der maschinellen Festigkeitssortierung die bisher geltenden nationalen Regelungen. Die EN 14 081 ermöglicht zwei Verfahren: Nach Glos/Diebold[58] wird neben dem beispielsweise in Nordamerika angewandte "ausgabekontrollierten" Verfahren in Europa das "maschinenkontrollierte" System zugelassen. Dabei werden für jeden Maschinentyp auf der Grundlage umfangreicher Untersuchungen, die im Teil 2 der EN 14 081 explizit geregelt sind, für jede Festigkeitsklasse und für jede Holzart oder Holzartenkombination, Herkunft des Holzes und Holzabmessungen Einstellwerte festgelegt, die dann für jede Maschine dieses Typs im Rahmen vorgegebener Bereiche der Holzfeuchte, Holztemperatur und Sortiergeschwindigkeit anzuwenden sind und vom Betreiber der Sortiermaschine nicht verändert werden dürfen.

Dieses Verfahren setzt voraus, dass alle Maschinen eines Typs und jede einzelne Maschine während ihrer Betriebsdauer gleiche

Ergebnisse liefern. Dies wird durch umfangreiche Kontrollen bei der Installation der Sortiermaschinen und im Rahmen der laufenden werkseigenen Produktionskontrolle, die in den Teilen 2 und 3 der EN 14 081 geregelt sind, sichergestellt.

Alle nach EN 14 081 anerkannten Sortiermaschinen und deren zulässiger Anwendungsbereich (Holzarten, Herkunft des Holzes, Holzabmessungen, Festigkeitsklassen, Betriebsbedingungen der Maschine) sind im Teil 4 der EN 14 081 zusammengestellt.

Maschinell festigkeitssortiertes Holz wird in der Regel durch entsprechende Festlegung der Maschineneinstellwerte unmittelbar einer Festigkeitsklasse zugeordnet. Für Schnittholz, das vorwiegend auf Hochkantbiegung beansprucht wird, bieten sich die Festigkeitsklassen der EN 338 an, also die Klassen C14 bis C50 für Nadelholz und die Klassen D30 bis D70 für Laubholz.

Für Schnittholz, das für Bauteile verwendet werden soll, bei denen die Zugbeanspruchung für deren Tragverhalten maßgebend ist, wie z.B. Brettlamellen für Brettschichtholz oder Gurte für I-Träger, ist eine Einstufung in die C-Klassen der EN 338 in der Regel unwirtschaftlich, weil das den C-Klassen zugrunde liegende Festigkeitsprofil unterstellt, dass die Zugfestigkeit generell nur 60% der Biegefestigkeit beträgt, dieses Verhältnis in den höheren Festigkeitsklassen jedoch tatsächlich zwischen 70% und 80% liegt. Da für die Einstufung in eine C-Klasse die Hochkantbiegefestigkeit des Holzes maßgebend ist, wird die Zugfestigkeit dabei in der Regel deutlich unterschätzt. Aus diesem Grund mussten für Schnittholz, das maschinell nach seiner Zugfestigkeit sortiert wird, gesonderte Festigkeitsklassen eingeführt werden. Diese Klassen werden derzeit, je nach den zugeordneten charakteristischen Festigkeits-, Steifigkeits-, und Rohdichtewerten, als L-, LS- oder LD-Klassen bezeichnet (siehe EN 14 081-4).

6.6 Umrechnungen

6.6.1 Umrechnungsformeln

6.6.1.1 Umrechnungsformeln für Raum-, Flächen- und Längenmaße

Zur Beantwortung der Frage, wieviel m² einer bestimmten Holzdicke in einer gegebenen m³ Anzahl enthalten sind, stelle man sich einen Würfel von genau 1,0 m Seitenlänge vor. Unterstellt man, dass dieser Würfel aus 1 mm dicken Furnieren besteht, so ergibt sich, da 1,0 m gleich 1000 mm sind, eine Anzahl von 1000 Lagen 1 mm dicken Furnieres zu je 1,0 m x 1,0 m, also 1000 m². Daraus ergibt sich die Formel.

$$\text{Fläche} = \frac{\text{Volumen} \cdot 1000}{\text{Brettdicke}} \quad \text{oder } m^2 = \frac{m^3 \cdot 1000}{mm}$$

Beispiel: Wieviel m² sind 20m³ Bretter von 24 mm Dicke?

$$\frac{20 \cdot 1000}{24} = 833{,}33 \text{ m}^2$$

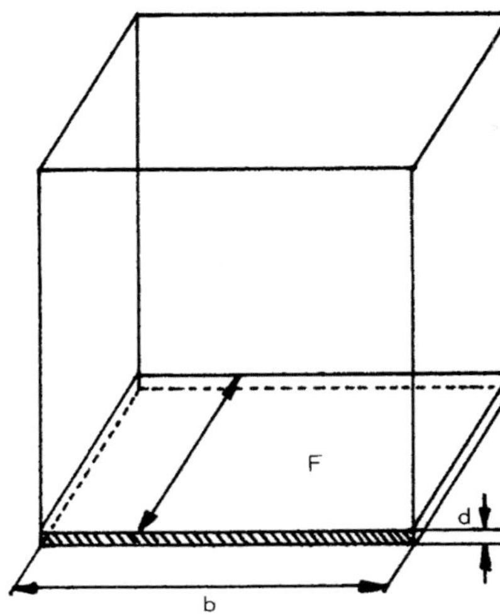

Will man ermitteln, wieviel Laufmeter (lfd. m) eines bestimmten Querschnittes in einer gegebenen m³-Menge enthalten sind, kann man sich wieder des vorgenannten Modelles bedienen. Nun enthalte der Würfel nicht Furniere, sondern Leisten von 1 cm x 1 cm Querschnitt, dies ergibt eine Menge von 100 x 100, also 10 000 Leisten zu je 1,0 m Länge. Muss man in mm-Maßen rechnen, so bedeutet dies eine Anzahl von 1000 x 1000, also 1 000 000 lfd. m.

Daraus lassen sich folgende Formeln ableiten:
Für cm-Maße

$$\text{Länge} = \frac{\text{Volumen} \cdot 10000}{\text{Querschnittfläche}} \quad \text{oder lfd. m} = \frac{\text{m}^3 \cdot 10000}{\text{cm}^2}$$

Für mm-Maße

$$\text{Länge} = \frac{\text{Volumen} \cdot 1000000}{\text{Querschnittfläche}} \quad \text{oder lfd. m} = \frac{\text{m}^3 \cdot 1000000}{\text{mm}^2}$$

Beispiel:
Wieviel lfd. m Kantholz 8 cm x 12 cm sind 20 m³

$$\frac{20 \cdot 10000}{8 \cdot 12} = \frac{20 \cdot 10000}{96} = 2083{,}33 \text{ lfd. m}$$

6.6.1.2 Umrechnungsformeln für Kubik-, Quadrat- und Laufmeterpreise

Analog zu den Umrechnungen von Raum-, Flächen- und Laufmetereinheiten gelten für Preisumrechnungen folgende Formeln:

$$\text{m}^2\text{-Preis} = \frac{\text{m}^3\text{-Preis} \cdot \text{Dicke}}{1000} \quad \text{oder} \quad \text{€/m}^2\text{ m} = \frac{\text{€/m}^3 \cdot \text{mm}}{1000}$$

Beispiel:
Was kostet der m² Bretter von 30 mm Dicke, wenn der m³ 350,00 € kostet?

$$\frac{350 \cdot 30}{1000} = 10{,}50 \text{ €/m}^2$$

$$\text{lfd. m-Preis} = \frac{\text{m}^3\text{-Preis} \cdot \text{Querschnitt}}{10000} \quad \text{oder} \quad \text{€/lfd. m} = \frac{\text{€/m}^3 \cdot \text{cm}^2}{10000}$$

$$\text{lfd. m-Preis} = \frac{\text{m}^3\text{-Preis} \cdot \text{Querschnitt}}{1000000} \quad \text{oder} \quad \text{€/lfd. m} = \frac{\text{€/m}^3 \cdot \text{mm}^2}{1000000}$$

Beispiel:
Was kostet der lfd. m Latten 24 mm x 48 mm bei einem m^3-Preis von 420,00 €?

$$\frac{420 \cdot 24 \cdot 48}{1000000} = \frac{420 \cdot 1152}{1000000} = 0{,}484 \text{ €/lfd. m}$$

Die jeweiligen Rückrechnungen lassen sich nach folgenden Formeln anstellen:

$$m^3\text{-Preis} = \frac{m^2\text{-Preis} \cdot 1000}{\text{Dicke}} \quad \text{oder} \quad \text{€}/m^3 = \frac{\text{€}/m^2 \cdot 1000}{mm}$$

Beispiel:
Was kostet der Kubikmeter 19-mm-Spanplatten bei einem m^2-Preis von 11,50 €

$$\frac{11{,}50 \cdot 1000}{19} = 605{,}26 \text{ €}/m^3$$

$$m^3\text{-Preis} = \frac{\text{lfd. m-Preis} \cdot 10000}{\text{Querschnitt}} \quad \text{oder } \text{€}/m^3 = \frac{\text{€/lfd. m} \cdot 10000}{cm^2}$$

$$m^3\text{-Preis} = \frac{\text{lfd. m-Preis} \cdot 1000000}{\text{Querschnitt}} \quad \text{oder } \text{€}/m^3 = \frac{\text{€/lfd. m} \cdot 1000000}{mm^2}$$

Beispiel:
Was kostet der Kubikmeter Kantholz 8 cm x 10 cm, wenn der Lfd.-m-Preis 3,85 € beträgt?

$$\frac{3{,}85 \cdot 10000}{8 \cdot 10} = \frac{3{,}85 \cdot 10000}{80} = 481{,}25 \text{ €}/m^3$$

6.6.2 Umrechnungszahlen für Holz und Holzerzeugnisse

6.6.2.1 Internationale Umrechnungsfaktoren[33]

Allgemein

Längenmaße:					
1 Zentimeter	=	0,3937 in.	1 inch	=	2,540 cm
1 Meter	=	3,281 ft.	1 foot	=	0,3048 m
1 Meter	=	1,094 yd.	1 yard	=	0,9144 m
1 Kilometer	=	0,621 mile	1 mile	=	1,609 km
1 yard = 3 feet	=	36 inches	1 mile = 1,760 yards	=	5,280 feet
Flächenmaße:					
1 cm²	=	0,155 sq. in.	1 sq. in.	=	6,452 cm²
1 m²	=	10,76 sq. ft.	1 sq. ft.	=	0,0929 m²
1 m²	=	1,19599 sq. yd.	1 sq. yd.	=	0,83613 m²
1 km²	=	0,3681 sq. mile	1 sq. mile	=	2,59 km²
1 ha	=	0,00386 sq. mile	1 sq. mile	=	259 ha
1 ha	=	2,471 acres	1 acre	=	0,4047 ha
1 km²	=	100 ha	1 sq. mile	=	640 acres
Raummaße:					
1 cm³	=	0,061 cu. in.	1 cu. in.	=	16,39 cm³
1 m³	=	35,31 cu. ft.	1 cu. ft.	=	0,02832 cm³
1 Liter	=	61,0 cu. in.	1 cu. in	=	0,01639 Liter
1 Liter	=	0,2642 gal. (US)	1 gal. (US)	=	3,785 Liter
1 Liter	=	0,2200 gal. (Imp.)	1 gal. (Imp.)	=	4,546 Liter
1 Liter	=	1000 cm³	1 gallon	=	4 quarts
Gewichte:					
1kg	=	2,205 pounds	1 pound	=	0,4536 kg
1 t*	=	1,102 short tons	1 short ton	=	0,9072 t*
1 t	=	0,9842 long tons	1 long ton	=	1,016 t
1 t	=	19,684 cwt. (of 112 lbs)	1 cwt. (of 112 lbs)	=	0,0508 t
1 t	=	22,046 cwt. (of 100 lbs)	1 cwt. (of 100 lbs)	=	0,04536 t
1 t	=	10 quintals	1 quintal	=	0,1 t
* metrische Tonne					

Holz und Holzerzeugnisse

Gewichte

Produkt	kg/m3			Pounds/Kubikfuß		
	Allgemein	Nadelholz	Laubholz	Allgemein	Nadelholz	Laubholz
Sägerundholz	–	700	–	–	44	–
Furnier- und Schwellenholz:						
tropisch	–	–	730	–	–	46
anderes	–	–	800	–	–	50
Faserholz	675	650	750	42	41	47
Grubenholz	725	700	800	45	44	50
anderes Industrieholz	750	700	800	47	44	50
Brennholz	725	625	750	45	39	57
Schnittholz	–	550	700	–	34	44
Schwellen	780	–	–	49	–	–
Sperrholz	650	–	–	41	–	–
Furnierholz	750	–	–	47	–	–
Faserplatten:						
gepreßt	950	–	–	59	–	–
nicht gepreßt	250	–	–	16	–	–
Spanplatten	650	–	–	41	–	–

Raummaße

Rundholz

Produkt und Einheit	Festgehalt ohne Rinde m^3			Kubikfuß		
	Allgemein	Nadelholz	Laubholz	Allgemein	Nadelholz	Laubholz
Allgemeine Rundholzmaße:						
1000 board feet	4,53	–	–	160	–	–
1000 super feet	4,53	–	–	160	–	–
1000 hoppus feet	36,05	–	–	1273	–	–
Ton of 50 cubic feet (hoppus)	1,805	–	–	63,7	–	–
Sägerundholz, Furnier- und Schwellenholz: 1 t*	–	1,43	–	–	50,5	–
tropisch 1 t*	–	–	1,37	–	–	48,4
anderes 1 t*	–	–	1,25	–	–	44,1
Faserholz:						
1 t*	1,48	1,54	1,33	52,2	54,4	47
1 Ster	0,72	–	–	25,4	–	–
1 cord	2,55	–	–	90	–	–
Grubenholz:						
1 t*	1,38	1,43	1,25	48,7	50,5	44,1
1 cubic fathom	4,28	–	–	151,1	–	–
1 cord	2,416	–	–	85,3	–	–
anderes Industrieholz:						
1 t*	1,33	1,43	1,25	47	50,5	44,1
Brennholz:						
1 t*	1,38	1,60	1,33	48,7	56,5	47
1 Ster	0,65	0,70	0,65	23	24,7	23
1 cord	2,12	–	–	74,9	–	–

*metrische Tonne

Bearbeitetes Holz

Produkt	Einheit	Festgehalt			
		m³	Kubikfuß	1000 board feet	Standards
Schnittholz	Cubic metre	1,0	35,31	0,424	0,214
	Standards	4,672	165,0	1,98	1,0
	Cubic feet	0,02832	1,0	0,012	0,00606
	1000 board feet	2,36	83,33	1,0	0,505
	Ton of 50 cubic feet	1,416	50,0	0,600	0,303
Nadelholz	1 metric ton	1,82	64,3	0,771	0,389
Laubholz	1 metric ton	1,43	50,5	0,606	–
Schwellen	1 metric ton	1,28	45,3	0,543	–
Sperrholz	1 metric ton	1,54	54,3	–	–
1 mm dick	1000 m²	1,0	35,51	–	–
1/8 inch dick	1000 sq. feet	0,295	10,42	–	–
Furniere:	1 metric ton	1,33	47	–	–
1 mm dick	1000 m²	1,0	35,31	–	–
1/10 inch dick	1000 sq. feet	0,236	8,33	–	–
Faserplatten:		1 mt	m³	Kubikfuß	
gepreßt:	1 m³	0,950	1,0	35,31	
	1000 cu. ft.	26,90	28,32	1000	
Dicke = 1 mm	1000 m²	0,950	1,0	35,31	
= 1/8 inch	1000 sq. feet	0,280	0,295	10,42	
nicht gepreßt	1 m3	0,250	1,0	35,31	
	1000 cu. ft.	7,08	28,32	1000	
Dicke = 1 mm	1000 m²	0,250	1,0	35,31	
= 1/8 inch	1000 sq. feet	0,074	0,295	10,42	
Spanplatten:	1 m³	0,650	1,0	35,31	
Dicke = 1 mm	1000 m²	0,650	1,0	35,31	
= 1/8 inch	1000 sq. feet	0,192	0,295	10,42	

Rohholzäquivalente

Produkt	Einheit	Rohholzäquivalent	
		m3	Kubikfuß
Holzkohle	1 metrische t	6,0	212
Nadelschnittholz	1 m^3	1,67	59
Laubschnittholz	1 m^3	1,82	64
Schwellen	1 m^3	1,82	64
Sperrholz	1 m^3	2,3	81
Furniere	1 m^3	1,9	67
Spanplatten	1 metrische t	2,0	71
Faserplatten	1 metrische t	2,0	71
Zellstoff:			
mechanisch	1 metrische t	2,5	88
chemisch	1 metrische t	4,9	173
Sulfit	1 metrische t	4,9	173
Sulfat	1 metrische t	4,8	169
halbchemisch	1 metrische t	3,3	117
Zeitungspapier	1 metrische t	2,8	99
Druck- und Schreibpapier	1 metrische t	3,5	124
anderes Papier	1 metrische t	3,25	115
Pappe	1 metrische t	1,6	56

6.6.2.2 Umrechnungsfaktoren für die deutsche Holzstatistik[49]

Warenbenennung	Unirechnungsfaktoren von t, t atro, rm oder m³ in Fm o. R.	
Nadelfaserholz	1 t 1 Rm	= 1,9 = 0,7
Laubfaserholz	1 t 1 Rm	= 1,4 = 0,7
Nadelschnittholz	1 t 1 m³	= 3,2 = 1,6[1]
Laubschnittholz	1 t 1 m³	= 2,5 = 1,8[2]
Tropenholz, grob zugerichtet	1 t 1 m³	= 1,9 = 1,2
Tropenschnittholz	1 t 1 m³	= 2,0 = 1,3
Bahnschwellen aus Nadelholz (imprägniert) (nicht imprägniert)	1 t 1 m³ 1 t	= 2,8 = 1,7 = 3,1
Bahnschwellen aus Laubholz (imprägniert) (nicht imprägniert)	1 t 1 m³ 1 t	= 1,9 = 1,7 = 2,3
Stäbe oder Friese für Parkett	1 t 1 m³	= 4,8 = 2,9
Hobelware (Nadelholz)	1 t	= 5,5
Hobelware (Laubholz)	1 t	= 3,8
Furniere	1 t 1 m³	= 2,7 = 1,7
furniertes Holz und Sperrholzplatten	1 m³	= 2,3[3]
Tischlerplatten	1 m³	= 2,0
Holzspanplatten	1 t 1 m³	= 0,2 = 1,1[4]
Hartfaserplatten	1 m³	= 0,8[5]
Weichfaserplatten	1 m³	= 0,3[5]
Bauplatten aus Fasern von Holz	1 t	= 2,8
Holzbauteile	1 t	= 3,8
Parkettafeln	1 t	= 3,8
Haushaltsgeräte aus Holz	1 t	= 5,6
Weiß-, Braunschliff	1 t atro	= 2,8
Halbzellstoff und chemischer Holzschliff	1 t atro	= 3,1
Sulfatzellstoff, ungebleicht	1 t atro	= 5,5
Sulfatzellstoff, gebleicht	1 t atro	= 6,5
Sulfitzellstoff, ungebleicht	1 t atro	= 5,5
Sulfitzellstoff, gebleicht	1 t atro	= 6,2
gewöhnliches Packpapier	1 t	= 3,5
Kraftpapier und -pappe	1 t	= 5,5
Zeitungsdruckpapier	1 t	= 3,35

1 bei Ausbeute von 70 % = 1,43
2 bei Ausbeute von 60% = 1,67
3 Ausbeute je nach Holzart und Qualität stark schwankend
4 unter Berücksichtigung der Verwendung von Industrierestholz = 0,9
5 unter Berücksichtigung der Verwendung von Industrierestholz

7 Holz im internationalen Verkehr

Ulf Lohmann

7.1 Ausländische Sortierungsbestimmungen

7.1.1 Schnittholzsortierung in Österreich

Die Schnittholz-Sortierungsvorschriften in Österreich haben sich etwa gleichzeitig mit den deutschen Tegernseer Gebräuchen als Handelsbrauch entwickelt; die unter der Kurzbezeichnung ÖHU bekannten Österreichischen Holzhandelsusancen sind also ebenfalls Handelsbrauch nach § 346 HGB. Sie unterscheiden sich von den deutschen Regeln insofern, als sie auch für Laubschnitt- und -rundholz sehr detaillierte Sortiervorschriften enthalten und deshalb insgesamt einen wesentlichen größeren Umfang aufweisen. Neben den für das österreichische Inland maßgeblichen ÖHU haben sich auch als „Contratto tipo" bezeichnete Sortierrichtlinien entwickelt, die nur für die holzwirtschaftlichen Beziehungen zwischen Österreich und Italien anzuwenden sind.

7.1.1.1 Fi/Ta-Schnittholzsortierung nach den ÖHU (nach Österr. Holz-Jahrbuch 1985)[50]

Güteklasse 0:
unzulässig: Grobjährigkeit, Drehwuchs, Buchs, Durchfall- und Flügeläste, Risse, Ringschäle, Kernröhre, Farbe einschließlich hartem Rotstreif;
zulässig: vereinzelt Punktäste, 1 gesunder festverwachsener Ast bis 2 x 4 cm pro 2 lfd. m oder 1 derartiger Ast bis 4 x 6 cm im letzten Viertel oder 1 Harzgalle bis 0,5 x 5 cm pro 2 lfd. m, Endrisse bis 5 % bis Brettbreite, Krümmung bei unbesäumter Ware 1,5 cm/lfd. m, Baumkante 5% Breitware bis ¼ Brettdicke und ¼ Brettlänge.

Güteklasse I:
unzulässig: Grobjährigkeit, Drehwuchs, praktisch frei von Buchs, seichte schiefe Risse, durchgehende Risse, Kantenrisse, Ringschäle;
zulässig: Punktäste, beschränkte Anzahl gesunder, festverwachsener Äste bis 2 x 4 cm, 1 gesunder, festverwachsener Ast bis 4x6 cm im letzten Viertel oder Flügelast mit 1 ... 2 cm Breite im letzten Viertel, 1 Durchfallast bis 2 x 4 cm pro 2 lfd. m, vereinzelt Harzgallen bis 0,5 x 5 cm, Endrisse 5 % = bis Brettbreite, gerade, seichte, nicht durchgehende Risse 5 % = bis Brettbreite, Kernrisse gegen Maßvergütung, praktisch frei von Hartem Rotstreif, Krümmung und Baumkante wie Kl. 0

Güteklasse II:
unzulässig: Drehwuchs, praktisch frei von Buchs, schiefe Risse, Kantenrisse, Ringschäle;
zulässig: Grobjährigkeit, Punktäste, gesunde festverwachsene Äste bis 2 x 4 cm, 1 gesunder festverwachsener Ast bis 4 x 8 cm pro Stück oder 1 Flügelast bis 3 cm Breite, 1 Durchfallast bis 2 x 4 cm pro lfd. m, 2 Harzgallen bis 0,5 x 5 cm pro lfd. m oder 1 Harzgalle bis 1 x 10 cm pro lfd. m, Endrisse 5 % = bis Brettbreite, gerade, seichte, nicht durchgehende Risse 5 % = bis Brettbreite, Kernrisse gegen Maßvergütung, Harter Rotstreif 40 % = 1/10 der Oberfläche, Krümmung bei unbes. Ware 1,5 cm pro lfd. m, Baumkante 5 % = ¼ : ½ oder ½ : ¼

Güteklasse III a:
unzulässig: durchgehende Risse und Kantenrisse;
zulässig: Grobjährigkeit, Drehwuchs, Buchs 25 % = ¼ der Oberfläche in Streifenform, Punktäste, gesunde festverwachsene Äste bis 2 x 4 cm, 1 gesunder festverwachsener Ast bis 4 x 6 cm pro lfd. m oder 1 Flügelast bis 3 cm Breite pro lfd. m, 2 Durchfalläste bis 2 x 4 cm pro lfd. m, 2 Harzgallen bis 0,5 x 5 cm pro lfd. m, vereinzelt 1 Harzgalle bis 1 x 10 cm pro Stück, Endrisse bis Brettbreite, gerade, seichte, nicht durchgehende Risse, Kernrisse, Ringschäle, Kernröhre, leichte Verfärbung, Harter Rotstreif bis 25 % der Oberfläche, Krümmung bei unbes. Ware bis 2 cm je lfd. m, Baumkante ½ : ½

Güteklasse III b:
zulässig: Grobjährigkeit, Buchs, Drehwuchs, Punktäste, gesunde festverwachsene Äste bis 4 x 8 cm unbeschränkt, gesunde festverwachsene Äste über 4 x 8 cm in beschränkter Anzahl, Flügeläste bis 4 x 8 cm unbeschränkt, über 4 x 8 cm beschränkte Anzahl, Durchfalläste bis 2 x 4 cm unbeschränkt, 1 Durchfallast bis 4x8 cm pro lfd. m oder 1 Durchfallast über 4 x 8 cm pro 2 lfd. m, Harzgallen über 1x10 cm, Endrisse bis 1,5fache Brettbreite, gerade, seichte, nicht durchgehende Risse, seichte schiefe Risse bis Brettbreite, Kernrisse, durchgehende Risse bis doppelte Brettbreite, nicht durchgehende Kantenrisse, Ringschäle, Verfärbung, Kernröhre, Harter Rotstreif bis 40% der Oberfläche, Krümmung bei unbesäumter Ware bis 2 cm je lfd. m, Baumkante ½ : ½

Güteklasse IV:
zulässig: wie Güteklasse III b, zusätzlich gesunde festverwachsene Äste über 4x8 cm ohne Beschränkung, ebenso Flügeläste, Durchfalläste jeder Größe, Endrisse, seichte schiefe Risse, durchgehende Risse, Kantenrisse, Harter Rotstreif, Krümmung bei unbesäumter Ware 3 cm pro lfd. m, Baumkante: voll sägegestreift

7.1.1.2 Sortierungsrichtlinien für Nadelschnittholz nach dem „Contratto tipo“[50] vom 4.5.1984

Im Gegensatz zu den ÖHU handelt es sich beim Contratto tipo nicht um einen Handelsbrauch, sondern um Richtlinien, die der österreichische Exporteur und der italienische Importeur im Vertrag ausdrücklich vereinbaren müssen. Abweichende Sortierungsgrundsätze können ohne weiteres nach gegenseitigem Einverständnis angewendet werden.

1. Allgemeines
a) Sortimente
Allgemeine Sortimentsbezeichnungen (nach Dimensionen):

Bretter	bis 37 mm stark;
Pfosten	von 38 mm aufwärts stark;
Latten	Stärken bis 39 mm, Breiten bis 59 mm;
Staffeln	quadratisch oder rechteckig von 40 x 40 mm bis 100 x 100 mm oder einer Querschnittfläche bis 100 cm^2;
Kanthölzer	über 100 x 100 mm bzw. einer Querschnittfläche über 100 cm^2.

Werden die Ausdrücke „Latten, Staffeln“ und „Kanthölzer“ verwendet, so sind für die Qualitätseinstufung diese Bezeichnungen auch dann maßgebend, wenn die vereinbarten Dimensionen von den oben angeführten abweichen. Ausgeschlossen von der Lieferung ist verdrehtes Schnittholz, dessen Verwendungsfähigkeit beeinträchtigt ist, nicht bruchfreies Schnittholz sowie verworfene Stücke (z. B. durch Buchs). Parallel besäumtes Schnittholz muss praktisch gerade sein.

b) Anteil der Holzarten
Ist die Lieferung verschiedener Holzarten vereinbart, ohne dass der Anteil der einzelnen Holzarten festgelegt wurde, so wählt der Verkäufer den Anteil der einzelnen Holzarten innerhalb der Gesamtlieferung.

c) Trockenheit
Ist über Trockenheit nichts vereinbart, muss die Ware mindestens verladetrocken geliefert werden. Als normale Beförderungsdauer zum Bestimmungsort wird dabei die bahnamtliche Lieferfrist oder bei LKW-Transport die erfahrungsmäßige Zeitdauer angenommen. Ist über den Bestimmungsort nichts vereinbart, so ist eine Beförderungsdauer von fünf Tagen anzunehmen.

d) Maßhaltigkeit
Die Ware ist mit solchem Übermaß einzuschneiden, dass sie in lufttrockenem Zustand das Nominalmaß hält.

e) Messung

Schnittholz wird grundsätzlich stückweise gemessen. Eine andere Messung (z. B. lagenweise) oder der Handel nach Gewicht muss besonders vereinbart werden. Bei besäumter Schmalware III/IV. und V. Klasse, sowie bei Kürzungsware, ist auch lagenweise Messung, unter Berücksichtigung der Zwischenräume zwischen den Brettern, üblich. Im Falle einer Maßdifferenz ist eine stückweise Vermessung maßgebend.

Besäumtes Schnittholz wird gemessen:

Länge:

Bei *Nadelholz* von 1 m bis 2,75 m von 25 zu 25 cm steigend; von 3 m aufwärts von 50 zu 50 cm steigend; davon abweichende Längenabstufungen nur nach Vereinbarung;

bei *Laubholz* von 1 m aufwärts von 10 zu 10 cm steigend. Eine über die angeführten Teilmaße hinausgehende Länge wird nicht berücksichtigt. In Fixlängen bestellte Ware wird in vollen Zentimetern verrechnet.

Breite:

Bei parallel besäumter Ware an jeder beliebigen Stelle, jedoch nicht innerhalb von 30 cm von den beiden Enden der Stücke; bei konisch besäumter Ware nur in der Längenmitte; die Messung erfolgt in vollen Zentimetern, wobei ab 0,5 cm auf- und darunter abgerundet wird. In fixen Breiten bestellte Ware wird in der fixen Breite verrechnet und muss die volle Nominalbreite in lufttrockenem Zustand halten.

Stärke:

An jeder beliebigen Stelle, jedoch nicht innerhalb von 15 cm von den beiden Enden des Stückes gemessen. Die Stärke wird in vollen Millimetern gemessen; sind bestimmte Dimensionen bzw. andere Maßeinheiten vereinbart, bilden diese die Grundlage für die Verrechnung.

Unbesäumtes Schnittholz wird gemessen:

Länge:

Bei *Nadelholz* von 1 m bis 2,75 m von 25 zu 25 cm steigend; von 3 m aufwärts von 50 zu 50 cm steigend; davon abweichende Längenabstufungen nur nach Vereinbarung;

bei *Laubholz* von 1 m aufwärts von 10 zu 10 cm steigend.

Eine über die angeführten Teilmaße hinausgehende Länge wird nicht berücksichtigt. In Fixlängen bestellte Ware wird in vollen Zentimetern verrechnet.

Breite:

Bei Nadel- und Laubholz erfolgt die Breitenmessung in der Mitte des Stückes; bei Stärken unter 40 mm schmalseitig; bei Stärken über 40 mm beidseitig; 40 mm starke Ware nach Vereinbarung, im Zweifel ist beidseitige Messung als vereinbart anzusehen.

Bei der beidseitigen Messung wird aus den auf volle Zentimeter abgerundeten Maßen der Schmal- und Breitseite das arithmethische Mittel gebildet und dieses auf volle Zentimeter abgerundet.

Bei *Klotzware* werden die Breiten bei allen Stärken klotzliegend gemessen, d. h., die Bretter (Pfosten) werden zu einem Teil schmalseitig (auf der linken Seite) und zum anderen Teil breitseitig (auf der rechten Seite) gemessen

Stärke:

An jeder beliebigen Stelle, jedoch nicht innerhalb von 15 cm von den beiden Enden des Stückes gemessen. Die Stärke wird in vollen Millimetern gemessen; sind bestimmte Dimensionen bzw. andere Maßeinheiten vereinbart, bilden diese die Grundlage für die Verrechnung.

Gehobelte Ware wird wie ungehobelte Ware gemessen. Gespundete bzw. auf Feder und Nut gehobelte Ware wird, wenn sie nach Quadratmetern gehandelt wird, mit der Feder bzw. dem Spund in vollen Millimetern gemessen; gehobelte Ware mit Wechselfalz wird sinngemäß wie gespundete Ware in der Breite mit Falz gemessen.

Wird Schnittholz und Hobelware nach Kubikmetern gehandelt, so wird die Kubatur auf drei Dezimalstellen berechnet.

Die Maße, die laufenden Nummern oder Qualitätsangaben werden auf den einzelnen Stücken nur auf besonderen Wunsch angeschrieben. Die Ermittlung von Durchschnittslängen oder -breiten erfolgt durch Division der Gesamtlänge bzw. -breite durch die Stückanzahl. Mengenprozentsätze beziehen sich auf die kubische Menge.

f) Fehlerausmaß und Häufigkeit von Fehlern
Das bei den einzelnen Güteklassen angeführte zulässige Fehlerausmaß (Prozentsatz, Stückzahl, usw.) ist ein Richtmaß. Entsprechend der sonstigen Beschaffenheit eines Stückes bzw. der gesamten zu beurteilenden Menge muss das Richtmaß unterschritten oder es kann in engen Grenzen überschritten werden. Bei der Beurteilung der sonstigen Beschaffenheit eines Stückes ist unter anderem auf die Struktur und die Breite desselben, die Verteilung der Fehler auf die Länge bzw. das Verhältnis der durch die Fehler qualitativ beeinträchtigten Fläche zur Gesamtfläche des Stückes Bedacht zu nehmen. Grundsätzlich können alle in den einzelnen Güteklassen als zulässig beschriebenen Fehler auf einem Stück vorkommen, wenn bei deren Aufzählung nicht durch den Ausdruck „oder" eine Einschränkung getroffen wurde. Führt aber das Zusammentreffen von Fehlern, die als zulässig oder beschränkt zulässig beschrieben sind, oder eine stellenweise Häufung eines ohne Beschränkung zulässigen Fehlers zu einer auffälligen Qualitätsverminderung eines Stückes, so ist dies bei der Klassifizierung desselben zu berücksichtigen. Eingewachsene Rinde ist hinsichtlich der Fehlerbeurteilung einem Durchfallast gleichzusetzen. Die jeweils zur Beurteilung vorliegende Menge einer Güteklasse darf nicht nur Stücke enthalten, die alle zulässigen Fehler dieser Güteklasse oder deren Höchstmaß aufweisen. Bei den in den Güteklassen angeführten Astdimensionen (z. B. 2 x 4 cm) gilt für Äste mit annähernder Kreisform die kleinere Dimension.

g) Maßvergütung
Bei *Nadelschnittholz* sind – bei sonst der Vereinbarung entsprechender Qualität – Fehler, welche die Güte und Verwendbarkeit nicht wesentlich beeinträchtigen und vereinzelt auftreten, vom Käufer gegen Maßvergütung zu tolerieren.

2. Nadelschnittholz
Das Nadelschnittholz wird parallel besäumt oder unbesäumt gehandelt; unbesäumte Ware muss entrindet geliefert werden. Schmalware von 8 ... 16 cm breit; Breitware von 16 cm aufwärts breit.

Fichte, Tanne und Fichte/Tanne (Picea excelsa, Abies pectinata)
Sortimentsbezeichnungen:
- Klassen 0-I-II-gute III

Diese Klassen bilden das Sortiment 0/III oder sägefallende Ware, wobei den Klassen 0 bis II nichts entnommen werden darf und die Klassen I und II enthalten sein müssen, wobei die Klasse II auf beiden Seiten einer solchen entsprechen muss.
- Klasse III/IV Klasse V

Güteklassenbeurteilung:
Für die Qualitätseinstufungen sind grundsätzlich die Gütemerkmale beider Seiten in Betracht zu ziehen.

Zur Einstufung in die Klasse 0 oder I darf eine Seite jeweils um eine Stufe schlechter sein; entspricht eine Seite der Klasse 0, die andere Seite der Klasse II, so ist das Stück der Klasse I zuzuordnen.

Weist eine Seite die Qualitätsmerkmale der Klasse gute III oder III/IV auf und die andere Seite die Qualitätsmerkmale der Klasse 0, I oder II auf, so ist das Stück in die Klasse gute III einzustufen, jedoch dürfen bei Einstufung in die Klasse II 10% aller Stücke auf einer Seite hinsichtlich Äste, Risse, Farbe und Kernröhre die Merkmale der Klasse gute III aufweisen.

Weist eine Seite die Qualitätsmerkmale der Klasse III/IV und die andere Seite die Qualitätsmerkmale der Klasse gute III auf, so ist das Stück in die Klasse III/IV einzustufen.

Weist eine Seite die Qualitätsmerkmale der Klasse V und die andere Seite die Qualitätsmerkmale der Klassen 0, I, II oder gute III auf, so ist das Stück in die Klasse III/IV einzustufen.

Weist eine Seite die Qualitätsmerkmale der Klasse V und die andere Seite die Qualitätsmerkmale der Klasse III/IV auf, so ist das Stück in die Klasse V einzustufen.

Eine Baumwalze bis 5 mm Breite – schräg gemessen – bleibt unberücksichtigt.

Bei den Güteklassen gute III, III/IV und V sind eingewachsene Äste hinsichtlich der Fehlerbeurteilung festverwachsenen Ästen gleichgesetzt. Für Ware mit einer Holzfeuchtigkeit von 18% und darunter kann das Ausmaß (Größe) der Fehler (Risse) und die mit den Bezeichnungen „hie und da vorkommend" sowie „vorkommend" definierte Menge der Stücke bis zu 20 % höher sein. Die Holzfeuchtigkeit der Ware wird mittels elektrischem Messgerät festgestellt. Die Anzahl der zu kontrollierenden Stücke aus einer Partie, deren Feuchtigkeitsgehalt festzustellen ist, richtet sich nach den ISO-Normen.

a) Boules (Klotzware)

Boules werden aus Erdstämmen und gleichwertigen Zweitstämmen der Klasse A (Wertholz) erzeugt; die einzelnen Bretter (Pfosten) müssen den Klassen 0-II entsprechen; bei 50% der Boules dürfen jeweils ein (falls kerndurchschnitten zwei) Kernbrett(er) (Kernpfosten) der Klasse gute III enthalten sein.

Dimensionen: von 4 m aufwärts lang, anfallende Ausschnittlängen von 2,50 m aufwärts mitgehend; von 30 cm Zopfdurchmesser aufwärts; Stapelung und Versand: stammweise.

Für unbesäumtes und daher nicht wieder in Boules zusammengestelltes Schnittholz gelten die Qualitätsbestimmungen der folgenden Nummern.

b) Klassensortimente

Klasse 0

parallel besäumt oder unbesäumt;

allgemeine Beschaffenheit:	gesund, feinjährig; ausgeschlossen: Drehwuchs und Buchs;
Äste:	zulässig: vereinzelt Punktäste;
Harzgallen:	keine;
Risse:	ausgeschlossen: Ringschäle; zulässig: bei einzelnen Stücken gerade Endrisse ungefähr parallel zur Kante, nicht länger als die Breite des Stückes;
Kernröhre:	keine;
Farbe:	blank; jedoch Verfärbungen, die mit einem Hobelstoß entfernt werden können zulässig
Pilz- und Insektenbefall:	keiner;
Krümmung:	zulässig: bei unbesäumter Breitware bis 1,5 cm Pfeilhöhe je Laufmeter;
Baumwalze:	zulässig: bei einem Teil der Ware bis zu einem Viertel der Länge und – schräg gemessen – nur bis zu einem Viertel der Stärke des Stückes, an einzelnen Stücken bis zur Stärke des Stückes

Klasse I

parallel besäumt oder unbesäumt;

Allgemeine Beschaffenheit:	gesund; nicht grobjährig; praktisch buchsfrei; ausgeschlossen: Drehwuchs;
Äste:	zulässig: Punktäste und gesunde festverwachsene kleine Äste bis 0,8 cm; je Laufmeter gesunde festverwachsene kleine Äste über 0,8 cm, deren kürzeste Durchmesser zusammen bei einer Breite des Stückes bis 22 cm 2,0 cm, 22 ... 30 cm 2,5 cm, über 30 cm 3,0 cm je Laufmeter nicht übersteigen dürfen; je zwei Laufmeter ein gesunder festverwachsener Flügelast bis zu 2 cm Breite;
Harzgallen:	vorkommende kleine Harzgallen, maximal zwei pro Stück zulässig;
Risse:	ausgeschlossen: Ringschäle; zulässig: vorkommende gerade Risse bis zu einem Viertel der Brettstärke, nicht länger als die Breite des Stückes (in diesem Fall muss jedoch die andere Fläche rissfrei sein); bei einzelnen Stücken gerade Endrisse nicht länger als die Breite des Stückes;

Farbe:	blank, jedoch Verfärbungen, die mit einem Hobelstoß entfernt werden können, zulässig;
Kernröhre:	zulässig: auch Kernbretter und -pfosten, wenn sie den Kern nur auf einer Seite aufweisen und das Stück im Übrigen der Klasse 0 entspricht;
Pilz- und Insektenbefall:	keiner; praktisch frei von Rotstreif;
Krümmung:	zulässig: bei unbesäumter Ware bis 1,5 cm Pfeilhöhe je Laufmeter
Baumwalze:	zulässig; bei einem Teil der Ware bis zu einem Viertel der Länge und – schräg gemessen – nur bis zu einem Viertel der Stärke des Stückes, an einzelnen Stücken bis zur Stärke des Stückes.

Klasse II

parallel besäumt oder unbesäumt;

Allgemeine Beschaffenheit:	gesund, praktisch buchsfrei; ausgeschlossen: Drehwuchs;
Äste:	zulässig: Punktäste und kleine Äste bis 1 cm; kleine gesunde festverwachsene Äste über 1 cm, deren kürzeste Durchmesser zusammen bei einer Breite des Stückes bis 22 cm 4 cm, 22 ... 30 cm 5 cm, über 30 cm 6 cm je Laufmeter nicht übersteigen dürfen; je zwei Laufmeter ein gesunder festverwachsener Flügelast bis maximal 3 cm Breite oder gesunde festverwachsene mittelgroße Äste, deren kürzeste Durchmesser zusammen bei einer Breite des Stückes bis 22 cm 4 cm, 22 ... 30 cm 5 cm, über 30 cm 6 cm je zwei Laufmeter nicht übersteigen dürfen; oder hie und da vorkommende kleine Durchfalläste über 1 cm;
Harzgallen:	zulässig: je Laufmeter eine kleine Harzgalle, bei einzelnen Stücken auch zwei je Laufmeter;
Risse:	ausgeschlossen: Ringschäle; zulässig: vorkommende gerade Risse bis zu einem Viertel der Brettstärke nicht länger als die Breite des Stückes (in diesem Fall muss jedoch die andere Fläche rissfrei sein); bei einzelnen Stücken gerade Endrisse nicht länger als die Breite des Stückes;
Kernröhre:	zulässig: Kernbretter und Kernpfosten; mindestens 90 % der Kernpfosten sind jedoch kerngetrennt (kerndurchschnitten) zu liefern;
Farbe:	blank; jedoch Verfärbungen, die mit einem Hobelstoß entfernt werden können, zulässig;

Pilz- und Insektenbefall:	keiner; jedoch bei einzelnen Stücken ist Rotstreif bis zu einem Zehntel der Oberfläche zulässig;
Krümmung:	zulässig nur bei unbesäumter Ware bis 1,5 cm Pfeilhöhe je Laufmeter;
Baumwalze:	zulässig: bei einem Teil der Ware bis zu einem Viertel der Länge und – schräg gemessen – nur bis zu einem Viertel der Stärke des Stückes, an einzelnen Stücken bis zur Stärke des Stückes.

Gute III. Klasse

Parallel besäumt oder unbesäumt;

Allgemeine Beschaffenheit:	gesund; zulässig: hier und da vor kommender Buchs in Streifenform bis höchstens auf ein Viertel der Breite des Stückes;
Äste:	zulässig: Punktäste; gesunde fest verwachsene und kleine Äste; gesunde festverwachsene Flügeläste bis 1cm Breite, je Laufmeter ein gesunder festgewachsener Flügelast über 1cm bis maximale 3 cm Breite, gesunde festverwachsene mittelgroße Äste, deren kürzeste Durchmesser zusammen bei einer Breite des Stückes bis 22 cm 5,0 cm, 22 ... 30 cm 6,0 cm, über 30 cm 7,5 cm je Laufmeter nicht übersteigen dürfen (in diese Summe sind Breiten eventuell vorhandener Flügeläste über 1 ... 3 cm breit einzurechnen); vorkommende kleine Durchfalläste, doch sind deren kürzeste Durchmesser die vorgenannte Summe doppelt einzurechnen
Harzgallen:	zulässig: kleine Harzgallen, bei 75 % der Stücke jedoch nur eine pro Laufmeter;
Risse:	zulässig: durchgehende gerade, senkrechte und schräge Endrisse jeweils nicht länger als die Breite des Stückes, hie und da vorkommend an einem Ende des Stückes bis zu doppelten Breite des Stückes; Risse bis zu einem Viertel der Brettstärke, wenn sie ungefähr parallel zur Kante verlaufen und jeweils nicht länger als ein Viertel der Länge des Stückes sind;
Kernröhre:	zulässig: Kernbretter und Kernpfosten, jedoch sind mindestens 75 % der Kernpfosten kerngetrennt (kerndurchschnitten) zu liefern;
Farbe:	zulässig: leichte Verfärbung bei einem Teil der Stücke;

Pilz- und Insektenbefall:	zulässig: harter Rotstreif bis maximal 25 % der Stücke und maximal 20% der Oberfläche;
Krümmung:	zulässig: bei unbesäumter Ware bis 2cm Pfeilhöhe je Laufmeter;
Baumwalze:	zulässig: bei einem Teil der besäumten Ware bis zu einem Drittel der Länge und – schräg gemessen – bis zur halben Stärke des Stückes; bei einzelnen Stücken bis zu einem Drittel der Länge – schräg gemessen – bis zur Stärke des Stückes.

Klasse III/IV

Die nachstehend beschriebenen Fehler dürfen nicht so gehäuft auftreten, dass dadurch eine auffällige Qualitätsminderung des Stückes eintritt:

Allgemeine Beschaffenheit:	gesund, bruchfrei; Buchs zulässig;
Äste:	zulässig: gesunde festverwachsene bis mittelgroße Äste und gesunde festverwachsene Flügeläste bis maximal 4 cm Breite, sowie kleine Durchfalläste; je Laufmeter ein Flügelast über 4 cm Breite, gesunde festverwachsene oder große Äste, deren kürzester Durchmesser zusammen bei einer Breite des Stückes bis 22 cm 8 cm (jedoch beim einzelnen Ast 6 cm), 22 ... 30 cm 10 cm (jedoch beim einzelnen Ast 7 cm), über 30 cm 11,5 cm (jedoch beim einzelnen Ast 8,5 cm) je Laufmeter nicht übersteigen dürfen (in diese Summen sind die Breiten eventuell vorhandener Flügeläste über 4 cm einzurechnen); jedoch alle diese Äste in beschränkter Anzahl gut verteilt und nicht gehäuft; bei einem Teil der Ware je zwei Laufmeter ein mittelgroßer Durchfallast;
Harzgallen:	zulässig;
Risse:	zulässig: durchgehende Endrisse und nicht durchgehende Kantenrisse, nicht länger als die eineinhalbfache Breite des Stückes sowie hie und da vorkommende durchgehende Endrisse bis zur dreifachen Breite des Stückes; seichte Flächenrisse; vorkommende tiefe gerade senkrechte und gerade schräge Flächenrisse, nicht länger als die dreifache Breite des Stückes, oder vorkommende tiefe schiefe Flächenrisse, nicht länger als die doppelte Breite des Stückes;

Kernröhre	zulässig: Kernbretter (Kernpfosten);
Farbe:	zulässig: Verfärbung bei einem Teil der Stücke
Pilz- und Insektenbefall:	zulässig: harter Rotstreif bis 40 % der Oberfläche; vorkommende Hartbräune; vorkommender kleiner Wurmstich;
Krümmung:	zulässig: bei unbesäumter Ware bis 3 cm Pfeilhöhe je Laufmeter;
Baumwalze:	zulässig: kleine Baumwalze; bei einem Teil der besäumten Ware bis zu einem Drittel der Länge, dabei vorkommende bis zur Hälfte der Länge und – schräg gemessen – bis zu voller Stärke des Stückes.

Klasse V

Allgemeine Beschaffenheit:	verarbeitungsfähig; nagelfest; zulässig: Buchs;
Äste:	zulässig;
Harzgallen:	zulässig;
Risse:	zulässig: soweit diese eine Verwendung des Stückes als Nutzholz nicht ausschließen;
Kernröhre:	zulässig: Kernbretter (Kernpfosten);
Farbe:	zulässig: Verfärbung;
Pilz- und Insektenbefall:	zulässig: Rotstreif; Hartbräune; einzelne kleine Faulstellen; kleiner Wurmstich; leichter Käferfraß;
Krümmung:	zulässig: bei unbesäumter Ware bis 3 cm Pfeilhöhe pro Laufmeter;
Baumwalze:	zulässig: bei besäumter Ware mittelgroße Baumwalze, bei einem Teil der Ware große Baumwalze.

7.1.2 Schnittholz-Sortierung in Italien

In Italien sind die Holzhandelsgebräuche von Provinz zu Provinz verschieden. Dabei finden die Usancen der Provinzen Udine und Bozen für mitteleuropäisches Holz die größte Beachtung.

1953 wurde der Versuch unternommen, für Schnittholzlieferungen aus Österreich nach Italien einheitliche Handelsgebräuche zu schaffen. Die daraus entstandenen „Usi e Norme“[51]

konnten aus Gründen, die in der italienischen Rechtsordnung liegen, nie in Kraft gesetzt werden; sie verdienen aber – mit geringen Einschränkungen – noch immer Beachtung.

Usancen und Normen für den Holzverkehr zwischen Österreich und Italien

I. Auszug aus dem Allgemeinen Teil

Geschäftsabschluss
Art. 2
Wird ein Kontrakt schriftlich geschlossen, so tritt er in Rechtskraft, sobald Schlussbriefe oder -telegramme oder aber sobald unterfertigte vorbehaltlose Auftragsdoppel ausgetauscht werden. Wenn ein Offert oder ein Antrag nicht ausdrücklich eine Verbindlichkeitserklärung enthält, gelten sie als unverbindlich.

Die Klauseln „Vorbehaltlich der Zustimmung der Firma“, „Falls nicht verkauft“, sowie sonstige, ähnliche Klauseln bedeuten, dass der Kontrakt noch der Bestätigung seitens des Verkäufers bedarf, die innerhalb einer Frist von acht Tagen nach dem Datum der Unterzeichnung der Auftragskopie durch den Käufer erfolgen muss. Durch diese Bestätigung innerhalb der oben angegebenen Frist wird der Kontrakt rechtsverbindlich; ohne sie tritt der Vertrag nicht in Kraft.

Vertragliche Menge: „Waggon“
Art. 5
Wird der Kontrakt ohne sonstige nähere Angaben für einen Waggon geschlossen, so ist darunter ein Eisenbahnwagen mit einer Ladung von nicht mehr als 16 Tonnen und von nicht unter 12 Tonnen nach Wahl des Verkäufers zu verstehen. Das Gewicht jeder Einzelladung darf nicht geringer sein als das auf Grund der in Geltung stehenden Eisenbahntarife für den Versand auf einem kompletten Waggon gebührenpflichtige Mindestgewicht; andernfalls geht die Frachtdifferenz zu Lasten des Verkäufers.

Die Klausel „Zirka“
Art. 6
Die auf die Menge bezügliche Klausel „Zirka“ gibt dem Verkäufer die Möglichkeit, 10 % mehr oder weniger als die vertragsmäßige Menge zu liefern.

Bei Bestellungen nach Liste ist keine Mengentoleranz zulässig.

Klausel „Von ... bis ...“
Art. 7
Die auf Mengen von Holz im Allgemeinen bezügliche Klausel „Von ... bis ...“ gibt dem Verkäufer die Möglichkeit, eine Menge zwischen dem angegebenen Minimum und Maximum zu liefern.

Die Klausel „Von ... bis ... “ , angewendet auf Maße, bedeutet, dass, unter Berücksichtigung der Kubatur (des Gesamt-Holzvolumens), die verschiedenen Abmessungen von Hölzern im angemessenen Verhältnis geliefert werden. Die Klauseln „.. . und darüber“ oder „(von)... aufwärts" bedeuten, dass es dem Verkäufer freisteht, Ware mit das feststehende Minimum überschreitenden Maßen zu liefern.

Versand
Art. 8
Falls nichts anderes vereinbart, versteht sich der Versand mit Eisenbahn franko Grenze.

Art. 11
Bei nach Gewicht verkauftem Holz muss das bahnamtliche Aufgabe-Gewicht anerkannt werden.

Übergabe (Zustellung)
Art. 12
a) Erfolgt der Verkauf „franko Waggon Grenze“ oder „Transite Italiano“, so muss der Verkäufer die Ware waggonverladen an den im Kontrakt angegebenen Grenzbahnhof liefern und sie an den durch den Käufer angegebenen Bestimmungsort weiterschicken, wobei Grenz-, italienische Zollkosten und

Außenhandelsabgabe zu Lasten des Käufers gehen. Mangels einer vertragsmäßigen Festsetzung wird der Grenzbahnhof durch den Verkäufer gewählt,

b) Erfolgt der Verkauf „franko Bestimmungsort“ oder „franko Bestimmungsbahnhof“, so muss der Verkäufer die Ware waggonverladen an den betreffenden Bahnhof liefern.

Lieferverzug

Art. 15

Falls die Lieferung innerhalb der vereinbarten Frist ganz oder teilweise nicht erfolgt, stellt der Käufer dem Verkäufer mittels eingeschriebenen Briefes oder Telegrammes eine nicht erstreckbare Versand-Nachfrist von mindestens 15 Tagen; nach deren fruchtlosem Ablauf gilt der Kontrakt für den nicht durchgeführten Teil als durch die Schuld des Verkäufers gelöst.

Wenn im Kontrakt die Versandfrist als „fix“ oder mit einer anderen, gleichbedeutenden Klausel bezeichnet ist, gilt die Unterlassung der fristgerechten Lieferung durch den Verkäufer ohne weiteres als Nichterfüllung.

Übernahme und Besichtigung der Ware

Art. 17

Die Klausel „Ware übernommen“ besagt, dass die Ware abgenommen ist; „Ware zu übernehmen“ heißt, dass die Ware durch den Käufer nach Qualität und Bearbeitung zu wählen und durch Stempelung und Signierung usw. auf jedem Stück abzunehmen ist.

Die Klausel „vorbehaltlich Besichtigung“ bedeutet, dass es sich der Käufer vorbehält, Qualität und Bearbeitung der abzunehmenden Ware stichprobenweise zu prüfen.

Art. 18

Durch die Übernahme bzw. durch die Besichtigung entsteht die eindeutige und beidseitige Verpflichtung, ausschließlich und zur Gänze die bezeichnete Ware zu liefern bzw. zu übernehmen. Erfolgt die Lieferung der übernommenen oder besichtigten Ware nicht sofort, so ist der Verkäufer verpflichtet, die Ware als ordentlicher Kaufmann bis zum Ablauf der mit dem Käufer vereinbarten Fristen zu verwahren.

Art. 19

Der Käufer muss innerhalb der vereinbarten Frist zur Übernahme oder zur Besichtigung der Ware erscheinen.

Bei Verzug gewährt der Verkäufer mittels eingeschriebenen Briefes oder Telegrammes eine Nachfrist von 15 Tagen mit der Aufforderung zur Übernahme: nimmt der Käufer innerhalb dieser Frist die Übernahme oder Besichtigung nicht vor, so gilt der Kontrakt vorbehaltlich eines Schadens- und Spesenersatzes zugunsten des Verkäufers wegen Nichterfüllung durch Verschulden des Käufers als gelöst.

In gleicher Weise ist der Verkäufer verpflichtet, die Ware dem Käufer innerhalb der vereinbarten Frist zur Besichtigung oder zur Übernahme bereitzustellen, widrigenfalls der Käufer dem Verkäufer mittels eingeschriebenen Briefes oder Telegrammes eine Nachfrist von zehn Tagen setzt, nach deren Ablauf der Kontrakt vorbehaltlich des Schadens- und Spesenersatzes zugunsten des Käufers wegen Nichterfüllung durch Verschulden des Verkäufers als gelöst gilt.

Reklamationen

Art. 20

Reklamationen jeglicher Art (Stückzahl, Qualität, Menge, Maße usw.) müssen dem Verkäufer oder seinem gesetzlichen Vertreter innerhalb von sechs Tagen vom Zeitpunkte der Ankunft der Ware an mittels eingeschriebenen Briefes bekanntgegeben werden; andernfalls gilt die Ware als angenommen. Die Bemängelung muss stets begründet werden. Der beanstandeten Sendung darf nichts entnommen werden.

Wenn eine genau umschriebene Teilmenge der Ladung dem Käufer Anlass zur Beanstandung gibt, muss er davon dem Verkäufer in der oben angeführten Form Nachricht geben und die ganze Sendung zur Verfügung halten.

Falls innerhalb zwölf Tagen nach Aufgabe des Avisos keine Einigung zwischen den Parteien erzielt wurde, kann der Käufer über den nicht beanstandeten Teil der Ware verfügen.

Der Käufer ist verpflichtet, die beanstandete Ware kostenlos und mit der Sorgfalt eines ordentlichen Kaufmannes zu verwahren.

Kommt es zu keiner Einigung zwischen den Parteien, so wird die Meinungsverschiedenheit weiter im schiedsgerichtlichen oder gerichtlichen Verfahren ausgetragen. In diesem Falle gehen die Kosten der pfleglichen Lagerung der Ware an geeigneter Stelle zu Lasten der durch Urteil schuldig befundenen Partei.

Ausschluss der Garantie für den Verwendungszweck
Art. 21
Der Verkauf der Ware erfolgt ohne jede Garantie oder Verantwortlichkeit bezüglich des Verwendungszweckes, den der Käufer angegeben oder beabsichtigt hat.

Zahlung
Art. 22
Die Zahlungsfristen laufen stets ab Datum des Warenversandes.

Zahlungen und Überweisungen müssen spesenfrei im Wohnsitz des Verkäufers erfolgen. Zahlungen, welche an Reisende, Vertreter und dergl. geleistet werden, die nicht ausdrücklich durch den Verkäufer schriftlich ermächtigt sind, haben keine entlastende Wirkung.

Das vereinbarte Skonto wird bei Barzahlung vom Fakturennettobetrag berechnet.

Beim Verkauf frei Bestimmungsort gebührt dem Käufer kein Skonto für von ihm beim Auslösen (Freimachen) der Ware entrichtete Zahlungen, wie Zollspesen, J. G. E.-Abgaben und italienische Bahnfracht.

Dagegen gebührt ihm ein Skonto von den österreichischen Frachtkosten, wenn die Ware franko Grenze verkauft wurde.

Gerichtsstand
Art. 23
Sofern im Vertrag nichts anderes vorgesehen ist, so gilt als Gerichtsstand für Rechtsstreitigkeiten der Wohnort des Verkäufers.

Auch wenn im Kontrakt etwas anderes vorgesehen ist, gilt für Schadensersatzansprüche, die wegen Nichterfüllung des Kontraktes entstehen, auf alle Fälle der für den handelnden Teil zuständige Gerichtsstand.

II. Besonderer Teil

Nadelholzarten
Art. 24
Beim Nadelholz unterscheidet man folgende Arten:
- Fichte (abete rosso) Tanne (Weißtanne, abete bianco)
- Lärche
- „Weißföhre“ oder „Rotföhre“

Wird in den Kontrakten nur die Gattungsbezeichnung „abete“ (Fichte oder Tanne) genannt, so sind damit Tanne bzw. Fichte in einem größeren oder kleineren Mischungsverhältnis je nach der Provenienz des Holzes gemeint.

Wird ein bestimmtes Mengenverhältnis zwischen den beiden Holzarten oder wird eine anstatt der anderen gewünscht, so muss dies im Kontrakt ausdrücklich erwähnt werden.

Unterscheidung des Holzes
Art. 25
Man unterscheidet unbearbeitetes Holz (Rundholz) und bearbeitetes Holz (behauen oder gesägt).

Rundholz
Art. 26
Rundholz wird entrindet und entastet geliefert. Es wird nicht in Güteklassen eingeteilt, sondern lediglich in gesunder Handelsqualität gehandelt, worunter verstanden wird, dass gebrochene, von Fäulnis befallene, beschädigte oder sonst irgendwie minderwertige, stark ris-

sige, stark abholzige und krumme Stücke ausgeschlossen sind.

Einteilung des Rundholzes
Art. 27
Das Rundholz wird nach Stärkeklassen eingeteilt, wie folgt:

a) „Sägebloche" in Längen von 4 bis 6 m, von 50 cm zu 50 cm ansteigend, mit einem Mittendurchmesser von 20 cm aufwärts.
b) „Tondoni" Langholz für Bau- und Sägezwecke in Längen von 5 m aufwärts bis 10 m und darüber, von 50 zu 50 cm ansteigend, Mittendurchmesser von 16 cm aufwärts.
c) „Tondelli" (Derbstangen) von 5 bis 8 m lang, mit 10 bis 15 cm Mittendurchmesser, von 50 cm zu 50 cm ansteigend.
d) „Antennelle" (Reisstangen) von 8 bis 12 m lang, von 50 cm zu 50 cm ansteigend, Mittendurchmesser von 9 bis 12 cm, Mindestzopf 6 cm.
e) „Antenne" Langtennen mit einer Länge von 10 bis 15 m und darüber, von 50 cm zu 50 cm ansteigend, Mittendurchmesser von 10 bis 17 cm, Zopfende mindestens 6 cm.

Vermessung
Art. 28
Das Festmaß des Rundholzes wird unter Zugrundelegung einer zylindrischen Form der Stücke geometrisch berechnet. Dem Abmaß wird der auf einen vollen Zentimeter aufgerundete durchschnittliche Mittendurchmesser zugrunde gelegt. Die Länge wird gemäß dem vorhergehenden Artikel 27 ermittelt.

Kantholz (Travi)
Art. 29
Kantholz wird „behauen" oder „gesägt" gehandelt. Als Qualität ist gesunde Handelsqualität vorgeschrieben.

Als Ausschuss gelten stockfaule Stücke und solche, die von Fäulnis oder vom Wurm befallen sind, faulästige, gekrümmte Stücke, solche mit starker Ring(Kern-)schäle, drehwüchsige oder solche, die tiefe Diagonalrisse aufweisen.

Durch die Feuchtigkeit hervorgerufene leichte Verfärbung wird toleriert, wenn sie in geringem Maße auftritt.

Rotstreif wird bis zum Höchstausmaß von 15 Prozent toleriert.

Art. 30
A) Bezimmertes Bauholz nach Triestiner Art (Uso Trieste)
Art der Ausformung: Das Bauholz muss entsprechend der konischen Gestalt des Stammes handelsüblich mit geringer Waldkante über zirka die halbe Länge vierkantig mit der Axt behauen sein. Von der Mitte bis zum Zopfende ist eine gröbere Behauung zulässig.

Dimensionen und Maße: Schwaches und starkes Bauholz wird in festgesetzten Querschnitten in Wiener Zoll behauen, und zwar: „Fileri" zu 3 x 3 bis 4 x 4 Zoll; Balken von 4 x 5 bis 9 x 11 Zoll. Die Umrechnung der Zollstärken auf Zentimeter erfolgt üblicherweise wie beim Kaufabschluss festgesetzt, und auf Grund dieser Umrechnung wird dann der Preis errechnet. Es wird umgerechnet wie folgt:

„Fileri":	3 x 3 Zoll entspricht 8 X 8cm
	3 x 4 Zoll entspricht 8 X 10cm
	4 X 4 Zoll entspricht 10 X 10cm
„Balken":	4 X 5 Zoll entspricht 10 X 13 cm
	5 X 6 Zoll entspricht 13 X 16 cm
	5 X 7 Zoll entspricht 13 X 18 cm
	6 X 7 Zoll entspricht 16 X 18 cm
	6 X 8 Zoll entspricht 16 X 21 cm
	7 X 8 Zoll entspricht 18 X 21 cm
	7 X 9 Zoll entspricht 18 X 24 cm
	8 X 9 Zoll entspricht 21 X 24 cm
	8 X 10 Zoll entspricht 21 X 26 cm
	9 X 11 Zoll entspricht 24 X 29 cm

Die obigen Querschnitte werden bei den einzelnen Stücken in der Mitte der Länge festgestellt. Die Längen werden von Meter zu Meter gerechnet.

B) Bauholz „Testa-Testa" (Uso Fiume)
Bearbeitung: Es gelten die gleichen Bestimmungen wie für das Kantholz Uso Trieste, mit dem Unterschied, dass das Kantholz mit geringer Abweichung in seiner gesamten Länge den gleichen festgesetzten Querschnitt aufweisen muss. Stärken und Längen: Die Normalstärken und -längen sind die gleichen wie bei Bauholz Uso Trieste. Abmaß erfolgt wie bei Kantholz Uso Trieste.

C) „Bordonali" (Langkantholz)
Stärken ab 26 x 26 cm von Zentimeter zu Zentimeter aufwärts. Längen von 6 m aufwärts, ohne Verpflichtung auf Einhalten einer Durchschnittslänge, von 50 cm zu 50 cm steigend. Langkantholz ist mit der Axt an allen vier Seiten über die ganze Länge kantig behauen, wobei über zwei Drittel der Länge wenig und gegen das Zopfende hin etwas mehr Baumwalze toleriert wird; die Baumwalze soll an zwei benachbarten Kanten zusammen ein Viertel der Seitenflächen-Breite nicht überschreiten.

Die Stärke wird unter Aufrundung auf halbe Zentimeter in der Längenmitte gemessen.

D) Scharfkantiges Kantholz und Langkantholz
Wenn nicht ausdrücklich Behauung verlangt, wird scharfkantig gesägt verstanden, wobei nur einige Spuren von Baumkante zulässig sind, die auch durch die Manipulation verursacht sein können.

Schnittholz
Art. 31
Beim Schnittholz unterscheidet man Bretter und Pfosten, Staffel, Halbstaffel und Latten, Kanthölzer und Madriers (smezzole). Unvermeidliche Stärkenabweichungen werden teilweise bis höchstens 15 Prozent der gelieferten Ware toleriert.

Bretter und Pfosten (Tavolame e Pontame)
Art. 32
Bretter und Pfosten werden entweder parallel oder konisch erzeugt. Im ersten Falle muss die Breite über die gesamte Länge des Brettes gleich sein, wogegen im zweiten Falle der Breitenabfall 1 cm, bei einer begrenzten Anzahl von Stücken höchstens 1,5 cm für jeden laufenden Längenmeter betragen darf.

Beim Verkauf ist festzulegen, ob konisch oder lediglich parallel besäumte Bretter bzw. Pfosten zu liefern sind. Wird eine ausdrückliche Vereinbarung unterlassen, versteht sich, dass die Lieferung konischer oder parallel besäumter Ware je nach ihrer Herkunft erfolgen kann.

Die Bretter und Pfosten sind in gleichmäßigen Stärken scharfkantig besäumt zu liefern, wobei nur bei einem beschränkten Teil der Menge kleine Baumkanten zulässig sind.

Breiten
Art. 33
Bei Brettern unterscheidet man Schmalware in Breiten von 8 bis zu 15 cm und Breitware in Breiten von 16 cm aufwärts mit einer Durchschnittsbreite von mindestens 21 cm für die Stärken von 18 bis 28/30 mm und von mindestens 23 cm für größere Stärken.

Längen
Art. 34
Die Normallänge des Schnittholzes beträgt 4 m. Bei ungekappter Ware muss die verwendbare Länge 4 m betragen. Längen über 4 m werden von 50 cm zu 50 cm gerechnet.

Stärken
Art. 35
Die Stärken der parallelen oder konischen Bretter betragen: 9, 12, 14, 18, 24, 28, 33, 38, 48, 58, oder aber bei Vollmaß: 20, 25, 30, 35, 40, 50, 60 mm.

Die in Art. 31 behandelte, teilweise zulässige Toleranz beträgt für Stärken von 10 bis einschließlich 30 mm einen Millimeter und für Stärken von 34 mm aufwärts zwei Millimeter.

Staffeln, Halbstaffeln und Latten (Morali, Mezzi Morali, Listelli)
Art. 36
Folgende Maße sind üblich:
Staffeln: 48 x 48, 58 x 58, 68 x 68, 78 x 78, 98 x 98 mm, bzw. in vollen Stärken 50 x 50, 60 x 60, 70 x 70, 80 x 80,100 x 100 mm.

Halbstaffeln: 28 x 58, 34 x 68, 38 x 78 mm, bzw. in vollen Stärken 30 x 60, 35 x 70, 40 x 80 mm.

Latten: weisen verschiedene Querschnitte unter 28 x 58 mm auf bzw. in vollen Stärken 30 x 60 mm.

Staffeln, Halbstaffeln und Latten müssen in der ganzen Länge parallel geschnitten sein, wobei leichte Baumkante geduldet wird. Die Länge beträgt 4 m oder darüber.

Für Staffeln, Halbstaffeln und Latten entsprechen die Toleranzen den Art. 31 und 35.

Abmaß der Bretter und Pfosten
Art. 37
Die Breite der Bretter und Pfosten wird in deren Mitte gemessen.

Güteklassen
Art. 38
Die Güteklassen der Bretter und Pfosten sind:

a) Sägefallend: Dazu gehört Ware, wie sie beim Verschnitt anfällt, faul- und bruchfrei ohne IV und ohne Schmalware. (Tombante)

b) Reine und Halbreine (primo netto), vollkommen gesundes Holz, mit milder, gleichmäßiger gerader Faser, feinjährig, ohne Längs- und Seitenrisse, vollkommen astfrei, ausgenommen einzelne Punktäste. Föhre darf nicht angeblaut sein. Lärche muss frei von Splint sein, von dem lediglich Spuren auf einer Seite geduldet werden.

c) I. Klasse: Vollkommen gesundes Holz, ohne Bearbeitungsmängel, mit gleichmäßiger und gerader Faser, mit wenigen und kleinen weißen, gesunden und festverwachsenen Ästen; Durchfall- oder Flügeläste, Buchs, Längs- und Querrisse sowie Rotstreif ausgenommen; gerade Endrisse, an einem Ende nicht länger als die halbe Brettbreite werden toleriert (Primo assortimento).

d) II. Klasse: Gesundes, gut bearbeitetes Holz mit gesunden, festverwachsenen, nicht durchfallenden, nicht übermäßig großen und nicht zahlreichen Ästen (Secondo assortimento). Längsrisse an beiden Enden bis zur halben Brettbreite werden toleriert. Desgleichen Harzgallen auf einer Seite, Rotstreif und leichte Querrisse. Ausgenommen sind Wurmstich und Käfer. Bei Föhre werden bis zu 10 Prozent der Ware leicht angeblaut toleriert.

e) Unter I. und II. Klasse (Primo e secondo) versteht man ein gemischtes Brettersortiment, bei dem im Kontrakt die Güteklassen-Anteile festgelegt werden können.

f) III. Klasse: Bretter und Pfosten mit Bearbeitungsfehlern, grobe Flügel- und einzelne Durchfalläste, blau- oder schwarzfärbig, rotstreifig, ohne übermäßige Längs- und Querrisse (Terzo assortimento). Ausgeschlossen sind faule, total schwarzgewordene und geworfene Bretter und Pfosten.

g) IV. Klasse: Dazu gehören alle Bretter und Pfosten, die nicht in die III. Klasse fallen, soweit sie noch verwertbar und nagelfest sind.

h) Kürzungsware von 1 m aufwärts wird nach Gewicht unsortiert verkauft und in den anfallenden Längen, ohne IV. Klasse, mit einer Minimalbreite von 7 cm gehandelt (Cortame).

Anmerkung: Allgemein liegen die italienischen Qualitätsanforderungen pro Güteklasse höher als z. B. in Deutschland. So entspricht als Beispiel die italienische Klasse III/IV einer deutschen Klasse II/III, wobei jedoch folgende zusätzliche Forderungen gestellt werden: Praktisch scharfkantig, d.h. Baumkante höchstens der deutschen Güteklasse II entsprechend (wobei dies bei stärkerer Ware bereits zu viel sein kann), farbfehlerfrei, ohne zu große Äste. Außerdem soll „Italienware“

immer bestens manipuliert, also mindestens gekappt sein. Farbige Bretter sowie Ware mit größeren Durchfallästen und sonstigen Fehlern, jedoch immer noch im Prinzip scharfkantig, entsprechen nur der Güteklasse IV/V italienischer Sortierung.

Die sogenannte italienische Güteklasse 0/III kann aufgrund der hohen Ansprüche der Italiener aus den meisten Wuchsgebieten Deutschlands nicht geliefert werden. Die Ware müsste von milder Faser und buchsfrei sein. Selbst von ausgezeichneten Wuchsgebieten aus der Oberpfalz und dem Fichtelgebirge, aus welchen bereits Probelieferungen durchgeführt wurden, musste festgestellt werden, dass diese Ware nur der sogenannten „Tischler-III“ italienischer Ansprüche genügt, obwohl scharf nach deutscher Güteklasse 0/II sortiert und buchsige Bretter heraussortiert wurden.

Trockenheit
Art. 39
Schnittholz in normalen Dimensionen muss versandtrocken geliefert werden. Schnittholz auf Bestellung und in Spezialdimensionen muss so trocken geliefert werden, wie es der Jahreszeit und dem Liefertermin entspricht.

7.1.3 Schweizerische Schnittholz-Sortierung

Achtung: *Leider erst nach der Drucklegung dieser Auflage des Holz-Handbuches wurde bekannt, dass die Organisationen „Waldwirtschaft Schweiz, Holzindustrie Schweiz, Holzbau Schweiz und Lignum“ neue Holzhandelsgebräuche für Rohholz sowie für Holz und Holzwerkstoffe in Bau und Ausbau in Kraft gesetzt haben, die ab 1. September 2010 die "Schweizerischen Handelsgebräuche für Schnittholz, Nadelholz" aus dem Jahr 1983 ersetzen. Diese Neuausgabe konnte nicht mehr in vorliegender Auflage berücksichtigt werden.*

Die nachstehenden Ausführungen haben deshalb nur noch informativen Charakter und können keinen Rechtsgeschäften mehr zugrunde gelegt werden.

Die nachstehenden, nur auszugsweise dargestellten Sortierungsregeln für Nadelschnittholz wurden im Jahre 1953 ausgearbeitet; sie wurden im Jahre 1983 überarbeitet, erheblich erweitert und farbig illustriert. Die „Schweizerischen Handelsgebräuche für Schnittholz (Nadelholz)“[52] sehen erstmals in dieser neueren Ausgabe eine Unterscheidung nach sog. erscheinungssortiertem Holz vor, worunter vorwiegend Holz von nicht tragender Funktion zu verstehen ist, wobei es hier hauptsächlich auf die Erscheinung (Ästhetik) und Beschaffenheit der Oberfläche ankommt, sowie nach festigkeitssortiertem Holz, worunter Holz mit vorwiegend tragender Funktion zu verstehen ist, bei dem es auf die Festigkeits- und Verformungseigenschaften sowie auf bestimmte Merkmale bezüglich Dauerhaftigkeit und Gebrauchsfähigkeit ankommt (Konstruktionsholz). Hier in diesem Abschnitt sollen lediglich die verschiedenen Sortierungen für das erscheinungssortierte Holz wiedergegeben werden. Die Sortierungsregeln unterscheiden:

- Klotzbretter
- Sortierte Bretter für Schreinerzwecke (sog. Lyoner Sortierung)
- Parallelbretter

Ferner werden, ähnlich der deutschen Sortierung, Spaltbretter, Kürzungen, Latten, Rohhobler und Hobelware unterschieden; darüber hinaus gibt es die Sortimente Fensterkanteln und – im Abschnitt festigkeitssortiertes Holz – die Sortimente Konstruktionsholz, Chalet-Flecklinge und Lamellen („Hetzerbretter“).

Für unbesäumte Ware (Klotzbretter und Lyoner Sortierung) sind folgende Mindestdeckbreiten vorgesehen, sofern nichts anderes vereinbart ist:

Dicke in mm	Mindestdeckbreite in cm
bis 21	8
24 ... 30	10
33 aufwärts	12

Für die Sortierung erscheinungssortierten Nadelschnittholzes gelten folgende Holzmerkmale und Sortierungskriterien, die sich z.T. erheblich in ihrer Bedeutung von den ähnlichen Begriffen der Tegernseer Gebräuche unterscheiden und deshalb zur Beurteilung der schweizerischen Sortierung notwendig sind:

- Buchs:
- leichter Buchs (unschädlicher Buchs)
- Buchs mit leichter Verformung
- Äste:
- kleine und mittlere Äste mit einem mittleren Durchmesser von weniger als 20 mm
- grobe Äste, mittlerer Durchmesser mehr als 20mm
- Queräste (Flügeläste) bis max. ¼ der Brettbreite
- Harzgallen (Harztaschen):
- kleine H.: bis 3 mm breit, bis 20 mm lang
- mittlere H.: bis 3 ... 4 mm breit, bis 40 mm lang
- größere H.: Breite über 4 mm, Länge über 40mm
- Verfärbungen: Als Verfärbung gilt die Veränderung der natürlichen Holzfarbe, insbesondere verursacht durch Pilze. Buchs sowie Farbunterschiede zwischen Splint und Kern sind keine Verfärbungen.
- Risse:
- kurze durchgehende Risse (bis 0,5 m auf 2 m Länge)
- kürzere Oberflächenrisse (bis 0,2 m auf 2 m Länge)
- längere Oberflächenrisse (bis 0,5 m auf 2 m Länge)
- kürzere Endrisse (halbe Brettbreite)
- längere Endrisse (ganze Brettbreite)
- Markrisse (Fischohren) und Ringschäligkeit bei entsprechendem Maßabzug.
- Baumkante
- keine B.: („kantig")
- kleine B.: Länge kleiner als ⅛ der Brettlänge, Breite schräg gemessen kleiner als ¼ der Brettdicke.

Sortierungsbestimmungen

1. Klotzbretter

Grundsätzlich bilden sämtliche Bretter eines Klotzes zusammen eine Qualitätseinheit.

a) Klotzbretter, I. Klasse (sog. Boules).
Erforderlich: regelmäßiger Jahrringbau, buchsfrei, nicht drehwüchsig, durchgehend ast- und harzgallenfrei, ohne Pilz- und Insektenbefall, ohne Risse und Verfärbungen.
Zulässig: einzelne kleine Fehler bei entsprechendem Maßabzug

b) Klotzbretter, I./II. Klasse (sog. Schreiner- und Fensterqualität).
Erforderlich: regelmäßiger Jahrringbau, kein Drehwuchs, ohne Pilz- und Insektenbefall, ohne Verfärbungen.

Maße, Vermessung und Maßhaltigkeit von Schnittholz in der Schweiz

Art	Länge	Breite	Dicke
Klotzbretter	4...6 m,10 :10 cm steigend, 10% von 3,0.. .3,90 m	klotzliegende, fortlaufende Bandmaßvermessung, Gesamtbreite auf volle 5 cm abrunden	18, 21, 24, 27, 30, 33, 36, 40, 45, 50, 55, 60, 65, 70, 75, 80 mm maßhaltig bei 20 % Holzfeuchte
Lyoner Sortierung	3. ..6 m, 50 :50 cm steigend	bis 36 mm schmalseitig, ab 40 mm verglichen	wie vor
Parallelbretter	wie vor	fortlaufende Bandmaßvermessung	wie vor
Rohhobler	wie vor	stückweise	18, 24, 27, 30, 36, 45, 50 mm maßhaltig bei 18% Holzfeuchte

Zulässig: leichte, unschädliche Buchsstreifen, vereinzelt kleine Äste, kleine Harzgallen in geringer Zahl, kleine Mark- und Schwindrisse, andere gröbere Fehler nur bei entsprechendem Maßabzug.

c) Klotzbretter, II. Klasse (sog. Zimmermannsware)
Erforderlich: frei von Drehwuchs, Pilz- und Insektenbefall.
Zulässig: leichter Buchs, größere, gesunde Äste und kleine Ausfalläste in geringer Zahl, vereinzelt Harzgallen bis mittlerer Größe, leichte Verfärbungen, kürzere Endrisse, Mark- und Schwindrisse, andere gröbere Fehler bei entsprechendem Maßabzug

2. Sortierte Bretter für Schreinerzwecke (sog. Lyoner Sortierung)
Die Bretter sind unbesäumt und werden einzeln nach Qualität sortiert.

a) Sortierte Bretter, I. Klasse (ausgesuchte Schreinerware).
Erforderlich: mindestens eine Seite absolut fehlerfrei, regelmäßiger Jahrringbau, frei von Buchs und Drehwuchs, ohne Verfärbungen, Pilz- und Insektenbefall.
Zulässig: sofern Maßabzug: vereinzelt kleine Äste in der Markzone, wenige kleine Harzgallen, einige kleine Mark- und Endrisse

b) Sortierte Bretter, I. B (sog. Recette)
Erforderlich: eine Seite praktisch fehlerfrei, regelmäßiger Jahrringbau, frei von Buchs, Drehwuchs, Pilz- und Insektenbefall.
Zulässig: unregelmäßiger Fasererlauf in der Stockpartie, kleine Äste in der Markzone, einige kleine Harzgallen, leichte Verfärbungen ohne wesentliche Beeinträchtigung des Gesamtbildes, kleine Mark- und Schwindrisse

c) Sortierte Bretter, II. Klasse (kurante Schreinerware)
Erforderlich: regelmäßiger Jahrringbau, keine Queräste, kein Drehwuchs, kein Pilz- und Insektenbefall.
Zulässig: leichter Buchs, vereinzelt kleine Äste, einige Harzgallen bis mittlerer Größe, leichte Verfärbungen, einige Mark- und Schwindrisse.

d) Sortierte Bretter, II. B (geringe Schreiner- oder Zimmermannsware)
Erforderlich: regelmäßiger Jahrringbau, ohne Drehwuchs, Pilz- und Insektenbefall.
Zulässig: Buchs, kleine bis mittlere Äste in der Markzone, sowie wenige kleine Ausfalläste und Queräste, kleine bis mittlere Harzgallen in geringer Anzahl, leichte Verfärbungen, einige Mark- und Schwindrisse sowie längere Endrisse.

3. Parallelbretter (besäumte Bretter)
Die Bretter sind kantig geschnitten und werden einzeln sortiert.

a) Parallelbretter, I. Klasse (ausgesuchte Schreinerware)
Erforderlich: regelmäßiger Jahrringbau, buchsfrei, mindestens 80 % der Bretter beidseitig astfrei, frei von Harzgallen, Verfärbungen, Pilz- und Insektenbefall.
Zulässig: in 20 % der Bretter kleine Äste, kürzere Oberflächenrisse.

b) Parallelbretter, I/II. Klasse (sog. Schreinerware)
Erforderlich: regelmäßiger Jahrringbau, einseitig querastfrei, ohne Verfärbungen, Pilz- und Insektenbefall.
Zulässig: leichte, unschädliche Buchsstreifen, kleine Äste in geringer Anzahl, vereinzelt kleine Harzgallen, kleinere Mark- und Schwindrisse.

c) Parallelbretter, II. Klasse (sog. Zimmermannsware)
Erforderlich: hobelfähige, gesunde Ware, ohne wesentliche Verfärbungen, frei von Pilz- und Insektenbefall.
Zulässig: leichter Buchs, vereinzelt kleine schwarze Äste sowie mittlere, gesunde Äste,

einige Harzgallen mittlerer Größe, Einzelbretter mit leichter Verfärbung, kleinere Mark- und Schwindrisse, kürzere Endrisse, kleine Baumkante bei Brettstärken von 40 mm und mehr.

d) Parallelbretter, II./III. Klasse (sog. Kisten-, Paletten- und Schalware)
Erforderlich: gesunde Ware, bruchfrei, ohne Pilz- und Insektenbefall.
Zulässig: Buchs, gesunde Äste, einzelne Ausfalläste und Queräste, mittlere und größere Harzgallen in geringer Anzahl, leichte Verfärbung, Mark- und Schwindrisse sowie kleine Schälrisse und längere Endrisse, kleine Baumkante, Insektenbefall (Lineatus) bei Schalbrettern.

e) Parallelbretter, III. Klasse
Erforderlich: nagelfeste Ware.
Zulässig: Buchs, grobe, gesunde Äste, Ausfalläste und Queräste, Harzgallen, leicht stockrot, starke Verfärbungen, Insektenbefall nicht allzu stark, Risse, Baumkante.

4. Spaltbretter
Spaltbretter müssen mindestens den Qualitätsanforderungen der Parallelbretter II./III. Klasse entsprechen.

5. Kürzungen
Kürzungen müssen als Schreinerware besäumt oder unbesäumt den Anforderungen der I. Klasse Parallelbretter entsprechen, als Kisten-, Paletten- und Schalbretter par. bes. mindestens den Anforderungen der II./III. Klasse Parallelbretter.

6. Robhobler
Rohhobler müssen parallel und kantig geschnitten sein; Baumkante ist nur zulässig, wenn sie durch die Bearbeitung wegfällt.

a) Rohhobler, I. Klasse
Erforderlich: regelmäßiger Jahrringbau, buchsfrei, mindestens 80 % der Bretter astfrei, frei von Rissen, Harzgallen, Verfärbungen, Mark, Insektenbefall.
Zulässig: kleine, gesunde Äste in 20 % der Bretter in mäßiger Zahl.

b) Rohhobler, I./II. Klasse
Erforderlich: regelmäßiger Jahrringbau, einseitig querastfrei, einseitig markfrei, frei von Harzgallen, Verfärbungen, Insektenbefall und Rissen.
Zulässig: leichte, unschädliche Buchsstreifen, kleine gesunde Äste in mäßiger Zahl.

c) Rohhobler, II. Klasse
Erforderlich: einseitig querastfrei, ohne Insektenbefall, rissfrei, einseitig markfrei. Zulässig: leichter Buchs, kleine bis mittlere gesunde Äste sowie kleine schwarze, nicht durchfallende Äste in mäßiger Zahl, kleine Harzgallen in mäßiger Zahl, einseitig leichte Verfärbungen, einseitig sichtbares Mark.

7. Hobelware
Die Holzfeuchte beträgt bei Hobelware 10% ± 2%.

7.1 Hobelware schweizerischer bzw. mitteleuropäischer Fichte/Tanne

a) Hobelware, I. Klasse
Erforderlich: regelmäßiges Wuchsbild, buchs- und astfrei, frei von Harzgallen, Verfärbungen und Rissen, Sichtseite markfrei, ohne Bearbeitungsfehler.
Zulässig: natürliche Farbunterschiede.

b) Hobelware, II. Klasse
Erforderlich: frei von Ausfallästen, Verfärbungen und Bearbeitungsfehlern, Sichtseite markfrei.
Zulässig: leichter Buchs, kleine bis mittlere gesunde Äste sowie Flickäste in beschränkter Zahl, kleine bis mittlere Harzgallen, natürliche Farbunterschiede, kürzere Oberflächen- und Endrisse.

c) Hobelware, III. Klasse
Erforderlich: ohne Ausfalläste.
Zulässig: Buchs, grobe, gesunde Äste, unbegrenzt Flickäste, größere Harzgallen, mäßige Verfärbungen, längere Oberflächen- und Endrisse, sichtbare Markstreifen, leichte Bearbeitungsfehler

7.2 Hobelware aus nordischer Fichte
a) Nordische Fichte, II. Klasse
Erforderlich: ohne Flick- und Ausfalläste, ohne Verfärbungen, frei von Rissen und Bearbeitungsfehlern, Sichtseite markfrei.
Zulässig: leichter Buchs, kleine bis mittlere, gesunde Äste, kleine Harzgallen, natürliche Farbunterschiede.

b) Nordische Fichte, III. Klasse
Erforderlich: ohne Ausfalläste.
Zulässig: Buchs, grobe, gesunde Äste und Flickäste unbegrenzt, Harzgallen, mäßige Verfärbungen, längere Oberflächen- und Endrisse, sichtbares Mark, leichte Bearbeitungsfehler.

c) Nordische Fichte, u/s (Mischsortiment)
Erforderlich: ⅓ der Menge II. Klasse.
Zulässig: ⅔ der Menge III. Klasse.

7.1.4 Schnittholzsortierung in Schweden

Bereits 1888 wurden im Norrland-Distrikt die ersten gedruckten Sortierregeln herausgegeben, die 1926 vom Holz-Export-Verein des Härnösand-Distrikts kodifiziert wurden. Nachdem der Export von Schnittholz immer größeren Umfang annahm, sah man sich 1950 bzw. 1954 veranlasst, die sogenannten „Gotha-Regeln" herauszugeben. Schließlich fand man im Jahr 1957, dass eine Vereinheitlichung und Neufassung aller Sortiervorschriften notwendig sei; das „Schnittholz-Sortierungs-Komitee des Jahres 1958" verfasste schließlich nachstehende „Anweisungen für die Sortierung von Kiefern- und Fichtenschnittholz"[53], die als zweite, überarbeitete Auflage als sogenanntes „green book" 1976 erschien. Die zwischenzeitliche Neuausgabe als „blue book" ist insofern umstritten, als sie entgegen entsprechender Vereinbarungen im Rahmen der europäischen Normung während laufender europäischer Normungsarbeiten auf nationaler Basis veröffentlicht wurde.
Die Sortierungsvorschriften haben vier Teile:
I. Allgemeine Anweisungen
II. Beschreibung der Holzfehler
III. Begriffserläuterungen
IV. Qualitätsbeschreibungen.

I. Allgemeine Anweisungen
1. Alle Regeln gelten als unterste Grenze der jeweiligen Klasse, dabei soll der Gesamteindruck des Brettes berücksichtigt werden; bei Klasse I bis IV ist jedoch die bessere Breitseite maßgebend.
2. Fehler an den Kanten sind ausschlaggebender als Fehler auf den Breitseiten.
3. Menge der Fehler: Klasse I bis IV jeweils nur einer der erlaubten Fehler.
4. Hauptkriterium für Anzahl und Größe der Fehler ist deren Verhältnis zu Dicke und Breite des Stückes; dabei sind Fehler in der Mitte schwerwiegender als am Brettende.
5. Kulanz bei gering beeinträchtigenden Fehlern, wenn das Stück sonst zu den besten seiner Klasse zählt.

II. Beschreibung der Holzfehler
Die Holzfehler werden in zwei Hauptgruppen eingeteilt:
- Qualitätsfehler: Struktur- und Bearbeitungsfehler, Risse, Deformierungen.
- Konditionsfehler: Feuchtigkeitsfehler, Bläue, sonstige Farbveränderungen.

1 Qualitätsfehler
1.1 Strukturfehler
1.1.1 Äste
- Form und Lage:
  - runde und ovale Äste, an der Kante als Kantenäste bezeichnet

- Flügeläste gehen bis zur Kante durch
- Blattäste enden vor der Kante.
- Größe und Messung:
- Mittelwert des größten und kleinsten Durchmessers bei runden und ovalen Ästen
- bei Flügelästen auf der Breitseite Länge und Breite (in der Mitte gemessen) addieren, durch 3 teilen – Flügeläste auf der Kantseite wie runde/ovale Äste
- bei Blattästen Länge und Breite in der Mitte messen, durch 6 teilen.
- Beschaffenheit:
- gesunde Äste sind fest verwachsen (keine Fäulnis)
- trockene Äste sind bereits am lebenden Baum ohne Funktion
- Schwarzäste sind dunkle, trockene Äste
- schwarzumrandete Äste sind lose und trocken mit dunklem Rand
- Punktäste sind dunkle, trockene Äste, maximal 3 ... 6 cm Ø je nach Dimension
- Rindenäste sind von Rinde umgeben
- rindenziehende Äste sind nur zum geringen Teil von Rinde umgeben
- Fauläste sind ganz oder teilweise mit Fäule befallen.
- Gruppierung:
- Einzeläste sind verstreut, bilden keine Gruppen
- Astansammlungen sind Gruppen von einem Astquirl.

1.1.2 Harzgallen

Mehr oder weniger lang gestreckte Öffnungen im Holz, meist mit Harz gefüllt.

1.1.3 Rindeneinschluss

Zusammenwachsen von Wurzelfalten oder Überwallung, von Schäden am lebenden Baum hervorgerufen.

1.1.4 Druckholz

Abweichende Fasereigenschaften durch anomale Beanspruchung der Bäume: härter, dunkler → Biegen, Verwerfen (= Buchsigkeit).

1.1.5 Kienholz

Holz mit ungewöhnlich hohem Harzgehalt.

1.1.6 Wimmerwuchs

Unregelmäßige, in verschiedenen Richtungen verlaufende Maserung (örtliche Zuwachsstörungen).

1.1.7 Schräger Faserverlauf

Fasern haben Neigung zur Längsachse – Drehwuchs, Krummschaftigkeit, Verengung (= Abholzigkeit).

1.1.8 Nasskern

Auflösung des Holz-Zusammenhaltes; Streifen, Flecken in überaltertem Holz.

1.1.9 Fäule

- fest: Holz hat nicht merklich an Festigkeit verloren
- weich: Unterschied in der Festigkeit des Holzes (Fingernagelprobe)
- lose: neigt zum Auseinanderfallen.

1.1.10 Insektenschäden

Insektenstiche (z. B. Borkenkäfer) bis 2 mm Durchmesser und Insektenlöcher (z. B. Holzwespe).

1.2 Bearbeitungsfehler

Bearbeitungsfehler sind Fehler, die bei der Erzeugung von Schnittholz entstehen.

1.2.1 Baumkante

Berechnung als Differenz zwischen Nominalmaß und effektivem Maß (nicht schräg).

1.2.2 Maßfehler

Abweichung vom Nominalmaß im verschiffungstrockenen Zustand (einschließlich Toleranz).

1.2.3 Sonstige Fehler

Schlechte Schnittfläche, Eindrücke der Vorschubwalzen, Krümmung wegen falscher Lagerung oder fehlerhaftem Einschnitt.

1.3 Risse

1.3.1 Kernrisse

Von der Stamm-Mitte radial verlaufend, bereits am stehenden Baum vorhanden.

1.3.2 Ringrisse

Parallel zu den Jahresringen, meist am frisch gefällten Stamm.

1.3.3 Trockenrisse
Beim Trocknen entstehende Risse (oft Charakter von Bearbeitungsfehlern). Gerade oder schräg – Messung nach Länge und Tiefe unter Berücksichtigung der Breite.

1.4 Deformierungsfehler
1.4.1 Verdrehen
Spiralförmiges Verziehen (windschief)
1.4.2 Wölben
Aufwölben in der Breite (Schüsseln)
1.4.3 Flachbiegen
Seitliches Verziehen in der Kantenseitenebene
1.4.4 Kantkrümmung
Seitliches Verziehen in der Breitseitenebene.

2.Konditionsfehler
2.1 Feuchtigkeitsfehler
Trockenheit kann nicht als verschiffungstrocken gelten oder entspricht nicht den Kontraktbedingungen. Verschiffungstrocken heißt, normale See- und Landtransporte und sachgemäßes Einlagern beim Käufer dürfen Qualität nicht beeinträchtigen.

2.2 Bläue
Verfärbung des Splintholzes durch Bläue- oder Schimmelpilze
- Stammbläue: vor dem Sägen im Rundholz
- Lagerbläue: nach dem Sägen auftretend (auch Trockenkammerbläue)
- leichte und starke Bläue (Farbintensität) äußerlich, tiefgehend, durchgehend (Ausdehnung).

2.3 Farbveränderungen
Während der Trocknung und Lagerung entstehende äußerliche Farbänderungen, wie z. B. Wettergräue, Verfärbung durch Rinde usw.

III. Begriffserläuterungen
1. Dimensionierung
Alle Maße gelten im verschiffungstrockenen Zustand.

Planken:
48 ... 100 mm Dicke, 225 mm aufwärts Breite
Battens:
48 ... 100 mm Dicke, 150 ... 200 mm Breite
Scantlings:
48 ... 100 mm Dicke, 75 ... 100 mm Breite
Bretter:
12 ... 44 mm Dicke, 150 mm aufwärts Breite
Planschetten:
12 ... 44 mm Dicke, 75 ... 140 mm Breite
Balken und Sparren:
mindestens 75 mm x 75 mm bei quadratischem Querschnitt oder rechteckigem Querschnitt mit 25 mm Seitendifferenz. Sparren bis 175 ... 200 mm, darüber Balken.

2. Qualität
- u/s = unsortiert = anfallende Klassen I bis IV
- s/f = sägefallend = anfallende Klassen I bis V
- dreiseitig astrein = Splintseite und 2 Kantenseiten müssen absolut astrein sein, die Kernseite gemäß u/s; Baumkante ist zu vereinbaren
- Schalbretter = Seitenbretter, die wegen Baumkante in Klasse VI fallen
- blanke Ware = im Kontrakt festlegen, ob lediglich ohne Bläue (schwedischer Brauch) oder ganz ohne Farbveränderungen
- Stammware = unbesäumtes Schnittholz, erzeugt aus äußerlich ast- und beulenfreien Kiefernstammblöcken, gerade, feinjährig
- Wahlbretter = unbesäumtes Kiefernschnittholz, das nach dem Einschnitt in Klassen I, II und III sortiert wird
- Einschnitt gemäß nordischer Praxis = Kerndimensionen, 2 Stück 50 ... 75 mm stark (Planken, Battens oder Scantlings)
- Trennware

a) z. B. 32 mm x 175 mm, getrennt **aus** 63 mm x 175 mm; Untermaß wird toleriert, Qualität für 32 mm x 175 mm

b) z. B. 63 mm x 175 mm, getrennt **zu** 32 mm x 175 mm; Qualität für 63 mm x 175 mm, keine Sortierung der getrennten Ware

- grobjährig = weniger als 10 Jahresringe pro 25 mm
- feinjährig = dicht gewachsen = mehr als 10 Jahresringe pro 25 mm.

IV. Qualitätsbeschreibungen

Die für den deutschen Schnittholzimport aus Schweden wichtigste Güteklasse ist die Qualität u/s, die neben geringeren Mengen Quinta den größten Teil des Importvolumens ausmacht. Wie bereits erwähnt (siehe Abschnitt III, 2), beinhaltet die Gütebestimmung u/s vier von insgesamt sechs Güteklassen und zwar die Klassen I bis IV. Da dieses Handbuch dem deutschen Benutzer weniger eine Sortierhilfe zur exakten Klassenbestimmung, sondern mehr eine Leitlinie zur Qualitätskontrolle importierten Schnittholzes sein soll, kann sich die nachfolgende Darstellung auf die Beschreibung der Güteklasse IV beschränken; damit wird also die unterste Grenze des unter dem Begriff u/s Erlaubten gezogen. Wie groß der Anteil dieser schlechtesten Klasse innerhalb einer Lieferung der Qualität u/s im Verhältnis zu den Güteklassen I, II und III ist, liegt mehr oder weniger im Ermessen des einzelnen Abladers.

1 Äste

Die zulässige Anzahl von Ästen wird grundsätzlich auf die Längeneinheit 1,50m bezogen; ein Schnittstück von 4,50 m Länge darf also ein Dreifaches der im Folgenden beschriebenen Astanzahl aufweisen, wobei – im Gegensatz zu den Regeln der Tegernseer Gebräuche – keine Konzentration dieser z. B. dreifachen Astanzahl in einer Teillänge vorkommen darf, sondern eine gleichmäßige Verteilung auf die ganze Schnittstücklänge gefordert wird.

Die detaillierte Darstellung von gesunden Ästen, Trocken- und Fauli ästen ist nicht additiv zu sehen; vielmehr kann die zulässige Anzahl der gesunden Äste nur durch Äste anderer Beschaffenheit ersetzt werden.

1.1 Gesunde Äste

Tabelle 68 gibt die maximale Größe gesunder Äste auf der besseren Breitseite im Verhältnis zur Dimension des Schnittstückes an. Dabei sind 2 Äste in der aufgeführten Größe zulässig; zusätzlich dürfen bei Breiten von 100 bis 150 mm drei und bei Breiten von 175 mm aufwärts vier Äste vorhanden sein, deren Größe 70 % der Tabellenwerte entsprechen. Außerdem sind einige kleinere sowie normal vorkommende Punktäste zugelassen.

Für die Beurteilung gesunder Äste auf den Kantseiten werden beide zusammen bewertet und in einer Ast-Skala dargestellt. Zulässig sind hier 1 ... 2 Äste der Größe des jeweiligen Skalenwertes sowie 2 ... 3 Stück in etwa 70 % dieser Größe, wobei insgesamt nicht mehr als 4 Äste vorhanden sein dürfen (außerdem klei-

Tabelle 68: Zulässige Größe gesunder Äste auf der besseren Breitseite in mm

Schnittstück-Dicken in mm	Schnittstück-Breiten in mm								
	75	100	125	150	175	200	225	250	275
75		44	48	50	54	54	57	57	57
63		38	41	44	48	48	50	50	54
50	29	32	35	38	41	41	44	44	48
38	29	29	32	32	32	35	35	38	38
32	25	29	29	32	32	32	32	35	35
25	19	25	29	29	29	32	32	32	32
19	16	19	22	25	25	29	29	29	29
16	16	16	19	22	22	25	25	29	29

nere und Punktäste wie auf der besseren Breitseite).

Zulässige Größe gesunder Äste auf beiden Kantseiten zusammen

Dicke in mm	25		50		75
zulässige Astgröße in mm	19	25	32	35	41

1.2 Trockenäste

Die Beurteilung von Trockenästen bezieht sich auf die Größenwerte der zulässigen gesunden Äste. Auf der besseren Breitseite dürfen je zwei Stück in 70 % und 50 % der angegebenen Größe bei Schnittstücken von 100 bis 150 mm Breite vorhanden sein, bei Breiten von 175 mm aufwärts zwei Stück in 70 % und drei Stück in 50 % der Größe. Auf den Kantseiten sind 1 Stück in 70 % des obigen Skalenwertes und 1 bis 2 Stück in 50 % der Größe zugelassen. Durchgehende, jedoch fest verwachsene Trockenäste dürfen vorkommen.

1.3 Sonstige Äste

Auch bei rindenumrandeten Ästen und Faulästen erfolgt ein Bezug auf die Vorschriften für gesunde Äste sowohl in der Größenbemessung als auch in der Angabe der zulässigen Anzahl pro 1,50 m Länge. Auf beiden Kantseiten zusammen und auf der besseren Breitseite dürfen je 70% der Anzahl in 50 % der Größe der gesunden Äste als rindenumrandete Äste vorhanden sein; Fauläste dagegen dürfen nur in einer Anzahl von 1 ... 2 Stück auf die ganze Schnittstücklänge in einer Größe von 50 % des entsprechenden Wertes für gesunde Äste vorkommen, sofern sie nicht durchgehen. Astansammlungen dürfen in begrenztem Umfang vorkommen.

2 Risse

Risse werden im Gegensatz zu deutschen Sortierregeln nicht nur nach ihrer Länge, sondern auch nach ihrer Tiefe und Breite beurteilt. Dabei darf die Risslänge auf beiden Breitseiten zusammen 90 % der Schnittstücklänge betragen, die Risslänge auf einer Seite ist auf 65 % begrenzt. Die maximale Tiefe der Längsrisse ist auf 40% der Schnittstückdicke festgelegt, die Breite der zulässigen Risse darf 10 % der Tiefe nicht übersteigen. Risse auf Kantseiten dürfen insgesamt 70 % der Stücklänge, der einzelne Riss nicht mehr als 50 % betragen.

Schrägrisse sind auf die Hälfte der zulässigen Werte für Längsrisse begrenzt.

3 Baumkante

Im Prinzip wird nordische Ware scharfkantig besäumt oder prismiert. Ausnahmsweise ist Baumkante in der Klasse IV wie folgt zugelassen: Auf einer Kantseite bis höchstens 30% der Schnittstückdicke, auf beiden Kantseiten zusammen etwa 25 % mehr, jedoch darf keine Baumkante das auf einer Kantseite zulässige Maß übersteigen. Auf der Breitseite ist bei Dicken bis zu 63 mm und Breiten von mindestens 125 mm eine Baumkante von höchstens 22 mm zulässig, bei dickerem Holz gelten die Regeln für Kantseiten auch für die Breitseite.

Die Länge der Baumkante ist auf 30% der Schnittstücklänge begrenzt, wenn sie an einer Kante vorkommt, auf 40 % insgesamt, wenn sie an beiden Kanten vorkommt. Im Übrigen ist Baumkante in der Mitte des Schnittstückes schärfer zu beurteilen als an den Enden.

4 Sonstige Fehler

Harzgallen dürfen in geringer Anzahl vorkommen, sofern sie nicht durchgehen und nicht zu lang sind; auch ein nicht tiefgehender Rindeneinschluss ist zugelassen. Druckholz, also Rot- bzw. Nagelhärte, wird dann toleriert, wenn die Form des Schnittstückes nicht sehr beeinträchtigt wird, ebenso Wimmerwuchs, sofern das Holz nicht merkbar geschwächt ist. Schräger Faserverlauf ist grundsätzlich zugelassen, ein Nasskern nur in Form eines vereinzelten Fleckens oder Streifens. Insektenbefall, insbesondere durch Borkenkäfer und Holzwespe, darf ebensowenig vorkommen wie Fäule. Dagegen sind Farbveränderungen, die während der Trocknung und Lagerung entstehen, nicht als Fehler zu betrachten, sofern es sich nicht um Bläue handelt. Diese sollte als Stammbläue nicht vorkommen und als Lagerbläue nur in solchem Umfang, dass sie durch Hobeln entfernbar ist.

Deformierungsfehler wie unter Abschnitt II, 1.4 dargestellt, beeinflussen die Qualität des Schnittholzes und sind beim Sortieren entsprechend zu berücksichtigen.

5 Zusammenfassung

Die Sortierungstabelle für schwedisches Exportschnittholz umfasst im Original mehrere Seiten, weil darin sämtliche Güteklassen von I bis VI dargestellt sind (auch im Bild). Es sei noch einmal betont, dass es sich bei den oben angeführten Vorschriften als Auszug aus den Original-Regeln um die unterste Grenze dessen handelt, was im Rahmen des Qualitätsbegriffes u/s, also einer Güteklasse I bis IV zugelassen ist.

Dem Ablader ist also innerhalb des Qualitätsbegriffes u/s ein sehr großer Spielraum eingeräumt; eine mehr oder weniger gut sortierte Qualität u/s kann der deutsche Importeur oder Händler nur dadurch honorieren, indem er unter Zuhilfenahme der sogenannten Märks (Abladermarken = meist rote Stempel an der Stirnseite des Schnittholzes) den einen oder anderen Ablader bevorzugt oder ablehnt. Eine gute Übersicht über die wichtigsten Märks aus Schweden, Norwegen und Finnland bietet das „Handbook of the Northern Wood Industries", das von der Svensk Trävarutidning in Stockholm herausgegeben wird.

7.1.5 Levante-Sortierungen

Schriftliche Sortiervorschriften für Nadelschnittholz-Lieferungen in den Mittelmeerraum und in den Nahen Osten sind nicht bekannt. Durch die Turbulenzen der letzten Jahrzehnte und die vielen Anbieter von Chile und Kanada bis GUS, Skandinavien, CSSR, Österreich usw. konnten sich keine genormten Maße oder einheitliche Sortiervorschriften bilden. Die Anfragen aus Levanteländern differieren sehr stark hinsichtlich Dimensionen, Qualitäten und Zusammensetzung der Partien. Trotzdem haben sich im Laufe der Jahre Bräuche entwickelt, die zum Teil regional erhebliche Unterschiede aufweisen. Grundsätzlich unterscheidet man Lieferungen

- in die „arabische Levante", das sind die Länder am Roten Meer und am Persischen Golf. Dorthin wird unter der Bezeichnung Klasse 0 bis III meist Ware zweiter Wahl geliefert;
- in Levantemärkte um das Mittelmeer, wie Griechenland, Syrien, Libanon, Israel, Cypern, Malta, Irak und Ägypten, sowie einige kleinere Märkte. Diese Länder werden mit Ware erster Wahl beliefert;
- in die Maghrebstaaten, wie Tunesien, Marokko und Algerien, die nach wie vor stark von der französischen Tradition beeinflusst sind. Dies ist insbesondere bei den Abmessungen des Schnittholzes bemerkbar (Madriers, Bastings und Chevrons);
- das frühere italienische Einflussgebiet, wie Libyen, Somalia und Sudan, die sich ebenfalls weniger in der Qualität als mehr in den Abmessungen unterscheiden (Zentimeterware).

Allen Märkten gemeinsam ist die Forderung nach einem ausreichenden Trockenheitsgrad der Ware. Ungenügend trockene Ware leidet während des Schiffstransportes und auch während der Lagerung beim Empfänger. Manche Kunden verlangen vor Verschiffung eine garantierte Trockenheit. Ebenfalls gemeinsam ist für alle Märkte die Standardlänge von 4,0 m, die nur in wenigen Ausnahmen bis 3,0 m unter- oder bis 6,0 m überschritten werden darf. Auch ist festzustellen, dass alle Importländer steigenden Wert auf eine erstklassige Manipulation legen, was sich in entsprechenden Forderungen nach absolut scharfkantiger, sauber gekappter und gebündelter Ware ausdrückt.

Die Dicken sind meist 18, 24, 38 und 48 mm, Morali und Halbmorali (also Kanthölzer und Latten). Es werden prismierte Breiten geliefert, und zwar 10, 12, 15 cm als Schmalware bei 24 mm, 17, 19, 22, 25, 28 und 30 cm als Breitware bei den übrigen Dicken.

Während früher und teilweise heute noch die Bretter zu drei und vier oder mehr Stück bei den Staffeln kleingebündelt werden, geht man jetzt immer mehr dazu über, die Ware in mit Stahlband zusammengefassten Großbunden zu liefern. Der Zweck der Kleinbündelung bestand darin, dass der Händler dem Verbraucher die Ware früher nicht nach m^3, sondern nach Bund verkaufte. Die Levante-Märkte wurden zwischen den beiden Weltkriegen hauptsächlich aus Rumänien (Bukowina) beliefert. Aus dieser Zeit stammen Sortimentsbegriffe wie Alessandria, Syria, Romania usw., die auch heute noch erhebliche Bedeutung haben.

Typ Alessandria: Bestens manipulierte, weiße Ware, prismiert, gekappt, Monte gebündelt; Dickenverteilung: 5 % 12 mm, 15 % 18 mm, 35 % 24 mm, 45 % 38 und 48 mm; Breiten wie oben; Längen: 80 % 4 m, 20 % 3 ... 6 m.

Typ Romania: Wie Alessandria, jedoch nicht prismiert.

Typ Syria: Prismierte Ware von guter, sägefallen der Qualität, gebündelt; Dicken- und Längenverteilung wie bei Typ Alessandria, zusätzlich 10 ... 15 % Morali und Halbmorali folgender Dimensionen : 24/48, 33/66, 38/86 , 46/86, 66/66, 76/76 und 96/96 mm.

Typ Mediterraneo: Zentimeterware, nicht scharfkantig, nicht gebündelt; Dickenverteilung: 10 ... 15 % 18 mm, 40 % 24 mm, 45 ... 50 % 38 und 48 mm; Breiten: bei Brettern 10 ... 30 cm, bei Bohlen 17 ... 30 cm; Längen: 60 % 4 m, 40 % 3 ... 6 m.

Typ Coffrage: Prismierte, gekappte, gebündelte Ware, die aus „Alessandria" und „Syria" aussortiert wurde; Dicken: 60% 24 mm, 40% 38 und 48 mm; Breiten: 8 ... 30 cm; Längen: 70 % 4 m, 30% 3... 6 m.

Embalajo: Ausschuss aus den vorstehenden Sortimenten, findet als Kistenholz Verwendung.

7.1.6 Malaysische Sortiervorschriften

Die zunehmende Verwendung von Meranti und ähnlichen Dipterocarpaceen im Fensterbau, aber auch als Konstruktions- und Ausstattungsholz, hatte sehr große Importe dieser Holzart aus Südostasien zur Folge. Problematisch ist seit den ersten Importen immer noch die Sortierung, was auf der einen Seite aus der großen Anzahl verschiedener Meranti-Arten (Gattung Shorea u. a., Familie Dipterocarpaceae) resultiert, auf der anderen Seite aber auch aus dem Mangel geeigneter, vor allem übersetzter Sortierungsregeln.

In Südostasien, vornehmlich in der Malaysischen Föderation, auch in Singapur und unter Umständen in Indonesien gelten die „Malaysian Grading Rules"[54], kurz MGR genannt, ein umfangreiches und recht kompliziertes Werk, das als einzige Regel für die Sortierung von Meranti, aber auch anderen Malaysischen Harthölzern in Betracht kommt (ohne Teak und Hevea).

Auszug aus „The Malaysian Grading Rules for Sawn Hardwood Timber"[53]

Teil I

C. Anweisungen bezüglich der Erzeugung, der Abmessungen und Vermessung

21. Erzeugung
Das Holz soll sorgfältig gesägt und besäumt werden, um so das bestmögliche Aussehen zu erhalten. Es soll, sofern es in diesen Bestimmungen oder im Kontrakt nicht anders gesagt ist, mit Übermaß eingeschnitten werden, um den natürlichen Schwund zu berücksichtigen.

22. Verschnittenes Holz
a) Alles Holz, welches aufgrund falschen Einschnittes über die Breite konisch verläuft und

an dem schwächsten und dem stärksten Punkt eine Stärkendifferenz aufweist, die größer ist als in der nachstehenden Tabelle, wird als verschnitten deklariert und muss aussortiert werden (ausgenommen hiervon ist Waldkante, sofern sie innerhalb dieser Bestimmungen überhaupt gestattet ist).

1/3" Unterschied bei Dicken unter 1"
1/4" Unterschied zwischen 1" und 2" Dicke
3/8" Unterschied zwischen 2½" und 3½" Dicke
1/2" Unterschied über 4" Dicke

b) Wenn die Breite eines Stück Holzes bei Breiten unter 6" mehr als ½" oder bei Breiten über 6" mehr als l" Unterschied aufweist, ist dieses Stück als verschnitten anzusehen und auszuschließen.

23. Hirnflächenbehandlung
Alle Hirnflächen müssen im Winkel geschnitten und sorgfältig mit einem dicken, anerkannten Schutzmittel bestrichen sein, um das Reißen der Enden während der Trocknung und des Transportes weitestgehend zu verhindern.

24. Stapelung und Trocknung
Außer, wenn es anderweitig festgelegt ist, muss alles Holz so schnell wie möglich nach dem Einschnitt sorgfältig im Freien auf Unterleghölzer aufgestapelt werden. Es muss auf Stock bleiben für die im Kontrakt festgelegte Zeit, bevor es dann sortiert und klassifiziert wird. Alle Holzstapel müssen sorgfältig mit Daten versehen sein, so dass der Holzklassifizierer sich unterrichten kann, wann jeweils die Trocknungsperiode abgelaufen ist. Jegliches Holz, welches nicht so aufgestapelt und datiert ist, wird nicht beurteilt.

25. Stärken
Die folgenden Dicken sind normalerweise in Malaysia verfügbar:
½, ¾, 1¼, 1½, 1¾, 2, 2½, 3, 3½, 4, 5 und 6".
Kein Stück sollte weniger als die angegebene Dicke (an der dünnsten Stelle) messen, ausgenommen kleine Unregelmäßigkeiten durch das Sägen (die jedoch außerdem ausgeschlossen werden können), sofern sie die in Abschnitt 22 zitierten Abweichungen nicht überschreiten.

26. Breiten (siehe Bestimmung 22)
Die Breiten werden in vollen Zoll von der Mindestbreite jeder Güteklasse an gemessen, sofern nicht Halbzoll festgelegt sind. Sofern es nicht von diesen Bestimmungen oder von den Bestimmungen des Kontraktes abweicht, müssen 90 % jeder Breite voll zur Verfügung stehen, während die verbleibenden 10% bis zu ¼" schmaler sein dürfen bei Breiten über 4" oder ⅛" bei Breiten unter 4" und so der Spezifikation „Scant" entsprechen. Falls Holz, das laut Kontrakt als „Full" geliefert werden soll, nicht 90 Tage oder länger gestapelt wurde, soll es als „Scant" betrachtet werden, wenn es bei der Sortierung nur das Sollmaß („Bare") erreichte. Die Breite wird jeweils an der schmälsten Stelle eines Brettes gemessen, siehe hierzu die Bestimmung 22 b).

27. Längen
a) Sofern im Kontrakt nichts Gegenteiliges bestimmt ist, wird das Holz in fallenden Längen geliefert, jeweils in vollen Fuß, beginnend bei der Mindestlänge, die für jede Spezifikation festgelegt ist. In jedem Falle sollte das Übermaß in der Länge 6 inches nicht überschreiten.
b) Wenn im Kontrakt fixe Längen festgelegt sind, müssen diese auch in diesen angegebenen Längen geliefert werden, sofern nicht der Kontrakt oder auch diese Bestimmungen, wie z. B. bei Waggonbauholz, Mehrfachlängen gestattet. Sofern Mehrfachlängen erlaubt sind, muss jede Einzellänge für sich inspiziert und markiert werden (Bestimmung 17), so, als ob die Stücke einzeln gesägt seien. Außerdem muss ein Übermaß in der Länge für das Zurechtschneiden am Bestimmungsplatz gegeben sein (nicht weniger als ½" per Schnitt).
c) Beim Zusammenstellen der Aufmaßlisten eines Kontraktes mit Mehrfachlängen müssen 2 Listen geführt werden, wobei in der einen die

Anzahl der vereinbarten Einzellängen und in der anderen die tatsächliche Gesamtzahl der Stücke aufzuführen sind.

28. Durchschnittslängen und/oder -breiten
Sofern im Kontrakt Durchschnittsmaße vereinbart wurden, so sind diese wie folgt zu ermitteln:
a) Durchschnittslänge: Anzahl lfd. Fuß dividiert durch Anzahl der Stücke.
b) Durchschnittsbreite: Summe aller Breiten dividiert durch Anzahl der Stücke.

29. Maßeinheiten
Die Maßeinheit für Schnittholz in Malaysia ist der Kubikfuß (cu. ft.), das heißt

$$\text{Länge in Fuß} \times \frac{\text{Breite in Zoll}}{12} \times \frac{\text{Dicke in Zoll}}{12} = \text{Kubikfuß}$$

50 cu. ft. = 1 ton = 1 load = 600 board feet = 1,416 m^3

Die Vermessungseinheit auf dem europäischen Kontinent ist der Kubikmeter, gleichbedeutend mit 35,31 cu. ft. oder 423,7 board feet.

30. Prozentsätze
Sofern nichts anders bestimmt ist, beziehen sich Prozentzahlen in diesen Bestimmungen oder auch in den Kontrakten auf das Volumen und nicht auf die Anzahl der Stücke.

31. Menge
Wenn das Wort „ungefähr" oder ähnliche Ausdrücke erwähnt sind, um Mengen zu nennen und im Kontrakt nichts Gegenteiliges gesagt ist, versteht man, dass bis zu 10 %, aber maximal 500 cu. ft. (je nachdem, welches geringer ist), mehr oder weniger geliefert werden können.

D. Bestimmung der Güteklassen

32. Die Klassifizierung
Die Klassifizierung bezieht sich auf das schlechteste Stück innerhalb einer Klasse. Eine Sortierungsbeschreibung legt die untere Grenze einer Sortierung fest; sie soll alles enthalten, was von dieser Untergrenze bis zur nächst besseren Klasse reicht. Holz, das schlechter ist als die Untergrenze es zulässt, ist zurückzuweisen.

33. Das Fehler- und das Cuttingsystem
a) Fehlersystem: Wird angewandt bei der Sortierung von Holz, das gewöhnlich für bestimmte spezielle Zwecke vorgesehen ist und in den gelieferten Größen verwendet wird, wie z. B. Schwellen. Zulässige Fehler werden in jeder Güteklasse definiert. Wenn ein Stück mehr Fehler enthält, als die Bestimmungen erlauben, wird es nicht akzeptiert.
b) Cuttingsystem: Dieses wird zur Klassifizierung von solchem Holz angewandt, welches normalerweise in schmalere Stücke geschnitten wird, bevor man es verarbeitet. Die Klassifizierung erfolgt nach der schlechteren Seite des Stückes, wenn nichts anderes vereinbart ist. Der prozentuale Anteil von Cuttings an einer Seite ist für die Klasseneinteilung maßgebend. Die besten Klassifizierungen verlangen die höchste Ausbeute von Clear Face Cuttings.

34. Festlegung von Begriffen, die im Cuttingsystem Anwendung finden
i) Ein „Abschnitt" (Cutting) in diesen Bestimmungen ist ein rechteckiges Stück Holz, welches man durch Ablängen, Auftrennen oder durch beides erhält. Ein Abschnitt muss so sauber geschnitten sein, dass beide Flächen der Standarddicke entsprechen, sollte es von dem gesamten Stück Holz abgeschnitten werden. Die Minimumabmessung, gemessen auf volle halbe Fuß und volle halbe Zoll, ist in den jeweiligen Klassifizierungen festgehalten.
ii) Ein Abschnitt „einseitig sauber" (Clear Face Cutting) ist ein Abschnitt, der auf der klassifizierten Seite frei von sämtlichen Fehlern ist (außer dass bestimmte Klassifizierungsgruppen blanken Splint gestatten). Die rückwärtige Seite darf nicht schlechter sein als unter Sound Face Cutting beschrieben.

iii) Ein Abschnitt mit „gesunder“ Oberfläche (Sound Face Cutting) ist ein Abschnitt, der an beiden Seiten frei ist von Fäulnis, Kernholz oder Waldkante (außer einem ganz kleinen Streifen an einer Ecke), ferner frei von Rissen oder Brittleheart (außer dass dieses für einzelne Klassifizierungen besonders zugelassen ist).

Gestattet sind gesunder Splint, gesunde Äste, Verblauung, Gummitaschen oder Einwüchse, eingewachsene Kalkstellen, Harztaschen, die in ihrer vollen Länge keine 2" überschreiten und feine Haarrisse, die ursächlich die Festigkeit des Holzes nicht beeinträchtigen. Wurmlöcher sind gestattet, ohne dass die Anzahl festgelegt ist; sie dürfen jedoch nicht so zahlreich sein, dass sie die Festigkeit des Holzes beeinträchtigen; sie dürfen außerdem nicht vom Powder-Post-Käfer (Lyctus) verursacht sein. Ungefärbte Shot-Holes sind zugelassen, wenn sich nicht mehr als 6 Löcher auf einer Fläche von 1/2 Quadratfuß = 72 sq. inch befinden.

35. Bestimmung der Cutting-Flächen
Die Fläche eines Cuttings wird in Cutting-Einheiten berechnet. Eine Cutting-Einheit bezieht sich auf 1" Breite und 1' Länge = 12 sq. inch. Um die Mindestanzahl von Cutting-Einheiten zu errechnen, die in den entsprechenden Klassen Clear sein müssen, multipliziert man die Gesamtfläche des Stückes (in sq. ft.) mit dem jeweiligen Faktor für Clear, nämlich

für 11/12 = 91,667% beträgt der Faktor 11
für 10/12 = 83,33 % beträgt der Faktor 10
für 9/12 = 75% beträgt der Faktor 9
für 8/12 = 66,667% beträgt der Faktor 8.

36. Sortierung im Cutting-System
a) Auf der schlechteren Seite des Stückes wird durch Augenschein festgestellt, ob die Fehler eine Einteilung in die Güteklassen Prime, Select, Standard, Sound, Serviceable oder Utility ermöglichen oder ob das Stück zurückgewiesen werden muss.

b) Die andere Seite darf nicht schlechter sein als es unter Bestimmung 34 für Sound Face Cutting beschrieben ist.

37. Aufbesserung der Güteklasse
Eine Aufbesserung der Güteklassen soll nicht erfolgen. Sofern der Lieferant die Qualität verbessern möchte (durch Nachbesäumen, Kappen usw.), so muss dies vor der Sortierung bzw. Markierung geschehen.

Teil II: General Market Specification

Abschnitt A: Standard-Sortierungen

i) Überblick: Die folgenden Bestimmungen klären die Standardsortierung, wie sie unter den allgemeinen Marktbegriffen vorrätig ist. Diese Bestimmungen sind in erster Linie gedacht, um Bohlen und Bretter zu klassifizieren, die normalerweise nachgesägt werden, bevor sie für eine Vielzahl von Gegenständen Verwendung finden. Diese Klassifizierung kann aber auch angewandt werden für Kantelmaterial (fixe Breiten und/ oder Längen). In diesem Falle müsste man die für jede einzelne Klasse festgelegten Mindestbreiten und -Längen ignorieren, es sei denn, dass die Breite weniger als 4" und die Länge weniger als 6' betrifft.

ii) Klassen und iii) Marken

Klasse	Übersetzung	Markenzeichen
Prime	Erste Klasse	F ↑ D *
Select	Ausgewählt	F ↑ D SEL
Standard	Standard	F ↑ D A
Sound	Gesund/gut	F ↑ D C
Serviceable	Brauchbar	F ↑ D S
Utility	Gewöhnlich	F ↑ D U

iv) Risse: Diese sollten in keinem Abschnitt vorkommen, auf keinen Fall jedoch in Zoll mehr als das Gesamtstück in Fuß lang ist. Es sollte auch nicht von der Parallel-Linie zur Außenkante mehr in ganzer Länge in Zoll abweichen als wiederum das Gesamtholz in Fuß lang ist.

v) Allgemein: Die folgenden allgemeinen Bestimmungen sollten angewandt werden:

a) In keiner Klasse dürfen Harzgallen und auch keine Wurmlöcher, die von den sogenannten Powder-Post-Käfern (Lyctus) herrühren, enthalten sein (siehe hierzu Bestimmung 3).

b) In keiner Klasse darf Fäulnis vorkommen.

c) Waldkante, außer dass sie auf einer Seite ganz geringfügig auftritt, ist ausschließlich in der Klasse Serviceable und Utility gestattet, ebenso Brittleheart.

1. Prime (Erste Klasse)

a) Handelsmarke F ↑ D
*

b) Breite: 6" und aufwärts

c) Länge: 6' und aufwärts

d) Splintholz: Ob blank oder nicht, ist ein Fehler, der bei Clear Face Cuttings nicht vorkommen darf.

e) Äste: Der Durchschnittsdurchmesser eines Astes darf nicht größer sein als ⅓ der Breite der Fläche, auf welcher er vorkommt.

f) Verwerfung: Darf nicht größer sein als das Verhältnis von l" zu 12' über die Gesamtlänge des Stückes gesehen.

g) Krümmung (außer der im Absatz f) geschilderten Verwerfung): Wird nicht abgenommen, wenn sie dazu führt, dass das Gesamtstück nicht mehr auf beiden Seiten zu einer glatten Standarddicke abgerichtet werden kann.

h) Cutting-Anforderungen: Es werden nur solche Stücke abgenommen, die so viel saubere Teilstücke ergeben, wie es unten angegeben ist. Der Teil, der keine sauberen Abschnitte ergibt, gestattet Risse, die in iv) beschrieben sind, aber darf sonst nicht schlechter sein als es unter den Abschnitten mit gesunder Fläche (Sound Face Cuttings) beschrieben ist.

Oberfläche des Stückes in sq.ft.	Prozentsatz und Anzahl von einseitig sauberen Abschnitten	
3 ... 4,9	12/12 (100%)	1 Stück
5 ... 7,9	11/12 (91 2/3%)	1 Stück
8 ... 10,9	11/12 (91 2/3%) oder 10/12 (83 1/3%)	2 Stück 1 Stück
11 ... 13,9	11/12(91 2/3%) oder 10/12 (83 1/3%)	3 Stück 2 Stück
14 und mehr	11/12 (91 2/3%) oder 10/12 (83 1/3%)	4 Stück 3 Stück

i) Mindestgröße eines Clear Face Cuttings: 4" x 5' = 20 Einheiten oder
5" x 4'= 20 Einheiten.

II. Select (Ausgesucht)

a) Handelsmarke F ↑ D
SEL

b) Breite: 5" und aufwärts

c) Länge: 6' und aufwärts

d) Splintholz: Sofern es zusammengenommen nicht mehr als ⅓ der Breite eines Stückes ausmacht oder auf beiden Seiten erscheint, wird blankes Splintholz nicht als Fehler angesehen und darf in sauberen Abschnitten vorkommen.

e) Äste und Verwerfung wie in der Prime-Güteklasse.

g) Krümmung wird nicht akzeptiert, wenn sie dazu führt, dass das gesamte Brett auf beiden Seiten nicht die vorgeschriebene Dicke hält. Es ist vorgesehen, dass leicht gekrümmte Stücke in Breiten von 10" und aufwärts akzeptiert werden, wenn sie in zwei Bretter aufgetrennt werden können, die dann noch unter die Klasse „Select" fallen und dann nicht mehr Krümmung haben, dass beide Flächen wiederum die Standardstärke erreichen.

g) Cutting-Anforderungen. Es werden Stücke hierunter akzeptiert, die saubere Abschnitte ergeben, wie es unten aufgeführt ist. Der Teil außerhalb der sauberen Stücke darf, wie in Absatz iv) beschrieben, Risse enthalten, aber darf wiederum nicht schlechter sein, als es für gesunde Abschnitte vorgeschrieben ist.

Oberfläche des Stückes in sq. ft.	Prozentsatz sauber	Anzahl von sauberen Abschnitten
unter 3	12/12 (100%)	1 Stück
3 ... 4,9	9/12 (75%)	1 Stück
5... 7,9	9/12 (75%)	2 Stück
8 .. 10,9	9/12 (75%)	3 Stück
11 ...13,9	9/12 (75%)	4 Stück
14 und mehr	9/12 (75%)	5 Stück

i) Die Mindestgröße von sauberen Abschnitten: 4" x 3'= 12 Einheiten oder 3" x 4'= 12 Einheiten

III. Standard

a) Handelsmarke F ↑ D
A

b) Breite: 4" und aufwärts

c) Länge: 6' und aufwärts

d) Splintholz: Helles Splintholz wird nicht als Fehler angesehen und darf in sauberen Seiten vorhanden sein.

e) Äste: maximaler Durchmesser eines gesunden Astes beträgt ½ Brettbreite

f) Verwerfung: Soll nicht das Verhältnis von 1" auf 8' Länge des Stückes überschreiten.

g) Krümmung: Darf nicht vorkommen, wenn dadurch die Möglichkeit genommen wird, beim Schneiden in einzelne Stücke zwei saubere Seiten von gleichmäßiger Dicke zu erhalten.

h) Cutting-Anforderungen: Es müssen so viele saubere Stücke herauskommen, wie in der unteren Tabelle angegeben ist. Der Teil außerhalb der sauberen Abschnitte darf Risse, wie unter iv) festgehalten, und weitere gesunde Fehler aufweisen, die die Haltbarkeit des Holzes nicht beeinträchtigen.

Oberfläche des Stückes in sq. ft.	Prozentsatz sauber	Anzahl von sauberen Abschnitten
2 ... 4,9	8/12 (66 ⅔ %)	1 Stück
5... 7,9	8/12 (66 ⅔ %)	2 Stück
8 ... 10,9	8/12 (66 ⅔ %)	3 Stück
11 ...13,9	8/12 (66 ⅔ %)	4 Stück
14 und mehr	8/12 (66 ⅔ %)	5 Stück

i) Die Mindestgröße der sauberen Abschnitte: 3" x 3' = 9 Einheiten oder 4" x 2' = 8 Einheiten.

IV. Sound (Gesund)

Wird auch PHND genannt, d. h. Wurmlöcher kein Fehler.

Im Allgemeinen die gleichen Anforderungen wie für Prime, Select und Standard, außer dass Wurmlöcher (Pin- und Shot-Holes) mit blanken Lochrändern in den Abschnitten, wie es in der Bestimmung 34 iii) festgehalten ist, erlaubt sind. Handelsmarke F ↑ D
C

V. Serviceable (Brauchbar)

a) Handelsmarke F ↑ D
S

b) Breite: 4" und aufwärts

c) Länge: 6' und aufwärts

d) Waldkante: Auf der schlechten Seite einseitig erlaubt wie folgt: Bei Breiten von 6" und aufwärts darf die Waldkante 1/6 der Breite nicht überschreiten, bei Breiten unter 6" nicht mehr als ⅛ der Breite.

Brittleheart: Einseitig auf einer Seite und einer Kante gestattet, vorausgesetzt, dass das Holz in seiner Festigkeit darunter nicht leidet.

e) und g) Krümmungen und Verwerfen wie bei Standard.

h) Cutting-Anforderungen wie bei Standard.

VI. Utility

a) Handelsmarke F ↑ D
U

b) Breite: 4" und aufwärts

c) Länge: 6' und aufwärts

d) Baumkante: Auf der schlechteren Seite und einer Kante erlaubt bis zu einem Viertel der Brettbreite.

e) Brittleheart: Sofern die Festigkeit des Stücks nicht wesentlich beeinträchtigt wird, erlaubt auf einer Seite und einer Kante.
f) Krümmung und Verwerfung wie bei Standard
g) Risse wie bei Standard
h) Cutting-Anforderungen: Alle Stücke werden unter Sound Face Cuttings zugelassen mit obigen und anderen Fehlern, die die Festigkeit des Stücks nicht erheblich beeinträchtigen.

Abschnitt C: Gruppierung von Güteklassen
Es können mehrere Güteklassen auf der „und besser"-Basis (and better) unter einer Zählgruppe, einem Gütezeichen und einem Preis zusammengefasst werden. Die unten aufgeführten Gruppen sind anerkannt, und wenn eine derartige Gruppierung angegeben ist, ist das Gütezeichen für alle Stücke dasjenige der niedrigsten Güteklassen innerhalb der Gruppe, mit dem Zusatz „& UP". Ausgenommen, dass bei „Utility and Better" (Merchantable) die Handelsmarke F ↑ D verwendet wird.
MERCH

I. Select and better – enthält Select- und Prime-Qualität
II. Standard and better – enthält Standard, Select und Prime
III. Sound and better – enthält Sound, Standard, Select und Prime
IV. Serviceable and better – enthält Serviceable, Sound, Standard, Select und Prime.
V. Merchantable – enthält Utility, Serviceable, Sound, Standard, Select und Prime.
Daher ist Merchantable (oder Utility and better) eine Gruppe mit allen Güteklassen und enthält Holz von höherer Qualität als die gewöhnliche sägefallende Ware ergibt, da die schlechtesten Stücke bereits bei der Sortierung zurückgewiesen werden.
Die Prozentsätze der verschiedenen Güteklassen innerhalb einer der obigen „und besser"-Gruppen variieren mit jeder Art und auch von Sägewerk zu Sägewerk. Wenn die Käufer diese Prozentsätze bezeichnet haben möchten oder eine indivduelle Zählung oder Markierung jeder einzelnen Güteklasse innerhalb einer Gruppe wünschen, sollte der Auftrag nicht nach diesem Abschnitt erteilt werden, sondern jede Güteklasse sollte einzeln spezifiziert werden.

7.2 Verträge, Gebräuche

Auf den folgenden Seiten werden die wichtigsten Handelsgebräuche für den Verkehr mit Rund- oder Schnittholz sowie Holzwerkstoffen dargestellt. Sortierungsbestimmungen wurden dabei ausgeklammert; diese sind unter Abschnitt 6.3 für inländisches Holz und 7.1 für ausländisches Holz dargestellt. In diesem Abschnitt „Verträge, Gebräuche" sind also die rechtlichen Belange des Holzgeschäftes sowie Vertragsentwürfe aufgeführt.

7.2.1 Tegernseer Gebräuche, Fassung 1985[27]

Erster Teil: Allgemeines

§ 1 Angebot, Rechnungserteilung und Zahlungsweise

1. Ein Angebot ist für die Dauer von mindestens zwei Wochen einschließlich eines Regelpostlaufs von drei Tagen verbindlich, es sei denn, das Angebot ist ausdrücklich freibleibend oder unverbindlich erstellt worden. Im Falle telegrafischer oder fernschriftlicher Angebotsstellung reduziert sich die Dauer um diese Regelpostlaufzeit.
2. Die Rechnung wird über jede Sendung gesondert unter dem Datum des Versandtages erteilt. Dies gilt auch für Teillieferungen. Vereinbarte Zahlungsfristen beginnen mit diesem Tage zu laufen.
3. Geleistete Anzahlungen bei Abschlüssen werden, wenn nicht anders vereinbart, auf die einzelnen Teillieferungen anteilig verrechnet.

4. Ist bei laufender Geschäftsverbindung kein besonderes Zahlungsziel zur Übung geworden oder vereinbart, so ist der Kaufpreis nach Wahl des Käufers entweder innerhalb 14 Tagen mit 2 % Skonto oder innerhalb 30 Tagen in bar ohne Abzug zu zahlen. Sofern der Warenwert gesondert ausgewiesen ist, erfolgt der Skontoabzug nur vom Warenwert.

§ 2 Erfüllungsort / Gerichtsstand

1. Beim Versendungskauf – z.B. Lieferung ab Werk mit Frachtvergütung bis zu einem vereinbarten Ort – ist Erfüllungsort für die Lieferung der Ort, wo sich die Ware zum Zwecke des Versandes oder einer etwa vereinbarten Übergabe an den Käufer befindet. Ist Lieferung frei Empfangsort vereinbart, so ist dieser der Erfüllungsort.
2. Erfüllungsort für die Zahlung des Kaufpreises sowie für die sonstigen Leistungen des Käufers ist stets der Ort der gewerblichen Niederlassung des Verkäufers.
3. Bei Lohnaufträgen ist für die Leistungen des Auftraggebers der Ort der gewerblichen Niederlassung des Auftragnehmers der Erfüllungsort.
4. Beim Versendungskauf zwischen Vollkaufleuten ist der Gerichtsstand, wenn nichts anderes vereinbart ist, der Sitz der gewerblichen Niederlassung des Verkäufers; bei Lohnaufträgen ist Gerichtsstand der Sitz der gewerblichen Niederlassung des Auftragnehmers.

§ 3 Spielraum in der Menge

1. Mengenbezeichnungen wie „zirka", „etwa", „rund" und ähnliche berechtigen den Verkäufer, bis zu 10 % mehr oder weniger als die vertraglich vereinbarte Menge zu liefern.
2. Wenn in dem Abschluss die Menge durch die Bezeichnung „von ... bis ..." ausgedrückt ist, ist der Verkäufer nur zur Lieferung der Mindestmenge verpflichtet, dagegen auch zur Lieferung bis zur vorgesehenen Höchstmenge berechtigt.
3. Die Ausdrücke „zirka", „etwa" oder ähnliche in Verbindung mit der Bezeichnung „von ... bis ..." bleiben unberücksichtigt.

§ 4 Spielraum im Maß

1. Sind Längen oder Breiten durch Angabe der einzuhaltenden unteren und oberen Maßgrenzen ausgedrückt, z. B. Längen 3 bis 6 m, Breiten 20 bis 30 cm, dann hat der Verkäufer die Wahl, beliebige Abmessungen innerhalb der festgesetzten Maßgrenzen zu liefern, jedoch muss eine Durchschnittslänge bzw. Durchschnittsbreite erreicht werden, die der Mindestabmessung plus ca. ⅓ der vereinbarten Differenz entsprechen.
2. Ist die Lieferung von Durchschnittsabmessungen vereinbart, so sind auch bei Zusätzen wie „ca.", „etwa" Über- bzw. Unterschreitungen nur bis zu 5 % zulässig.
3. Wird die Einhaltung von Mindestdurchschnittslängen und/oder Mindestdurchschnittsbreiten vereinbart, so dürfen diese nicht unterschritten werden.
4. Ist die Lieferung verschiedener Längen zugelassen, aber gleichmäßige Längenverteilung vereinbart, so muss von jeder Länge ungefähr die gleiche Kubikmetermenge geliefert werden. Sinngemäß gilt das gleiche, wenn die Lieferung gleichmäßig verteilter Breiten vorgeschrieben ist.
5. Die Bestimmungen zu Ziffer 1 bis 4 sind maßgebend für die Gesamtmengen, nicht für Teillieferungen.
6. Sind Durchschnittslängen vereinbart, so gilt als Durchschnitt die Teilung sämtlicher Längen (gesamte laufende Meter) durch die Stückzahl, ohne Rücksicht auf Breiten. Entsprechendes gilt für die Durchschnittsbreiten.
7. Die Ausdrücke „zirka", „etwa" und ähnliche in Verbindung mit der Bezeichnung „von ... bis ..." bleiben unberücksichtigt.

§ 5 Bestimmung des Begriffs „Wagenladung" und ähnlicher Bezeichnungen – Fehlfracht –

1. Falls der Umfang der Sendung durch Gewichts- oder Volumenangaben nicht genau festgelegt ist, versteht man beim Schnittholz und bei den Holzwerkstoffen unter „Waggonladung", „Waggon" und ähnlichen Bezeichnungen nach Wahl des Verkäufers eine Lieferung von wenigstens 20 t und höchstens 25 t.
2. Sind zwei oder mehrere Waggons ohne bestimmte Gewichts- oder Volumenangabe abgeschlossen, so versteht sich jeder Waggon mit einem Mindestgewicht von 20 t und einem Höchstgewicht von 25 t, mit der Maßgabe, dass nicht die Waggonzahl, sondern das Gesamtgewicht der Lieferung maßgebend ist. Fünf Waggons z. B. sind mindestens 100 t und höchstens 125 t, auch wenn sie auf weniger als 5 Waggons verladen werden. Bei Restmengen muss der letzte Waggon mit mindestens 20 t beladen werden.
3. Unter „Lkw-Ladung" (Motorwagen und Anhänger, Sattelauflieger) ist eine Menge im Gewicht von 20 t bis 25 t, unter „Motorwagenladung" eine Menge im Gewicht von 7 t bis 12 t zu verstehen.
4. Bei einem ungünstigen Verhältnis zwischen den Abmessungen der verladenen Hölzer und der Ladefläche oder bei einer zu geringen Rohdichte der verladenen Hölzer ist es zulässig, dass eine Waggonladung bzw. eine Lkw-Ladung im Einzelfall weniger als 20 t umfasst.
5. Fehlfracht trägt, wer sie zu vertreten hat.

§ 6 Übernahme

1. a) Die Übernahme dient der Ermittlung der gütemäßigen Beschaffenheit (Qualität) und der Stärkeabmessungen der Ware. Sie schließt insoweit nachträgliche Reklamationen aus. Sind Durchschnittsabmessungen vereinbart, so gelten Abweichungen mit der Übernahme als anerkannt, wenn der Verkäufer auf diese hingewiesen und der Käufer nicht widersprochen hat. Das Aufmaß gilt durch die Übernahme nur dann als anerkannt, wenn dies besonders vereinbart ist.
   b) Beschränkt sich der Käufer auf die Besichtigung eines Postens im ganzen, so gelten die einzelnen Stücke nur dann als anerkannt, wenn er auf deren Übernahme ausdrücklich verzichtet. Der Anschlag eines Postens im ganzen mit dem Hammer gilt jedoch immer als Anerkennung der einzelnen Stücke.
2. Nimmt der Käufer die vereinbarte Übernahme trotz befristeter Aufforderung und Androhung der Verzugsfolgen nicht vor, so gilt sie als erfolgt, wenn der Verkäufer nicht vorzieht, Nachfrist zu setzen.
3. Hat der Verkäufer die Ware auf Verlangen umgesetzt, kann der Käufer die nochmalige Stapelung nur verlangen, wenn er sich das vorher ausbedungen hat oder wenn er die Kosten bezahlt.
4. Übernommene Ware lagert auf Gefahr und Rechnung des Verkäufers, solange sich der Käufer nicht in Abnahmeverzug befindet oder die Ware noch nicht in das Eigentum des Käufers übergegangen ist.

§ 7 Verantwortlichkeit für Fehler

Für äußerlich nicht erkennbare, auch bei oder nach der Verarbeitung sich ergebende Fehler äußerlich gesunden Rund- und Schnittholzes und daraus entstehende Folgen hat der Verkäufer nicht aufzukommen, es sei denn, dass er den Fehler arglistig verschwiegen hat oder ihn daran ein grobes Verschulden trifft oder er dafür die Haftung ausdrücklich übernommen hat.

§ 8 Abnahme und Lieferung

1. Die Abnahme gekaufter Ware hat mangels besonderer Vereinbarung längstens binnen 10 Kalendertagen nach Bereitstellung und Aufforderung zu erfolgen.
2. Bei Kaufabschlüssen mit Vereinbarung auf Abruf ohne genaue Terminbestimmung ist die Ware auf schriftliches Ersuchen des Verkäufers spätestens drei Monate nach Kaufabschluss abzunehmen. Der Abschluss gilt als hinfällig, wenn bis zum Ablauf dieser drei

Monate von keiner Seite eine Erklärung erfolgt.
3. Die Lieferung vorrätiger Ware erfolgt, sobald es die Versandmöglichkeit bei geordnetem Geschäftsgang erlaubt.
4. Die Lieferfrist gilt als eingehalten, wenn die Ware bei Lieferung ab Versandort vor Fristablauf abgesandt oder bei vereinbarter Abholung seitens des Käufers durch den Verkäufer bereitgestellt ist.
5. Die Entladung aller Waren geschieht durch den Käufer, soweit nicht ausdrücklich etwas Besonderes vereinbart ist.

§ 9 Höhere Gewalt

1. Wird die rechtzeitige Erfüllung der Lieferungsverpflichtung durch ein Ereignis höherer Gewalt unmöglich, so verlängert sich die Erfüllungsfrist um die Dauer der durch die höhere Gewalt eingetretenen Behinderung, sofern diese Verlängerung für den Käufer zumutbar erscheint.
2. Der Verkäufer hat den Käufer zu benachrichtigen, wenn die vertragsmäßige Erfüllung der Lieferung durch das Eintreten höherer Gewalt gefährdet erscheint. Beträgt die Dauer der Behinderung gemäß Ziffer 1 voraussichtlich mehr als drei Monate, so steht beiden Teilen frei, ohne Entschädigungspflicht vom Vertrag zurückzutreten. Wird eine solche Erklärung innerhalb von drei Monaten nach Eintritt des Ereignisses der höheren Gewalt von keiner Vertragspartei abgegeben, dann gilt der Vertrag als stillschweigend aufgehoben.
3. Bei Fixgeschäften tritt eine Fristverlängerung nach Ziffer 1 nicht ein. Der Käufer ist jedoch verpflichtet, eine zur Vertragserfüllung schon eingeschnittene und versandbereite Ware abzunehmen, es sei denn, die teilweise Erfüllung des Vertrages sei für ihn nicht zumutbar. Der Verkäufer hat mit der Nachricht zu Ziffer 2 die Angabe zu verbinden, was von der nach besonderen Abmessungen bestellten Ware bereits verfügbar ist.
4. Bei Stammholzgeschäften ist der Verkäufer berechtigt, in Fällen höherer Gewalt anstelle des vertraglich vereinbarten Holzes Holz gleicher Art, Güte und Dimension aus einem anderen Waldgebiet zu liefern. Sollten höhere Beifuhrkosten entstehen, so gehen diese zu Lasten des Verkäufers.

§ 10 Verladung und Versand

1. a) Der Absender haftet für die Richtigkeit seiner Angaben auf dem Frachtbrief.
b) Die Vertragspartei, die sich die Anwendung von Ausnahmetarifen sichern will, hat das Transportgut den Tarifbestimmungen entsprechend zu bezeichnen. Hat der Käufer die für die Ausfüllung des Frachtbriefes erforderlichen Angaben zu machen, so muss er sie dem Absender rechtzeitig bekanntgeben.
c) Der Verkäufer hat alle zur Versandabfertigung notwendigen Formalitäten zu besorgen. Außerdem hat er dem Käufer unverzüglich von jeder einzelnen Sendung Nummer und Inhalt des Wagens – möglichst auch das Gewicht – mitzuteilen sowie Aufmaßliste der verladenen Ware einzusenden.
2. a) Hat der Verkäufer frachtfreie Lieferung übernommen, dann kann er die Sendungen unfrei abfertigen und verlangen, dass der Käufer die entstehenden Frachtkosten bei Empfang der Ware zins- und skontofrei vorlegt.
b) Für die nachfolgende Verrechnung der Vorlage hat der Käufer dem Verkäufer auf Wunsch die Frachtbelege gegen Rückgabe auszuhändigen und die Ansprüche aus dem Frachtvertrag schriftlich für den Fall abzutreten, dass solche geltend gemacht werden müssen. Das gleiche gilt für Sendungen, die mit Zollabgaben belastet sind.
3. a) Die Ware ist so zu verladen, dass sie mit Hilfe der üblichen technischen Hilfsmittel (Gabelstapler, Kran) entladen werden kann.
b) Wenn Gabelstapler-, Kran- oder Palettenverladung erfolgt, ist das Höchstgewicht der Pakete, Bündel oder Paletten vor Lieferung

zu vereinbaren. Sofern nichts vereinbart ist, beträgt das Gewicht der Pakete, Bündel oder Paletten maximal 2,5t.

c) Die Ware ist so zu verladen, dass sie während des Transportes verladebedingt keine Wertminderung erleidet. Insbesondere sind Vorkehrungen zu treffen, damit die Ware nicht beschädigt wird; getrocknetes Holz, wie z. B. Schnittholz, Hobelware, Holzwerkstoffe, Furniere und sonstige Holzhalbwaren sind gegen Nässe so weit wie möglich zu schützen.

d) Stellt der Käufer den Lkw, haftet der Verkäufer nicht für Schäden, die sich aus dem Zustand des Fahrzeugs und der für die Abdeckung vorgesehenen Planen ergeben.

e) Beim Bahnversand sind Planen und Wagendecken nach Ankunft der Ware unverzüglich und in trockenem Zustand auf Kosten des Käufers zurückzusenden. Bei verzögerter Rücksendung hat der Käufer Leihgebühr für die Verzugszeit zu zahlen.

4. Die zum Transport und Schutz der Ware erforderlichen Warenumschließungen, Sparlatten und Versteifungslatten sind im Warenpreis inbegriffen. Schutzbretter, Zwischenhölzer und Paletten, die beim Käufer bleiben, darf der Verkäufer in Rechnung stellen.
5. Die Kosten für die Überführung der Ware auf das Anschlussgleis des Empfängers trägt der Käufer, falls nichts anderes vereinbart ist. Stellgebühren und andere kleine Kosten (z. B. Avisierungsgebühr) gelten als Bestandteil der Fracht.
6. Ist „frei Waggon verladen", „frei Schiff verladen" oder „frei Lastwagen verladen" zu liefern, trägt der Käufer die nach ordnungsgemäßer Beladung entstehenden Kosten. Ist „frei Waggon Empfangsstation", „frei Schiff Empfangshafen" oder „frei Lastwagen Empfänger" zu liefern, so trägt der Käufer die nach Ankunft dort entstehenden Bugsier-, Löschungs- und sonstigen Kosten, wie Ufer-, Kran- und Liegegeld, Zollabfertigungsgebühren und dgl. Ist „frei Kai Versandhafen" zu liefern, gehen die Entladekosten (Lkw, Waggon) zu Lasten des Käufers.
7. Die Vereinbarung einer Frachtparität bedingt Verrechnung der Mehr- oder Minderfracht.
8. Weicht der Verkäufer ohne Zustimmung des Käufers von der vereinbarten Beförderungsart ab, so trägt der Verkäufer die daraus sich ergebenden zusätzlichen Risiken und Kosten.
9. Tarifänderungen gehen zu Lasten oder zu Gunsten desjenigen, der die Frachtkosten zu tragen hat.

§ 11 Beschädigung und Verlust der Ware während der Beförderung

1. Der Empfänger einer beschädigten Sendung hat auch für den Fall, dass der Verkäufer das Transportrisiko trägt, alles zu tun, um die Unterlagen für den Schadensbeweis zu erlangen, soweit erforderlich auch amtliche Tatbestandsaufnahme, Sachverständigengutachten. Auf Verlangen des Berechtigten hat er diesem die Unterlagen der Beweissicherung zu überlassen.
2. Die qualitative Verschlechterung einer Ware geht zu Lasten des Verkäufers, wenn sie auf einen Fehler zurückzuführen ist, den die Ware im Widerspruch zum Vertrag bereits bei der Aufgabe der Sendung hatte. Das gleiche gilt, wenn die Verladung und Verpackung nicht ordnungsgemäß erfolgt ist.
3. Die Ziffern 1 und 2 gelten sinngemäß bei einem Verlust von Ware während der Beförderung.

§ 12 Mängelrüge

1. Der Käufer ist verpflichtet, die Sendung in jedem Falle in Empfang zu nehmen.
2. Beanstandungen der Ware (Mängelrüge) sind unverzüglich nach gegebener Möglichkeit zur Besichtigung und Prüfung des Holzes, spätestens aber innerhalb 14 Kalendertagen vom Eingangstag der Ware beim Käufer oder dessen Beauftragten gerechnet, schriftlich unter genauer Angabe der behaupteten

Mängel und des Lagerortes zu erheben. Die Rügefrist verringert sich jedoch bei Verfärbungen auf 7 Kalendertage, es sei denn, es war Lieferung trockener Ware vereinbart.

3. Fehlen beim Eingang der Ware die Aufmaßlisten, so werden sie durch den Käufer beim Verkäufer angefordert. Die Fristen zu Ziffer 2 beginnen in diesem Falle bei Mängeln, zu deren Feststellung die Aufmaßliste erforderlich ist, erst mit dem Eingang der Aufmaßliste.
4. a) Der Käufer begibt sich der Mängelrechte, wenn er die Ware vom Lagerort entfernt, bevor eine Einigung erzielt ist oder bevor dem Verkäufer Möglichkeit zur Besichtigung oder der Beweissicherung durch vereidigte Sachverständige gegeben wurde.
   b) Der Verkäufer muss von der Möglichkeit der Besichtigung der bemängelten Ware oder der Beweissicherung durch vereidigte Sachverständige innerhalb von 10 Kalendertagen nach Eingang der Beanstandung Gebrauch machen.
5. a) Macht der Verkäufer von der Möglichkeit der Besichtigung oder der Beweissicherung innerhalb der Frist der Ziffer 4 b keinen Gebrauch, so kann der Käufer über die bemängelte Ware verfügen, wenn er sich selbst den Beweis durch vereidigte Sachverständige gesichert hat.
   b) Bei Beweissicherung durch Käufer und Verkäufer kann der Käufer über die Ware nicht verfügen, wenn die Gutachten der Sachverständigen voneinander abweichen.
6. a) Bei einer Beanstandung muss die ganze beanstandete Gattung der Lieferung (z. B. Bretter von einer Dicke in verschiedenen Güteklassen) ungeteilt bleiben. Sind dagegen z. B. Bretter und Dielen zusammen geladen und nur die Bretter geben Anlass zu einer Beanstandung, kann der Käufer über die Dielen oder weiteres verfügen.
   b) Bei Lieferungen von Bauholz nach Liste kann über die nicht bemängelten Stücke verfügt werden. Ziffer 6 a findet keine Anwendung.
7. Ist der Minderwert einer beanstandeten Ware im Verhältnis zum Gesamtwert der Sendung unter Berücksichtigung der Art und Güte des Sortiments von geringem Umfang, steht dem Käufer nur der Anspruch auf Preisminderung zu.
8. Probesendungen unterliegen keiner Bemängelung, wenn handelsübliche Durchschnittsware oder Ware geliefert wird, die von der vereinbarten Beschaffenheit nicht wesentlich abweicht. Auch bei wesentlicher Abweichung ist jedoch der Anspruch auf Nachlieferung und Schadensersatz ausgeschlossen.
9. Wird die Ware zurückgewiesen, ist der Käufer dennoch verpflichtet, die beanstandete Ware, auch wenn bereits anderweitig darüber verfügt ist, mit der Sorgfalt eines ordentlichen Kaufmannes zu behandeln und Kosten nach Möglichkeit zu vermeiden. Sofern ein eigener Lagerplatz nicht zur Verfügung steht, hat der Käufer für sachgemäße Lagerung auf Rechnung dessen, den es angeht, zu achten.
10. Ist die Ware auf dem Lagerplatz des Käufers eingelagert, so ist dieser berechtigt, sie anderweitig auf Kosten des Verkäufers einzulagern, falls dieser binnen sechs Wochen nach Beanstandung über die Ware nicht verfügt.
11. Steht endgültig fest, dass der Käufer die Ware nicht abnimmt, so hat er auf Verlangen des Verkäufers die Ware wieder zu verladen und zu versenden, sofern ihm der Verkäufer die vorgelegten Frachten und sonstigen notwendigen Aufwendungen bezahlt. Unaufgefordert darf der Käufer die Ware nur dann zurücksenden, wenn er mit Frist von drei Wochen vergeblich zur Verfügung über die Ware aufgefordert hat.
    Auf Lagergeld in ortsüblicher Höhe hat der Käufer bei Lagerung erst Anspruch, wenn feststeht, dass die Ware nicht abgenommen wird und seit diesem Zeitpunkt mindestens 10 Kalendertage verstrichen sind.

§ 13 Allgemeine Kreditwürdigkeit

1. Bei Vertragsabschluss wird die Zahlungsfähigkeit oder Kreditwürdigkeit des Käufers vorausgesetzt.
2. Ergeben sich gegen diese Annahme späterhin auf Grund nachweisbarer Tatsachen (z. B. Scheck- oder Wechselproteste) begründete Bedenken, so kann der Verkäufer nicht ohne weiteres von den eingegangenen Verpflichtungen zurücktreten, jedoch steht ihm das Recht zu, Leistung Zug um Zug oder Sicherstellung innerhalb einer Woche vom Käufer zu verlangen und für den Fall, dass der Käufer diesem Verlangen nicht nachkommt, anzudrohen, dass er nunmehr ohne weiteres vom Vertrag zurücktrete.

7.2.2 Incoterms

Die Incoterms (International Commercial Terms)[56] wurden 1936 geschaffen und 1990 neu gefasst. Sie stellen internationale Regeln für die Auslegung der handelsüblichen Vertragsformeln und damit eine wesentliche Erleichterung des internationalen Handelsgeschäftes dar. Die Incoterms sind Empfehlungen, haben also keinen gesetzesähnlichen Charakter, und können abgewandelt und ergänzt werden. Sie stellen die Hauptverpflichtungen des Verkäufers und des Käufers dar, insbesondere bezüglich des Kosten- und Gefahrenüberganges. Die Incoterms regeln nur das Recht des Kaufvertrages, nicht aber das Recht des Speditionsvertrages.

Die Incoterms 1990 enthalten Regeln für folgende 13 Klauseln: EXW, FCA, FAS, FOB, CFR, CIF, CPT, CIP, DAF, DES, DEQ, DDU, DDP

Dabei werden besonders behandelt:

- Lieferungs- und Zahlungspflicht der beiden Parteien
- Kosten- und Gefahrenübergang
- Kosten der Verpackung und des Prüfers
- Beschaffung von Dokumenten
- Versicherung
- Kosten und Gefahr bei Nichteinhaltung von Fristen.

Gegenüberstellung ausgewählter Incoterms

EXW: Ab Werk (Ex Works)

Pflichten des Verkäufers

1. Kontraktgemäße Lieferung mit notwendigen Belegen
2. Lieferung zum vereinbarten Termin und Ort
3. Notwendige Verpackung stellen
4. Benachrichtigung (Andienung)
5. Prüfkosten (messen, zählen, wiegen, prüfen)
6. Kosten- und Gefahrübernahme bis zur Verfügungstellung
7. Dokumentenbeschaffung für die Ausfuhr für Rechnung und Gefahr des Käufers.

Pflichten des Käufers

1. Kontraktgemäße Abnahme, Zahlung des Kaufpreises
2. Kosten- und Gefahrenübernahme ab zur Verfügungstellung
3. Ausfuhrabgaben (Zoll)
4. Mehrkosten bei nicht fristgerechter Versandanweisung
5. Kosten für die Dokumentenbeschaffung gemäß Ziffer 7 oben wie Ursprungszeugnisse, Konsulatsfakturen, Ausfuhrbewilligung.

Kosten- und Gefahrenübergang: ab Werk

FCA: Frei Frachtführer (Free Carrier)

Pflichten des Verkäufers

1. Wie EXW
2. Waggon- bzw. Lastwagengestellung und Beladung zum vereinbarten Termin
3. Übliche Verpackung
4. Verladebenachrichtigung
5. Wie EXW
6. Wie EXW
7. Dokumentenbeschaffung für die Ausfuhr auf eigene Kosten
8. Aufgabe von Stückgut

9. Beschaffung der üblichen Versanddokumente.

Pflichten des Käufers

1. Abnahme und Zahlung des Kaufpreises
2. Wie EXW
3. Wie EXW
4. Mehrkosten bei nicht fristgerechter Versandanweisung
5. Kosten für die Dokumentenbeschaffung wie Ursprungszeugnisse, Konsulatsfakturen
6. Rechtzeitige Versandanweisung an den Käufer.
   Kosten- und Gefahrenübergang: Beladener Lkw (Waggon) oder Übergabe an die Bahn

FAS: Freie Längsseite Schiff (Free Alongside Ship)

Pflichten des Verkäufers

1. Kontraktgemäße Lieferung
2. Fristgerechte Lieferung zum Ladeplatz im Verschiffungshafen, Benachrichtigung (Andienung) hierüber
3. Beschaffung der Ausfuhrlizenzen für Rechnung und Gefahr des Käufers
4. Kosten- und Gefahrübernahme bis längsseits Seeschiff
5. übliche Verpackung
6. Prüfkosten
7. Übliche Dokumente über FAS-Lieferung
8. Beschaffung des Ursprungszeugnisses für Rechnung des Käufers
9. Beschaffung der Dokumente für die Ein- und Durchfuhr für Rechnung des Käufers

Pflichten des Käufers

1. Aufgabe des Namens und des Ladeplatzes des Schiffes und des Liefertermins an den Verkäufer
2. Kosten- und Gefahrübernahme ab längsseits Seeschiff, Zahlung des Kaufpreises
3. Mehrkosten- und Gefahrenübernahme bei nicht rechtzeitiger Abnahme durch das Schiff
4. Mehrkosten- und Gefahrübernahme bei nicht rechtzeitiger Anweisung an den Verkäufer
5. Kosten für die Dokumente
   Kosten- und Gefahrenübergang: Längsseite Seeschiff im Verschiffungshafen

FOB: Frei an Bord (Free on Board)

Pflichten des Verkäufers

1. Kontraktgemäße Lieferung
2. Fristgerechte FOB-Lieferung und Benachrichtigung hierüber
3. Beschaffung der Ausfuhrbewilligung auf eigene Kosten
4. Kosten- und Gefahrübernahme bis Reling Seeschiff
5. übliche Verpackung
6. Prüfkosten
7. Beschaffung der üblichen reinen Dokumente
8. Ursprungszeugnis auf Rechnung des Käufers
9. Hilfe bei der Beschaffung der Konnossemente und der für die Einfuhr (und Durchfuhr) erforderlichen Papiere

Pflichten des Käufers

1. Charter des Seeschiffes bzw. Buchung des Schiffsraums auf eigene Kosten, rechtzeitige Bekanntgabe des Namens, des Ladeplatzes und des Ladetermins des Seeschiffes
2. Kosten- und Gefahrenübernahme ab Reling Seeschiff, Zahlung des Kaufpreises
3. Wie FAS
4. Wie FAS
5. Kostenübernahme für die Dokumente
6. Konnossementskosten
   Kosten- und Gefahrenübergang: Reling Seeschiff im Verschiffungshafen

CFR: Kosten und Fracht (Costs and Freight)

Pflichten des Verkäufers

1. Kontraktgemäße Lieferung
2. Abschluss des Seefrachtvertrages für eigene Rechnung

3. Beschaffung der Ausfuhrbewilligung für eigene Rechnung
4. Fristgerechte Lieferung an Bord und Benachrichtigung des Käufers
5. Gefahrübernahme bis Reling des Seeschiffes im Verschiffungshafen
6. Beschaffung eines reinen Bordkonnossements
7. Übliche Verpackung
8. Prüfkosten
9. Tragung aller Abgaben und Gebühren bis zur Lieferung an Bord
10. Beschaffung des Ursprungszeugnisses und Konsulatsfakturen für Rechnung des Käufers
11. Beschaffung von Dokumenten für die Einfuhr und Durchfuhr für Rechnung des Käufers

Pflichten des Käufers

1. Aufnahme der Dokumente und Zahlung des Kaufpreises
2. Abnahme der Waren im Bestimmungshafen, Zahlung der Frachtkosten (außer Seefracht), Löschkosten
3. Gefahrübernahme ab Reling des Seeschiffes im Verschiffungshafen
4. Kosten für Ursprungs- und Konsulatsfakturen
5. Kosten für Dokumente
6. Zölle und Einfuhrabgaben
7. Beschaffung der Einfuhrbewilligung
   Kostenübergang: Bestimmungshafen; Gefahrenübergang: Reling Seeschiff im Verschiffungshafen

CIF: Kosten, Versicherung, Fracht (Costs, Insurance, Freight)

Pflichten des Verkäufers

1. Kontraktgemäße Lieferung
2. Abschluss des Seefrachtvertrages für eigene Rechnung
3. Beschaffung der Ausfuhrbewilligung für eigene Rechnung
4. Fristgerechte Lieferung an Bord und Benachrichtigung des Käufers
5. Seeversicherung auf eigene Kosten
6. Beschaffung eines reinen Bordkonnossements, zusätzlich Beschaffung des Versicherungsscheines oder -zertifikats
7. Gefahrübernahme bis Reling des Seeschiffes im Verschiffungshafen
8. Übliche Verpackung und Prüfkosten
9. Tragung aller Abgaben und Gebühren bis zur Lieferung an Bord
10. Beschaffung von Dokumenten für die Einfuhr und Durchfuhr für Rechnung des Käufers

Pflichten des Käufers

1. Aufnahme der Dokumente und Zahlung des Kaufpreises
2. Abnahme der Waren im Bestimmungshafen, Zahlung der Löschkosten
3. Gefahrübernahme ab Reling des Seeschiffes im Verschiffungshafen
4. Zahlung der Mehrkosten und Gefahrübernahme bei Fristversäumnis
5. Kosten für Ursprungs- und Konsulatsfakturen
6. Kosten für Dokumente
7. Zölle und Einfuhrabgaben
8. Beschaffung der Einfuhrbewilligung
   Kostenübergang: Bestimmungshafen; Gefahrenübergang: Reling Seeschiff im Verschiffungshafen

DES: Geliefert ab Schiff (Delivered Ex Ship)

Pflichten des Verkäufers

1. Kontraktgemäße Lieferung
2. fristgerechte Zurverfügungstellung an Bord des Seeschiffes im Löschhafen
3. Kosten- und Gefahrübernahme bis zur Verfügungstellung an Bord des Seeschiffes im Löschhafen
4. Übliche Verpackung
5. Prüfkosten

6. Beschaffung von Dokumenten für die Ein- und Durchfuhr für Rechnung des Käufers
7. Benachrichtigung des Käufers über Ankunftsdatum des Schiffes. Rechtzeitige Übermittlung des Konnossements bzw. der delivery order
8. Besorgung des Ursprungszeugnisses und der Konsulatsfaktura für Rechnung des Käufers

Pflichten des Käufers
1. Abnahme an Bord des Seeschiffes im Löschhafen, Zahlung des Kaufpreises
2. Kosten- und Gefahrtragung ab zur Verfügungstellung an Bord des Seeschiffes im Löschhafen
3. Beschaffung der Löschdokumente, Einfuhrbewilligung usw.
4. Zölle, Einfuhrabgaben und Löschkosten

DEQ: Geliefert ab Kai (Delivered Ex Quay)

Pflichten des Verkäufers
1. Wie DES
2. Termingerechte Zurverfügungstellung am Kai
3. Kosten- und Gefahrübernahme bis Zuverfügungstellung am Kai
4. Übliche Verpackung und Behandlung
5. Wie DES
6. Beschaffung der Einfuhrbewilligung, Einfuhrabgaben, Verzollungskosten usw. für eigene Rechnung
7. Beschaffung der Auslieferpapiere

Pflichten des Käufers
1. Fristgemäße Abnahme am Kai und Zahlung des Kaufpreises
2. Kosten- und Gefahrtragung nach erfolgter Zuverfügungstellung am Kai

7.2.3 Handelsgebräuche des Vereins Deutscher Holzeinfuhrhäuser e.V.

Der Verein Deutscher Holzeinfuhrhäuser e.V., kurz VDH genannt, legte in den Jahren 1952 und 1953 die unter seinen Mitgliedern üblichen Gebräuche schriftlich fest. Diese Handelsgebräuche haben auch häufig im Verkehr mit der zweiten Hand Gültigkeit; insofern muss den Handelsgebräuchen überregionale Bedeutung zugemessen werden.
Die beiden Handelsgebräuche gelten
a) beim Verkehr mit eingeführtem Schnittholz (1952),
b) beim Verkehr mit überseeischem Rundholz und Furnieren (1953).

Bemerkung:
Die nachstehend aufgeführten Handelsgebräuche werden von zahlreichen Firmen in ihren Lieferbedingungen als Vertragsbestandteil genannt. Daneben gelten jedoch auch seit einiger Zeit andere Allgemeine Liefer- und Zahlungsbedingungen, da einige Paragraphen in den allgemeinen Teilen der Handelsgebräuche den heutigen Gegebenheiten nicht mehr gerecht werden; diese Allgemeinen Liefer- und Zahlungsbedingungen gelten jedoch nicht als Handelsgebrauch.

Häufig werden den Vertragsabschlüssen in der Praxis auch die entsprechenden DIN-Normen zugrunde gelegt.

7.2.3.1 Handelsgebräuche des Vereins Deutscher Holzeinfuhrhäuser e.V. beim Verkauf des aus Europa und Übersee eingeführten Schnittholzes

Erster Teil
Allgemeine Bestimmungen

1. Angebote
I. Alle Angebote sind freibleibend, d. h. der Anbieter ist erst zur Lieferung verpflichtet, nachdem er die Annahme des auf Grund seiner Anstellung erteilten Auftrages schriftlich erklärt hat. Dies gilt auch für Aufträge, die Reisende oder Vertreter abgeschlossen haben.
II. Die angebotenen Preise verstehen sich bei Bahnsendungen frei Eisenbahnwagen an der

Versandstation oder, wenn ein Anschlussgleis vorhanden ist, frei Eisenbahnwagen auf dem Werke des Versenders, bei Schiffsverladungen frei Schiffsseite, frei an Bord oder frei in den Raum nach Ortsgebrauch, bei Lieferung auf Landfahrzeugen frei Fahrzeug auf dem Lager des Verkäufers. Wenn mit Frachtvergütung verkauft wird, so verstehen sich die Preise ab Versandort mit Vergütung der Fracht bis zum Bestimmungsort; bei Bahnsendungen gilt der 15-t-Frachtsatz.

III. Wiegekosten gehen zu Lasten dessen, der die Fracht zu tragen hat.

2. Erfüllungsort

Erfüllungsort für die Zahlung des Kaufpreises sowie für die sonstigen Leistungen des Käufers ist stets der Niederlassungsort (Hauptniederlassung) des Verkäufers, für die Lieferung der Ort, wo sich die Ware zum Zwecke des Versandes oder einer etwa vereinbarten Übergabe an den Käufer befindet. Der Erfüllungsort wird dadurch nicht geändert, dass der Verkäufer die Versendung der Ware übernimmt.

3. Beförderungsgefahr

Die Beförderungsgefahr geht zu Lasten des Käufers, sobald der Verkäufer die Ware einem Spediteur oder einem Beförderungsunternehmen oder eigenen oder dem Käufer gehörigen Fahrzeugen zur Beförderung auf dem Land- oder Wasserwege ausgeliefert hat. Dies gilt sowohl beim Versand von der Geschäftsniederlassung des Verkäufers als auch beim Versand von einem anderen Orte aus, und zwar gleichviel, ob die Geschäftsniederlassung des Käufers oder ein anderer Ort der Bestimmungsort ist.

4. Lieferzeit

I. Die Lieferzeiten gelten als erfüllt, wenn die Ware auf dem Werk bzw. Lager des Verkäufers verladen worden ist oder mangels rechtzeitiger Gestellung des Beförderungsmittels verladebereit liegt. Im zweiten Falle genügt es, wenn solche Ware, die der Verkäufer erst nach Gestellung des Beförderungsmittels bearbeiten zu lassen beabsichtigt, in unbearbeiteter Schnittware vorhanden ist.

II. Bei Lieferungen, die erst aus dem Auslande bezogen werden sollen, ist der Verkäufer für solche Verzögerungen in der Ablieferung nicht verantwortlich, wie er sie seinem Lieferanten zugestehen muss und wie sie sich aus der Abwicklung von Einfuhrgeschäften ergeben.

III. Ebenso der Verkäufer nicht verantwortlich für Verzögerungen, die durch staatliche Beschränkungen der Einfuhr – vgl. Ziffer 10, Abs. 2 – hervorgerufen werden.

5. Mängelrüge

I. Beanstandungen müssen unverzüglich, spätestens binnen 5 Tagen nach Empfang der Ware erfolgen. Der Verkäufer haftet nicht für die Mängel, welche sich später zeigen, auch nicht für das Schwinden der Bretter, selbst wenn sie künstlich getrocknet sind.

II. Bis zur Erledigung einer Beanstandung darf von der bemängelten Ware ohne Zustimmung des Verkäufers nichts fortgenommen werden, widrigenfalls der Käufer seiner Mängelrechte verlustig geht. Unter „Ware“ ist die ganze Lieferung zu verstehen oder ein Teil davon, soweit dieser in bezug auf Abmessung, Herkunft und Güte eine geschlossene Einheit bildet.

III. Der Käufer ist verpflichtet, die bemängelte Ware sorgfältig aufzubewahren. Er hat keinen Anspruch auf den Ersatz von Verwahrungs- und sonstigen Kosten.

6. Zahlungsbedingungen

Falls nichts anderes vereinbart, gilt folgendes:

I. Barzahlung. Die Barzahlung hat innerhalb 14 Tagen vom Rechnungstage unter Abzug von 2 % Skonto oder innerhalb 30 Tagen vom Rechnungstage ohne Abzug zu erfolgen. Der Skonto-Abzug darf nicht von Frachtauslagen oder besonders ausgewiesenen Nebenkosten vorgenommen werden.

II. Wechsel. Bei Wechselregulierung hat die Hergabe diskontfähiger Abschnitte innerhalb 8 Tagen nach Rechnungsdatum zu geschehen. Die Laufzeit der Wechsel soll 90 Tage, vom Rechnungstage ab gerechnet, nicht überschreiten. Bankübliche Diskontspesen gehen zu Lasten des Käufers. Für die Annahme von Wechseln und Schecks gelten die Bedingungen der Landeszentralbanken.
III. Spätere Zahlung bedarf der ausdrücklichen Zustimmung des Verkäufers. Im anderen Falle entstehen Verzugszinsen in banküblicher Höhe.
IV. Die Übersendung der Zahlungsmittel hat postfrei zu erfolgen.
V. Bei der Annahme von Aufträgen wird die Kreditwürdigkeit des Käufers vorausgesetzt. Wenn bei dem Käufer Ereignisse eintreten, die seine Kreditwürdigkeit zweifelhaft erscheinen lassen, oder wenn solche bereits vorhanden gewesenen Umstände erst nach dem Vertragsschluss bekannt werden, so kann der Verkäufer Sicherheitsleistung oder Vorauszahlung verlangen. Der Nachweis solcher Ereignisse gilt durch die Auskunft einer angesehenen Auskunftei oder Bank als erbracht, ohne dass die Vorlage der Auskunft vom Käufer verlangt werden kann.
Macht der Verkäufer von diesem Recht Gebrauch, so hat er den Käufer mittels eingeschriebenen Briefes aufzufordern, binnen einer Frist von 3 Tagen Sicherheit oder Vorauszahlung zu leisten.

7. Eigentumsvorbehalt
I. Die gelieferte Ware bleibt Eigentum des Verkäufers, bis der Käufer die Kaufpreise einschließlich aller Nebenforderungen für sämtliche Lieferungen des Verkäufers bezahlt hat. Werden Wechsel oder Schecks in Zahlung gegeben, so ist die Zahlung erst mit der Einlösung bewirkt.
II. Solange nicht bezahlt ist, darf der Käufer über die Ware nur im Rahmen des üblichen Geschäftsganges verfügen; andere Verfügungen, wie Verpfändungen usw., sind unzulässig. Sobald Zahlungsstockungen irgendwelcher Art beim Käufer auftreten, darf er über die noch nicht vollständig bezahlte Ware nur mit Zustimmung des Verkäufers verfügen.
III. Der Käufer hat Beeinträchtigungen am Eigentum des Verkäufers von dritter Seite sofort dem Verkäufer mitzuteilen.
IV. Fordert der Verkäufer die Ware aufgrund des Eigentumsvorbehaltes zurück, so ist der Käufer zur kostenfreien Rückgabe verpflichtet. Ansprüche auf Schadenersatz bleiben unberührt.
V. Der Käufer ist verpflichtet, die Ware, an der sich der Verkäufer das Eigentum vorbehalten hat, gegen Feuer und Diebstahl ausreichend zu versichern und sie in einer Weise zu lagern, dass der Eigentumsvorbehalt wirksam bleiben kann.

8. Zahlungsverzug
I. Erfolgen Zahlungen des Käufers an den Verkäufer nicht fristgemäß, oder wird eine nach Ziffer 6 Absatz 5 verlangte Sicherheitsleistung oder Vorauszahlung nicht rechtzeitig vollzogen, so ist der Verkäufer berechtigt, ohne dass es einer Nachfriststellung bedarf, sowohl die Rechte aus § 326 des Bürgerlichen Gesetzbuches auszuüben als auch die Erfüllung aller übrigen mit dem Käufer geschlossenen Verträge zu verweigern oder von diesen Verträgen zurückzutreten.
II. Im Falle der Zahlungseinstellung des Käufers kann der Verkäufer die Rechte aus Absatz 1 neben der Geltendmachung der Rechte aus dem Eigentumsvorbehalt auch dann ausüben, wenn er von dem Käufer für die von diesem geschuldeten Zahlungen Wechsel angenommen hat und diese noch nicht fällig sind.

9. Abruf und Abnahme
Bleibt eine Aufforderung, die seitens des Verkäufers mangels rechtzeitigen Abrufs oder rechtzeitiger Abnahme an den Käufer gerichtet worden ist, 8 Tage ganz oder teilweise erfolglos, so steht es dem Verkäufer frei, nach Ablauf der Frist ohne weiteres vom Vertrage zurück-

zutreten, falls er es nicht vorzieht, aufgrund einer vorläufigen Rechnung, die mangels einer vorliegenden Spezifikation schätzungsweise aufgestellt werden kann, sofortige Zahlung zu beanspruchen. Die verkaufte Ware oder das Rohmaterial dazu lagert alsdann für Rechnung und Gefahr des Käufers.

Einlagerungskosten, Lagermiete und Feuerversicherungskosten können berechnet werden. Eine Pflicht zur Versicherung besteht für den Verkäufer nicht. Die Einlagerung erfolgt unbeschadet des Rechtes des Verkäufers auf Vornahme des Selbsthilfeverkaufs. Die Bestimmung des Ortes für diesen steht im freien Ermessen des Verkäufers. Der Selbsthilfeverkauf kann aus freier Hand zum Tagespreis ohne Vermittlung eines öffentlich bestellten Handelsmaklers oder dergleichen vorgenommen werden.

10. Höhere Gewalt

Fälle höherer Gewalt, unvorhergesehene Hindernisse aller Art wie Betriebsstörungen, Arbeiterausstände, Aussperrungen, Wagenmangel usw., wodurch die regelmäßige Zufuhr, Anfertigung und Verladung erschwert oder verhindert wird, berechtigen den Verkäufer zu entsprechender Hinausschiebung der Lieferung ohne Schadenersatzverbindlichkeit.

Mobilmachung, Kriegsausbruch und andere Ereignisse höherer Gewalt, wodurch die Lieferung in der beabsichtigten Weise unmöglich gemacht wird, berechtigen den Verkäufer außerdem zur Aufhebung des Lieferungsvertrags. Dasselbe gilt für den Fall, dass die Lieferung in der beabsichtigten Weise und innerhalb der vereinbarten Lieferfrist durch staatliche Beschränkungen der Einfuhr – Devisenbewirtschaftung, Entzug von Ein- und Ausfuhrgenehmigungen usw. – für den Verkäufer unmöglich gemacht wird.

11. Begriff „Wagenladung“

I. Unter Wagenladung, Waggonladung, Waggon und ähnlichen Bezeichnungen ist, falls keine genauen Gewichtsangaben festgelegt sind, eine Ladung von mindestens 15000 kg und höchstens 17500 kg nach Verkäufers Wahl zu verstehen.

II. Bei Abschlüssen über zwei oder mehrere Ladungen sind von dem gelieferten Gesamtgewicht je etwa 15000 kg als eine Ladung zu rechnen, wenn nicht ausdrücklich vereinbart ist, dass ein etwaiges Mehrgewicht bei einzelnen Ladungen auf den Rest nicht angerechnet werden soll.

12. Decken

I. Der Käufer hat keinen Anspruch auf Wagendecken; nur auf seinen Wunsch werden Bahnwagen mit Decken versehen, sofern solche erhältlich sind. Deckenmiete sowie mögliche Beschädigungen oder Verluste gehen zu Käufers Lasten.

a) Bei der Benutzung von Bundesbahndecken hat der Käufer die von der Bahn berechneten Sätze zu zahlen.

b) Bei der Benutzung von Decken der privaten Verleihanstalten gelten die Sätze dieser Anstalten, wobei die Anstalten das Recht der unmittelbaren Berechnung und Einziehung haben.

c) Bei der Benutzung eigener Decken des Verkäufers werden die Sätze der Leihinstitute berechnet.

II. Die Decken sind nach Eintreffen der Wagen unverzüglich zurückzuschicken.

13. Stützen und Querbretter

Die zur ordnungsmäßigen Beladung der Beförderungsmittel erforderlichen Stützen und Querbretter hat der Käufer zu übernehmen und zu bezahlen.

14. Künstliche Trocknung

Für Schäden, die auf künstliche Trocknung zurückzuführen sind wie Risse, Mindermaße und das Werfen und Ziehen der Bretter, das Ausspringen von Ästen usw., haftet der Verkäufer nicht.

15. Spielraum in der Lieferungsmenge
I. Ist die Genauigkeit der Angaben über die zur Lieferung übernommenen Mengen durch Zusätze wie „zirka“, „ungefähr“, „rund“ und andere Ausdrücke eingeschränkt, so ist der Verkäufer berechtigt, 10% mehr oder weniger als die verkaufte Menge zum vereinbarten Preise zuliefern.
III. Wenn in dem Abschluss die Menge durch die Bezeichnung „von ... bis . . . ,“ also beispielsweise von 500 bis 800 m³, ausgedrückt ist, so ist der Verkäufer nur zur Lieferung der Mindestmenge verpflichtet, dagegen auch zu einer größeren Lieferung, und zwar bis zur Grenze der vorgesehenen Höchstmenge berechtigt.

16. Spielraum in den Maßen
Die Vereinbarung von Durchschnittsmaßen, deren Genauigkeit durch Zusätze wie „zirka“, „etwa“, „ungefähr“, „rund“ und andere Ausdrücke eingeschränkt ist, lässt eine Abweichung von 5 % nach unten und oben zu. Bei der Festsetzung eines genauen oder annähernden Mindestdurchschnittsmaßes steht die Überschreitung nach oben hin in dem Belieben des Verkäufers.

17. Fracht- und Zollerhöhungen
Erhöhung von Frachten, Zöllen und sonstigen Abgaben, die nach einem Vertragsschluss eintreten, gehen zu Lasten des Käufers.

18. Abtreten von Ansprüchen an Dritte
Ohne Einwilligung des Verkäufers ist der Käufer nicht berechtigt, irgendwelche Ansprüche aus dem Vertrage an andere abzutreten.

19. Schiedsgericht
I. Die Schlichtung von Streitigkeiten obligt dem „Schiedsgericht für Holz in Deutschland“ nach Maßgabe des Verbändeabkommens vom 18. Oktober 1950 bzw. 21. März 1951 und der Schiedsgerichtsordnung (s. Abschnitt 7.2.7). Der ordentliche Rechtsweg ist ausgeschlossen. Wird er von den Vertragspartnern ausdrücklich vereinbart, so gilt das schiedsgerichtliche Verfahren als ausgeschlossen.
II. Ist der ordentliche Rechtsweg vereinbart, so ist für alle Streitigkeiten auch im Falle der Beanstandung der Ware und für Wechsel- und Scheckklagen gegen den Käufer das Gericht der Niederlassung (Hauptniederlassung) des Verkäufers zuständig, sofern nicht ein anderer Gerichtsstand ausdrücklich vereinbart ist.
IV. Eine von der Ziffer l abweichende Regelung von Streitigkeiten gilt nur, wenn sie bei Vertragsabschluss schriftlich vereinbart ist.

20. Ausnahmen von den Verkaufsbedingungen
Die Rechte des Verkäufers sollen keinesfalls beeinträchtigt werden, wenn er in anderen Fällen keinen Gebrauch davon gemacht hat.

21. Vereinbarung von Abweichungen
Abweichungen von den vorstehenden und den folgenden Bedingungen sind nur dann gültig, wenn sie ausdrücklich schriftlich vereinbart worden sind.

Zweiter Teil
Besondere Bestimmungen

A. Nordische Ware

a) Güte
22. Rauhe Ware
Unter Nordische Ware (Weißholz = Tanne und Fichte, Rotholz = Kiefer bzw. Föhre) ist das Schnittholz aus Schweden, Finnland, Russland, Norwegen und den baltischen Staaten (auch das über Memel, Danzig und Gdingen verschiffte) zu verstehen. Die Ware aus den baltischen Staaten ist als solche besonders zu bezeichnen. Die Lieferung erfolgt in der Originalsortierung der Ablader.

23. Hobelware
Die Ware wird gut gehobelt geliefert, so wie sie bei fachgemäßer maschineller Bearbeitung ausfällt, und darf in der Stärke aufgetrennt sein. Über die Beschaffenheit des Holzes gilt folgendes:

1. Rauhe Ware

a) Stärken:

mm	16	19	22	25	32	38	44	50	63	75	100
zul. Toleranz	± 1 mm					± 1,5 mm			± 2 mm		

b) Breiten:

mm	50	75	100	115	125	150	175	200	225	250	275	300
zul. Toleranz	± 2 mm							± 3 mm				

c) Längen:

m	1,80	2,10	2,40	2,70	3,00	3,30	3,60	3,90
m	4,20	4,50	4,80	5,10	5,40	5,70	6,00	6,30
zul. Toleranz	±50 mm							

Die für die Stärken, Breiten und Längen angegebenen Toleranzen betreffen ausschließlich die unvermeidbaren Bearbeitungsungenauigkeiten.

24. Hobelware aus nordischem Weissholz
Die Güte ist „unsortiert". Faule und wurmstichige Bretter dürfen, abgesehen von unbedeutenden Stellen, darin nicht vorkommen, ebenso wenig größere faule oder ausgefallene Äste, wogegen ausgeschlagene Kantenäste gestattet sind. Hin und wieder vorkommende leichte Bläue ist gestattet.

25. Hobelware aus nordischem Rotholz
Hierfür gilt im Allgemeinen dasselbe wie für Weissholz, jedoch kommen faule Äste etwas häufiger vor. Beim Kauf unsortierter Hobelware besteht kein Anspruch auf die Mitlieferung astreiner Bretter. Hin und wieder vorkommende leichte Bläue ist gestattet.

b) Maßbestimmungen in metrischen Maßen
Aufgrund der internationalen Umstellung auf die metrischen Maße verlieren die Bestimmungen der §§ 26... 35 der Handelsgebräuche des Vereins Deutscher Holzeinfuhrhäuser e.V. ihre Anwendbarkeit, soweit es sich um nordische Ware handelt. Sofern die Bestimmungen der Überseeware darauf Bezug nehmen und soweit in der Übergangszeit nordische Ware in Zollmaßen geliefert wird, bleiben sie wirksam. Nordische Ware, in metrischen Maßen eingeschnitten, wird wie in den vorstehenden Tabellen geliefert und berechnet.

2. Hobelware

a) Stärken:

Fertig-dicke mm	Brüstung mm	Feder-dicke mm	Nuttiefe mm	Feder-länge mm	zu.Tol. ± mm
9,5	3,5	3	7	6	½
12,5	5,0	4	7	6	½
14,0	5,0	4	7	6	½
16,0	7,0	4	7	6	½
19,5	8,0	6	7	6	½
22,5	10,0	6	7	6	1
25,5	11,0	6	7	6	1
28,5	12,0	8	8	7	1

b) Breiten:

Rauhmaße = Berechnungsmaße	Deckbreiten*		zul. Tol.
	m/N + F	m. gl. Ktn.	±
mm	mm	mm	mm
75	65	70	1,0
100	91	95	1,5
115	106	110	1,5
125	116	120	2,0
150	141	145	2,0

*Die angegebenen Deckbreiten verstehen sich bei einer Federlänge von 6 mm.

3. Unbesäumte Ware

Bei nordischen Wahlbrettern und unbesäumter nordischer Ware erfolgt die Breitenberechnung in vollen cm.

Bei Stärken von 40 mm aufwärts erfolgt die Vermessung mit halber Baumkante, wobei nicht erreichte 5 mm abgerundet, 5 mm und darüber aufgerundet werden.

Die Längenvermessung erfolgt von 10 zu 10 cm steigend. 5 cm und darüber werden nach oben, unter 5 cm nach unten abgerundet.

C. Aus Übersee eingeführtes Schnittholz

1. Original-Bretter und -Bohlen

a) Güte

Für alle aus Übersee eingeführten Hölzer gelten die Klassifikationsbestimmungen der Ablader.

b) Vermessung von aus Übersee eingeführtem Schnittholz

37.I a) Bei Berechnung des kubischen Maßes über den cbf engl. erfolgt die Vermessung in der Breite nach vollem Zoll, wobei ½" und mehr nach oben, unter ½" nach unten abgerundet wird. Die Länge wird nach ½' gemessen, wobei ¼' und mehr nach oben, unter ¼' nach unten abgerundet wird.

b) Beim Verkauf nach m^3 werden berechnet die Breiten nach vollen cm, wobei 5 mm und darüber nach oben, unter 5 mm nach unten abgerundet werden, die Längen mit 10 cm steigend, wobei 5 cm und darüber nach oben, unter 5 cm nach unten abgerundet werden. Der Verkäufer hat auch das Recht, die Breitenberechnung nach der Bestimmung 33 (unter II.) vorzunehmen. Die Stärken werden, wo keine besondere Vereinbarung oder Übung vorliegt, wie folgt berechnet:

1"	=	26 mm	2 1/4"	=	60 mm
5/4"	=	33 mm	2 1/2"	=	65 mm
1 1/2"	=	40 mm	3"	=	80 mm
1 3/4"	=	46 mm	3 1/2"	=	92 mm
2"	=	52 mm	4"	=	105 mm

II. Oregonpine wird von den Abladern nach den Klassifikationsbedingungen ohne Übermaß für das Eintrocknen eingeschnitten und darf deshalb Untermaß haben; berechnet werden stets die vollen Maße, wie vorstehend angegeben. Doch kann beim Verkauf nach m^3 auch die Berechnung wie unter I. a) erfolgen, wobei dann 35,317 cbf engl. = 1 m^3 gerechnet werden.

2. Pitchpine-, Redpine-, Paranapine-, Carolinapine- und Oregonpine-Hobelbretter bis zu 6 Zoll Breite

a) Güte

38. Pitchpine-Hobelbretter

1" bis 6/4" stark, bis 6" breit, müssen auf der Hobelseite splintfrei, rissfrei und wurmfrei sein, etwa ¾ der Stückzahl müssen auf der Hobelfläche astfrei sein. Ästchen bis etwa 1 cm Durchmesser zählen nicht. Äste von mehr als 4 cm Durchmesser sind nicht gestattet. Harzstreifen und Harzgallen, ebenso kienhaltige, dunklere, sonst gute Bretter sind in mäßigem Umfang zulässig. Hin und wieder vorkommende leichte Bläue ist gestattet.

39. Redpine- und Carolinapine-Hobelbretter
1" bis 6/4" stark, bis 6" breit, müssen auf der Hobelfläche wurmfrei und zum wenigsten ¾ der Stückzahl auf der Hobelfläche astfrei sein. Ästchen bis etwa 1 cm Durchmesser zählen nicht. Harzstreifen und Harzgallen, ebenso kienhaltige, dunklere, sonst gute Bretter sind in mäßigem Umfang zulässig. Hin und wieder vorkommende leichte Bläue ist gestattet.

40. Oregonpine-(Rifts-)Hobelbretter
Die Ware muss durchweg mit aufrechtstehenden Jahresringen geliefert werden. Vereinzelt auftretende Harzgallen und Harzstreifen sind zulässig, ebenso bis zu 10 % Bretter mit durchgehendem Splint an einer Kante. Zirka 90% der Bretter müssen astrein sein. Hin und wieder vorkommende leichte Bläue ist gestattet.

41. Paranapine-Hobelbretter
1' bis 6/4" stark, bis 6" breit, müssen auf der Hobelfläche wurmfrei und zum wenigsten 4/5 der Stückzahl auf der Hobelfläche astrein sein. Verfärbungen, wie sie bei Paranapine häufiger vorkommen, sind zulässig.

b) Maße und Vermessung
42. Stärken
I. Pitchpine, Redpine, Carolina- und Paranapine:
Aus 1' gehobelte Bretter müssen 23/24 mm bleiben.
Aus 5/4 gehobelte Bretter müssen 29/30 mm bleiben.
Aus 6/4" gehobelte Bretter müssen 35 mm bleiben.
II. Oregonpine:
Aus 1" gehobelte Bretter müssen 22/23 mm bleiben.
Aus 5/4" gehobelte Bretter müssen 28/29 mm bleiben.
Zu I und II: 10% dürfen 1 mm untermaßig sein.

43. Breiten
Die Vermessung erfolgt nach dem Hobeln einschließlich der Feder nach vollen mm, doch kann sie auch gemäß Bedingung 35 vorgenommen werden.

44. Längen
Die Länge der Bretter wird mit 10 cm steigend gemessen, 5 cm und darüber werden nach oben, unter 5 cm nach unten abgerundet; ein Längenverschnitt ist bis zu durchschnittlich 20 cm für jedes Brett gestattet.

Daneben gilt auch die Berechnung nach engl. Fuß, wobei das Originalmaß gemäß Bedingung 32 in metrisches Maß umgerechnet wird.

Schlussbestimmung (zu A bis C)

45. Genaue Feststellung der gelieferten Stärken und Breiten
Sollen genaue Feststellungen der gelieferten Stärken erfolgen, so hat dies mindestens in 50 cm Entfernung von den Enden zu geschehen und bei trockener Ware nicht unmittelbar an den stärker eintrocknenden Kanten, sondern mit einem Tasterzirkel mindestens ⅓ der Brettseite von der Kante entfernt. Die Breite kann auch nur in 50 cm Entfernung von den Enden, und zwar auf der dem Kern zugewendeten Seite festgestellt werden, falls es sich nicht um vereinbarte Vermessung auf der schmalen Seite bei unbesäumter Ware handelt.

7.2.3.2 Handelsgebräuche des Vereins Deutscher Holzeinfuhrhäuser e.V. für den Verkehr mit überseeischem Rundholz und Furnieren

A. Allgemeine Bestimmungen

I. Angebote
Alle Angebote sind freibleibend, das heißt, der Anbieter ist erst zur Lieferung verpflichtet, nachdem er die Annahme des ihm erteilten Auftrages schriftlich erklärt hat; dies gilt auch für Aufträge, welche Reisende oder Vertreter abgeschlossen haben.

II. Preisstellung

Bei Preisstellung

1. „ab Lager" gehen die Absetzkosten sowie alle anschließend entstehenden Kosten zu Lasten des Käufers;
2. „frei abgesetzt", „frei Landfahrzeug", „frei Wasserfahrzeug", „frei Waggon", „frei ab Ankunftskai" gehen die Absetzkosten und die Kosten für Befestigung der Ladung zu Lasten des Verkäufers, eventuelle Anschlussgleis- und/oder Hafengebietsgebühren und/oder ähnliche Kosten gehen zu Lasten des Käufers;
3. „ab Ankunftskai" gehen die Kaiumschlagskosten zur Hälfte zu Lasten des Käufers.
4. Kosten für bahnamtliche Verwiegung gehen zu Lasten dessen, der die Fracht zu tragen hat.

III. Geschäftsabschluss

1. Ein Verkaufsgeschäft kann mündlich (auch telefonisch) oder schriftlich (auch telegrafisch), persönlich oder durch Vermittlung abgeschlossen werden. Wird gegen die schriftliche Bestätigung eines Verkaufsabschlusses nicht innerhalb 3 Werktagen Widerspruch erhoben, so gilt der Vertrag im Sinne der Bestätigung als genehmigt.
2. Die Rechtsgültigkeit des Vertrages wird durch die Unterlassung einer schriftlichen Bestätigung nicht berührt, es sei denn, dass sich die Parteien ausdrücklich die schriftliche Form des Vertrages vorbehalten haben.
3. Der schriftliche Vertrag (Schlussbrief) soll in der Regel enthalten:

a) Ort und Datum des Abschlusses,
b) Name und Firma der Beteiligten und gegebenenfalls des Vermittlers,
c) Bezeichnung der Ware, der Menge, der Sortimente und der Güteklassen,
d) Preise und Preisbasis,
e) den Übergabeort,
f) die Lieferfrist,
g) die Zahlungsbedingungen,
h) die Unterschrift.

4. Wenn mehrere Verträge (Schlussbriefe) vorliegen, die abweichende Bestimmungen enthalten, so gilt der des Verkäufers, ausgenommen der Käufer erhebt unverzüglich telegrafisch oder durch eingeschriebenen Brief Einspruch.

IV. Erfüllungsort

1. Erfüllungsort für die Lieferung ist der Ort, wo sich die Ware zum Zwecke des Versandes oder einer etwa vereinbarten Übergabe an den Käufer befindet. Der Erfüllungsort wird dadurch nicht geändert, dass der Verkäufer die Versendung der Ware übernimmt.
2. Erfüllungsort für die Zahlung des Kaufpreises sowie für die sonstigen Leistungen des Käufers ist stets der Ort der gewerblichen Niederlassung des Verkäufers.

V. Beschädigung, Wertminderung, Beförderungsgefahr

1. Die Ware lagert vom Verkaufstage an für Gefahr des Käufers. Der Verkäufer haftet insbesondere nicht für Verlust, Wertminderung oder Beschädigung durch Feuer, Diebstahl, Witterungseinflüsse und dergleichen, er ist zur Versicherung der Ware nicht verpflichtet.
2. Die Beförderungsgefahr geht, auch bei frachtfreier Lieferung, zu Lasten des Käufers, sobald der Verkäufer die Ware einem Spediteur oder einem Beförderungsunternehmen oder eigenen oder dem Käufer gehörigen Fahrzeugen zur Beförderung auf dem Land- oder Wasserweg ausgeliefert hat. Dies gilt sowohl beim Versand von der Geschäftsniederlassung des Verkäufers als auch beim Versand von einem anderen Orte aus, und zwar gleichviel, ob die Geschäftsniederlassung des Käufers oder ein anderer Ort der Bestimmungsort ist.

VI. Lieferung, Abruf und Abnahme

1. Die Lieferzeiten gelten als erfüllt, wenn die Ware auf dem Werk bzw. Lager des Verkäufers verladen worden ist oder mangels recht-

zeitiger Gestellung des Beförderungsmittels verladebreit liegt.

2. Bei Lieferungen, die erst aus dem Auslande bezogen werden sollen, ist der Verkäufer für solche Verzögerungen in der Ablieferung nicht verantwortlich, für welche ihn ein Verschulden nicht trifft bzw. welche außerhalb seines Machtbereiches liegen. Ebenso wenig ist der Verkäufer verantwortlich, falls aus den gleichen Gründen die Selbstbelieferung nicht erfolgt. Sämtliche Lieferungskontrakte auf Abladung werden mangels anderer Vereinbarung abgeschlossen mit der Klausel: „richtige, ausreichende und rechtzeitige Selbstbelieferung vorbehalten". In diesem Falle genügt es, wenn der Verkäufer nachweist, dass der korrespondierende Anschlusskontrakt nicht, nicht ausreichend oder nicht rechtzeitig zur Ausführung gekommen ist.
3. Die Lieferung vorrätiger Ware erfolgt, sobald es die Versandmöglichkeit bei geordnetem Geschäftsgang erlaubt.
4. Die Abnahme gekaufter Ware hat mangels besonderer Vereinbarung längstens binnen 8 Werktagen nach Bereitstellung zu erfolgen.
5. Bei Kaufabschlüssen auf Abruf ohne genaue Terminbestimmung ist die Ware auf Ersuchen des Verkäufers spätestens 2 Monate nach Abschluss abzunehmen.
6. Bleibt eine Aufforderung, die seitens des Verkäufers mangels rechtzeitigen Abrufs oder rechtzeitiger Abnahme an den Käufer gerichtet worden ist, 8 Tage ganz oder teilweise erfolglos, so steht es dem Verkäufer frei, nach Ablauf der Frist ohne weiteres vom Vertrage zurückzutreten, falls er es nicht vorzieht, aufgrund einer vorläufigen Rechnung, die mangels einer vorliegenden Spezifikation schätzungsweise aufgestellt werden kann, sofortige Zahlung zu beanspruchen. Die verkaufte Ware oder das Rohmaterial dazu lagert als dann für Rechnung und Gefahr des Käufers. Einlagerungskosten, Lagermiete und Feuerversicherungskosten können berechnet werden. Eine Pflicht zur Versicherung besteht für den Verkäufer nicht. Die Einlagerung erfolgt unbeschadet des Rechtes des Verkäufers auf Vornahme des Selbsthilfeverkaufs. Die Bestimmung des Ortes für diesen steht im freien Ermessen des Verkäufers. Der Selbsthilfeverkauf kann aus freier Hand zum Tagespreis ohne Vermittlung eines öffentlich bestellten Handelsmaklers oder dergleichen vorgenommen werden.
7. Bei frachtfreier Lieferung ist die Fracht in jedem Falle vom Käufer skontofrei vorzulegen; sie wird nach Vorlegung der Belege gutgeschrieben. Verladungen und Transporte erfolgen aufgrund der Allgemeinen Bedingungen der Spediteure und/oder Frachtführer, die für die jeweiligen Verladungen bzw. Transporte Geltung haben.

VII. Höhere Gewalt

1. Fälle höherer Gewalt, unvorhergesehene Hindernisse aller Art, wie Betriebsstörungen, Arbeiterausstände, Aussperrungen, Wagenmangel usw., wodurch die regelmäßige Zufuhr, Anfertigung und Verladung erschwert oder verhindert wird, berechtigen den Verkäufer zu entsprechender Hinausschiebung der Lieferung ohne Schadensersatzverbindlichkeit. Mobilmachung, Kriegsausbruch und andere Ereignisse höherer Gewalt, wodurch die Lieferung in der beabsichtigten Weise unmöglich gemacht wird, berechtigen den Verkäufer außerdem zur Aufhebung des Lieferungsvertrages.
2. Dasselbe gilt für den Fall, dass die Lieferung in der beabsichtigten Weise und innerhalb der vereinbarten Lieferfrist durch staatliche Beschränkungen der Einfuhr – Devisenbewirtschaftung, Entzug von Ein- und Ausfuhrgenehmigungen usw. – für den Verkäufer unmöglich gemacht wird.

VIII. Mängelrüge

1. Wird die Ware vor Versand vom Käufer besichtigt und nicht beanstandet, so ist jegliche

spätere Beanstandung, insbesondere hinsichtlich Qualität, Beschaffenheit, Abmessungen usw., einerlei ob wegen erkennbarer oder geheimer Fehler, ausgeschlossen.

2. Wird die Ware trotz schriftlichen Verlangens seitens des Verkäufers vom Käufer vor Versand nicht besichtigt, so erklärt sich der Käufer hierdurch mit der Beschaffenheit, Qualität, den Abmessungen und der Vermessung einverstanden. Für Fehler, die sich erst bei oder nach der Verarbeitung der Ware zeigen, auch für geheime Fehler, haftet der Verkäufer nicht.
3. Im Übrigen müssen Beanstandungen unverzüglich schriftlich, spätestens innerhalb 3 Tagen nach Empfang der Ware, mitgeteilt werden, andernfalls werden sie nicht berücksichtigt.
4. Bis zur Erledigung einer Beanstandung darf von der bemängelten Ware ohne Zustimmung des Verkäufers nichts fortgenommen werden, widrigenfalls der Käufer seiner Mängelrechte verlustig geht. Unter „Ware" ist die ganze Lieferung zu verstehen oder ein Teil davon, soweit diese in Bezug auf Abmessung, Herkunft oder Güte eine geschlossene Einheit bildet. Der Käufer ist verpflichtet, die bemängelte Ware sorgfältig aufzubewahren. Er hat keinen Anspruch auf den Ersatz von Verwahrungs- oder sonstigen Kosten.
5. Bei Beanstandungen kann – unter Ausschluss aller sonstigen Rechte und Ansprüche – nur Preisminderung, also nicht etwa Wandlung des Kaufvertrages, Ersatzlieferung oder dergleichen gefordert werden.
6. Beanstandungen berechtigen den Käufer nicht, die Annahme oder Bezahlung der Ware zu verweigern oder zu verzögern.
7. Probesendungen unterliegen keiner Bemängelung, wenn handelsübliche Durchschnittsware geliefert wird, es sei denn, dass die Beschaffenheit von der vereinbarten wesentlich abweicht.
8. Bei Verkäufen schwimmender Partien oder „auf Abladung" müssen Beanstandungen binnen 5 Tagen erfolgen, nachdem dem Käufer die Ware als besichtigungsbereit gemeldet worden ist. Im Falle von Beanstandungen hat der Käufer die angediente Ware nichts desto weniger zu übernehmen und die Zahlung in der vereinbarten Form zu leisten. Falls über die Höhe des Minderwertes zwischen Verkäufer und Käufer keine gütliche Einigung erzielt werden kann, so wird der Minderwert durch Arbitrage im Verhältnis zwischen dem deutschen Importeur und dessen Ablader festgestellt, und der Anschlusskäufer muss diese Feststellung für und gegen sich gelten lassen. Solchenfalls erhält der Anschlusskäufer denjenigen Betrag (nicht Prozentsatz) vergütet, welchen der deutsche Importeur von seinem Ablader erhält.

IX. Zahlung

1. Die Zahlung hat, wenn nichts anderes ausdrücklich vereinbart worden ist, sofort ohne Abzug zu erfolgen. Die Vertreter, Handlungsreisenden usw. des Verkäufers sind zur Bewilligung von Zahlungsfristen, Entgegennahme von Zahlungen, Mängelanzeigen und dergleichen nicht ermächtigt.
2. Wechsel und Schecks werden nur zahlungshalber angenommen. Bei Wechselregulierungen hat die Hergabe diskontfähiger Abschnitte innerhalb 8 Tagen nach Rechnungsdatum zu geschehen. Die Laufzeit der Wechsel soll 90 Tage, vom Rechnungstage abgerechnet, nicht überschreiten. Bankübliche Diskontspesen gehen zu Lasten des Käufers. Für die Annahme von Wechseln und Schecks gelten die Bedingungen der Landeszentralbanken.
3. Spätere Zahlung bedarf der ausdrücklichen Zustimmung des Verkäufers, im anderen Falle entstehen Verzugszinsen in banküblicher Höhe.
4. Bei der Annahme von Aufträgen wird die Kreditwürdigkeit des Käufers vorausgesetzt. Wenn bei dem Käufer Ereignisse eintreten,

die seine Kreditwürdigkeit zweifelhaft erscheinen lassen oder wenn solche bereits vorhanden gewesenen Umstände erst nach dem Vertragsschluss bekannt werden, so kann der Verkäufer Sicherheitsleistung oder Vorauszahlung verlangen.
Vom Käufer gegebene Akzepte sind zur sofortigen Zahlung fällig. Kommt der Käufer diesem Verlangen nicht nach, so hat der Verkäufer das Recht, vom Vertrage zurückzutreten und Schadensersatz zu fordern. Der Nachweis solcher Ereignisse gilt durch die Auskunft einer angesehenen Auskunftei oder Bank als erbracht, ohne dass die Vorlage der Auskunft vom Käufer verlangt werden kann.
5. Zahlungsverzug: Erfolgen Zahlungen des Käufers an den Verkäufer nicht fristgemäß oder wird eine nach Ziffer IX Abs. 4 verlangte Sicherheitsleistung oder Vorauszahlung nicht rechtzeitig vollzogen, so ist der Verkäufer berechtigt, ohne dass es einer Nachfriststellung bedarf, sowohl die Rechte aus § 326 des Bürgerlichen Gesetzbuches auszuüben als auch die Erfüllung aller übrigen mit dem Käufer geschlossenen Verträge zu verweigern oder von diesen Verträgen zurückzutreten.
6. Im Falle der Zahlungseinstellung des Käufers kann der Verkäufer die Rechte aus Abs. 5 neben der Geltendmachung der Rechte aus dem Eigentumsvorbehalt auch dann ausüben, wenn er von dem Käufer für die von diesem geschuldeten Zahlungen Wechsel angenommen hat und diese noch nicht fällig sind.

X. Eigentumsvorbehalt

1. Bis zur restlosen Einlösung sämtlicher Verbindlichkeiten aus der Geschäftsverbindung, einschließlich eines etwaigen Kontokorrentsaldos, verbleiben sämtliche vom Verkäufer gelieferten Waren in dessen unumschränktem Eigentum. Vom Verkäufer gelieferte, bereits bezahlte, aber noch im Besitz des Käufers vorhandene Waren haften unter Berücksichtigung einer etwaigen Qualitätsminderung für alle noch offenstehen den Forderungen des Verkäufers. Der Eigentumsvorbehalt erstreckt sich – unter Ausschluss der Bestimmung des § 950 BGB – auch auf die durch Verarbeitung hergestellten Gegenstände. Bei Verbindung oder Vermischung mit dem Verkäufer nicht gehörenden Sachen, erwirbt derselbe Miteigentum gemäß §§ 947, 948 BGB.
2. Der Käufer ist berechtigt, die Ware im ordnungsgemäßen Geschäftsgang zu verwenden. Forderungen aus Weiterverkäufen gelten mit deren Abschluss als an den Verkäufer abgetreten und übergegangen. Der Käufer ist verpflichtet, dem Verkäufer auf dessen Verlangen sofort die genauen Namen und Anschriften der Drittschuldner, und die Beträge der ihm gegen die Drittschuldner zustehenden Forderungen aufzugeben, und dem Verkäufer eine Abschrift der erteilten Rechnungen zu übermitteln.
3. Vor Eigentumsübergang ist der Käufer nicht berechtigt, die Ware ohne Zustimmung des Verkäufers zu verpfänden, für Sicherheit zu übereignen und dergleichen. Der Käufer bleibt verpflichtet, dem Verkäufer sofort Mitteilung zu machen, sofern Pfändungen der Ware erfolgen oder dritte Personen Rechte an dieselbe geltend machen. Solchenfalls werden, vorbehaltlich des Rechts des Verkäufers weitergehende Ansprüche zu stellen, sämtliche Forderungen des Verkäufers gegen den Käufer unter Aufhebung aller etwa vereinbarten Zahlungsfristen sofort fällig.
4. Fordert der Verkäufer die Ware aufgrund des Eigentumsvorbehalts zurück, so ist der Käufer zur kostenfreien Rückgabe verpflichtet. Die Rücknahme der Ware geschieht nach Wahl des Verkäufers entweder zum Vertragspreise oder zu Tagespreisen. Ansprüche auf Schadensersatz bleiben unberührt.
5. Der Käufer ist verpflichtet, die Ware, an der sich der Verkäufer das Eigentum vorbehal-

ten hat, gegen Feuer und Diebstahl ausreichend zu versichern und sie in einer Weise zu lagern, dass der Eigentumsvorbehalt wirksam bleiben kann. Für den Fall des Eintritts des Versicherungsfalles tritt der Käufer seine Ansprüche gegen die Versicherungsgesellschaft hiermit im Vorwege an den Verkäufer ab.

XI. Begriff „Wagenladung“ und ähnliche Bezeichnungen

1. Unter „Wagenladung“, „Waggonladung“, „Waggon“ und ähnlichen Bezeichnungen ist, falls der Umfang der Sendung durch Gewichtsangaben nicht genau festgelegt worden ist, eine Lieferung von mindestens 15 000 kg und höchstens 17 500 kg nach Verkäufers Wahl zu verstehen.
2. Bei Abschlüssen von zwei oder mehreren „Ladungen“ ist das Gesamtgewicht der Lieferung maßgebend, nicht die Wagenzahl, wobei eine Ladung jeweils zu ca. 15 000 kg gerechnet wird; 5 Ladungen z.B. sind 75 000 kg, auch wenn sie auf weniger als 5 Waggons verladen werden.
3. Unter „Lastwagen“ (eine Ladefläche) ist eine Menge von 5 ... 7,5 tons, unter „Lastzug“ (mehrere Ladeflächen) eine Menge von ca. 15 tons zu verstehen.

XII. Decken

Wagendecken werden nur auf Wunsch des Käufers und auf seine Kosten und Gefahr verwendet. Der Käufer ist zur sofortigen und ordnungsmäßigen Rücksendung der Decken verpflichtet.

XIII. Maße und Gewichte

1. Bei Verkäufen nach Gewicht gilt eine Tonne = 1000 kg, und zwar erfolgt die Berechnung aufgrund des amtlichen Ladungsgewichtes.
2. Bei Verkäufen nach Maß erfolgt die Berechnung, falls nicht anders vereinbart, aufgrund des bei der Ladung festgestellten Bruttobandmaßes. Beeidigtes Maß schließt jede Maßreklamation aus, es sei denn, dass grobe Versehen nachgewiesen werden.
3. Mengenbezeichnungen wie, „ca.“, „etwa“, „rd.“ u. ä. berechtigen den Verkäufer, bis zu 10 % mehr oder weniger als die vertraglich vereinbarte Menge zu liefern.
4. Wenn in dem Abschluss die Menge durch die Bezeichnung „von ... bis“ ausgedrückt ist, ist der Verkäufer nur zur Lieferung der Mindestmenge verpflichtet, dagegen auch zur Lieferung bis zur vorgesehenen Höchstmenge berechtigt.
5. Sind die Längen der Durchmesser bzw. Breiten durch Angabe der einzuhaltenden unteren und oberen Maßgrenzen ausgedrückt, z. B. Längen 4... 6 m, Durchmesser bzw. Breiten 60 ... 80 cm, dann hat der Verkäufer die Wahl, beliebige Abmessungen innerhalb der festgesetzten Maßgrenzen zu liefern.
6. Sind Durchschnittsabmessungen vereinbart, so können die Durchschnittslängen und Durchschnittsdurchmesser bzw. -breiten um 5 % nach oben und unten abweichen. Bei Zusätzen wie „ca.“, „etwa“ u. ä. dürfen die Längen und Durchmesser bzw. Breiten jedoch um 10% nach oben und unten abweichen.
7. Wird die Einhaltung von Mindestdurchschnittslängen und/oder Mindestdurchmessern bzw. -breiten vereinbart, so dürfen diese nicht unterschritten werden.
8. Die Bestimmungen zu Abs. 5 bis 7 sind maßgebend für die Gesamtmenge, nicht für Teillieferungen.
9. Sind Durchschnittslängen vereinbart, so gilt als Durchschnitt die Teilung sämtlicher Längen (gesamte laufende Meter) durch die Stückzahl. Entsprechendes gilt für die Durchschnittsdurchmesser bzw. -breiten.

XIV. Lagergeld

Lagergelder gehen zu Lasten des Käufers

1. bei Verkäufen „ab Lager“, „frei abgesetzt“, „frei Landfahrzeug", „frei Wasserfahrzeug", „frei Waggon“ ab 7. Tag nach Vertragsabschluss.

2. bei Verkäufen „frei ab Ankunftskai“, „ab Ankunftskai“ ab 4. Tag nach Vertragsabschluss.

XV. Fracht- und Zollerhöhungen usw.
Erhöhungen von Frachten, Zöllen und sonstigen Abgaben, die nach einem Vertragsabschluss eintreten, gehen zu Lasten des Käufers.

XVI. Abtreten von Ansprüchen an Dritte
Ohne Einwilligung des Verkäufers ist der Käufer nicht berechtigt, irgendwelche Ansprüche aus dem Vertrag an andere abzutreten.

XVII. Schiedsgericht, Gerichtsstand
1. Die Schlichtung von Streitigkeiten obliegt dem „Schiedsgericht für Holz in Deutschland“ nach Maßgabe des Verbändeabkommens vom 18. 10. 50 bzw. 21. 3. 51 und der Schiedsgerichtsordnung (s. Abschnitt 7.2.7).
2. Soll bei der Schlichtung von Streitigkeiten nicht das „Schiedsgericht für Holz in Deutschland“, sondern der ordentliche Rechtsweg oder ein anderes Schiedsgerichtsverfahren zuständig sein, so muss diese Regelung ausdrücklich bei Vertragsabschluss schriftlich vereinbart werden. 3. Ist der ordentliche Rechtsweg vereinbart, so gilt als Gerichtsstand für alle Streitigkeiten, auch im Falle der Beanstandung der Ware und für Wechsel- und Scheck-Klagen gegen den Käufer das für den Ort der gewerblichen Hauptniederlassung des Verkäufers zuständige Gericht.

XVIII. Ausnahmen von den Verkaufsbedingungen
Die Rechte des Verkäufers sollen keinesfalls beeinträchtigt werden, wenn er in anderen Fällen keinen Gebrauch davon gemacht hat.

XIX. Vereinbarung von Abweichungen
Abweichungen von den vorstehenden und weiteren Bedingungen sind nur dann gültig, wenn sie ausdrücklich schriftlich vereinbart worden sind.

B. Zusätzliche Bestimmungen für Furniere

I. Werden Furniere mit der Eisenbahn versandt, so sind geschlossene Waggons zu benutzen, es sei denn, dass etwas anderes vereinbart wurde.
II. Die Abnahme und Vermessung hat grundsätzlich am Lager des Verkäufers zu erfolgen, andernfalls gilt die Auswahl und Vermessung des Verkäufers, welche handelsüblich vorgenommen wird, von Seiten des Käufers im voraus als richtig anerkannt.
III. Die Länge wird von 5 cm zu 5 cm, die Breite mit gesundem Splint von cm zu cm gemessen. Bei unbesäumten Paketen ist das mittlere Blatt für die Breite maßgebend. Für grobe Fehler wie faule Äste, kranke Stellen und Wurmlöcher erfolgt ein Abschlag in Länge oder Breite entsprechend dem fehlerhaften Stück, nicht aber für gerade laufenden schmalen Kern oder geraden Riss.
Bei Blind- oder Absperrfurnieren sind Wurmlöcher ohne Abschlag zu dulden.Verschnittene Blätter sind bis zu 5 % der Blattzahl nicht zu beanstanden. Maserfurniere werden im Allgemeinen blattweise berechnet. Wird Flächenmaßberechnung vereinbart, so erfolgt die Vermessung in der Länge und Breite von cm zu cm.
IV. Gewünschte Furniermuster sind frachtfrei zuliefern, und wenn sie nicht übernommen werden, binnen 8 Tagen frachtfrei zurückzusenden. Sollte eine Wertminderung der zu den Mustern gehörenden Ware eintreten, dadurch, dass die Muster nicht rechtzeitig oder beschädigt zurückgesandt werden, so ist der Verkäufer berechtigt, eine eventuelle Wertminderung zu berechnen.
V. Für Verpackung von Furnieren werden die Selbstkosten berechnet. Rücknahme der Verpackung kann der Käufer nicht verlangen.
VI. Abschnitt A – Ziff. XIII- Abs. 5 bis 9 finden auf Furniere keine Anwendung.

C. Zusätzliche Bestimmungen für Holzfaserplatten

Hinsichtlich der Liefermenge steht dem Lieferanten bei Standardmaßen je Dicke ein Spielraum von 10 % nach oben und unten zu. Bei Zuschnittmaßen soll die Liefermenge möglichst nicht unterschritten werden; eine Mehrlieferung bis zu 10 % ist zulässig.

Dicken
Bei Holzfaserhartplatten beträgt die Stärken-Toleranz 7 %, bei Holzfaserdämmplatten 5 %.

Mängelrüge
Bei berechtigten Beanstandungen hat der Käufer den Anspruch auf Preisminderung oder Wandlung. Weitergehende Schadensersatzansprüche des Käufers sind ausgeschlossen, insbesondere ist der Verkäufer zu Ersatzlieferungen nicht verpflichtet.

Versand
Für den Versand von Holzfaserplatten mit der Bahn sind geschlossene Güterwagen zu verwenden; erfolgt der Versand in offenen Wagen, so müssen die Wagen ausreichend abgedeckt werden.

D. Zusätzliche Bestimmungen für Sperrholz

Mengen und Maße
Hinsichtlich der Liefermenge steht dem Lieferanten bei Standardmaßen je Dicke ein Spielraum von 10 % nach oben und unten zu. Bei Zuschnittmaßen soll die Liefermenge möglichst nicht unterschritten werden; eine Mehrlieferung bis zu 10 % ist zulässig. Beim Verkauf von Standardmaßen dürfen abweichende Maße mitgeliefert werden, jedoch Untermaße nicht mehr als 20 % der Menge ohne Preisnachlass. Die Abweichungen dürfen 4" je Kante nicht überschreiten.
Die aufgegebene erste Maßzahl bezieht sich stets auf die Faserrichtung der Außenseite.

Dicken
Die Dickenangaben verstehen sich vor der Oberflächenbehandlung.
Die zulässige Abweichung bei allen Dicken darf 0,5 mm nicht überschreiten. Dasselbe gilt auch für Dickenunterschiede innerhalb einer Platte.

Verpackung
Als Verpackung von Stückgutsendungen ist bei Furnierplatten Draht- oder Bandeisenbündelung üblich, welche im Preis einbegriffen ist.

Mängelrüge
Der Verkäufer haftet für Fabrikationsfehler für die Dauer von sechs Wochen nach Empfang der Ware. Bei berechtigten Beanstandungen hat der Käufer den Anspruch auf Preisminderung oder Wandlung. Weitergehende Schadensersatzansprüche des Käufers sind ausgeschlossen, insbesondere ist der Verkäufer zu Ersatzlieferungen nicht verpflichtet.

Versand
Für den Versand von Sperrholz mit der Bahn sind geschlossene Güterwagen zu verwenden; erfolgt der Versand in offenen Wagen, so müssen die Wagen ausreichend abgedeckt werden.

7.2.4 Allgemeine Bedingungen des Schlussscheins „Germania 1998"

Angenommen von dem Verband der Finnischen Forstindustrie (FFIF), dem Verein Schwedischer Holzexporteure (STEF) und dem Verein Deutscher Holzeinfuhrhäuser e.V. (VDH)

§ 1 Preisbasis
Die Preise verstehen sich je Kubikmeter. Längen, Breiten und Stärken sind metrisches Maß.

§ 2 Gefahrenübergang und Befrachtung
Dieser Vertrag gilt für alle jeweils gültigen Incoterms.

1. Schiffstransport

1.1 Lieferung

Soweit der Transport per Schiff durchgeführt wird, erfolgt die Lieferung frei an Schiffsseite (FAS gemäß Incoterms). Für andere Lieferungen gelten die nachfolgenden Bestimmungen analog.

1.2 Befrachtung

Der erforderliche Schiffsraum ist vom Käufer rechtzeitig zu chartern. Sofort nach der Befrachtung soll der Käufer dem Verkäufer eine Kopie des Frachtvertrages übersenden. Der Käufer verpflichtet sich, dafür Sorge zu tragen, dass der Verkäufer von der berechneten Ankunft jedes Schiffes benachrichtigt wird und dass dabei die Namen des Schiffes und des Käufers genannt werden. Diese Benachrichtigung und die vollständigen Verladeinstruktionen müssen mindestens 14 Kalendertage vor der Ankunft des Schiffes in Händen des Verkäufers sein. Wenn bei der Benachrichtigung des voraussichtlichen Ankunftstages des Schiffes nicht die gebührende Sorgfalt aufgewandt worden ist, ist der Käufer für Kosten verantwortlich, die dadurch entstehen, dass Waggons durch das Nichteintreffen des Schiffes zu dem gemeldeten Zeitpunkt aufgehalten werden. Der Käufer ist auch für eventuelle Lagermieten im Hafen, die aus demselben Grunde entstehen können, verantwortlich. Der Verkäufer hat die nicht ordnungsgemäße Meldung des Schiffes sowie seine dadurch entstandenen Kosten zu beweisen.

Der Käufer verpflichtet sich, in den Frachtvertrag eine Bestimmung aufzunehmen, gemäß welcher der Kapitän die approximative Lademenge spätestens bei Ankunft des Schiffes schriftlich zu beordern hat.

Der Verkäufer hat die Ladung so schnell längsseits zu liefern, wie das Schiff empfangen und in der üblichen Arbeitszeit wegstauen kann, jedoch unter Berücksichtigung der Gebräuche des Hafens.

Die Ware ist auf dem Schiff an Deck, auch bei Lieferungen gemäß Gruppe C und D der Incoterms, mit Planen sorgfältig zu schützen. Bei Regenwetter oder Schneefall darf weder geladen noch gelöscht werden. Der Frachtvertrag soll einen entsprechenden Vermerk enthalten.

Der Verkäufer hat den Käufer direkt oder über den Agenten unverzüglich über die Ankunft und den Abgang jedes Schiffes telegrafisch/fernmündlich/per Fax zu benachrichtigen.

1.3 Anzahl der Konnossemente

Die Anzahl der Konnossemente soll 10 pro 500 m^3 nicht übersteigen. Ansonsten sind dafür anfallende Mehrkosten gegenseitig zu vereinbaren. Wenn der Kapitän erst bei Ankunft oder während der Beladung eine Erhöhung der Vertragsmenge gemäß der Marginalklausel verlangt, so kann der Verkäufer die zusätzliche Ladung auf gesonderte Konnossemente verladen.

An Schiffsseite hat die Übergabe der Ladungen so zu erfolgen, dass der Kapitän den zu jedem Konnossement gehörenden Teil der Ladung getrennt halten kann. Mengen von 250 m^3 und darunter, für welches ein gesondertes Konnossement beordert wird, sind an das Schiff gleichzeitig anzuliefern, so dass der Kapitän, wenn nicht ein Teil auf Deck verladen wird, alle auf ein Konnossement zu ladende Ware an einer Stelle stauen kann.

1.4 Leerfracht

Der Verkäufer verpflichtet sich, sämtliche Leerfrachten und Liegegelder zu bezahlen, die er im Verladehafen nachweislich verursacht hat. Im Falle von Streik und Aussperrung auf dem Ladeplatz oder Holzlager des Verkäufers ist dieser für die Überliegezeit nicht verantwortlich, solange der Streik oder die Aussperrung dauern.

1.5 Frachtvorschuss

Der Kapitän ist nicht berechtigt, Frachtvorschuss zu fordern. Der Frachtvertrag soll einen entsprechenden Vermerk enthalten.

2. Waggon- und Lkw-Transport

2.1. Gefahrenübergang

Gefahrenübergang gemäß Incoterms.

2.2. Verladung

Der Käufer hat die Ware zu einem bestimmten Liefertermin abzurufen. Abruf mit Verladeinstruktionen müssen mindestens 14 Kalendertage vor dem berechneten Versand beim Verkäufer sein. Die Verladung darf nicht bei Regen oder Schneewetter erfolgen. Für jeden Lkw/Waggon soll der Ablader dem Käufer eine Spezifikation mit Angabe der Lkw-/Waggonnummer sofort nach erfolgtem Versand per Fax zusenden. Liegengebliebene Ware ist sorgfältig zu schützen.

2.3 Waggon-/Lkw-Bestellung

Die Waggon-/Lkw-Bestellung erfolgt nach Absprache entweder durch den Käufer oder den Verkäufer. Die Mindestauslastung ist im Schlussschein festzulegen. Standgeld an der Verladestation, das seine Ursache in verzögerter Beladung hat, geht zu Lasten des Verkäufers.

2.4 Abdeckung

Die Ware ist auf offenen Waggons mit Planen der Eisenbahn unsancengemäß abgedeckt zu liefern. Hat der Käufer andere Wünsche betreffs der Anzahl bzw. der Größe der Planen, sollen diese im Abruf angegeben werden. Deckenmiete geht zu Lasten des Käufers.

2.5 Waggon-/Lkw-Mangel

Verzögerungen durch Waggon-/Lkw-Mangel hat der Verkäufer nicht zu vertreten. Er hat den Mangel zum Verladezeitpunkt jedoch zu beweisen. Der Verkäufer ist bis zum Gefahrenübergang verpflichtet, den Käufer vom Waggon-/Lkw-Mangel unverzüglich telegrafisch/fernmündlich/per Fax zu unterrichten, andernfalls haftet er für jeden dem Käufer aus der Verzögerung erwachsenen Schaden.

2.6. Zurücknahme von Abrufen

Sofern der Käufer einen Abruf nachträglich zurücknimmt, muss er dem Verkäufer die dadurch entstandenen Extrakosten ersetzen.

§ 3 Sortierung und Enden

Das Holz soll der üblichen Sortierung, Durchschnittslänge und der fairen Längenverteilung des Verkäufers entsprechen. Enden (1,80 ... 2,40 m) dürfen maximal 10 % an der Gesamtmenge eines Sortiments ausmachen. Die Enden bilden einen Teil der Gesamtmenge des Vertrages; sie werden jedoch bei der Ermittlung der Durchschnittslänge nicht berücksichtigt.

Wenn im Vertrag kein spezieller Preis für Enden vereinbart ist, kann der Verkäufer bei jedem Sortiment bis zu 3 % der Menge dieses Sortiments als Enden mitliefern und zum vollen Preis berechnen. Wird dieser Prozentsatz überschritten, so werden sämtliche Enden (d.h. einschließlich der ersten 3%) zu ⅔ des Kontraktpreises abgerechnet. Wird dieser Prozentsatz unterschritten, kann nicht wegen nicht üblicher Längenverteilung reklamiert werden. Für die Preisreduktion gilt bei Schiffsverladung der FAS-Preis, bei Waggonverladung der Preis ab Verladestation und bei Lkw-Verladung der Preis ab Sägewerk.

Bei Hobelware werden die Enden in jedem Fall zum vollen Preis abgerechnet.

§ 4 Paketierte Ware

Es erfolgt Längenpaketierung, wobei alle Pakete mit Seriennummer laut Spezifikation zu zeichnen und zu identifizieren sind.

Die Paketierung ist so vorzunehmen, dass bei sachgemäßer Handhabung Verformungen sowie ein Auseinanderfallen der Pakete ausgeschlossen sind, so dass ihre ordnungsgemäße Stauung und/oder Einlagerung möglich ist. Insbesondere ist jedes Paket separat mit Bandeisen zu versehen.

Längenpaketiert bedeutet, dass ein Paket nur eine Länge und eine Dimension von einer Qualität enthält. Truckpaketiert bedeutet, dass ein Paket verschiedene Längen derselben Dimension und Qualität enthält, und dass ein Ende des Paketes endengleich ist.

Wenn bei Längenpaketierung der Rest einer Länge nicht für ein ganzes Paket ausreicht dürfen maximal drei aufeinanderfolgende Längen in einem Paket zusammengefasst werden. Die Anzahl der Restpakete in % oder in Paketezahl je Holzart, Dimension und Qualität soll im Schlussschein geregelt werden.

§ 5 Trockenheit und Maßhaltigkeit

Bei der zu liefernden Ware wird hinsichtlich ihrer Trockenheit zwischen 4 Optionen unterschieden:

- verschiffungstrocken
- bearbeitungstrocken
- spezialgetrocknet
- frische Ware

1. Verschiffungstrocken

Die Ware muss so trocken geliefert werden, dass bei sorgfältiger Verladung und Lieferung weder beim Transport noch bei der anschließenden Lagerung in gedeckten Hallen beim Käufer feuchtigkeitsbedingte Schäden entstehen.

2. Bearbeitungstrocken

16 % ± 2 %, jedoch dürfen 15 % der Stückzahl pro Paket diesen Rahmen um 1 % nach oben und unten überschreiten. Sollten 0,5 % der Stückzahl einen Feuchtigkeitsgehalt aufweisen, der auch über diesen erweiterten Rahmen nach oben oder unten hinausgeht, so gilt dies wegen der unregelmäßigen Trocknungskurve nicht als Reklamationsgrund. Dementsprechend hat die Spalte 3 der Tabelle II in Anlage 1 für bearbeitungstrockene Ware keine Gültigkeit.

3. Spezialgetrocknet

Die zulässige prozentuale Holzfeuchte einschließlich möglicher Toleranzen muss individuell zwischen den Vertragspartnern ausgehandelt und im Kontrakt angegeben werden.

4. Frische Ware

Besondere Bedingungen werden in den jeweiligen Klauseln, wie Abholfristen, approximative Rechnung, Reklamation usw. geregelt.

5. Empfehlungen für das Messen des Feuchtigkeitsgehaltes (siehe Anlage 1)

6. Maßhaltigkeit

Kontrahierte Dimensionen gelten bei einer Referenzfeuchtigkeitsquote von 20 % als Mindestmaß. Dessen ungeachtet müssen bei bearbeitungstrockener Ware (siehe § 5, Absatz 2) die Kontraktmaße vorhanden sein. Zu berücksichtigen ist dabei Punkt 10 der Anlage 1.

§ 6 Abholfristen / Approximative Fristen

Bei Verkäufen nach Gruppe C und D gemäß Incoterms hat der Verkäufer das Recht, den Ladetermin des Schiffes zu bestimmen. Er sollte diesen in der Regel mit dem Käufer innerhalb der Abholfristen vorher abstimmen. Im Übrigen gelten die folgenden Abholfristen:

- bei verschiffungstrockener Ware 30 Kalendertage
- bei bearbeitungstrockener Ware 30 Kalendertage
- bei spezialgetrockneter Ware 14 Kalendertage
- bei frischer Ware Abholung nach Vereinbarung.

Die Abholfrist beginnt an dem Bereitschaftstag. Dieser soll im Schlussschein festgelegt werden. Der Verkäufer ist verpflichtet, die Nichteinhaltung des vereinbarten Bereitschaftstages rechtzeitig anzuzeigen. Liegt die Ware am mitgeteilten Tag noch nicht bereit, so beginnt die Abholfrist am Tag der tatsächlichen Bereitstellung, die dem Käufer erneut mitzuteilen ist.

Holt der Käufer die zur Abholung bereitgestellte Ware nicht innerhalb der vorgenannten Abholfristen ab, ist der Verkäufer nach Verstreichung der Fristen berechtigt, dem Käufer eine approximative Rechnung zu stellen. Beim Absenden der approximativen Rechnung muss die Ware zur Abholung bereit liegen.

Werden die Abholfristen überschritten, wird die im Kontrakt vereinbarte Trockenheitsbedingung unwirksam. Es gilt dann folgendes:

- Verschiffungstrockenheit muss in jedem Fall gewährleistet sein, sofern nicht frische Ware gekauft wurde.
- Bearbeitungstrocken gekaufte Ware muss verschiffungstrocken sein
- Spezialgetrocknete Ware muss bearbeitungstrocken sein.

Der Verkäufer befindet sich im Verzug, wenn die Ware nicht am im Vertrag festgelegten Bereitschaftstag zur Verfügung steht. Der Käufer ist verpflichtet, eine angemessene Nachfrist zur Vertragserfüllung zu setzen, erst dann ist er berechtigt, Schadenersatz wegen Nichterfüllung zu verlangen oder Deckungskauf vorzunehmen.

§ 7 Spielraum des Verkäufers

Die Menge eines oder jedes einzelnen Postens darf nach Wahl des Verkäufers mit 10% Über oder unterschritten werden (Spielraum für Einzelposten höchstens 100 m³, bei Posten von 10 bis 50 m³ höchstens 5 m³). Alles gilt unter der Bedingung, dass die Gesamtmenge sich – mit Ausnahme von dem in § 8.1 genannten Fall – nicht ändert. Der Spielraum gilt auch für überliegende Ware.

§ 8 Besondere Regelungen für den Schiffstransport

1. Spielraum in der Befrachtung

Zur Erleichterung der Befrachtung wird ein Spielraum in der Gesamtmenge von 10 % mehr oder weniger, höchstens aber 250 m³ gewährt, jedoch für bearbeitungstrockene Waren 5 % mehr oder weniger, aber höchstens 125 m³.

Wenn für einen Vertrag mehrere Schiffe befrachtet werden, so gilt der Spielraum nur für die Menge des zuletzt zu ladenden Schiffes. Mehrlieferungen im Rahmen dieses Spielraums müssen in vorhandenen Vertragsdimensionen, möglichst im Mengenverhältnis zu den kontrahierten Qualitäten, erfolgen; sie dürfen bei keiner Dimension 50% der gekauften Menge überschreiten.

Falls der Kapitän während der Beladung eine Reduzierung oder Mehrlieferung der abgerufenen Liefermenge verlangt, hat der Ausgleich bei den letzten Konnossementen zu erfolgen. In diesem Fall darf der Ablader nach Rücksprache mit dem Käufer die Mehrlieferung auch in truckpaketierter Ware vornehmen.

Bei überliegender Ware wird kein Spielraum gewährt. Der Spielraum bei der Befrachtung entfällt, wenn eine Minimal-/Maximalmenge im Vertrag festgesetzt ist. In diesem Fall hat die Befrachtung auf einer „Minimum-/Maximumbasis" zu erfolgen.

2. Mehr- und Minderlieferungen

Bei Mehrlieferung eines Postens oder der gesamten Vertragsmenge über den zugelassenen Spielraum hinaus ist der Käufer nicht berechtigt, die ganze Lieferung zurückzuweisen. Ihm steht aber das Recht zu, die Konnossemente aufzunehmen und dabei nur die kontrahierten Mengen einschließlich des zugelassenen Spielraums zu bezahlen, den übrigen Teil der Lieferung aber zurückzuweisen. Dasselbe Recht steht dem Käufer zu, wenn die Mehrlieferung nicht aus den Konnossementen, sondern erst bei Ankunft der Ware am endgültigen Bestimmungsort ersichtlich ist. Der Verkäufer hat dem Käufer jegliche durch die Mehrlieferung entstandenen Extrakosten zu vergüten.

Liefert der Verkäufer von allen oder einzelnen Posten weniger als hiernach zulässig ist, so hat der Käufer die verschifften Mengen zu bezahlen. Er ist jedoch berechtigt, Entschädigung oder Nachlieferung für die Minderlieferung zu verlangen.

§ 9 Höhere Gewalt

1. Falls die Herstellung und/oder Verschiffung der abgeschlossenen Partien infolge Überschwemmung, Dürre, Eis, Schaden im Sägewerk und/oder Holzlager oder Abladeplatz, Streik, Aussperrung oder sonstiger Ereignisse, mit Ausnahme der in § 9 Nr. 2 aufgeführten Hinweise, auf die der Verkäufer keinen Einfluss hat, verhindert oder verzögert wird, hat der Verkäufer den Käufer hiervon unverzüglich telegrafisch/fernmündlich/per Fax zu benachrichtigen und ist dann für den dadurch entstandenen Schaden nicht verantwortlich. In einem solchen Fall kann der Verkäufer den Bereitschaftstag bis zu 42 Kalendertage verschieben.

Falls der Verkäufer auch nicht in der Lage ist, innerhalb dieser verlängerten Frist zu erfüllen, hat er den Käufer hiervon umgehend bei entsprechender Erkenntnis, spätestens jedoch 14 Kalendertage vor Ablauf dieser Frist zu informieren. Der Käufer ist nach Erhalt der Mitteilung des Verkäufers berechtigt, bei sofortiger Benachrichtigung des Verkäufers entweder vom Vertrag zurückzutreten oder spätere Lieferung mit dem Verkäufer zu vereinbaren.

Wenn jedoch das Werk so stark zerstört ist, dass die Produktion eingestellt werden muss und bis 42 Kalendertage nach dem kontrahierten Bereitschaftstag auch nicht wieder aufgenommen werden kann, hat der Verkäufer bei sofortiger Benachrichtigung des Käufers das Recht, ohne Haftung für den entstandenen Schaden vom Vertrag zurückzutreten. Der Verkäufer hat die Voraussetzungen für den Rücktritt in geeigneter Weise nachzuweisen.

Wenn der Verkäufer in diesem Fall den Kontrakt nicht annulliert, hat er eine spätere Lieferung mit dem Käufer – sofern dieser einverstanden ist – zu vereinbaren.

Falls sich der Verkäufer mit der Lieferung in Verzug befindet, kann er höhere Gewalt generell nicht geltend machen, es sei denn, der Schaden sei auch bei rechtzeitiger Leistung eingetreten. Der Verkäufer befindet sich in Verzug, wenn die Ware nicht am im Vertrag festgelegten Bereitschaftstag zur Verfügung steht.

2. Sollten Krieg, Ausfuhr- oder Einfuhrverbote oder eine Blockade zu irgendeinem Zeitpunkt vor dem ursprünglich festgelegten oder gemäß § 11 verschobenen Termin der approximativen Zahlung den Verkäufer darin hindern, die Ware herzustellen und/oder zu verschiffen oder den Käufer daran hindern, die Ware abzunehmen, wird der nicht erfüllte Teil des Vertrages aufgehoben.

Falls Ausfuhr oder Einfuhr von der Erteilung von Lizenzen abhängig sind, tritt anstelle von § 9 Nr. 2 der § 13.

§ 10 Versicherung bei Transport

Der Versicherungsanspruch bei Transport regelt sich laut Incoterms. Der Verkäufer hat bei CIF-bzw. CIP-Verkäufen zugunsten des Käufers eine alle Risiken abdeckende Versicherung abzuschließen, die der entsprechenden Mindestversicherung der CIF- bzw. CIP-Incoterms entspricht. Bezüglich Gefahrenübergang und Versicherung gelten die entsprechenden Klauseln der jeweils gültigen Fassung der Incoterms.

§ 11 Überliegende Ware

Falls die Waren oder ein Teil derselben nicht spätestens nach dem im Vertrag vorgesehenen letzten Tag der Abholfrist abgeholt worden sind, erfolgt die Zahlung unter Berücksichtigung der vertraglichen Zahlungsfristen gegen Aushändigung der approximativen Originalrechnung. Der Verkäufer ist verpflichtet, überliegende Ware auf eigene Kosten gegen Feuerschaden zu versichern. Die Nummer der Versicherungs-Police soll in der approximativen Rechnung genannt werden. Sofern der Käufer nicht auf diese beim Unterzeichnen des Vertrages verzichtet, muss eine Garantieerklärung von einer soliden Bank in dem Lande, in welchem die Abholung bzw. Verladung stattfindet, gegeben werden. Es muss ferner versichert werden, dass, vorausgesetzt die Ware wird vor dem 1. August des folgenden Jahres abgerufen, der Kaufpreis der nicht verschifften Ware dem Käufer zurückerstattet wird, falls die Ware oder ein Teil derselben infolge einer anderen Ursache als Zerstörung durch Feuer nicht geliefert wird. Die nachgewiesenen Kosten für diese Garantieerklärung trägt der Käufer, jedoch im Höchstfalle 1,5% des Garantiebetrages. Wenn der Abruf der Ware bis zum 1. August des folgenden Jahres nicht erfolgt, erlischt zwar die Bankgarantie, jedoch bleibt der Verkäufer an den Vertrag gebunden.

Die Verpflichtung des Käufers zur Zahlung der approximativen Rechnung soll jedoch aufgeschoben werden, wenn die Verhinderung an der Abholung bzw. Verladung der Waren auf irgendeine der Ursachen, die unter § 9 Nr. 1 zusammengefasst sind, mit Ausnahme von Eis, zurückzuführen ist. Der Tag der approximativen Zahlung soll um den gleichen Zeitraum hinausgeschoben werden, den die Verzögerung in Anspruch nimmt. Wenn nach der angegebenen Frist die Abholung bzw. Verladung der Waren infolge von Eis unmöglich geworden ist, so soll der genannte Zahlungstag weiterhin bis zum nächsten 1. April hinausgeschoben werden.

Wenn die Ware oder ein Teil derselben vor dem Tage der approximativen Zahlung nicht abgeholt worden ist, hat der Käufer von dem genannten Tage an eine Lagermiete von 0,75 % des Warenwertes pro m^3 pro Monat (kürzere Zeiträume pro rata) zu bezahlen.

Wenn jedoch die Abholung der Ware nach dem Inkrafttreten der Lagermiete durch irgendeinen Umstand außerhalb der Gewalt des Käufers mit Ausnahme von Eis verhindert wird, hat der Käufer so lange die Hälfte der Lagermiete zu bezahlen, als dieses Hindernis nicht beseitigt ist.

Wenn die zur Abholung oder Verladung per 15. Dezember oder später während der Saison gekaufte Ware, die für Abholung innerhalb einer Woche nach dem Bereitschaftstag befrachtet wurde, infolge von Eishindernissen nicht abgeholt werden kann, ist die Bestimmung über die Lagermiete im vorstehenden Absatz nicht vor dem 1. April in Anwendung zu bringen. Anstelle überliegender Ware kann der Verkäufer teilweise oder ganz neu geschnittene Ware liefern. Qualität und Trockenheit später geschnittener Ware müssen den Vertragsbedingungen entsprechen.

Bei Lieferung von überliegender Ware haftet der Verkäufer nicht für eine Verschlechterung, die man bei usancenmäßig geschützter Ware in der entsprechenden Zeit in Kauf nehmen muss.

Im Falle der Nichtabnahme der Ware kann der Verkäufer entweder die Zahlung gegen Aushändigung der vorläufigen Rechnung verlangen, nach Setzung einer Nachfrist von 30 Kalendertagen mit Ablehnungsandrohung vom Vertrag zurücktreten oder Schadensersatz wegen Nichterfüllung verlangen. Wird der Vertrag bei approximativer Zahlung annulliert, hat der Verkäufer den approximativ bezahlten Betrag nach Abrechnung der Lagermiete und anderer evtl. vertragsmäßiger Kosten ohne Zinsen an den Käufer zurückzuzahlen.

§ 12 Eigentumsvorbehalt

Die Lieferungen bleiben bis zur Bezahlung sämtlicher Forderungen des Verkäufers, gleich aus welchen Rechtsgründen, dessen Eigentum, auch wenn der Kaufpreis für besonders bezeichnete Waren bezahlt ist. Bei laufender Rechnung gilt das vorbehaltene Eigentum als Sicherung für die Saldoforderung des Verkäufers.

Der Verkäufer hat das Recht, wenn der Käufer in Verzug ist oder die Interessen des Verkäufers durch die wirtschaftliche Lage oder durch das Verhalten des Käufers gefährdet sind, die unter dem Eigentumsvorbehalt des Verkäufers stehenden Lieferung ganz oder teilweise vom Käufer oder dessen Abnehmer herauszuholen und darüber zu verfügen. Der Verkäufer kann verlangen, dass die Rücksendung der Ware frachtfrei zum Erfüllungsort auf Kosten und Gefahr des Käufers erfolgt. Der Verkäufer hat auch ein Recht, die Ware vom Käufer abzuholen und auf seine Kosten zurückzutransportieren. Mit der Ausübung des Rückholrechtes gilt das Vertragsverhältnis als aufgehoben, nur dann, wenn dies der Verkäufer schriftlich erklärt. Der Käufer hat den dem Verkäufer durch die Nichterfüllung des Vertrages entstandenen Schaden zu ersetzen.

Von einer Pfändung oder einer sonstigen Beeinträchtigung durch Dritte muss der Käufer den Verkäufer unverzüglich benachrichtigen. Be- und Verarbeitung erfolgen für den Verkäufer unter Ausschluss des Eigentumserwerbs nach § 950 BGB, ohne den Verkäufer zu verpflichten. Die verarbeitete Ware dient zur Sicherung des Verkäufers in Höhe des Rechnungswertes der Vorbehaltsware. Bei Verarbeitung mit anderen, nicht dem Verkäufer gehörenden Waren durch den Käufer, steht dem Verkäufer das Miteigentum an der neuen Sache zu im Verhältnis des Wertes der Vorbehaltsware zu den anderen verarbeiteten Waren zur Zeit der Verarbeitung. Für die aus der Verarbeitung entstehende neue Sache gilt sonst das gleiche wie bei der Vorbehaltsware, sie gilt als

Vorbehaltsware im Sinne dieser Bedingungen. Der Käufer darf das Eigentum des Verkäufers nur im gewohnten Geschäftsverkehr und nur solange er nicht im Verzüge ist und das Rückholrecht nicht ausgeübt worden ist, verarbeiten und veräußern; eine Verpfändung, Sicherungsübereignung oder sonstige Verfügung ist ausgeschlossen. Der Käufer ist zum Weiterverkauf und zur Weiterveräußerung der Vorbehaltsware ferner nur mit der Maßgabe berechtigt und ermächtigt, dass die Kaufpreisforderung aus dem Weiterverkauf gemäß folgender Bestimmungen auf den Verkäufer übergeht.

Die Forderung des Käufers gegen einen Dritten aus dem Weiterverkauf der Vorbehaltsware oder einem sonstigen Rechtsgrund wird bereits vorab an den Verkäufer abgetreten, und zwar gleichgültig, ob die Vorbehaltsware ohne oder nach Verarbeitung und ob sie an einen oder mehrere Abnehmer weiterverkauft wird oder der Anspruch gegen den Dritten auf sonstige Weise begründet wird. Der Käufer ist auch nach der Abtretung der Forderung zum Forderungseinzug berechtigt, solange er sich vertragstreu verhält und keine Zahlungsunfähigkeit vorliegt. Die abgetretene Forderung dient dem Verkäufer zur Sicherung in Höhe des Wertes der jeweils verkauften Vorbehaltsware. Für den Fall, dass die Vorbehaltsware vom Käufer mit anderen, nicht dem Verkäufer gehörenden Waren, sei es ohne, sei es nach Verarbeitung, verkauft wird, gilt die Abtretung der Kaufpreisforderung nur in der Höhe des Wertes der Vorbehaltsware, die mit anderen Waren Gegenstand dieses Kaufvertrages oder Teil des Kaufgegenstandes ist.

Der Käufer ist verpflichtet, dem Verkäufer auf Verlangen die der Abtretung unterliegenden Forderungen und deren Schuldner bekanntzugeben, alle zum Einzug erforderlichen Angaben zu machen und die dazugehörenden Unterlagen auszuhändigen. Auf Verlangen des Verkäufers ist der Käufer verpflichtet, die Abtretung dem Drittkäufer zur Zahlung an den Verkäufer bekanntzugeben. Kommt der Käufer dem Verlangen des Verkäufers nicht unverzüglich nach, so ist der Verkäufer berechtigt, die Abtretung dem Schuldner anzuzeigen und Zahlung an sich zu verlangen.

Übersteigt der Wert der für den Verkäufer bestehenden Sicherheiten dessen Forderung insgesamt um mehr als 20%, so ist der Verkäufer auf Verlangen des Käufers insoweit zur Freigabe von Sicherheiten nach Wahl des Verkäufers verpflichtet.

§ 13 Ausfuhr- und Einfuhrgenehmigungen

Das Gesuch für Aus- und Einfuhrgenehmigung ist vom Verkäufer bzw. Käufer einzureichen. Die Kosten hierfür sowie Aus- und Einfuhrzoll und Abgaben und Gebühren, die für die Ausfuhr oder Einfuhr der Ware zu bezahlen sind, sind Verkäufer bzw. Käufer zu zu tragen Wenn eine Partei, die das Gesuch um eine Lizenz eingereicht hat, die Genehmigung spätestens an dem im Vertrag genannten Termin nicht erhalten hat, ist sie berechtigt, den Vertrag bei sofortiger Benachrichtigung der anderen Partei zu annullieren.

Wenn eine Partei spätestens am vorgenannten Tage trotz Anfrage der anderen Partei nicht mitgeteilt hat, dass die erforderliche Genehmigung bewilligt ist, ist die letztgenannte Partei berechtigt, ohne Haftung für Schadenersatz bei sofortiger Benachrichtigung der anderen Partei den Vertrag zu annullieren.

Wenn die erforderliche Genehmigung der einen Partei abgeschlagen oder wenn die erteilte Genehmigung vor der Verschiffung widerrufen worden ist, hat diese Partei die andere hiervon telegrafisch/fernschriftlich/per Fax in Kenntnis zu setzen. Jede Partei ist dann berechtigt, den Vertrag schriftlich zu annullieren.

§ 14 Annahmeverweigerung

Der Käufer hat das Recht, die Ware zur Verfügung zu stellen und die im Vertrag vereinbarte Zahlung zu verweigern, nur wenn eine andere als im Vertrag vereinbarte Holzart oder Spezifikation (Dimension und/oder Qualitätsklasse) geliefert wurde. Das Zahlungsverweigerungsrecht des Käufers bezieht sich nur auf diesen fehlerhaften Teil der Lieferung.

§ 15 Reklamationen

Reklamationen müssen, um gültig zu sein, unverzüglich nach Entdeckung des Mangels, spätestens jedoch innerhalb von 30 Kalendertagen, bei Waggon- und Lkw-Lieferung bis zu einem Kontraktvolumen von 200 m^3 innerhalb von 14 Kalendertagen, beim Verkäufer oder dessen Agenten angemeldet werden. Bei versteckten Mängeln, wozu auch Mängel in geschlossenen Paketen zählen, die bei der handelsüblichen Untersuchung nicht erkennbar waren, gilt eine Frist von 90 Kalendertagen. Die Anzeige muss unverzüglich nach der Entdeckung gemacht werden, anderenfalls gilt die Ware auch in Ansehung dieses Mangels als genehmigt.

Die Reklamationsfrist beginnt mit dem vollständigen Löschen des Schiffes, des LKWs oder des Waggons; bei Abladungen, die für die Rheinhäfen oder andere Binnenhäfen bestimmt sind, ist maßgebend der Zeitpunkt des vollständigen Löschens der Leichter. Bei spezial getrockneter Ware beträgt die Frist für Reklamationen, die sich auf den Feuchtigkeitsgehalt beziehen, 7 Kalendertage, bei Partien ab 1000 m^3 14 Kalendertage.

Die Anmeldung jeder Reklamation muss Angaben über die betroffenen Dimensionen, Art und Ausmaß der angetroffenen Fehler sowie die geschätzte Höhe der Forderung des Käufers enthalten.

Der Käufer ist gehalten, die Ware mit der gebührenden Sorgfalt aufzubewahren.

Wenn frische Ware gekauft wurde, ist der Käufer nicht berechtigt, Reklamationen bezüglich des Trockenheitsgrades und daraus resultierender Verfärbungen zu erheben, sofern der Verkäufer unmittelbar nach Produktion die Versandbereitschaft angezeigt hat.

Reklamationen bezüglich der Qualität können für einzelne Posten oder Teilposten der Ladung erhoben werden. Als Posten gilt ein Konnossement; als Teilposten gilt alle Ware gleicher Dimension, Qualität und Beschreibung eines Konnossements. Reklamierte Posten oder Teilposten dürfen nicht angebrochen werden. Posten oder Teilposten werden als unangebrochen bezeichnet, wenn sie in der Gesamtheit wie entladen den Arbitern und dem Obmann vorgewiesen werden können.

Falls die Reklamation den Trockenheitsgrad oder die Bläue betrifft, kann der Käufer frei über diejenige Ware verfügen, die von der Reklamation nicht betroffen wird. Die Reklamation kann nur die Menge umfassen, die den Arbitern und dem Obmann vorgewiesen werden kann.

§ 16 Arbitrage bei verladener bzw. verschiffter Ware

Alle aus dem Vertrag herrührenden Streitigkeiten über verladene bzw. verschiffte Ware sind im Wege der Arbitrage zu schlichten, falls sich die Parteien über Reklamationen und/oder sonstige Streitfragen nicht innerhalb von 15 Kalendertagen, gerechnet vom Tage des Reklamationsempfangs oder Mitteilung der nach Auffassung der Partei zu klärenden Fragen, gütlich einigen. Die Parteien können die Frist zur gütlichen Einigung im gegenseitigen Einvernehmen verlängern. Kann eine gütlich Einigung innerhalb dieses Zeitraumes nicht erzielt werden, müssen die Parteien binnen weiterer 7 Kalendertage die Schlichtung entweder einem gemeinsam gewählten Arbiter übertragen oder, falls sie sich über die Person eines einzigen Arbiters nicht einigen können, jede für sich einen Arbiter bestimmen und dessen Namen und Anschrift der anderen Partei mitteilen. Als Parteien im Sinne dieser Regelung gelten der Verkäufer oder sein Repräsentant einerseits und der Käufer andererseits.

Falls der Käufer es unterlässt, den Arbiter innerhalb dieser Frist zu benennen, wird der Arbiter auf Verlangen der nicht im Verzüge befindlichen Partei vom Verein Deutscher Holzeinfuhrhäuser e.V. (VDH) ernannt. Falls der

Verkäufer es unterlässt, den Arbiter innerhalb dieser Frist zu benennen, wird der Arbiter auf Verlangen der nicht im Verzüge befindlichen Partei im Falle eines schwedischen Verkäufers von dem Verein Schwedischer Holzexporteure (STEF) und im Falle eines finnischen Verkäufers vom Verband der Finnischen Forstindustrie (FFIF) ernannt. Die Verbände können von der säumigen Partei Gebühren für den Fall verlangen, dass sie aufgefordert werden, Arbiter zu benennen. Sämtliche Arbitrageurteile sollten den Verbänden zur Kenntnis gegeben werden. Die Verbände verpflichten sich zur Wahrung der Anonymität der beteiligten Parteien Dritten gegenüber. Die Arbiter haben unverzüglich, spätesten jedoch innerhalb von drei Tagen, nachdem sie die Anzeige von ihrer Ernennung erhalten haben, mitzuteilen, ob sie das Schiedsrichteramt übernehmen.

Verweigert ein Arbiter die Übernahme des Arbiteramtes oder verweigert er später die Ausführung des Arbiteramtes, stirbt er oder fällt er aus einem anderen Grunde aus, so hat die Partei, die ihn ernannt hat, einen anderen Arbiter zu bestellen; Absatz 2 findet hierauf entsprechende Anwendung.

Die Arbiter müssen Holzfachleute sein, soweit es sich um Streitigkeiten handelt, die fachliche Kenntnisse erfordern.

Die Arbiter haben die Besichtigung der Ware, sofern dieses nicht als unnötig erachtet wird, so bald wie möglich vorzunehmen und spätestens 14 Kalendertage nach ihrer Ernennung entweder den Schiedsspruch auszufertigen und beiden Parteien unverzüglich zuzustellen oder mangels Einigung einen Obmann zu ernennen. Einigen sie sich über dessen Person nicht, so bestimmt jeder der Arbiter einen Namen aus der Obmännerliste, und die beiden Arbiter oder ihre bevollmächtigten Vertreter losen über diesen Namen und setzten den ausgelosten unverzüglich in Kenntnis. Diese Mitteilung ist die Ernennung. Kommt ein Arbiter den vorstehenden Verpflichtungen nicht nach, so wählt und lost an seiner Statt die Organisation der Gegenpartei. Steht der ausgeloste Obmann nicht zur Verfügung, so bestimmt der bei der Auslosung obsiegende Arbiter bzw. die Organisation den Obmann aus der Obmännerliste. Die Obmännerliste wird gemeinsam von STEF und FFIF einerseits und dem VDH andererseits aufgestellt und enthält 15 Namen, je fünf Personen benennen die Exporteure und fünf der VDH.

Die Liste kann vor dem 1. Mai eines jeden Jahres überprüft werden.

Bei Arbitragen über finnische Ware erfolgt die Verlosung unter den von deutscher und finnischer Seite benannten Personen der Obmännerliste, bei schwedischer Ware unter den von deutscher und schwedischer Seite benannten Personen.

Der Obmann trifft seine Entscheidung allein binnen einer Frist von 14 Kalendertagen nach seiner Ernennung und stellt den Schiedsspruch beiden Parteien unverzüglich zu.

Die Arbiter und der Obmann haben die beanstandete Ware so bald wie möglich, spätestens jedoch im Zeitpunkt der Ausfertigung des Schiedsspruchs, zur weiteren Verwendung freizugeben.

§ 17 Arbitrage bei unverladener bzw. unverschiffter Ware

Alle aus dem Vertrag herrührenden, aber nicht unter § 16 fallenden Streitigkeiten, über die sich die Parteien nicht gütlich einigen, sind ebenfalls im Wege der Arbitrage zu schlichten. Das Verfahren ist das gleiche wie unter § 16 dargestellt, jedoch mit folgenden Abweichungen: Einigen sich die Arbiter über die Person des Obmannes nicht, so soll von den Arbitern ausgelost werden, welche Organisation der beiden Parteien den Obmann ernennen soll. Der Obmann soll eine besondere Eignung für die Entscheidung des betreffenden Streitfalles haben und braucht nicht eine von den in der Obmännerliste lt. § 16 genannten Personen zu sein. Der Obmann ist berechtigt, alle Maßnahmen zu treffen, die der Klärung des Sachverhalts dienlich sind, wie z. B. gemeinsame Beratung mit den Arbitern, Anforderung eines unparteiischen Gutachtens, Anordnung eines Lokaltermins usw.

§ 18 Arbitrage bei verladener bzw. verschiffter und unverladener bzw. unverschiffter Ware
Betrifft eine Streitigkeit sowohl verschiffte als auch unverschiffte Ware, so wird sie nach § 17 geschlichtet.

§ 19 Soloarbitrage
Bezieht die Reklamation sich auf nicht mehr als auf einen Doppelwaggon oder zwei Lkw-Ladungen, so findet Soloarbitrage statt. Einigen sich die Parteien nicht über die Person eines einzigen Arbiters, so wird der Arbiter vom VDH im Benehmen mit STEF im Falle eines schwedischen Verkäufers und im Benehmen mit FFIF im Falle eines finnischen Verkäufers aus der Arbiterliste ernannt. Diese wird vom VDH im Einvernehmen mit STEF und FFIF aufgestellt und enthält mindestens sechs Namen. Die Soloarbitrage sollte aus Kostengründen von einem unabhängigen Arbiter mit Wohnsitz in dem Land durchgeführt werden, in dem der Reklamationsfall zu regeln ist. Einigen sich die Vereine nicht auf einen Arbiter, entscheidet das Los. Im Übrigen finden die Vorschriften des § 16 entsprechende Anwendung.

§ 20 Rechtskraft der Arbitrage-Entscheidung
Die nach den §§ 16–19 getroffenen schiedsgerichtlichen Entscheidungen sind endgültig und für beide Parteien bindend. Zuständiges Gericht im Sinne der §§ 1039, 1045 der Zivilprozessordnung ist das Landgericht Bremen (Sitz des Vereinsregisters des VDH), außer für in Schweden und Finnland nach Germania 1998 durchgeführte Schiedsverfahren.

§ 21 Verteilung der Arbitragekosten
Die Arbiter sind berechtigt und verpflichtet, eine Kostenentscheidung zu treffen. Die Arbitragekosten werden im prozentualen Verhältnis entsprechend dem Urteil auf die Parteien verteilt. Dabei ist angemessen zu berücksichtigen, inwieweit sich die einzelnen Parteien um eine gütliche Einigung bemüht haben.

§ 22 Zahlung von Reklamationsbeträgen
Zahlungsverpflichtungen aufgrund von Reklamationen, die durch freundschaftliche Einigung oder durch Arbitrageurteil festgelegt werden, sind innerhalb von 10 Kalendertagen nach Eingang der Debet-Note bei freundschaftlicher Einigung oder nach Zustellung des Arbitrageurteils zu erledigen.

§ 23 Zahlungsbedingungen
1. Alle Zahlungsbedingungen werden ab dem letzten Datum der Abgangstransportdokumente gerechnet. Bei approximativen Rechnungen ist das Datum des Poststempels maßgeblich.
2. Alle Rechnungen sind innerhalb von 30 Kalendertagen netto ohne Abzug zu zahlen.
3. Bei einer Zahlung innerhalb von 12 Kalendertagen werden 2,5 % Skonto gewährt, bei Schiffsverladungen auf den FAS-Preis, bei Waggonverladungen auf den Preis ab Verladestation und bei Lkw-Verladungen auf den Preis ab Sägewerk.
4. Die Zahlungen sollen zwei Tage vorher erfolgen, so dass der Zahlungseingang innerhalb der genannten Fristen erfolgt.
5. Im Falle des Verzuges hat die säumige Partei Verzugszinsen von 5 % p.a. über dem Diskontsatz der Deutschen Bundesbank bzw. künftig der Europäischen Zentralbank zu zahlen.
6. Reklamationen berechtigen nicht zum Einbehalten von Zahlungen.

<u>Anlage 1:</u> Empfehlungen für das Messen des Feuchtigkeitsgehaltes
1. In diesen Empfehlungen wird die Methode definiert, mit der festgestellt wird, ob Nadelschnittholz-Partien kontraktgemäß getrocknet worden sind.

2. Es wird empfohlen, dass die Feuchtigkeit durch elektrische Messgeräte bestimmt wird, da dies eine wirtschaftliche Methode für die Bestimmung der Holzfeuchtigkeit darstellt. Wenn Käufer und/oder Verkäufer eine Feuchtigkeitsbestimmung durch die Darrmethode wünschen, ist ISO/DIN 4470 zu berücksichtigen.
3. Die folgenden Bestimmungen beinhalten eine Stichproben-Untersuchung, die auf statistischen Wahrscheinlichkeitsberechnungen beruht.
4. Bei der Untersuchung eines Schnittholzpakets sind die äußersten Stücke des Pakets außer acht zu lassen.
5. Für die Bestimmung des Feuchtigkeitsgehaltes ist ein elektrisches Widerstands-Feuchtigkeits-Messgerät mit wenigstens 25 mm langen isolierten Elektroden zu verwenden. Die Stärke des Messgerätes soll der zu messenden Holzart entsprechen, damit sich die Temperatur in angemessenen Grenzen bewegt und damit sichergestellt wird, dass jede einzelne Messung nicht mehr als 2% vom effektiven Feuchtigkeitsgehalt abweicht, d. h., wenn die effektive Feuchtigkeit 16 % ausmacht, sollte das Messgerät immer Werte zwischen 14 und 18 % angeben.
6. Pakete sollten aus den Partien und einzelne Stücke sollten aus den Paketen nach zufälligen Gesichtspunkten zur Prüfung entnommen werden. Die Anzahl der zu prüfenden Pakete in einer Partie ist in Tabelle 1 aufgeführt: die Gesamtzahl der zu prüfenden Stücke ist in Tabelle 2 angegeben. Von jedem Paket sollte etwa der gleiche Prozentsatz an Stücken entnommen werden.

Tabelle 1

Anzahl der Pakete der Partie	Anzahl der zu öffnenden Pakete
1	1
2-5	2
6-11	3
12 und mehr	4

Tabelle 2

Anzahl der Stücke einer Partie	Anzahl der zu untersuchenden Stücke	Anzahl der Probestücke, die den zulässigen Feuchtigkeitsgehalt überschreiten dürfen
20-32	19	1
33-50	30	2
51-77	40	3
78-120	51	4
121- 198	62	5
199- 386	72	6
387-1 500	83	7
1 501 und mehr	94	8

7. Vier Feuchtigkeitsmessungen sind an jedem einzelnen Probestück durchzuführen: zwei auf jeder Seite. Die beiden Messungen auf jeder Seite sind ungefähr in der Mitte des Probestückes durchzuführen, und zwar etwa 10–15 mm voneinander entfernt. Die Messungen sollten nicht in der Nähe von Ästen oder Holzfehlern durchgeführt werden.
8. Bei der Messung sollten die Elektroden in eine Tiefe von 20 % der Dicke des Probestückes eindringen. Wenn Messgeräte zur Kontrolle der Tiefe des Eindringens der Elektroden benutzt werden, sollten diese aus einem Material bestehen, das das Resultat nicht beeinflusst, z.B. aus Gummi oder Plastik.
9. Von den ermittelten Werten werden der höchste und der niedrigste Wert nicht berücksichtigt. Der Durchschnitt der beiden anderen Messungen wird – auf eine ganze Zahl abgerundet – als Feuchtigkeitsgehalt des Probestückes angesehen.
10. Es ist zu berücksichtigen, dass Schnittholz mit einem Feuchtigkeitsgehalt von weniger als 20 % häufig geringere Dimensionen aufweist als in der Spezifikation angegeben ist, da die Einschnittmaße im Allgemeinen auf einem Feuchtigkeitsgehalt von 20 % basieren. Empfehlungen für die Berechnung der Abweichungen bei einem anderen Feuchtigkeitsgehalt werden in ISO 738-1981

(E) „Coniferous sawn timber – sizes, permissible deviations and shrinkage“ gegeben.

7.2.5 NaDeHo-Schlussbrief

Der NaDeHo-Schlussbrief enthält Vereinbarungen für den Verkehr mit Nadelschnittholz zwischen der Bundesrepublik Deutschland und Holland. Er wurde angenommen von den deutschen Sägewerks- und Holzhandelsverbänden und dem Nederlandse Zachthoutbond in Amsterdam. Im Anhang zum Schlussbrief sind Vereinbarungen bezüglich der Arbitrage abgedruckt, die immer Bestandteil des Kontraktes sind.

§ 1 Preis
Die Ware wird, wenn nicht anders vereinbart, in metrischem Maß geliefert. Die Preise verstehen sich pro m^3.

§2
A. Erfüllungsort
a) Falls nichts anderes vereinbart ist, gilt Versendungskauf (ab Werk). Erfüllungsort für die Lieferung ist der Ort, wo sich die Ware zum Zwecke des Versandes befindet. Ist Lieferung franko Empfangsort vereinbart, so ist dieser Erfüllungsort.
b) Erfüllungsort für die Zahlung des Kaufpreises sowie für die sonstigen Leistungen des Käufers ist stets der Ort der gewerblichen Niederlassung des Verkäufers.

B. Fracht
a) Die Fracht ist vom Käufer gegebenenfalls in bar vorzulegen.
b) Für die nachfolgende Verrechnung der Vorlage hat der Käufer dem Verkäufer auf Wunsch die Frachtbelege gegen Rückgabe auszuhändigen und die Ansprüche aus dem Frachtvertrag schriftlich für den Fall abzutreten, dass solche geltend gemacht werden müssen. Das gleiche gilt für Sendungen, die mit Zollabgaben belastet sind.
c) Gesetzliche Tarifänderungen gehen zu Lasten oder zu Gunsten desjenigen, der die Frachtkosten zu tragen hat.
d) Weicht der Verkäufer ohne Zustimmung des Käufers von der vereinbarten Beförderungsart ab, trägt der Verkäufer die Transportgefahr.
e) Fehlfracht trägt, wer sie zu vertreten hat.
f) Bei Preisstellung frei Rheinschiff Holland gehen Zuschläge für Nieder- oder Hochwasser zu Lasten desjenigen, der die Frachtkosten zu tragen hat. Bei Lieferungsverzögerungen ist die verschuldende Partei zur Tragung der Mehrkosten verpflichtet.

C. Zollspesen
Ausfuhrzoll und sonstige Exportspesen, welche durch Regierungsbestimmungen und -vorschriften des Ausfuhrlandes vorgeschrieben sind, gehen zu Lasten des Verkäufers; Einfuhrzoll und sonstige Einfuhrspesen, entstanden durch Regierungsbestimmungen und -vorschriften des Einfuhrlandes, gehen auf Käufers Rechnung.

D. Gütebestimmung und Sortierung
Nadelschnittholz wird, wenn nicht anders vereinbart, in Güte- bzw. Schnittklassen nach den „Tegernseer Gebräuchen“ Fassung 1956, Anlage 1, welche in der Bundesrepublik Deutschland Anwendung finden, gehandelt. Für die Begriffe Gütebestimmung, Sortierung, Maßhaltigkeit, Trockenheitsgrad, Vermessung, Güteklassenbeurteilung, gelten in diesem Falle die gleichen Bestimmungen.

E. Spielraum in der Menge
a) Mengenbezeichnungen wie „zirka“, „etwa“, „rund“ und ähnliche berechtigen den Verkäufer, je Sortiment bis zu 10% mehr oder weniger als die vertraglich vereinbarte Menge zu liefern.
b) Wenn in dem Abschluss die Menge durch die Bezeichnung „von ... bis ...“ ausgedrückt ist, ist der Verkäufer nur zur Lieferung der Mindestmenge verpflichtet, dagegen auch zur Lieferung bis zur vorgesehenen Höchstmenge

berechtigt. Die Ausdrücke „zirka“, „etwa“ oder ähnliche in Verbindung mit der Bezeichnung „von ...bis ...“ bleiben unberücksichtigt.
c) Ist Halbholz oder Kreuzholz zu liefern, so hat der Lieferant das Recht, von jeder Einzel-Abmessung mindestens zwei bzw. bis zu vier Stück zu liefern.

F. Spielraum im Maß
a) Sind Längen oder Breiten durch Angabe der einzuhaltenden unteren oder oberen Maßgrenzen ausgedrückt, z. B. Längen 3 bis 6 m, Breiten 20 bis 30 cm, dann hat der Verkäufer die Wahl, beliebige Abmessungen innerhalb der festgesetzten Maßgrenzen zu liefern.
b) Ist die Lieferung von Durchschnittsabmessungen vereinbart, so sind auch bei Zusätzen wie „zirka“, „etwa“ Über- bzw. Unterschreitungen nur bis zu 5 % zulässig. Die Ausdrücke „zirka", „etwa" und ähnliche in Verbindung mit der Bezeichnung „von .. . bis . . ." bleiben unberücksichtigt.
c) Wird die Einhaltung von Mindestdurchschnittslängen und/oder Mindestdurchschnittsbreiten vereinbart, so dürfen diese nicht unterschritten werden. Ist die Lieferung verschiedener Längen zugelassen, aber gleichmäßige Längenverteilung vereinbart, so ist es Sache weiterer Vereinbarung, ob die Verteilung nach Stückzahl oder m^3 gilt. Sinngemäß gilt das gleiche, wenn die Lieferung gleichmäßig verteilter Breiten vorgeschrieben ist. Sind Durchschnittslängen vereinbart, so gilt als Durchschnitt die Teilung sämtlicher Längen (gesamte laufende Meter) durch die Stückzahl für jede Dimension. Entsprechendes gilt für die Durchschnittsbreiten.

G. Verantwortlichkeit für Fehler
Für äußerlich nicht erkennbare, auch bei oder nach der Verarbeitung sich ergebende Fehler äußerlich gesunden Rund- und Schnittholzes und daraus entstandene Folgen hat der Verkäufer nicht aufzukommen, außer bei arglistigem Verschweigen.

§ 3 Ursprungszeugnisse
Falls Warenverkehrsbescheinigung bzw. Ursprungszeugnis gefordert werden, ist der Verkäufer verpflichtet, diese auf seine Kosten zu beschaffen.

§ 4 Höhere Gewalt
a) Sollten Krieg, Ausfuhr- oder Einfuhrverbote oder eine Blockade die vertraglich vorgesehene Verladung innerhalb der vereinbarten Frist bzw. Nachfrist behindern, so ist der Vertrag oder der nicht gelieferte Vertragsteil von Rechts wegen annulliert.
b) Der Verkäufer ist für eine Verzögerung infolge höherer Gewalt (Feuer, Streik, Aussperrung, Überschwemmung, beträchtlicher Schaden im Sägewerk, Holzlager oder Abladeplatz oder sonstigen Ereignissen außerhalb seines Machtbereiches bei ihm selbst oder seinem in diesem Kontrakt mit Namen angeführten Sublieferanten) nicht verantwortlich.
c) Der Verkäufer ist aber in diesem Falle verpflichtet, den Käufer hiervon unverzüglich telegrafisch oder per Einschreibebrief zu benachrichtigen, und ist dann für den dadurch entstandenen Schaden nicht verantwortlich. In einem solchen Fall ist der Verkäufer berechtigt, den Vertrag innerhalb von 6 Wochen von dem vertraglich bestimmten Liefertermin an zu erfüllen, ausgenommen für Listenholz für einen bestimmten Bau, das noch nicht ausgelängt worden ist.
d) Wenn innerhalb dieser Frist infolge höherer Gewalt die vorgesehene Verladung nicht stattfinden kann, sind Käufer und Verkäufer berechtigt, vom Vertrag bzw. von dem noch nicht belieferten Vertragsteil zurückzutreten.

§ 5 Verzug
a) Der Käufer kommt in Verzug, wenn er die gehörig angebotene Ware oder die Vornahme der ihm obliegenden Vorbereitungshandlungen, wie Besichtigung, Spezifikation, Abruf, Versandanweisung usw., ohne die der Lieferant

zu erfüllen nicht imstande ist, nicht innerhalb angemessener Frist abnimmt.
b) Der Verkäufer wird nach Ablauf des Liefertermins durch Mahnung des Käufers in Verzug gesetzt.
c) Die Mahnung hat durch eingeschriebenen Brief zu erfolgen und deutlich das Verlangen des Käufers nach Lieferung bzw. des Verkäufers auf Abnahme zum Ausdruck zu bringen. Gleichzeitig ist dem säumigen Vertragsteil zur nachträglichen Erfüllung eine dem Lieferungsfalle angemessene Nachfrist zu setzen, ausgenommen beim Fixgeschäft.
d) Bei Lieferungen ab Versandort (Versendungskauf) gilt die Lieferungsfrist als eingehalten, wenn die Ware vor Fristablauf abgesandt oder bei vereinbarter Abholung seitens des Käufers durch den Verkäufer bereitgestellt ist. Beim Fixgeschäft tritt Verzug für beide Teile ohne vorherige Mahnung ein.

§ 6 Reklamationen

a) Der Käufer ist verpflichtet, die Sendung in jedem Falle in Empfang zu nehmen und pfleglich zu behandeln.
b) Beanstandungen der Ware sind unverzüglich nach gegebener Möglichkeit zur Besichtigung und Prüfung des Holzes, spätestens aber innerhalb 7 Werktagen vom Eingangstag der Ware am ersten Einlagerungsort beim Käufer oder seinem Beauftragten gerechnet, telegrafisch oder schriftlich unter genauer Angabe der behaupteten Mängel und des Lagerortes zu erheben. Wird die Ware durch den Käufer unmittelbar an seinen Kunden disponiert (Direktgeschäft), verlängern sich die Fristen für die Anzeigen von Mängeln gegenüber dem Lieferanten um 3 Werktage. Für Beanstandungen des Aufmaßes verlängern sich die vorstehenden Fristen um 5 Werktage.
c) Der Käufer begibt sich der Mängelrechte, wenn er die Ware vom Lagerort entfernt, bevor eine Einigung erzielt ist oder bevor dem Verkäufer Möglichkeit zur Besichtigung oder Beweissicherung gegeben wurde.
d) Der Käufer kann über einen Teil der Ware nur dann verfügen, wenn der Verkäufer hierzu seine Zustimmung gegeben hat. Der so freigestellte Teil gilt als vertragsgemäß geliefert.
e) Die Verpflichtung zur Einholung der Zustimmung entfällt, wenn es sich um eine Lieferung von Listenholz für einen bestimmten Bau handelt.
f) Der Verkäufer muss von der Möglichkeit der Besichtigung der bemängelten Ware oder der Beweissicherung innerhalb 14 Werktagen nach Eingang der Beanstandung Gebrauch machen. Wenn die Besichtigung durch den Verkäufer oder dessen Beauftragten nicht innerhalb dieser Frist stattfindet, gilt die Reklamation des Käufers als vom Verkäufer anerkannt, es sei denn, dass der Verkäufer oder sein Beauftragter durch behördliche Hindernisse oder sonstige Fälle höherer Gewalt am rechtzeitigen Eintreffen am Besichtigungsort gehindert ist. Darüber hat der Verkäufer oder der von ihm Beauftragte den Käufer vor Ablauf der Frist telegrafisch oder schriftlich zu verständigen. Der Käufer ist verpflichtet, auch beanstandete Teile einer Lieferung bis zur Austragung einer Reklamation pfleglich zu behandeln.
g) Ist die Ware am Lagerplatz des Käufers eingelagert, so ist dieser berechtigt, diese anderweitig auf Kosten des Verkäufers einzulagern, falls dieser binnen 6 Wochen nach Beanstandung über die Ware nicht verfügt.

§ 7 Dokumente

a) Als Dokumente gelten: Spezifikation und Faktura und – wenn erforderlich – auch ein Ursprungszeugnis bzw. eine Warenverkehrsbescheinigung sowie bei Waggonverladung der bahnamtlich abgestempelte Duplikatfrachtbrief; bei Lkw-Versand Lieferschein, Duplikat-Frachtbrief und/oder Spediteurbescheinigung; bei Verfrachtung per Schiff die üblichen Verschiffungspapiere oder nach Wahl des Verkäufers eine entsprechende Bestätigung des bestellten Grenzspediteurs.

Der Verkäufer hat dem Originalfrachtbrief eine genaue Spezifikation der Ladung beizufügen.
b) Da die Frachtbriefduplikate vom Absender zur Geltendmachung der Warenumsatzsteuer-Rückvergütung benötigt werden, ist der Käufer verpflichtet, diese Dokumente frühestens, jedoch spätestens vor Ablauf von 6 Wochen nach Eingang der Sendung, auf Ansuchen des Verkäufers an den Absender oder seinen Beauftragten eingeschrieben zurückzusenden. Reichen diese 6 Wochen aus triftigen Gründen, die der Käufer zu vertreten hat, nicht aus, so stehen dem Käufer für die Rücksendung der Frachtbriefduplikate noch weitere 4 Wochen zur Verfügung. Widrigen falls ist der Verkäufer berechtigt, einen hieraus entstandenen Schaden dem Käufer anzulasten.

§ 8 Zahlung
a) Die Zahlung ist, sofern nichts vereinbart, nach Empfang und Richtigbefund der Ware, jedoch spätestens 8 Tage nach Eingang dieser, netto zu leisten.
b) Wird die Ware vom Käufer für „nicht richtig" befunden, so ist der Rechnungsbetrag unter Abzug des strittigen Betrages ebenfalls innerhalb obiger Frist an den Verkäufer zu zahlen.
c) Der strittige Betrag ist zum gleichen Zeitpunkt bei einer vom Verkäufer zu nennenden holländischen Stelle (Grenzspediteur, Großbank) zu hinterlegen und bis zur Erledigung der Reklamation zu sperren. Im etwaigen Schiedsgerichtsverfahren ist zu bestimmen, zu wessen Lasten die dadurch erwachsenen Auslagen zugehen haben, ansonsten sind sie von beiden Parteien zu gleichen Teilen zu tragen.

§ 9 Allgemeine Kreditwürdigkeit
a) Bei Vertragsabschluss wird die Zahlungsfähigkeit oder Kreditwürdigkeit des Käufers vorausgesetzt.
b) Ergeben sich gegen diese Annahme späterhin auf Grund nachweisbarer Tatsachen begründete Bedenken, so kann der Verkäufer nicht ohne weiteres von den eingegangenen Verpflichtungen zurücktreten, jedoch steht ihm das Recht zu, Leistung Zug um Zug oder Sicherstellung innerhalb einer Woche vom Käufer zu verlangen, und für den Fall, dass der Käufer diesem Verlangen nicht nachkommt, vom Vertrag zurückzutreten.

§ 10 Agent
Der Agent, durch dessen Vermittlung dieser Vertrag zustande gekommen ist, kann Mitteilungen bzw. Dokumente nur dann rechtsverbindlich entgegennehmen, wenn er hierzu vom Exporteur bzw. Importeur schriftlich ermächtigt worden ist. Ansonsten sind Mitteilungen über einen Agenten nur dann rechtsverbindlich, wenn sie vom Agenten innerhalb der jeweiligen Fristen dem Importeur oder Exporteur zugeleitet werden.

§ 11 Maklerlohn
a) Wenn eine Agentenprovision vereinbart wird, ist diese nach Maßgabe der effektiv erfolgten Lieferungen zu bezahlen.
b) Der Maklerlohn errechnet sich im Allgemeinen nach dem im Schlussschein genannten Kaufpreis. Im Kaufpreis enthaltene Versendungskosten sind nur provisionspflichtig, wenn dies vereinbart ist.

§ 12 Gerichtsstand und Eigentumsvorbehalt
Die Regelung des Gerichtsstandes und des Eigentumsvorbehaltes ist Sache gegenseitiger Vereinbarung.

§ 13 Arbitrage
Die zwischen der Vereinigung Deutscher Sägewerksverbände e.V., Koblenz-Oberwerth, Vereinigung der Holzhandelsverbände e.V. (VHV), Hannover, und dem Nederlandse Zachthoutbond, Amsterdam-C, separat vereinbarte Arbitrage ist Bestandteil dieses Kontraktes.

§ 14 Inkrafttreten und Kündigung

a) Die Vereinbarungen im Verkehr mit Nadelschnittholz zwischen der Bundesrepublik Deutschland und Holland und die dazu vereinbarte Arbitrage treten am 1. Januar 1961 in Kraft. Sie können mittels eingeschriebenem Brief mit einer Kündigungsfrist von mindestens 4 Wochen vor Ablauf des Kalenderjahres gekündigt werden.

b) Alle bis zum Ablauf der Kündigungsfrist oder der Inkraftsetzung eines neuen Übereinkommens laufenden Kontrakte, welche auf Grund der Vereinbarung im Verkehr mit Nadelschnittholz zwischen Bundesrepublik Deutschland und Holland einschließlich der Arbitrage abgeschlossen worden sind, sofern nichts anderes vereinbart wurde, nach den alten Bestimmungen abzuwickeln.

Arbitrage zum Schlussbrief NaDeHo

Organisation

1. Die Vereinigung Deutscher Sägewerksverbände e.V., Koblenz-Oberwerth, Vereinigung der Holzhandelsverbände e.V. (VHV), Hannover, und der Nederlandse Zachthoutbond, Amsterdam-C, erstellen gemeinsam eine Liste, die die Namen von 20 Schiedsrichtern ausweist.
   Von jedem der beiden vertragschließenden Länder wird je die Hälfte der Schiedsrichter benannt.
2. Die Schiedsrichterlisten können jährlich vor dem 1. Mai von den genannten Organisationen, und zwar jeweils für deren Teil, überprüft und ergänzt werden.
3. Bei Streitigkeiten kann jeder die Namen der unter Ziffer 1 Genannten bei den zuständigen Organisationen erfragen.

Durchführung

1. Alle aus dem Vertrag herrührenden Streitigkeiten – wie auf der Vorderseite des Schlussbriefes vermerkt – werden, wenn innerhalb von 14 Tagen nach Einreichung des Anspruchs keine gütliche Verständigung erzielt worden ist, durch Arbitrage innerhalb weiterer 14 Tage gemäß den nachfolgenden Bestimmungen, zur Austragung gebracht.
2. Die Arbitrage erfolgt durch ein aus einem oder aus drei Schiedsrichtern bestehendes Schiedsgericht. Die Schiedsrichter werden nach bestem Wissen und Gewissen einen Spruch fällen, der endgültig und bindend ist. Der (die) Schiedsrichter bestimmt(en) das Verfahren unter Angabe der Kosten desselben und von wem diese zu zahlen sind.
   Die Beauftragung der Arbiter wird erst mit der Einreichung des Schiedsspruches bei der zuständigen Geschäftsstelle beendet.
3. a) Die Arbitrage wird stattfinden in dem Lande, wo die Partei ansässig ist, gegen welche zuerst ein Anspruch eingereicht wird, wobei diese Partei das Recht haben wird, einen etwaigen Gegenanspruch im gleichen Arbitrageverfahren entscheiden zu lassen.
   b) Abweichend von dem unter 3. a) bestimmten wird, falls die Streitigkeit sich ganz oder teilweise bezieht auf oder zusammenhängt mit schon an den Käufer expedierten Waren, die die niederländische Grenze passiert haben, die Arbitrage in den Niederlanden stattfinden.
4. Die Entscheidung wird einem Schiedsrichter übertragen, wenn die Parteien innerhalb von 14 Tagen – nachdem eine der beiden Parteien dies der anderen vorgeschlagen hat – sich diesbezüglich geeinigt haben. Dieser Schiedsrichter wird gemeinsam bestellt. Falls innerhalb von 14 Tagen, nachdem sich die Parteien geeinigt haben, die Entscheidung einem Arbiter zu übertragen, über die Wahl dieses Arbiters keine Übereinstimmung erreicht worden ist, wird der Schiedsrichter auf Antrag einer der beiden Parteien von dem Vorsitzenden oder dem stellvertretenden Vorsitzenden wahlweise der Vereinigung Deutscher Sägewerksverbände e.V., Koblenz, oder der Vereinigung der Holzhandelsverbände e.V., Hannover, wenn die

Arbitrage in der Bundesrepublik Deutschland, und des Nederlandse Zachthoutbond, Amsterdam, wenn sie in den Niederlanden stattfindet, aus der unter Organisation Ziffer 1 genannten Liste bestellt.

5. In anderen als den unter 4. erwähnten Fällen sind die Streitfragen von drei Schiedsrichtern zu entscheiden. Diese werden wie folgt gewählt: Der Verkäufer und der Käufer machen je einen Schiedsrichter namhaft. Falls innerhalb von 14 Tagen, nachdem eine Partei der anderen ihren Schiedsrichter mittels Einschreibebrief bekanntgegeben hat, diese ihren Schiedsrichter der erstgenannten Partei nicht mitteilt, bestellt der Vorsitzende oder der stellvertretende Vorsitzende wahlweise der Vereinigung Deutscher Sägewerksverbände e.V. Koblenz, oder der Vereinigung der Holzhandelsverbände e.V., Hannover, wenn die Arbitrage in der Bundesrepublik Deutschland, und des Nederlandse Zachthoutbond, Amsterdam, wenn sie in den Niederlanden stattfindet, auf Antrag der betreibenden Partei innerhalb von drei Wochen einen Schiedsrichter aus der unter Organisation Ziffer 1 genannten Arbiterliste. Diese beiden Schiedsrichter haben sodann gemeinsam den dritten Schiedsrichter zu wählen. Werden sie über die Wahl desselben nicht einig, so wählt jeder der beiden Schiedsrichter aus der unter Organisation Ziffer 1 genannten Arbiterliste einen Schiedsrichter. Zwischen diesen beiden entscheidet das Los über die Bestellung. Die Losung wird im Büro wahlweise der Vereinigung Deutscher Sägewerksverbände e.V., Koblenz, oder der Vereinigung der Holzhandelsverbände e.V., Hannover, wenn die Arbitrage in der Bundesrepublik Deutschland, und des Nederlandse Zachthoutbond, Amsterdam, wenn sie in den Niederlanden stattfindet, nach entsprechender Verständigung der anderen Organisation, welche berechtigt ist, einen Vertreter zu diesem Vorgange zu entsenden, vorgenommen.
6. Im Falle des Todes eines oder mehrerer der bestellten Schiedsrichter oder im Falle der Weigerung eines oder mehrerer bestellter Schiedsrichter, das Mandat anzunehmen, oder falls einer oder mehrere Schiedsrichter länger als zwei Wochen nach ihrer Bestellung mit der Erfüllung ihrer Funktion in Verzug bleiben sollten, ist die betreffende Stelle bzw. sind die betreffenden Stellen auf die in Ziffer 4 und 5 beschriebene Weise neu zu besetzen.
7. Die beanstandete Ware soll sobald als möglich zur weiteren Verwendung freigegeben werden. Der (die) Schiedsrichter ist (sind) berechtigt, alle Maßnahmen zu treffen, die der Klärung des Sachverhaltes dienlich sind.
8. Bei Qualitäts- und/oder Maßdifferenzen sind/ist die/der Schiedsrichter verpflichtet, die Ware innerhalb von 14 Tagen nach Annahme ihrer/seiner Bestellung zu überprüfen, es sei denn, dass eine Besichtigung nicht erforderlich ist.
9. Die Schiedsrichter können der bei einer Arbitrage obsiegenden Partei das Recht zuerkennen, den Schiedsspruch auf Kosten der verurteilten Partei im Publikationsorgan und/oder in einem Sonderrundschreiben der Vereinigung Deutscher Sägewerksverbände, Vereinigung der Holzhandelsverbände und/oder des Nederlandse Zachthoutbond zu veröffentlichen, wenn die aus dem Schiedsspruch hervorgehenden Verbindlichkeiten nicht in der im Schiedsspruch vorgesehenen Frist geregelt werden. Die Höhe der Veröffentlichungskosten ist von den Schiedsrichtern in dem Schiedsspruch anzuführen und die Tragung derselben der verurteilten Partei aufzuerlegen.

Kosten

1. Die bei der Arbitrage entstehenden Kosten sind, falls der oder die Schiedsrichter nichts anderes entscheiden oder wenn Ziffer 2 nicht zutreffend ist, von den Vertragsparteien je hälftig zu tragen.

2. Wird von einer Partei eine Reklamation stark übertrieben und es entstehen hierdurch Arbitragespesen, so sind diese und der Gegenpartei entstandene sonstige Kosten vom fahrlässigen Reklamenten zu tragen. Die Schiedsrichter sind berechtigt, einen Vorschuss auf die Kosten zu beanspruchen.

7.2.6 Gebräuche für die Vermittlung von Holzgeschäften

Festgestellt durch die Vereinigung Deutscher Sägewerksverbände e.V., Vereinigung der Holzhandelsverbände e.V. (VHV) und die Bundesfachgemeinschaft Holzmakler in der Centralvereinigung Deutscher Handelsvertreter- und Handelsmaklerverbände (CDH) am 24. März 1952 in Bonn. Diese Gebräuche wurden im Rahmen der Neufeststellung der Tegernseer Gebräuche im September 1985 unverändert übernommen und bestätigt. Lediglich die Bezeichnungen der beteiligten Verbände änderten sich wie folgt:

Bundesverband Deutscher Holzhandel e.V., Wiesbaden; Centralvereinigung Deutscher Handelsvertreter- und Handelsmaklerverbände (CDH) – Bundesfachgemeinschaft Holz- und Baubedarf – Bundesfachabteilung Holzmakler, Köln; Vereinigung Deutscher Sägewerksverbände e.V., Wiesbaden.

§ 1 Form des vermittelten Vertrages
Der durch den Holzmakler vermittelte Abschluss ist an eine bestimmte Form nicht gebunden. Stellt der Makler Schlussscheine aus, so haben sie die Bedeutung von Beweismitteln.

§ 2 Haftung
Der Holzmakler haftet jeder der beiden Parteien für den durch sein Verschulden entstandenen Schaden.

Ein zum Schadenersatz verpflichtendes Verschulden des Maklers liegt nicht vor, wenn der Holzmakler in gutem Glauben an seine Vertretungsvollmacht gehandelt hat oder wenn die Parteien ihren vertraglichen Verpflichtungen nicht nachkommen oder das Zustandekommen des Vertrages bestreiten.

Hinsichtlich der Zahlungsfähigkeit der Vertragsparteien übernehmen die Holzmakler keine Haftung, es sei denn, dass dies ausdrücklich vereinbart worden ist; in diesem Fall ist eine Delkrederevergütung üblich. Alle Auskünfte über die Kredit- und Zahlungsfähigkeit der Vertragsparteien werden nach bestem Wissen und Gewissen, aber ohne Gewähr gegeben.

§ 3 Maklerlohn
Sofern nichts anderes vereinbart, ist der Maklerlohn von Käufer und Verkäufer je zur Hälfte zu tragen.

Er errechnet sich nach dem im Schlussschein genannten Kaufpreis ohne Abzug von Skonto. Dem Käufer gesondert in Rechnung gestellte Versendungskosten und Umsatzsteuer sind nur provisionspflichtig, wenn dies vereinbart ist.

Der Anspruch auf den Maklerlohn ist mit dem Abschluss des vermittelten Vertrages entstanden, jedoch erst fällig, wenn die dem Makler verpflichtete Partei in den Besitz der ihr vertraglich zustehenden Leistung gelangt. Bei Teillieferungsverträgen gilt dies für die einzelnen Teillieferungen. Wird der Vertrag ohne Verschulden des Maklers nicht durchgeführt, so ist der Maklerlohn fällig, sobald die Nichtdurchführung des Vertrages feststeht. Beruht die Nichtdurchführung des Vertrages auf höherer Gewalt oder nachgewiesener Zahlungsunfähigkeit, so entfällt die Verpflichtung zur Zahlung des Maklerlohns. Falls besondere Leistungen wie Delkredere, Inkassi, Besichtigungen, Gutachten, Abnahmen usw. gewünscht werden, so sind hierfür besondere Vergütungen zu zahlen.

Dem Makler sind Durchschläge von Rechnungen und von der Korrespondenz einzusenden.

§ 4 Kunden- bzw. Lieferantenschutz
Ist die Geschäftsbeziehung zwischen den Parteien durch den Makler zustande gekommen, so liegt eine provisionspflichtige Vermittlung von Verträgen auch dann vor, wenn die Vertragspartner unter Verzicht auf die weitere Hinzuziehung des Holzmaklers unmittelbar Abschlüsse tätigen. Dies gilt jedoch nur für Abschlüsse, die innerhalb von zwei Jahren nach Abschluss des letzten durch den Makler abgeschlossenen Geschäfts zwischen den Vertragspartnern getätigt wurden.

Tätigt der Holzmakler einen Abschluss zwischen Parteien, die bereits in Geschäftsverbindung miteinander standen, so besteht Provisionspflicht auch für spätere unmittelbar abgeschlossene Geschäfte, wenn sie in ursächlichem Zusammenhang mit dem vom Makler vermittelten Geschäft stehen und innerhalb eines Jahres nach dem vermittelten Abschluss getätigt werden. Sind Abschlüsse auf Grund einer einleitenden Tätigkeit des Holzmaklers zustande gekommen, ohne dass der Makler beim Abschluss des Vertrages selbst mitgewirkt hat, so unterliegen sie der Provisionspflicht.

Bei Abschlüssen, die durch einen anderen Makler getätigt werden, wird die Provision nur einmal gezahlt, und zwar an den Makler, der an dem Abschluss unmittelbar beteiligt war. Dies gilt auch innerhalb der Schutzfrist.

§ 5 Tätigwerden zweier Makler
Die Schutzfrist von zwei Jahren für Kunden- bzw. Lieferantenschutz gilt auch für Makler untereinander, sofern zwei Makler an demselben Geschäft beteiligt waren.

§ 6 Erfüllungsort
Für die den Makler betreffenden Rechte und Pflichten aus dem Vermittlungsgeschäft (Maklervertrag) gilt für sämtliche Beteiligten der Wohnsitz bzw. die gewerbliche Niederlassung des Holzmaklers als Erfüllungsort.

7.2.7 Schiedsgericht

Neben der Schiedsgerichtsordnung sind auch die Richtlinien zur Arbitrage nach dem NaDeHo-Schlussbrief von Bedeutung (s. Abschnitt 7.2.5) sowie nach dem Schlussschein „Germania 1998“ (s. Abschnitt 7.2.4)

Schiedsgerichtsordnung des Schiedsgerichts für Holz in Deutschland

§ 1 Zweck
1. Die Schiedsgerichtsgemeinschaft bezweckt die schiedsgerichtliche Schlichtung oder Entscheidung von Streitfällen aus Holzgeschäften.
2. Klagen im Wechsel- und Urkundenprozess, Klagen aus unbestrittenen Geldforderungen sowie Anträge auf Arrest und einstweilige Verfügungen werden vom Schiedsgericht nicht bearbeitet.

§ 2 Zuständigkeit des Schiedsgerichts
1. Das Schiedsgericht ist zuständig und der ordentliche Rechtsweg, vorbehaltlich der Bestimmungen der §§ 4 Ziffer (1) Satz 2 und 13 Ziffer 2, ausgeschlossen, wenn die Zuständigkeit zwischen den Parteien vereinbart worden ist.
2. Ist eine der Parteien Minderkaufmann (§ 4 HGB), so bedarf der Schiedsvertrag der Schriftform. Er darf keine anderen Vereinbarungen als solche, die sich auf das schiedsgerichtliche Verfahren beziehen, enthalten.
3. Das Schiedsgericht entscheidet selbst, ob die Voraussetzungen der Zuständigkeit vorliegen.

§ 3 Arten und Besetzung der Schiedsgerichte
1. Das Schiedsgericht ist in erster Instanz mit 3 Schiedsrichtern besetzt.
   Die Parteien können sich jedoch in allen Fällen auf l Schiedsrichter einigen. Bei Streitwerten bis 154,00 Euro ist dies unbedingt anzustreben.

2. Das Oberschiedsgericht als Berufungsinstanz ist in der Regel ebenfalls mit 3 Schiedsrichtern besetzt. Auf Antrag einer Partei, der mit der Benennung der Schiedsrichter zu stellen ist, kann der Obmann jedoch nach seiner Wahl 2 weitere Schiedsrichter aus der Schiedsrichterliste berufen.
3. In der Berufungsinstanz muss der Obmann ein zum Richteramt befähigter Jurist sein. Abgesehen von dem Erfordernis der deutschen Staatsangehörigkeit brauchen die in § 8 Ziffer 1 genannten Voraussetzungen nicht erfüllt zu sein.
4. Schiedsrichter der 1. Instanz dürfen dem Oberschiedsgericht nicht angehören.

§ 4 Einleitung des Schiedsverfahrens

1. Das Schiedsgerichtsverfahren ist auf Antrag einer Partei durch die zuständige Geschäftsstelle einzuleiten. Ist keine der Parteien Mitglied eines der die Schiedsgerichtsgemeinschaft bildenden Verbände, so steht die Einleitung des Verfahrens im freien Ermessen der Geschäftsstelle.
2. Zuständig ist, wenn keine Vereinbarung vorliegt, die Geschäftsstelle, bei der zuerst eine Klageschrift eingeht. Gehen 2 Klageschriften am gleichen Tage bei verschiedenen Geschäftsstellen ein, so haben die Geschäftsstellen im Benehmen mit den Parteien sich um eine Verständigung zu bemühen. Kommt diese nicht binnen 14 Tagen zustande, so entscheidet der Vorsitzende der Schiedsgerichtsgemeinschaft.

§ 5 Einreichung der Klage

1. Die Klage ist schriftlich einzureichen. Bei der Besetzung des Schiedsgerichts durch 1 Schiedsrichter sollen drei, durch 3 Schiedsrichter fünf, durch 5 Schiedsrichter sieben Ausfertigungen unter Anführung der Beweismittel und Beifügung der Beweisstücke in entsprechender Anzahl vorgelegt werden.
2. Klagen mehrere Personen oder Firmen oder werden mehrere Personen oder Firmen verklagt, so kann die Geschäftsstelle eine entsprechend größere Zahl von Schriftsätzen anfordern.
3. Werden die erforderlichen Abschriften nicht beigefügt, so kann sie die Geschäftsstelle auf Kosten der Säumigen anfertigen lassen.

§ 6 Klagebeantwortung

1. Unter Übersendung eines Stücks der Klageschrift mit Postzustellungsurkunde hat die zuständige Geschäftsstelle den Beklagten aufzufordern, die Klage innerhalb 10 Tagen unter Beachtung der Bestimmungen des § 5 zu beantworten.
2. Gleichzeitig ist dem Beklagten zu eröffnen, dass bei nicht rechtzeitiger Beantwortung das Schiedsgericht den tatsächlichen Inhalt der Klageschrift als zugestanden ansehen und nach Lage der Akten entscheiden kann.
3. Die Frist zur Klagebeantwortung kann in besonderen Fällen auf Antrag des Beklagten von der Geschäftsstelle verlängert werden.

§ 7 Benennung der Schiedsrichter

1. Sofern sich die Parteien gemäß § 3 nicht auf einen Einzelschiedsrichter geeinigt haben, hat der Kläger mit der Einreichung der Klage, der Berufungskläger mit der Einreichung der Berufungsklage, 1 Schiedsrichter und 1 Ersatzschiedsrichter aus der Schiedsrichterliste der Schiedsgerichtsgemeinschaft zu benennen.
2. Das gleiche gilt bei der Beantwortung der Klage für den Beklagten bzw. Berufungsbeklagten.
3. Die Frist zur Schiedsrichterbenennung kann in besonderen Fällen auf Antrag einer Partei von der Geschäftsstelle verlängert werden.
4. Klagen mehrere Personen oder Firmen oder werden mehrere Personen oder Firmen verklagt, so haben sie als Streitgenossen zusammen nur 1 Schiedsrichter und 1 Ersatzschiedsrichter zu benennen.
5. Werden bei Einreichung bzw. bei Beantwortung der Klage Schiedsrichter nicht be-

nannt, so hat die angerufene Geschäftsstelle den Kläger bzw. den Beklagten durch eingeschriebenen Brief aufzufordern, die Benennung binnen einer Woche zu vollziehen. Nach erfolglosem Ablauf der Frist erfolgt die Benennung auf Vermittlung der Geschäftsstelle durch den Vorsitzenden der Schiedsgemeinschaft.
6. Wenn der von einer Partei benannte Schiedsrichter stirbt oder aus einem anderen Grunde ausfällt oder die Fortführung des Schiedsrichteramtes verweigert oder an der Ausübung für längere Zeit verhindert ist oder die Erfüllung seiner Pflichten ungebührlich verzögert, so tritt durch Berufung seitens des Obmanns der Ersatzschiedsrichter ein. Fällt auch dieser aus, so hat die betreffende Partei innerhalb einer Woche nach der Bekanntgabe einen neuen Schiedsrichter zu benennen.
7. Das gleiche gilt, wenn ein Schiedsrichter aus den Gründen, welche zur Ablehnung eines Richters berechtigen, sowie bei Nichtvorliegen der Erfordernisse des §10 Ziffer l und 2 abgelehnt wird und die Ablehnung von dem Vorstand der Schiedsgemeinschaft für begründet erklärt wird.
8. Kommt die Partei der Verpflichtung zur Benennung eines neuen Schiedsrichters nicht nach, finden die Bestimmungen der Ziffer 5 Anwendung.

§ 8 Fähigkeit zum Amt eines Schiedsrichters bzw. Obmannes

1. Die Schiedsrichter mit Einschluss des Obmannes müssen – soweit nicht in § 3 Ziffer 3 etwas anderes bestimmt ist – die deutsche Staatsangehörigkeit besitzen und Holzfachleute, und zwar Inhaber, Teilhaber, Vorstandsmitglieder, Geschäftsführer oder Prokuristen von Firmen der Holzwirtschaft oder von Gerichten oder Handelskammern vereidigte Holzsachverständige sein.
2. Schiedsrichter können auch Geschäftsführer der die Schiedsgerichtsgemeinschaft bildenden Verbände sein, wenn die Verbände sie als Schiedsrichter benennen.
3. Schiedsrichter und Obmann kann der nicht sein, bei dem einer der in § 41 ZPO erwähnten Ausschließungsgründe vorliegt, oder der an der Sache ein Eigeninteresse hat oder gehabt hat.
4. Das Ablehnungsrecht der Parteien erlischt, wenn die Partei sich trotz Kenntnis des Ablehnungsgrundes in eine Verhandlung sachlich eingelassen hat.
5. Der Ablehnungsantrag ist bei der Geschäftsstelle schriftlich oder beim Schiedsgericht unter Glaubhaftmachung der Ablehnungsgründe anzubringen.
6. Über den Ablehnungsantrag wird dadurch entschieden, dass der Obmann oder, wenn dieser noch nicht vorhanden ist, die Geschäftsstelle das Vorliegen oder Nichtvorliegen des angezogenen Ablehnungsgrundes feststellt. Wird jedoch die Ablehnung mit einem bestehenden oder früheren eigenen Interesse begründet, so gilt der Ablehnungsantrag als anerkannt, wenn der Antragsgegner zustimmt. Anderenfalls entscheidet auf Anrufung durch die Geschäftsstelle der Vorsitzende der Schiedsgerichtsgemeinschaft.

§ 9 Pflichten der Schiedsrichter und Obmänner

1. Die Schiedsrichter und Obmänner sind nicht Parteivertreter. Sie haben das ihnen übertragene Amt unparteiisch und nach bestem Wissen und Gewissen auszuüben.
2. Sie haben der Geschäftsstelle unverzüglich Anzeige zu erstatten, wenn die Voraussetzungen zu § 8 Abs. 3 gegeben oder sie nicht in der Lage sind, das Amt ohne Verzug auszuüben. Im letzteren Falle ist die Behinderung zu begründen.

§ 10 Errichtung des Schiedsgerichts

1. Die Geschäftsstelle verständigt die benannten Schiedsrichter unter gleichzeitiger Übersendung je eines Exemplars der vorhande-

nen Schriftsätze und unter Aufforderung, sich gemäß § 9 binnen 1 Woche zu erklären.

2. Die so bestellten Schiedsrichter wählen vor Eintritt in die Verhandlung den Obmann, welcher der Geschäftsstelle aufzugeben ist. Sie übersendet ihm die eingegangenen Schriftsätze.
3. Können sich die bestellten Schiedsrichter über die Person des Obmannes binnen 14 Tagen nach Ablauf der in Ziffer 1 genannten Frist nicht einigen, so erfolgt dessen Ernennung durch Vermittlung der angerufenen Geschäftsstelle durch den Vorsitzenden der Schiedsgemeinschaft.
4. Die Geschäftsstelle gibt die Schiedsrichter, Ersatzschiedsrichter und den Obmann bzw. den Einzelschiedsrichter den Parteien bekannt.
5. Falls das Schiedsgericht oder eine Partei eine mündliche Verhandlung für erforderlich hält, so bestimmt der Obmann im Benehmen mit den Schiedsrichtern Ort und Zeit der Verhandlung.
6. Ist die Entscheidung von einer Besichtigung der Ware abhängig, so soll das Schiedsgericht möglichst an dem Ort stattfinden, an welchem die Ware sich befindet.
7. Die mündliche Verhandlung soll bald möglichst, im Allgemeinen nicht später als 4 Wochen nach Bildung des Schiedsgerichts stattfinden.

§ 11 Das Schiedsverfahren

1. Das Schiedsverfahren wird, soweit nicht zwingende Gesetzesbestimmungen entgegenstehen, von den Mitgliedern des Schiedsgerichtes nach freiem Ermessen bestimmt. Die Verhandlungen des Schiedsgerichts sind nicht öffentlich.
2. Die Parteien haben keinen Anspruch auf eine förmliche Zustellung der Schriftsätze, Verfügungen und Beschlüsse des Schiedsgerichtes mit Ausnahme des Schiedsspruches (§ 1039 ZPO) und auf förmliche Ladung zu den Verhandlungs- und Beweisterminen vor dem Schiedsgericht. Ein Schriftsatz gilt als zugestellt und eine Ladung gilt als erfolgt, wenn sie gegen Quittung in Empfang genommen oder durch Einschreiben gegen Rückschein oder Postzustellungsurkunde zugestellt worden sind.
3. Das Schiedsgericht kann Zeugen und Sachverständige vernehmen oder durch einen beauftragten Schiedsrichter oder durch einen Vertrauensmann vernehmen lassen, soweit Zeugen und Sachverständige sich zur Verfügung stellen. Hält das Schiedsgericht eine richterliche Handlung für erforderlich, die es selbst vorzunehmen nicht befugt ist (z. B. Vereidigung von Zeugen), so hat eine der Parteien bei dem zuständigen Gericht die Vornahme der Handlung zu beantragen.
4. Das Schiedsgericht kann zur Verhandlung und Entscheidung rechtskundige Beisitzer mit beratender Stimme zuziehen.
5. Die Vertretung der Parteien vor dem Schiedsgericht durch Rechtsanwälte und sonstige schriftlich Bevollmächtigte ist gestattet, jedoch nicht durch Personen, die gewerbsmäßig die Vertretung bei Rechtsstreitigkeiten wahrnehmen. Das Schiedsgericht kann das persönliche Erscheinen von Parteien anordnen.
6. Erscheint eine geladene Partei nicht, dann hindert dies die Verhandlung und Entscheidung nicht.
7. Wenn ein Schiedsrichter während des Verfahrens ausscheidet und durch einen anderen Schiedsrichter ersetzt wird, so ist das Schiedsgerichtsverfahren vor dem Schiedsgericht in neuer Besetzung zu wiederholen.
8. Über die Verhandlung ist von den Schiedsrichtern eine kurze Niederschrift anzufertigen. Im Falle des Vergleichs kann davon abgesehen werden.

§ 12 Vergleich

1. Das Schiedsgericht soll versuchen, den Streitfall durch einen Vergleich zwischen den Parteien beizulegen.

2. Der Vergleich ist mit Datum zu versehen und von beiden Parteien und allen Schiedsrichtern zu unterzeichnen.
3. Hat sich eine Partei bei einem Vergleich der sofortigen Zwangsvollstreckung unterworfen, so ist die Niederschrift von den Schiedsrichtern und den Parteien in zweifacher Ausfertigung zu unterschreiben. Auf Antrag einer Partei legt die Geschäftsstelle eine Ausfertigung beim Amtsgericht ihres Sitzes nieder.

§ 13 Der Schiedsspruch

1. Das Schiedsgericht entscheidet nach freier, aus der Verhandlung und Beweiserhebung geschöpfter Überzeugung.
2. Das Schiedsgericht ist befugt, in jedem Stadium des Verfahrens die Fällung eines Schiedsspruches abzulehnen, sofern es zu der Überzeugung kommt, dass der Streitfall zweckmäßigerweise den ordentlichen Gerichten überlassen werden muss. In diesem Falle bedarf es einer Angabe von Gründen nicht. Den Parteien steht in diesem Falle der ordentliche Rechtsweg frei.
3. Die Entscheidung des Schiedsgerichts erfolgt mit Stimmenmehrheit. Falls diese nicht zu erzielen ist, entscheidet die Stimme des Obmanns.
4. Der Schiedsspruch ist mit Datum zu versehen, unter Angabe des Tages der Abfassung von den Schiedsrichtern in vierfacher Ausfertigung zu unterzeichnen und der Geschäftsstelle einzureichen, die den Parteien und, wenn diese durch Bevollmächtigte vertreten sind, auch diesen je eine Ausfertigung zustellt. Sind auf einer Seite mehrere Personen oder Firmen als Parteien beteiligt, so ist jeder von diesen und ihren Bevollmächtigten eine Ausfertigung zuzustellen.
5. Zustellungen erfolgen im Auftrage des Schiedsgerichts und nach den Bestimmungen der §§166 ff ZPO.
6. Das Schiedsgericht lässt den Spruch durch die Geschäftsstelle in einer von allen Schiedsrichtern unterschriebenen Ausfertigung auf der Geschäftsstelle des Amtsgerichts ihres Sitzes niederlegen. Die Beurkundung der Zustellung des Spruches an die Parteien ist beizufügen.
7. Nach Zustellung und Niederlegung bei Gericht hat der Schiedsspruch unter den Parteien die Wirkung eines rechtskräftigen gerichtlichen Urteils, es sei denn, dass nach Abschluss des Verfahrens in erster Instanz ordnungsmäßig Berufung eingelegt wurde.
8. Aus dem Schiedsspruch findet die Zwangsvollstreckung nur statt, wenn er für vollstreckbar erklärt ist.
9. Die Aufhebung des Schiedsspruchs darf nicht mit der Begründung beantragt werden, dass er nicht mit Gründen versehen ist.

§§ 14–15 Berufung und Berufungsverfahren

1. Gegen den Spruch des Schiedsgerichts kann nur innerhalb zweier Wochen nach Zustellung des Spruchs Berufung an das Oberschiedsgericht bei der Geschäftsstelle eingelegt werden, soweit sich der Inhalt des Spruchs nicht auf die Beschaffenheit der Ware bezieht und der Wert des Streitgegenstandes mindestens 5000 DM – bei Ansprüchen aus der Vermittlung von Holzgeschäften 500 DM – beträgt. Das Schiedsgericht kann jedoch nach freiem Ermessen auch bei einem niedrigeren Streitwert in seinem Spruch die Berufung für zulässig erklären, wenn es sich um Fragen grundsätzlicher oder aus anderem Grunde bedeutungsvoller Art handelt.
2. Die Berufung gilt nicht als erfolgt, wenn nicht innerhalb der von der Geschäftsstelle gesetzten Frist der von der Geschäftsstelle bestimmte Kostenvorschuss bezahlt ist.
3. Die Wiedereinsetzung in den vorigen Stand binnen 2 Wochen nach Wegfall des Hindernisses für die Einhaltung der Berufungsfrist ist zulässig, wenn die Partei glaubhaft nachweist, dass sie ohne ihr Verschulden nicht in der Lage gewesen ist, die Fristen einzuhalten. Nach Ablauf eines Jahres, vom Ende der ver-

säumten Frist an gerechnet, kann die Wiedereinsetzung nicht beantragt werden (§ 233 ff ZPO).

Auf das Berufungsverfahren finden die Vorschriften über das Verfahren erster Instanz sowie die §§ 12 und 13 sinngemäß Anwendung.

§ 16 Kosten

1. Das Schiedsgericht entscheidet über die Verpflichtung der Parteien zur Tragung der gerichtlichen und außergerichtlichen Kosten des Verfahrens gemäß der Sachentscheidung unter Berücksichtigung aller Umstände des Falles. Außergerichtliche Kosten werden nur berücksichtigt, soweit sie notwendig waren und über sie und ihre Höhe verhandelt worden ist. Die durch Zuziehung von Rechtsanwälten in erster Instanz entstehenden Kosten sind jeweils von der betreffenden Partei zu zahlen.
2. Die Geschäftsstelle bestimmt einen vom Kläger umgehend einzuzahlenden Kostenvorschuss. Ebenso ist für jede nicht vorgesehene, später beantragte kostenverursachende Verfahrenshandlung von der antragstellenden Partei ein angemessener Kostenvorschuss zu erheben. Die Verhandlung und Entscheidung findet erst nach der Zahlung des Kostenvorschusses statt.
3. Die durch Zustellungen und Niederlegung bei Gericht entstehenden Kosten sind vom Kläger vorzuschießen. Sie fallen den Parteien in dem Verhältnis zur Last, in dem diese nach dem Schiedsspruch die schiedsgerichtlichen Kosten zu tragen haben.
4. Die Höhe der gesamten Kosten, bestehend aus

   a) Schiedsrichterhonorar,

   b) Auslagen des Schiedsrichters, insbesondere Reisekosten,

   c) Auslagen, insbesondere Stempel- und Zustellungskosten usw.,

   d) nach Ziffer 1 anerkannten außergerichtlichen Kosten,

   e) Verwaltungszuschlag für die Geschäftsstelle,

   wird von dem Schiedsgericht nach Errechnung durch die Geschäftsstelle festgesetzt.

   Hat die Schiedsgerichtsgemeinschaft eine Gebührenordnung erlassen, so ist diese für die Festsetzung des Honorars maßgebend. Der Verwaltungszuschlag beträgt 25 % der Kosten, mindestens aber DM 10,–. Soweit die Kosten den Betrag von DM 200,– übersteigen, beträgt der Verwaltungszuschlag DM 50,– plus 10 % der übersteigenden Kosten.

   Ist von der zu den Kosten verurteilten Partei Zahlung nicht zu erlangen, so ist die nicht zu den Kosten verurteilte Partei verpflichtet, die schiedsgerichtlichen Kosten zu tragen.
5. Gegen die Kostenfestsetzung kann die Beschwerdekommission der mit dem Streitfall befassten Geschäftsstelle angerufen werden, deren Entscheidung endgültig ist. Die Anrufung der Beschwerdekommission hat im Übrigen keine die Wirksamkeit des Schiedsspruches aufhebende oder hinausschiebende Kraft.

§ 17 Beschwerdekommission

1. Die Beschwerdekommission besteht aus drei Mitgliedern und drei Stellvertretern, die bei jeder Geschäftsstelle für sich auf die Dauer von drei Jahren berufen werden. Sie entscheidet in drei gliedriger Besetzung.
2. Für die Mitglieder der Beschwerdekommission gelten die Vorschriften des § 8 Ziff. 1.
3. Die Beschwerdekommission kann schriftlich oder mündlich verhandeln und entscheiden.
4. Die Beschwerdekommission ist außer für Beschwerden über die Kostenfestsetzung noch zu ständig für alle Beschwerden der Parteien über Handlungen der Geschäftsstelle in anhängigen Verfahren. Beschwerden über Schiedsrichter sind unzulässig.

§ 18 Schlussbestimmnngen

1. Jede Haftung des Schiedsgerichtes und seiner Organe aus einem Schiedsgerichtsverfahren ist ausgeschlossen.

2. Im Sinne der §§ 1039,1045 und 1046 ZPO ist das Amtsgericht zuständig, in dessen Bezirk sich die Geschäftsstelle befindet.
3. Soweit nichts anderes in dieser Schiedsgerichtsordnung bestimmt ist, gelten die Vorschriften des zehnten Buches der ZPO. Im Übrigen regelt sich das Verfahren nach der zur Ergänzung der Schiedsgerichtsordnung erlassenen Verfahrensordnung, deren Bestimmungen, soweit es sich nicht um zwingende Vorschriften der ZPO handelt, als Kann-Vorschriften zu betrachten sind, deren Verletzung den Schiedsspruch nicht angreifbar macht.
4. Der Schiedsvertrag bleibt auch in Wirksamkeit, wenn ein ergangener Schiedsspruch durch das ordentliche Gericht aufgehoben worden ist, es sei denn, dass die Aufhebung wegen Unwirksamkeit des Schiedsvertrages erfolgt.

7.2.8 Das Ü-Zeichen für Bauholz

Nach Verabschiedung der Europäischen Bauproduktenrichtlinie musste das deutsche Bauordnungsrecht angepasst werden. Dies geschah 1992 durch das Bauproduktengesetz und die darauf folgende Novellierung der Landesbauordnungen. Eine wichtige Neuregelung ist, dass für alle Bauprodukte, die für tragende und/oder aussteifende Zwecke im Bauwesen eingesetzt werden und die in der vom Deutschen Institut für Bautechnik veröffentlichten Bauregelliste A Teil 1 aufgeführt sind, vor der Verwendung ein Übereinstimmungsnachweis mit den geltenden technischen Regeln erbracht werden muss. Dies geschieht durch das sogenannte Ü-Zeichen (Übereinstimmungszeichen). Von der Neuregelung ist auch Bauholz betroffen.

Die Bauregelliste A

Die Bauregelliste A wird aufgrund der Landesbauordnungen über das Deutsche Institut für Bautechnik (Berlin) bekanntgemacht. Bauprodukte, für die in der Bauregelliste A Teil 1 technische Regeln angegeben sind oder Bauprodukte, die in der Bauregelliste A Teil 2 genannt sind, bedürfen für ihre Verwendung eines Übereinstimmungsnachweises. (Früher stand das Ü-Zeichen für Überwachung auf der Grundlage der jeweils in den Bundesländern erlassenen Überwachungsverordnungen und galt nur für diejenigen Produkte, für die es ausdrücklich gefordert wurde.) Somit fällt auch das bisher nicht zu kennzeichnende Bauholz für Holzbauwerke nach DIN 1052 unter die Kennzeichnungspflicht mit dem Ü. Die jeweils erforderliche Art des Nachweises ist folgendermaßen bestimmt:

- Übereinstimmungserklärung des Herstellers (ÜH)
- Übereinstimmungserklärung des Herstellers nach vorheriger Prüfung des Bauprodukts durch eine anerkannte Prüfstelle (ÜHP)
- Übereinstimmungszertifikat durch eine anerkannte Zertifizierungsstelle (ÜZ)

2. In der Bauregelliste A Teil 1 wird bestimmt, in welchen Fällen bei wesentlichen Abweichungenvon den technischen Regeln der Verwendbarkeitsnachweis durch eine allgemeine bauaufsichtliche Zulassung (Z) oder an deren Stelle durch ein allgemeines bauaufsichtliches Prüfzeugnis (P) zu führen ist.

Bauprodukte, die in der Bauregellseite A Teil 2 genannt sind, bedürfen zum Nachweis ihrer Verwendbarkeit nur eines allgemeinen bauaufsichtlichen Prüfzeugnisses (P).

3. Prüfungen, Überwachungen und Zertifizierungen, die von Stellen anderer Vertragsstaaten des Abkommens über den Europäischen Wirtschaftsraum erbracht werden, sind ebenfalls anzuerkennen, sofern die Stellen aufgrund ihrer Qualifikation, Integrität, Unparteilichkeit und technischer Ausstattung Gewähr dafür bieten, die Prüfung, Überwachung bzw. Zertifizierung gleichermaßen sachgerecht und aussagekräftig durchzuführen. Diese Voraussetzungen gelten insbesondere als erfüllt, wenn die Stellen nach Artikel 16 Absatz 2 der Richtlinie 89/106/EWG vom 21.12.1988 für diesen Zweck zugelassen sind.

Das Ü-Zeichen für Schnittholz

Bauholz, das für tragende oder aussteifende Zwecke im Bauwesen eingesetzt wird, muss nach der Bauregelliste A Teil 1 durch eine Übereinstimmungserklärung (Ü-Zeichen) des Herstellers gekennzeichnet werden. Diese Anforderung gilt seit 1996, verankert in den Landesbauordnungen (s. oben).

Mit dem Ü-Zeichen auf Bauschnitthölzern wird die Verwendbarkeit bzw. Brauchbarkeit des Holzes für Holzbauwerke bescheinigt. Wesentliches Kriterium ist die Festigkeitssortierung, nach der das Holz zu sortieren ist. Bei Nadel- und Laubschnittholz sind dies DIN 4074,1 und DIN 4074,5 (s. Abschnitt 6.3.4.1). Für Brettschichtholz enthält die DIN 1052 entsprechende Hinweise.

Obwohl das Ü-Zeichen bis spätestens 2012 durch das CE-Zeichen abgelöst werden wird, verliert es nicht an Bedeutung, da das Deutsche Institut für Bautechnik als Vertreter der Obersten Baubehörden der Länder auf Antrag des Verbandes der Deutschen Säge- und Holzindustrie e.V. eine Sonderregelung für so genanntes Listenbauholz geschaffen hat, nach der das CE-Zeichen, eine Zertifizierung nach EN 14 081 und damit eine Fremdüberwachung nicht erforderlich ist. Dies trifft zu auf Bauholzlisten, die

- nur einem Bauvorhaben und einem Abnehmer (Zimmerer) zuzuordnen sind,
- genau nach Querschnitten, Längen und Stückzahlen präzisiert sind und
- nur eine Sortierklasse nach DIN 4074-1 enthalten.

Diese objektbezogenen Bauholzlisten dürfen das CE-Zeichen nicht tragen, müssen aber nach wie vor mit dem Ü-Zeichen gekennzeichnet werden.

Anbringung des Ü-Zeichens

Das Ü-Zeichen ist ein nationales Zeichen, das im Vorgriff auf eine zu erwartende europäische CE-Kennzeichnung die Konformität des Bauproduktes mit entsprechenden Regelwerken bestätigt. Zweck des nationalen Zeichens ist es, die Bauabnahme zu vereinfachen, des europäischen Zeichens darüber hinaus, den freien Warenverkehr im Binnenmarkt zu fördern.

Die Kennzeichnung mit Ü-Zeichen bzw. später mit europäischer CE-Kennzeichnung kann erfolgen

- auf dem Produkt (Bauschnittholz)
- auf einem Einlege- oder Beipackzettel
- auf der Verpackung, oder, wenn dies nicht möglich ist,
- auf dem Lieferschein oder einer Anlage zum Lieferschein.

Das Ü-Zeichen muss in seinen Maßen dem Verhältnis Breite zu Höhe = 1 : 1,33 entsprechen.

Verantwortlichkeit für das Ü-Zeichen

Hersteller im Sinne der Übereinstimmungszeichen-Verordnung ist derjenige, der die Festigkeitssortierung nach DIN 4074 verantwortlich vornimmt, also das Bauschnittholz visuell oder maschinell sortiert. Dies ist im Regelfall das Sägewerk.

Der Hersteller erklärt mit dem Anbringen des Ü-Zeichens die Übereinstimmung seines Bauproduktes mit der in der Bauregelliste A, Teil 1, aufgeführten zugehörigen Technischen Regel bzw. mit dem entsprechenden Verwendbarkeitsnachweis. Hersteller ist auch derjenige, der das Bauprodukt zuletzt in seinen wesentlichen Anforderungen verändert hat.

Eine geschlossene **Bauholzliste** (Listenbauholz) muss das Sägewerk nach DIN 4074,1 sortieren und z. B. auf dem Lieferschein oder auf den Hölzern mit dem Ü-Zeichen kennzeichnen. Die Sortierung von Bauholzlisten nach den Tegernseer Gebräuchen oder nach DIN 68365 ist somit weitestgehend hinfällig. Es ist nicht erforderlich, dass das Ü-Zeichen als dauerhafte Kennzeichnung am Produkt angebracht wird. Nach der Übernahme des Produktes durch den Verarbeiter, den Bauherren oder dessen Vertreter kann das Ü-Zeichen entfernt (z. B. bei Verpackungen) oder zu den Bauakten genommen werden (z. B. Lieferscheine und Beipackzettel).

Konstruktionsvollholz KVH® (s. Abschnitt 8.2.2) ist ohnehin nach DIN 4074 zu sortieren, da die Sortierung nach dieser Norm Bestandteil der Gütebedingungen bzw. der Güteüberwachung der Überwachungsgemeinschaft KVH® ist. KVH®-NSi, Konstruktionsvollholz für den nicht sichtbaren Bereich, kann ohne weiteres im Durchlauf mit dem Ü-Zeichen gestempelt werden. Bei KVH® für den sichtbaren Bereich (KVH®-Si) kann die Übereinstimmung auf Beipackzetteln oder Lieferscheinen erklärt werden.

Da bei **Vorratskantholz** die Verwendung zum Zeitpunkt der Herstellung noch offen ist, kann das Sägewerk dieses Produkt noch nach Tegernseer Gebräuchen sortieren. Kauft der Zimmereibetrieb Vorratskantholz, so liegt die Beurteilung an ihm, ob eine Verwendung als tragendes oder aussteifendes Bauteil vorliegt; die Sortierung nach DIN 4074 und die Anbringung des Ü-Zeichens ist dann von ihm selbst vorzunehmen. Entscheidend ist, dass der Empfänger des Bauproduktes erkennen kann, dass die Übereinstimmung mit der Technischen Regel bestätigt wird. Ist keine Verwendung als tragendes oder aussteifendes Bauteil vorgesehen, kann das Holz ohne Ü-Zeichen in den Verkehr gebracht werden.

Rechtliche Situation

Das Ü-Zeichen stellt als solches noch keine „zugesicherte Eigenschaft“ mit erweiterter Gewährleistung oder gar Haftung dar; dazu bedürfte es weiterer ausdrücklicher oder stillschweigender Vereinbarungen. Aus Prüf- und Gütezeichen alleine lassen sich nach bisheriger Rechtsprechung noch keine Garantiezusagen ableiten, die bei Mängeln zu Schadensersatzansprüchen aus „zugesicherter Eigenschaft“ begründen. Die Gewährleistungsrechte beziehen sich also weiterhin nur auf Ersatzlieferung, Preisminderung oder Wandlung.

Verstöße gegen die richtige Kennzeichnung mit dem Ü-Zeichen und die Verwendung von Bauprodukten ohne Ü-Zeichen werden nach dem Bauordnungsrecht als Ordnungswidrigkeit geahndet.

7.2.9 Das CE-Zeichen

In Deutschland ist für das Inverkehrbringen und den freien Warenverkehr von Bauprodukten der Bund zuständig, während das Baurecht und damit die Verwendung der Bauprodukte Länderrecht ist. Dementsprechend hat der Bund die europäische Bauproduktenrichtlinie 1992, neu gefasst am 28.04.1998, in deutsches Recht übernommen. Die Bundesländer haben in den Jahren 1994 bis 1996 ihre Landesbauordnungen novelliert und dabei die europäisch harmonisierten Anforderungen an Bauprodukte und Bauarten aufgenommen, um Bauprodukte nach der Bauproduktenrichtlinie im deutschen Bauwesen verwendbar machen zu können.

Das europäisch vereinbarte System sieht vor, dass nach Verfügbarkeit einer harmonisierten Norm eine neunmonatige Umsetzungszeit beginnt, in der jeder Mitgliedsstaat die Norm annehmen muss und dafür zu sorgen hat, dass das Produkt verwendbar ist. Danach beginnt eine zwölfmonatige Koexistenzperiode, während der die nationalen und die europäischen Regelungen nebeneinander gültig sind und angewendet werden dürfen. Nach Ablauf dieser Koexistenzperiode muss die nationale Norm zurückgezogen werden und nur noch CE-gekennzeichnete Produkte dürfen in Verkehr gebracht werden. Das Ende der Koexistenzperiode war für 01.09.2007 vorgesehen, wurde dann aber auf Antrag Deutschlands und anderer Länder zunächst um ein Jahr, später bis 2012 verlängert.

Der Versuch, eine einheitliche europäische Festigkeitssortierung für Bauschnittholz zu entwickeln, scheiterte unter anderem an folgenden Punkten:

- unterschiedliche Holzarten (*Pinus sylvestris* : *Pinus maritima*)
- geografische Herkunft (nordische Fichte : süddeutsche Fichte)
- unterschiedliche Maßanforderungen (Maßsysteme)
- unterschiedliche Verwendungszwecke
- Güte des verfügbaren Materials
- historische Einflüsse und Traditionen

Deshalb wurde zunächst die EN 518 in Kraft gesetzt (die jedoch keine „harmonisierte" Norm ist), die generelle Anforderungen festlegt, die eine Sortiernorm erfüllen muss. DIN 4074-1 erfüllt diese Regeln. Gemäß dem CEN-Auftrag, eine „harmonisierte" Norm zu entwickeln, wurde EN 14 081-1 entwickelt, in Kraft gesetzt und gleichzeitig die EN 518 zurückgezogen. Jede Sortiernorm, die den Anforderungen der EN 14 081-1 nachweislich genügt, ist grundsätzlich anwendbar. DIN 4074 erfüllt diese Forderungen.

Mit der Einführung der neuen, harmonisierten Europäischen Bauholznorm EN 14 081 wird die Produktion von Bauholz auf eine einheitliche Basis gestellt. Harmonisierte Normen sind z.B. EN 14 080 Brettschichtholz, EN 14 250 Nagelplattenbinder, EN 15 497 Keilgezinktes Bauholz oder EN 13 986 Holzwerkstoffe. Sie werden im Auftrag der EU von CEN erarbeitet und als harmonisierte Norm im Amtsblatt der EU mit Angabe von Fristen für die verbindliche Einführung veröffentlicht. (Europäisches Mandat M/112 gemäß EG Bauprodukten-Richtlinie 89/106/EWG).

Titel der Norm: Holzbauwerke – Nach Festigkeit sortiertes Bauholz für tragende Zwecke mit rechteckigem Querschnitt – Teil 1: Allgemeine Forderungen. Zuständig ist der Normenausschuss Bauwesen (NABau) im DIN (nicht Normenausschuss Holz und Möbel (NHM). Die Veröffentlichung im Amtsblatt der EU erfolgte im Mai 2006, im Bundesanzeiger im August 2006. Ab September 2006 sollte nach EN 14 081 sortiertes Holz verwendbar sein und im September 2007 endete die sog. Koexistenzphase, die (s.o.) nun bis 2012 verlängert wurde. Dies bedeutet, die nationale Norm muss dann zurückgezogen werden (damit auch die Ü-Zeichen-Regelung), nur noch CE-gekennzeichnete Produkte dürfen in den Verkehr gebracht werden. Zur weiterhin **unveränderten Gültigkeit der DIN 4074-1** kommen ergänzende Regelungen hinsichtlich der Kennzeichnung, der werkseigenen Produktionskontrolle und der Zertifizierung des Betriebes hinzu.

Die EN 14 081 besteht aus den Teilen:
1: Allgemeine Anforderungen (ersetzt damit EN 518)
- visuelle Festigkeitssortierung
- maschinelle Festigkeitssortierung
- Konformitätsbewertung
- Kennzeichnung

2 bis 4: nur für maschinelle Sortierung

Die nach DIN 4074-1 festgelegten Sortierkriterien erfüllen die Anforderungen der EN 14 081. Allerdings beziehen sich diese nicht mehr auf Sortierklassen nach DIN, sondern auf Festigkeitsklassen. Deshalb werden die Sortierklassen nach DIN durch Festigkeitsklassen nach EN 338 ersetzt (siehe dazu Abschnitt 6.3.4.2). Die Einstufung der deutschen und österreichischen Sortierklassen in Festigkeitsklassen ist in EN 1912 geregelt.

Konformitätsnachweis

Voraussetzung für das CE-Zeichen ist ein Konformitätsnachweis 2+. Dieser verlangt u.a. :

- laufende werkseigene Produktionskontrolle mit schriftlicher Dokumentation jedes Auftrages (Holzart, Herkunft, Holzabmessungen, Sortierklasse, Holzfeuchte, Datum, Schicht, Name des Sortierers) in einem Produktionskontrollhandbuch sowie eine
- jährliche Prüfung des Sortierpersonals.
- Überwachungsvertrag mit einer notifizierten Stelle (z.B. MPA) mit einer Erstprüfung und laufender Fremdüberwachung (1 mal jährlich).
  Anmerkung: Als „notified bodies" übernehmen folgende Institute die Zertifizierung: Holzforschung München (www.holz.wzw.tum.de), Otto-Graf-Institut Stuttgart (www.mpa.uni-stuttgart.de), Universität Karlsruhe (www.holz.uni-karlsruhe.de), Fraunhofer-Institut Braunschweig (www.wki.fraunhofer.de) und EPH Dresden (www.eph-dresden.de).
- Zertifikat der notifizierten Stelle über die werkseigene Produktionskontrolle
- Konformitätserklärung des Herstellers. Diese beinhaltet das CE-Zeichen sowie folgenden Text:
  „EG Konformitätserklärung
  Hiermit bestätigt das Herstellwerk, Fa. Sägewerk Holz GmbH, D-12345 Fichtenstadt, dass das Bauprodukt visuell festigkeitssortiertes Bauschnittholz mit den Vorschriften der Bauproduktenrichtlinie –CPD- (89/106/EWG, geändert durch 93/68/EWG), übereinstimmt und die im Anhang ZA der Norm EN 14 081-1:2005 beschriebenen Anforderungen erfüllt. Die Leistungseigenschaften des Produkts sind auf der Rückseite dieser Erklärung angegeben. Die notifizierte Stelle – MPA Prüfstadt – hat ein Zertifikat über die werkseigene Produktionskontrolle mit der Nr.1234 -CPD-1001 ausgestellt. Ort, Datum, Name mit Funktion"

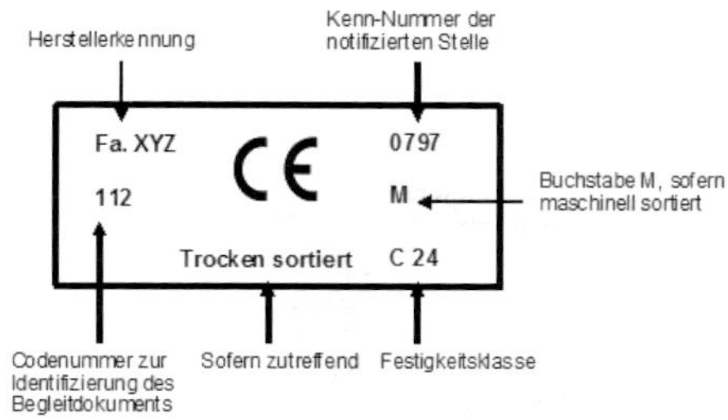

Kennzeichnung nach EN 14 081-1, Stempelaufdruck auf dem Produkt

Die Erstprüfung zum Nachweis der Übereinstimmung mit EN 14 081 umfasst die Prüfung von Eigenschaften wie

- Festigkeiten, E-Modul, Dauerhaftigkeit, Brandverhalten. Dabei dürfen Werte nach EN 384 nicht unterschritten werden.
- Dauerhaftigkeit muss EN 350-2 entsprechen
- Anforderungen der Entflammbarkeitsklasse C-E sind einzuhalten

Die Werkseigene Produktionskontrolle umfasst Kontrollen in jeder Arbeitsschicht von

- Herkunft des Holzes und Holzart
- Abweichung von den Sollmaßen
- Sortierung
- Holzfeuchte
- Kennzeichnung

sowie eine jährliche Überprüfung der Qualifikation des Personals und eine Kalibrierung des Feuchtemessgerätes.

Darüber hinaus hat das Deutsche Institut für Bautechnik als Vertreter der Obersten Baubehörden der Länder auf Antrag des Verbandes der Deutschen Säge- und Holzindustrie e.V. eine Sonderregelung für so genanntes Listenbauholz geschaffen, nach der eine Zertifizierung nach EN 14 081 und damit eine Fremdüberwachung nicht erforderlich ist. Das Listenbauholz darf dann jedoch auch nicht CE-gekennzeichnet werden, sondern es muss nach wie vor mit dem Ü-Zeichen die Übereinstimmung des Produkts mit den Anforderungen der DIN 4074-1 bzw. der DIN 1052 erklärt werden.

7.3 Schnittholz-Paketierung

Die Schnittholzpaketierung wird durch DIN 68 255 (1979) geregelt; die Norm stimmt weitgehend überein mit der ISO-Vorlage DP 4472 „Coniferous and broadleaved sawn timber: transportation packages". Sie gilt für unbesäumtes und besäumtes, rohes und gehobeltes Nadel- und Laubschnittholz.

Man unterscheidet in dieser Norm Einzelpakete und Großpakete. Im Einzelpaket können, sofern vertraglich nichts anderes vereinbart ist, verschiedene Holzarten und Güteklassen sowie mehrere Längen und/oder Breiten enthalten sein. Das Großpaket enthält mehrere Einzelpakete, deren Aufbau zwar unterschiedlich sein kann, die aber auf alle Fälle zur selben Partie gehören müssen. Querschnittsmaße von Einzel- und Großpaketen dürfen nicht überschritten werden (siehe Tabelle 69).

Für die Länge des Einzelpaketes ist das längste Stück Schnittholz, für die des Großpaketes das längste Einzelpaket maßgebend. Längenunterschiede im Paket sollen 20% der Länge, höchstens l m, nicht überschreiten.

Einzel- und Großpakete müssen rechtwinkeligen Querschnitt aufweisen und mindestens an einer Stirnseite bündig sein; ihre Konstruktion, im Besonderen ihre Abmessungen, Anzahl und Lage der Durchleger und Bänder müssen so gewählt werden, dass sie sowohl die Formbeständigkeit, die Vollständigkeit und Stabilität des Einzel- und Großpaketes sichern, als auch die Manipulation erleichtern und Beschädigungen des Schnittholzes ausschließen.

Jedes Paket muss ein Etikett oder eine Kennzeichnung haben, woraus Angaben zur Partie und die Nummer des Einzel- oder Großpaketes ersichtlich sind. Dabei ist das Etikett an einer Stirnseite ohne Nägel oder nur mit Klammern zu befestigen, die keine Werkzeugbeschädigungen verursachen. Die Kennzeichnung ist oben und/oder an der rechten Seite vom bündigen Ende anzubringen. Blockware ist auf der Oberseite des Einzelpaketes zu kennzeichnen.

7.4 Zahlungsverkehr im Schnittholz-Export

Höchstmögliche Zahlungssicherheit und größte Kulanz im Zahlungsverkehr ist immer ein Kompromiss aus Sicherheitserwägungen einerseits und rechtlichen und kostenbedingten Faktoren andererseits, wobei das individuelle geschäftspolitische Interesse abgewogen werden muss und letztlich den Ausschlag gibt. Man muss in jedem Einzelfall prüfen, inwieweit man im Interesse der Kulanz auf Sicherungsfaktoren verzichten kann, welche sonstigen Risiken bestehen, welche Kapitalbindung und welche Kosten man selbst tragen kann

Tabelle 69: Schnittholz-Paketierung: Maße

Einzelpaket Querschnittsmaße mm		Großpaket Anzahl der Einzelpakete		Querschnittsmaße mm	
Breite	Höhe	nebeneinander	übereinander	Breite	Höhe*
1 250 ... 1 350	1 250 ... 1 450	2	2	2 500 ... 2 700	2 550 ... 2 950
1 250 ... 1 350	600 ... 700	2	2	2 500 ... 2 700	1 250 ... 1 450
1 000 ... 1 200	900 ... 1 200	2	2	2 000 ... 2 400	1 850 ... 2 450
1 000 ... 1 200	500 ... 600	1	2	1 000 ... 1 200	1 050 ... 1 250
800 ... 900	800 ... 1 000	3	3	2 400 ... 2 700	2 500 ... 3 100
500 ... 650	500 ... 625	2	2	1 000 ... 1 300	1 050 ... 1 300
*Die Höhe lässt 80 mm Durchleger zu					

und will oder dem Käufer zumuten kann und möchte. Allzu risikoreiche Geschäfte nur aus Kulanzgründen und im Interesse einer Geschäftsverbindung einzugehen, kann sehr gefährlich sein.

A. Sicherung gegen das Kurs- und Währungsrisiko

a) Abschluss des Vertrages in Euro. Damit geht das Kurs- und Währungsrisiko auf den ausländischen Partner über; es kann jedoch bei €-Aufwertung geschehen, dass der ausländische Partner um Übernahme oder teilweise Übernahme des Währungsverlustes bittet und man im Interesse der Geschäftsverbindung unter Umständen darauf eingehen muss.

b) Kurssicherungsgeschäfte, d. h. Devisenvorverkauf des erwarteten Währungseinganges per Termin. Im Zweifelsfall soll der Termin nicht zu knapp gestaltet werden, damit der Währungsbetrag bei Fälligkeit des Termingeschäftes auch wirklich verfügbar ist. Andernfalls Eindeckung per Kasse und Abschluss eines neuen Geschäftes – Prolongation, was zusätzliche Kosten verursachen kann. Notfalls: Abschluss eines Optionsgeschäftes, z. B. Devisenterminverkauf auf einen Optionstermin von einem Monat.

c) Aufnahme eines Währungskredites in der Währung des erwarteten Exporterlöses und Rückzahlung dieses Kredites aus Exporterlös. Der Währungskredit wird nach Erhalt sofort in € umgewandelt. Gegenwärtig nur möglich bis zur Höhe von 20% ausstehender Exportforderungen (global) aufgrund des Bardepotgesetzes.

B. Hauptsächliche Absicherungsmöglichkeiten für den Zahlungseingang

a) Wahl der Zahlungsbedingung: Sicherheit für den Zahlungseingang nach rechtlichen Gesichtspunkten und vertraglicher Vereinbarung, unter Berücksichtigung einheitlicher Richtlinien und Usancen.

b) Kreditversicherung: Kredite, die dem ausländischen Käufer eingeräumt werden – und Kredite räumt man praktisch schon bei einer Finanzierung mit Akkreditiv ein – können versichert werden. Versicherer sind in Deutschland die Hermes Kreditversicherungs-AG, Hamburg, die bei der Exportversicherung mit Bundesmitteln arbeitet, sowie die mit privaten Mitteln arbeitenden Kreditversicherer Allgemeine Kreditversicherungs-AG, Mainz (Allianz-Konzern), und der Gerling-Konzern.
Versicherbare Risiken:

- das wirtschaftliche (Delkredere-) Risiko, das die beiden privaten Versicherer abdecken;
- das politische Risiko einschließlich des Transfer-Risikos, das nur die Hermes-AG versichert. Dies gilt vor allem für Entwicklungsländer, Ostblockstaaten und eventuell auch europäische Länder, wenn sie wirtschaftspolitisch labil werden sollten;
- das Fabrikationsrisiko im Falle von Sonderanfertigungen für das Ausland, die andernfalls auf dem Markt schlecht absetzbar sind.

Die Kreditversicherungen arbeiten mit einer Selbstbeteiligung pro rata, die gegenwärtig zwischen 5 und 20% je nach Risiko schwankt, d. h. im Verlustfall muss der Exporteur pro Tranche die entsprechende Selbstbeteiligung tragen.

C. Zahlungsbedingungen

a) Die Vorauszahlung: Die Finanzierungslast liegt auf seiten des Importeurs, größte Sicherheit für den Zahlungseingang auf Seiten des Exporteurs. Vorauszahlung ist heute kaum mehr erzielbar, außer in Form von Anzahlungen oder im Falle von spekulativen Anzahlungen, wenn man mit der Aufwertung der Exporteurwährung rechnet und der Vertrag in dessen Währung abgeschlossen worden ist.

Es wird Unkulanz gegenüber dem Käufer ausgedrückt, ist aber bei unsicheren Käufern zweckmäßig. (Gegenwärtig wegen Bardepotpflicht schwer anwendbar und für den Exporteur teuer, falls Bardepotstellung.)

b) Dokumentenakkreditive sind Zahlungs- oder Akzeptversprechen von Banken. Damit sind sie in Bezug auf Sicherheit fast so gut wie die Vorauszahlung. Sie sind abwickelbar gegen Dokumente, ein Einspruch aus dem Grundgeschäft ist nicht möglich. Wenn innerhalb der vorgeschriebenen Fristen die im Akkreditiv vorgeschriebenen Dokumente präsentiert werden, zahlt die das Akkreditiv eröffnende Bank (s. Abschnitt 7.4.1):

- widerrufliche Akkreditive sind bis zur Dokumentenaufnahme widerruflich und daher nicht sehr zweckmäßig
- unwiderrufliche Dokumentenakkreditive sind sehr gut und üblich
- unwiderrufliche und bestätigte Akkreditive; bei der Bestätigung übernimmt die bestätigende Bank – meist im Land des Exporteurs – die gleiche Verpflichtung wie sie die akkreditiveröffnende Bank im Akkreditiv ausgesprochen hat, zusätzlich.
  Aber: Das beste Akkreditiv der besten Bank nützt nichts, wenn das Land, in dem die an sich gute Bank ihren Sitz hat, verschuldet ist bzw. über keine Devisen verfügt

c) Kasse gegen Dokumente oder Dokumente gegen Akzept: Die Sicherheit für den Zahlungseingang ist je nach Versandpapierart nur bedingt (Konnossement = Inhaberpapier) oder Beweispapier.

Wenn bei der Zahlungsbedingung „Kasse gegen Dokumente“ die Dokumente dem Importeur direkt übersandt werden, besteht überhaupt keine Sicherheit. Ein solches Vorhaben kommt, vom Gesichtspunkt der Risiken aus gesehen, einer Ziellieferung gleich.

Wenn ein Dokumenteninkasso über eine Bank oder evtl. auch über einen Spediteur vorgenommen wird, so besteht zwar die Sicherheit, dass der Käufer die Dokumente nicht bekommt, wenn er nicht bezahlt oder akzeptiert. Im Falle der Nichtaufnahme der Dokumente (Nichtzahlung usw.) muss der Exporteur sich aber überlegen, was er mit der Ware macht, ob er sie einlagert und einen neuen Käufer sucht (Kosten und Verkaufsrisiko), oder ob er die Ware zurückkommen lässt (Transportkosten). Wenn die Ware im Seetransport gekommen ist, kann der Importeur ohne Dokumentenaufnahme nicht in den Besitz der Ware gelangen, denn dazu braucht er die Dokumente; diese bekommt er ohne Bezahlung nicht, denn der Seefrachtbrief, das Konnossement, ist ein Inhaberpapier.

Die oben genannten Risiken bestehen aber trotzdem. Es kommt vor, dass die Ware, die nicht abgenommen wird, am Zielhafen eingelagert werden muss und es nicht gelingt, umgehend einen neuen Käufer zu finden. Wenn die Einlagerung der Ware die Höchsteinlagerungsdauer, die je nach Häfen verschieden ist, (Höchsteinlagerungsdauer schwankt im Allgemeinen von 14 Tagen bis 6 Monaten, meist 2 bis 3 Monate) überschreitet, wird die Ware zwangsversteigert und Strohmänner des säumigen Käufers ersteigern die Ware u. U. unter Preis.

Man könnte, um zu vermeiden, dass der Käufer ohne zu zahlen in den Besitz der Ware kommt, diese zur Verfügung einer Bank reisen lassen (treuhänderisch an eine Bank adressieren). Das geht aber nur, wenn die Bank vorher ihr Einverständnis erteilt hat, sonst ist sie nicht verpflichtet, sich um die Ware zu kümmern.

Mit der Zahlungsbedingung K/D oder D/A verhält man sich dem Käufer gegenüber schon verhältnismäßig kulant. Die Sicherheit für den Zahlungseingang ist nur mittelmäßig. Man sollte diese Zahlungsbedingung nur zuverlässigen Käufern gegenüber anwenden, die man gut kennt oder über die man zumindestens gute Auskünfte neueren Datums vorliegen hat.

d) Lieferung gegen Akzept: Das Akzept schützt nur in gewisser Hinsicht im Rahmen der Wechselstrenge. Hier ist aber die unterschiedliche Gesetzgebung zu beachten; in vielen Rechtskreisen ist der voll abstrakte Wechsel in deutschem Sinne nicht bekannt. Eine Auskunft über das Wechselrecht des Käuferlandes kann die Bundesstelle für Außenhandelsinformationen in Köln bzw. deren Rechtsabteilung geben.

Italien und Griechenland haben ein sehr ähnliches Wechselrecht wie Deutschland, mit einigen kleinen Abweichungen (in Italien z.B. beim Blankowechsel).

Das algerische Wechselrecht entspricht weitgehend dem französischen, das wiederum dem deutschen sehr ähnlich ist. Jedoch kennt das französische Wechselrecht in Abweichung vom Abstraktheitsprinzip beispielsweise den Deckungsgrundsatz, d. h. dass der Wechselbezogene dem Wechselaussteller einen Betrag mindestens in Höhe der Wechselsumme bei Fälligkeit schulden muss. Die Annahme des Wechsels begründet zwar eine entsprechende Vermutung. Der Wechselaussteller muss aber, wenn die Deckung bestritten wird, den Gegenbeweis führen. Das spanische Wechselrecht weicht weiter ab. Zum Wirksamwerden eines Wechsels muss er mehr Angaben enthalten als dies bei uns üblich ist. So muss beispielsweise der Aussteller erklären, in welcher Art er eine Gegenleistung erhalten hat. Auch sind bei der Indossierung eines Wechsels und der Protesterhebung beispielsweise förmliche Besonderheiten zu beachten. Eine Sicherheit für den Zahlungseingang ist nicht gegeben. Es ist aber wahrscheinlich, dass der Käufer zahlt, sofern er akzeptiert hat, denn ein Protest mangels Zahlung ist keinem Geschäftsmann angenehm. Immerhin ist Nichteinlösung des Akzeptes je nach Bonität möglich. Aber bedenken muss man, dass es nach den meisten Wechselrechten des Auslandes, insbesondere in Übersee, keinen Protest mangels Akzept gibt.

e) Zielbedingungen: Zielbedingungen sind immer kulant, bieten aber keine Sicherheit für den Zahlungseingang. Entscheidend ist hier die Bonitätsfrage. Die Zielbedingungen sind so vielseitig, dass hier nicht alle angeführt werden können. Meist wird es sich um eine Zahlungsbedingung „Zahlung nach Erhalt der", „... Tage dato Faktura", „... Ziel" handeln. Nur solventen Käufern gegenüber sollten Zielbedingungen eingeräumt werden und nur wirklich potenten und zuverlässigen Käufern ohne gleichzeitige Kreditversicherung, anderenfalls ist eine Kreditversicherung anzustreben.

7.4.1 Akkreditiv

Die nachstehenden „Einheitlichen Richtlinien und Gebräuche für Dokumenten-Akkreditive" wurden von der Internationalen Handelskammer in Paris ausgearbeitet und als Broschüre Nr. 222 im Jahr 1962 herausgegeben.

Allgemeine Regeln und Begriffsbestimmungen

a) Diese Regeln und Begriffsbestimmungen sowie die folgenden Artikel beziehen sich auf alle Dokumenten-Akkreditive und sind für alle Beteiligten bindend, sofern nicht ausdrücklich anderweitige Vereinbarungen getroffen worden sind.

b) Die in diesen Regeln, Begriffsbestimmungen und Artikeln verwendeten Ausdrücke „Dokumenten-Akkreditiv(e)" und „Akkreditiv(e)" bedeuten jede, wie auch immer benannte oder bezeichnete Vereinbarung, derzufolge eine auf Ersuchen und in Übereinstimmung mit den Weisungen eines Kunden (Akkreditiv- Auftraggeber) handelnde Bank (eröffnende Bank) gegen Übergabe bestimmter Dokumente und bei Erfüllung der vorgeschriebenen Bedingungen Zahlungen an einen Dritten (Begünstigten) oder dessen Order zu leisten oder vom Begünstigten gezogene Wechsel zu bezahlen, zu akzeptieren oder zu negoziieren hat oder eine andere Bank zur Ausführung solcher Zahlungen oder zur Bezahlung, Akzeptierung oder Negoziierung derartiger Wechsel ermächtigt.

c) Akkreditive sind ihrer Natur nach von den Kauf- oder anderen Verträgen, auf denen sie beruhen können, getrennte Geschäfte, und die Banken haben in keiner Hinsicht etwas mit solchen Verträgen zu tun und sind nicht durch sie gebunden.

d) Akkreditivaufträge und Akkreditive selbst müssen vollständig und genau sein, und um Irrtümern und Missverständissen vorzubeugen, sollten die eröffnenden Banken jedem Versuch des Akkreditiv-Auftraggebers entgegentreten, zu weit gehende Einzelheiten aufzunehmen.

e) Wenn die Bank, die an erster Stelle berechtigt ist, eine ihr nach den folgenden Artikeln zustehende Wahl zu treffen, von dieser Möglichkeit Gebrauch macht, bindet ihre Entscheidung alle Beteiligten.
f) Ein Begünstigter kann sich in keinem Fall auf die vertraglichen Beziehungen berufen, die zwischen den Banken oder zwischen dem Akkreditiv-Auftraggeber und der eröffnenden Bank bestehen.

A. Form und Anzeige der Akkreditive

Artikel 1
Akkreditive können entweder
a) widerruflich oder
b) unwiderruflich sein.
Alle Akkreditive sollen daher deutlich angeben, ob sie widerruflich oder unwiderruflich sind. Fehlt eine solche Angabe, so gilt das Akkreditiv als widerruflich, selbst wenn ein Verfalldatum angegeben ist.

Artikel 2
Ein widerrufliches Akkreditiv begründet keine rechtlich bindenden Verpflichtungen der beteiligten Bank oder Banken gegenüber dem Begünstigten, da ein solches Akkreditiv jederzeit ohne Nachricht an den Begünstigten abgeändert oder annulliert werden kann.

Wenn jedoch ein widerrufliches Akkreditiv einer Filiale oder einer anderen Bank übermittelt und bei dieser benutzbar gemacht worden ist, wird seine Abänderung oder Annullierung erst wirksam, wenn die Mitteilung hierüber bei der Filiale oder anderen Bank eingegangen ist. Durch eine solche Mitteilung wird das Recht dieser Filiale oder anderen Bank nicht beeinträchtigt, Rembours für jede Zahlung, Akzeptleistung oder Negoziierung zu beanspruchen, die von ihr vor Eingang dieser Mitteilung vorgenommen wurde.

Artikel 3
Ein unwiderrufliches Akkreditiv ist eine feststehende Verpflichtung der eröffnenden Bank. Es begründet die Verbindlichkeit dieser Bank gegenüber dem Begünstigten oder – je nach Lage des Falles – gegenüber dem Begünstigten und gutgläubigen Inhabern von Tratten und/oder Dokumenten, die auf Grund des Akkreditivs präsentiert worden sind, das darin gegebene Versprechen zur Zahlung, Akzeptleistung oder Negoziierung gebührend zu erfüllen, sofern allen Bedingungen des Akkreditivs entsprochen worden ist.

Ein unwiderrufliches Akkreditiv kann dem Begünstigten durch eine andere Bank ohne Verbindlichkeit für diese andere Bank (die avisierende Bank) avisiert werden. Wenn dagegen die eröffnende Bank eine andere Bank zur Bestätigung ihres unwiderruflichen Akkreditivs ermächtigt und diese dementsprechend verfährt, begründet diese Bestätigung eine feststehende Verpflichtung der bestätigenden Bank entweder zur gebührenden Erfüllung des Versprechens zur Zahlung oder Akzeptleistung oder – falls das Akkreditiv durch die Negoziierung von Tratten benutzbar ist – zur Negoziierung dieser Tratten ohne Regress gegen den Aussteller. Verpflichtungen dieser Art können ohne die Zustimmung aller Beteiligten weder abgeändert noch annulliert werden.

Artikel 4
Wenn eine eröffnende Bank eine Bank durch Kabel, Telegramm oder Fernschreiben beauftragt, ein Akkreditiv zu avisieren, und das Original des Kreditbriefes selbst das Instrument für die Inanspruchnahme des Akkreditivs sein soll, muss die eröffnende Bank das Original des Kreditbriefes und alle nachträglichen Änderungen dem Begünstigten durch die avisierende Bank übersenden lassen.

Die eröffnende Bank ist für alle Folgen verantwortlich, die entstehen, wenn sie diesem Verfahren nicht folgt.

Artikel 5
Wird eine Bank durch Kabel, Telegramm oder Fernschreiben beauftragt, ein Akkreditiv zu eröffnen, zu bestätigen oder zu avisieren, dessen Bedingungen einem früher eröffneten Akkreditiv gleichen, das später geändert worden ist, so sind die Einzelheiten des zu eröffnenden, zu bestätigenden oder zu avisierenden Akkreditivs dem Begünstigten unter Auslassung der Änderungen bekanntzugeben, es sei denn, der Auftrag bezeichnet klar die Änderungen, die zu berücksichtigen sind.

Artikel 6
Eine Bank, die unvollständige oder unklare Weisungen zur Eröffnung, Bestätigung oder Avisierung eines Akkreditivs erhält, kann dem Begünstigten hiervon nur zu seiner vorläufigen Unterrichtung unverbindlich Kenntnis geben. In diesem Fall wird das Akkredtiv erst nach Eingang der notwendigen Informationen eröffnet, bestätigt oder avisiert.

B. Haftung und Verantwortlichkeit

Artikel 7
Die Banken müssen alle Dokumente mit angemessener Sorgfalt prüfen, um sich zu vergewissern, dass sie der äußeren Aufmachung nach den Akkreditiv-Bedingungen entsprechen.

Artikel 8
Im Dokumenten-Akkredtitiv-Geschäft befassen sich alle Beteiligten mit Dokumenten und nicht mit Waren.

Zahlung, Akzeptleistung oder Negoziierung durch eine hierzu ermächtigte Bank gegen Dokumente, die ihrer äußeren Aufmachung nach den Akkreditiv-Bedingungen entsprechen, verpflichten denjenigen, der die Ermächtigung erteilt hat, die Dokumente aufzunehmen und die zahlende, akzeptierende oder negoziierende Bank zu remboursieren.

Wenn die eröffnende Bank bei Erhalt der Dokumente der Ansicht ist, dass diese der äußeren Aufmachung nach nicht den Bedingungen des Akkreditivs entsprechen, muss sie allein auf Grund der Dokumente entscheiden, ob sie geltend machen will, dass die Zahlung, Akzeptleistung oder Negoziierung nicht in Übereinstimmung mit den Akkreditiv-Bedingungen durchgeführt worden ist.

Wenn eine solche Reklamation vorgenommen werden soll, muss eine entsprechende Mitteilung unter Angabe der Gründe drahtlich oder auf anderem schnellen Wege der Bank gemacht werden, von der die reklamierende Bank die Dokumente erhalten hat. Die Mitteilung muss besagen, dass die Dokumente zur Verfügung dieser Bank gehalten oder ihr zurückgesandt werden. Der eröffnenden Bank steht eine angemessene Zeit zur Prüfung der Dokumente zu.

Artikel 9
Die Banken übernehmen keine Haftung oder Verantwortung für Form, Vollständigkeit, Genauigkeit, Echtheit, Verfälschung oder Rechtswirksamkeit irgendwelcher Dokumente oder für die allgemeinen und/oder besonderen Bedingungen, die in den Dokumenten angegeben oder denselben hinzugefügt sind. Sie übernehmen auch keine Haftung oder Verantwortung für Bezeichnung, Menge, Gewicht, Qualität, Beschaffenheit, Verpackung, Lieferung, Wert oder Vorhandensein der durch die Dokumente vertretenen Waren oder in Bezug auf Treu und Glauben oder die Handlungen und/oder Unterlassungen sowie für Zahlungsfähigkeit, Leistungsvermögen oder Ruf des Absenders, der Frachtführer oder der Versicherer der Waren oder irgendwelcher anderer Personen.

Artikel 10
Die Banken übernehmen keine Haftung oder Verantwortung für die Folgen von Verzögerungen und/oder Verlusten bei Übermittlung von Nachrichten, Briefen oder Dokumenten sowie für Verzögerung, Verstümmelung oder sonstige Irrtümer, die aus der Übermittlung von Kabeln, Telegrammen oder Fernschreiben resul-

tieren, sowie für Irrtümer bei der Übersetzung oder Auslegung von technischen Ausdrücken; die Banken behalten sich das Recht vor, Akkreditiv-Bedingungen unübersetzt weiterzugeben.

Artikel 11
Die Banken übernehmen keine Haftung oder Verantwortung für die Folgen der Unterbrechung ihrer Geschäftstätigkeit durch Streiks, Aussperrungen, Unruhen, Aufruhr, Aufstand, Kriege, Fälle höherer Gewalt oder irgendwelche andere Ursachen, die außerhalb ihrer Kontrolle liegen. Sofern sie hierzu nicht besonders ermächtigt sind, nehmen die Banken nach Ablauf der Gültigkeitsdauer von Akkreditiven, die während einer solchen Unterbrechung der Geschäftstätigkeit verfallen, keine Zahlung, Akzeptleistung oder Negoziierung vor.

Artikel 12
Banken, welche die Dienste anderer Banken in Anspruch nehmen, um die Weisungen des Akkreditiv-Auftraggebers auszuführen, tun dies für Rechnung und Gefahr dieses Auftraggebers. Sie übernehmen keine Haftung oder Verantwortung, wenn die von ihnen erteilten Weisungen nicht ausgeführt werden, auch wenn sie selbst die Auswahl dieser anderen Bank von sich aus getroffen haben. Der Akkreditiv-Auftraggeber muss alle Verpflichtungen und Verantwortlichkeiten übernehmen, die auf ausländischen Gesetzen und Gebräuchen beruhen, und er muss die Banken für alle hieraus resultierenden Folgen schadlos halten.

C. Dokumente

Artikel 13
Alle Aufträge zur Eröffnung, Bestätigung oder Avisierung eines Akkreditivs müssen genau angeben, gegen welche Dokumente Zahlung, Akzeptleistung oder Negoziierung vorgenommen werden soll.

Ausdrücke wie „erstklassig", „gut bekannt", „qualifiziert" u. ä. sollen zur Klassifizierung der Aussteller irgendwelcher Dokumente, deren Beibringung in Akkreditiven vorgeschrieben wird, nicht verwendet werden. Wenn solche Ausdrücke jedoch in den Akkreditiv-Bedingungen enthalten sind, nehmen die Banken die Dokumente, so wie sie präsentiert werden, ohne weitere Verantwortlichkeit ihrerseits an.

Dokumente, welche die Verschiffung oder Versendung ausweisen (Verladedokumente)

Artikel 14
Abgesehen von den Bestimmungen des Artikels 18 wird das Datum des Konnossements oder das im Empfangsstempel angegebene oder durch Vermerk angebrachte Datum auf irgendwelchen anderen Dokumenten, die eine Verschiffung oder Versendung ausweisen, in jedem Falle als Datum der Verschiffung oder Versendung der Ware angesehen.

Artikel 15
Sind die Worte „Fracht bezahlt" oder „Fracht vorausbezahlt" auf Dokumenten, welche die Verschiffung oder Versendung ausweisen, durch Stempel oder anderswie angebracht, werden sie als Nachweis über die erfolgte Frachtzahlung anerkannt.

Sind die Worte „Fracht vorauszahlbar" oder „Fracht im voraus zu zahlen" oder Worte ähnlicher Bedeutung auf solchen Dokumenten durch Stempel oder anderswie angebracht, werden sie nicht als Nachweis der erfolgten Frachtzahlung anerkannt.

Die Banken können Dokumente mit dem Vermerk, dass Fracht oder Transportkosten bei Auslieferung zu zahlen sind, honorieren, sofern im Akkreditiv nichts anderes vorgeschrieben ist oder keine Unvereinbarkeit mit irgendeinem der auf Grund des Akkreditivs präsentierten Dokumente besteht.

Artikel 16
Reine Verladedokumente sind solche, die keine hinzugefügten Klauseln oder Angaben enthal-

ten, die einen mangelhaften Zustand der Ware und/oder der Verpackung ausdrücklich vermerken.

Die Banken weisen Verladedokumente zurück, die solche Klauseln oder Vermerke enthalten, sofern im Akkreditiv nicht ausdrücklich die Klauseln oder Vermerke bezeichnet werden, die angenommen werden dürfen.

Seekonnossemente

Artikel 17
Folgende Konnossemente werden zurückgewiesen, sofern das Akkreditiv keine ausdrückliche Ermächtigung zur Aufnahme enthält:
a) Konnossemente, die von Spediteuren ausgestellt sind;
b) Konnossemente, die unter Charter-Partie ausgestellt und deren Bedingungen unterworfen sind;
c) Konnossemente, die Verladung auf Segelschiffen ausweisen. Jedoch werden, sofern nichts anderes im Akkreditiv vorgeschrieben ist, Konnossemente folgender Art angenommen:
a) „Hafen"- oder Lagerhalter-Konnossemente (d. h. „Port"- oder „Custody Bills of Lading")
für Baumwollverschiffungen aus den USA;
b) „Durchkonnossemente" (d. h. „Through Bills of Lading"), ausgestellt von Schifffahrtsgesellschaften oder deren Agenten, selbst wenn sie mehrere verschiedenartige Transportarten umfassen.

Artikel 18
Die Konnossemente müssen ausweisen, dass die Waren an Bord verladen sind, sofern im Akkreditiv nichts anderes gesagt ist. Die Verladung an Bord kann nachgewiesen werden durch ein An-Bord-Konnossement oder einen entsprechenden Vermerk mit Datum und Unterschrift oder Handzeichen des Frachtführers oder seines Agenten. Das Datum dieses Vermerks wird als Zeitpunkt der Verladung an Bord und der Verschiffung angesehen.

Artikel 19
Wenn Umladung nach den Bedingungen des Akkreditivs nicht verboten ist, werden Konnossemente, die Umladung während der Reise vorsehen, angenommen, sofern die gesamte Reise durch ein und dasselbe Konnossement gedeckt ist. Konnossemente mit eingedruckten Klauseln, die dem Frachtführer das Recht zur Umladung geben, werden angenommen, ungeachtet der Tatsache, dass das Akkreditiv die Umladung verbietet.

Artikel 20
Die Banken weisen Konnossemente zurück, welche die Verladung an Deck ausweisen, sofern das Akkreditiv diese nicht ausdrücklich erlaubt.

Artikel 21
Die Banken können fordern, dass der Name des Akkreditiv-Begünstigten auf dem Konnossement als Ablader oder Indossant erscheint, sofern die Akkreditiv-Bedingungen nichts anderes vorsehen.

Andere Verladedokumente usw.

Artikel 22
Die Banken betrachten Eisenbahnfrachtbriefe oder Flussladescheine oder entsprechende Verladebescheinigungen, Frachtbriefdoppel, Posteinlieferungsscheine, Postversand-Bescheinigungen, Luftposteinlieferungsscheine, Luftfrachtbriefe, Lufttransportbriefe oder entsprechende Empfangsbestätigungen, Frachtbriefe von Kraftverkehrsunternehmen oder andere Dokumente ähnlicher Art als ordnungsgemäß, wenn sie den Empfangsstempel des Frachtführers oder Ausstellers oder eine Unterschrift tragen.

Artikel 23
Wenn bei anderen als See-Transporten das Akkreditiv eine Nachweisung oder eine Beglaubigung des Gewichts vorschreibt, nehmen die

Banken einen Wiegestempel oder eine andere amtliche Gewichtsangabe auf den Verlade-Dokumenten an, sofern im Akkreditiv keine besondere oder unabhängige Gewichtsbescheinigung verlangt wird.

Versicherungsdokumente

Artikel 24
Versicherungsdokumente müssen so beschaffen sein, wie im Akkreditiv ausdrücklich beschrieben, und von Versicherungsgesellschaften, ihren Agenten oder von Versicherern (Underwriters) ausgestellt und/oder unterzeichnet sein. Von Maklern ausgestellte Deckungsbestätigungen (cover notes) werden nicht angenommen, sofern dies im Akkreditiv nicht ausdrücklich vorgesehen ist.

Artikel 25
Sofern das Akkreditiv nichts anderes bestimmt, können Banken die ihnen vorgelegten Versicherungsdokumente zurückweisen, wenn sie ein späteres Datum als das aus den Versanddokumenten hervorgehende Versanddatum tragen.

Artikel 26
Wenn im Akkreditiv nichts anderes vorgesehen ist, muss das Versicherungsdokument in derselben Währung ausgestellt sein wie das Akkreditiv. Der Mindestbetrag, für den die Versicherung abgeschlossen sein muss, ist der CIF-Wert der betreffenden Waren. Wenn jedoch der CIF-Wert nicht aus der äußeren Aufmachung der vorgelegten Dokumente bestimmt werden kann, nehmen die Banken als Mindestwert den Betrag der Entnahme aus dem Akkreditiv oder den Betrag der entsprechenden Handelsrechnung an, je nachdem, welcher Betrag höher ist.

Artikel 27
In den Akkreditiven muss ausdrücklich bezeichnet werden, welche Art von Versicherung verlangt wird und gegebenenfalls, welche zusätzlichen Risiken zu decken sind. Ungenaue Ausdrücke, wie „übliche Risiken“ oder „handelsübliche Risiken“, sollen nicht verwendet werden. Fehlen besondere Anweisungen, so nehmen die Banken die Versicherungsdeckung an, wie sie sich aus dem ihnen präsentierten Versicherungsdokument ergibt.

Artikel 28
Wenn ein Akkreditiv „Versicherung gegen alle Risiken“ vorschreibt, nehmen die Banken ein Versicherungsdokument an, das irgendeinen Vermerk oder eine Klausel über „alle Risiken“ enthält, und sie übernehmen keine Verantwortung, wenn irgendein besonderes Risiko nicht gedeckt ist.

Artikel 29
Die Banken können ein Versicherungsdokument annehmen, in dem angegeben ist, dass die Deckung einer Franchise unterworfen ist, sofern das Akkreditiv nicht ausdrücklich besagt, dass die Versicherung ohne Berücksichtigung eines Prozentsatzes für Franchise ausgestellt sein muss.

Handelsrechnungen

Artikel 30
Sofern im Akkreditiv nichts anderes bestimmt ist, müssen Handelsrechnungen auf den Namen des Akkreditiv-Auftraggebers ausgestellt sein. Sofern im Akkreditiv nichts anderes bestimmt ist, können die Banken Handelsrechnungen, die auf einen die Akkreditivsumme übersteigenden Betrag lauten, ablehnen.

Die Beschreibung der Waren in der Handelsrechnung muss mit der Beschreibung im Akkreditiv übereinstimmen. In den übrigen Dokumenten können die Waren in allgemeingehaltenen Ausdrücken beschrieben sein.

Andere Dokumente

Artikel 31
Wenn andere Dokumente, wie Lagerscheine, Lieferscheine, Konsulatsfakturen, Ursprungszeugnisse, Gewichts-, Qualitäts- oder Analysenzertifikate usw., ohne nähere Beschreibung verlangt werden, können die Banken ohne Verbindlichkeit für sie derartige Dokumente so aufnehmen, wie sie ihnen präsentiert werden.

D. Verschiedene Regeln

Menge und Betrag

Artikel 32
Die Worte „etwa", „circa" oder ähnliche Ausdrücke sind dahin auszulegen, dass eine Abweichung statthaft ist bis zu 10 % nach oben oder bis zu 10 % nach unten vom Akkreditivbetrag, von der Warenmenge oder vom Preis der Ware pro Einheit, je nachdem, wo die Ausdrücke in den Weisungen verwendet werden. Sofern im Akkreditiv nicht festgelegt ist, dass die angegebene Warenmenge nicht über- oder unterschritten werden darf, ist eine Abweichung bis zu 3 % nach oben oder bis zu 3 % nach unten gestattet, immer vorausgesetzt, dass der Gesamtbetrag der Inanspruchnahme nicht den Akkreditivbetrag überschreitet. Diese Abweichung ist nicht zulässig, wenn im Akkreditiv die Menge in Verpackungseinheiten, Behältern oder Stückzahlen bezeichnet ist.

Teilverladungen

Artikel 33
Teilverladungen sind zulässig, sofern im Akkreditiv nicht ausdrücklich etwas anderes vorgeschrieben ist.

Verschiffungen, die auf demselben Schiff und für dieselbe Reise erfolgen, werden nicht als Teilverschiffung angesehen, selbst wenn die Konnossemente, die „An Bord"-Verschiffung ausweisen, unterschiedliche Daten tragen.

Artikel 34
Ist Verladung in Teillieferungen innerhalb bestimmter Zeiträume vorgeschrieben und ist irgendeine Teillieferung nicht innerhalb des vorgeschriebenen Zeitraums verladen worden, so kann das Akkreditiv für diese betreffende oder jede weitere Teilverladung nicht mehr benutzt werden, sofern im Akkreditiv nichts anderes vorgeschrieben ist.

Gültigkeit und Verfalldatum

Artikel 35
Alle unwiderruflichen Akkreditive müssen ein Verfalldatum für die Präsentation der Dokumente zwecks Zahlung, Akzeptleistung oder Negoziierung enthalten, auch wenn ein letztes Datum für die Verladung angegeben ist.

Artikel 36
Die Worte „bis", „bis zum" und Ausdrücke ähnlicher Bedeutung, die sich auf das Datum beziehen, an dem die Frist zur Präsentation der Dokumente zwecks Zahlung, Akzeptleistung oder Negoziierung endet, oder die das festgelegte letzte Verladungsdatum betreffen, sind so zu verstehen, dass sie das angegebene Datum einschließen.

Artikel 37
Wenn das festgesetzte Verfalldatum auf einen Tag fällt, an dem die Banken aus anderen als den unter Artikel 11 genannten Gründen geschlossen sind, wird die Gültigkeitsdauer auf den nächstfolgenden Arbeitstag ausgedehnt.

Das gilt nicht für das Verladedatum, das – sofern es festgesetzt ist – eingehalten werden muss. Banken, die an einem solchen hinausgeschobenen Verfalldatum zahlen, akzeptieren oder negoziieren, müssen den Dokumenten eine von ihnen ausgestellte Erklärung folgenden Wortlauts beifügen:

„Zur Zahlung (Akzeptleistung oder Negoziierung, je nach Lage des Falles) präsentiert innerhalb der gemäß Art. 37 der Einheitlichen Richtlinien verlängerten Gültigkeitsdauer."

Artikel 38
Die Gültigkeit eines widerruflichen Akkreditivs wird, wenn kein Verfalldatum angegeben ist, sechs Monate nach dem Datum der Anzeige der Bank, bei der das Akkreditiv benutzbar ist, an den Begünstigten als erloschen angesehen.

Artikel 39
Jede Verlängerung der vorgeschriebenen Verladungsfrist bewirkt eine Verlängerung der Gültigkeitsdauer das Akkreditivs um eine ebenso lange Zeitspanne, sofern nichts anderes ausdrücklich vorgeschrieben ist.

Wenn in einem Akkreditiv ein letztes Verladungsdatum vorgeschrieben ist, bewirkt eine Verlängerung der Gültigkeitdauer des Akkreditivs nicht die Verlängerung der Verladungsfrist, sofern nichts anderes ausdrücklich bestimmt ist.

Verschiffung, Verladung oder Versendung

Artikel 40
Sofern die Akkreditivbedingungen nichts anderes besagen, sind Ausdrücke wie „Abgang", „Versendung", „Beladung" oder „Verschiffung", die zur Festsetzung des letzten Verladungstages der Waren verwendet werden, als gleichbedeutend mit „Verladung" anzusehen.

Ausdrücke wie „prompt", „unverzüglich", „baldmöglichst" usw. sollten nicht verwendet werden. Wenn sie verwendet werden, legen die Banken sie dahin aus, dass die Verladung innerhalb von 30 Tagen verlangt wird, und zwar gerechnet ab Datum der Akkreditiv-Eröffnungsanzeige der eröffnenden oder einer avisierenden Bank an den Begünstigten, je nachdem, wie der Fall liegt.

Präsentation

Artikel 41
Die Dokumente müssen innerhalb einer angemessenen Zeit nach Ausstellung präsentiert werden. Die mit der Zahlung, Akzeptleistung oder Negoziierung beauftragten Banken können die Dokumente zurückweisen, wenn sie ihnen ihrem Urteil nach mit übermäßiger Verzögerung präsentiert werden.

Artikel 42
Die Banken sind nicht verpflichtet, Dokumente außerhalb ihrer Schalterstunden entgegenzunehmen.

Zeitbestimmungen

Artikel 43 und 44
Die Ausdrücke „erste Hälfte", „zweite Hälfte" eines Monats bedeuten „vom 1. bis zum 15. einschließlich" bzw. „vom 16. bis einschließlich Monats-Ultimo" .

Die Ausdrücke „Anfang", „Mitte" oder „Ende" eines Monats bedeuten „vom 1. bis zum 10. einschließlich", „vom 11. bis zum 20. einschließlich" und „vom 21. bis einschließlich Monats-Ultimo".

Artikel 45
Wenn die eröffnende Bank Weisung gibt, das Akkreditiv gültig „für einen Monat", „für sechs Monate" oder ähnlich zu bestätigen oder zu avisieren, aber nicht angibt, wann diese Frist beginnen soll, bestätigt oder avisiert die bestätigende oder avisierende Bank das Akkreditiv dahingehend, dass die Gültigkeit mit Ablauf des so bezeichneten Zeitraumes, gerechnet ab Datum der Bestätigung oder Avisierung, erlischt.

E. Übertragung

Artikel 46
Ein übertragbares Akkreditiv ist ein Akkreditiv, bei dem der Begünstigte berechtigt ist, der zur

Zahlung oder Akzeptleistung aufgeforderten oder jeder zur Negoziierung berechtigten Bank Weisung zu geben, das Akkreditiv im Ganzen oder zum Teil einem Dritten oder mehreren Dritten (Zweitbegünstigten) verfügbar zu machen. Ein Akkreditiv kann nur übertragen werden, wenn es von der eröffnenden Bank ausdrücklich als „übertragbar" bezeichnet worden ist. Ausdrücke wie „divisible", „fractionable", „assignable" und „transmissible" fügen der Bedeutung des Ausdrucks „transferable" (übertragbar) nichts hinzu und sollen nicht benutzt werden. Ein übertragbares Akkreditiv kann nur einmal übertragen werden. Teile eines übertragbaren Akkreditivs (die im Ganzen den Gesamtbetrag des Akkreditivs nicht überschreiten) können getrennt übertragen werden, sofern Teilverladungen nicht untersagt sind; die Gesamtheit derartiger Übertragungen gilt als nur eine Übertragung des Akkreditivs. Das Akkreditiv kann nur zu den im Original-Akkreditiv angegebenen Bedingungen übertragen werden mit der Ausnahme, dass der Akkreditivbetrag die im Akkreditiv etwa genannten Preise pro Einheit und die Gültigkeitsdauer oder die Verladungsfrist insgesamt oder einzeln ermäßigt oder verkürzt werden können. Außerdem kann der Name des ersten Begünstigten an die Stelle des Akkreditiv-Auftraggebers gesetzt werden. Wenn jedoch im Originalakkreditiv ausdrücklich verlangt wird, dass der Name des Akkreditiv-Auftraggebers in irgendeinem anderen Dokument als der Rechnung erscheint, muss diese Bedingung erfüllt werden.

Der Erstbegünstigte hat das Recht, seine eigenen Rechnungen an die Stelle der Rechnungen des Zweitbegünstigten zu setzen, und zwar mit Beträgen, welche den im Akkreditiv angegebenen Originalbetrag nicht übersteigen, und mit den im Akkreditiv bezeichneten Originalpreisen pro Einheit. Bei einem solchen Rechnungsaustausch kann der Erstbegünstigte auf Grund des Akkreditivs den Unterschiedsbetrag erheben, der gegebenenfalls zwischen seinen Rechnungen und denen des Zweitbegünstigten besteht. Wenn ein Akkreditiv übertragen worden ist und der Erstbegünstigte seine eigenen Rechnungen an die Stelle der Rechnungen des Zweitbegünstigten setzen soll, der Aufforderung hierzu aber nicht nachkommt, dann hat die zahlende, akzeptierende oder negoziierende Bank das Recht, der eröffnenden Bank die auf Grund des Akkreditivs erhaltenen Dokumente auszuliefern, einschließlich der Rechnungen des Zweitbegünstigten, und zwar ohne weitere Verantwortlichkeit gegenüber dem Erstbegünstigten.

Der Erstbegünstigte eines übertragbaren Akkreditivs kann das Akkreditiv an einen Zweitbegünstigten in demselben Land übertragen. Wenn ihm aber erlaubt sein soll, das Akkreditiv an einen Zweitbegünstigten in einem anderen Lande zu übertragen, muss dies im Akkreditiv ausdrücklich angegeben sein. Der Erstbegünstigte soll berechtigt sein zu verlangen, dass die Zahlung oder Negoziierung an den Zweitbegünstigten an dem Platz vorgenommen wird, an den das Akkreditiv übertragen worden ist, und zwar bis zum Verfalldatum des Originalakkreditivs einschließlich dieses Tages und unbeschadet des Rechtes des Erstbegünstigten, nachträglich seine Rechnungen an die Stelle der Rechnungen des Zweitbegünstigten zu setzen und jeden ihm zustehenden Differenzbetrag zu fordern.

Die Bank, die ersucht wird, die Übertragung vorzunehmen – gleichgültig ob sie das Akkreditiv bestätigt hat oder nicht –, ist nicht verpflichtet, die Übertragung vorzunehmen, außer in dem Umfang und in der Art, wie sie ausdrücklich zugestimmt hat und bevor die Übertragungskosten dieser Bank bezahlt sind.

Bankkosten, die durch Übertragungen entstehen, sind vom Erstbegünstigten zu tragen, sofern nichts anderes bestimmt worden ist.

8 Holz-erzeugnisse

Ulf Lohmann

8.1 Rundhölzer

8.1.1 Bestimmungen für Masten

Für die Lieferung von Leitungsmasten aus Holz für Elektrizitätsversorgungsunternehmen gelten die „TB Holzmaste", herausgegeben von der Vereinigung Deutscher Elektrizitätswerke, Fassung 1966. Sie nehmen Bezug auf die DIN 48 350, die als Anlage 1 wiedergegeben wird.

TB Holzmaste
4. Ausgabe 1966
(wird derzeit überarbeitet, Veröffentlichungstermin voraussichtlich Ende 2010. Ein aktueller Stand kann über **www.holzmastenverband.de** abgefragt werden.)

1. Geltungsbereich
Die TB Holzmaste gelten für
a) die Lieferung der rohen Maste
b) die Imprägnierung der rohen Maste
c) die Lieferung der imprägnierten Maste.
Verschiedene Abschnitte bedürfen gegebenenfalls einer besonderen Festlegung für den Einzelfall.

2. Lieferung der rohen Maste
2.1 Für die Abmessungen, den Festgehalt, die Holzarten, die Fällzeit und Behandlung nach dem Fällen, die Beschaffenheit und Bearbeitung der zu liefernden rohen Maste gilt das Normblatt DIN 48 350.

Es dürfen nur Stammabschnitte gemäß DIN 48 350 geliefert werden. Die Lieferung von Mittelstücken bedarf der Zustimmung des Bestellers.

Für Maste, die saftfrisch imprägniert werden sollen, hat der Lieferer dem Besteller stets Einschlagort und -zeit mitzuteilen.
2.2 Maste, für deren Imprägnierung eine vorgeschriebene Lufttrockenheit Voraussetzung ist, müssen in dem unmittelbar vorangegangenen Winter gefällt sein (Winterfällung). Die Lieferung von Masten aus anderen Einschlagzeiten, z.B. im Sommer, bedürfen der Zustimmung des Bestellers, wobei eine entsprechende Vorbehandlung in Bezug auf die Lufttrockenheit garantiert werden muss.
2.3 Die Lieferung geflößter Maste bedarf der Zustimmung des Bestellers.
2.4 Vom Besteller ist anzugeben, ob gemäß Ziff. 5 von DIN 48 350 das Zopfende kegelförmig (K) oder dachartig (D) herzurichten ist.
2.5 Die Maste sind in Angeboten, Versandanzeigen, Lieferscheinen, Frachtbriefen, Rechnungen und sonstigen Schriftstücken nach den Nenngrößen von DIN 48 350, Ziff. l, Spalte l, zu bezeichnen. Bei der Bestellung sollen mindestens zwei aufeinanderfolgende Nenngrößen – nach Möglichkeit drei – der gleichen Länge zur Auswahl aufgegeben werden. Sie müssen aber bei Angeboten, bei Lieferung und Rechnungserteilung getrennt ausgewiesen werden (siehe auch Ziff. 5.4).

3. Güteprüfung der rohen Maste
3.1 Die für die Lieferung vorgesehenen Maste sind, wenn nichts anderes vereinbart, im Imprägnierwerk vor dem Imprägnieren durch einen Prüfbeauftragten des Bestellers zu prüfen (s. Ziffer 3.5).
3.2 Der Lieferer hat beim Besteller oder seinem Prüfbeauftragten die nach Ziff. 3.1 erforderliche Prüfung unter Angabe der Stückzahl so rechtzeitig zu beantragen, dass der Prüfbeauftragte, wenn nichts anderes vereinbart ist, sieben Tage vorher schriftlich unterrichtet ist. Dabei hat der Lieferer, wenn der Prüfbeauftragte nicht ständig im Imprägnierwerk anwesend ist, eine vereinbarte Mindestzahl von rohen Masten zur Prüfung bereitzustellen.
3.3 Lassen rohe Maste Mängel vermuten, so ist der Besteller zur Feststellung der vertragsmäßigen Beschaffenheit berechtigt, derartigen Masten vor dem Imprägnieren Bohrkerne zu entnehmen und die Maste um höchstens 10 cm auf Kosten des Lieferers kürzen zu lassen.
3.4 Als unbrauchbar befundene rohe Maste werden zurückgewiesen. Wird ein nach Ziff.

3.3 gekürzter Mast wegen festgestellter Mängel nicht abgenommen, so hat der Lieferer keinen Anspruch auf Entschädigung.

3.5 Die zur Imprägnierung als geeignet befundenen rohen Maste werden vom Prüfbeauftragten durch Anbringen eines ersten Schlaghammerabdrucks gekennzeichnet. Maste ohne dieses Kennzeichen dürfen für den Besteller nicht imprägniert werden. An den Masten ist außer dem Schlaghammerabdruck auf der Schnittfläche des Stammendes das Fußmaß nach Vereinbarung mit Schlagstempel oder Bezeichnungsnagel deutlich zu vermerken (s. auch Ziffer 4.7).

3.6 Das Prüfergebnis wird dem Lieferer vom Prüfer im Anschluss an die Prüfung, spätestens innerhalb einer Woche, schriftlich mitgeteilt. Macht der Lieferer nicht innerhalb einer Woche nach dem Eingang der Meldung schriftlich Einwendungen geltend, so gilt das Prüfergebnis als anerkannt.

4. Imprägnierung der rohen Maste und Prüfung der imprägnierten Maste

4.1 Für die Imprägnierung der Maste gelten die jeweils gültigen FTZ-Richtlinien. Bei Imprägnierarten, die hierin nicht enthalten sind, bleibt es dem Besteller überlassen, besondere Prüfbestimmungen mit dem Lieferer zu vereinbaren. In der Bestellung werden jeweils die Holzart, das zu verwendende Imprägniermittel, die einzubringende Schutzstoffmenge und das Imprägnierverfahren festgelegt. Als Bezugswerte für die Schutzstoffmenge gelten die Richtwerte des Festgehaltes gemäß DIN 48 350, Ziff. l, Spalte 6.

4.2 Die fertig imprägnierten Maste werden durch den Prüfbeauftragten auf einwandfreie Imprägnierung beurteilt. Auf besonderes Verlangen sind Imprägnierdiagramme und Wiegekarten mitzuliefern.

4.3 Der Besteller ist berechtigt, zur Feststellung der vertragsmäßigen Beschaffenheit den Masten nach dem Imprägnieren Bohrkerne zu entnehmen. Die dadurch entstandenen Löcher sind mit Hartholzdübeln zu verschließen, die in der gleichen Weise wie die Maste imprägniert sein müssen. Die Dübel sind vom Lieferer auf seine Kosten zu beschaffen.

4.4 Für die Prüfung des Erfolges der Imprägnierung gelten die Tränkanordnung des FTZ oder besondere Vereinbarungen der Besteller. Für beanstandete Maste muss ein etwaiges Nachimprägnieren ohne besondere Bezahlung durchgeführt werden.

4.5 Die vom Prüfbeauftragten nicht beanstandeten Maste werden am Fußende, je nach Vereinbarung, durch Anbringen eines zweiten Schlaghammerabdrucks oder eines Nagels des Bestellers bzw. eines Nagels mit der Prägung „GP“ des Prüfbeauftragten gekennzeichnet.

4.6 Die zur Lieferung freigegebenen Maste werden vom Lieferer, in einer Entfernung von 3,50 m vom Stammende, mit feuerverzinkten Bezeichnungsnägeln (Kennägeln) versehen, und zwar:

a) des Lieferwerkes und -Jahres,
b) des Fußdurchmessers nach DIN 48 350, Ziff. l, Spalte 3 und
c) der Holz-, Schutzmittel- und Imprägnierart.

Für Holz-, Schutzmittel- und Imprägnierart werden folgende Bezeichnungen auf den Nägeln angewendet:

Holzart:	
für Kiefer	Ki
für Fichte	Fi
Tränkart und Schutzmittel:	
Kesseldruckverfahren (Rüping) mit Steinkohlenteeröl	R
Kesseldruckverfahren mit Salzen	VD
Trogverfahren mit Quecksilbersublimat	TK
Trogverfahren mit Salzen	T
Trogsaug- und Trogdrucksaug- oder Saftverdrängungsverfahren mit Salzen	B
Osmoseverfahren mit Chromarsensalz	O
Nordische Maste erhalten durch einen weiteren Nagel die zusätzliche Bezeichnung	N

Für die Kennzeichnung sind feuerverzinkte Nägel zu verwenden, die den Bestimmungen nach VDE 0210 entsprechen.

4.7 Die Bezeichnungsnägel werden vom Lieferer bis zu 5 Stück ohne besondere Vergütung beschafft und eingeschlagen.

5. Versand

5.1 Der Versand der fertig imprägnierten Maste an die Empfangsstelle des Bestellers erfolgt nach Vereinbarung mit Eisenbahn, Schiff oder Lastkraftwagen.

5.2 Die mit Teeröl imprägnierten Maste sollen möglichst erst dann zum Versand kommen, wenn sie genügend lange (mindestens 8 Wochen) gelagert haben, so dass ein stärkeres Ausschwitzen des Teeröls vermieden wird. Maste, die mit anorganischen Salzen imprägniert sind, müssen mindestens 4 Wochen lagern, damit eine genügende Fixierung gewährleistet ist. Die Kosten für die Lagerung gehen zu Lasten des Lieferers.

5.3 Wenn Schemelwagenpaare zum Transport von Masten verwendet werden, müssen die Schemelzinken abgedeckt werden, um eine Beschädigung der Mäste zu verhüten.

5.4 Bei Versendung der Maste hat der Lieferer das Ladegewicht festzustellen und auf dem Frachtbrief das amtliche Gewicht vermerken zulassen. Außerdem ist für jede Nenngröße die Stückzahl im Frachtbrief anzugeben.

5.5 Ist die volle Ausladung eines Wagens mit Masten der gleichen Nenngröße nicht möglich, so hat der Lieferer die Maste nach Nenngrößen geordnet durch Zwischenlegen von Drähten oder dgl. übersichtlich voneinander getrennt zu verladen.

5.6 Falls nach der Preisvereinbarung die Versandkosten vom Besteller zu tragen sind, werden diese nur dann erstattet, wenn sie durch Belege (Frachtbrief o. ä.) nachgewiesen werden.

5.7 Handelt der Lieferer den Verpflichtungen nach Ziff. 5.3 bis 5.6 zuwider, so hat er dadurch entstehende Mehrkosten zu tragen.

6. Allgemeines

6.1 Der Prüfbeauftragte kann ein Angestellter des Bestellers oder ein Mastenprüfbeamter der Deutschen Bundespost sein. Werden im letzteren Fall vom Besteller hinsichtlich der Lieferbedingungen Abweichungen von den gültigen Vorschriften der Bundespost gewünscht, z.B. bezüglich der Anzahl der zu entnehmenden Bohrproben, so ist dies im Prüfauftrag entsprechend zu vermerken. Im Trogverfahren (Einlagerungsverfahren) imprägnierte oder im Osmoseverfahren behandelte Maste werden von der Deutschen Bundespost nicht auf ihre Güte geprüft.

6.2 Für die Prüfung der rohen und imprägnierten Maste hat der Lieferer dem Prüfbeauftragten den erforderlichen Platz sowie die benötigten Geräte und Hilfskräfte kostenlos zur Verfügung zu stellen. Die Aufwendungen für den Prüfbeauftragten übernimmt der Besteller.

6.3 Sofern mehr als 10 % der zur Prüfung bereitgestellten Maste zurückgewiesen werden, gehen die anteiligen Kosten des Bestellers für die Prüfung zu Lasten des Lieferers.

6.4 Für die Lieferung, Verrechnung der Versandkosten und Bezahlung gelten, soweit im Auftrag besondere Festlegungen nicht getroffen sind, die „Allgemeinen Bedingungen für Lieferungen und Leistungen" des auftraggebenden Bestellers.

6.5 Sofern der Prüfbeauftragte nicht vom Besteller, sondern von der Deutschen Bundespost gestellt wird, ist eine besondere Prüfbescheinigung auszustellen und vom Lieferer der Rechnung beizufügen.

6.6 Gewährleistung.

Für Maste, die in den ersten drei Jahren wegen Fäulnis ersetzt werden müssen, sind Ersatzmaste kostenlos zu liefern frei Waggon Verwendungsstelle bzw. der nächstliegenden Bahnstation.

Im vierten	Jahr werden vergütet	70 %
Im fünften	Jahr werden vergütet	60 %
Im sechsten	Jahr werden vergütet	50 %
Im siebenten	Jahr werden vergütet	40 %
Im achten	Jahr werden vergütet	30 %
Im neunten	Jahr werden vergütet	20 %
Im zehnten	Jahr werden vergütet	10%

des Mastenpreises für alle wegen Fäulnis auszuwechselnder Maste.

Die Garantie beginnt mit dem Ende des Liefermonats. Der Mastenpreis bestimmt sich nach dem Wert eines Mastes derselben Dimension im Zeitpunkt der Auswechslung frei Waggon der zur Verwendungsstelle frachtgünstigst gelegenen Vollbahnstation, wobei für die Frachtberechnung der Frachtsatz für die 20-t-Klasse (Hauptklasse) zugrunde gelegt wird.

Wenn der Besteller einen Garantiefall für vorliegend erachtet, hat er dem Lieferer so rechtzeitig davon Mitteilung zu machen, dass eine Besichtigung der Maste noch möglich ist. Für den Fall, dass der Lieferer den Garantiefall bestreitet und eine Einigung nicht zu erzielen ist, vereinbaren die Parteien Schlichtung der Meinungsverschiedenheit durch ein Schiedsgericht, für das jede der beiden Parteien ein Mitglied ernennt. Diese beiden wählen einen Obmann. Kommt über die Person des Obmanns keine Einigung zustande, wird dieser vom Präsidenten des für den Sitz des Bestellers zuständigen Landgerichts ernannt.

5. Anlagen
Anlage 1 ist die zur Zeit gültige Ausgabe von DIN 48 350, die bei Änderungen durch die jeweilige neueste Ausgabe zu ersetzen ist.

Die Anlagen 2 und 3 stellte das Fernmeldetechnische Zentralamt der Deutschen Bundespost, Darmstadt, zur Verfügung. Änderungen und Zusätze werden dort laufend vorgenommen. In Zweifelsfällen empfiehlt sich Rückfrage bei dieser Stelle (Anlagen 2 und 3 sind hier nicht abgedruckt).

Anlage 1
Holzmaste, DIN 48350 (1957)
(Diese Norm wird durch EN 14229 bis Ende 2010 ersetzt)
Bezeichnung eines Holzmastes der Nenngröße 8 x 16 aus Kiefer (Ki)[1] mit dachförmigem (D)[2] Zopfende: Holzmast 8 x 16 DIN 48350 KiD

1. Maße

Tabelle 70: Holzmaste nach DIN 48350

1	2	3	4	5	6
Nenngröße[3] Holzmast Länge x Fußdurchmesser	Länge l m Zulässige Abweichung + 10 cm	Fußdurchmesser[4] f cm mindestens	Zopfdurchmesser[4] z cm mindestens	Nutzzug[5] an der Mastspitze N kg	Richtwert des Festgehaltes (in fm für die Tränkung[6] V m^3
6x13		13	10	61	0,077
6x14		14	11	77	0,089
6x15*	6	15	12	97	0,102
6x16*		16	13	119	0,117
6x17		17	14	144	0,132
7x14		14	10	59	0,100
7x15*		15	11	75	0,115
7x16*		16	12	93	0,131
7x17*		17	13	113	0,149
7x18*	7	18	14	136	0,167
7x19		19	15	162	0,187
7x20		20	16	191	0,208
7x21		21	17	223	0,230
8x15		15	10	59	0,124
8x16*		16	11	73	0,142
8x17*		17	12	91	0,162
8x18*		18	13	110	0,183
8x19*	8	19	14	131	0,205
8x20		20	15	155	0,228
8x21		21	16	182	0,253
8x22		22	17	211	0,278
8x23		23	18	244	0,305

1	2	3	4	5	6
Nenngröße[3] Holzmast Länge x Fußdurchmesser	Länge l m Zulässige Abweichung + 10 cm	Fußdurchmesser[4] *f* cm mindestens	Zopfdurchmesser[4] z cm mindestens	Nutzzug[5] an der Mastspitze N kg	Richtwert des Festgehaltes (in fm für die Tränkung[6] V m^3
9x16		16	11	60	0,160
9x17*		17	12	74	0,182
9x18*+**		18	13	90	0,205
9x19*+**		19	14	108	0,230
9x20*+**		20	15	129	0,256
9x21*	9	21	16	151	0,284
9x22		22	17	176	0,313
9x23		23	18	204	0,343
9x24		24	19	234	0,375
9x25		25	20	267	0,408
10x17		17	11	61	0,194
10x18		18	12	75	0,219
10x19**		19	13	91	0,246
10x20*+**		20	14	108	0,275
10x21*+**		21	15	128	0,304
10x22*	10	22	16	150	0,336
10x23		23	17	174	0,369
10x24		24	18	201	0,404
10x25		25	19	230	0,440
10x26		26	20	261	0,478
11x18		16	11	63	0,231
11x19		19	12	77	0,259
11x20**	11	20	13	93	0,290
11x21*+**		21	14	110	0,322
11x22*+**		22	15	129	0,357
11x23*		23	16	151	0,392

1	2	3	4	5	6
Nenngröße[3] Holzmast Länge x Fußdurchmesser	Länge l m Zulässige Abweichung + 10 cm	Fußdurchmesser[4] *f* cm mindestens	Zopfdurchmesser[4] z cm mindestens	Nutzzug[5] an der Mastspitze N kg	Richtwert des Festgehaltes (in fm für die Tränkung[6] V m^3
11x24		24	17	174	0,430
11x25		25	18	200	0,469
11x26	11	26	19	228	0,511
11x27		27	20	258	0,553
11x28		28	21	291	0,597
12x20		20	12	79	0,304
12x21**		21	13	95	0,339
12x22**		22	14	112	0,375
12x23**		23	15	131	0,414
12x24	12	24	16	152	0,454
12x25		25	17	175	0,496
12x26		26	18	200	0,540
12x27		27	19	227	0,586
12x28		28	20	257	0,634
12x29		29	21	289	0,683
13x22**		22	14	97	0,403
13x23**		23	15	114	0,450
13x24**		24	16	133	0,493
13x25		25	17	153	0,539
13x26	13	26	18	176	0,587
13x27		27	19	201	0,637
13x28		28	20	227	0,688
13x29		29	21	256	0,742
13x30		30	22	287	0,798

1	2	3	4	5	6
Nenngröße[3] Holzmast Länge x Fußdurchmesser	Länge l m Zulässige Abweichung + 10 cm	Fußdurchmesser[4] f cm mindestens	Zopfdurchmesser[4] z cm mindestens	Nutzzug[5] an der Mastspitze N kg	Richtwert des Festgehaltes (in fm für die Tränkung[6] V m^3
14x23		23	14	100	0,466
14x24		24	15	116	0,513
14x25**		25	16	135	0,561
14x26**		26	17	155	0,611
14x27**		27	18	178	0,665
14x28	14	28	19	202	0,719
14x29		29	20	228	0,777
14x30		30	21	257	0,836
14x31		31	22	287	0,898
14x32		32	23	320	0,961
15x25		25	15	119	0,580
15x26		26	16	138	0,633
15x27		27	17	158	0,689
15x28**		28	18	180	0,747
15x29**	15	29	19	204	0,807
15x30**		30	20	230	0,870
15x31		31	21	258	0,935
15x32		32	22	288	1,002
16x26		26	15	122	0,655
16x27		27	16	140	0,715
16x28		28	17	161	0,775
16x29**		29	18	183	0,838
16x30**	16	30	19	206	0,904
16x31**		31	20	232	0,973
16x32		32	21	260	1,043
16x33		33	22	289	1,117

1 Angabe über Holzarten siehe Abschnitt 2.

2 Angabe über Bearbeitung des Zopfendes siehe Abschnitt 5.

3 Die mit * gekennzeichneten Nenngrößen werden für Fernmelde-Freileitungen, die mit ** gekennzeichneten Nenngrößen für Starkstrom-Freileitungen bevorzugt verwendet.

4 Der Fußdurchmesser wird 1,50 m vom Fußende, der Zopfdurchmesser am oberen Ende des Mastes durch Messen des Umfanges mit einem Bandmaß und durch Teilen des Wertes durch 3,14 ermittelt. Liegt an der Messstelle ein Astwulst, so wird der Zopfdurchmesser unmittelbar darunter, der Fußdurchmesser aus den Messungen an normal gewachsenen Stellen gleich weit oberhalb und unterhalb der Mussstelle ermittelt. Bei Festlegung des Nennmaßes bleiben überschießende Bruchteile eines Zentimeters unberücksichtigt.
Die geforderten Maße für Fuß- und Zopfdurchmesser müssen im lufttrockenen Zustand der Maste vorhanden sein, bei frischen und halbtrockenen Masten müssen sie um 0,3 cm größer sein.

5 Der angegebene Wert des Nutzzuges ist die an der Mastspitze zulässige Zugkraft abzüglich Winddruck auf den Mast; er ist nach den Vorschriften für den Bau von Starkstrom-Freileitungen VDE 0210 §21 ermittelt, wobei eine Eingrabetiefe von 1/6 der Gesamtmastlänge, mindestens jedoch 1,60 m zugrunde gelegt ist.

6 Der Richtwert des Festgehaltes (Festmeter-Inhalt in m^3 = fm) ist zu berechnen nach der Formel:

$$v = \frac{\pi}{4} \cdot l \cdot f_{\text{mitt}} - \frac{a\,r \cdot (l-3)}{2}^{2} + \frac{1}{3} \cdot \frac{a\,r \cdot l^{2}}{2} \cdot 10^{-4} \text{ in m}^3$$

darin bedeuten:

π 3,14

l Gesamtlänge des Mastes in m

f_{mitt} mittlerer Fußdurchmesser des Mastes in cm, = Mindestwert des Fußdurchmessers nach Spalte 3 zuzüglich 0,5 cm, z.B. bei Holzmast 8 x 16: fmitt = 16,5 cm

α r Rechenwert der Abholzigkeit in cm/m angesetzt mit dem Wert:

$$a_r = a_n - 0{,}17 \text{ in cm/m}$$

an Abholzigkeit gemäß den Nenngrößen des Mastes in cm/m, zu berechnen aus dem Mindestwert des Fußdurchmessers fmind nach Spalte 3 und dem Mindestwert des Zopfdurchmessers zmind nach Spalte 4 nach der Formel:

$$a_n = \frac{f_{\text{mind}} - z_{\text{mind}}}{l - 1{,}5} \text{ in cm/m}$$

2. Holzarten

Für Holzmaste sind die Stammabschnitte[7] und Mittelstücke[8] des Baumes folgender Holzarten zugelassen:

Gruppe Kiefer (Ki):	
Kiefer (Föhre, Forle)	Pinus sylvestris
Europäische Lärche	Larix decidua
Japanische Lärche	Larix leptolepis
Gruppe Fichte (Fi)	
Fichte (Rottanne)	Picea abies
Tanne (Weiß-, Edeltanne)	Abies alba
Douglasie (D.-fichte, -tanne)	Pseudodotsuga taxifolia

Wipfelstücke sind ausgeschlossen.

7 Unter Stammabschnitt ist der an den Wurzelstock anschließende Teil des Baumes zu verstehen

8 Unter Mittelstück ist der mittlere Teil des Baumes zwischen Stammabschnitt und Wipfelstück zu verstehen

9 Siehe VDE 0215 „Merkblatt über die Zerstörung von Holzmasten durch Käferlarven“

10 Unter Spaltrissen sind die durch unsachgemäßes Fällen und Abzopfen verursachten Abspaltungen, nicht aber die durch das Trocknen entstehenden Luftrisse zuverstehen.

3. Fällzeit und Behandlung nach dem Fällen

Die Maste müssen, soweit sie zur Imprägnierung nach dem Kesseldruck- oder Trogverfahren bestimmt sind, aus der der Lieferung unmittelbar vorausgegangenen Winterfällung herrühren und innerhalb dieser Zeit weißgeschält oder mindestens grubenholzartig entrindet sein. Abweichungen bedürfen besonderer Vereinbarung.

Wenn nicht anders vereinbart, sind die Maste bis zur Abfuhr aus dem Walde luftig und auf Unterlagshölzern oder dgl. zu lagern, so dass sie an keiner Stelle den Erdboden berühren. Auf der Hirnfläche des unteren Mastendes ist das Kennzeichen des Holzlieferers deutlich lesbar anzubringen.

4. Beschaffenheit

Die Maste sollen möglichst gerade gewachsen sein, derart, dass die Mittellinie des Mastes von der gradlinigen Verbindung des Mittelpunktes am Zopfende mit dem Mittelpunkt an der Erdaustrittstelle (gemäß Fußnote 5 zu Ziff. 1) an keiner Stelle um mehr als den halben Mastdurchmesser an dieser Stelle abweichen darf. Die Abweichungen dürfen nur in einer Richtung bestehen.

Der Mastdurchmesser darf sich nach dem Fußende zu nicht verringern; Astwülste bleiben hierbei unberücksichtigt. Bei der Nachprüfung dieser Vorschrift ist ebenso wie bei der Ermittlung des Fuß- und Zopfdurchmessers zu verfahren. Maste mit Drehwuchs, deren Fasern auf die halbe freie Mastlänge um mehr als 90° verdreht sind, können zurückgewiesen werden. Nicht zugelassen ist Holz:

- mit Fäulniserscheinungen jeder Art,
- mit Bohr- und Fluglöchern von Insekten, soweit die Löcher nach dem Schälen der Maste noch sichtbar sind[9],
- mit Spaltrissen[10],
- das stark ästig ist,
- mit tiefen Astlöchern oder mit tiefen Verletzungen,

- mit Querrissen, die durch verkantetes Fallen der Maste auf Unterlagen (Hölzer, Steine usw.) entstanden sind,
- mit sonstigen Mängeln, die die Festigkeit, Haltbarkeit und Verwendung der Maste beeinträchtigen.

Blau gewordenes Holz ist zuzulassen, solange das ordnungsgemäße Tränken des Splintholzes im üblichen Tränkverfahren erreichbar ist.

5. Bearbeitung
Die Maste müssen fein geschält, d. h. Rinde, Bast und mindestens jüngster Jahrring müssen durch sauberes Bearbeiten mit dem Ziehmesser oder der Schälmaschine entfernt sein; Aststellen sind zu glätten.

Das Fußende der Maste ist senkrecht zur Längsachse zu schneiden; der Rand der Schnittfläche ist abzukanten.

Das Zopfende ist nach Wahl des Auftraggebers kegelförmig (K) oder dachartig (D) auf eine Länge, die etwa einem Drittel des Zopfdurchmessers entspricht, gleichmäßig herzurichten. Die Schnittfläche muss glatt (ohne Fasern) sein. Bei Masten mit nicht kreisförmigem Querschnitt ist die Firstlinie der dachartigen Abschrägung in Richtung der großen Achse zu legen.

8.1.2 Gütebestimmungen für imprägnierte Holzbauelemente

Die Gütegemeinschaft Imprägnierte Holzbauelemente e.V. hat sich 2003 ausführliche Güte- und Prüfbestimmungen im Rahmen des RAL, Deutsches Institut für Gütesicherung und Kennzeichnung, gegeben. In fünf Teilen werden behandelt:

1. Allgemeine Bestimmungen
2. Imprägnierung von Kiefer und anderen leicht imprägnierbaren Holzarten mit wasserbasierten Holzschutzmitteln
3. Imprägnierung von Fichte und anderen schwer imprägnierbaren Holzarten mit wasserbasierten Holzschutzmitteln
4. Imprägnierung im Doppelvakuumverfahren
5. Imprägnierung im einfachen und doppelten Rüping-Verfahren und im Heiß-Kalt-Einstelltränkverfahren mit Steinkohlenteeröl

Aus dem Allgemeinen werden nachfolgend die wichtigsten Bestimmung zitiert.

Die Güte- und Prüfbestimmungen (GuP) regeln die Anforderungen an den Schutz von

- Holzprodukten für den Garten-, Landschafts- und Spielplatzbau, für die Land- und Forstwirtschaft einschließlich Holzpfählen für den Obst- und Weinbau
- Kinderspielgeräten aus Holz im Außenbereich
- Lärmschutzwandelementen aus Holz nach ZTV-Lsw 88
- Konstruktionshölzern
- Holzbauelementen für Sicherungsbauten nach DIN 18 918
- Sonstigen Holzbauelementen

in großtechnischen Verfahren (Druckverfahren wie z.B. Kesseldruckverfahren und Nichtdruckverfahren wie z.B. Heiß-Kalt-Einstelltränkverfahren), soweit sie für den Einsatz in den Gefährdungsklassen 3 und 4 (früher: Gefährdungsklassen) nach DIN EN 335 bestimmt sind.

Rohholz
Zulässig sind alle Holzarten aus nachhaltiger Forstwirtschaft, sofern ihre Eigenschaften die Umsetzung dieser GuP ermöglichen. Die Dimensionierung der Hölzer muss dem Verwendungszweck entsprechen, einschlägige Vorschriften und Normen sind zu beachten. Das Rohholz muss gesund und vollkommen rinden- und bastfrei sein sowie hinsichtlich der Güte dem Verwendungszweck entsprechen; Vorschriften wie die Bauholz-Normen DIN 4074-1, DIN 4074-2 und DIN 68 365 sind einzuhalten.

Sämtliche Bearbeitungsvorgänge wie Bohren, Ablängen usw. sind vor der Schutzbehandlung durchzuführen, ansonsten sind die entsprechenden Stellen mit geeigneten, mit dem Mittel der Erstbehandlung verträglichen Holzschutzmittel nachzubehandeln.

Für den Einsatz in Gebrauchsklasse 4 bestimmtes Rund- und Schnittholz schwer imprägnierbarer Holzarten mit tragender und/oder aussteifender Funktion ist dieses zur Erreichung der vorgeschriebenen Eindringtiefe grundsätzlich mit einer Bohr-, Nadel- oder Schlitzperforation o.ä. vorzubehandeln.

Holzfeuchte

Die Auswahl des Schutzverfahren hängt außer von der Eignung des dafür vorgesehenen Holzschutzmittels insbesondere von der Holzfeuchte des zu schützenden Holzes ab. Sie beträgt:

Holzfeuchte	Verfahren	Holzarten / Gebrauchsklassen
≤ 20 %	Doppelvakuumverfahren	nur Gebrauchklassen 2 und 3
> 20 % ≤ 25 %	Einfaches Rüping-Verfahren	Kiefer, Lärche, Eiche
> 20 % ≤ 25 %	Doppel-Rüping-Verfahren	Laubhölzer, i.B. Buche
> 20 % ≤ 30 %	Heiß-Kalt-Einstelltränkung	Nadelholz (Pfähle)
> 25 % ≤ 35 %	Kessel-Vakuum-Druckverfahren	Fichte und andere schwer imprägnierbare Holzarten mit wasserbasierten Schutzmitteln
≤ 30 %	Kessel-Vakuum-Druckverfahren	Kiefer und andere leicht imprägnierbare Holzarten mit wasserbasierten Schutzmitteln
≥ 80 %	Wechsel-Druckverfahren („Hendrickson-Verfahren")	Kiefer und andere leicht imprägnierbare Holzarten mit wasserbasierten Schutzmitteln
≥ 80 %	Wechsel-Druckverfahren („Hendrickson-Verfahren")	Fichte und andere schwer imprägnierbare Holzarten mit wasserbasierten Schutzmitteln
≥ 80 %	Modifiziertes Wechsel-Druckverfahren („Hamburger Verfahren")	Fichte und andere schwer imprägnierbare Holzarten mit wasserbasierten Schutzmitteln

Die Holzfeuchte kann durch Verwiegung bzw. Ermittlung der Rohdichte gemäß nachfolgender Tabelle „Tränkreife" oder mit elektrischen Messgeräten ermittelt werden. Ist die Holzfeuchte dem vorgesehenen Verfahren nicht adäquat, ist das Holz entweder luftig und bodenfrei zu lagern oder technisch zu trocknen. Ist dies nicht möglich, ist ein anderes Verfahren zu wählen.

Tabelle Tränkreife

Holzart	Rohdichte bei 0% Feuchte in kg/m³	Gewicht in kg/m³ bei einer Holzfeuchte von				
		20 %	25 %	30 %	35 %	80 %
Kiefer	480	525	540	550	580	770
Lärche	550	605	620	630	665	885
Fichte	430	475	485	490	520	690
Tanne	430	475	485	495	515	685
Douglasie	500	550	560	575	595	795
Eiche	660	690	700	705	720	975
Buche	630	680	695	705	730	975
Das Überschreiten der Tabellenwerte ist um maximal 10 % zulässig.						

Holzschutzmittel

Alle Holzschutzmittel bedürfen der Genehmigung durch den Güteausschuss. Wasserbasierte und lösemittelhaltige Präparate benötigen hinsichtlich ihrer Wirksamkeit und ihrer gesundheitlichen und umweltbezogenen Unbedenklichkeit die Allgemeine Bauaufsichtliche Zulassung des Deutschen Instituts für Bautechnik (DIBt). Sie müssen für die vorgesehene Gebrauchsklasse und das gewählte Einbringverfahren geeignet sein. Sofern geschützte Holzteile verleimt werden sollen, muss auf die Leimverträglichkeit des Holzschutzmittels geachtet werden. Steinkohlenteerölpräparate müssen der prEN 13991 bzw. der W.E.I.-Spezifikation B bzw. C entsprechen.

Tränkverfahren

Zugelassen sind folgende Verfahren:

- Doppelvakuum-Verfahren
- Einfaches Rüping-Verfahren
- Doppel-Rüping-Verfahren
- Heiß-Kalt-Einstelltränkung
- Kessel-Vakuum-Druckverfahren
- Wechsel-Druckverfahren („Hendrickson")
- Modifiziertes Wechsel-Druckverfahren („Hamburger")

Schnittholz und Rundholz sind artenrein und nach Möglichkeit getrennt zu imprägnieren. Bei gemeinsamer Imprägnierung gelten die Anforderungen an das Sortiment mit den höchsten Qualitätsanforderungen. Nach Möglichkeit sollen nur einheitliche bzw. ähnliche Dimensionen in einer Charge imprägniert werden. Die Basis der Anforderungen an alle Schutzbehandlungen ist die DIN EN 351.

Einbringmengen

Bei wasserbasierten und lösemittelhaltigen Holzschutzmitteln ergibt sich die erforderliche Mindesteinbringmenge in Abhängigkeit von der Gebrauchs-(früher: Gefährdungs-)klasse des imprägnierten Holzes aus der allgemeinen bauaufsichtlichen Zulassung des Holzschutzmittels. Um diese Mindesteinbringmengen zu erreichen, werden bei wasserbasierten Präparaten Mindestlösungskonzentrationen unter Berücksichtigung der in der Praxis gegebenen Lösungsaufnahmemengen festgelegt. Diese sowie die Mindesteinbringmengen und Mindesteindringtiefen von Steinkohlenteerölprodukten sind in den Teilen 2 bis 5 der RAL-GZ 411 genannt.

Verfahrens-Beispiel

Beispielhaft wird im Folgenden die Imprägnierung von Kiefer und anderen leicht imprägnierbaren Holzarten mit wasserbasierten Holzschutzmitteln im Kessel-Vakuum-Verfahren beschrieben:

Das in den Tränkkessel eingefahrene Holz ist bei einem Druck von 0,10 bar über einen Zeitraum von 30 Minuten zu entlüften (Vorvakuum). Anschließend wird der Kessel unter Beibehaltung des Vakuums geflutet und ein Druck von mindestens 9 bar über einen Zeitraum von mindestens 45 Minuten erzeugt. Die Tränkung wird so lange fortgesetzt, bis das Holz keine wesentlichen Mengen an Holzschutzflüssigkeit mehr aufnimmt, d.h. in zwei hintereinander folgenden Zyklen innerhalb von 15 Minuten Druckdauer nicht mehr als 5 Liter pro m³ Holz = Endphasenkontrolle). Nach der Druckphase kann ein Schlussvakuum von 10 bis 20 Minuten Dauer durchgeführt werden.

Tränkparameter für das Kessel-Vakuum-Druckverfahren

Phase	Dauer (min)	Druck (bar)
Vorvakuum	30	≤ 0,1
Druckphase	≥ 45 und Endphasenkontrolle	≥ 9
Nachvakuum	10 bis 20	≥ 0,35

Die Einbringmenge ist mittels Verwiegung des Holzes vor und nach dem Tränken unter Berücksichtigung der Lösungskonzentration festzustellen. Falls die Mindesteinbringmenge nicht erreicht wurde, ist der Tränkvorgang zu wiederholen. Die Mindesteinbringmengen und -lösungskonzentrationen für Kiefer und andere leicht imprägnierbare Rund- und Schnitthölzer der Gebrauchsklassen 3 und 4 sind nachfolgender Tabelle zu entnehmen:

Holzschutzmittel-Typ	Einbringmenge kg/m³ Durchmesser > 10 cm		Lösungskonzentration %
	GK 3	GK 4	
chromathaltig			
CK-Typ I	≥ 6,0	≥ 9,0	≥ 3,7
CK-Typ II	≥ 5,0	≥ 6,0	≥ 2,4
CKB	≥ 4,0	≥ 8,0	≥ 3,3
CKFZ	≥ 5,0	≥ 6,0	≥ 2,4
CKF	≥ 5,0	≥ 6,0	≥ 2,4

Holzschutz-mittel-Typ	Einbringmenge kg/m³ Durchmesser > 10 cm		Lösungskon-zentration %
	GK 3	GK 4	
chromatfrei			
Cu-HDO Typ I	≥ 2,0	≥ 3,0	≥ 1,2
Cu-HDO Typ II	≥ 2,0	≥ 4,0	≥ 1,6
Cu-HDO Typ III	≥ 3,75	≥ 5,0	≥ 2,0
Cu-Az Typ I	≥ 6,0	≥ 8,0	≥ 3,3
Cu-Az Typ II	≥ 4,0	≥ 6,5	≥ 2,6
CBB Typ I	≥ 3,0	≥ 4,0	≥ 1,6
CBB Typ II	≥ 6,0	≥ 8,0	≥ 3,3
ACQ	≥ 3,0	≥ 6,0	≥ 2,4
P-P	≥ 1,0	--	≥ 0,5
QA	≥ 6,0	--	≥ 2,4

In Abhängigkeit von der Schnittholzdicke bzw. dem Rundholzdurchmesser gelten für die Einbringmengen die Multiplikatoren nach DIN 68 800-3:

Schnittholz-dicke cm	Rundholzdurch-messer cm	Multiplikator
< 4	< 7	1,50
4 – 8	7 – 10	1,25
> 8	> 10	1,00
> 20 % ≤ 30 %	Heiß-Kalt-Einstelltränkung	Nadelholz (Pfähle)

Ferner sind nach DIN 68 800-3 bei für den Einsatz in Gebrauchsklasse 3 bestimmten Schnitthölzern in Abhängigkeit vom Kern-/Reifholz-Anteil die in obiger Tabelle geforderten Mindesteinbringmengen in folgender prozentualer Höhe nachzuweisen:

Kernanteil %	Einbringmenge %
60	100
70	80
80	60
90	40
100	20

Mindesteindringtiefe

Zur Überprüfung der Eindringtiefe sind pro Tränkcharge mindestens 3 Bohrproben zu nehmen bzw. 3 Querschnitte anzulegen. Die Schutzmittel-Eindringtiefe muss bis zur Kern-/Splintgrenze reichen. Holz ohne Splintanteil ist ggf. mechanisch vorzubehandeln. Entstandene Bohrlöcher sind mit imprägnierten Holzdübeln zu verschließen.

Dieses Verfahrens-Beispiel gilt für die Imprägnierung von Kiefer und anderen leicht imprägnierbaren Holzarten mit wasserbasierten Holzschutzmitteln im Kessel-Vakuum-Verfahren. Die weiteren Verfahren und/oder Holzschutzmittel sind den Teilen 2 bis 5 der Güte- und Prüfbestimmungen für Imprägnierte Holzbauelemente nach RAL-GZ 411, Stand 2005, zu entnehmen.

8.2 Schnitthölzer

8.2.1 Anforderungen an Schwellen

Mit der DIN EN 13 145 Eisenbahnbau – Oberbau – Gleis- und Weichenschwellen aus Holz gibt es seit 2001 eine Norm, die viele vorherige Regeln zur Herstellung, Bearbeitung und Imprägnierung von Eisenbahnschwellen wie z.B. das Merkblatt 863 U des Internationalen Eisenbahnverbandes UIC ersetzt. Die Norm bezeichnet Holzarten, Qualitätsanforderungen, Herkunft, Bearbeitungsbedingungen, Formen, Abmessung und Toleranzen sowie die Dauerhaftigkeit und die Konservierung von Gleis- und Weichenschwellen aus Holz zur Anwendung im Gleisbau.

DIN EN 13 145 nimmt zur Begriffsdefinition ausdrücklich auf die Serie EN 844-1 bis 12 Bezug sowie auf EN 252, EN 335-1, EN 350-2, EN 351-1 und EN 599-1. Darüber hinaus gelten folgende Begriffe:

Gleisschwelle: Träger aus Holz zur Unterstützung von Fahr-, Leit- und Stromschienen, rechtwinkelig angeordnet zu seiner Achse; der Träger stützt zwei Fahrschienen, die zusammen ein Gleis bilden.

Weichenschwelle: Träger aus Holz ähnlich einer Gleisschwelle, aber üblicherweise länger, zur Unterstützung von Fahr-, Leit- und Stromschienen, Kreuzungen und Stelleinheiten in Weichen.
Faserverlauf an der Kante: Holz, bei dem die Jahresringe mit einem Winkel von > 45° auf die Oberseite der Gleich- oder Weichenschwelle treffen, mittig auf der Oberseite gemessen.

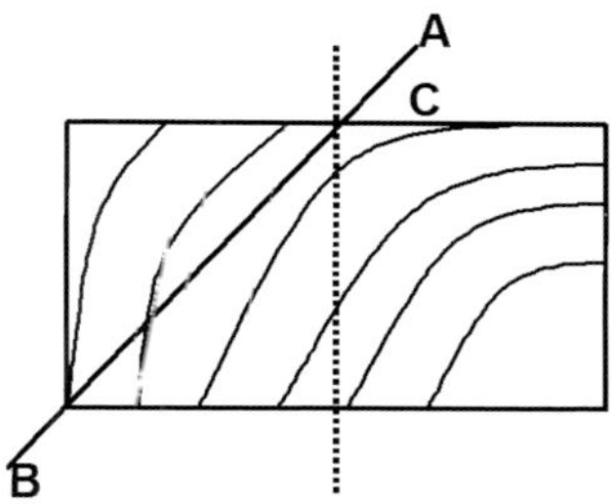

Die Linie A-B ist eine Tangente zum Jahresring an der Stelle, wo er die Oberfläche der Gleis- oder Weichenschwelle berührt. Der Winkel wird bei C gemessen.

Auflagerfläche: Bei Gleisschwellen ist die Auflagerfläche der Bereich auf der Oberseite und beträgt beidseitig 250 mm von der Mittelachse der zu befestigenden Schienen gemessen. Bei Weichenschwellen umfasst die Auflagerfläche den Bereich über die gesamte Länge, ausgenommen 250 mm von jedem Schwellenende.
Einkerbung: Aussparung, verursacht durch mechanische Ausarbeitung eines Faulastes bis auf den gesunden Bereich.
Teeröl: Aus Steinkohlenteer destilliertes Öl.
Tropisches Laubholz: Laubholz aus den Tropen und aus Wäldern anderer südlicher Hemisphären.

Holzarten
Die Anforderungen der EN 13 145 beziehen sich auf die nachfolgenden, empfohlenen Holzarten.

Herkunft	NH/LH	Handelsname	Botanische Bezeichnung
Europa	NH	Kiefer (Gemeine)	Pinus sylvestris
		Seekiefer	Pinus maritima, P. pinaster
		Pinie, Mittelmeerkiefer	Pinus pinea
		Schwarzkiefer	Pinus nigra
		Douglasie	Pseudotsuga menziesii
		Lärchen	Larix sp.
	LH	Europäische Eiche	Quercus robur, Q. petraea, Q. pubescens
		Buche	Fagus sylvatica
Tropen	LH	Azobé, Bongossi, Ekki	Lophira alata
		Bangkirai, Selangan Batu, Balau kumus	Shorea laevis, S. sp.
		Basralocus	Dicorynia guianensis
		Jarrah	Eucalyptus marginata
		Karri	Eucalyptus diversicolor
		Greenheart	Ocotea rodiaei
		Mora	Mora excelsa

Schwellenformen und -abmessungen
Gleisschwellen können in einer der Formen E1 oder E2 je nach Kundenwunsch gefertigt werden, Weichenschwellen dagegen nur nach Form E1.

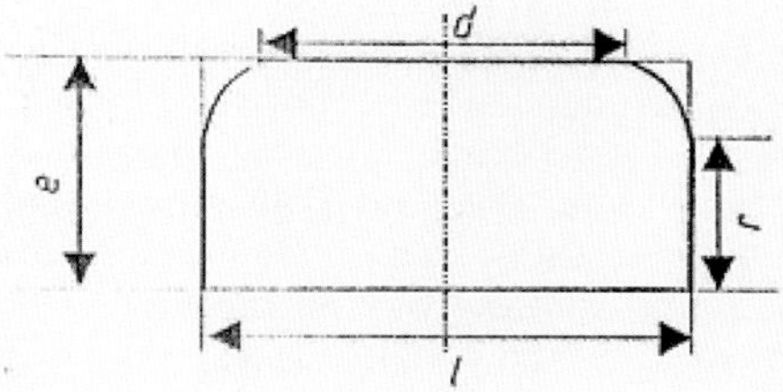

Form E 1

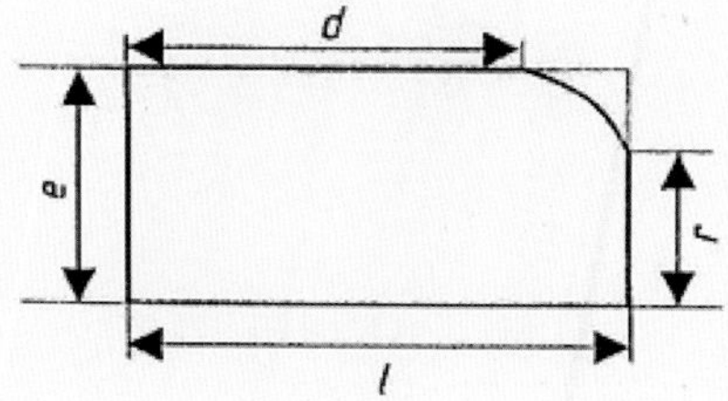

Form E 2

Die Maße l, e und d sowie die Länge sind im Auftrag anzugeben, wobei sie sich auf Gleis- und Weichenschwellen beziehen, die zum Einsatz bzw. zur Imprägnierung fertig sind. Die gängigsten Abmessungen sind den nachfolgenden Tabellen zu entnehmen (alle Maße in mm, d und r als Mindestmaße). Dabei gelten folgende Toleranzen: Länge ± 30 mm, Breite und Dicke (Höhe) + 10mm, – 3mm. Als maximale Abweichung vom rechten Winkel im Querschnitt gelten 3°.

Gleisschwellen

Gruppe	l	e	d		r
			E1	E2	E1 u. E2
1	260	160	160	200	80
2	260	150	160	200	80
3	260	130	130	170	60
4	240	150	160	180	70
5	240	160	160	180	80
6	240	140	160	180	70
7	240	130	130	170	60
8	220	130	130	160	50
9	250	125	205	230	100
10	305	125	255	280	100
11	305	150	255	280	125
12	250	130	200	225	105
13	300	130	250	275	105
14	200	120	110	140	40

Weichenschwellen

Gruppe	l	e	d	r
1	300	150	240	120
2	280	140	220	120
3	260	160	200	100
4	260	150	210	120
5	240	150	200	90
6	240	160	160	80
7	240	140	200	80
8	300	130	200	80

Holzmerkmale

Alle Gleis- und Weichenschwellen sind aus frisch (Buche außerhalb der Wachstumsperiode) geschlagenem Holz herzustellen. Grundsätzlich ausgeschlossen sind: Eingeschlossenes Splintholz (Mondringe), graues und purpurfarbenes Kernholz, Fäule, Frostrisse und Querkrümmung. Grundsätzlich zulässig sind Trockenrisse sowie Kernrisse, sofern diese nicht bis zum Oberlager reichen.

- Gesundes Splintholz ist bei tropischen Hölzern und europ. Nadelhölzern begrenzt, bei europ. Laubhölzern zulässig.
- Die Faser muss gerade verlaufen, eine Abweichung von 1:10 auf 600 mm ist zulässig.
- Bei Nadelhölzern müssen 5 Jahresringe auf 25 mm gehen.
- Gesunde, fest verwachsene Äste sind bei europ. Laubhölzern zulässig, bei Nadel- und Tropenhölzern dürfen sie max. 25 % der Breite ausmachen, sich aber nicht in der Auflagerfläche von Gleisschwellen befinden.
- Durchfalläste sind bei allen Holzarten auf max. 20 % der Breite begrenzt, soweit ein einwandfreier Wasserablauf gewährleistet ist.
- Fauläste über 10 mm Durchmesser sind unzulässig.
- Einkerbungen sind bei europ. Laubhölzern zulässig, wenn der Querschnitt nicht um mehr als 1/15 verkleinert wird.
- Rindeneinwuchs ist nur bei Weichenschwellen und außerhalb der Auflagerflächen bei Gleisschwellen, soweit nur einseitig und max. 150 mm lang.
- Durchgehende Risse sind zulässig im Bereich von 250 mm (europ.), 75 mm (Nadelholz) und 200 mm (trop.), jeweils von den Enden gemessen.
- Ringschäle (Mondring) ist einseitig zulässig bis zu einem Jahresringdurchmesser von max. 50 mm.
- Längskrümmung der Schmalseite:
  Tropische Hölzer: max. 6 mm bei Gleis-, max. 2 mm/m bei Weichenschwellen.

Europ. Laubhölzer: max. 2 % der Gleis- bzw. 1 % der Weichenschwellenlänge.
Nadelhölzer: max. 0,5 % der Länge bei Gleis- und Weichenschwellen.

- Längskrümmung der Breitseite: zulässig bis max. 0,6 % der Gesamtlänge bei Gleis- und 0,2 % bei Weichenschwellen.
- Verdrehung: max. 0,4 % der Gesamtlänge bei Gleis- und Weichenschwellen.
- Harzgallen: zulässig bis 12 x 150 mm, sofern nicht im Bereich der Auflagerflächen.
- Insektenfraß: Zulässig, sofern die mechanischen Eigenschaften der Gleis- und Weichenschwellen nicht beeinträchtig werden.
- Faserverlauf an der Kante: bei Nadelhölzern und tropischen Laubhölzern unzulässig.
- Rotkern bei Buche muss vollständig dicht, fehlerfrei und frei von Pilzbefall sein sowie eine der nachstehenden Größen nicht überschreiten.

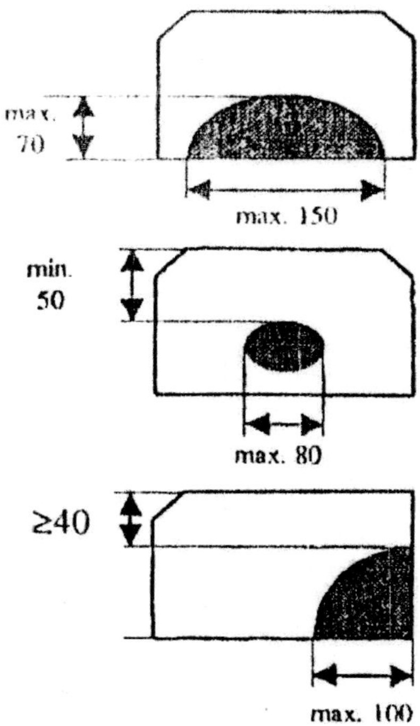

Höchstzulässige Abmessungen für Rotkern bei Buche

Dauerhaftigkeit
Holz für Schwellen muss eine natürliche Dauerhaftigkeit aufweisen, die eine Verwendung in Gebrauchsklasse 4 nach EN 335-1 erlaubt. Holzarten der Dauerhaftigkeitsklasse 1 und 2 nach EN 350-2 verfügen über diese natürliche Dauerhaftigkeit. Hölzer der Dauerhaftigkeitsklassen 3, 4 und 5 oder nicht dauerhaftes Splintholz muss imprägniert werden, damit sie in Gebrauchsklasse 4 verwendet werden können.

Holzschutz
Es ist für Schwellen stets Steinkohlenteeröl zu verwenden oder den Leistungsanforderungen der Gebrauchsklasse 4 nach EN 599-1 entsprechen. Die Tränkung muss der Eindringtiefe P 8 (vollständige Splintdurchtränkung) nach EN 351-1 entsprechen. Die Einbringmenge muss den Mindestmengen für Gebrauchsklasse 4 des entsprechenden Holzschutzmittels (s. EN 599-1) entsprechen. Bei Steinkohlenteeröl kann der Kunde die Einbringmengen vorgeben.

Für die Imprägnierung von Eisenbahnschwellen aus Holz mit Kreosot (Steinkohlenteeröl) schreibt DIN 68 811 (2007) zusätzlich vor:

- Buchenschwellen sind aus gesundem Rundholz der Winterfällung herzustellen. Zwischen Einschlag und Einschnitt dürfen maximal zwei Monate liegen. Kiefer und Eiche dürfen auch in der Zeit vom 1. Mai bis 30. September eingeschlagen werden.
- Eisenbahnschwellen dürfen erst dann imprägniert werden, wenn sie die Tränkreife erreicht haben; dies entspricht einem Rohgewicht von
  - Buche bis 750 kg/m³
  - Eiche bis 900 kg/m³
  - Kiefer bis 600 kg/m³
- Zur Verbesserung der Imprägnierung sind Buchen vor der Tränkung auf der Schwellenunterseite zu bohren; Lochdurchmesser 16 mm, Tiefe 90 % der Schwellenhöhe.
- Bei einer Außentemperatur von unter -14° Celsius darf nicht imprägniert werden.

- Buchenschwellen sind nach dem Einschnitt mit Schwellenkronen oder feuerverzinkten Reißschutzplatten zu versehen.
- Es ist ausschließlich Kreosot nach DIN EN 13 991 zu verwenden. Während des Transportes und der Lagerung ist eine Temperatur von mindestens 20 °C oberhalb des Kristallisationspunktes einzuhalten.
- Die Imprägnierung hat im einfachen (Eiche und Kiefer) oder doppelten Rüping-Verfahren (Buche) zu erfolgen; dabei darf die Temperatur des Kreosots 110 °C nicht unterschreiten.
- Die Holzschutzmittelaufnahme ist durch Wägen vor und nach der Tränkung zu ermitteln

Kennzeichnung
Jede Schwelle muss mit einem Herstellerkennzeichen versehen sein. Jede Lieferung ist mit Begleitpapier zu versehen, aus denen ersichtlich ist: Verweis auf diese europäische Norm EN 13145 (2001), Holzart, Abmessungen, Name des Imprägnierwerkes, verwendetes Imprägniermittel, P 8, Einbringmenge des Imprägniermittels, Tränkzug-Nr. und Jahr der Tränkung.

8.2.2 Geklebte Konstruktionshölzer

Der Holzhausbau mit einheimischen Hölzern hat aufgrund seiner preisgünstigen, energiesparenden Ausführung und der großen Nachfrage nach ressourcenschonenden, natürlichen Baustoffen große Chancen. Diese Chancen können nur genutzt werden, wenn die Qualität des Baustoffes Holz verbessert wird und Architekten und Bauherren mit einem weitgehend homogenen Produkt mit definierten Eigenschaften planen und bauen können.

Deshalb wurde von der Vereinigung Deutscher Sägewerksverbände (VDS) und dem Bund Deutscher Zimmermeister (BDZ) im Juni 1994, revidiert zuletzt 2008, das Konstruktionsvollholz® und DUO-/TRIO-Balken als neue, vor allem für den Holzhausbau, für Niedrigenergiehäuser, Wintergärten u.a. geeignete Produkte definiert, mit dem Ziel, die Wettbewerbsfähigkeit des Holzes gegenüber anderen Baustoffen zu stärken und damit den Marktanteil des Holzbaues zu vergrößern.

Das Bauholz wird aber dadurch nicht „neu erfunden“, und genausowenig werden Forderungen gestellt, die ein Naturstoff nicht erfüllen kann (Petrik[57]).

Die Produkte „Bauholz nach Liste“ (Listenbauholz), Vorratskantholz und Brettschichtholz (BSH, „Leimbinder“) werden durch KVH® und DUO-/TRIO-Balken nicht gänzlich ersetzt. Die Sortierung von Bauschnittholz ist im Abschnitt 6.3 ausführlich dargestellt. Brettschichtholz und andere geklebte Konstruktionshölzer wie Kreuzbalkenholz, Dickschichtholz u.a. finden als Grenzfälle des Tenors dieses Buches „Rund- und Schnittholz“ an dieser Stelle keine ausführliche Würdigung. Somit verbleiben die Produkte Konstruktionsvollholz® und DUO-/TRIO-Balken, deren Qualitätsanforderungen und Vorzugsmaße im Folgenden dargestellt werden.

8.2.2.1 Gütebedingungen für KVH®

Es wird unterschieden zwischen
- Konstruktionsvollholz für den sichtbaren Bereich (KVH®-Si)
- Konstruktionsvollholz für den nicht sichtbaren Bereich (KVH®-NSi)

Die Anforderungen beziehen sich auf die Holzarten Fichte, Tanne, Kiefer, Lärche und Douglasie. Wenn nichts anderes vermerkt ist, gelten mindestens die Anforderungen der Sortierklasse S 10 TS bei der visuellen Sortierung bzw. der Festigkeitsklasse C 24 M bei der maschinellen Sortierung nach DIN 4074 (2008). Andere Sortierklassen müssen gesondert vereinbart werden und die Hölzer entsprechend gekennzeichnet sein.

Keilzinkung ist zugelassen, sofern sie nach DIN 1052 in Verbindung mit DIN 68 140 vorgenommen wird, der Betrieb also im Besitz der „Leimgenehmigung" ist und die Holzfeuchte bei der Verleimung 18 % nicht überschreitet.

Für die Einhaltung aller Kriterien ist der Zeitpunkt der Lieferung maßgebend mit einer Messbezugsfeuchte von 15 %.

Alle Messgrößen (Holzfeuchte, Maßhaltigkeit) sind 50 cm vom Ende des KVH® zu ermitteln. Elektroden für die Holzfeuchtemessung sind mindestens zu einem Drittel der Holzdicke, maximal 40 mm, einzuschlagen. Alle Anforderungen (Sortierung, Maßhaltigkeit, Feuchte usw.) müssen bei mindestens 95 % der gelieferten Stücke eingehalten werden.

A. Für KVH®-Si und KVH®-NSi gemeinsame Anforderungen

1. Sortierklasse S 10 TS nach DIN 4074-1 (2008)
2. Holzfeuchte: 15 % ± 3 %
3. Einschnittart: herzgetrennt, bei KVH®-Si auf Wunsch herzfrei
4. Maßhaltigkeit des Querschnitts gemäß Maßhaltigkeitsklasse 2 nach DIN EN 336: ≤ 100 mm ± 1 mm, > 100 mm ± 1,5 mm. Die Maßhaltigkeit für Längenabmessungen ist zu vereinbaren.
5. Ästigkeit (zu ermitteln nach DIN 4074-1): Sortierklasse S 10, also A ≤ 2/5, bzw. S 13, also A ≤ 1/5, nicht über 70 mm. Bei maschineller Sortierung bleiben die Astgrößen bei KVH®-NSi unberücksichtigt, bei KVH®-Si gilt A ≤ 2/5
6. Verdrehung: nach DIN 4074-1
7. Längskrümmung: bei herzgetrenntem Einschnitt nach DIN 4074-1, bei herzfreiem Einschnitt ≤ 4 mm/2m
8. Bearbeitung der Enden: rechtwinklig gekappt

B. Anforderungen an KVH®-Si

1. Baumkante: nicht zulässig
2. Astzustand: lose und Durchfalläste nicht zulässig; vereinzelt angeschlagene Äste oder Astteile von Ästen bis max. 20 mm Durchmesser sind zulässig
3. Rindeneinschluss: nicht zulässig
4. Risse (radiale Schwindrisse, Trockenrisse): Rissbreite b ≤ 3 % der jeweiligen Querschnittseite, nicht mehr als 6 mm
5. Harzgallen: Breite b ≤ 5 mm
6. Verfärbungen: nicht zulässig
7. Insektenbefall: nicht zulässig
8. Oberflächenbeschaffenheit: gehobelt und gefast

Tabelle 75: Vor- und Nachteile von KVH aus der Sicht des Holzbaus (nach Petrik[57])

Vorteile	Nachteile
1. Paßgenaue Fertigung ohne Nachbearbeitung durch Maßhaltigkeit möglich.	1. Technische Trocknung ergibt negativen Einfluß auf Ökobilanz.
2. Vollgedämmte Konstruktionen mit beidseitigen Dampfsperren möglich.	2. Höherer Einkaufspreis als bei gewöhnlichem Listenbauholz.
3. Erhöhung der Winddichtigkeit durch maßhaltige, dimensionsstabile Hölzer.	3. Lieferzeit bei nicht gebräuchlichen Querschnitten länger.
4. Weitgehender Verzicht auf chemischen Holzschutz wegen Trockenheit möglich, damit keine Probleme mit Entsorgung.	4. Planung mit lagernden Vorzugsquerschnitten schränkt u. U. gestalterische Kreativität ein.
5. Gehobelte Oberfläche genügt hohen optischen Ansprüchen.	5. Begrenzte Anzahl der Anbieter wegen hohen technischen Aufwands.

C. Anforderungen an KVH®-NSi

1. Baumkante: schräg gemessen ≤ 10 % der kleineren Querschnittseite
2. Astzustand, Rindeneinschluss und Risse gemäß Sortierklasse S 10 nach DIN 4074-1
3. Harzgallen bleiben unberücksichtigt
4. Verfärbungen: zulässig, Begrenzung nach DIN 4074-1
5. Insektenbefall: Fraßgänge bis 2 mm Durchmesser von Frischholzinsekten zulässig (gemäß DIN 4074-1)
5. Oberflächenbeschaffenheit: egalisiert und gefast.

8.2.2.2 Gütebedingungen für DUO-/TRIO-Balken

DUO-/TRIO-Balken – in der DIN 1052 als Balkenschichtholz bezeichnet – bestehen aus zwei bzw. drei miteinander verklebten Bohlen oder Kanthölzern aus Vollholz mit maximalen Querschnittsgrößen der Einzelhölzer (Lamellen) von 280 x 80 mm bzw. 100 x 120 mm. Vorzugsweise werden sie aus Fichte hergestellt, aber auch Tanne, Lärche, Kiefer und Douglasie sind auf Anfrage möglich. Die Hölzer müssen, sofern nichts anderes festgelegt, mindestens der Sortierklasse S 10 TS bei der visuellen Sortierung bzw. der Festigkeitsklasse C 24 M bei der maschinellen Sortierung nach DIN 4074 entsprechen. Keilzinkung der Einzelhölzer ist zulässig. Für die Einhaltung aller Kriterien ist der Zeitpunkt der Lieferung maßgebend mit einer Messbezugsfeuchte von 15 %.

Alle Messgrößen (Holzfeuchte, Maßhaltigkeit) sind 50 cm vom Ende des Balkenschichtholzes zu ermitteln. Elektroden für die Holzfeuchtemessung sind mindestens zu einem Drittel der Holzdicke, maximal 40 mm, einzuschlagen. Alle Anforderungen (Sortierung, Maßhaltigkeit, Feuchte usw.) müssen bei mindestens 95 % der gelieferten Stücke eingehalten werden.

DUO-/TRIO-Balken sind nur in den Nutzungsklassen 1 und 2 nach DIN 1052 zulässig.

Es werden zwei Anforderungskategorien unterschieden:

- DUO-/TRIO-Balken für den sichtbaren Bereich (Si)
- DUO-/TRIO-Balken für den nicht sichtbaren Bereich (NSi)

A. Für DUO-/TRIO-Balken Si und NSi gemeinsame Anforderungen

1. Sortierklasse S 10 TS nach DIN 4074-1 (2008)
2. Holzfeuchte: max. 15 %
3. Maßhaltigkeit des Querschnitts gemäß Maßhaltigkeitsklasse 2 nach DIN EN 336: ≤ 100 mm ± 1 mm, > 100 mm ± 1 5 mm. Die Maßhaltigkeit für Längenabmessungen ist zu vereinbaren.
4. Verdrehung: ≤ 4 mm/2m
5. Längskrümmung: ≤ 4 mm/2m
6. Bearbeitung der Enden: rechtwinklig gekappt
7. Einschnittart: herzgetrennt, für Si auch auf Wunsch herzfrei
8. Baumkante: nicht zulässig
9. Ästigkeit (zu ermitteln nach DIN 4074-1): Sortierklasse S 10, also A ≤ 2/5 bzw. S 13, also A ≤ 1/5, nicht über 70 mm. Bei maschineller Sortierung bleiben die Astgrößen bei NSi unberücksichtigt, bei Si gilt A ≤ 2/5

B. Anforderungen an DUO-/TRIO-Balken Si

1. Astzustand auf den sichtbaren Flächen der Lamellen: Lose und Durchfalläste nicht zulässig; vereinzelt angeschlagene Äste oder Astteile von Ästen bis max. 20 mm Durchmesser sind zulässig
2. Rindeneinschluss: nicht zulässig
3. Risse (radiale Schwindrisse, Trockenrisse): Rissbreite b ≤ 2 % der jeweiligen Querschnittseite, nicht mehr als 4 mm
5. Harzgallen: Breite b ≤ 5 mm
6. Verfärbungen: nicht zulässig
7. Insektenbefall: nicht zulässig
8. Oberflächenbeschaffenheit: gehobelt und gefast

C. Anforderungen an DUO-/TRIO-Balken NSi

1. Astzustand, Rindeneinschluss, Risse, Verfärbungen und Insektenbefall gemäß Sortierklasse S 10 nach DIN 4074-1
2. Harzgallen bleiben unberücksichtigt
3. Oberflächenbeschaffenheit: egalisiert und gefast.

8.2.2.3 Vorzugsmaße für KVH®

Vorzugsquerschnitte für den Hausbau

Breite	Höhe (mm)						
(mm)	100	120	140	160	180	200	240
60	x	x	x	x	x	x	x
80		x	x	x	x	x	x
100	x			x	x	x	x
120		x		x		x	x
140			x				x
Vorzugs- / Lagerlängen 5,0 m und 13,0 m							

Anmerkungen:

1. Auf Querschnitte mit einer Breite von mehr als 140 mm wurde aus Gründen der technischen Trocknung verzichtet.
2. Die Tabelle erhebt keinen Anspruch auf Vollständigkeit. Sie soll lediglich eine Orientierungshilfe sein, um die Anzahl unterschiedlicher Querschnitte abschätzen zu können.

8.2.2.4 Vorzugsmaße für DUO-/TRIO-Balken

Breite	Höhe (mm)							
(mm)	100	120	140	160	180	200	220	240
80				x	x	x		
100	x			x	x	x		x
120		x		x		x		x
140			x			x		x
160				x		x		x
Vorzugs- / Lagerlängen 12,5,0 m und 13,0 m								

8.2.3 Holz zur Verwendung in Paletten und Packmitteln

8.2.3.1 Qualitätssortierung nach EN 12 246 (1999)

Für Paletten und Packmittel werden die zur Verwendung des Holzes wichtigen Merkmale entweder durch Funktionsprüfungen oder durch eine visuelle Sortierung nachgewiesen. Die Norm EN 12 246 (1999) Qualitätssortierung von Holz zur Verwendung in Paletten und Packmitteln beruht auf visuellen Sortierungsregeln, die auf langer Erfahrung mit Paletten und Packmitteln beruhen. Sie legt in zwei Klassen – P1 und P2 – die Mindestanforderungen fest für Schnittholz, das in Industriepackmitteln und wiederverwendbaren Paletten verwendet wird. Holz als Rohmaterial für Paletten und Packmittel kann auch nach den allgemeinen Sortierungen EN 975-1 für Laub- und EN 1611-1 für Nadelholz ausgewählt werden. Maße, Merkmale und biologischer Befall werden nach EN 1309-1, EN 1310 und EN 1311 gemessen, für die Terminologie gilt die Normenreihe EN 844-1 bis 844-11.

Für Klasse P1 und P2 gilt:

- Unzulässig sind: Aktiver Insektenbefall, biologischer Abbau (außer Bläue), Rindeneinwuchs, durchgehende Risse in Unterzügen und Klötzen.
- Zulässig sind: Äste < 10 mm, Äste an Schmalseiten, Doppelflügeläste bzw. Astpaare, eingeschlossene Markröhre, sichtbare Markröhre nur an einer Breitseite, Breitseitenrisse, sofern sie nicht an Nagelstellen auftreten, Harzgallen nur an einer Breitseite.

Äste sind nach dem sogenannten „Alternativen Verfahren“ nach EN 1310 zu messen, also im rechten Winkel zur Schnittholzlänge. Astansammlungen werden wie Einzeläste behandelt.

Klasse P1:

Zulässig sind: Festverwachsene, teilweise verwachsene oder tote Äste, sofern ≤ 33 % der

Brettbreite, Durchfalläste und Fauläste ≤ 20 mm. Ein durchgehender Risse pro Brett ≤ einfache Brettbreite. Schwarze Fraßgänge: bis fünf Löcher ≤ 3 mm Durchmesser. Baumkante bis 25 % der Brettlänge, bis 33 % der Dicke und an beiden Kanten einer Breitseite, wenn ≤ 10 mm von jeder Kante.

Klasse P2:
Zulässig sind: Festverwachsene, teilweise verwachsene oder tote Äste, sofern ≤ 60 % der Brettbreite, Durchfalläste und Fauläste ≤ 30 mm. Ein durchgehender Risse pro Brett ≤ doppelte Brettbreite. Schwarze Fraßgänge: bis fünf Löcher ≤ 3 mm Durchmesser. Baumkante bis 30 % der Brettlänge, bis 50 % der Dicke und an beiden Kanten einer Breitseite, wenn ≤ 20 mm von jeder Kante.

8.2.3.2 Zulässige Abweichungen

8.2.3.2.1 Zulässige Abweichungen für Schnittholz in Industriepackmitteln

Für Schnittholz in Industriepackmitteln legt EN 12 248 (1999) zulässige Abweichungen und Vorzugsmaße fest. Die Messbezugsfeuchte ist 20 %; unabhängig davon kann Schnittholz für Industriepackmittel aus trockenem oder frischem Holz hergestellt werden.

Unter Ist-Maß ist das Maß eines Schnittholzstückes zum Zeitpunkt der Messung zu verstehen. Als Soll-Maß gilt das nach Bearbeitung (bei festgelegtem Feuchtegehalt) zu erreichende Maß, auf das die zulässigen Abweichungen bezogen werden. Nennmaß ist das Schnittholzmaß, das bei festgelegtem Feuchtegehalt benannt oder angegeben wird. Für den Zweck dieser Norm sind Soll-Maß und Nennmaß gleich.

Wenn keine anderen Vereinbarungen bestehen, ist davon auszugehen, dass sich die Dicke und Breite eines Stückes Schnittholz bei einem Holzfeuchtegehalt von 20 % bis 30 % um 0,25 % je 1,0 % Feuchtezunahme vergrößern und bei einem Holzfeuchtegehalt von weniger als 20 % um 0,25 % je 1,0 % Feuchteabnahme verringern. Diese Werte gelten für alle Holzarten. Die zulässigen Abweichungen der Dicke und Breite bei einem Feuchtegehalt von 20 % betragen:

Maße	Zulässige Abweichungen
Dicke und/oder Breite ≤ 100 mm	+ 3 mm / – 1 mm
Dicke und/oder Breite > 100	+ 4 mm / – 2 mm
Länge des Teiles	+ 1 mm / – 3 mm

8.2.3.2.2 Zulässige Abweichungen für Schnittholz in Paletten

Für Schnittholz in Paletten legt EN 12 249 (1999) zulässige Abweichungen bei einer Bezugsfeuchte von 20 % fest. Unter Ist-Maß ist das Maß eines Schnittholzstückes zum Zeitpunkt der Messung zu verstehen. Als Soll-Maß gilt das nach Bearbeitung (bei festgelegtem Feuchtegehalt) zu erreichende Maß, auf das die zulässigen Abweichungen bezogen werden. Nennmaß ist das Schnittholzmaß, das bei festgelegtem Feuchtegehalt benannt oder angegeben wird. Für den Zweck dieser Norm sind Soll-Maß und Nennmaß gleich.

Wenn keine anderen Vereinbarung bestehen, ist davon auszugehen, dass sich die Dicke und Breite eines Stückes Schnittholz bei einem Holzfeuchtegehalt von 20 % bis 30 % um 0,25 % je 1,0 % Feuchtezunahme vergrößern und bei einem Holzfeuchtegehalt von weniger als 20 % um 0,25 % je 1,0 % Feuchteabnahme verringern. Diese Werte gelten für alle Holzarten.

Ist-Dicke und –Breite eines jeden scharfkantigen Teils mit parallelen Kanten darf von Soll-Maßen nicht mehr abweichen, als in folgender Tabelle angegeben:

Querschnitt	Klasse A	Klasse B
Dicke und/oder Breite ≤ 100 mm	+ 1 mm / – 1 mm	+ 3 mm / – 1 mm
Dicke und/oder Breite > 100	+ 1,5 mm / – 1,5 mm	+ 4 mm / – 2 mm
Klötze (alle Maße) Träger (Querschnitt)	+ 1,5 mm / – 1,5 mm	+ 3 mm / – 2 mm
Länge des Teils	+ 0 mm / – 2 mm	+ 1 mm / – 3 mm

Engere zulässige Abweichungen können, sofern erforderlich, vertraglich vereinbart werden.

8.2.3.3 Vorzugsmaße

Alle Maße werden nach EN 1309-1 ermittelt. Vorzugsmaße werden als Nennmaße bei einem Bezugsfeuchtegehalt von 20 % angesehen.

8.2.3.3.1 Vorzugsmaße für Schnittholz in Industriepackmitteln

Vorzugsmaße in Millimetern für Nennquerschnitte.

Dicken	Breiten								
	75	100	125	150	175	200	225	250	300
16	x	x							
18	x	x	x	x					
22	x	x	x	x		x			
25	x	x	x	x	x	x			
32	x	x	x	x					
38	x	x	x	x	x	x	x	x	x
50	x	x	x	x	x	x	x	x	x
63	x	x	x	x	x	x	x		
75	x	x	x	x	x	x	x	x	x
100	x	x		x		x	x	x	x

8.2.3.3.2 Empfohlene Normmaße für Schnittholz in Paletten

Alle Maße werden nach EN 1309-1 ermittelt. Zur Unterstützung der Hersteller und Anwender wird ein Bereich von Querschnitten und Längen angegeben, die wahrscheinlich jederzeit verfügbar sind. Es gilt eine Bezugsfeuchte von 20 %; trotzdem können Paletten aus trockenem oder frischem Holz hergestellt werden.

Empfohlene Normmaße in Millimetern

Dicken	Breiten					
	75	100	125	150	175	200
16	x	xxx				
19	x	xxx	x			
22	x	xxx	x	xxx		
25						
32						
38						
50						
63						
75	xxx	xxx		xxx		
100		xxx				

Anmerkung: xxx sind empfohlene Maße

8.2.4 Anforderungen an Holzkanteln und Halbfertigprofile

Die EN 13 307 (2006) bezieht sich auf Halbfertigprodukte, die dazu bestimmt sind, in einem weiten Bereich von Tischlerarbeiten einschließlich Fenster, Türen und Treppen verwendet zu werden. Sie stellt eine Grundlage für Verträge zwischen den Verkäufern solcher Halbfertigprodukte und den Herstellern der Endprodukte dar. Nicht alle Merkmale, die in dieser Norm beschrieben bzw. begrenzt werden, sind immer für alle Anwendungen von Bedeutung, insbesondere dann nicht, wenn diese Merkmale anschließend vom Hersteller des Endproduktes ausgebessert werden.

Diese Norm legt somit Anforderungen an Holzkanteln und Halbfertigprodukte für nicht tragende Anwendungen fest einschließlich schicht- und keilzinkenverklebter Produkte und gilt für Laub- und Nadelholz für die Anwendung in Tischlerarbeiten. Dabei sind:

- Kanteln: halbfertige, gehobelte oder ungehobelte Schnitthölzer oder schichtverklebte Hölzer, mit oder ohne Keilzinkung oder Blockverklebung, mit rechteckigem Querschnitt.

- Schichtverklebtes Produkt: Kantel oder Halbfertigprofil aus mindestens zwei massiven Holzlamellen, die in Längsrichtung block- oder keilzinkenverklebt sind.
- Halbfertigprofil: gehobeltes oder ungehobeltes Schnittholz oder schichtverklebtes Holz, mit oder ohne Keilzinkung, mit spezifischem Querschnitt, wie z.B. L-, T- oder Z-Profil.
- Blockverklebung: Holzverbindung, die durch das Aneinanderkleben von zwei rechteckigen Stirnenden des Holzes hergestellt wird.
- Lamelle: Stück Massivholz, üblicherweise mit einer Dicke von mehr als 7 mm, das in Längsrichtung verklebt ist, um dickere Querschnitte zu erzielen. Eine Lamelle kann Keilzinkenverbindungen und/oder Blockverklebungen enthalten.
- Nutzungsklassen:
  – Klasse 1 ist gekennzeichnet durch einen Feuchtegehalt im Produkt, der einer Temperatur von 20 °C und einer relativen Luftfeuchte der umgebenden Luft entspricht, die nur für einige Wochen pro Jahr einen Wer von 65 % überschreitet.
  – Klasse 2 ist gekennzeichnet durch einen Feuchtegehalt im Produkt, der einer Temperatur von 20 °C und einer relativen Luftfeuchte der umgebenden Luft entspricht, die nur für einige Wochen pro Jahr einen Wert von 85 % überschreitet.
  – Klasse 3 ist gekennzeichnet durch Klimabedingungen, die zu einem höheren Feuchtegehalt als in Nutzungsklasse 2 führen.

Anforderungen

Maße:
Die geometrischen und physikalischen Eigenschaften des Holzes sind auf eine Bezugsfeuchte von 12 % zu beziehen. Die in EN 13 307 festgelegten Grenzwerte gelten zum Zeitpunkt der Lieferung. Die Grenzabweichungen der Querschnittsmaße betragen + 2 mm bis – 1 mm bei gesägten Querschnitten und + 0,5 mm bis 0 mm bei gehobelten Profilen und beziehen sich auf 12 % Holzfeuchte. Es sind keine Minustoleranzen in der Länge vorgesehen.

Verformungen:
Sofern nichts anderes festgelegt, gelten für alle Klassen die folgenden Grenzwerte, deren Bemessung nach EN 1310 zu erfolgen hat (Längskrümmung auf 2 m, Querkrümmung auf die Breite des Stückes bezogen). Maßgebend ist jeweils der höchste Wert in der Tabelle. L = Länge des Stückes in Millimeter, b = Breite des Stückes in Millimeter.

Art der Verformung	Schnittholz	Gehobeltes Holz
Längskrümmung der Breitseite	$(L/1000)^2$ oder 2 mm	$(L/1000)^2/2$ oder 1 mm
Längskrümmung der Schmalseite	L/1000 x b/50 oder 2 mm	L/1000 x b/100 oder 1 mm
Querkrümmung (Schüsselung)	b/100 oder 1 mm	b/200 oder 0,2 mm
Verdrehung	Wenn Verdrehung in Verbindung mit Längskrümmung auftritt, sind die zulässigen Werte zu halbieren.	

Holzqualität:
Die Holzqualität muss einer der in EN 942 angegebenen Klassen entsprechen.

Stoßverbindungen:
Keilzinkenverbindungen in den äußeren Lagen müssen den Anforderungen der EN 942 entsprechen; in den inneren Lagen sind sie zulässig. Die Teile der Verbindungen müssen bezogen auf Breite und Jahrringverlauf eine gleichartige Holzstruktur aufweisen. Eine Lücke zwischen Zinken und Zinkengrund ist unzulässig, ebenfalls von dort ausgehende Risse. Klebfugen dürfen nicht unterbrochen sein. Wenn Anforderungen an das Verhalten bei Windlast gestellt werden, darf der Abstand zweier angrenzender Zinken nicht mehr als 150 mm betragen.

Blockverklebungen sind nur in den Innenlagen schichtverklebter Profile zulässig. Der

Abstand zwischen zwei Blockverklebungen in angrenzenden Lagen muss mehr als 150 mm betragen.

Schichtverklebung:
Für die Lagendicke gibt es keine allgemeinen Grenzwerte, jedoch sollten bei einer vorgesehenen Verwendung im Außenbereich die Dicke der Außenlage mindestens 18 mm betragen. Für einige Anwendungen, wie z.B. Türfriese, können auch dünnere Außenlagen geeignet sein. Die Mischung von Holzarten ist zulässig, sofern die Klebfestigkeit und die Maßhaltigkeit der Holzarten vereinbar sind. Die Dicke der Klebstofffuge muss innerhalb der vom Klebstoffhersteller für den Klebstofftyp und die Endverwendung empfohlenen Grenzwerte liegen. Eine Verklebung von Schmalseite zu Schmalseite ist in den Außenlagen nicht empfehlenswert.

Kennzeichnung:
Kanteln und Halbfertigprofile für Tischlerarbeiten nach EN 13 307 müssen auf dem Paket, Bund oder auf Begleitpapieren mit folgenden Angaben gekennzeichnet werden: Name des Herstellers – vorgesehene Nutzungsklasse – Verfahren zur Bestimmung des Fertigungsloses – Nummer dieser Norm – Sortierung/Klasse des Produkts – Buchstabencode für die Holzart nach EN 13 556 (s. Abschnitt 1.4.2) – Name des Produkts – Bezeichnung der Profilform – Maße in Millimeter für (in dieser Reihenfolge) Dicke/Breite/Länge – Oberflächenbeschaffenheit mit p für gehobelte und s für ungehobelte Stücke.

Literaturverzeichnis

1. FAO: State of the World`s Forests, Rom, 2005
2. AID: Forst Holz 2002/2003, Bonn, 2003
3. Holzabsatzfonds: Die deutsche Forstwirtschaft, Zahlen und Fakten, Bonn, 2005
4. Statistisches Bundesamt, BMVEL, 2001
5. BMVEL: Bundeswaldinventur II, 2004, in: Holzabsatzfonds: Die deutsche Holzwirtschaft, Zahlen und Fakten, Bonn, 2005
6. Englert/Polley/Sasse in: Holz-Zentralblatt Nr. 93, 2.8.96
7. Huss: Gesamtholzbilanz für Deutschland 1997, in: Holz-Lexikon, DRW-Verlag, Stuttgart 2003
8. Hückert: Aufkommen und Verwendung von Nadel-und Laubholz in der Bundesrepublik Deutschland, Holz-Zentralblatt Nr. 148, 10.12. 93
9. Langendorf/Schuster/Wagenführ: Rohholz, VEB-Fachbuchverlag, Leipzig, 1972
10. Augustin: Elementarzusammensetzung des Holzes, Holz-Lexikon, DRW-Verlag, Stuttgart, 1988
11. Schwab: Härte. Mittelwerte der Brinellhärte einiger Holzarten, Holz-Lexikon, DRW-Verlag, Stuttgart, 2003
12. Schwab: Elastizitätsmoduln nach DIN 1052, Holz-Lexikon, DRW-Verlag, Stuttgart, 2003
13. Schmidt: Werkstoffe in der Holzindustrie, VEB-Fachbuchverlag, Leipzig, 1979
14. Denninger: Heizwert des Holzes, Holz-Lexikon, DRW-Verlag, Stuttgart, 1988
15. Gottwald: Handelshölzer, Holzmann-Verlag, Hamburg, 1958
16. Wagenführ: Holzatlas, Fachbuchverlag, Leipzig, 1996
17. Hausen: Holzarten mit gesundheitsschädlichen Inhaltsstoffen, DRW-Verlag, Stuttgart, 1973
18. Informationsdienst Holz: Merkblattreihe Holzarten, Blatt 63–65, Arbeitsgemeinschaft, Holz, Düsseldorf
19. Grosser: Vortragsmanuskript Tropenholzseminar, Rosenheim, 1977
20. Wagenführ/Scheiber: Holzatlas, VEB-Fachbuchverlag, Leipzig, 1985
21. Fronius: Der Rundholzeinteiler, Manuskript, Rosenheim, 1978
22. Grosser: Pflanzliche und Tierische Bau- und Werkholzschädlinge, DRW-Verlag, Stuttgart, 1985
23. Lückge/Weber: Die Struktur der Sägeindustrie in Deutschland, Holz-Zentralblatt Special, März 1997
24. Universiät Hamburg, Diplomarbeit: Untersuchung des Laubholzmarktes und der Strukur der Laubholzbetriebe in Deutschland, 1996
25. Fronius: Arbeiten und Anlagen im Sägewerk, DRW-Verlag, Stuttgart, 1982
26. Maisenbacher: Planung, Organisation und Kalkulation in der Sägeindustrie, DRW-Verlag, Stuttgart, 1960
27. Tegernseer Gebräuche, DRW-Verlag, Stuttgart, 1986
28. Fronius: Mindestzopfdurchmesser-Tabelle von K. Paulus, überarbeitet von K. Fronius, DRW-Verlag, Stuttgart
29. Fronius: Schnittfehler bei Rohware am Gatter, Holz-Zentralblatt Nr. 105, 1955
30. Maisenbacher: Kosten und Erlös in der Sägeindustrie, DRW-Verlag, Stuttgart, 1966
31. Kollmann: Technologie des Holzes und der Holzwerkstoffe, Springer-Verlag, Berlin, 1951
32. Die Schnittholztrocknung, herausgg. Von Robert Hildebrand, Oberboihingen, 1969, und Die Kammertrocknung von Schnittholz, Robert Hildebrand, Oberboihingen, 1964
33. Leitfaden der Schnittholztrocknung, herausgg. von Ludwig Bollmann, Singen, 1977
34. Vogt: Jahrbuch für Bau- und Möbelschreiner, Thalhammer-Verlag, München, 1970 und Vorträge im Rahmen von Trocknungsseminaren am Lehrinstitut, Rosenheim
35. Kleiner Holztrocknungskurs, herausgg. von Eisenmann, Böblingen, 1972

36. Babcock: Manuskript zum Seminar-Vortrag, Rosenheim, 1978
37. CEAF: Prospekt Holztrocknungsanlagen, Turin, 1977
38. Trübswetter: Dämpfen und Trocknen, Rahmenskriptum, Rosenheim, und Seminar-Vorträge am Lehrinstitut, Rosenheim, 1985
39. HDH: Ratgeber Holztrocknung, Wiesbaden, 1982
40. Bauch: Verfärbungen von Rundholz und Schnittholz, Holz-Zentralblatt Nr. 152, 1986
41. Klinkmüller: Seminarvorträge am Lehrinstitut, Rosenheim, 1988
42. Maisenbacher: Beitrag in: Holzwirtschaftliches Jahrbuch Nr. 15, DRW-Verlag, Stuttgart
43. Mörath: zitiert im Skriptum Dämpftechnik, Trübswetter, Rosenheim, 1969
44. Doffiné: zitiert in: Kollmann: Technologie des Holzes und der Holzwerkstoffe, Bd. 2, Springer-Verlag, Berlin, 1951
45. Fleischer: zitiert in Vorreiter: Holztechnologisches Handbuch, Bd. 2, Fromme-Verlag, Wien, 1958
46. ibh – Industrieverband Bauchemie und Holzschutzmittel e.V., Frankfurt: Holzschutz, 1997
47. Holzbauhandbuch, Reihe 2, Teil 5, Folge 1 + 2, EGH-Berichte, Arbeitsgemeinschaft Holz e.V., Düsseldorf
48. Radovic in: Holzbau-Statik-Aktuell, Arbeitsgemeinschaft Holz e.V., Düsseldorf
49. Hunecke: Die Umrechnungszahlen für die Aufstellung von Holzbilanzen, Holz-Zentralblatt 97, Stuttgart, 1966
50. Österreichisches Holz-Jahrbuch, Österreichischer Agrarverlag, Wien, 1986
51. Usi e Norme, Österreichischer Agrarverlag, Wien, 1954
52. Schweizerische Handelsgebräuche für Schnittholz, Schweizerischer Holzindustrieverband, Bern/Zürich, 1983
53. Die Sortierung von schwedischem Schnittholz, AB Svensk Trävarutidning, Stockholm, 1976
54. The Malayan Grading Rules for Sawn Hardwood Timber, Malaysian Timber Industry Board, Kuala Lumpur, 1968
56. Incoterms, Internationale Handelskammer, Paris, 1990
57. Petrik: Qualität zahlt sich aus, Mikado 4/95
58. Glos/Diebold: Handlungsanleitung zur Umsetzung der Anforderungen an die maschinelle Festigkeitssortierung, München, 2008
59. Härtel, S.: Forstwirtschaft, Bundeswaldinventur, auf www.wald.de, Stiftung Unternehmen Wald, Hamburg, 2010
60. VDS Verband der Deutschen Säge- und Holzindustrie e.V., Jahresbericht 2008/2009, Wiesbaden, 2009
61. Mantau, U.; HICK, A.: Standorte der Holzwirtschaft – Sägeindustrie – Einschnitt und Sägenebenprodukte. Universität Hamburg, Zentrum Holzwirtschaft. Arbeitsbereich Ökonomie der Holz- und Forstwirtschaft. Hamburg, 2008
62. Trübswetter: Holztrocknung, Fachbuchverlag Leipzig, 2006

Sachwort-
verzeichnis

G

T